Aufgaben

aus der

Technischen Mechanik.

Von

Ferdinand Wittenbauer,
o. ö. Professor an der Technischen Hochschule in Graz.

III. Band.

Flüssigkeiten und Gase.

Dritte, vermehrte und verbesserte Auflage.

634 Aufgaben nebst Lösungen und einer Formelsammlung.

Mit 433 Textfiguren.

Springer-Verlag Berlin Heidelberg GmbH
1921.

ISBN 978-3-662-27849-9 ISBN 978-3-662-29349-2 (eBook)
DOI 10.1007/978-3-662-29349-2

Ursprünglich erschienen bei Julius Springer in Berlin 1921
Softcover reprint of the hardcover 3rd edition 1921

Vorwort zur dritten Auflage.

Mit vorliegendem dritten Bande ist das von mir geplante Aufgabenwerk abgeschlossen. Das neuerdings erwachte Interesse für die Gegenstände der technischen Hydromechanik läßt mich hoffen, daß auch dieser Band seine Freunde finden wird.

Mehr wie bisher wurden die Behelfe der Literatur zu Rate gezogen; insbesondere die Arbeiten von Ph. Forchheimer, H. Lorenz, F. Prášil und G. Zeuner waren mir von großem Nutzen.

Ich habe vornehmlich Wert darauf gelegt, Aufgaben zu wählen, die den Leser zu selbständiger Überlegung nötigen. Zur Ausführung wird die beigegebene Formelsammlung willkommen sein.

Die Aufgaben über Aeronautik (Ballon, Aeroplan und Schraubenflieger) dürften vielleicht besonderes Interesse erregen. Hier mußte ich mich allerdings beschränken, da ich keine Vorkenntnisse voraussetzen wollte.

Für das lebhafte Interesse, mit dem bisher die drei Bände meiner Aufgabensammlung aufgenommen wurden und für die vielen mir zugekommenen Anregungen spreche ich an dieser Stelle meinen besten Dank aus. Ich bin mir wohl bewußt, Unvollkommenes geboten zu haben und werde für jede Richtigstellung sehr dankbar sein. Ich wäre glücklich, wenn es mir gelänge, das Vorurteil vieler Studierender zu überwinden, daß Wissen und Können identisch sind.

Graz, im Januar 1921.

F. Wittenbauer.

Inhaltsverzeichnis.

* Die mit diesem Zeichen versehenen Aufgaben erfordern die Kenntnis der Elemente der Differential- und Integral-Rechnung.

Seite

Aufgaben 1

I. **Hydrostatik.**

1. Niveauflächen 3
Aufgabe 1—11.
2. Gepreßte Flüssigkeit 4
Aufgabe 12—24.
3. Druck in schwerer Flüssigkeit 8
Aufgabe 25—40.
4. Druck auf ebene Flächen 12
Aufgabe 41—71.
5. Druck auf krumme Flächen 15
Aufgabe 72—86.
6. Auftrieb und Schwimmen 18
Aufgabe 87—124.

II. **Hydraulik.**

1. Ausflußgeschwindigkeit und Ausflußmenge 25
Aufgabe 125—159.
2. Strömungsdruck 30
Aufgabe 160—176.
3. Ausflußzeit 34
Aufgabe 177—197.
4. Schwingungen 37
Aufgabe 198—210.
5. Rohrleitungen 41
Aufgabe 211—248.
6. Kanäle und Flüsse 49
Aufgabe 249—276.
7. Wehre und Stau 54
Aufgabe 277—300.
8. Stoßdruck 59
Aufgabe 301—325.
9. Reaktion 64
Aufgabe 326—338.

Seite

10. Energie 67
Aufgabe 339—367.
11. Grundwasser-Bewegung 72
Aufgabe 368—375.
12. Bewegung durch Rotationsräume 74
Aufgabe 376—387

III. Gase.

1. Gasgesetze 76
Aufgabe 388—403.
2. Zustandsänderungen 79
Aufgabe 404—439.
3. Gleichgewicht mit Flüssigkeiten 84
Aufgabe 440—469.
4. Ausfluß und Bewegung in Leitungen 90
Aufgabe 470—491.

IV. Aeronautik.

1. Ballon 95
Aufgabe 492—518.
2. Luftdruck auf Flächen 98
Aufgabe 519—530.
3. Aeroplane 101
Aufgabe 531—569.
4. Schraubenflieger mit ebenen Flügeln 107
Aufgabe 570—595.
5. Hubschrauben 112
Aufgabe 596—604.
6. Fahrtschrauben 113
Aufgabe 605—624.
7. Fahrzeuge 115
Aufgabe 625, 626.
8. Modellversuche 115
Aufgabe 627—634.

Lösungen 117

Formelsammlung 373

Bezeichnungen,

welche in diesem Buche verwendet wurden.

A = Auftrieb.
A = $\frac{1}{424}$ WE, mechanisches Wärme-Äquivalent.
Atm. = physikalische Atmosphäre (Druck von 1,0333 kg auf 1 cm^2).
B = Bewegungsgröße.
B = Breite eines Kanalprofils.
B = Wehrlänge.
C = Zentrifugalkraft.
C = Geschwindigkeitszahl bei Flüssen und Kanälen.
D = hydrostatischer Druck auf eine ebene Fläche.
D = Stoßdruck.
E = Elastizitätszahl.
E = Leistung.
E_1 = kubische Elastizitätszahl einer Flüssigkeit.
E_a = absolute Leistung.
E_n = Nutzleistung.
F = Querschnitt eines Rohres, Kanales, Flusses.
F = gedrückte Fläche, Tragfläche des Aeroplans.
F = Ausflußöffnung.
F_0 = Oberfläche.
G = Gewicht.
H = Horizontaldruck einer krummen Fläche.
H = Horizontalreaktion.
H = Wehrhöhe.
J = relatives Gefälle.
J_p = polares Trägheitsmoment einer Fläche.
J_x = Trägheitsmoment einer Fläche in bezug auf die Achse X.
J_{xy} = Zentrifugalmoment einer Fläche.
K = Kosten einer Wasserleitung.
K = Kolbenkraft.
L = Ausdehnungsarbeit eines Gases.
L = Bewegungsenergie.
M = Masse.
N = Anzahl der Pferdestärken.
N = Normaldruck auf eine Fläche.
P = Kraft.

P = hydrostatischer Druck auf eine krumme Fläche.
PS = Pferdestärke.
Q = Ausfluß aus einer Öffnung in der Sekunde.
Q = Durchfluß eines Kanals oder Flusses in der Sekunde.
Q = Wärmemenge in Wärme-Einheiten.
R = Gaskonstante.
R = Reibung.
R = Profilsradius eines Kanals oder Flusses.
S = Steigkraft des Ballons.
S = Schwerpunkt.
T = Angriffspunkt des Auftriebes.
T = Entleerungszeit eines Gefäßes.
T = absolute Temperatur.
V = Vertikaldruck einer krummen Fläche.
V = Vertikalreaktion.
V = Rauminhalt.
W = Stirnwiderstand eines Ballons.
W' = Seitenwiderstand eines Ballons.
WE = Wärme-Einheit.
Z = hydraulische Überdruckhöhe (Piëzometerstand).
at = technische Atmosphäre (Druck von 1 kg auf 1 cm^2).
b = Breite eines Flusses.
b = Sohlenbreite eines Kanalprofils.
b = Beschleunigung.
c = Geschwindigkeit eines Aeroplans.
c_p = spezifische Wärme bei konstanter Pressung.
c_v = spezifische Wärme bei konstantem Rauminhalt.
d = Abstand des Schwerpunkts eines schwimmenden Körpers vom Mittelpunkt der Verdrängung.
d = Durchmesser einer Rohrleitung.
e = Raumdehnung.
f = Reibungszahl.
f = sekundäre Widerstandsfläche eines Aeroplans.
g = Beschleunigung der Schwere.
h = absolutes Gefälle.
h = Steighöhe des Ballons.
i = Trägheitshalbmesser einer Fläche.
k = Geschwindigkeitshöhe.
k = Exponent der adiabatischen Zustandsänderung.
k = Bodendurchlässigkeit.
l = Länge einer Rohrleitung oder eines Flusses.
m = Verhältnis der Längsdehnung zur Querzusammenziehung (Poissonsche Konstante).
m = metazentrische Höhe.
m = Exponent der polytropischen Zustandsänderung.
$n = \frac{F}{F_0}$ = Verhältnis der Ausflußfläche zur Oberfläche.
p = Druck der Flüssigkeit oder des Gases auf die Flächeneinheit.
p_0 = Druck an der Oberfläche auf die Flächeneinheit.

q = Zufluß in der Sekunde.
r = Halbmesser des Kreises.
t = Zeit.
t = Tiefe des fließenden Wassers.
t = Tauchtiefe.
t = Temperatur in Celsius.
u = benetzter Umfang eines Kanals oder Flusses.
u = veränderliche Geschwindigkeit in einer Flüssigkeit.
u = Umfangsgeschwindigkeit des Luftpropellers.
v = Ausflußgeschwindigkeit.
v = mittlere Geschwindigkeit einer Rohrleitung oder eines Flusses.
v = Rauminhalt von 1 kg Gas (spezifisches Volumen).
w = absolute Geschwindigkeit des Wassers.
w = Strömungsgeschwindigkeit in einer Gasleitung.
w = Vortriebsgeschwindigkeit eines Luftpropellers.
z = Tiefe eines Punktes unter der Wasseroberfläche.
$\mathfrak{V}$ = Verdrängung.
$\mathfrak{v}_1, \mathfrak{v}_2$ = Luftströmung vor und hinter der Schraube.
$\mathfrak{w}$ = Luftströmung durch die Schraube.
A = Formänderungsarbeit.
M = Moment einer Kraft.
T = Trägheitsmoment eines Körpers.
α = Einschnürungsverhältnis (Kontraktionszahl).
α = Neigung der Aeroplanfläche gegen die Geschwindigkeit der Bewegung.
γ = Einheitsgewicht der Flüssigkeit oder des Gases.
γ_1 = Einheitsgewicht des schwimmenden Körpers.
ε = Expansionsverhältnis.
λ = Rohrreibungszahl.
μ = Dichte.
μ = Ausflußzahl.
ϱ = Krümmungshalbmesser.
ϱ = Abstand von der Drehungsachse.
ϱ = Reibungswinkel.
σ = Spannung.
φ = Geschwindigkeitszahl.
ξ, η = Koordinaten des Druckmittelpunkts.
η = Wirkungsgrad.
ζ = Widerstandszahl.
ζ = Beiwert des Luftwiderstandes eines Äroplans.
ζ_r = Widerstandszahl für Rohrreibung.
ω = Winkelgeschwindigkeit.

Aufgaben

I. Hydrostatik.

1. Niveauflächen.

1. Eine geschlossene Trommel von der Höhe H ist bis zu dreiviertel ihres Raumes mit Flüssigkeit gefüllt. Mit welcher Winkelgeschwindigkeit muß sich die Trommel um ihre Achse drehen, wenn das Paraboloid der Oberfläche den Boden gerade berühren soll?

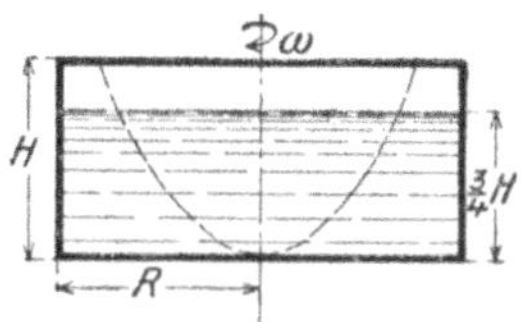

***2.** In einer Trommel vom Halbmesser $R = 0{,}5$ m und der Höhe $H = 0{,}20$ m befindet sich eine Flüssigkeit von der Höhe $h = 0{,}05$ m. Wie groß muß die Umdrehungszahl n in der Minute gemacht werden, wenn $x_1 = \delta x_2 = 1{,}01\, x_2$ sein soll, so daß die Flüssigkeit beinahe die Gestalt eines Hohlzylinders annimmt?

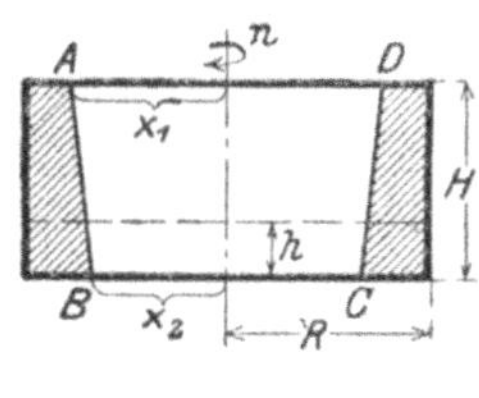

3. Eine Halbkugel mit horizontalem Rand ist bis oben mit Flüssigkeit gefüllt. Wenn sie sich mit der Winkelgeschwindigkeit ω um eine vertikale, durch den Mittelpunkt gehende Achse dreht, wieviel Flüssigkeit fließt über den Rand der Halbkugel?

***4.** Eine schwere Flüssigkeit dreht sich mit konstanter Winkelgeschwindigkeit ω um eine Achse A, die unter α gegen die Vertikale geneigt ist. Man ermittle die Niveauflächen.

***5.** Eine vertikale Spindel trägt einen horizontalen Arm a, um dessen Ende O sich ein mit Flüssigkeit gefüllter Becher drehen kann. Bei welchem Winkel ψ wird sich der Becher völlig entleeren, wenn sich die Spindel mit der Winkelgeschwindigkeit ω dreht?

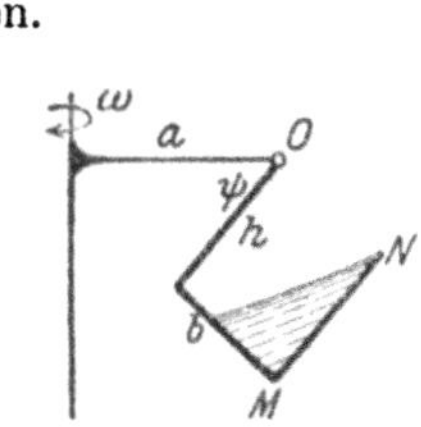

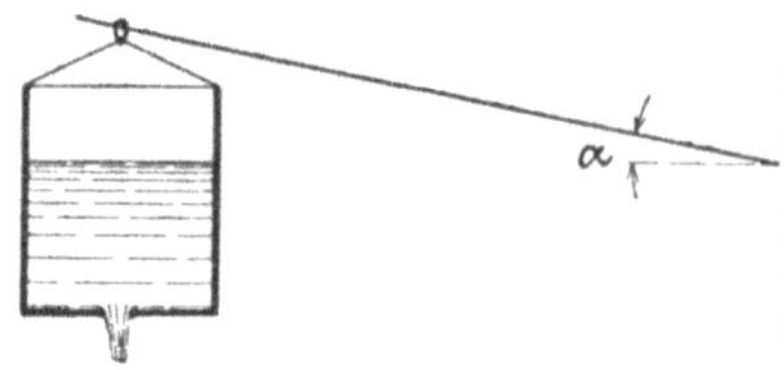

☞ **6.** Ein mit Flüssigkeit gefüllter Kübel gleitet eine unter α geneigte Stange abwärts. Aus einer Bodenöffnung des Kübels strömt Flüssigkeit aus. Wie stellt sich die Oberfläche im Kübel während des Abwärtsgleitens?

7. Auf einer unter α geneigten Fahrbahn bewegen sich zwei Wasserbehälter (Trogschleußen); der abwärts gehende besitzt ein Gesamtgewicht G; sein Übergewicht über den aufwärtsgehenden Behälter ist Q und besteht aus mitgenommenem Betriebswasser. Welche Neigung φ wird die Oberfläche des Wassers gegen die Horizontalebene besitzen?

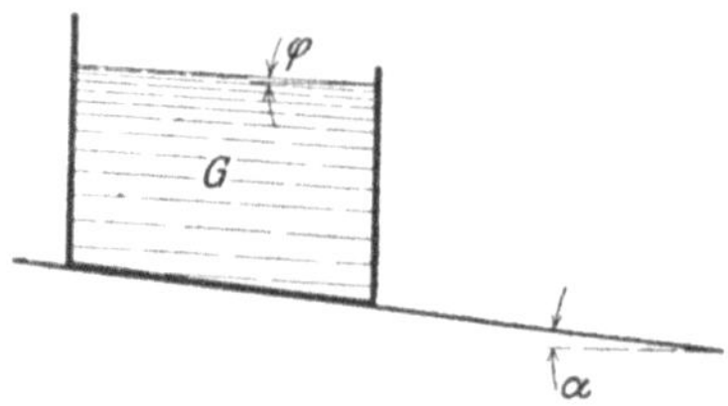

(J. Gröger, Zeitschr. Österr. Ing.- u. Arch.-Ver. 1901.)

***8.** Die Punkte einer tropfbaren Flüssigkeit werden von einem Mittelpunkte O proportional der Entfernung angezogen. In der Entfernung r_0 von O hat der Druck die Größe p_0. Wie groß ist er in der Entfernung r?

***9.** Eine tropfbare oder gasförmige Flüssigkeit, die sich mit konstanter Winkelgeschwindigkeit um eine Achse dreht, wird von einem Punkt dieser Achse proportional der Entfernung angezogen. Man suche die Gleichung der Niveauflächen.

***10.** Eine tropfbare oder gasförmige Flüssigkeit, die sich um eine Achse mit konstanter Winkelgeschwindigkeit dreht, wird von einem Punkt dieser Achse nach dem Newton'schen Gesetze angezogen. Man suche die Gleichung der Niveauflächen.

***11.** Man suche die Gleichung der Kraftlinien einer schweren tropfbaren Flüssigkeit, die sich um eine vertikale Achse dreht.

2. Gepreßte Flüssigkeit.

12. In einem Kessel, auf dessen Kolben F_1 und F_2 die Druckkräfte P und Q wirken, befindet sich Wasser, Gas oder Luft im Gleichgewicht. Wie groß ist die Pressung p an einer beliebigen Stelle M, wenn auf die Schwere keine Rücksicht genommen wird?

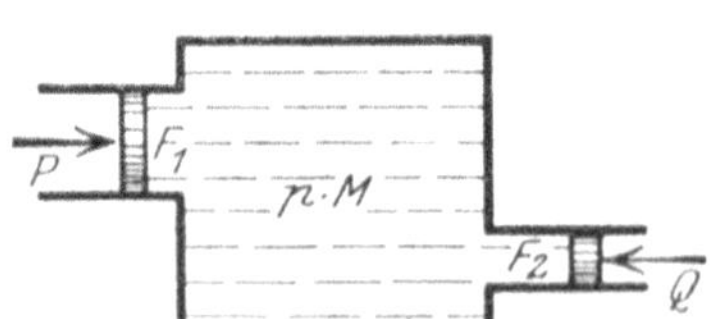

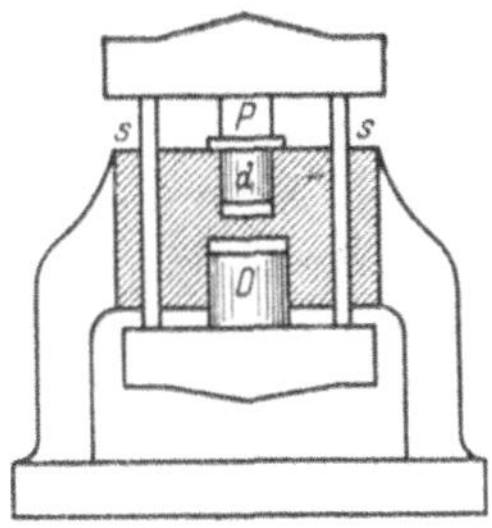

13. Bei der Druckwasserpresse von M. Friedrich & Co. wirkt das Druckwasser unter dem Kolben d unmittelbar auf das Preßgut P, hingegen das Druckwasser über dem Kolben D erst durch Vermittlung der Stangen s. Wie groß ist der Gesamtdruck auf das Preßgut, wenn p die Pressung des Druckwassers ist?

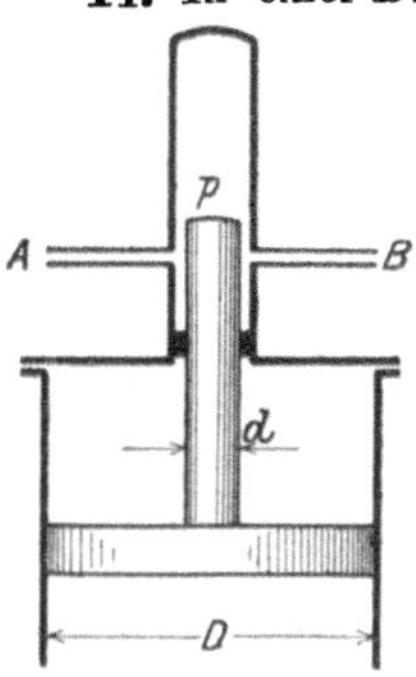

14. In einer Druckwasserleitung AB soll der Druck p dadurch erhalten werden, daß ein Kolben vom Durchmesser d eingepreßt wird. Dies geschieht durch einen größeren Kolben vom Durchmesser D, dessen untere Fläche dem Drucke einer Wassersäule von der Höhe h ausgesetzt ist. In welchem Verhältnis müssen D und d stehen?

15. Beim Differential-Akkumulator wird der Druck p in einer Druckwasser-Leitung AB dadurch erhalten, daß mit Hilfe eines fest verbundenen Kolbenpaares (Durchmesser D und d) ein dritter Kolben vom Durchmesser δ eingepreßt wird. Zwischen die Kolben D und d wird Dampf von der Pressung p_1 eingeleitet. Wie groß muß diese gewählt werden?

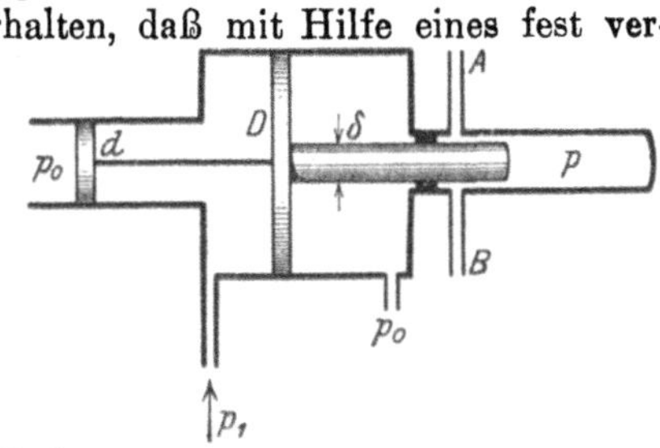

16. Zur Ermittlung der Stulpenreibung der hydraulischen Presse kann man sich nach dem Vorschlage von A. Martens (Zeitschr. Ver. Deutsch. Ing. 1907) folgender Vorrichtung bedienen: Der Kolben vom Gewicht G_1 hat zwei verschiedene Durchmesser d und D; er wird durch ein an Schnüren aufgehängtes Gewicht G entlastet. P sei der von der Presse ausgeübte Druck, R die Stulpenreibung des Kolbens, p_1 und p_2 die Wasserdrücke beim Niedergang und beim Aufgang des Kolbens,

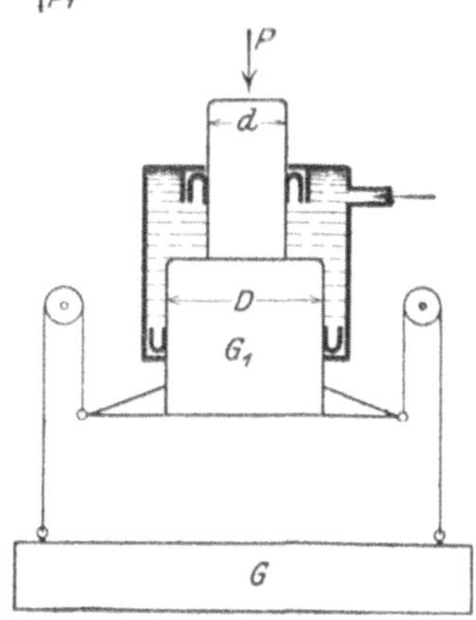

die mit Hilfe eines Manometers beobachtet werden. Wie kann aus ihnen die Stulpenreibung berechnet werden?

17. Beim hydraulischen Ventil sitzt der Ventilkörper AB von der Fläche F_1 auf einem vorspringenden Rande, der vom Ventilkörper die Fläche F_2 freiläßt. Er ist durch eine Kolbenstange (Querschnitt F_4) mit einem kleinen Kolben (Fläche F_3) in Verbindung; während die linke Seite des Kolbens bei C mit der atmosphärischen Luft in Verbindung steht, wird die rechte Seite vom Wasserdruck p, der in das Innere des kleinen Zylinders gelangen kann, beansprucht. Welche Beziehung besteht zwischen den Wasserdrücken p und p_1 auf beiden Seiten des Ventilkörpers, wenn das Ventil geschlossen ist und welche zwischen p und p_2 bei geöffnetem Ventil? (F. Lux, Zeitschr. Ver. Deutsch. Ing. 1896.)

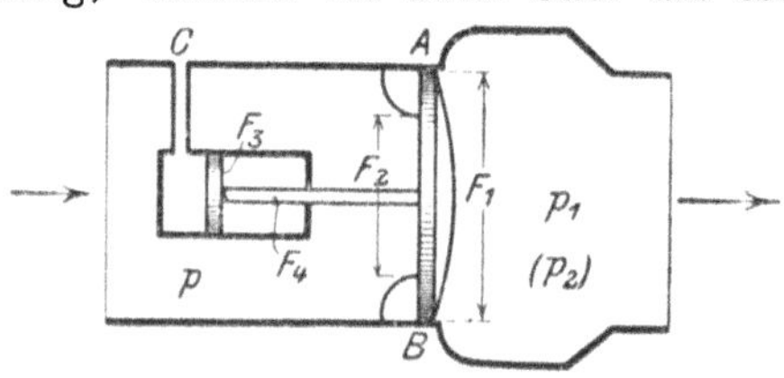

18. Beim hydraulischen Spurzapfenlager stützt sich die Welle, deren achsialer Druck Q sei, auf gepreßtes Wasser. Die Abdichtung der Welle erfolgt an deren Umfang durch einen Lederstulp, der in eine kreisförmige Vertiefung rund um die Welle gelegt und auf eine Breite h durch den eindringenden Wasserdruck an die Welle gepreßt wird. Welches Reibungsmoment erzeugt die Abdichtung?

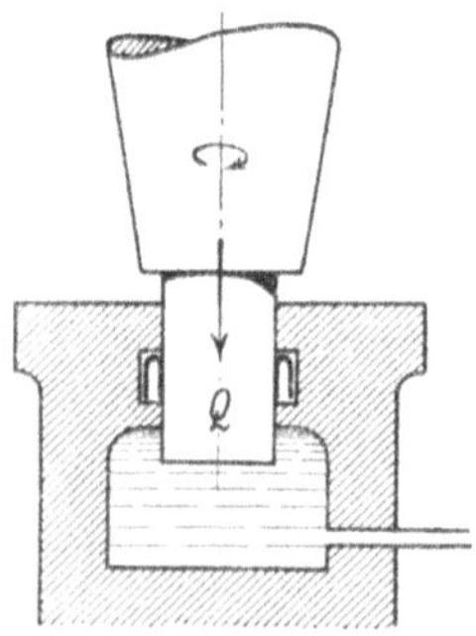

19. Bei dem Handhebelgetriebe für Druckwasserpressen von G. Krnka ruhen zwei Kolben von verschiedenen Durchmessern D und d auf der Oberfläche einer Flüssigkeit, die sich in zwei verbundenen Kammern befindet. Die beiden Kolben sind durch einen Hebel ACB in Verbindung; der Stützpunkt C kann sich vertikal bewegen. Welche Kraft P wird in A Gleichgewicht herstellen, wenn der große Kolben mit Q belastet ist?

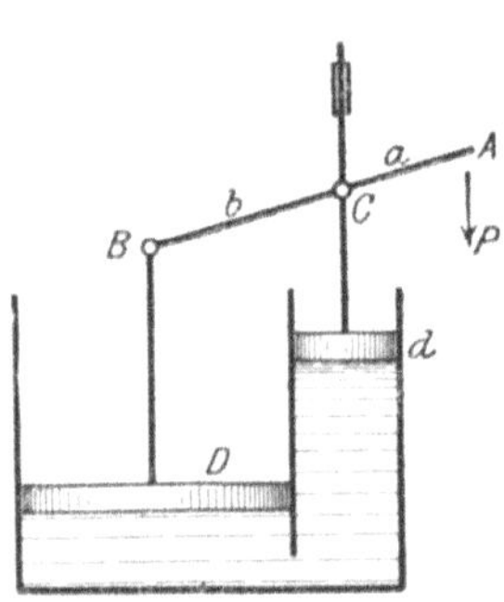

20. Bei der Druckwasserpresse von F. Hermann ist folgende Aufgabe zu lösen:

Eine Schraubenspindel vom Durchmesser d = 3,5 cm und h = 1 cm Ganghöhe wird mit Hilfe eines Rädchens vom Halbmesser a = 15 cm durch eine gut schließende Öffnung in einen Zylinder gesenkt, dessen innerer Durchmesser D = 25 cm, und dessen innere Höhe H = 20 cm ist. Der Zylinder ist mit Wasser gefüllt. Die Zusammendrückung des Wassers beträgt e = 0,000047 für die Raumeinheit und jede Atmosphäre Überdruck. Wenn die Spindel n = 10 Umdrehungen gemacht hat, wie viele Atmosphären Druck übt das Wasser aus? Welchen Druck Q erleidet die Bodenplatte? Welche Kraft P wird am Umfange des Rädchens ausgeübt werden müssen? (Die Reibungen sind nicht zu berücksichtigen.)

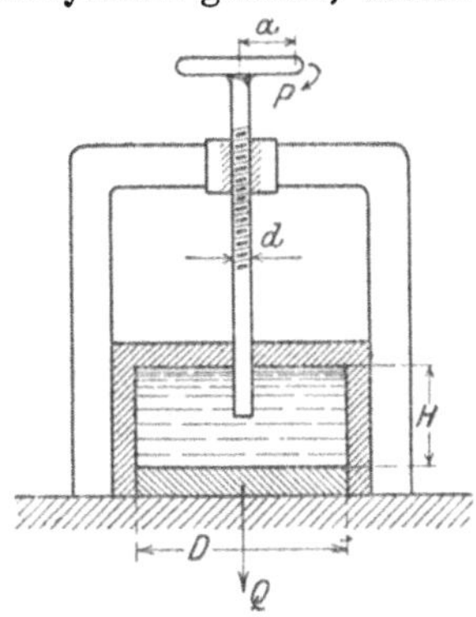

21. Eine glatte horizontale Tischplatte ruht mit Hilfe dreier verschieden großer Kolben auf einem Flüssigkeitskörper. An welcher Stelle der Tischplatte wird ein aufgelegtes Gewicht im Gleichgewicht bleiben können?

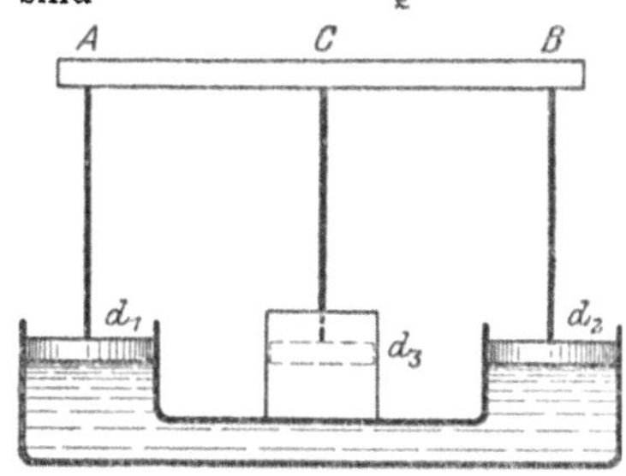

22. Wie groß ist das Verhältnis der Längsdehnung zur Quer-Zusammenziehung (Poissonsche Konstante m) für eine unzusammendrückbare Flüssigkeit?

23. Die Dichte einer zusammendrückbaren tropfbaren Flüssigkeit folge dem Gesetze

$$\mu = k + k_1 p,$$

wenn p die Pressung auf die Flächeneinheit ist. Die Raumdehnung der Flüssigkeit — e für jede Atmosphäre Druckzunahme, ferner die Dichte μ_0 und der Druck $p_0 = 1$ Atmosphäre an der Oberfläche seien bekannt; man ermittle die Konstanten k und k_1.

***24.** In einem horizontal liegenden Rohr, dessen innerer Halbmesser r und dessen Länge l ist, steht die ruhende Flüssigkeit unter der Druckhöhe h und wird hierdurch etwas zusammengepreßt. Wie groß wird die aufgewendete Formänderungsarbeit sein?

3. Druck in schwerer Flüssigkeit.

25. Ein mit Flüssigkeit gefülltes Gefäß ist oben durch einen verschiebbaren Kolben abgeschlossen, dessen Oberfläche F_0 von einer Kraft P gedrückt wird. Wie groß ist der Druck auf die Bodenfläche F des Gefäßes?

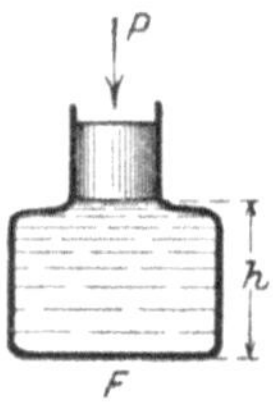

Aufg. 25.

26. Unter dem Kolben eines Akkumulators von d = 20 cm Durchmesser befindet sich Druckwasser von p = 35at Pressung. Der Kolben wird um h = 2,4m gehoben. Wie groß ist am Ende des Hubes der Druck auf den Kolben, wenn für Reibung in den Dichtungen δ 3 v. H. in Abzug gebracht werden?

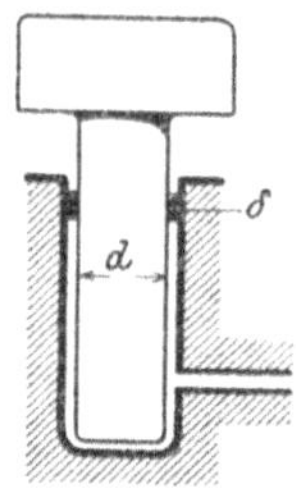

27. Ein hohler, unten offener Kolben vom Durchmesser D und der Höhe b ist in dem kürzeren Arme eines zweiarmigen Gefäßes verschiebbar. Mit welcher Kraft K drückt ihn die Flüssigkeit nach aufwärts?

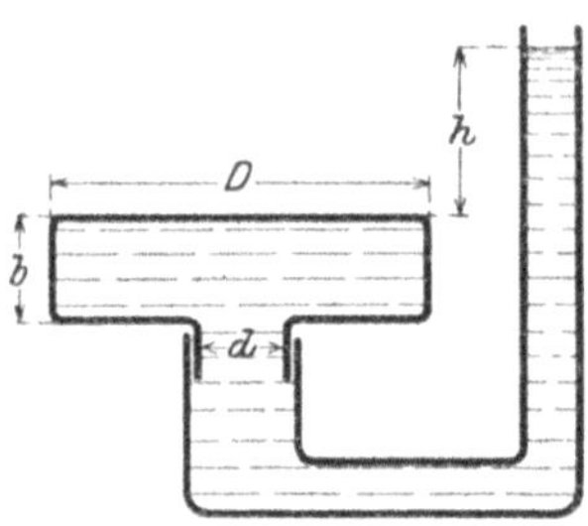

28. Drei belastete Kolben, deren Flächen F_1, F_2, F_3 sind, liegen auf der Oberfläche einer Flüssigkeit in gezeichneter Art. Wie groß werden x und z sein?

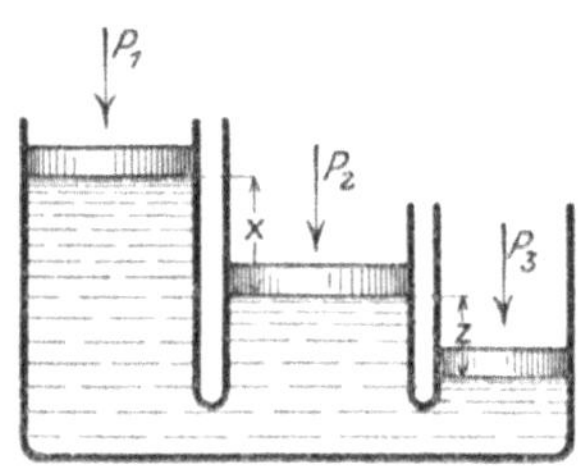

Aufg. 28.

29. In den beiden nebenan gezeichneten Gefäßen befindet sich gleichviel Wasser; es würde, wenn es a l l e i n im vertikalen Steigrohr stände, auf jeder Seite eine Höhe 40 r erfüllen. Nun füllt es aber noch auf beiden Seiten je einen Zylinder, der durch einen Kolben abgeschlossen ist. Wie groß ist z, wenn die beiden Kolben im Gleichgewicht sind?

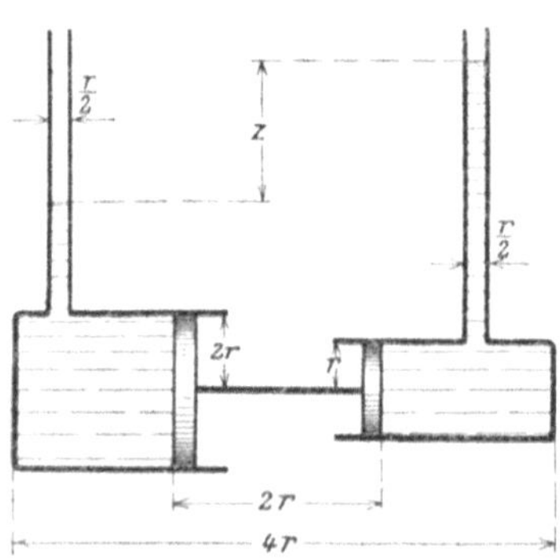

30. In ein prismatisches Gefäß vom Gewicht G_2, in dem sich Flüssigkeit vom Gewicht G_1 befindet, wird ein Gewicht G fallen gelassen. Wie groß ist der Druck auf die Bodenfläche des Gefäßes, während G sich durch die Flüssigkeit bewegt?

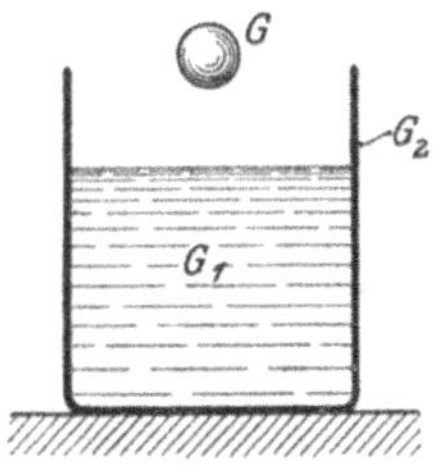

Aufg. 30.

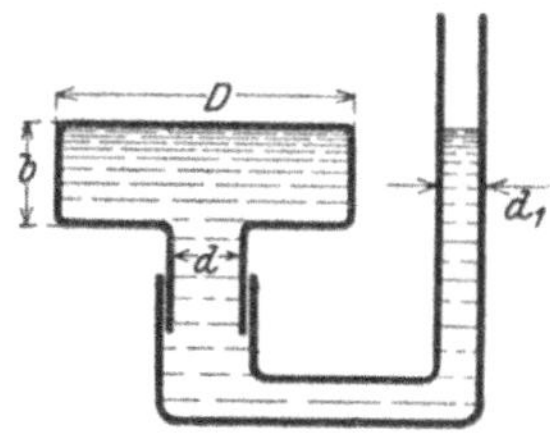

Aufg. 31.

31. Ein hohler Kolben vom Gewicht G mit dem Durchmesser D = 3 d befindet sich in der gezeichneten Anfangslage. Das seitliche Rohr hat einen Durchmesser $d_1 = \frac{1}{2} d$. Um wieviel muß der Kolben sinken, um in die Gleichgewichtslage zu kommen?

32. Ein Akkumulator, dessen Kolbenfläche F ist, wird durch Druckwasser gehoben. Vom Akkumulator führt eine Kette ABCD

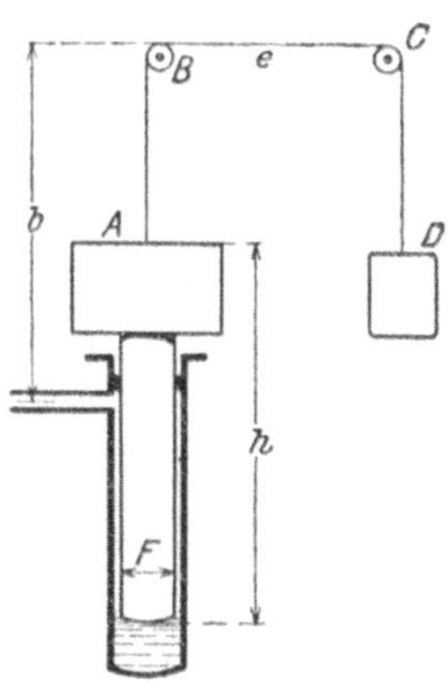

Aufg. 32.

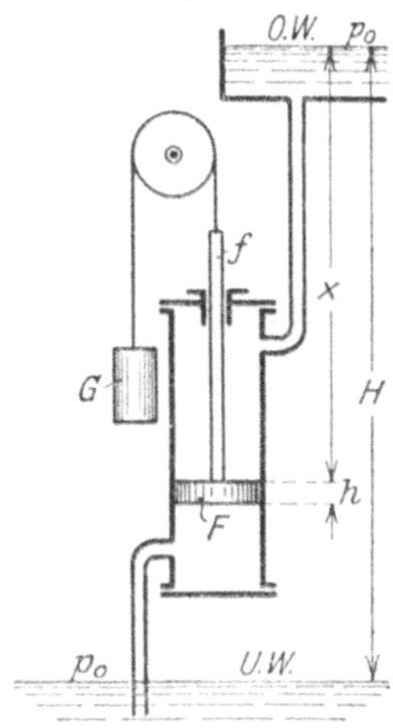

Aufg. 33.

von der Länge l über zwei Rollen zu einem Gegengewicht. Wie groß muß die Entfernung e der Rollen und das Gewicht q der

Kette für die Längeneinheit gewählt werden, wenn diese die Druckänderung auf den Kolben während des Hubes ausgleichen soll?

33. In einem vertikalen Zylinder, der ganz mit Wasser gefüllt ist, bewegt sich ein Kolben von der Oberfläche F, der durch eine Kolbenstange vom Querschnitt f geführt wird. Die obere Fläche des Kolbens steht mit dem Oberwasser OW, die untere mit dem Unterwasser UW in Verbindung; der Abstand H dieser beiden Wasserflächen ist gegeben. Das Gewicht G dient, um die treibenden Kräfte des Kolbens ganz oder teilweise auszugleichen. Bei welcher Stellung x des Kolbens wird der Ausgleich ein vollständiger sein?

34. Zwei Kolben von verschiedenen Oberflächen $F_1 = 100$ cm^2 und $F_2 = 40$ cm^2, die an einem um O drehbaren Hebel (Hebelverhältnis $a:b = 1:2$) aufgehängt sind und einander Gleichgewicht halten, berühren die Oberflächen zweier gleichartigen Flüssigkeiten, die in zwei doppelarmigen Gefäßen anfänglich gleich hoch stehen. In die dünneren Arme dieser Gefäße, deren Querschnitte $f_1 = 10$ cm^2 und $f_2 = 4$ cm^2 sind, werde nun gleichartige Flüssigkeit nachgegossen, links bis zur Höhe $h_1 = 1{,}0$ m, rechts bis $h_2 = 0{,}6$ m. Um wieviel (s_1) steigt der Kolben F_1 und wieviel (s_2) sinkt der Kolben F_2? Welche Vertikalabstände x_1 und x_2 haben dann die Oberflächen in den dünneren Armen von den zugehörigen Kolbenflächen?

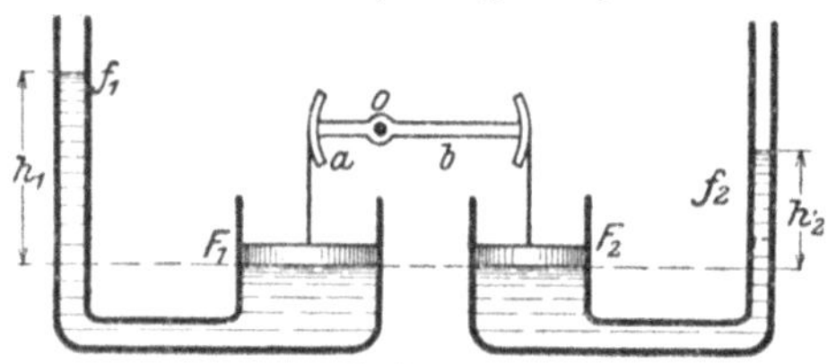

Aufg. 34.

35. Der Tiefenmesser von Weeren besteht aus einer starken stählernen Flasche mit doppeltem Boden; der mittlere Boden hat eine Vertiefung mit einem Ventil. Die obere Kammer wird mit 920 Gramm ausgekochtem Wasser gefüllt, die untere mit Quecksilber. Beim Versenken auf den Meeresboden dringt das stark gepreßte Seewasser durch eine feine Öffnung in die untere Kammer und preßt das Quecksilber durch das Ventil. Wieviel Gramm Quecksilber wird eingedrungen sein, wenn die Meerestiefe (wie bei den Kermadec-Inseln im pazifischen Ozean) 9429 m beträgt und wenn angenommen wird,

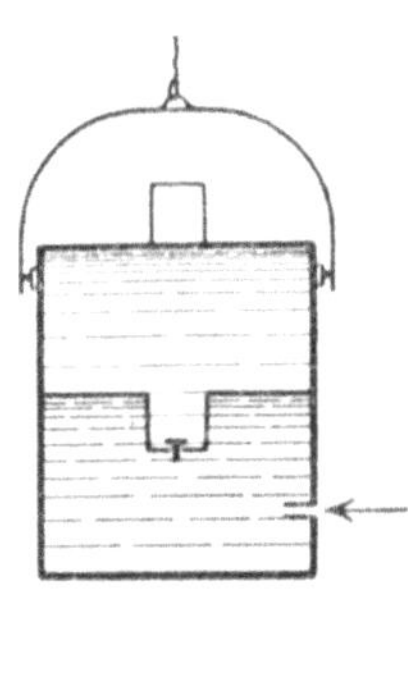

daß sich die Dichten von Süß- und Seewasser wie 35 : 36 verhalten? Die Zusammendrückung des Wassers ist 0,000047 für die Raumeinheit und für jede Atmosphäre Überdruck.

***36.** Eine tropfbare, zusammendrückbare Flüssigkeit besitzt eine mit der Pressung p veränderliche Dichte μ, welche dem Gesetze gehorcht

$$\mu = k + k_1 p.$$

Bezüglich der Bedeutung der Konstanten k und k_1 vergleiche Aufgabe 23.

Wenn diese Flüssigkeit nur der Schwerkraft ausgesetzt ist, wie können Dichte und Druck als Funktion der Tiefe z unter der Oberfläche dargestellt werden?

37. Wie groß ist das Gewicht eines Kubikmeters Meerwasser in einer Tiefe von 8000 m?

***38.** In der Zelle eines Silos sei bis zur Höhe h Getreide aufgespeichert. Das Verhältnis des Seitendruckes p_1 zum Bodendruck p des Getreides sei bekannt, und zwar $\frac{p_1}{p} = k$, ebenso die Reibungszahl f an der Wand der Zelle. Man ermittle den Gesamtdruck P des Getreides auf die Grundfläche $F = a^2$ der Zelle.

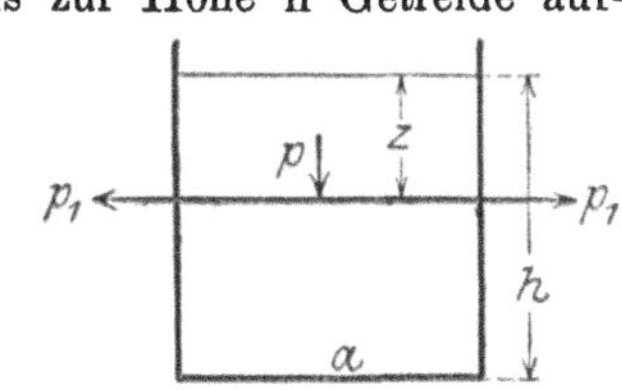

(H. A. Janssen, Zeitschr. Ver. deutsch. Ing. 1895.)

39. Es soll gezeigt werden, daß in dem Getreidesilo der vorhergehenden Aufgabe der größte Bodendruck an jener Stelle auftritt, an der die Reibung am Umfange einer horizontalen Getreideschichte gleich ihrem Eigengewichte ist.

(E. Mörsch, Zeitschr. Ver. deutsch. Ing. 1911.)

***40.** In ein mit Flüssigkeit gefülltes, prismatisches Gefäß, das auf Rollen gelagert ist, reicht eine feste Stange vom Querschnitt F. Das Gefäß wird sich, wenn von allen Widerständen abgesehen wird, nach rechts bewegen; man stelle seinen Weg als Funktion der Zeit dar.

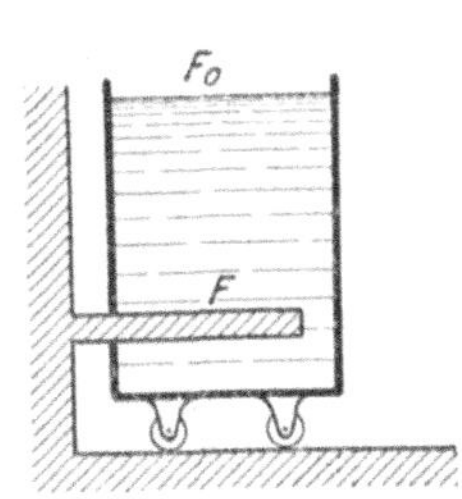

4. Druck auf ebene Flächen.

Man ermittle die Koordinate ζ des Druckmittelpunktes M für folgende Flächen, die in einer vertikalen Ebene liegen:

41.

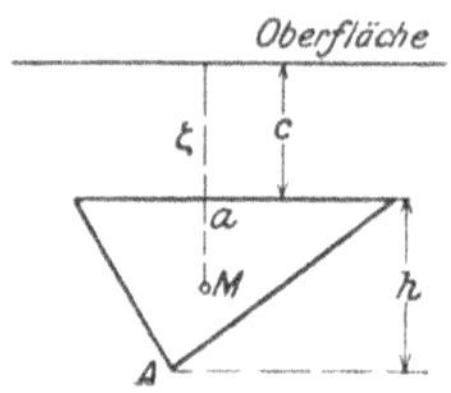

42.

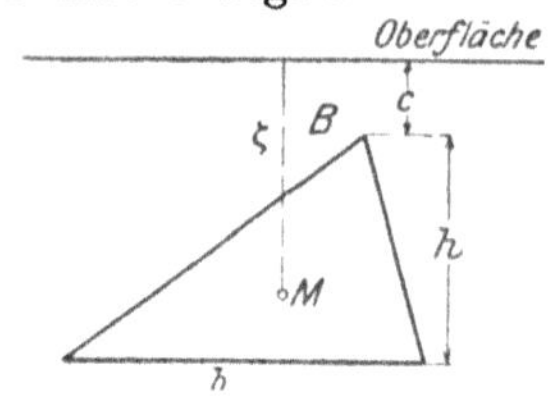

43.

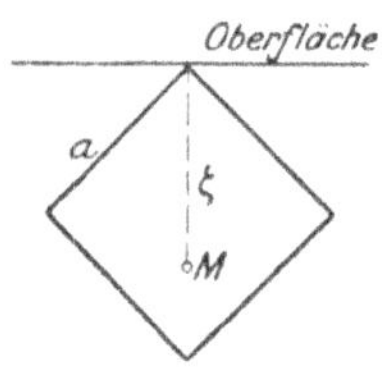

44.

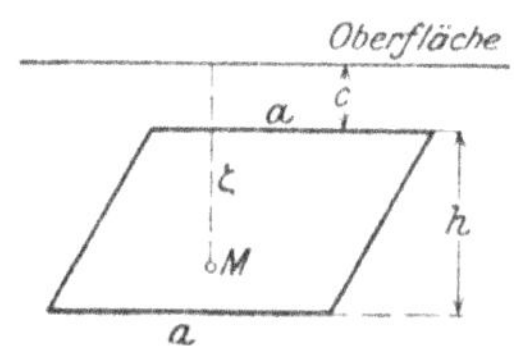

45.

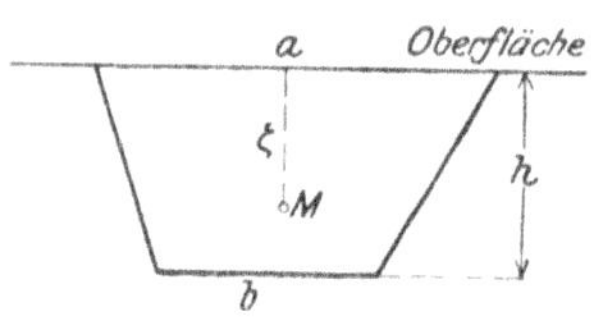

46.

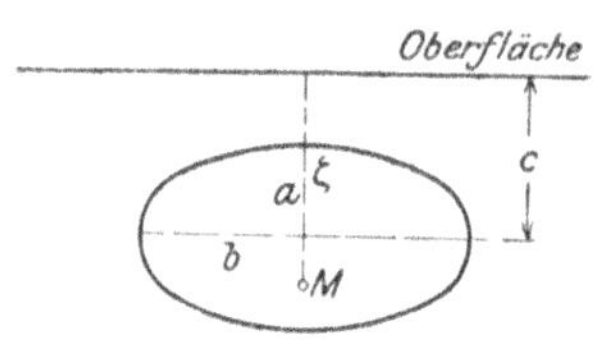

Ellipse

47.

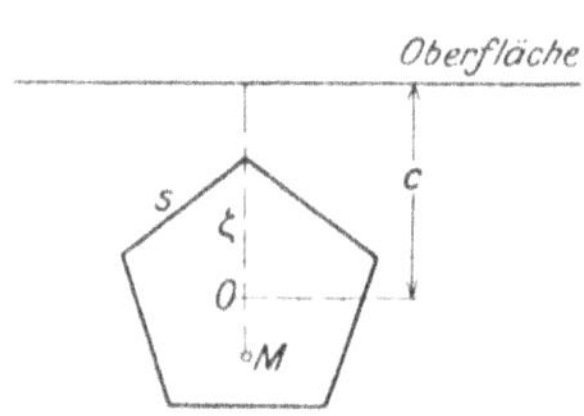

Regelmäßiges Fünfeck.

***48.**

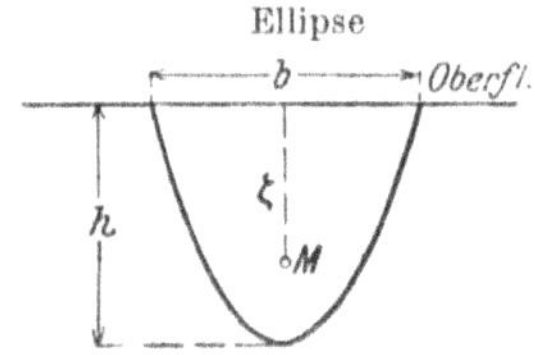

Parabel.

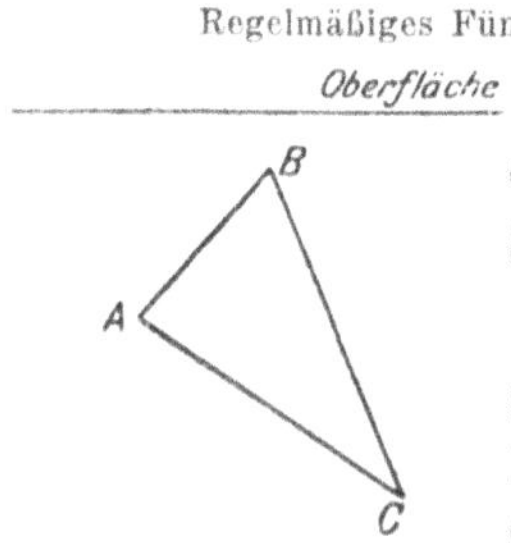

Aufgabe 49.

49. Wie bestimmt man am einfachsten den Druckmittelpunkt eines Dreiecks in allgemeiner Lage?

50. Ein regelmäßiges Vieleck, dessen Seitenlänge s ist und dessen eingeschriebener Kreis den Halbmesser r hat, liegt ganz unter der Oberfläche einer Flüssigkeit. Welche größte Entfernung kann dessen Druckmittelpunkt vom geometrischen Mittelpunkt des Vielecks annehmen?

51. Wenn man das regelmäßige Vieleck der vorigen Aufgabe in seiner Ebene um seinen geometrischen Mittelpunkt, der fest liegt, in der Flüssigkeit dreht, ändert sich die Tiefenlage des Druckmittelpunktes?

Man berechne die Koordinaten ξ und ζ des Druckmittelpunktes M für folgende vertikale Flächen:

***52.**

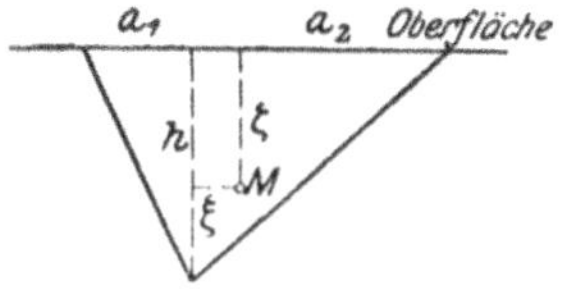

***53.**

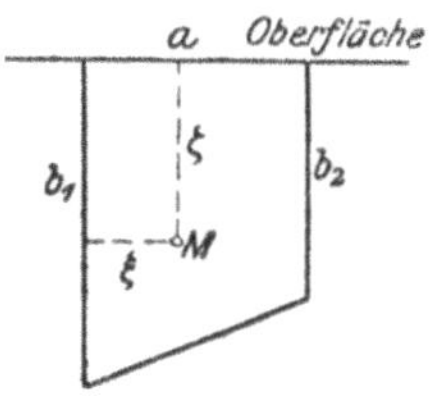

54.

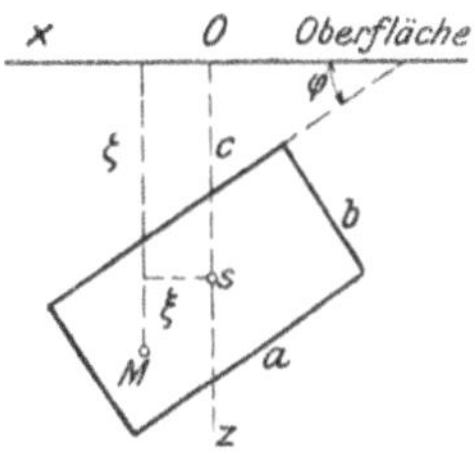

55.

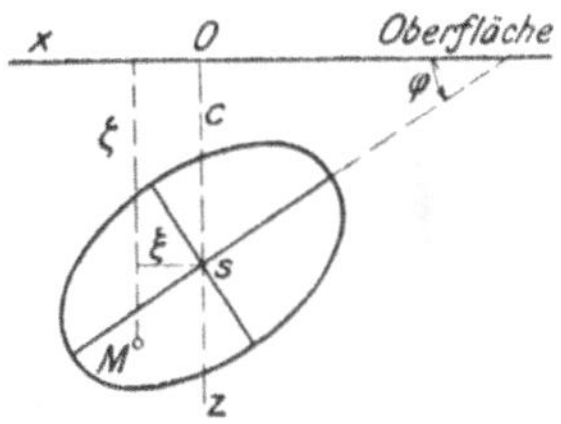

56.

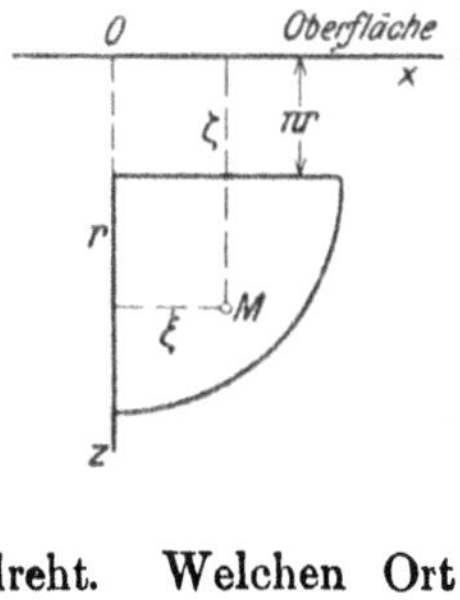

57. Eine unter der Oberfläche einer schweren Flüssigkeit befindliche ebene Fläche werde um deren Schnittlinie s mit der Oberfläche gedreht. Welchen Ort erfüllen die Lagen des Druckmittelpunktes der Fläche?

58. Eine unter der Oberfläche einer schweren Flüssigkeit befindliche ebene Fläche werde um ihre horizontale Schwerlinie gedreht. Welchen Ort erfüllen die Lagen des Druckmittelpunktes der Fläche?

59. Das Rechteck in Aufgabe 54 dreht sich unter der Oberfläche der Flüssigkeit um seinen Mittelpunkt S und bleibt immer in derselben Ebene. Man suche den Ort seines Druckmittelpunktes.

60. Eine Dreiecksfläche, deren eine Seite in die Oberfläche der schweren Flüssigkeit fällt, soll durch eine Parallele zur Oberfläche in zwei Teile derart geteilt werden, daß die Drücke auf beide Teile gleich groß sind.

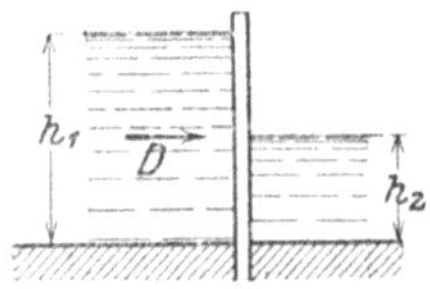

61. Zwei Gewässer sind durch eine rechteckige Wand voneinander getrennt. Wie groß muß das Verhältnis $h_1 : h_2$ gemacht werden, wenn der Gesamtdruck auf die Wand in die tiefere Oberfläche fallen soll?

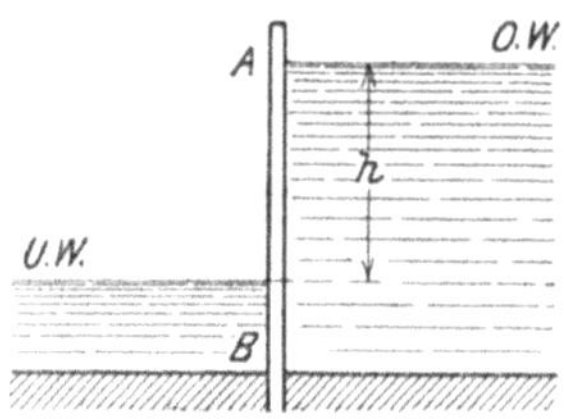

62. Eine Wand AB, die das Ober-Wasser vom Unter-Wasser trennt, soll durch n horizontale Quer-Riegeln in Felder derart geteilt werden, daß jedes Feld denselben Druck erleidet. Wie kann die Lage dieser Quer-Riegeln durch Konstruktion gefunden werden?

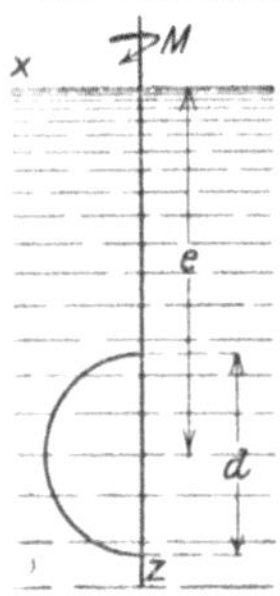

Aufg. 63.

63. Um eine vertikale Welle kann eine halbkreisförmige Klappe gedreht werden, welche die Öffnung einer Gefäßwand genau verschließt. Es ist e = 3 m, d = 400 mm. Welches Moment M ist erforderlich, um die Klappe zu öffnen?

64. Der Ausfluß aus einem Wasserbecken geschieht durch ein Rohr, das durch eine Klappe zu verschließen ist. Man berechne die zum Heben der Klappe notwendige Kraft P, wenn folgende Größen gegeben sind:

$\alpha = 45^0$, h = 5 m.
G = 3 kg (Gewicht der Klappe),
a = 1 m, b = 0,15 m, r = c = 0,1 m.

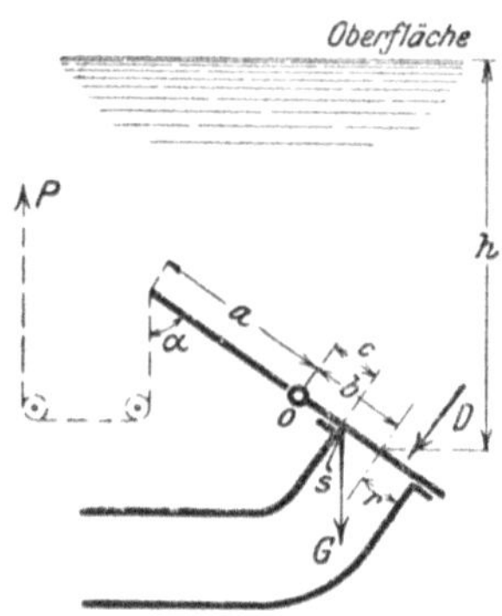

Aufg. 64.

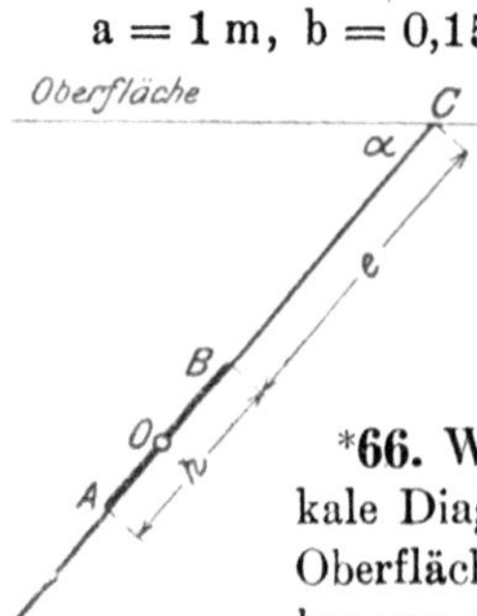

65. In einer Wand, die unter dem Winkel α in einer Flüssigkeit liegt, befindet sich eine rechteckige, um O drehbare Klappe. Welches Verhältnis AO:OB muß für die Lage der Drehachse O gewählt werden, wenn das Öffnen der Klappe möglichst leicht geschehen soll?

***66.** Wie groß muß die vertikale Diagonale z eines bis zur Oberfläche reichenden Rhombus von der Seitenlänge a sein, wenn der Druck auf diese Fläche einen Größtwert annehmen soll?

*67. Zwischen einer vertikalen und einer um O drehbaren Wand ist ein Flüssigkeitsgewicht G eingeschlossen; die Tiefe senkrecht zur Zeichnung ist überall gleich a. Bei welchem Winkel α ist das durch den Flüssigkeitsdruck ausgeübte Moment M der Wand am kleinsten und wie groß ist es dann?

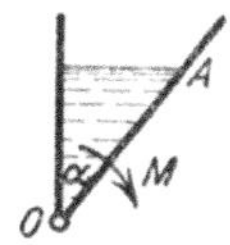

Aufg. 67.

*68. In einem prismatischen Gefäß, dessen Tiefe senkrecht zur Zeichnung überall gleich a ist, befindet sich eine bestimmte Wassermenge Q. Die Seitenwand ist um O drehbar. Bei welcher Tiefe z ist der Druck auf die drehbare Wand ein Minimum?

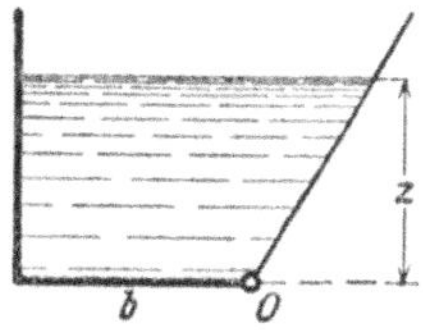

Aufg. 68.

*69. Bei welcher Wassertiefe z ist in voriger Aufgabe das Moment des Druckes auf die drehbare Wand ein Minimum?

*70. In ein halbkugelförmiges, mit Flüssigkeit gefülltes Gefäß soll eine Zwischenwand OA gelegt werden. Wie groß muß der Winkel φ gewählt werden, wenn der Druck auf die Zwischenwand am größten sein soll und wie groß ist er dann?

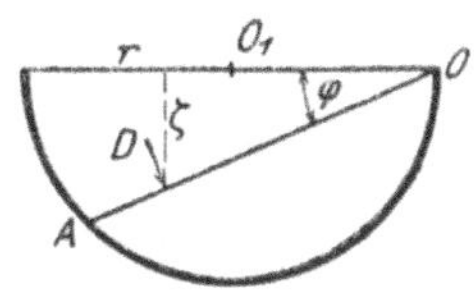

71. Wie groß muß in voriger Aufgabe der Winkel φ gewählt werden, wenn der Mittelpunkt des Druckes D am tiefsten liegen soll?

5. Druck auf krumme Flächen.

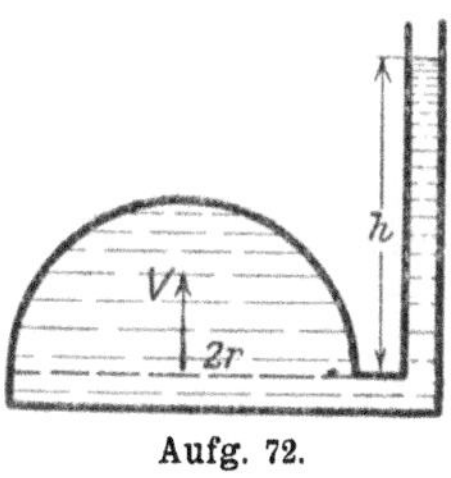

Aufg. 72.

72. Eine mit Flüssigkeit gefüllte Halbkugel steht unter dem Drucke der Säule h. Wie groß ist der Vertikaldruck auf die Innenfläche der Halbkugel?

73. Der horizontal verschiebbare Abschlußkolben K eines Gefäßes ist innen hohl und besitzt an seinem Ende die Form einer Halbkugel. Mit welcher Kraft wird die Flüssigkeit den Kolben bewegen?

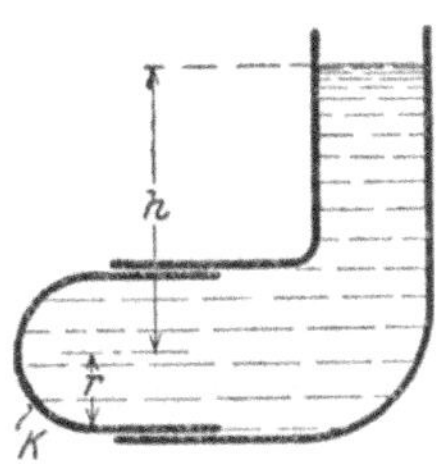

Aufg. 73.

*74. Wie groß ist der Druck, den eine Flüssigkeit auf den Mantel eines in ihr versenkten geraden Kreiskegels in Richtung seiner Achse ausübt? (Abbildung zu Aufgabe 85).

75. Ein oben und unten offener Kegelstutz vom Gewicht G, der auf einer glatten horizontalen Ebene genau aufsitzt, wird mit Flüssig-

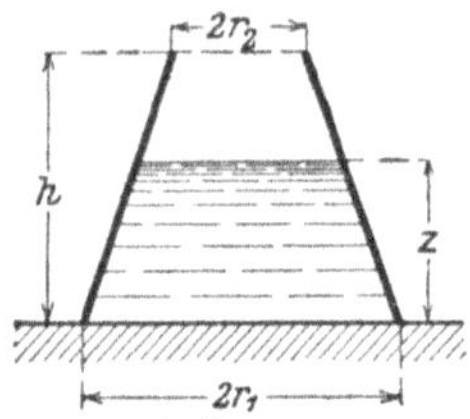

Aufg. 75.

keit bis zur Höhe z gefüllt. Bei welchem Wert von z wird der Kegelstutz durch den Druck der Flüssigkeit gehoben werden?

76. Ein hohler Kolben von nebenan gezeichneter Gestalt ist mit Wasser gefüllt und ragt zum Teil über die Oberfläche F_0 im Druckrohr hinaus. Welche Kraft wird den Kolben in seiner vertikalen Führung im Gleichgewicht halten?

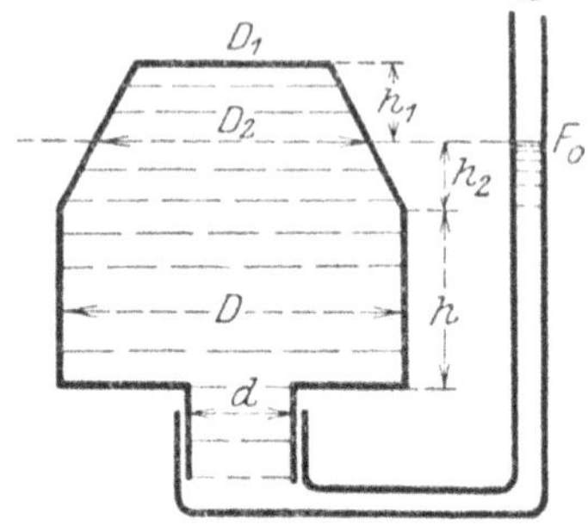

Aufg. 76.

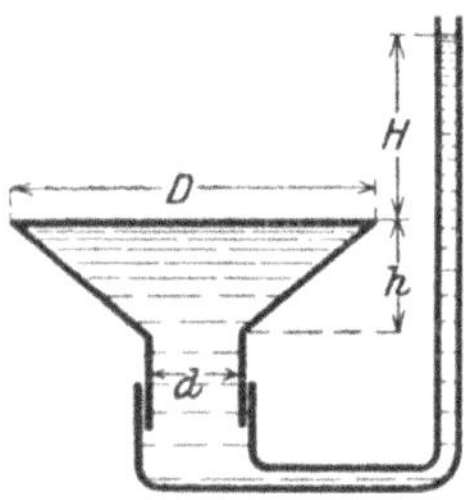

Aufg. 77.

77. Ein hohler Kolben, dessen Gewicht vernachlässigt werden kann, befindet sich im Gleichgewicht, wenn $H = 6\,h$ ist. In welchem Verhältnis müssen dann die Durchmesser D und d stehen?

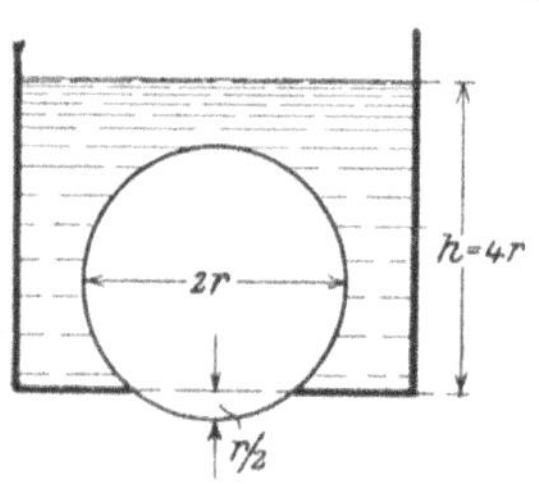

Aufg. 78.

78. Die kreisrunde Bodenöffnung eines Gefäßes wird durch eine Kugel vom Gewicht G geschlossen. Welche Kraft ist zum Heben der Kugel notwendig?

79. Auf dem Boden eines Gefäßes ruht ein Viertelkreis-Zylinder von der Länge l in der angegebenen Art. Man bestimme den Druck P der Flüssigkeit auf die krumme Oberfläche dieses Körpers und die Neigung δ des Druckes gegen die Bodenfläche.

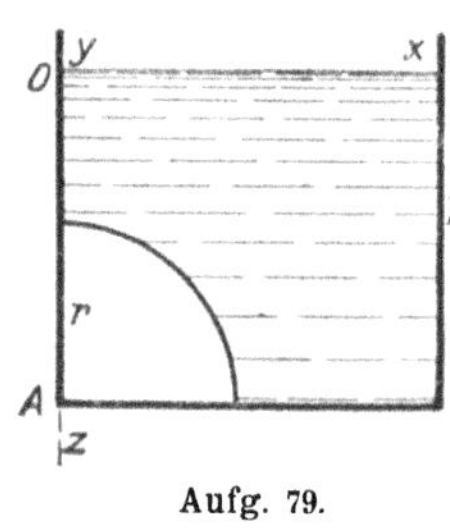

Aufg. 79.

80. In der Ecke A eines mit Flüssigkeit gefüllten Gefäßes liegt ein Kugeloktant (siehe vorige Abbildung). Wie groß ist der Gesamtdruck P auf die Oberfläche desselben, welche Richtung hat er und welche Winkel schließt er mit den drei Achsen X, Y, Z ein?

81. In der Wand eines Gefäßes befindet sich ein um die Achse O drehbarer Hahn, der die Länge l und als Querschnitt

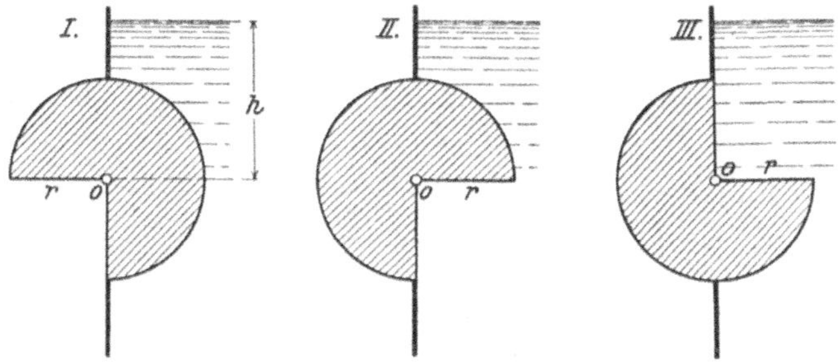

einen Dreiviertelkreis besitzt. Man berechne für die drei gezeichneten Stellungen: a) den Gesamtdruck der Flüssigkeit auf die Achse des Hahns; b) die Neigung δ des Druckes gegen die Horizontalebene; c) das Moment M des Druckes um die Achse des Hahns.

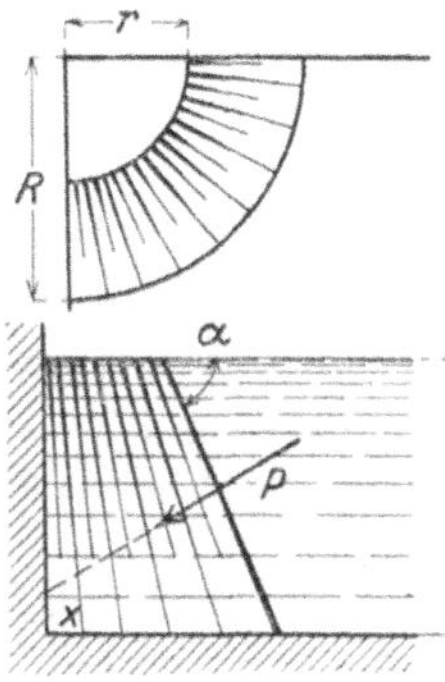

Aufg. 82.

82. Eine Kaimauer hat die Form eines Kreiskegelstutzes. Man suche die Größe des Druckes P auf die krumme Fläche der Mauer, die Neigung δ des Druckes gegen die Horizontale und die Entfernung x des Schnittpunktes des Druckes mit der Kegelachse vom Boden.

83. Man berechne den Druck P der Flüssigkeit auf die krumme Oberfläche einer offenen Halbkugel nach den drei Richtungen X, Y, Z, sowie das Moment des ganzen Druckes um die Achse OY.

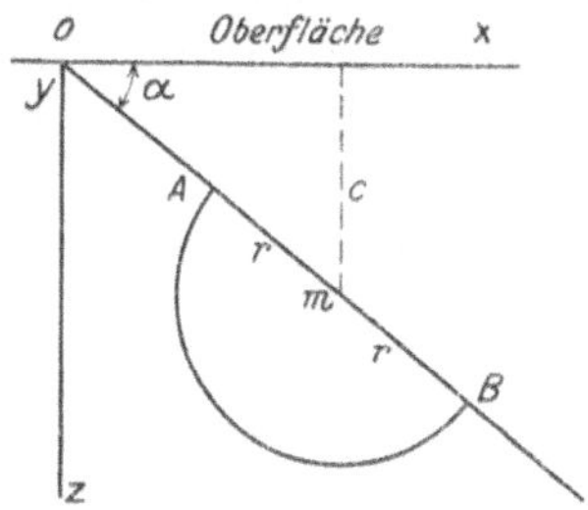

Aufg. 83.

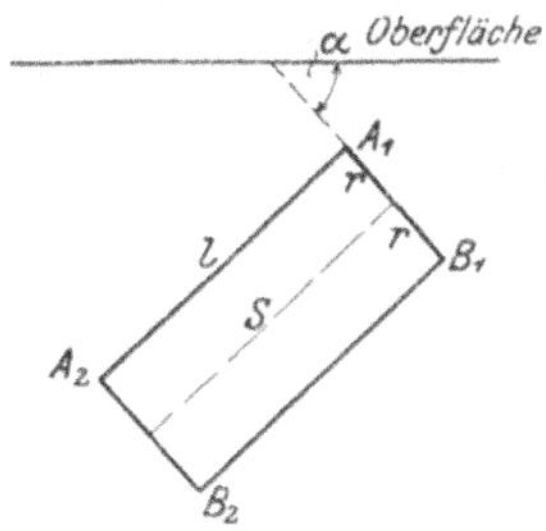

Aufg. 84.

84. Es ist der Gesamtdruck P der Flüssigkeit auf die Mantelfläche eines an beiden Enden offenen Kreiszylinders zu berechnen. Welche Richtung hat er und wo schneidet er die Achse des Zylinders?

85. Wie groß ist der Gesamtdruck P, den die Flüssigkeit auf die Mantelfläche eines schiefliegenden Kreiskegels ausübt? Welchen Winkel δ schließt der Druck mit der Achse des Kegels ein und in welchem Punkt L schneidet er sie?

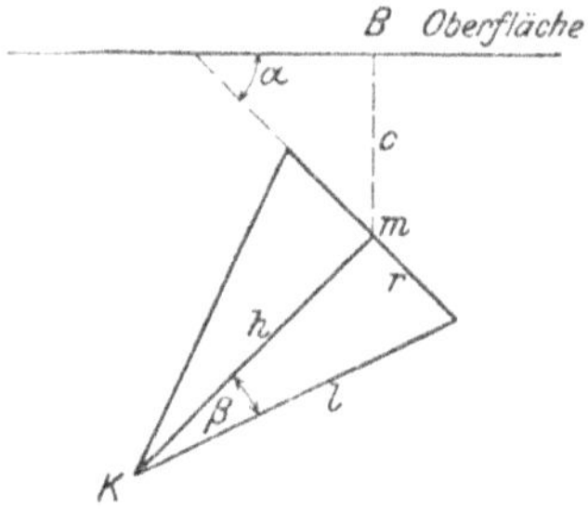

Aufg. 85.

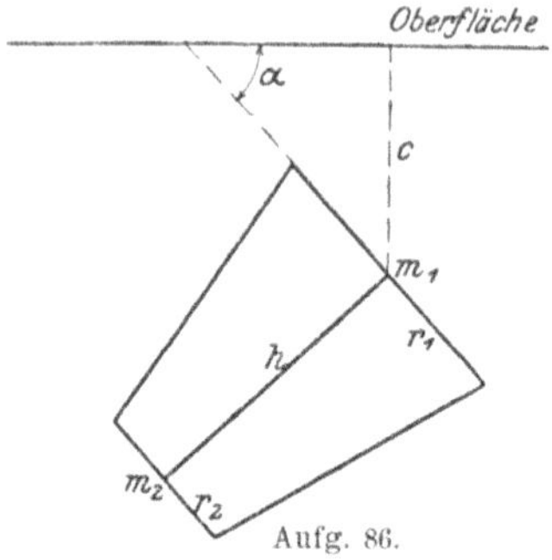

Aufg. 86.

86. Wie groß sind die Drücke P_1 und P_2 einer Flüssigkeit auf die Mantelfläche eines Kegelstutzes in Richtung der Kegelachse und senkrecht dazu? In welcher Entfernung vom Schwerpunkt des Kegelstutzes schneidet der ganze Manteldruck die Kegelachse?

6. Auftrieb und Schwimmen.

87. Ein Schiff, das im Gleichgewicht schwimmt, wird mit 1730 kg belastet und sinkt infolgedessen um 5 cm ein. Wie groß ist seine Schwimmfläche?

88. Wenn ein Mann eine Eisenkugel von G kg Gewicht heben kann, wieviel kann er unter Wasser heben?

89. Die Blechkugel eines Doppel-Schwimmers für Wassergeschwindigkeits-Messungen soll unter Wasser schweben. Wenn δ die Dicke des Bleches ist, wie groß muß der Halbmesser der Kugel gemacht werden?

90. Man berechne die Tauchtiefe eines Prismas vom Gewicht G, dessen Länge l und dessen Querschnitt eine Trapez ist.

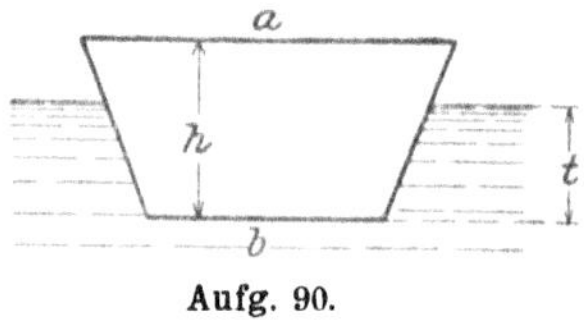

Aufg. 90.

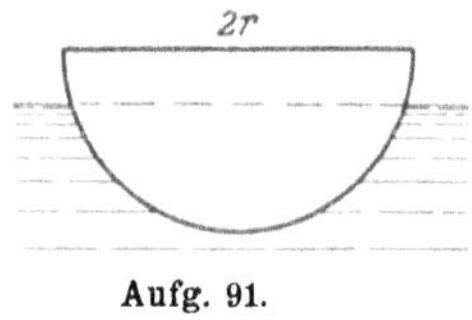

Aufg. 91.

91. Es ist die metazentrische Höhe eines schwimmenden Halbzylinders zu bestimmen.

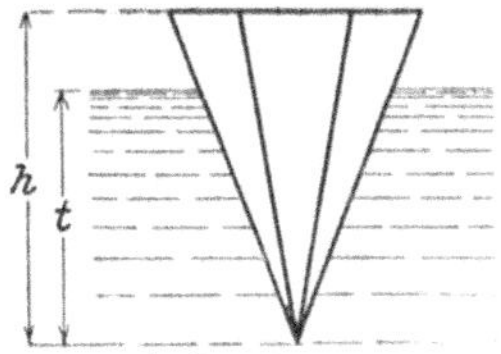

Aufg. 92.

92. Wie groß ist die Tauchtiefe einer Pyramide, die mit nach abwärts gekehrter Spitze schwimmt?

93. Wie groß ist die metazentrische Höhe eines Unterseebootes? Ist sie veränderlich?

94. Man bestimme die Tauchtiefe eines geraden homogenen Kegels von der Höhe h, dessen Spitze aus der Oberfläche der Flüssigkeit hervorragt.

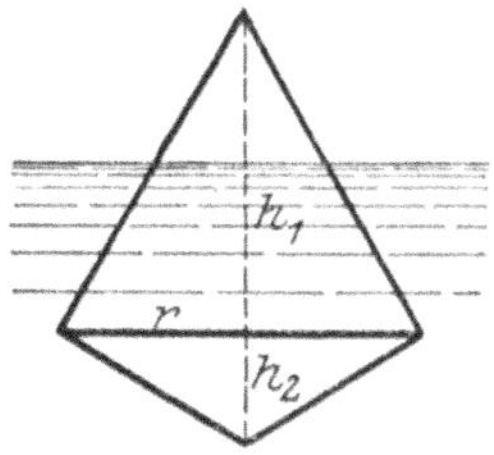

Aufg. 95.

95. Ein homogener Doppelkegel schwimmt mit vertikaler Achse und ragt mit einer Spitze über die Oberfläche empor? Wie groß ist seine Tauchtiefe?

96. Es ist die Tauchtiefe einer homogenen Kugel zu berechnen, die zum Teil aus der Oberfläche der Flüssigkeit hervorragt.

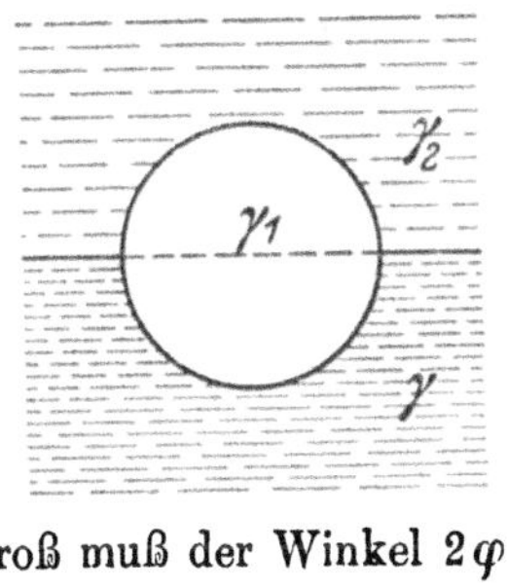

97. Eine Kugel vom Einheitsgewichte γ_1 schwimmt zwischen zwei Flüssigkeiten von den Einheitsgewichten γ und γ_2 derart, daß die Trennungsschichte durch den Mittelpunkt der Kugel geht. In welcher Beziehung stehen die drei Einheitsgewichte?

98. Ein homogener Kreiskegel vom Einheitsgewicht γ_1 soll mit abwärts gekehrter Spitze indifferent schwimmen. Wie groß muß der Winkel 2φ an der Spitze des Kegels sein?

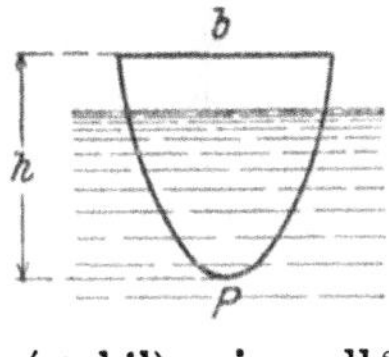

99. Ein prismatischer Körper, dessen Länge l und dessen Querschnitt ein Parabel-Abschnitt ist, schwimmt derart, daß die Scheitellinie P am tiefsten liegt. In welcher Beziehung müssen die Einheitsgewichte γ und γ_1 der Flüssigkeit und des Körpers stehen, wenn das Schwimmen sicher (stabil) sein soll? Es ist $l > b$.

100. Ein Umdrehungsparaboloid (siehe Abbildung zu voriger Aufgabe), dessen Grundfläche den Durchmesser b hat und dessen Höhe h ist, schwimmt derart, daß der Scheitel P am tiefsten liegt. In welchem Verhältnis müssen die Einheitsgewichte γ und γ_1 der Flüssigkeit und des Paraboloides stehen, wenn das Schwimmen sicher (stabil) sein soll?

101. In einem prismatischen Gefäß, daß eine rechteckige Seitenwand besitzt, befindet sich eine Flüssigkeitsmenge vom Gewicht G. Man wirft einen Körper vom Gewicht G_1 hinein, der in der Flüssigkeit schwimmt. In welchem Verhältnis ändert sich der Druck auf die rechteckige Seitenwand?

102. Eine kleine Holzkugel vom Einheitsgewicht $\gamma_1 = 0{,}5$ wird am Grunde eines Gewässers festgehalten, das eine Tiefe von $t = 4$ m und $v = 1{,}5$ m/s Geschwindigkeit besitzt. a) Welche Kurve beschreibt der Mittelpunkt der Kugel, wenn sie freigemacht wird? b) In welcher Zeit τ erscheint sie an der Oberfläche? c) In welcher Entfernung a von der anfänglichen Vertikalen taucht sie auf? (Ohne Berücksichtigung des Widerstandes des Wassers.)

***103.** Ein Prisma von der Länge l und dem Einheitsgewichte

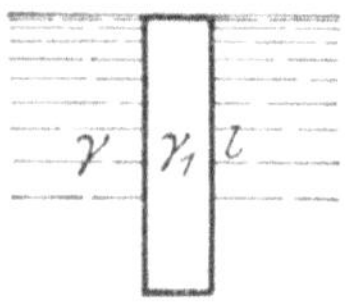

$\gamma_1 = \frac{3}{4}\gamma$ wird in nebenan gezeichneter Stellung unter der Oberfläche festgehalten. Wird es losgelassen, so taucht es empor. Welche größte Höhe über der Oberfläche erreicht es und in welcher Zeit?

104. Bei der nassen Aufbereitung von Erzen ist folgende Frage zu lösen: zwei Kugeln aus verschiedenem Material sollen in derselben Flüssigkeit die gleiche Zeit benötigen, um von der Oberfläche zu Boden zu sinken. Der Widerstand der Flüssigkeit ist dem Querschnitt der Kugel, dem Quadrat der Geschwindigkeit und dem Einheitsgewicht der Flüssigkeit proportional zu setzen. In welchem Verhältnis müssen die Durchmesser stehen? (Gleichfälligkeit.)

105. Wie ändert sich die Bedingung der Gleichfälligkeit in voriger Aufgabe, wenn der Widerstand der Flüssigkeit dem Querschnitt der Kugel und dem Quadrat der Fallgeschwindigkeit direkt, der abwärts treibenden Kraft verkehrt proportional gesetzt wird?

(R. Kegel, Glückauf 1919.)

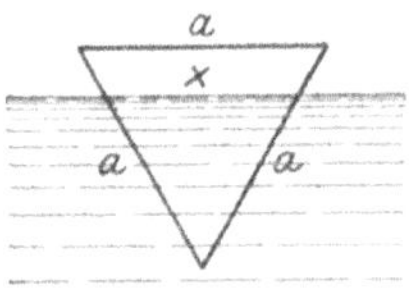

106. Ein Prisma, dessen Querschnitt ein gleichseitiges Dreieck ist, schwimmt mit der einen langen Kante nach unten gekehrt horizontal. Welches Verhältnis muß zwischen dem Einheitsgewicht γ_1 des homogenen Prismas und jenem γ der Flüssigkeit bestehen, wenn das Prisma stabil schwimmen soll?

107. Wie ändert sich das Resultat der vorhergehenden Aufgabe, wenn nur eine lange Kante über der Oberfläche herausragt?

108. Ein prismatischer Stab schwimmt horizontal; das Quadrat des Querschnittes steht auf der Spitze (vergl. Abbildung zu Aufgabe 200). Bei welchem Verhältnis $\gamma_1 : \gamma$ der Einheitsgewichte des Stabes und der Flüssigkeit schwimmt der Stab sicher?

109. Ein Prisma von rechteckigem Querschnitt a, b und dem Einheitsgewicht γ_1 ist unter dem Winkel φ gegen die Oberfläche geneigt. Man untersuche, für welchen Winkel φ es in dieser Lage im Gleichgewicht bleiben kann und ob das Gleichgewicht stabil ist.

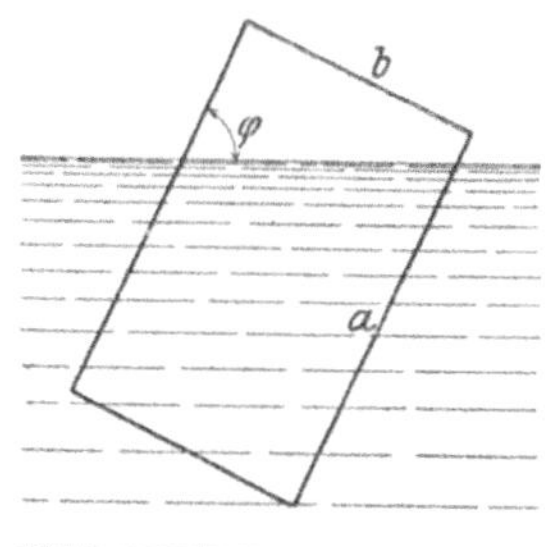

Aufg. 109.

***110.** Ein dreiachsiges Ellipsoid schwimmt derart, daß eine seiner Halbachsen c zur Schwimmfläche normal steht. Man berechne die metazentrische Höhe und gebe die Bedingung für die Stabilität des Schwimmens an.

111. Zwei gleiche Wasserkammern vom Querschnitt F enthalten gleichviel Wasser und ruhen auf zwei gleichen Kolben vom Querschnitt f, die unter der Pressung von Druckwasser stehen. In den Kammern schwimmen zwei Schiffe, deren Gewichte G_1 und G_2 sind. Welchen Abstand y müssen die Unterflächen der Kolben voneinander haben, wenn Gleichgewicht besteht? Wie groß ist dann der Abstand z der Oberflächen des Wassers in den beiden Kammern?

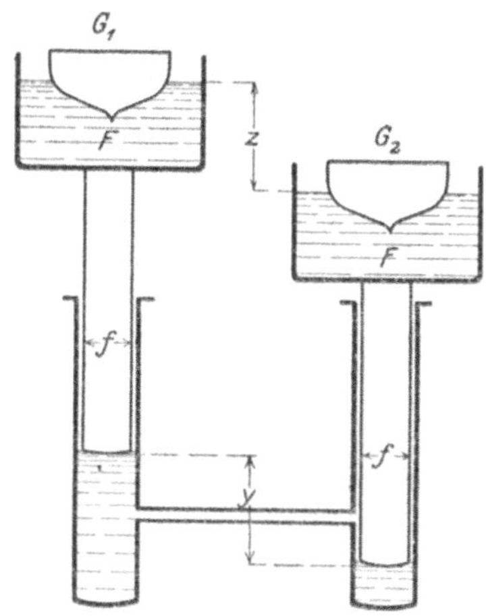

112. Ein dünnes Brett von der Länge 2 l wird über die Kante B ins Wasser geschoben und bleibt in der gezeichneten Lage im Gleichgewicht. Man berechne die eintauchende Länge x, sowie die über die Kante B hinausragende Länge y mit Berücksichtigung der bei B stattfindenden Reibung.

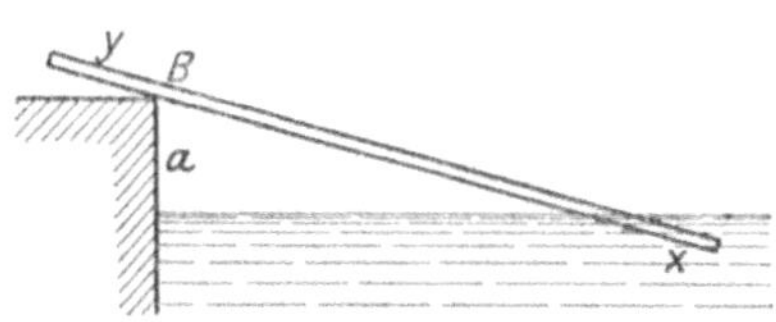

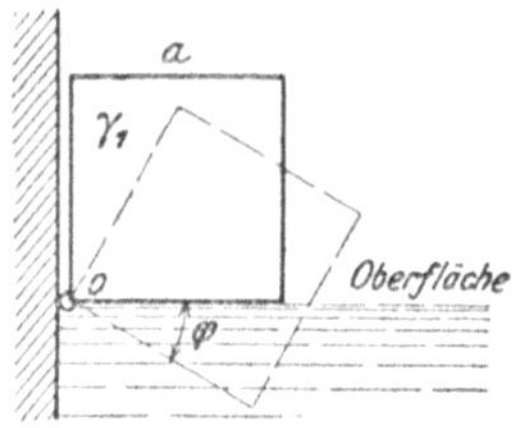

113. Ein bei O drehbarer Würfel, dessen Einheitsgewicht im Verhältnis zu jenem der Flüssigkeit $\gamma_1 : \gamma = \frac{1}{3}$ ist, sinkt in diese bis zu einem Winkel φ ein. Man suche eine Gleichung für tg φ, wenn die Oberfläche so groß ist, daß sie unveränderlich bleibt.

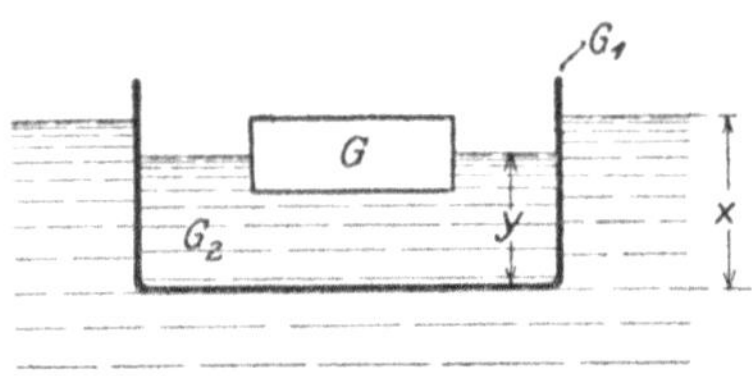

114. Ein Gefäß vom Gewicht G_1 schwimmt in einer Flüssigkeit und enthält eine Menge derselben Flüssigkeit vom Gewicht G_2. Wie schwer muß der Schwimmer G gemacht werden, wenn das Verhältnis der Tiefen $x : y = n$ sein soll?

115. Zwei Kreiszylinder von den Längen L, l, den Halbmessern R, r und den Gewichten G_2, G_1 hängen an den Enden einer Schnur und tauchen in eine Flüssigkeit vom Einheitsgewicht γ. Man berechne den Abstand x der beiden Zylinder, wenn die Entfernungen h und e sowie die Gesamtlänge a der Schnur gegeben sind und die Rollen als klein angenommen werden.

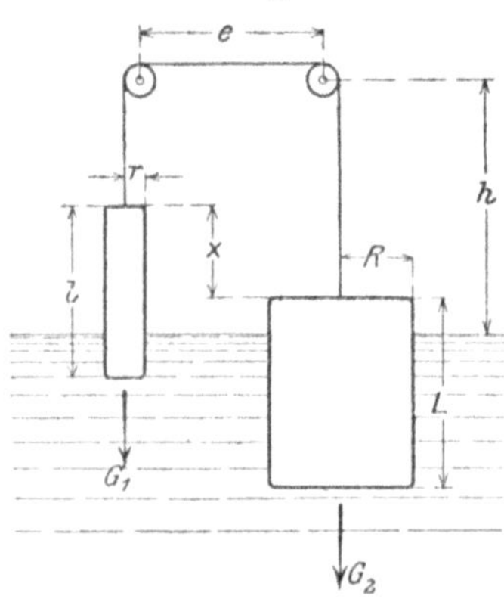

Aufg. 115.

116. Ein Zylinder vom Gewicht G, der Länge l und dem Querschnitt f schwimmt in einem Gefäß von der Höhe l und dem

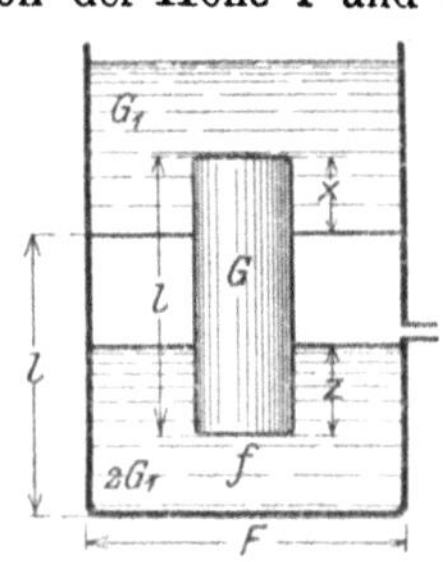

Aufg. 116.

Querschnitt $F = 4\,f$ und reicht mit seinem oberen Ende in ein gleich großes Gefäß. Das Gewicht der Flüssigkeit im oberen Gefäß ist G_1; im unteren Gefäß befindet sich doppelt so viel. Es soll $z = 2\,x$ sein; wie groß ist x und G?

117. Ein mit Flüssigkeit vom Einheitsgewicht γ_1 gefülltes Gefäß vom Gewicht G_2 schwimmt in einer anderen Flüssigkeit vom Einheitsgewicht γ. Welche Gleichungen bestehen zwischen x, y, z, u, wenn F, F_1, F_2 die Querschnitte, G und G_1 die Gewichte der unteren und der oberen Flüssigkeit sind?

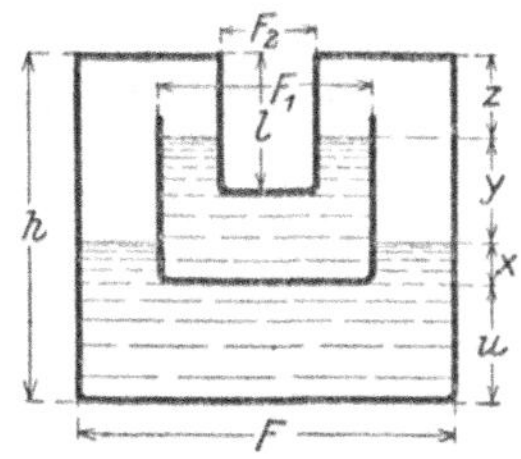

118. Ein Boot von rechteckigem Querschnitt hat die Länge l und die Breite 2 b; sein Gewicht G hat seinen Schwerpunkt S in der Entfernung a über dem Boden. Die Belastung P des Schiffes liegt anfangs in der Mittellinie, wird aber dann an die Stelle x, y gerückt. Um welchen Winkel φ neigt sich das Boot?

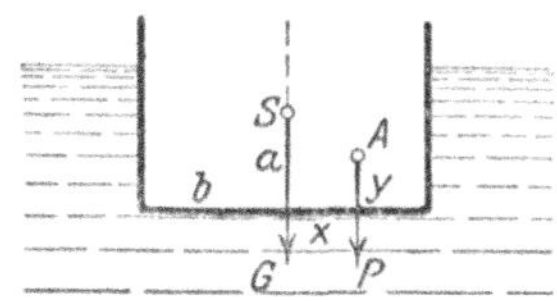

119. In einer hohlen Halbkugel vom Halbmesser R befindet sich eine bestimmte Flüssigkeitsmenge vom Gewicht G_1; in dieser schwimmt eine Kugel vom Halbmesser r. Wie groß muß das Gewicht G dieser Kugel gemacht werden, wenn sie konzentrisch mit der Halbkugel schwimmen soll?

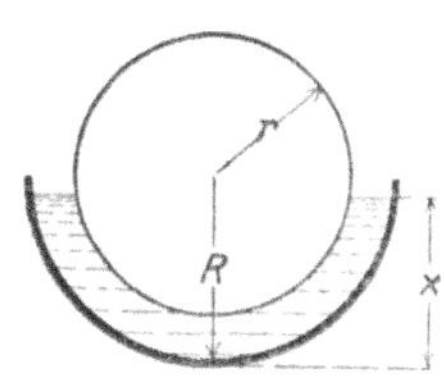

120. Ein schwimmender Steg besteht aus zwei quadratischen Balken von der Länge a und den Querschnitten d^2 beziehungsweise $(2\,d)^2$; ihre Entfernung von Mitte zu Mitte ist l. Über die beiden Balken ist ein Bretterbelag vom Gewicht G gelegt. An welche Stelle x muß die Last P gerückt werden, wenn der Bretterbelag horizontal schwimmen soll? Welche Höhe y hat er dann über der Oberfläche? (γ Einheitsgewicht der Flüssigkeit, γ_1 jenes der Balken.)

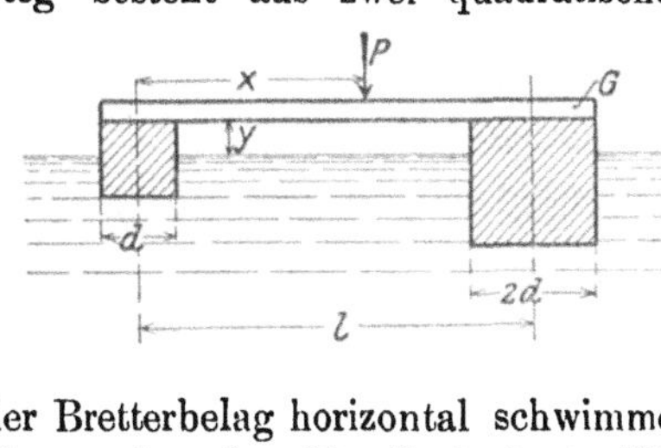

121. Eine quadratische Platte von der Länge a, der Dicke d und dem Einheitsgewicht γ_1 wird in der Mitte A einer Seitenwand mit dem Gewicht G derart belastet, daß sie unter 45^0 gegen die Oberfläche schwimmt. Wie groß ist G? (Abbildung nächste Seite.)

122. Auf drei schwimmenden Kugeln, deren Gewichte G_1 G_2 G_3 und deren Halbmesser r_1 r_2 r_3 sind, liegt eine kreisrunde Platte vom Gewicht G. Die Berührungspunkte derselben mit den Kugeln bilden ein gleichseitiges Dreieck. Wie muß eine auf der Platte

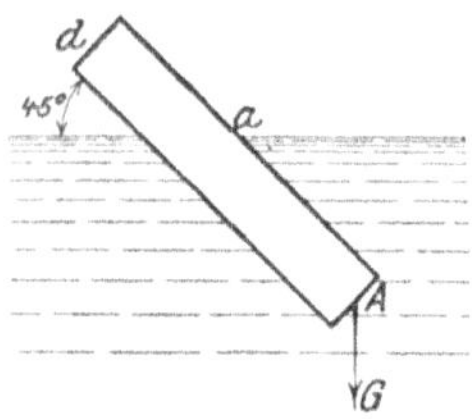

Aufg. 121.

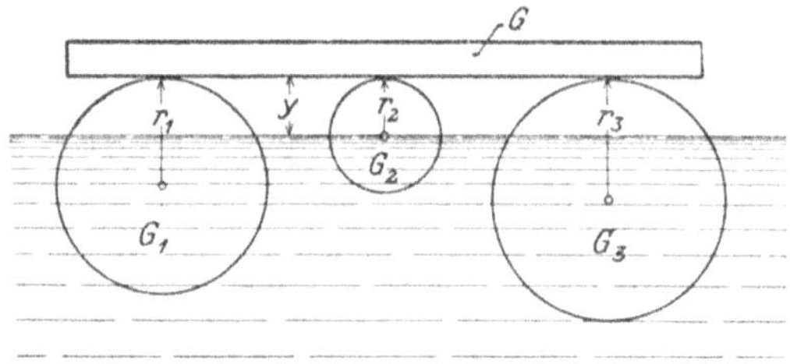

Aufg. 122.

liegende Last P auf die drei Kugeln verteilt werden, damit die Platte sich horizontal einstellt? Welche Entfernung y hat sie dann von der Oberfläche?

123. Zwei schwimmende zylindrische Gefäße von der Höhe h, dem Halbmesser r, dem Gewicht G_1 und dem Schwerpunktsabstand s

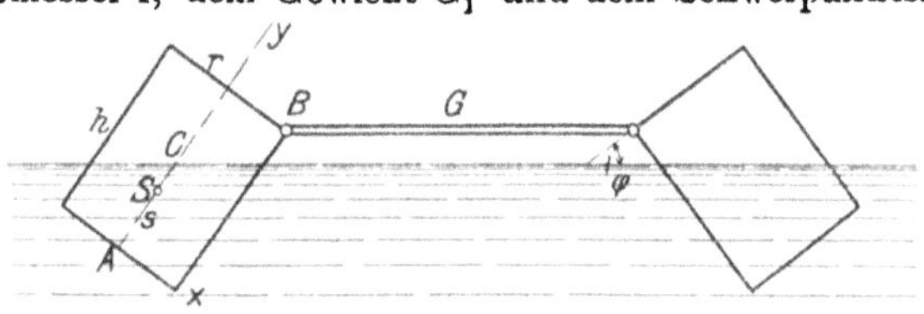

vom Boden sind an den Rändern durch eine Stange vom Gewicht G gelenkig verbunden. Unter welchem Winkel φ stellen sich die Gefäße zur Oberfläche?

***124.** Bei der Schiffshebe-Vorrichtung von Felten und Guilleaume, Lahmeyerwerke A. G., Frankfurt a. M., wird die Last des Tauchtroges T samt dem Schiff S durch ein Gegengewicht Q ausgeglichen, das auf einer Kurvenbahn gleitet. Wie muß diese geformt sein, damit während des Hebens der Trog in jeder Lage im Gleichgewichte bleibt?

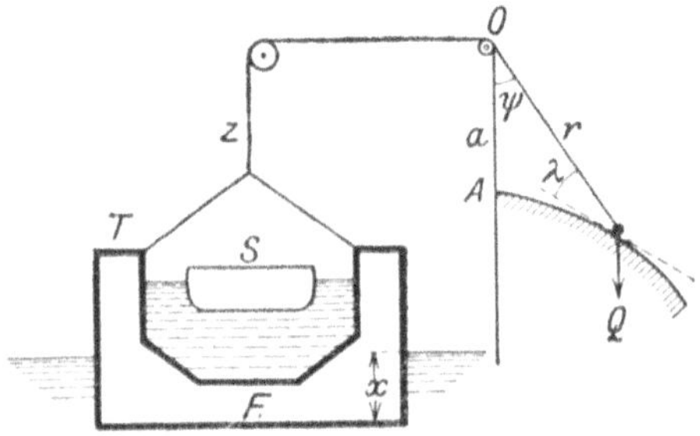

II. Hydraulik.

1. Ausflußgeschwindigkeit und Ausflußmenge.

Es soll in den drei unten gezeichneten Fällen die Geschwindigkeit der Strömung im Querschnitt bei A ermittelt werden.

125.

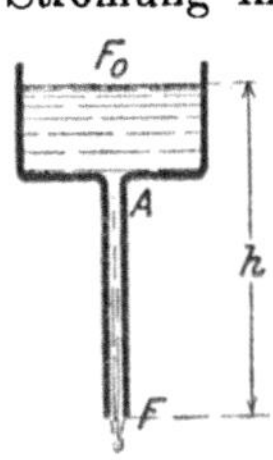

126.

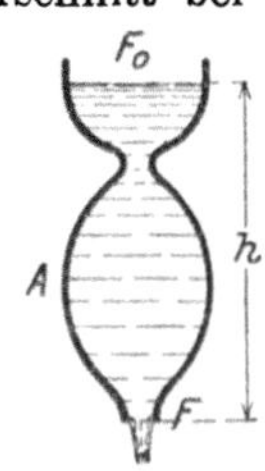

127.

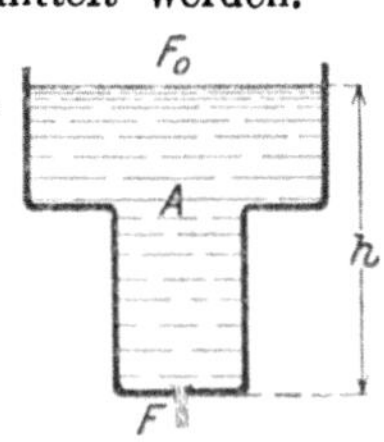

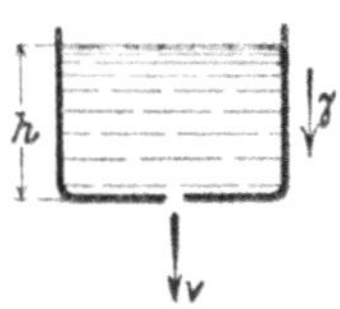

***128.** Ein gefülltes Gefäß bewegt sich mit der Beschleunigung γ vertikal nach abwärts. Wie groß ist die Ausflußgeschwindigkeit v in bezug auf das Gefäß?

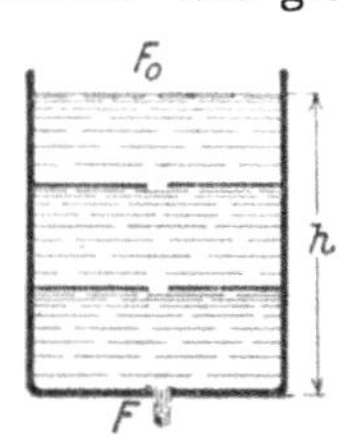

129. Wie groß ist die Ausflußgeschwindigkeit aus der Bodenöffnung F eines Gefäßes, das zwei Zwischenböden mit gleichgroßen Öffnungen besitzt, wenn die Flüssigkeit die Räume zwischen den Böden völlig ausfüllt?

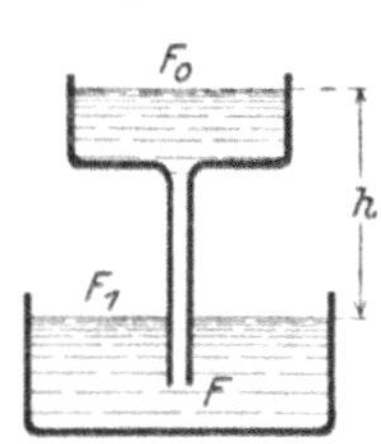

130. Aus einem Obergefäß vom Querschnitt F_0 fließt die Flüssigkeit durch ein Rohr vom Querschnitt F in ein prismatisches Untergefäß vom Querschitt F_1. Mit welcher Geschwindigkeit strömt die Flüssigkeit bei F aus, wenn h der Höhenunterschied der beiden Oberflächen ist?

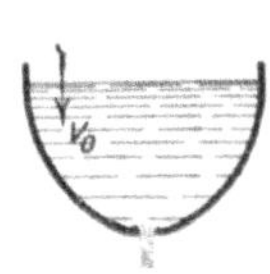

131. Aus der Bodenöffnung eines Gefäßes, das keinen Zufluß besitzt, strömt Flüssigkeit aus. Welche Form muß man dem Gefäß geben, wenn die Geschwindigkeit v_0, mit der die Oberfläche sinkt, konstant bleiben soll?

132. Ein zylindrisches Gefäß vom Querschnitt F_0, in dem sich Flüssigkeit bis zur Höhe h befindet, wird um seine vertikale Achse mit der konstanten Winkelgeschwindigkeit ω gedreht und sodann die Bodenöffnung F frei gemacht. Welche Flüssigkeitsmenge q muß in der Sekunde zuströmen, wenn die Flüssigkeit im Beharrungszustand bleiben soll?

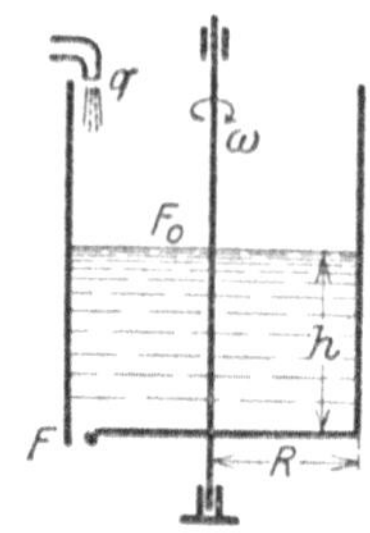

133. In der vertikalen Wand eines Gefäßes befinden sich zwei kleine Öffnungen; die eine hat die Entfernung x von der Oberfläche, die andere die Entfernung z vom Boden. Die austretenden Strahlen treffen den Boden an der gleichen Stelle. In welcher Beziehung stehen x und z?

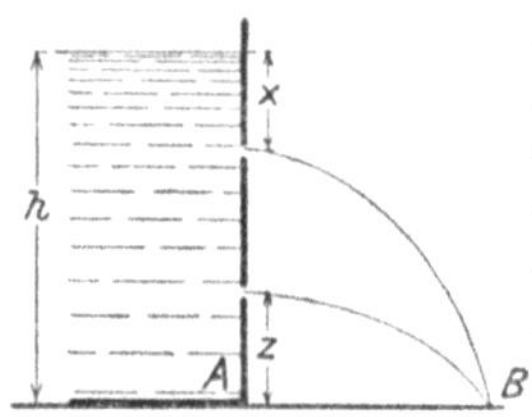

134. In ein vollständig gefülltes Gefäß, das luftdicht verschlossen ist, reicht eine offene Röhre, die anfangs bis B mit Flüssigkeit gefüllt ist. Bei C entleert sich das Gefäß. Mit welcher Geschwindigkeit wird der Ausfluß erfolgen? (Mariottesche Flasche).

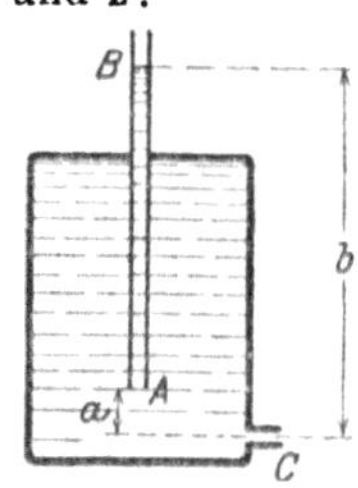

***135.** Aus einem prismatischen Gefäß, in dem die Flüssigkeit anfangs die Höhe h hat, strömt sie nahe dem Boden durch eine Öffnung F aus. Wie ändert sich der Bodendruck D mit der Senkung z der Oberfläche?

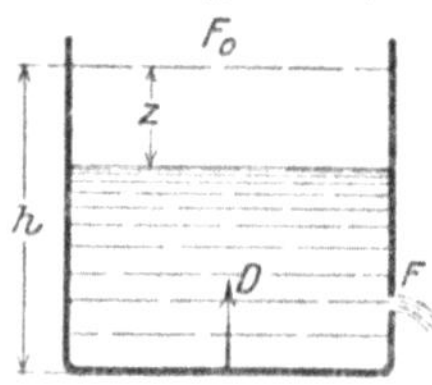

***136.** Ein Gefäß mit großer Oberfläche F_0 besitzt in einer Seitenwand eine gut abgerundete Ausflußöffnung F_1, an die ein zylindrischer Ansatz von größerem Querschnitt F geschraubt werden kann. In welchem Verhältnis stehen die Ausflußmengen Q und Q_1 mit und ohne Ansatzrohr?

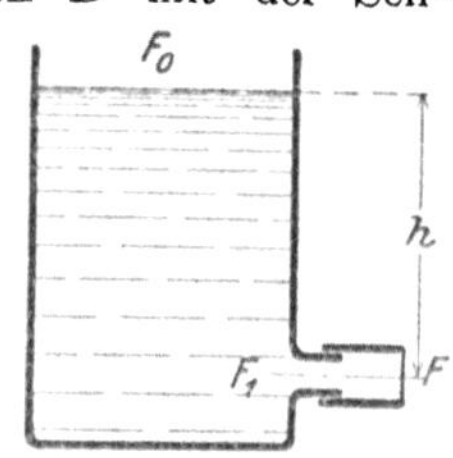

***137.** Zwei große benachbarte Wasserkammern besitzen in den Seitenwänden die Öffnungen F_2 und F_1, durch welche die Flüssigkeit strömt. In welcher Beziehung werden die

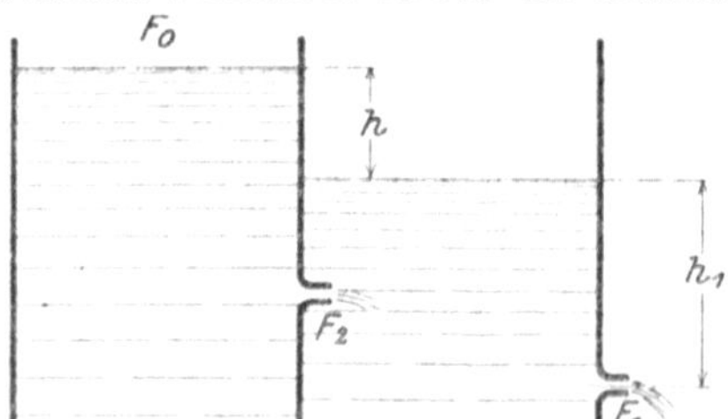

Abstände h und h_1 stehen, sobald Beharrungszustand eingetreten ist? Wie groß sind die Ausflußgeschwindigkeiten v_1 und v_2 in F_1 und F_2? (Eytelwein.)

***138.** Aus zwei gleichen Wasserbecken vom Querschnitt F_0, die durch ein Rohr vom Querschnitt F_1 verbunden sind, fließt das Wasser durch eine gemeinsame Öffnung F ab, die von beiden Oberflächen den Abstand h besitzt. Man berechne die Abflußgeschwindigkeit v.

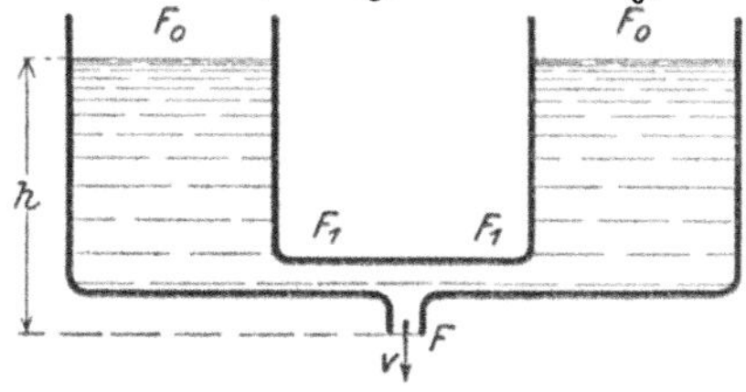

139. Das Gefäß A ist fest. In ihm schwimmt ein Zylinder C, der ein Gefäß B trägt. D ist eine Öffnung, durch welche Flüssigkeit von A nach B strömt. Wie ändert sich die Ausflußgeschwindigkeit in D? (Wassermesser von Prony.)

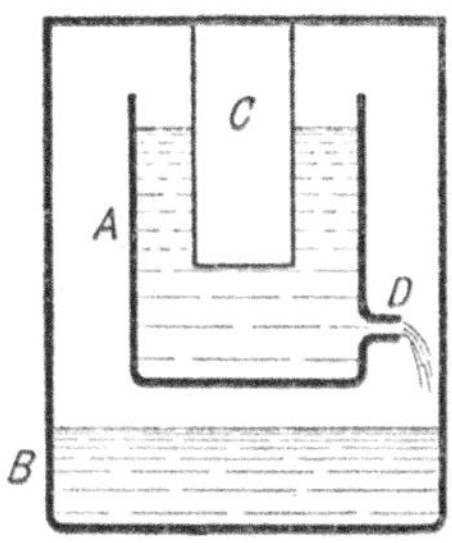

140. Ein mit einer Bodenöffnung F versehenes Gefäß ist bis zur Höhe h mit Flüssigkeit gefüllt. Wenn das Verhältnis $n = \frac{F}{F_0}$ bekannt ist und die Geschwindigkeit v_0, mit der die Oberfläche sinkt, beobachtet wird, zu ermitteln die Ausflußzahl μ.

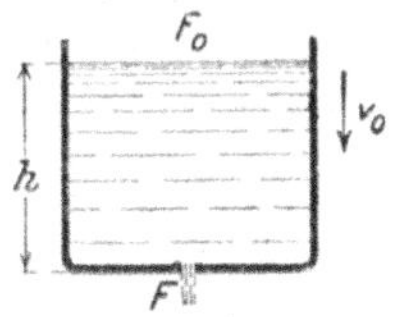

***141.** In das Gefäß der vorigen Aufgabe, das bis zur Höhe h mit Flüssigkeit gefüllt ist, strömen q m^3 in der Sekunde nach. Trotzdem sinkt der Spiegel. Wenn er die Entfernung x vom Boden erreicht hat, wieviel Flüssigkeit ist ausgeflossen?

142. In der Seitenwand eines Gefäßes befindet sich in der Tiefe 3,45 m unter der Oberfläche eine Öffnung von 2,3 cm^2. Die ausfließende Flüssigkeitsmenge wird gemessen; sie beträgt 1,086 Liter in der Sekunde, wenn für ebensoviel Zufluß gesorgt wird. Wie groß ist die Ausflußzahl?

Man ermittle die auf die Sekunde bezogene Ausflußmenge aus folgenden Öffnungen in der vertikalen Wand eines Gefäßes bei Voraussetzung von unveränderlicher Oberfläche:

***143.**

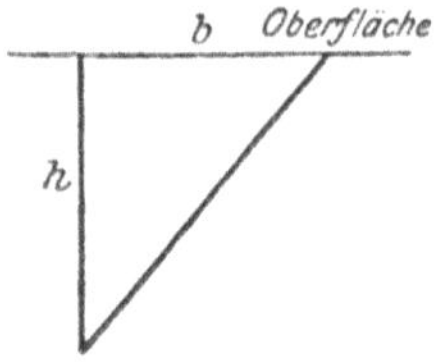

***144.**

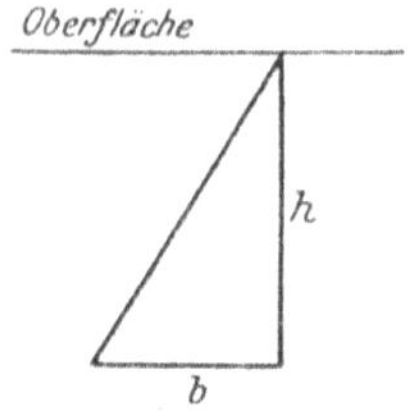

***145.**

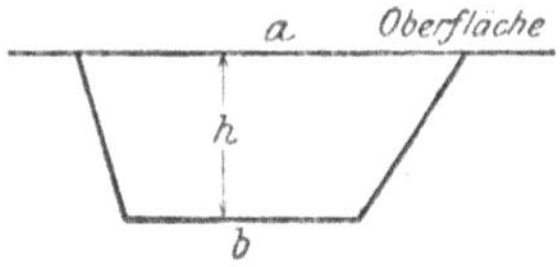

***146.**

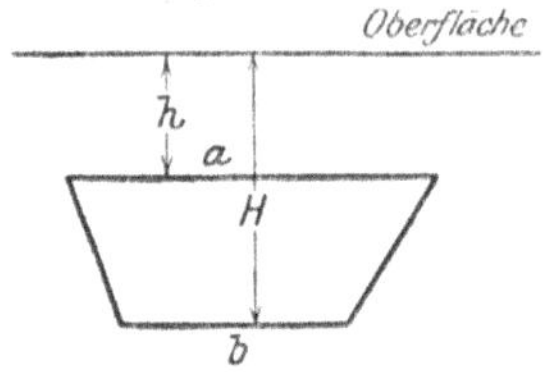

***147.**

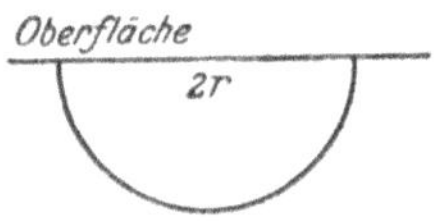

Halbkreis.

***148.**

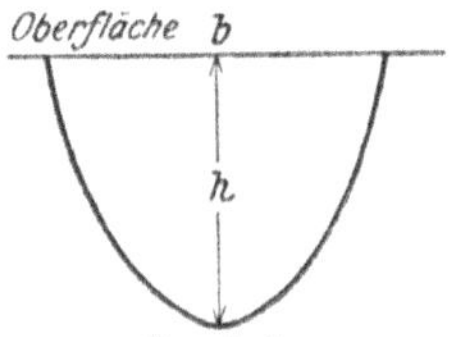

Parabel.

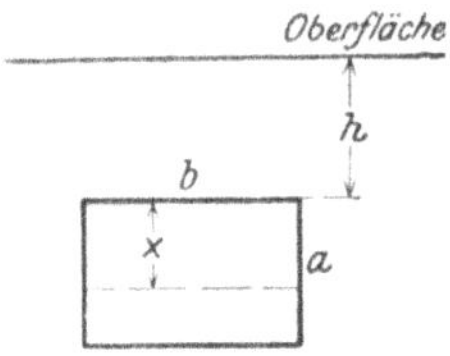

149. Eine rechteckige Ausflußöffnung soll durch einen horizontalen Zwischenboden derart geteilt werden, daß durch beide Öffnungen gleichviel Flüssigkeit ausströmt. Die Ausflußzahlen dürfen gleich groß angenommen werden. Wie muß x gewählt werden?

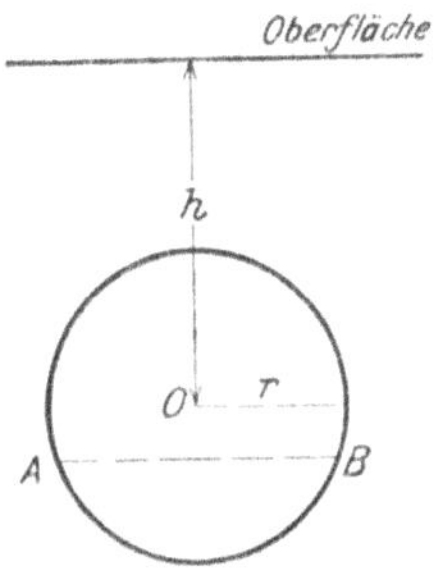

150. Eine kreisförmige Ausflußöffnung soll durch einen horizontalen Zwischenboden AB derart geteilt werden, daß durch beide Teile gleichviel Flüssigkeit ausströmt. Es ist $h > 4r$. Wo muß AB angenommen werden?

151. Es soll die Ausflußgeschwindigkeit und die Ausflußmenge in der Sekunde aus der Bodenöffnung des oben gezeichneten Gefäßes gerechnet werden. Die Abmessungen sind:

$a = 4$ m, $b = 3$ m, $c = 5$ cm,
$d = 3$ cm, $h = 0{,}8$ m.

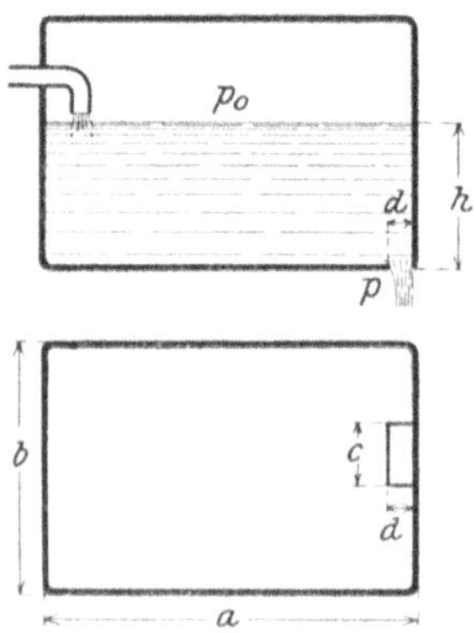

Aufg. 151.

Es ist Beharrungszustand vorausgesetzt. Die Pressungen sind: im Gefäß $p_0 = 1{,}2$ Atm., außerhalb desselben $p = 1$ Atm. Die Ausflußzahl soll aus der Gleichung entnommen werden:

$$\mu = 0{,}615\,(1 + 0{,}155\,n).$$

Ist u der Umfang der Bodenöffnung, so ist n u jener Teil des Umfanges, der an der Gefäßwand liegt.

152. Wie groß ist die Ausflußmenge in der Sekunde für einen rechteckigen Überfall, dessen Abmessungen folgende Werte haben: $b = 1$ m, $B = 2$ m, $a = 0{,}6$ m, $e = 0{,}8$ m? Die Ausflußzahl soll nach folgender Gleichung gewählt werden:

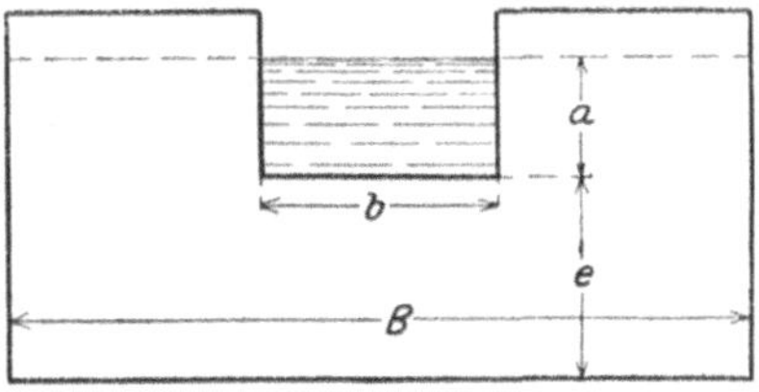

$$\mu = 0{,}585\,(1 + 1{,}718\,n^4),$$

worin n das Verhältnis des Ausflußquerschnittes zum Kanalquerschnitt bedeutet.

153. Es soll die Ausflußmenge, Ausflußgeschwindigkeit und Widerstandshöhe des zylindrischen Ansatzrohres einer Wasserkammer ermittelt werden, wenn folgende Abmessungen gegeben sind: $h = 4$ m, $d = 20$ cm, $F_1 = 0{,}1\ m^2$. Die Ausflußzahl soll nach der Gleichung ermittelt werden:

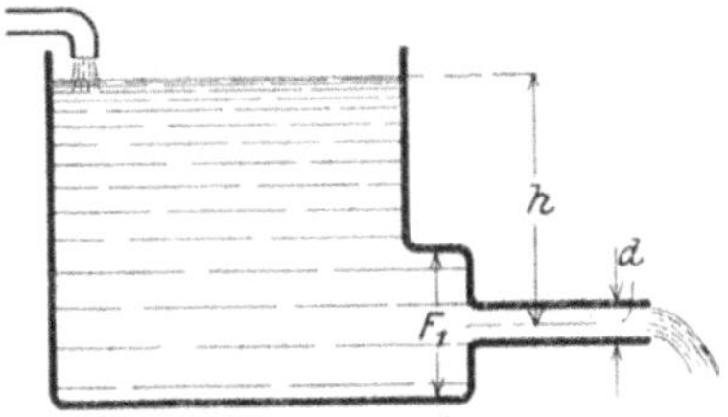

$$\mu = 0{,}81\,(1 + 0{,}102\,n + 0{,}607\,n^2 + 0{,}046\,n^3),$$

worin n das Verhältnis des Rohrquerschnittes zum Querschnitt F_1 der Vorkammer ist.

***154.** Eine Schütze S wird mit der Geschwindigkeit c gleichmäßig aufgezogen. Wieviel Wasser strömt hierbei durch die rechteckige Öffnung, deren Breite b ist, aus?

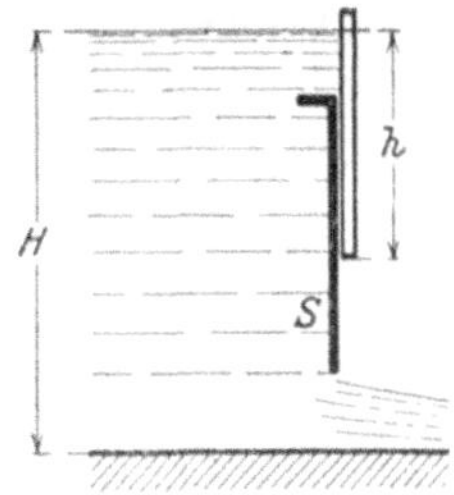

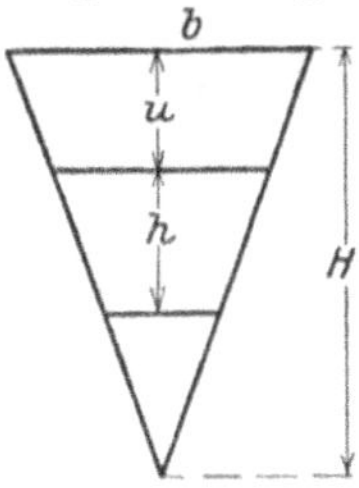

***155.** In eine dreiekige symmetrische Gefäßwand wird eine trapezförmige Öffnung von der Höhe $h = \frac{H}{3}$ gemacht. Wie muß die Entfernung u gewählt werden, damit die Ausflußmenge den größten Wert annimmt?

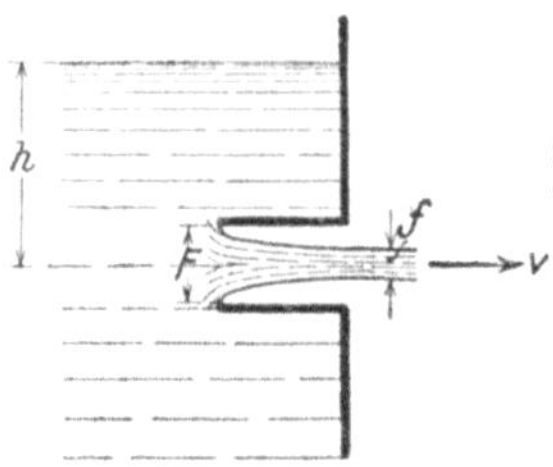

156. Die Flüssigkeit eines Gefäßes muß beim Ausströmen aus diesem ein einspringendes Rohr vom Querschnitt F durchlaufen. Auf welche Fläche f wird sich der ausfließende Strahl zusammenziehen?

157. Aus einem Behälter strömt das Wasser durch ein zylindrisches Rohr mit der Geschwindigkeit v ab. Wenn die Entfernung x des Rohres von der Oberfläche eine gewisse Größe besitzt, bildet sich über der Einmündung eine trichterartige Vertiefung, durch welche Luft mitgerissen wird. Wie groß wird x sein? (Winkel, Zeitschr. Ver. deutsch. Ing. 1916, S. 366.)

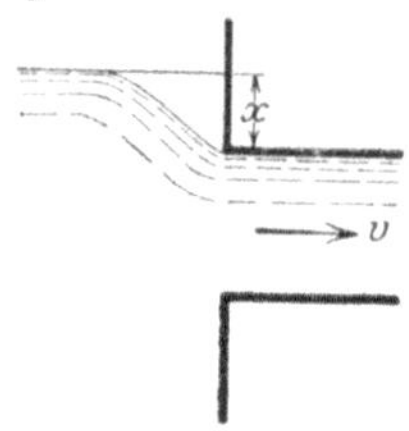

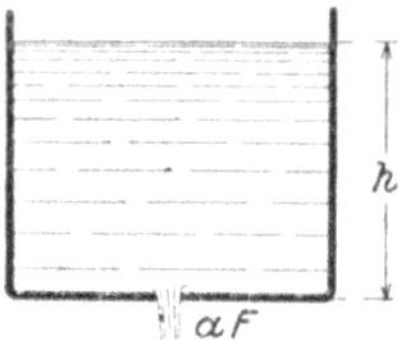

***158.** Bei der Ausströmung der Flüssigkeit aus einer scharfrandigen, kreisförmigen Bodenöffnung $F = \pi r^2$ erfährt der ausfließende Strahl eine Einschnürung; αF sei der Querschnitt an der engsten Stelle. Man berechne das Einschnürungsverhältnis α mit Hilfe des Satzes vom Antrieb, angewendet auf die Bewegung des Schwerpunktes der ausfließenden Wasserschichte.

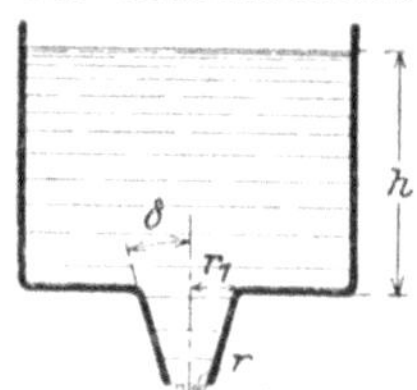

***159.** Wenn der Bodenöffnung in voriger Aufgabe ein konisches Ansatzrohr angefügt wird, erfährt der ausfließende Strahl eine andere Einschnürung αF seines Querschnittes. Man versuche durch eine ähnliche Verwendung der Schwerpunktsbewegung wie in voriger Aufgabe das Einschnürungsverhältnis α als Funktion des Winkels δ des Kegels zu bestimmen.

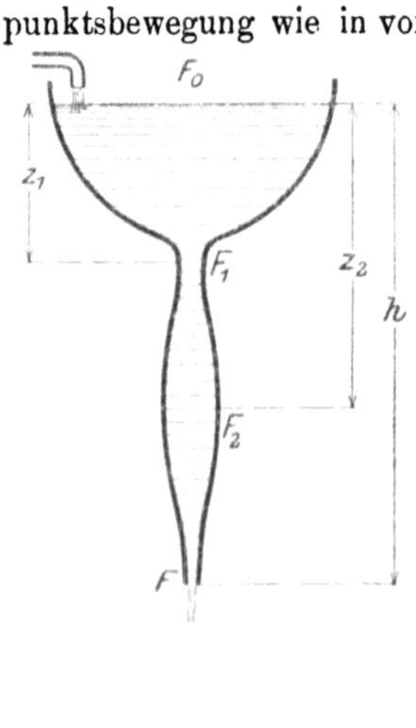

2. Strömungsdruck.

160. Durch ein stetig gekrümmtes Gefäß von nebenstehender Form strömt Flüssigkeit im Beharrungszustand. Es ist $F_0 = 4\,m^2$, $F = 0{,}03\,m^2$, $h = 3$ m. Man berechne die hydraulischen Überdruckhöhen in den Entfernungen $z_1 = 1$ m, $z_2 = 2$ m von der Oberfläche, wenn die zugehörigen Querschnitte $F_1 = 0{,}04\,m^2$, $F_2 = 0{,}1\,m^2$ sind.

161. Aus einem Wasserbecken fließt das Wasser durch ein vertikales Rohr vom Querschnitt f und der Länge l in ein zweites, gleichweites Becken und tritt von hier durch ein gleiches Rohr in die umgebende Luft aus. Wie hoch steht das Wasser im zweiten Becken, wenn Beharrungszustand eingetreten und F_0 groß gegen f ist?

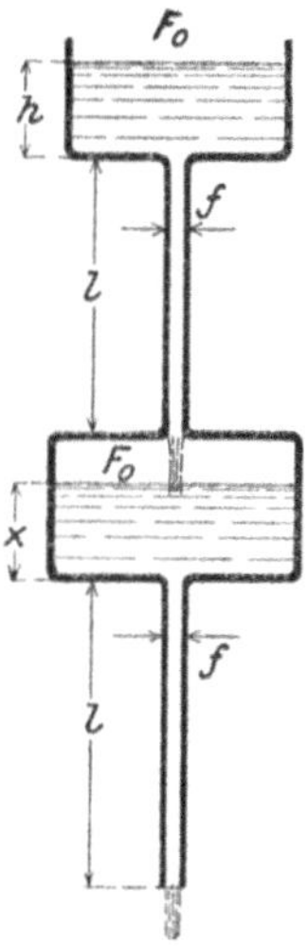

Aufg. 161.

162. Ein Gefäß in Form einer Sanduhr ist vollständig mit Wasser gefüllt. Nun werde im Boden des Gefäßes die Öffnung F frei gemacht und das Wasser ausfließen gelassen. Wie groß darf F höchstens sein, damit im Gefäß kein leerer Raum entsteht? Die Oberfläche F_0 ist groß anzunehmen.

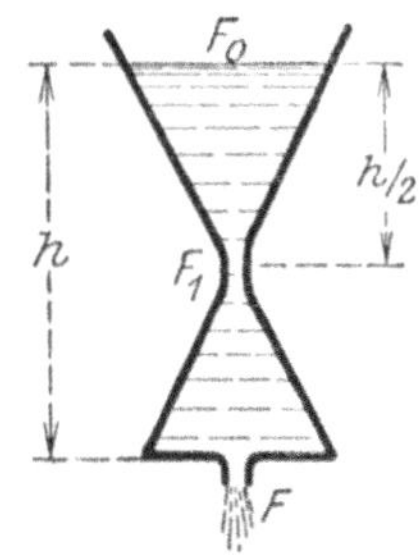

Aufg. 162.

163. Wie groß muß bei untenstehendem Gefäß die Länge x des Rohres gemacht werden, wenn der hydraulische Druck bei A $\frac{1}{m}$ des äußeren Atmosphärendruckes sein soll?

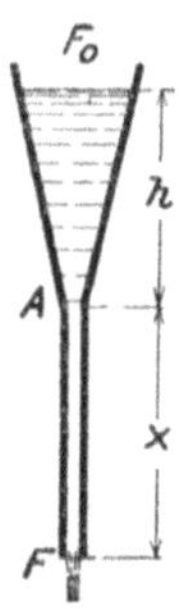

Aufg. 163.

164. Man berechne bei neben gezeichneter Einrichtung, bei welcher das Wasser in A beständig ausströmt, die Geschwindigkeit v_1, mit der die Flüssigkeit aus der Öffnung F_1 im Boden des linken Gefäßes strömt, und zwar in dem Augenblick, in dem F_1 geöffnet wird.

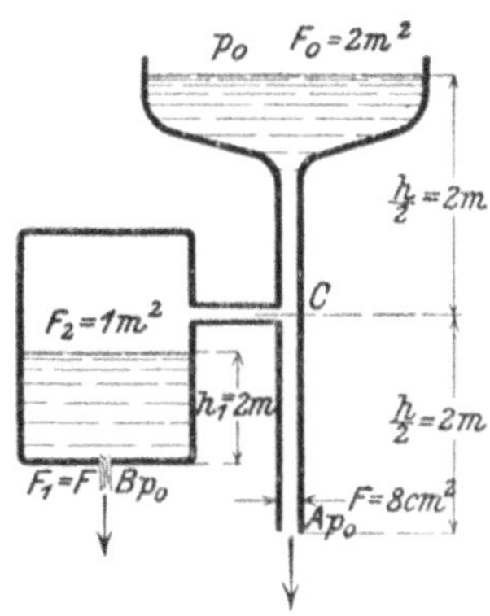

Aufg. 164.

165. Durch ein Rohr vom Durchmesser d strömt Wasser mit der Geschwindigkeit v nach einer Düse, die mit dem Durchmesser d_1 in eine Wasserkammer mündet. Durch die Heftigkeit der Strömung bei A senkt sich der Spiegel an der Wand um x. Wie groß darf

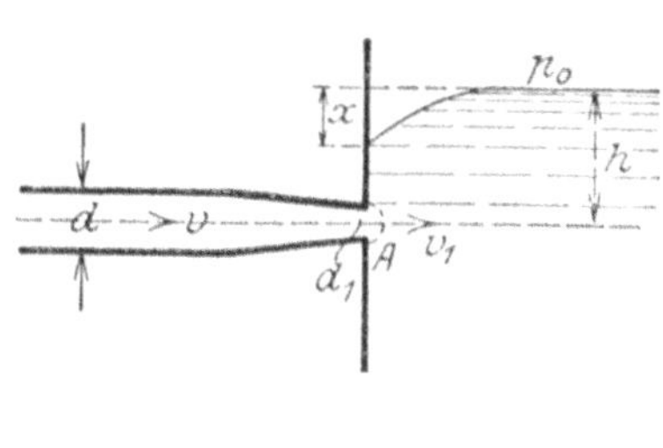

diese Senkung höchstens sein, damit sich bei A kein leerer Raum bildet? (Winkel, Zentralbl. d. Bauverwaltung 1917.)

166. Aus einem Gefäß strömt die Flüssigkeit durch eine enge Seitenöffnung F_1, die sich allmählich bis F erweitert. Wie klein darf F_1 höchstens gemacht werden, wenn die Flüssigkeit alle Querschnitte von F_1 bis F vollständig ausfüllen soll?

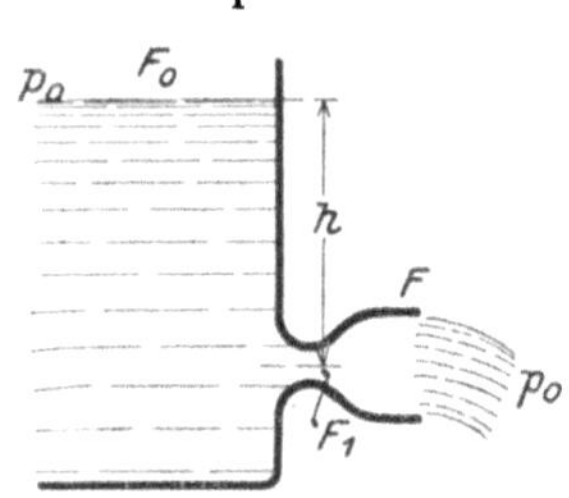

Aufg. 166.

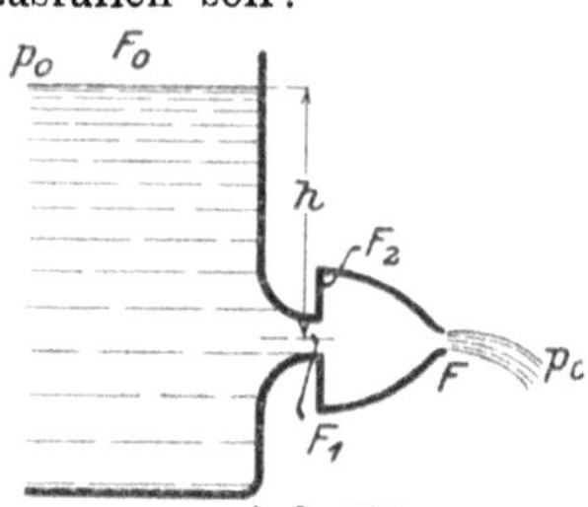

Aufg. 167.

167. Aus einem Gefäß strömt die Flüssigkeit durch eine enge Seitenöffnung F_1, die sich plötzlich auf F_2 vergrößert, um dann wieder bis F abzunehmen. Wie groß darf die Druckhöhe h höchstens gemacht werden, wenn die ausströmende Flüssigkeit den Querschnitt F_1 vollständig ausfüllen soll?

***168.** Bei dem Ausfluß der vorigen Aufgabe sei $F_2 = F$. Bei welchem Verhältnis der Querschnitte F und F_1 wird der Druck p_1 in F_1 am kleinsten werden und wie groß ist er dann?

(167, 168: G. Zeuner, Theorie der Turbinen.)

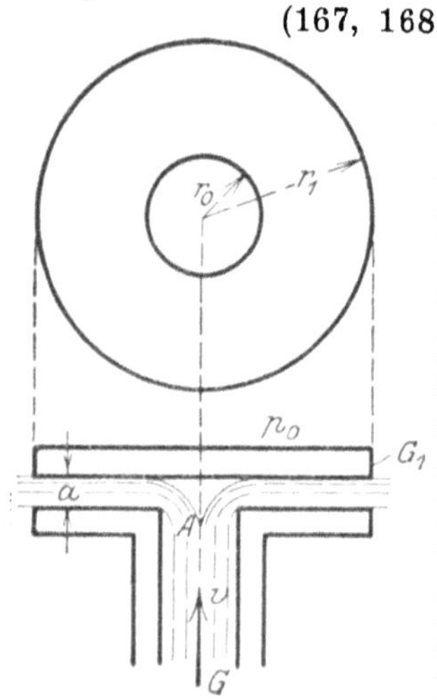

***169.** Durch ein vertikales Rohr strömt das Wassergewicht G in der Sekunde mit der Geschwindigkeit v nach aufwärts, stößt nach dem Ausflusse bei A auf eine kreisförmige Platte vom Halbmesser r_1 und dem Gewichte G_1, die von A nur eine geringe Entfernung a besitzt, und fließt sodann horizontal und radial nach allen Seiten gleichmäßig ab. Die bei dieser Strömung zwischen A und G_1 entstehenden Drücke sind bei kleinen Werten der Spaltbreite a kleiner als der Atmosphärendruck p_0, so daß die Platte einen Druck D_1 nach unten erhält und sich dem Ausflusse A nähern wird. Bei welcher Größe der Spaltbreite a wird die Platte im Schwebezustande verbleiben? (Ohne Berücksichtigung der Widerstände.) (Theorem von Clement. E. Straube, Zeitschr. f. d. ges. Turbinenwesen 1917.)

***170.** Eine tropfbare Flüssigkeit strömt in beliebigen Linien parallel zu einer horizontalen Ebene. Wie ändert sich ihr Druck in der Richtung der Normalen der Strömungslinie?

***171.** Eine tropfbare Flüssigkeit strömt in beliebigen Linien in einer vertikalen Ebene. Wie ändert sich ihr Druck in der Richtung der Normalen der Strömungslinie?

***172.** Ein horizontal liegendes Rohr von rechteckigem Querschnitt ab ist zwischen A und B gekrümmt; r_1 und r_2 sind die Halbmesser der inneren und äußeren Wandung. Wenn die Eintrittsgeschwindigkeit v_1 gegeben ist, in welcher Beziehung stehen Geschwindigkeit v und Entfernung r vom Mittelpunkt O für eine beliebige Stelle M der durchströmenden Flüssigkeit?

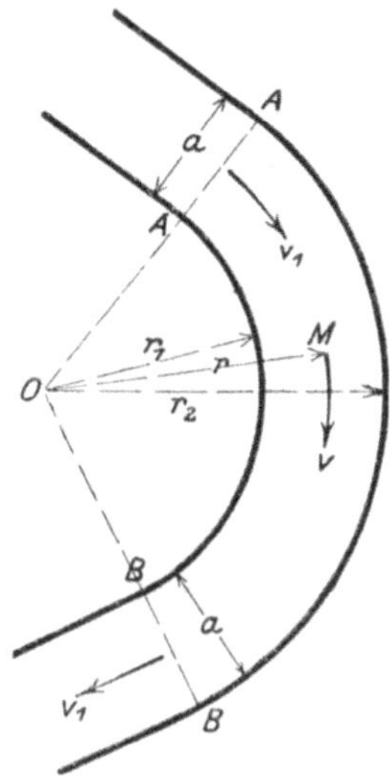

Aufg. 172.

173. Wenn bei der krummen Röhre der vorigen Aufgabe das Verhältnis $x = \frac{a}{r_1}$ passend gewählt wird, kann an der Innenseite der strömenden Flüssigkeit ein leerer Raum entstehen. Man suche die Größe von x zu ermitteln.

174. Aus einem horizontal liegenden Rohr von rechteckigem Querschnitt mit der Breite a tritt bei A die strömende Flüssigkeit in die Atmosphäre aus und gleitet zwischen zwei horizontalen Böden und längs der gekrümmten Wand AB vom Halbmesser r dahin. Dabei verbreitet sich die strömende Menge bis CC. Man ermittle den Halbmesser ϱ dieser Begrenzung. (172, 174: A. Pfarr, Turbinen.)

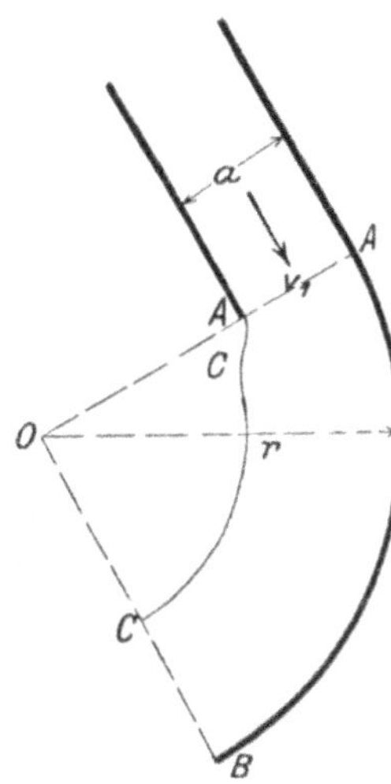

Aufg. 174.

175. Eine schwere tropfbare Flüssigkeit dreht sich um eine vertikale Achse Z; die Geschwindigkeiten ihrer

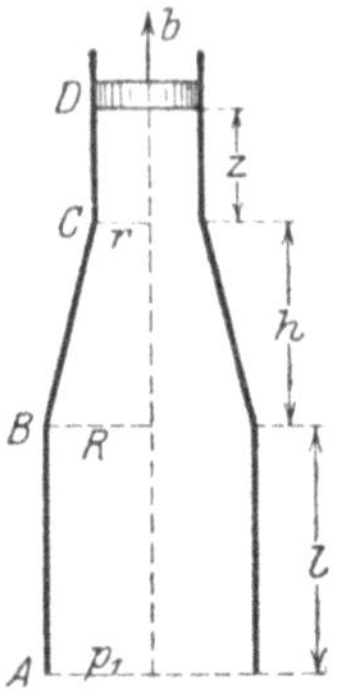

Punkte sind dem Abstande von der Achse Z verkehrt proportional. Man suche die Niveauflächen dieser Flüssigkeit.

176. In einem vertikalen Pumpenrohr von nebenstehender Gestalt wird der Kolben mit der Beschleunigung b bewegt. Die Pressung p_1 im Querschnitt A ist bekannt. Man berechne die Pressungen p_2, p_3, p_4 des Wassers in den Querschnitten B, C und D.

3. Ausflußzeit.

***177.** Man berechne die Entleerungszeit einer oben mit kleiner Öffnung versehenen Kugelfläche, die vollständig mit Flüssigkeit gefüllt ist. Die Ausflußfläche F im tiefsten Punkt ist als klein anzunehmen.

***178.** Man suche die Entleerungszeit einer mit Flüssigkeit gefüllten Halbkugel, deren Ausflußfläche F im tiefsten Punkt als klein anzusehen ist.

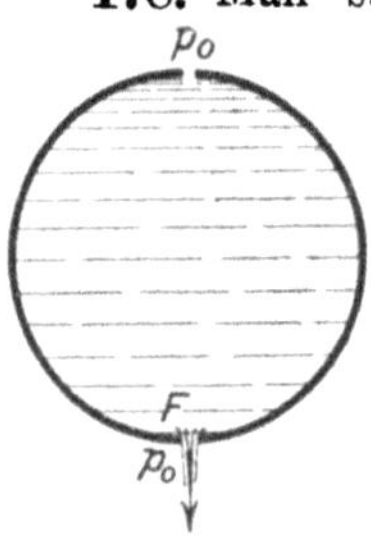

Aufg. 179.

***179.** Man berechne die Entleerungszeit eines oben offenen horizontalen Kreiszylinders von der Länge l und dem Halbmesser r, wenn F die kleine Bodenöffnung ist.

***180.** Es ist die Entleerungszeit eines vertikalen, konischen Gefäßes zu berechnen; die Oberfläche der Flüssigkeit ist $F_0 = 100\ \text{cm}^2$, die an der Spitze liegende Ausflußfläche $F = 1\ \text{cm}^2$, die Höhe bis zur Oberfläche $h = 50$ cm und die Ausflußzahl $\mu = 0{,}7$.

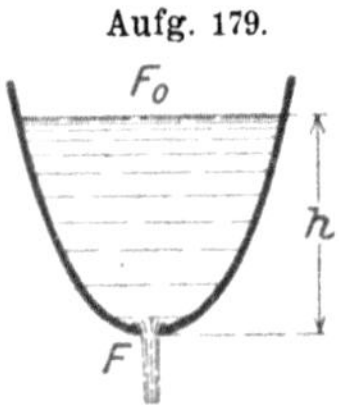

Aufg. 181.

***181.** Wie groß ist die Entleerungszeit eines Bechers, der die Gestalt eines Umdrehungsparaboloides hat, wenn die Öffnung F im Scheitel der Fläche sehr klein ist?

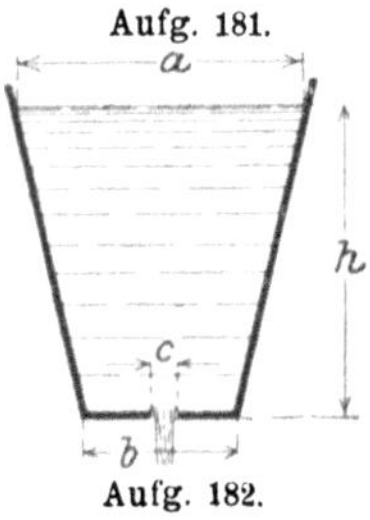

Aufg. 182.

***182.** In welcher Zeit entleert sich ein pyramidales Gefäß von der Höhe $h = 20$ cm bis zur Oberfläche, mit quadratischen Querschnitten, wenn $a = 20$ cm, $b = 10$ cm ist? Die Ausflußfläche ist ebenfalls ein Quadrat von der Seitenlänge $c = 1$ cm, die Ausflußzahl $\mu = 0{,}62$.

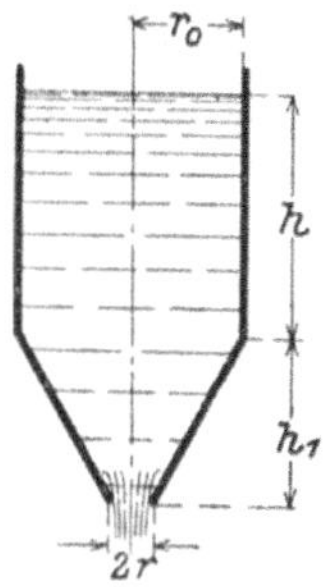

*183. Man berechne die Entleerungszeit eines zylindrischen Gefäßes mit konischem Ansatz, wenn folgende Abmessungen gegeben sind: $r_0 = 1$ m, $r = 1$ cm, $h = 2$ m, $h_1 = 1$ m. Die Ausflußzahl ist $\mu = 0{,}8$.

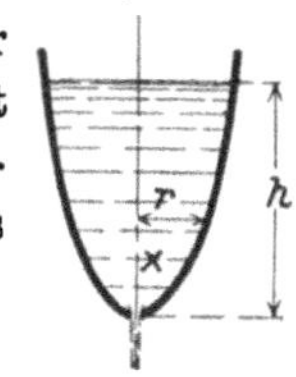

*184. Eine Umdrehungsfläche von der Gleichung $r = a\,x^n$ ist bis zur Höhe h mit Flüssigkeit gefüllt. In welchem Verhältnis stehen die Entleerungszeit des Gefäßes und der Rauminhalt der Flüssigkeit? (Haton de la Goupillière.)

*185. Man berechne die Entleerungszeit eines dreiachsigen Ellipsoides, dessen Achse 2a vertikal steht und dessen Ausflußöffnung F im tiefsten Punkte als klein angesehen werden darf. Die Oberfläche der Flüssigkeit hat die Entfernung h von der Ausflußöffnung.

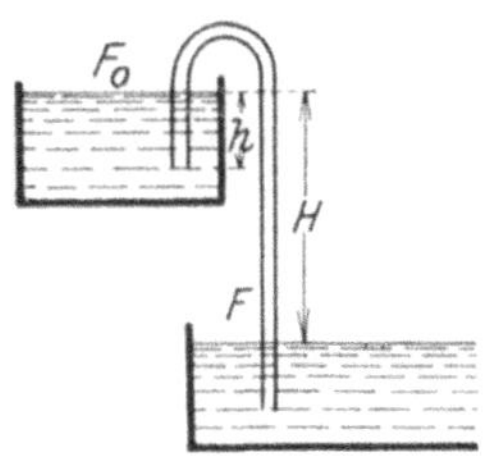

*186. Ein Heber vom Querschnitt F leitet die Flüssigkeit aus einem prismatischen Gefäße vom Querschnitt F_0 in ein um H tiefer liegendes Gerinne; während in diesem der Spiegel unveränderlich bleibt, senkt sich die Oberfläche im oberen Gefäße, bis sie das Ende des Hebers erreicht hat. Nach welcher Zeit wird dies geschehen sein?

187. Ein Gefäß von konstantem Querschnitt F_0 kann sich durch eine Bodenöffnung F entleeren (vergl. Abbildung zu Aufgabe 158). In welchem Verhältnis nimmt die Entleerungszeit zu, wenn in die Öffnung ein Hahn eingestellt wird, dessen Stellungswinkel $\delta = 30^0$ gegeben ist? (Vergl. Gleichung 42.)

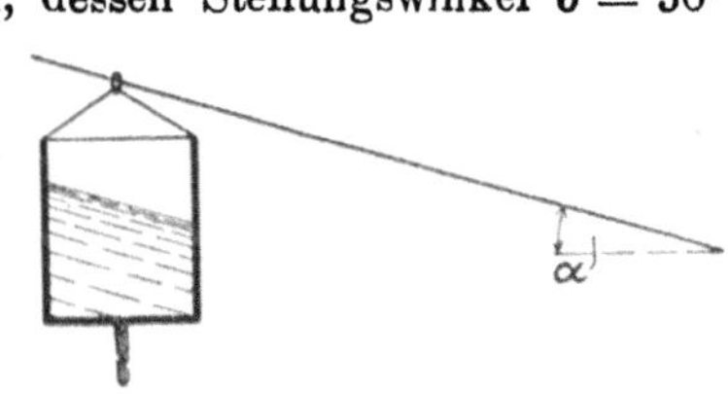

188. An einer unter dem Winkel α geneigten Stange gleitet ein mit Flüssigkeit gefüllter Kübel herab, aus dessen Bodenöffnung Ausströmung stattfindet. Wenn h die anfängliche Höhe der Flüssigkeit ist, nach welcher Zeit hat sie über der Ausflußöffnung den Wert x angenommen?

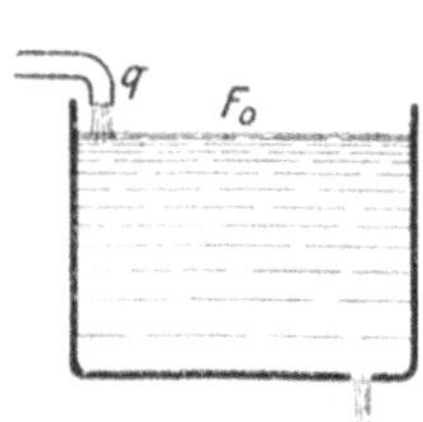

189. Ein Gefäß vom Querschnitt F_0 besitzt einen unbekannten Zufluß q in der Sekunde; es ist Beharrungszustand eingetreten, der Ausfluß durch die Bodenöffnung ist gleich dem Zufluß

geworden. Nun wird der Zufluß plötzlich gesperrt und die Oberfläche sinkt; nach t_1 Sekunden ist die Oberfläche um z_1 gesunken, nach t_2 Sekunden um z_2. Wie groß war die Zuflußmenge in der Sekunde? (Prony.)

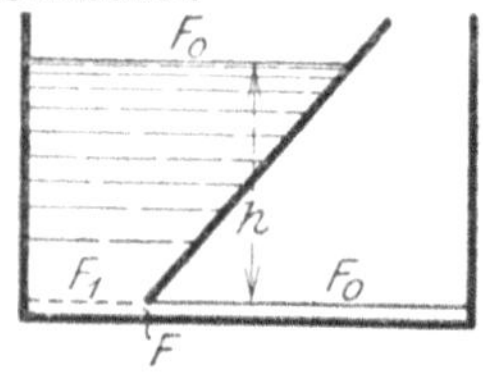

*190. Ein prismatisches Gefäß ist durch eine schräge Zwischenwand in zwei gleiche Kammern geteilt, in denen das Wasser in der nebenan gezeichneten Weise steht. Wenn die kleine Verbindungsfläche geöffnet wird, wieviel Zeit vergeht bis zum Ausgleich der beiden Oberflächen?

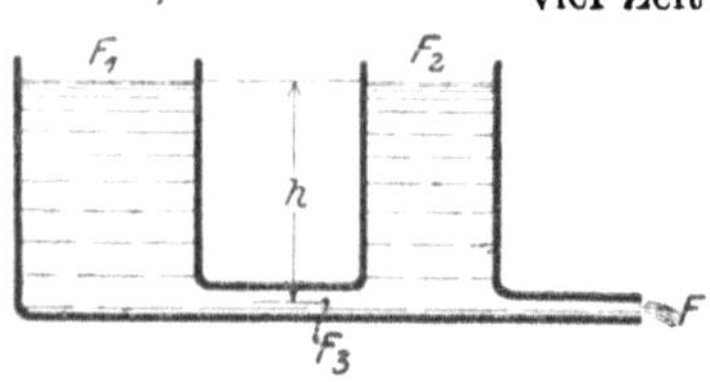

*191. Zwei prismatische Gefäße, deren Querschnitte F_1 und F_2 sind, besitzen einen Verbindungskanal F_3 und einen seitlichen Ausfluß F. Nach einer beliebigen Zeit ist F_1 um x, F_2 um y gesunken. Man suche eine Beziehung zwischen x und y.

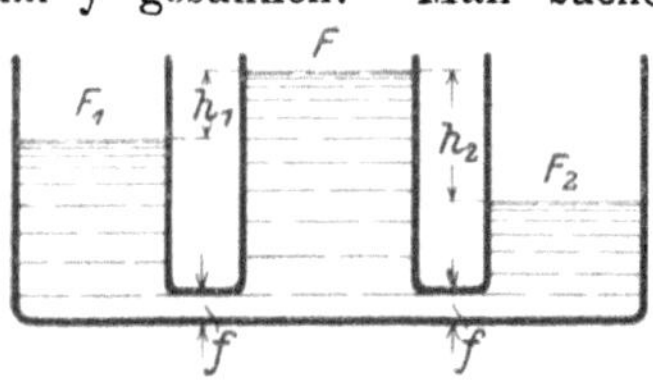

*192. Drei Wasserkammern stehen durch einen engen Kanal f in Verbindung. Wie groß muß der Querschnitt F der mittleren Kammer sein, wenn während des Ausgleiches die Oberflächenabstände immer im Verhältnis $h_1 : h_2$ bleiben, also die Oberflächengleichheit links und rechts gleichzeitig erreicht wird? Wie groß ist die Ausgleichszeit? (Ohne Berücksichtigung der Schwingungen).

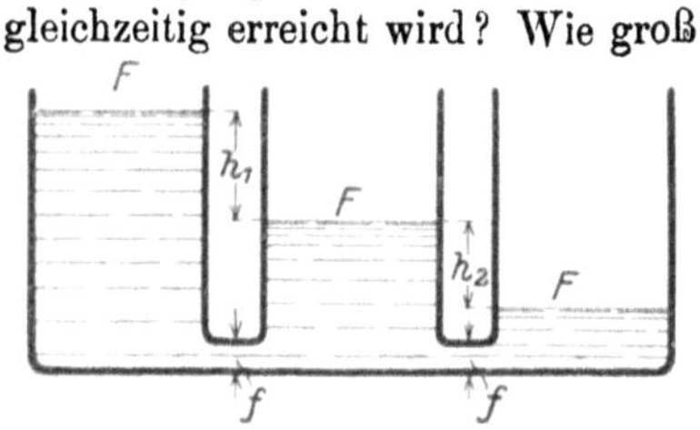

*193. Drei gleichgroße Wasserkammern stehen durch einen engen Kanal f in Verbindung. Die anfänglichen Höhenunterschiede h_1 und h_2 ihrer Oberflächen sind bekannt. Man berechne die Zeit, welche bis zum Ausgleich der drei Oberflächen vergeht. (Ohne Berücksichtigung der Schwingungen.)

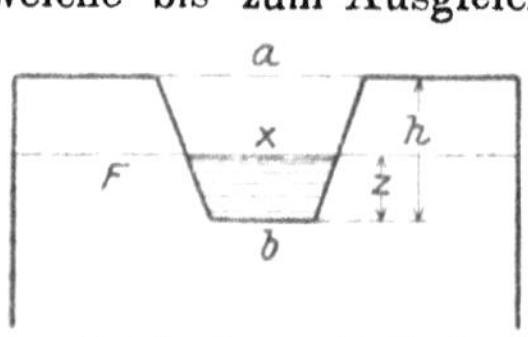

*194. Ein Gefäß von konstantem Querschnitt F besitzt eine seitliche Überfallsöffnung in Form eines Trapezes. Das Gefäß ist anfangs bis oben gefüllt und der Zufluß ist gleich dem Abfluß. Nun werde der Zufluß abgesperrt. Welche Zeit t vergeht, bis die Oberfläche bis z gesunken sein wird?

*195. In ein Sammelbecken vom Querschnitt F, das eine seitliche rechteckige Öffnung von der Breite b besitzt, fließt in der Sekunde die Wassermenge q ein. Man suche eine Beziehung zwischen der Zeit t und der Höhe z des Wasserspiegels über der Ausflußkante. Welche größte Höhe h kann der Spiegel erreichen und nach welcher Zeit?

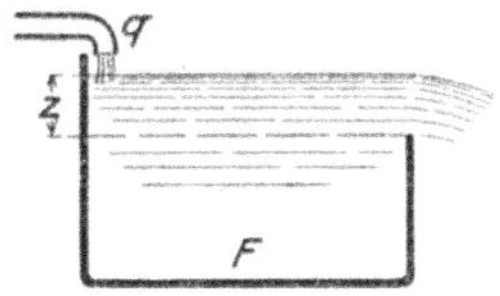

*196. In voriger Aufgabe hätte die Höhe des Wasserspiegels einen gewissen Wert h_0 erreicht. Hierauf werde der Zufluß abgesperrt. Welche Zeit t verfließt nun, bis der Wasserspiegel die kleinere Höhe z wieder erreicht hat?

*197. Aus einem oberen Sammelbecken, dessen Zufluß plötzlich abgesperrt wird, sobald $z = h_0$ geworden ist, fließt das Wasser durch ein offenes Gerinne in ein unteres Sammelbecken von gleichem

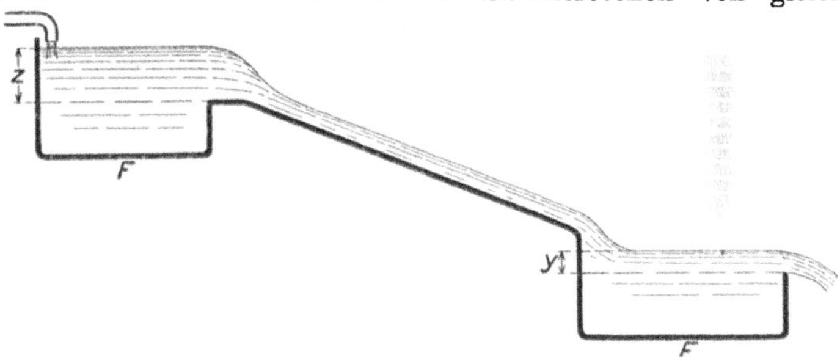

Querschnitt F und gleicher Überfalls-Öffnung. Man suche die Abhängigkeit von y und z zu bestimmen, wenn y anfangs gleich h_1 ist.

4. Schwingungen.

*198. Ein stabil schwimmendes Boot besitze das Gewicht G. Ein Mann vom Gewicht G_1 springe vertikal in das Boot hinein; hierdurch geriete es in vertikale Schwingungen. Wie groß ist deren Schwingungsdauer?

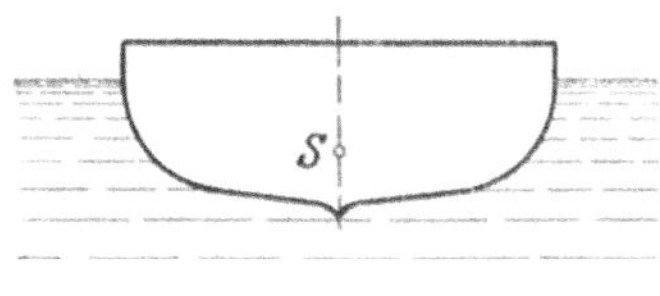

*199. Ein stabil schwimmendes Boot (siehe vorige Abbildung) wird durch einen seitlichen Stoß in Schwingungen um seine horizontale, zur Bildfläche senkrechte Schwerlinie versetzt. Man berechne die Dauer einer Schwingung aus der bekannten metazentrischen Höhe des Bootes, wenn von jeder Dämpfung durch den Widerstand des Wassers abgesehen wird.

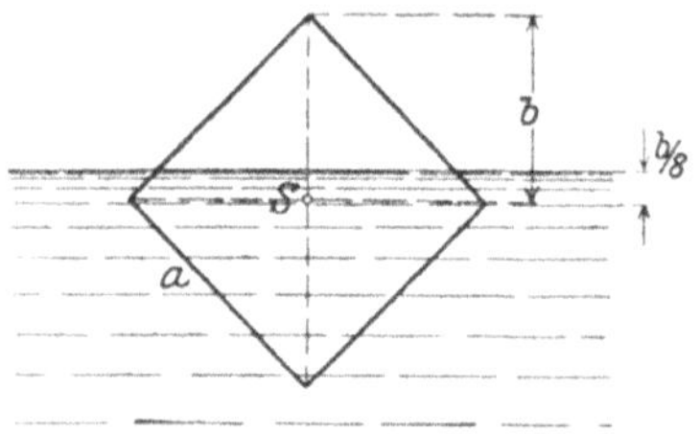

200. Ein Prisma von quadratischem Querschnitt und der Länge $l = 3a$ schwimmt in der gezeichneten Stellung stabil (vgl. Aufgabe 108). Man berechne die Dauer seiner Schwingungen um die beiden horizontalen Symmetrie-Achsen.

***201.** Ein dreiachsiges Ellipsoid schwimmt derart, daß seine kleinste Halbachse c normal zur Oberfläche steht. Man gebe die Dauer der Schwingungen um die anderen Achsen des Ellipsoides an.

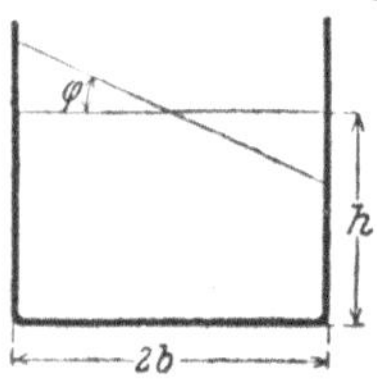

***202.** In einem Trog, dessen Querschnitt die Breite 2 b besitzt, befindet sich Flüssigkeit bis zur Höhe h. Wenn die Flüssigkeit in Schwingungen um kleine Winkel φ versetzt wird, wie groß ist die Dauer einer solchen Schwingung?

***203.** Zwei ungleichgroße, prismatische Gefäße, in denen die

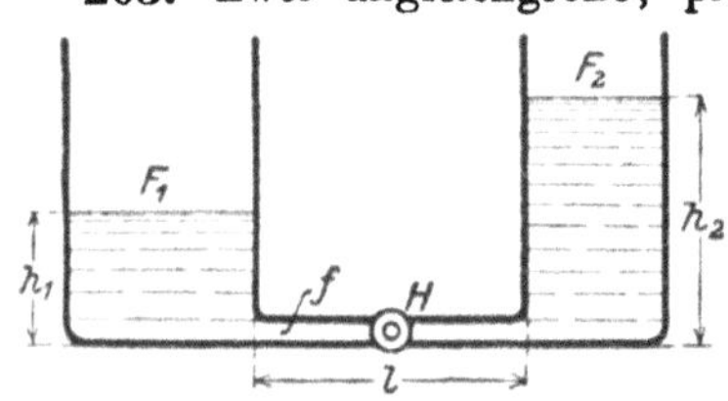

Flüssigkeit ungleich hoch steht, sind durch einen Kanal miteinander verbunden. Wenn in diesem der Hahn H geöffnet wird, schwingt die Flüssigkeit um eine Gleichgewichtslage hin und her. Bis zu welcher Höhe wird sich F_1 erheben und mit welcher Geschwindigkeit geht F_1 durch die Gleichgewichtslage hindurch? Auf Widerstände ist keine Rücksicht zu nehmen.

***204.** Wenn angenommen werden darf, daß die Höhendifferenz $h_2 - h_1$ in voriger Aufgabe nur klein gegenüber h_1 und h_2 ist, welche Zeit vergeht, bis die Oberfläche F_1 wieder in ihre Anfangsstellung zurückgekehrt ist?

***205.** Zwei Schleusenkammern von gleichem Querschnitt F sind

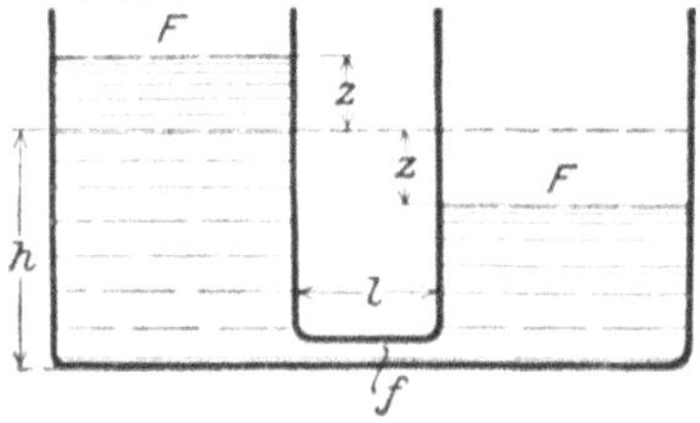

durch einen Kanal vom Querschnitt f und der Länge l miteinander verbunden. Wenn die Oberflächen gleich hoch stehen, haben sie die Entfernung h vom Boden; steht die eine um z höher als diese Mittellage, so trachtet sie mit der Geschwindigkeit v zu sinken, während die andere sich mit v zu heben sucht. Man ermittle eine Beziehung zwischen v und z mit Berücksichtigung des Reibungswiderstandes im Kanal, dessen Druckhöhenverlust dem Quadrat der Geschwindigkeit u im Kanal proportional sein möge. (A. Flamant, Hydraulique.)

*206. In voriger Aufgabe sei der Druchhöhenverlust im Kanal der ersten Potenz der Geschwindigkeit u proportional. Man soll eine Beziehung zwischen z und der Zeit t aufstellen und die Schwingungsdauer T der Bewegung ermitteln.

*207. Eine Kurbel O A = r, deren Winkelgeschwindigkeit ω gegeben ist, treibt eine Pumpe, deren Kolben den Querschnitt F hat. Beim Niedergang des Kolbens bleibt das Ventil I geschlossen, während das Ventil II, das nebenan vergrößert gezeichnet ist, sich nach der Zeit t um x gehoben hat. f sei der Querschnitt des zum Ventil führenden Raumes, p die während des Ventilhubes als unveränderlich angenommene Wasserpressung auf die Unterseite des Ventils, bezogen auf die Flächeneinheit. Man stelle die Bewegungsgleichung für den Ventilhub auf, berechne den Wert des Winkels φ, bei dem sich das Ventil schließt und suche die Geschwindigkeit, mit der das Ventil zu seinem Sitz zurückkehrt.

(M. Westphal, Zeitschr. Ver. deutsch. Ing. 1893.)

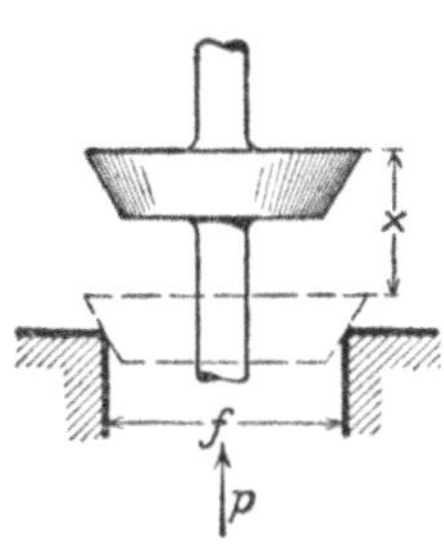

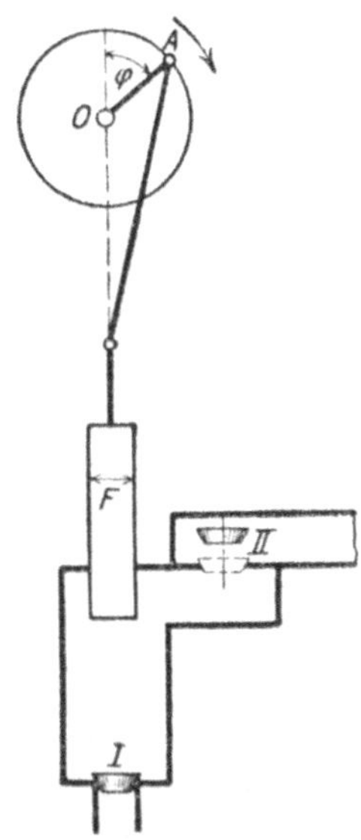

*208. Ein Tellerventil befindet sich in der Höhe x über seiner Sitzfläche im Schwebezustand; der Druck der an seinem Umfang u ausströmenden Flüssigkeit ist im Gleichgewicht mit dem Federdruck, der von oben auf das Ventil ausgeübt wird. Durch irgend eine Störung wird x um z verkleinert und das Ventil gerät in Schwingungen

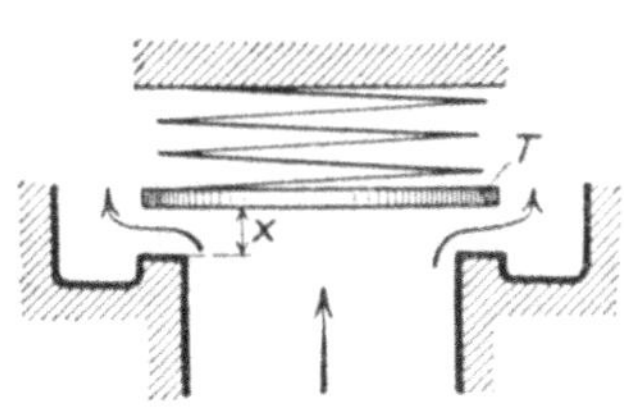

um seine Gleichgewichtslage. Man stelle die Bewegungsgleichung des Ventils auf.

(G. Lindner, Zeitschr. Ver. deutsch. Ing. 1908.)

***209.** Aus einer Wasserfassung W strömt das Wasser durch einen Stollen $AB = l$ vom Querschnitt f mit der Geschwindigkeit w nach einer Kammer K (Wasserschloß) vom Querschnitt F und von hier bei C durch eine Rohrleitung ab. Es ist Beharrungszustand vorausgesetzt, die Oberfläche in der Kammer besitzt die Tiefe h unter der Niveaulinie NN. Plötzlich wird der Auslauf bei C teilweise abgesperrt, es fließe nicht mehr eine Wassermenge q in der Sekunde aus wie bisher, sondern nur mehr ε q (angenähert als unveränderlich angenommen). Hierdurch wird die Oberfläche in K zunächst steigen, dann sinken, dann wieder steigen, usf., also eine schwingende Bewegung ausführen. Man soll den veränderlichen Wasserstand z und

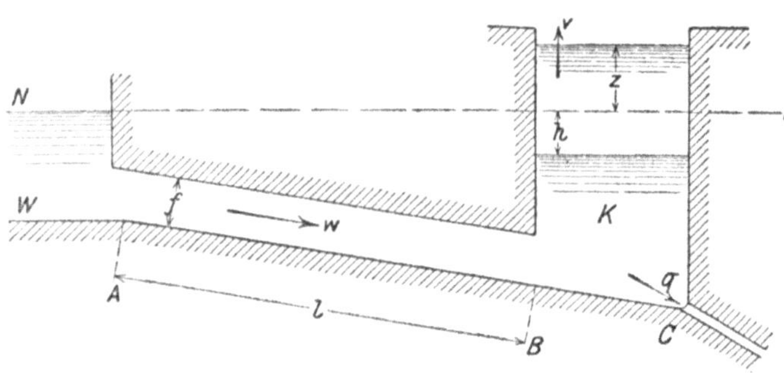

die Geschwindigkeit v des Wassers in der Kammer als Funktion der Zeit darstellen. Der Reibungswiderstand im Stollen soll der ersten Potenz der Geschwindigkeit w proportional gesetzt werden.

***210.** In der Wasserkammer der vorigen Aufgabe erfolge die Absperrung bei C nicht plötzlich, sondern allmählich während einer Zeitdauer t_1 derart, daß die abfließende Wassermenge

$$Q = q\left(1 - \frac{t}{t_1}\right)$$

ist, worin q die abfließende Menge in der Sekunde für den vorausgehenden Beharrungszustand bedeutet. Die übrigen Voraussetzungen seien die gleichen wie früher. Man soll den Wasserstand z und die Geschwindigkeit v des Wassers in der Kammer während der Dauer der Absperrung als Funktionen der Zeit darstellen.

(209, 210: F. Prášil, Schweiz. Bauzeitung 1908.)

5. Rohrleitungen.

211. Die Widerstandshöhe eines Tellerventils setzt sich zusammen aus der Widerstandshöhe $\zeta_0 \frac{v^2}{2g}$ beim Durchströmen des Eintrittes und aus $\zeta_1 \frac{v_1^2}{2g}$ beim Strömen durch den ringförmigen Spalt. Wenn die ganze Widerstandshöhe $\zeta \frac{v^2}{2g}$ ist, wie wird ζ aus ζ_0 und ζ_1 gerechnet werden können? (C. Bach.)

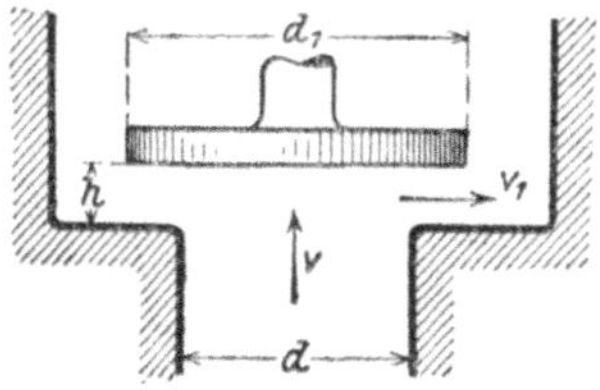

***212.** Man berechne die Widerstandszahl eines konischen Wasserleitungsrohres unter der Annahme, daß für jeden Teil ∂x desselben die Widerstandszahl auf Grund der Gleichungen 30 und 32 mit

$$\zeta_r = \left(\alpha + \frac{\beta}{\sqrt{v\,d}}\right) \cdot \frac{\partial x}{d}$$

angesetzt werden darf.

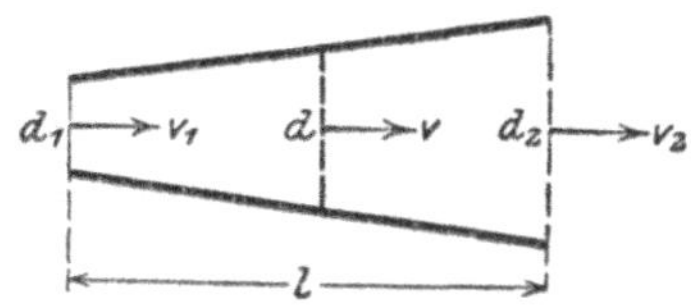

213. Aus einem gefüllten Gefäß zweigt ein horizontales Rohr ab, das bei C offen ist; an einer beliebigen Stelle D wird ein vertikales Rohr eingesetzt, in dem die Flüssigkeit bis E emporsteigen wird. Man zeige, daß die Punkte E in der Geraden BC liegen, wobei B etwas unter der Oberfläche A liegt.

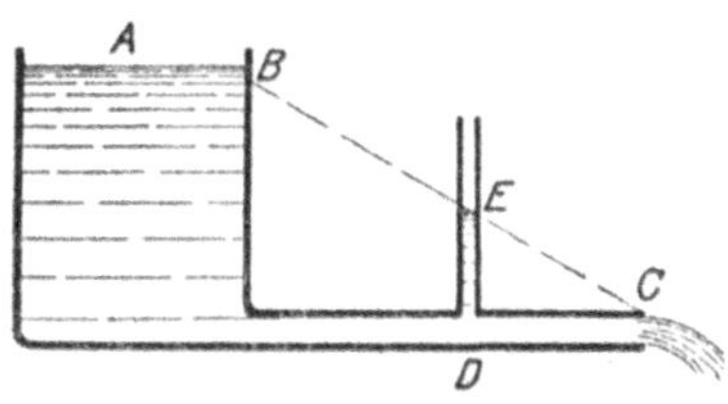

214. Aus einem Gefäß a fließt Wasser durch das Rohr b aus, das bei c unterbrochen und durch ein dünnwandiges Gummirohr ersetzt ist. Dieses wird von einem Glasrohr umschlossen; in dem Zwischenraum d kann mit Hilfe des Gefäßes e ein beliebiger Druck hervorgerufen werden, der sich in das Innere des Gummirohres fortpflanzt. Wenn die Wasserhöhe h_1 zunimmt, wird das Gummirohr sich verengen oder erweitern?

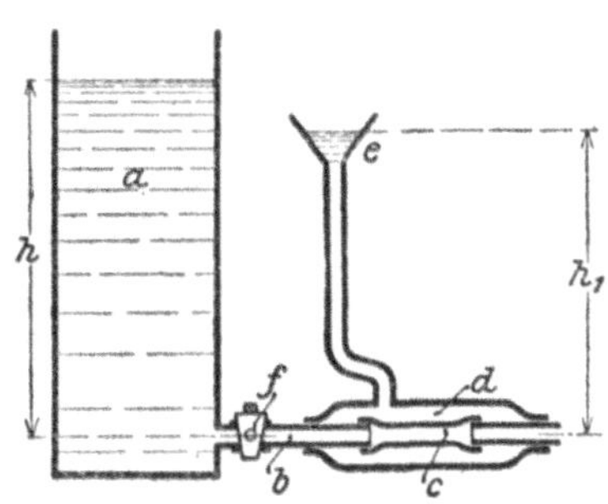

(D. Bánki, Zeitschr. Ver. deutsch. Ing. 1909.)

215. Ein gerades Leitungsrohr mit glatter Innenfläche hat 30 cm Durchmesser und 150 m Länge; das Wasser strömt mit 1,2 m/s Geschwindigkeit. Welches Gefälle ist erforderlich zur Überwindung der Reibung im Rohr?

216. Eine Wasserleitung von 820 m Länge mit 9,4 m Gefälle soll 270 m^3 in der Stunde liefern. Welchen Durchmesser muß das gußeiserne Rohr bekommen, wenn nur auf die Widerstände durch Rohrreibung Rücksicht genommen wird?

217. In ein Rohr von 20 cm Durchmesser, in dem Wasser mit 1 m/s Geschwindigkeit fließt, soll ein Kegelventil eingebaut werden, dessen Sitzfläche 10 cm inneren Durchmesser hat. Wie ändert sich hierdurch die Geschwindigkeit bei offenem Ventil?

218. Ein Wasserleitungsrohr liefert 4 m^3 in der Minute; unter welchen Winkel δ muß ein Hahn eingestellt werden, wenn diese Menge auf die Hälfte herabsinken soll?

219. Eine gerade Rohrleitung aus Gußeisen von 50 m Länge, 20 cm Durchmesser und 2 m Gefälle ist an ihrem Ende mittelst eines Hahnes zu regulieren. Unter welchen Winkel δ muß der Hahn gestellt werden, wenn die Ausflußgeschwindigkeit 1 m/s sein soll?

220. Durch ein Rohr, welches eine plötzliche Verengung mit der Widerstandszahl ζ_1 und eine Rohrkrümmung mit der Widerstandszahl ζ_2 besitzt, strömt eine gewisse Wassermenge in der Sekunde. Bei B soll ein Schieber eingesetzt werden. Welche Widerstandszahl ζ muß ihm gegeben werden, wenn die Wassermenge auf $\frac{1}{n}$ des früheren Wertes herabsinken soll?

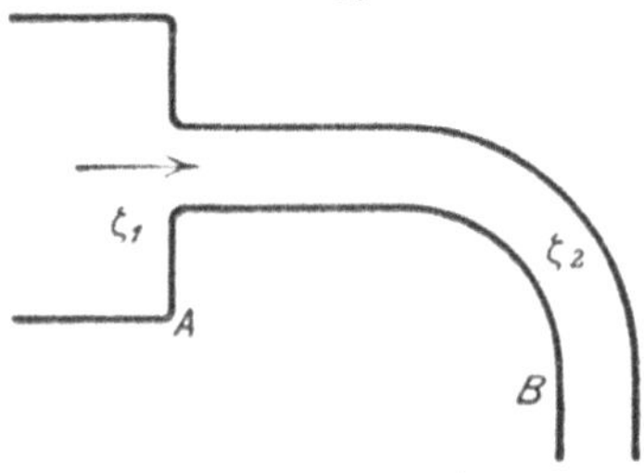

221. In ein Wasserleitungsrohr werden ein Hahn und ein Klappenventil hintereinander eingestellt. Wird das Klappenventil um 40^0 geöffnet, so liefert die Leitung bei völlig offenem Hahn 2 m^3 in der Minute; wird der Hahn unter einen gewissen Winkel δ gestellt und das Klappenventil völlig geöffnet, so liefert die Leitung 3,04 m^3 in der Minute. Wie groß ist der Winkel δ?

222. Eine Wasserleitung liefert Q_1 Raummeter in der Sekunde. Wie vermindert sich diese Menge, wenn das Rohr bei A sich verengt, eine Rohrkrümmung von 0,75 m Halbmesser angeschlossen und in B ein Klappenventil mit 65^0 Öffnung eingesetzt wird?

223. Aus einem Wasserbecken mit großer Oberfläche führt ein Rohr von 20 cm Durchmesser in nachfolgend gezeichneter Weise in ein tiefer liegendes, kleines Becken von 40 cm Durchmesser. Der Hahn bei H wird unter 30^0 gestellt. Es kommen Gußeisen-Rohre in Verwendung. Mit welcher Geschwindigkeit strömt das Wasser durch das Rohr?

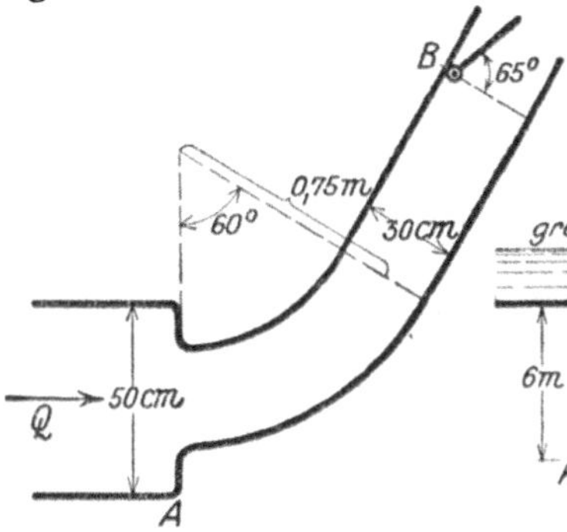

Aufg. 222.

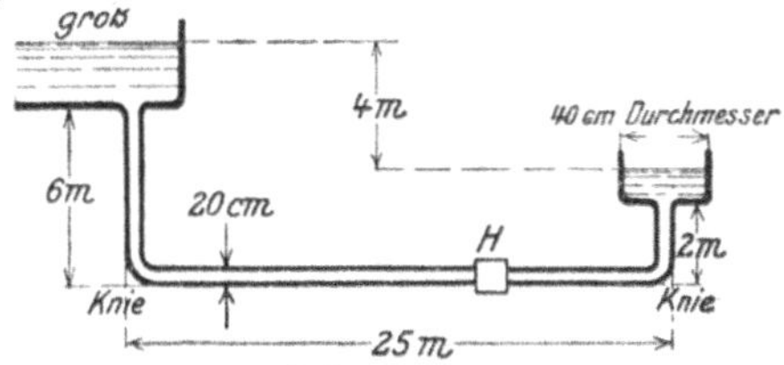

Aufg. 223.

224. Eine Wasserleitung, welche 200 m^3 in der Stunde liefert, hat 680 m Länge und 2,84 m Gefälle. Sie besitzt eine Krümmung von 90^0 Ablenkung mit 3 m Krümmungshalbmesser und eine Rohr-Erweiterung auf das Dreifache des ursprünglichen Querschnittes. Welchen Durchmesser muß die Leitung erhalten? (Gußeisen.)

225. Aus einem Wasserbecken A führt eine Rohrleitung (glatte Innenfläche) in angegebener Art nach C, welche Stelle 10 m tiefer liegt als die Oberfläche in A. Bei B tritt eine vorübergehende Rohrerweiterung ein; während der gewöhnliche Durchmesser 20 cm ist, wird bei B der Rohrquerschnitt 0,1 m^2. Welche Wassermenge liefert die Leitung in der Stunde und wie hoch ist dicht hinter B der Piezometerstand, wenn diese Stelle 6 m unter der Oberfläche in A liegt?

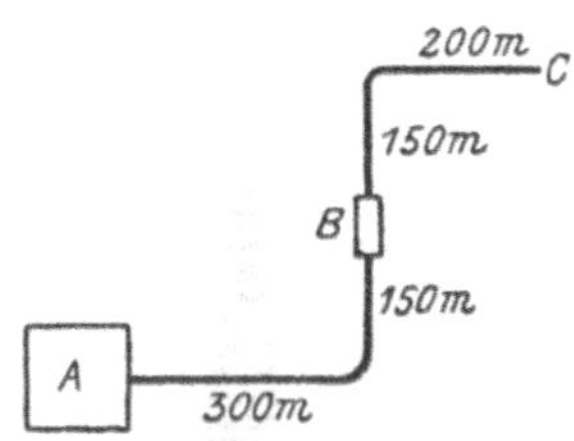

226. Zwei horizontale, gerade Rohre mit den Durchmessern d_1 und $d_2 = n d_1$ sollen durch zwei gleichweite Rohre ersetzt werden. Wie groß muß deren Durchmesser d gewählt werden, wenn sich an Wassermenge, Gefälle und Länge der Leitung nichts ändern soll?

***227.** Die Herstellungskosten einer Rohrleitung wachsen mit der Länge und dem Durchmesser, können also gleich $k_1 d l$ gesetzt werden. Die Anlage- und Betriebskosten des zugehörigen Pumpwerkes wachsen mit der zu liefernden Durchflußmenge in der

Sekunde und der Förderhöhe (Gefälle oder Widerstandshöhe), können also gleich $k_2 Q h$ gesetzt werden. Wenn für eine Rohrleitung die Länge und die Durchflußmenge in der Sekunde vorgeschrieben sind, wie wird man den Durchmesser d wählen müssen, damit die Gesamtkosten am kleinsten werden?

(O. Smreker, Zeitschr. Ver. deutsch. Ing. 1889.)

***228.** Zwei Rohrleitungen mit den Längen l_1 und l_2, welche die Wassermengen Q_1 und Q_2 in der Sekunde auf gleiche Höhe liefern sollen, werden von demselben Pumpwerk versorgt. Wie groß wird man die Durchmesser der beiden Leitungen d_1 und d_2 wählen müssen, wenn die Gesamtkosten den kleinsten Wert annehmen sollen? (Vergleiche vorige Aufgabe.)

(Ph. Forchheimer, Zeitschr. Ver. deutsch. Ing. 1889.)

***229.** Eine Rohrleitung vom Durchmesser d und der Länge l nimmt an ihrem Anfang $Q\,m^3$ Wasser in der Sekunde auf und gibt an ihrem Ende $Q_1\,m^3$ in der Sekunde ab; den Rest gibt sie gleichmäßig ihrer Länge nach ab. Welches Gefälle h wird diese Leitung beanspruchen?

***230.** Wie ändert sich das Resultat der vorigen Aufgabe, wenn der Durchmesser d der Rohrleitung nicht gleiche Größe beibehält, hingegen verlangt wird, daß die Geschwindigkeit des fließenden Wassers sich nicht ändert? Nach welchem Gesetze muß der Durchmesser verändert werden?

231. Eine von einem Wasserbehälter kommende Rohrleitung AB verzweigt sich in B in zwei Leitungen, die in C 80 000 Liter,

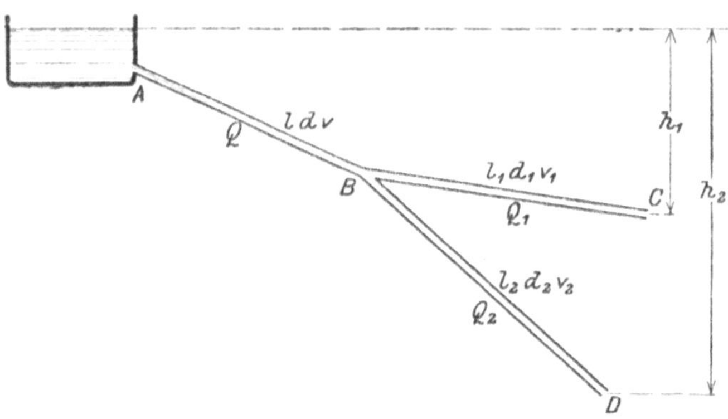

in D 120 000 Liter in der Stunde abgeben. Außerdem sind folgende Abmessungen bekannt: $l = 400$ m, $l_1 = 300$ m, $l_2 = 200$ m;

$h_1 = 8$ m, $h_2 = 20$ m. Die Rohre sind aus Gußeisen, die Geschwindigkeit v im ersten Rohr AB kann mit 1 m/s angenommen werden. Man berechne die Durchmesser d, d_1 und d_2 sowie die Geschwindigkeiten v_1 und v_2.

232. Zwei Quellen werden in A und B in Rohrleitungen gefaßt und nach D geleitet, von wo ein gemeinsames Rohr zur Ausflußstelle C führt. Gegeben sind: die Längen der Leitungen

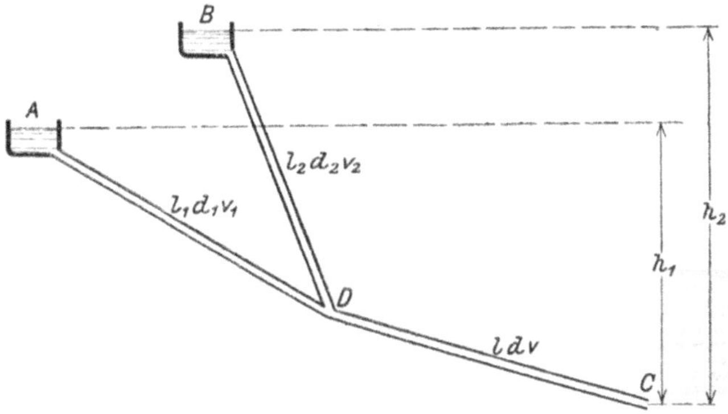

$l_1 = 500$ m, $l_2 = 300$ m, $l = 800$ m; die Durchmesser $d_1 = 0{,}15$ m, $d_2 = 0{,}10$ m, $d = 0{,}25$ m und die Gefälle $h_1 = 25$ m, $h_2 = 30$ m. Man berechne die stündlichen Durchflußmengen der drei Rohre sowie die Geschwindigkeiten v_1, v_2 und v in ihnen.

233. Ein Wasserleitungsrohr AB von der Länge l und bekanntem Durchmesser d gabelt sich bei B in zwei Rohre von bekannten Längen l_1 und l_2, von denen BC nach jedem Meter eine Wassermenge von $q_1 m^3$, BD eine solche von $q_2 m^3$ und letzteres überdies am Ende bei

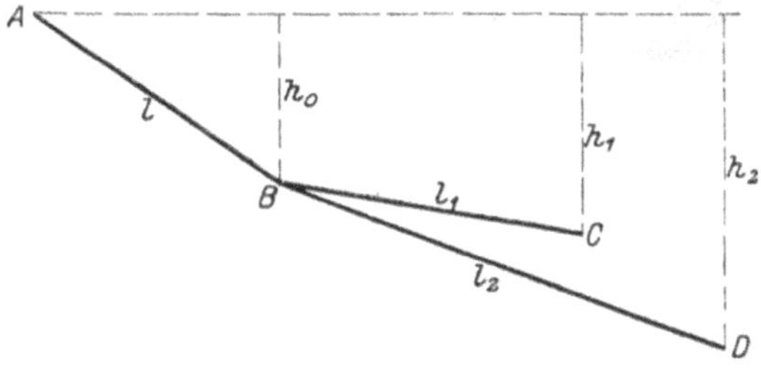

D eine Wassermenge von $q m^3$ in der Sekunde abgeben soll. Die Gefälle h_0, h_1 und h_2 sind gegeben. Man untersuche, nach welchem Gesetze sich die Durchmesser d_1 und d_2 der beiden Rohre ändern müssen.

234. Eine Rohrleitung von konstantem Durchmesser d besitzt in gleichen Abständen l gleichgroße Ausflußöffnungen F. Man suche eine Beziehung zwischen den Durchflußmengen Q_n Q_{n-1} Q_{n-2} in drei aufeinander folgenden Rohrstücken.

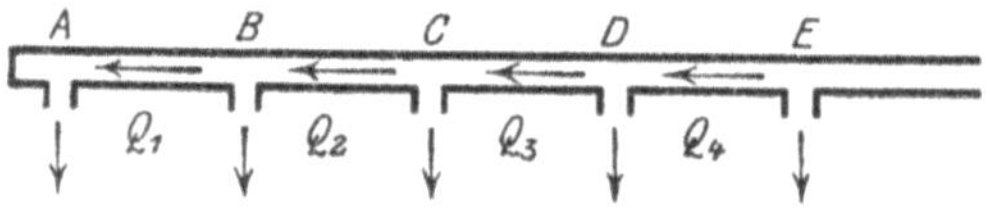

(J. P. Frizell, Journal of the Franklin Institute, 1878.)

*__235.__ Eine Rohrleitung AB besteht aus drei Strängen, deren Gesamtgefälle h und deren Längen $l_1 l_2 l_3$ gegeben sind. Wie wird man die Durchmesser $d_1 d_2 d_3$ dieser Stränge wählen müssen, wenn die Kosten der Leitungsanlage ein Minimum werden sollen? Wie groß sind diese Kosten, wenn angenommen wird, daß sie der Länge und dem Durchmesser jedes Rohres proportional sind?

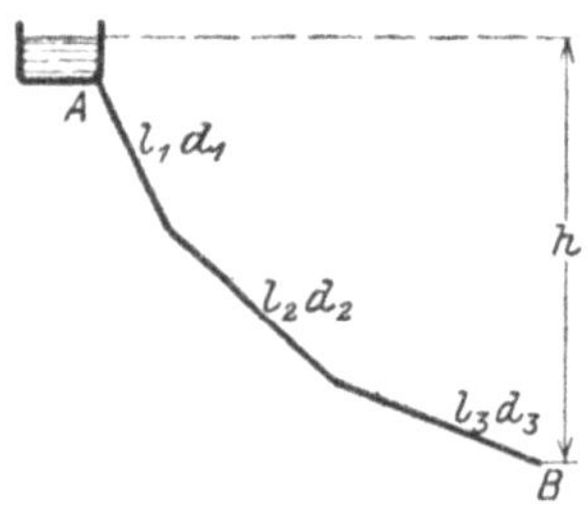

236. Ein Rohrstrang AE von der Länge l und dem Durchmesser d teilt sich bei E in drei Rohre, deren Längen l_1 l_2 l_3 und Gesamtgefälle $h_1 h_2 h_3$ bekannt sind. Jedes Rohr soll den dritten Teil der durch AE strömenden Wassermenge Q liefern. Wie groß müssen die Durchmesser d_1 d_2 d_3 dieser drei Rohre gewählt werden?

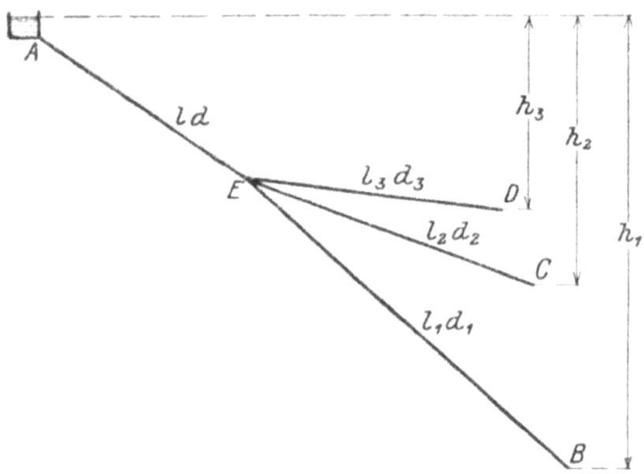

*__237.__ Die drei Rohre $l_1 l_2 l_3$ der vorigen Aufgabe liefern in der Sekunde bekannte, verschiedene Wassermengen $Q_1 Q_2 Q_3$. Es sollen die vier Durchmesser $d_1 d_2 d_3$ d unter der Voraussetzung berechnet werden, daß die Kosten der Leitungsanlage ein Minimum werden. Die Kosten einer Leitung seien deren Länge und Durchmesser proportional.

*238. Eine Rohrleitung besteht aus Rohrstücken von gleicher Länge l und verschiedenen Durchmessern. Die Kosten eines Rohrstückes seien mit $k d^2 y l$ angenommen, nämlich abhängig von der Wandstärke des Rohres, die mit Rücksicht auf die Festigkeit mit der Druckhöhe y zunehmen muß. Hierin ist k eine Konstante. Man untersuche, nach welchem Gesetze der Rohrdurchmesser d mit der Druckhöhe y verändert werden muß, wenn die Kosten der Rohrleitung möglichst klein werden sollen. Der Druckverlust der Leitung soll unverändert bleiben.

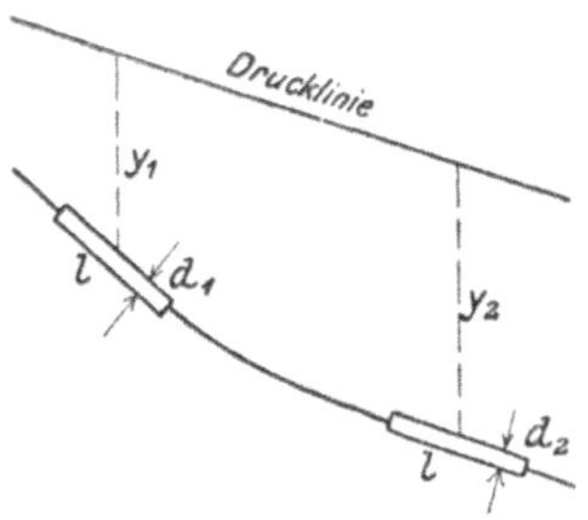

*239. Ein gerader Rohrstrang von der Länge l habe veränderlichen Durchmesser d. Er ändere sich mit der Druckhöhe y nach dem Gesetze $d^7 y =$ konstant. (Vergleiche vorige Aufgabe.) Man vergleiche die Kosten dieses Rohrstranges mit jenen, welche bei unveränderlichem Durchmesser d_1 entstehen würden, wenn angenommen wird, daß die Kosten eines Rohrstückes $k d^2 y$ für die Längeneinheit betragen.

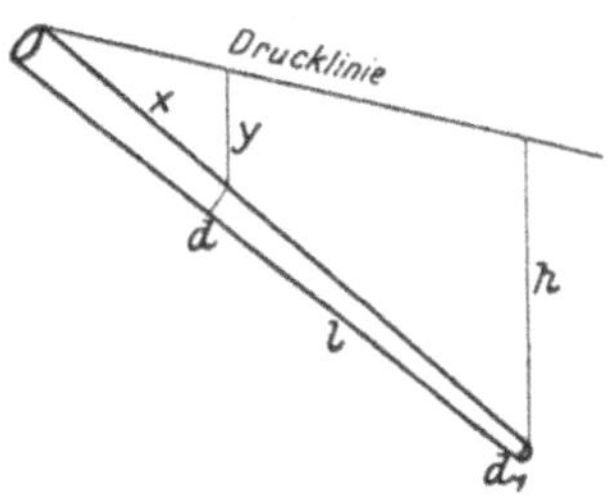

(238, 239: Ph. Forchheimer, Zeitschr. Ver. deutsch. Ing. 1906.)

240. Wie ändert sich die gebräuchliche Gleichung für das Druckgefälle einer Rohrleitung

$$h = c \frac{Q^2 l}{d^5}$$

(vergl. Gleichung 50), wenn auf die genauere Form der Widerstandszahl nach der Angabe von Weisbach und Lang:

$$\lambda = \alpha + \frac{\beta}{\sqrt{v d}}$$

(vergl. Gleichung 32) Rücksicht genommen wird?

*241. Durch ein Rohr vom Querschnitt F fließt eine Flüssigkeit mit der mittleren Geschwindigkeit v. Man drücke die Bewegungsgröße und die Bewegungsenergie der Durchflußmenge Q durch die mittlere Geschwindigkeit aus. (A. Flamant, Hydraulique.)

*242. In einem geschlossenen kreisrunden Wasserleitungsrohr vom Halbmesser r und dem Gefälle J nimmt nach Bazin die

Geschwindigkeit u von der Mitte gegen den Umfang ab nach dem Gesetze

$$u = u_0 - 21\sqrt{\frac{r}{2}J}\left(\frac{\varsigma}{r}\right)^3,$$

wenn ς die Entfernung vom Mittelpunkte ist. Man berechne die mittlere Geschwindigkeit v des Querschnittes.

*__243.__ Durch ein wagrechtes Rohr vom Halbmesser r strömt eine nicht reibungslose Flüssigkeit. Der innere Reibungswiderstand ist in der Entfernung ϱ von der Achse des Rohres erfahrungsgemäß dem Verhältnis $\frac{du}{d\varrho}$ proportional, worin u die an allen Stellen verschiedene Geschwindigkeit der Flüssigkeit ist. Man ermittle das Gesetz, nach welchem sich u mit ϱ verändert, sowie die größte Geschwindigkeit.

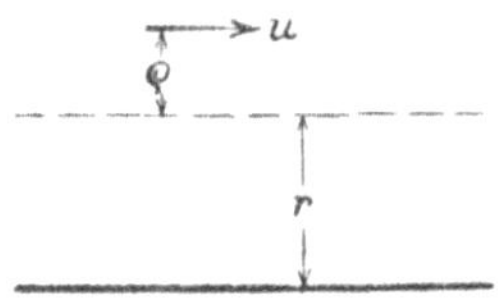

(E. Hagenbach, Ann. d. Phys u. Chem. 1860.)

*__244.__ Man berechne bei der Bewegung einer sich reibenden Flüssigkeit in einem Rohr (siehe vorige Aufgabe) die mittlere Geschwindigkeit sowie den Druckhöheverlust infolge der Reibung.

(Poiseuillesches Gesetz.)

__245.__ Man bestimme in voriger Aufgabe die Schubspannung der Flüssigkeit in der Entfernung ϱ von der Achse des Rohres, sowie die zur Überwindung dieser Schubspannungen notwendige Leistung.

(R. Camerer, Zeitschr. Ver. deutsch. Ing. 1916.)

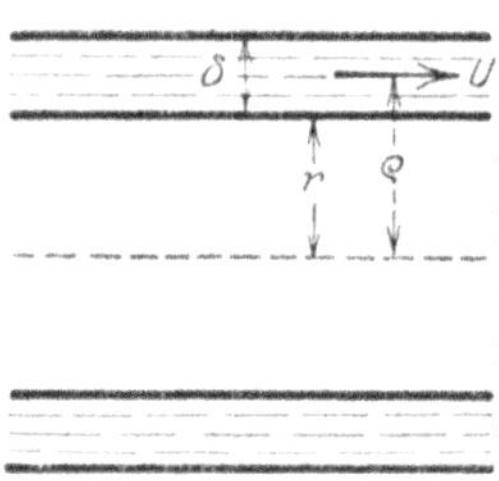

*__246.__ Wie ändert sich das in Aufgabe 243 ermittelte Gesetz für die Geschwindigkeit u, wenn die Flüssigkeit durch ein ringförmiges Rohr vom inneren Halbmesser r und vom äußeren Halbmesser r + δ fließt? Wie groß ist dann die mittlere Geschwindigkeit v? Wie groß ist die größte Geschwindigkeit?

*__247.__ Um die Zähigkeit von Flüssigkeiten zu messen, dient folgender Apparat: In einem geschlossenen, mit der zähen Flüssigkeit vom Einheitsgewicht γ gefüllten, zylindrischen Gefäß wird ein zylindrischer Körper vom Halbmesser r und

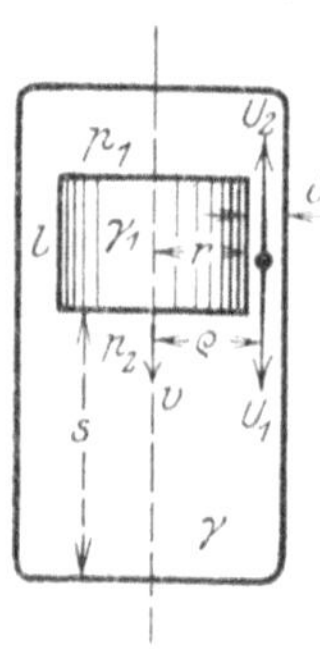

Aufg. 247.

dem Einheitsgewicht γ_1 fallen gelassen, wobei seine Fallgeschwindigkeit sehr bald konstant wird. Wenn δ die Spaltbreite, s der Fallweg und t die beobachtete Fallzeit ist, wie kann aus diesen Angaben die Zähigkeitszahl η ermittelt werden?

(Lawaczek, Zeitschr. Ver. deutsch. Ing. 1919.)

***248.** Aus einer Wasserkammer führt ein gerades Rohr AB von der Länge l, an dessen Ende der Ausfluß unter der Druckhöhe h mit der Geschwindigkeit v stattfindet. Die Öffnung in B wird sodann durch eine Absperr-Vorrichtung zum Teil geschlossen und hierdurch die Bewegung des Wassers im Rohr verzögert, der Druck im Rohr erhöht. In welcher Beziehung steht der gesteigerte Druck zur Verzögerung des Wassers?

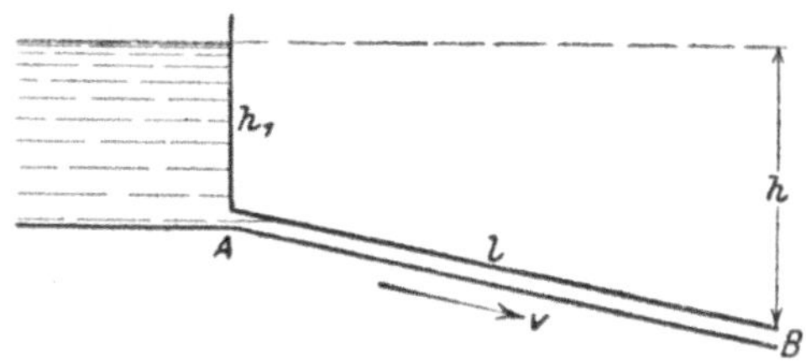

6. Kanäle und Flüsse.

249. Ein Fluß, dessen Querschnitt $F = 40$ m² und dessen benetzter Umfang $u = 44$ m ist, besitzt ein Gefälle von 0,0001. Man berechne seine mittlere Geschwindigkeit nach der Gleichung 54

$$v = C\sqrt{RJ}$$

und benütze zur Ermittlung des Wertes C

1. die Angabe von Ganguillet und Kutter (Gl. 57),
2. die Angabe von Bazin (Gl. 56),
3. die Angabe von Heßle: $C = 25\left(1 + \frac{1}{2}\sqrt{R}\right)$;
4. die Angabe von Hagen: $C = 43{,}7\sqrt[6]{R}$.

250. Die mittlere Geschwindigkeit eines Flusses wird gewöhnlich nach der Gleichung $v = C\sqrt{RJ}$ gerechnet, worin nach Angabe von Ganguillet und Kutter:

$$C = \frac{23 + \frac{1}{n} + \frac{k}{J}}{a + \left(23 + \frac{k}{J}\right)\frac{n}{\sqrt{R}}},$$

nach Angabe von Bazin:

$$C = \frac{87}{b + \frac{c}{\sqrt{R}}};$$

k, n, c sind konstante Größen, $R = \frac{F}{u}$ der Profilsradius. Die Konstanten a und b sind gleich der Einheit gesetzt worden; dies befremdet, weil weder a noch b eine dimensionslose Größe ist. Um möglichst in Einklang mit den Angaben der genannten Ingenieure zu bleiben, setze man $a + b = 2$ und versuche die Konstanten a, b, k so zu bestimmen, daß beide Gleichungen denselben Wert für die Geschwindigkeit ergeben. Wie groß wäre dann die Geschwindigkeit des Flusses in voriger Aufgabe?

***251.** Ein Gerinne von rechteckigem Querschnitt mit konstanter Breite b und konstanter Tiefe t besitzt für die Länge l das Gefälle h. Wie groß ist die Durchflußmenge Q in der Sekunde?

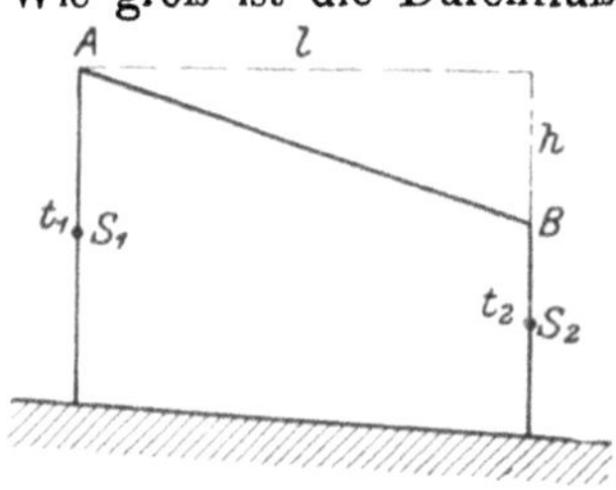

***252.** Ein Gerinne von rechteckigem Querschnitt mit konstanter Breite b besitzt an zwei um l voneinander entfernten Stellen die Tiefen t_1 und t_2. Wie groß ist der Gesamtwiderstand des Bettes in dieser Strecke, wenn die Durchflußmenge Q gegeben ist?

***253.** In einem Gerinne von rechteckigem Querschnitt mit konstanter Breite b werden an zwei Stellen, die um l voneinander entfernt sind, die Tiefen t_1 und t_2 gemessen, (Abbildung zu voriger Aufgabe.) Außerdem ist das Gefälle h der Oberfläche bekannt. Man ermittle die Durchflußmenge Q in der Sekunde.

254. Ein Kanal in Bruchsteinmauerwerk von 850 m Länge besitzt trapezförmigen Querschnitt und zwar: 5 m obere Breite, 1,4 m Sohlenbreite, 1,2 m Tiefe. Er soll 6 m³ Wasser in der Sekunde liefern. Welches absolute Gefälle muß der Kanal bekommen? Welche mittlere Geschwindigkeit besitzt das Wasser? (Mit Benützung der Bazinschen Gleichung 56.)

255. Ein Kanal in Bruchsteinmauerwerk besitzt nebenstehendes Profil. Bei Niederwasser ist die Tiefe 0,5 m gemessen worden, bei Hochwasser wird der Kanal vollständig gefüllt. In welchem Verhältnis stehen die bei Hoch- und Niederwasser abgeführten Mengen? (Mit Benützung der Bazinschen Gleichung 56.)

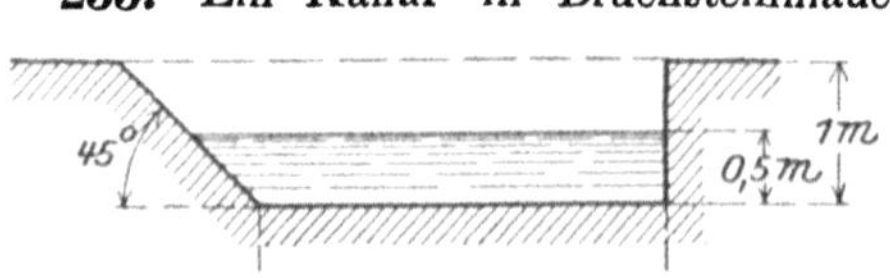

256. Ein Kanal von rechteckigem Querschnitt von der Breite b und der Tiefe t führt, wenn er vollständig gefüllt ist, eine gewisse Wassermenge. Wie hoch (x) darf das Wasser im Kanal fließen, wenn die Wassermenge nur $\frac{1}{n}$ der früheren sein soll? (Mit Benützung der Bazinschen Gleichung 56.)

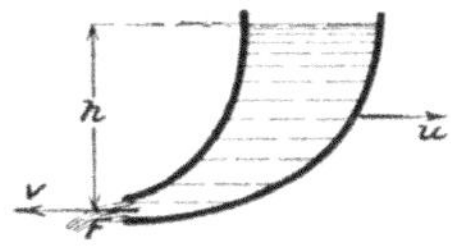

257. Ein Fabrikskanal von trapezförmigem Querschnitt soll in der Sekunde 1 m^3 Wasser mit 0,5 m/s mittlerer Geschwindigkeit führen. Der Kanal ist in Erde gegraben, seine Seitenwände sind unter 30° gegen die Horizontale geneigt; auf 5 Kilometer ist das Gefälle 2 m. Man bestimme die obere Breite B, die Sohlenbreite b und die Tiefe t des Kanals mit Hilfe der Bazinschen Gleichung.

258. Ein Kanal in Bruchsteinmauerwerk führt 4 m^3 in der Sekunde. Seine Sohle soll derart verbreitert werden, daß er bei gleichem Gefälle 7 m^3 in der Sekunde führen kann. Wie groß muß x gemacht werden? (Bazinsche Gleichung.)

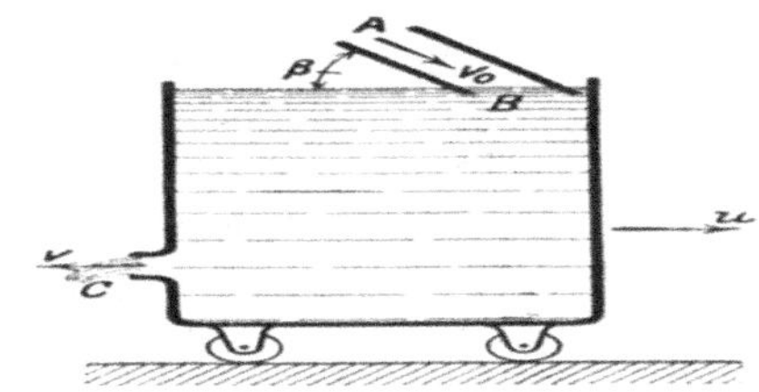

259. Ein Kanal in Erde von nebenstehendem Profil soll 2080,8 Raummeter Wasser in der Stunde zuführen. Welches Gefälle muß er bekommen? (Gleichung von Ganguillet und Kutter.)

260. Ein Fluß von nebenstehendem Profil hat ein Gefälle von 1 m auf 50 km Länge. Welche Geschwindigkeiten besitzt der Fluß bei Hoch- und Niederwasser und welche Mengen führt er in der Sekunde? (Gleichung von Ganguillet und Kutter.)

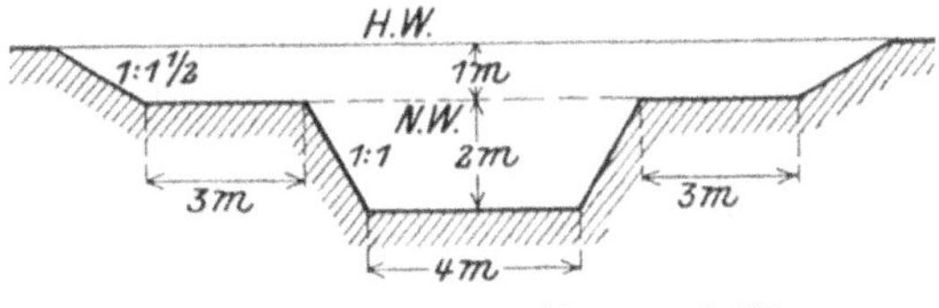

261. Ein Fabrikskanal in Erde von J = 0,00003 Gefälle führt 24 m^3 Wasser in der Sekunde. Der Querschnitt ist ein Trapez,

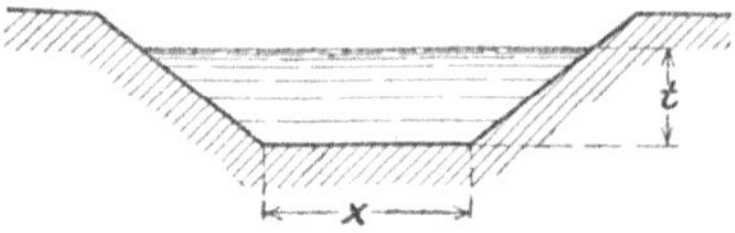

die Böschung $1:1\frac{1}{2}$ geneigt, die Tiefe $t = 4$ m. Man berechne die Sohlenbreite x. (Gleichung von Ganguillet und Kutter.)

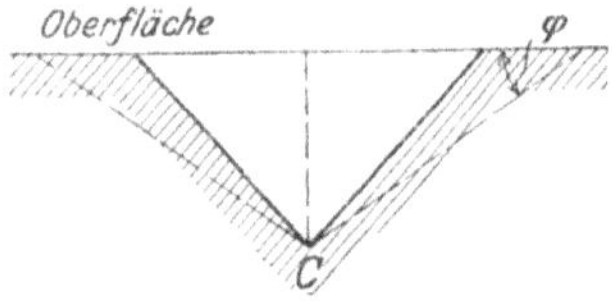

262. Ein offenes Gerinne, dessen Querschnitt ein bei C rechtwinkliges Dreieck ist, soll derart verbreitert werden, daß die Durchflußmenge verdoppelt wird. Man suche den neuen Böschungswinkel φ.

***263.** Von einem Kanal, dessen Querschnitt ein Trapez ist, sei die obere Breite B, die Fläche F und die Durchflußmenge Q (in der Sekunde) bekannt. Wie groß muß die Tiefe t und der Böschungswinkel φ gewählt werden, wenn das Gefälle so klein wie möglich sein soll?

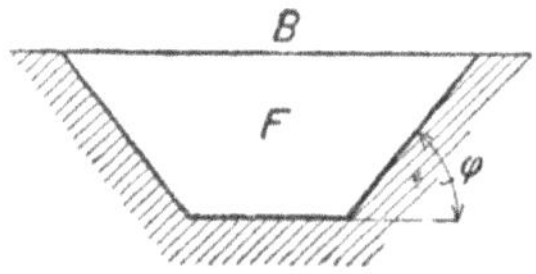

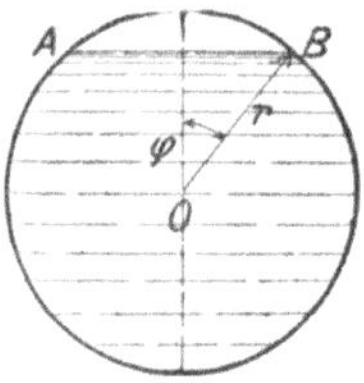

***264.** Ein Kanal von kreisförmigem Profil ist bis zur Sehne AB mit strömender Flüssigkeit gefüllt. Bei welchem Winkel φ wird die Strömungsgeschwindigkeit am größten werden und wie groß ist sie dann?

***265.** Bei welchem Winkel φ wird in voriger Aufgabe die Durchflußmenge Q am größten und wie groß wird sie?

***266.** Ein Kanalprofil besteht aus zwei unter dem Winkel α geneigten Böschungen mit einem an der Sohle eingelegten Kreisbogen BC. Gegeben ist die Kanalbreite B und der Winkel α. Wie muß der Kreishalbmesser gewählt werden, wenn die Durchflußgeschwindigkeit den größten Wert annehmen soll? Im besonderen für $\alpha = 30^0$.

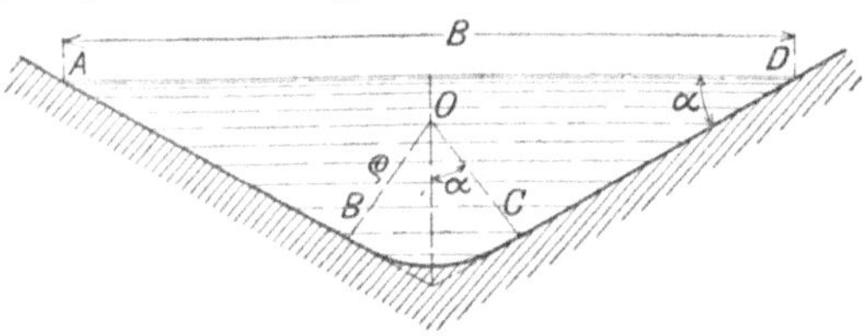

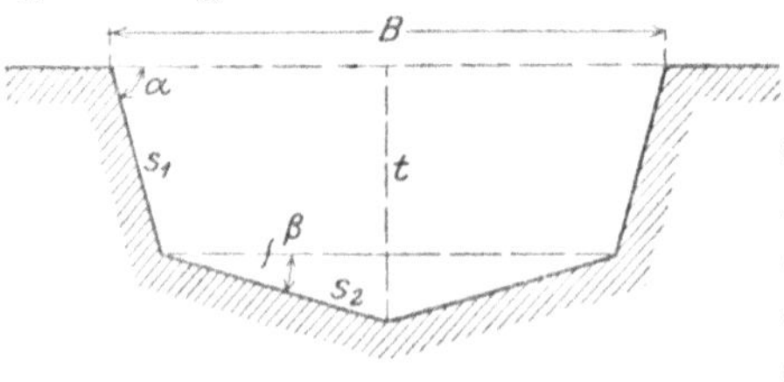

***267.** Ein Kanal soll einen Querschnitt von nebenstehender Gestalt erhalten. Die Winkel der Böschung α und β, sowie die Fläche F des Querschnittes sind gegeben. Man ermittle die

Seiten s_1 und s_2, die Breite B und die Tiefe t, wenn der Querschnitt die für die Bewegung des Wassers günstigste Form besitzen soll. Man zeige auch, daß die günstigste Form einen Halbkreis umhüllt.

***268.** Die Bewegung eines im Beharrungszustande angenommenen Flusses sei wegen der geringen Geschwindigkeit als in Schichten verlaufend (laminar) angenommen. Die Reibung der dem Boden parallelen Schichten sei wie in Aufgabe 243: $R = \eta f \frac{dv}{dz}$, worin η die Zähigkeitszahl, f die sich reibende Wasserfläche und v die Geschwindigkeit in der Tiefe z ist. Die Geschwindigkeit v_2 am Boden sei bekannt. Der Luftreibungswiderstand an der Oberfläche des Flusses sei dem Quadrat der Geschwindigkeit v_0 an der Oberfläche proportional. Nach welchem Gesetze ändert sich die Geschwindigkeit mit der Tiefe? Wie groß ist die größte Geschwindigkeit V und in welcher Tiefe h tritt sie auf? Wie groß ist die Geschwindigkeit an der Oberfläche?

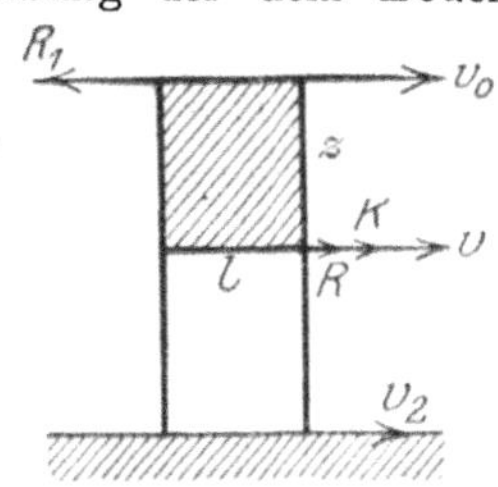

***269.** In der Vertikalen an irgend einer Stelle eines Flusses werden folgende Geschwindigkeiten gemessen: v_0 in der Oberfläche, v_1 in der Tiefe t_1 und v_2 in der Tiefe t_2. Man suche die mittlere Geschwindigkeit v_m des Flusses an dieser Stelle.

***270.** In einem breiten rechteckigen Gerinne von der Tiefe t und dem Gefälle J nimmt nach **Bazin** die Geschwindigkeit v mit der Tiefe z unter der Oberfläche ab nach dem Gesetze

$$v = v_0 - 20\sqrt{tJ} \cdot \left(\frac{z}{t}\right)^2,$$

worin u_0 die Geschwindigkeit an der Oberfläche ist. Man berechne die mittlere Geschwindigkeit v_m des Querschnittes.

271. Nach dem Vorschlage von J. **Hermanek** (Zeitschr. d. Öst. Ing.- u. Arch.-Ver. 1905) kann die mittlere Geschwindigkeit eines natürlichen Wasserlaufes von mehr als 1,5 m Tiefe und für geregelte Wasserläufe von weniger als 1,5 m Tiefe durch die Formel

$$v_m = C\sqrt[4]{t}\,\sqrt{tJ}$$

ausgedrückt werden, wenn t die mittlere Tiefe und J das Gefälle bezeichnen. Wie kann man hiernach das Gefällsverhältnis an zwei beliebigen Stellen des Wasserlaufes aus dessen Abmessungen (Breite und mittlere Tiefe) berechnen?

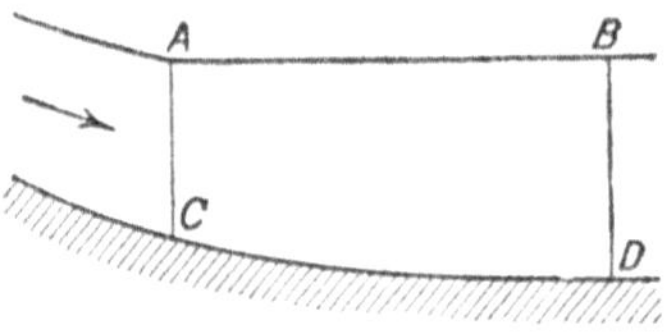

*272. Ein Fluß besitzt bis zum Querschnitt AC gleichförmige Bewegung; von hier ab über die Strecke AB ist das Oberflächengefälle null, AB eine horizontale Gerade. Nach welchem Gesetze wird der Boden des Flusses im Längenprofil CD gestaltet sein?

* 273. Das Geschiebe am Grunde eines offenen Gerinnes soll an allen Stellen des benetzten Umfanges in der äußersten Gleichgewichtsstellung sein. Hierbei ist auf die Reibung des Grundes und die schiebende Kraft des strömenden Wassers Rücksicht zu nehmen, die der Tiefe z proportional gesetzt werden soll. In welcher Beziehung werden z und der Bogen s des benetzten Umfanges stehen? Wie groß ist die größte Tiefe z_1, wenn u der ganze benetzte Umfang ist? (Ph. Forchheimer.)

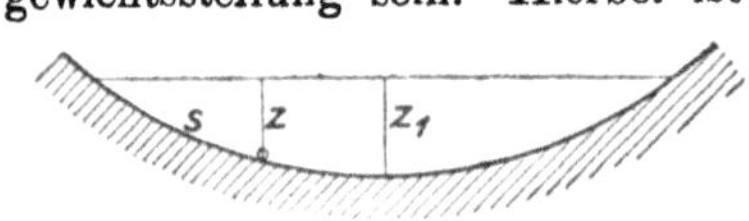

274. Auf dem Grunde eines Flusses werde durch die Stoßkraft des Wassers das Geschiebe gleichförmig vorwärts bewegt. Es soll angenommen werden, daß diese Stoßkraft dem Quadrat der Längenabmessungen des Geschiebes und dem Quadrat der Geschwindigkeit des Wassers proportional sei. In welcher Abhängigkeit wird das Gewicht des Geschiebes von der Wassergeschwindigkeit stehen?

(H. Sternberg, Zeitschr. f. Bauwesen 1875.)

*275. Das Geschiebe, das sich auf dem Grunde eines Flusses vorwärts bewegt, wird durch Reibung verkleinert. Es soll angenommen werden, daß diese Verkleinerung der Reibungsarbeit proportional ist. Wie wird sich das Gewicht des Geschiebes mit der Höhenlage über dem Meere ändern?

276. Ein im Beharrungszustand befindlicher Fluß von der Tiefe t führe in der Längeneinheit G kg Geschiebe mit sich. Man kann annehmen, daß die Menge des mitgeführten Geschiebes dem Energieverluste des Wassers proportional ist. Ein anderer Fluß von gleicher Breite und der Tiefe t_1 führe gleichviel Geschiebe. In welchem Verhältnis werden die Gefälle der beiden Flüsse stehen?

7. Wehre und Stau.

277. In einem Flusse, welcher $b = 14{,}6$ m Breite, $t = 1{,}58$ m mittlere Tiefe und 24,38 m^3 Durchfluß in der Sekunde besitzt, soll durch ein Überfallwehr ein Stau von $h = 60$ cm hervorgerufen werden.

Das Wehr ist B = 18,5 m lang. Dicht vor ihm werden dem Flusse durch ein Mühlfluder 5 m³ Wasser entzogen. Welche Höhe über dem Flußgrund muß der Wehrbau erhalten?

278. Aus einem Flusse, der eine Breite von b = 32 m, eine mittlere Tiefe von 1,2 m und 34 m³ Durchfluß in der Sekunde besitzt, sollen 4 m³ in einen Fabrikskanal abgeleitet werden. Zu diesem Zwecke wird ein Wehr von B = 38 m Länge eingebaut und das Wasser um h = 0,5 m gestaut. Soll ein Grundwehr oder ein Überfallwehr eingebaut werden?

279. Ein Mühlgang von der Breite b und der mittleren Tiefe t ist durch ein Schleusenwehr abgeschlossen, in dem sich eine Schützenöffnung von den Abmessungen B und a befindet. Zwischen Ober- und Unterwasser ist Beharrungszustand eingetreten und es wird ihr Abstand h gemessen (vergl. die Abbildung zu Gleichung 61). Wie kann aus den fünf genannten Abmessungen die Durchflußmenge Q des Mühlganges bestimmt werden?

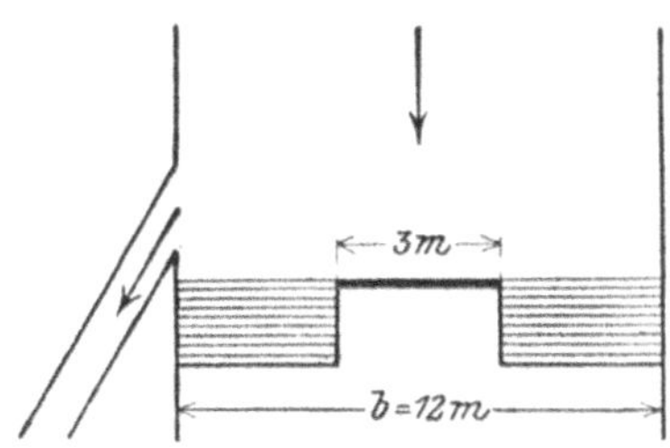

280. In einen Fluß von b = 12 m Breite und t = 2 m mittlerer Tiefe wird ein Wehr eingestellt, welches einen Stau von h = 1 m hervorbringen soll. In der Mitte des Wehrs wird eine 3 m breite Schleuse eingebaut. Der Fluß führt 18 m³ in der Sekunde; 8 m³ hiervon werden vor dem Wehr zum Betrieb einer Fabrik abgeleitet. Welche Höhe muß das Wehr bekommen? Wie hoch muß die Schleuse aufgezogen werden, wenn bei gesperrtem Fabrikskanal der Stau sich nicht ändern soll?

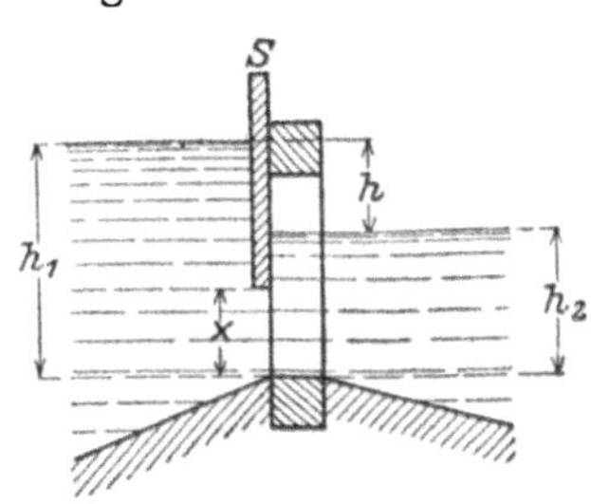

***281.** Die Schütze S eines Schleusenwehrs, die anfangs auf der Sohlschwelle der Schleuse ruht (x = o), wird um x emporgezogen. Man berechne die Arbeit, die hierzu erforderlich ist.

282. Ein Überfallwehr hat den umstehenden Grundriß einer gebrochenen Linie. Man berechne aus den Abmessungen l und l_1, dem Winkel α, der Durchflußmenge Q und der Geschwindigkeit v die erforderliche Wehrhöhe H.

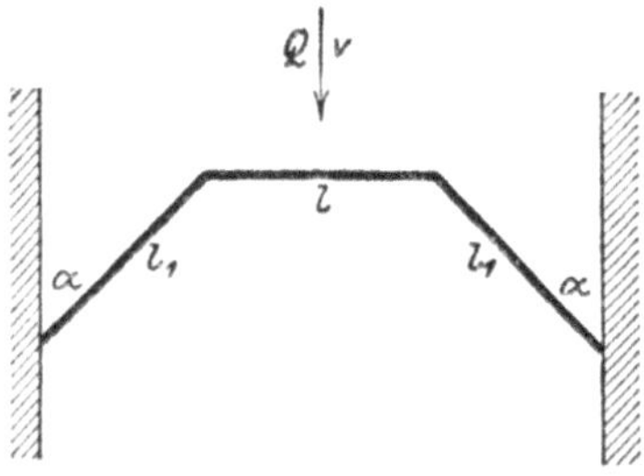

Aufg. 282.

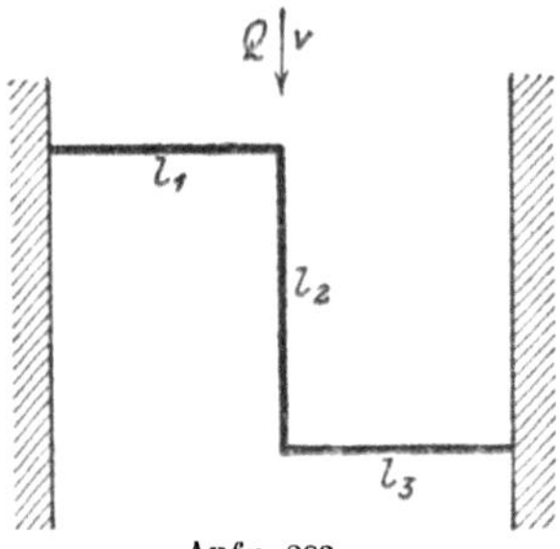

Aufg. 283.

283. Ein Überfallwehr hat im Grundriß obenstehende Form. An allen Stellen der Wehrkrone soll in jeder Längeneinheit derselben gleichviel Wasser überfließen. Man berechne die Wehrhöhen in den drei Teilen l_1, l_2, l_3.

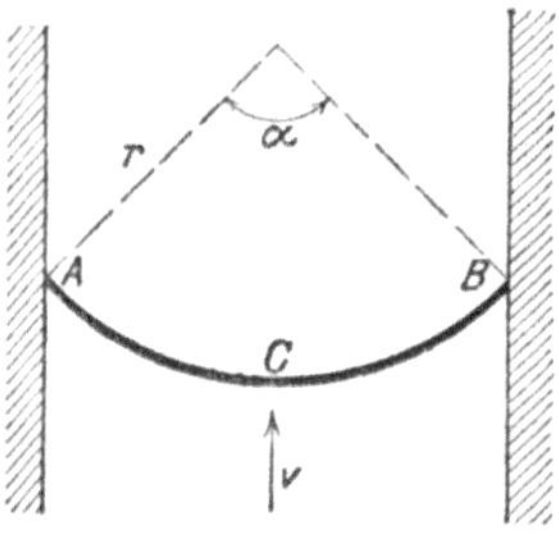

***284.** Ein Überfallwehr wird nach einem Kreisbogen gekrümmt und mit der konvexen Seite gegen die Strömung gestellt. Über jede Längeneinheit der Wehrkrone ACB soll gleichviel Wasser abströmen. Man ermittle das Gesetz, nach dem die Wehrhöhe sich verändern muß.

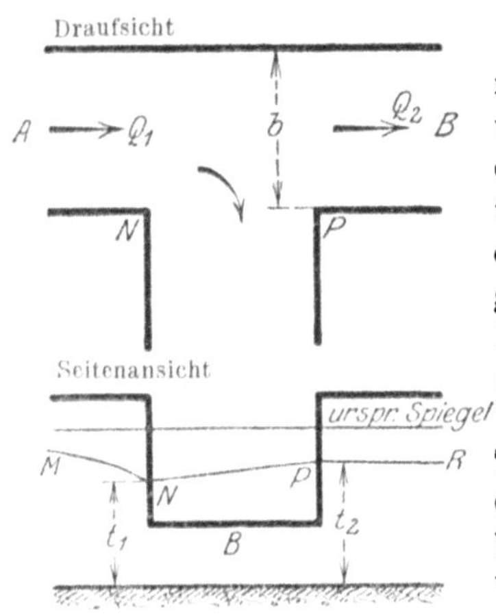

285. Ein Gerinne AB erhält einen rechteckigen Ausschnitt in der Seitenwand (Streichwehr), durch den ein Teil der ankommenden Wassermenge Q_1 überfallartig abfließt. Dabei senkt sich erfahrungsgemäß der ursprüngliche Spiegel des Gerinnes und nimmt die Form MNPR an. Innerhalb des Ausschnittes steigt der Spiegel von N nach P an. Welche Beziehung besteht zwischen den Tiefen t_1 und t_2, wenn die Wassermengen Q_1, Q_2 und die Breite b des Gerinnes bekannt sind? (H. Engels, Zeitschr. Ver. deutsch. Ing. 1918).

***286.** Die Wassermenge Q, die in voriger Aufgabe über das Streichwehr fließen soll, sei gegeben, ebenso die Wehrhöhe h. Man berechne die Wassertiefen t_1 und t_2 an den Stellen N und P.

287. Ein Fluß teilt sich bei A in zwei ungleiche Arme, durch die das Wasser im Beharrungszustand fließt. Bei C wird ein Überfallwehr von der Höhe H eingebaut (vergl. hierzu die Abbildung zu Gleichung 58). Es soll ferner angenommen werden, daß sich vor dem Wehr bei C ein horizontaler Stausee bilde. Man berechne

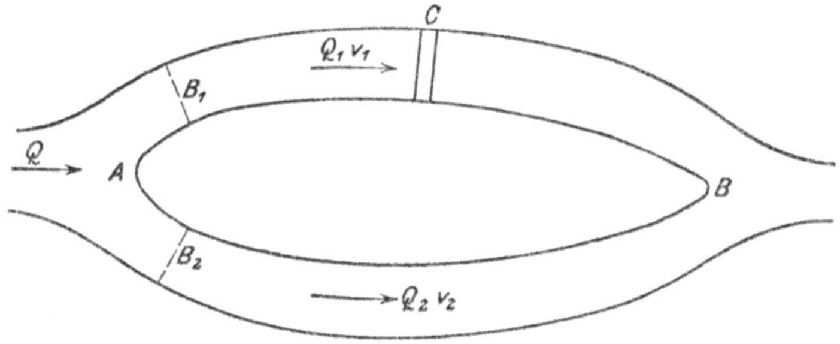

die Wassermengen Q_1 und Q_2, in die sich der Fluß teilt. Hierbei sind außer H gegeben: die Breiten B_1 und B_2; die mittleren Tiefen t_1 und t_2, bevor der Einbau des Wehrs erfolgte; die Gefälle J_1 und J_2, endlich die Entfernung $AC = l$. Die Geschwindigkeit des Flusses kann vernachlässigt werden.

288. Ein Fluß, dessen mittlere Tiefe t_1 ist, strömt mit der Geschwindigkeit v_1. Entgegen seiner Strömung zieht von der Mündung des Flusses der Flutstrom von der Tiefe t_2 mit der Geschwindigkeit v_2, wodurch eine Sturzwelle entsteht. Mit welcher Geschwindigkeit v pflanzt sich diese flußaufwärts fort?

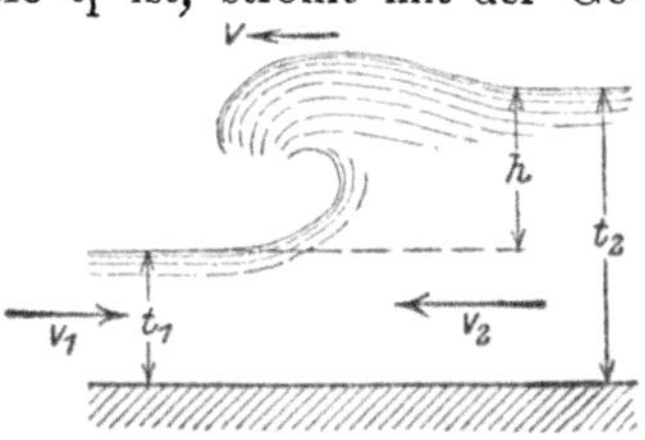

(M. Möller, Zeitschr. f. Arch. u. Ing. Wesen 1897.)

289. Bei Gerinnen mit großem Gefälle und geringer Tiefe haben sich sogenannte Wanderwellen gezeigt, d. h. die Oberfläche bildet eine Welle von sägeartiger Gestalt, die mit einer Geschwindigkeit w in Richtung der Strömung fortschreitet, die größer ist als die Wassergeschwindigkeit. Man versuche w aus den Wassergeschwindigkeiten v_1 und v_2 unter dem Wellenberg bezw. im Wellental zu berechnen.

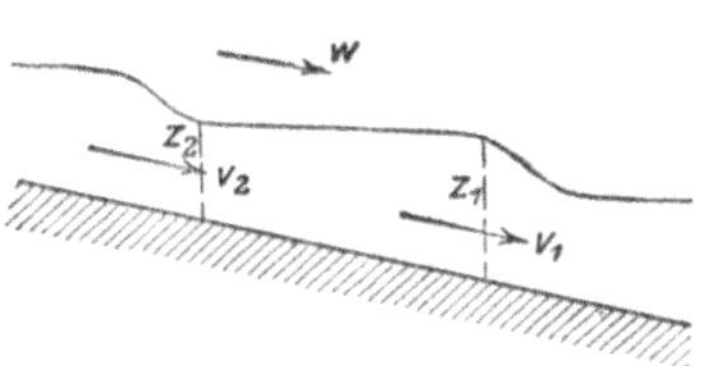

(Ph. Forchheimer, Sitz.-Ber. d. k. Akad. d. Wiss. Wien, 1903.)

***290.** In einem Kanal von rechteckigem Querschnitt, in dem das Wasser mit der mittleren Geschwindigkeit v strömt, entsteht durch Hochwasser eine Erhöhung der Oberfläche (Schwall), die nach abwärts mit einer Geschwindigkeit w fortschreitet. Man versuche, w aus v zu berechnen. (G. Tolkmitt.)

291. In einem offenen, rechteckigen Gerinne von der Breite b

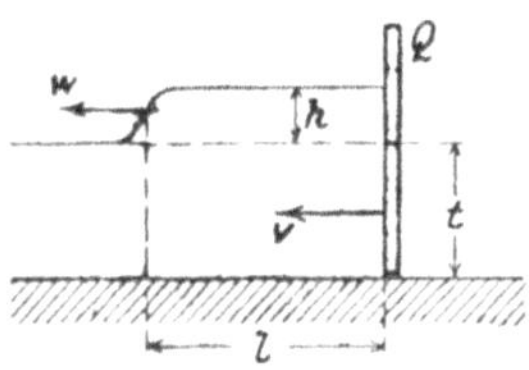

und der Tiefe t, in dem sich ruhendes Wasser befindet, wird eine den Querschnitt vollständig ausfüllende Querwand Q mit der Geschwindigkeit v vorwärts geschoben. Hierbei wird das von der Querwand geschobene Wasser bis auf eine gewisse, unbekannte Länge l um eine Höhe h gestaut. Wie groß ist diese Stauhöhe und mit welcher Geschwindigkeit w schreitet der Stau im Gerinne vorwärts?

292. Wie vereinfachen sich die Resultate der vorhergehenden Aufgabe, wenn die entstehende Stauhöhe h sehr klein ist?

293. Ein Schiff, das den Querschnitt eines Kanales von $t = 2$ m vollständig ausfüllt, wird mit der Geschwindigkeit $v = 0{,}1$ m/s bewegt. Wie groß ist der Stau des Wassers vor dem Schiffskörper und mit welcher Geschwindigkeit pflanzt er sich fort?

(291—293: A. Ritter, Zeitschr. Ver. deutsch. Ing. 1892.)

***294.** Ein Gewässer von rechteckigem Querschnitt, das die Tiefe t

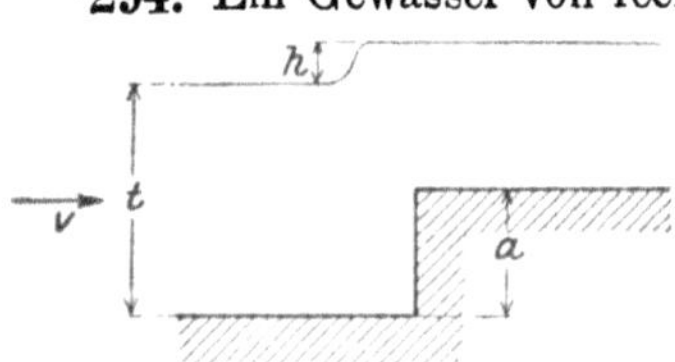

und die Geschwindigkeit v besitzt, stößt auf eine Sohlenstufe a. Um wieviel (h) wird sich die Oberfläche erhöhen? (A. Ritter, Zeitschr. Ver. deutsch. Ing. 1899.)

***295.** Wie ändert sich das Resultat der vorigen Aufgabe, wenn der durch die Sohlenstufe entstehende Stoßverlust mitberücksichtigt wird?

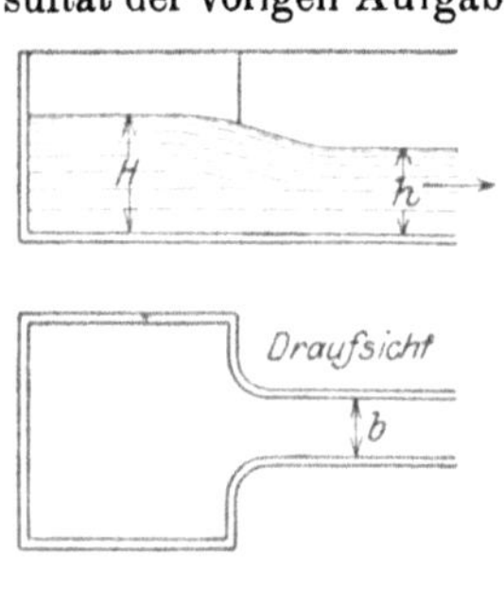

***296.** Aus einem Gefäße, das bis zur Höhe H mit Flüssigkeit gefüllt ist, fließt diese in eine Rinne mit der Breite b ab. Der Übergang des Gefäßes in die Rinne ist gut abgerundet, so daß keine plötzliche Änderung des Querschnittes vorkommt. Wie hoch (h) steht die Flüssigkeit in der Rinne, wenn angenommen wird, daß die abfließende Flüssigkeitsmenge ein Maximum sein soll? (J. Isaachsen, Zeitschr. Ver. deutsch. Ing. 1911.)

297. Aus einem Grundablasse von der Höhe h und der Breite b strömt das Wasser in ein ebenes Ansatzgerinne von gleicher Breite. Man soll die Wassertiefe h_1 und die Geschwindigkeit v_1 im Ansatzgerinne ermitteln.

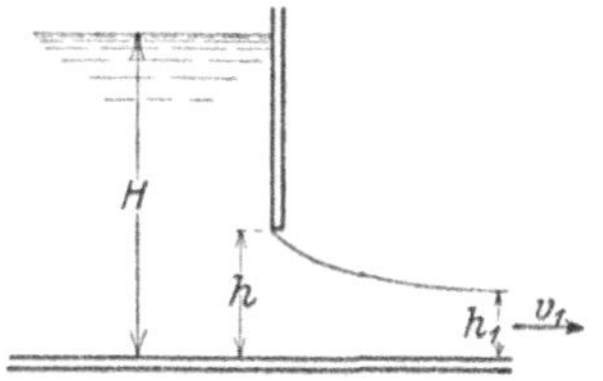

298. Aus einem Grundablasse von der Höhe h strömt das Wasser durch ein unter J geneigtes Ansatzgerinne von der Breite b und der Länge l abwärts. Unter gewissen Voraussetzungen entsteht dann an der Oberfläche ein Wassersprung B. Man berechne die Wassertiefen h_1 und h_2, die Geschwindigkeiten v_1 und v_2, ferner die Entfernung x des Wassersprunges B von A und gebe die Bedingung an, unter welcher er eintreten wird.

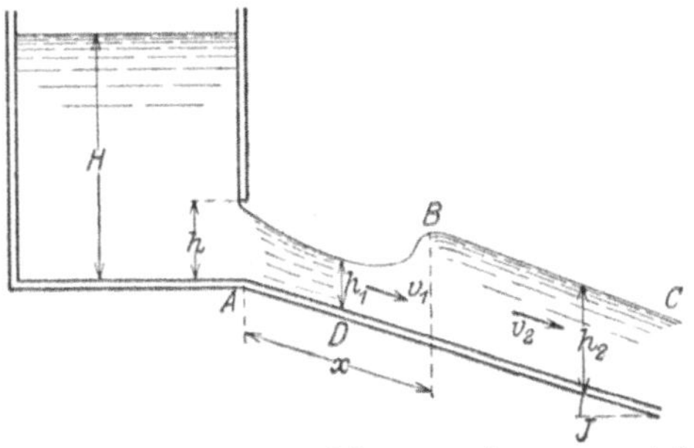

***299.** In einem horizontalen, offenen Gerinne von der Breite b bewegt sich das Wasser mit einer an allen Stellen seiner Tiefe t gleichen Geschwindigkeit v_0. Das Gerinne verbreitert sich allmählich bis zur Breite b_1. Um wieviel hat sich die Oberfläche des Wassers bis zur Stelle AB, wo die Geschwindigkeiten wieder alle parallel geworden sind, gesenkt?

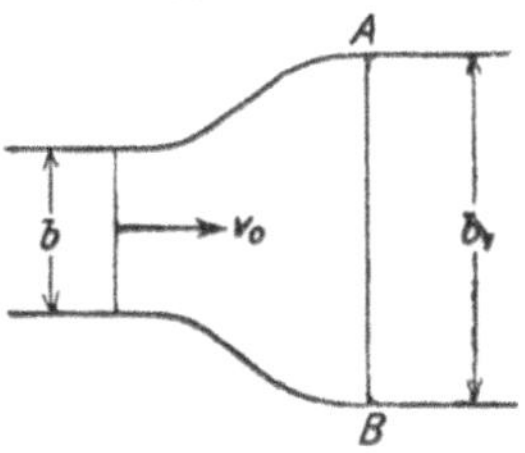

300. Wie vereinfacht sich das Resultat der vorigen Aufgabe, wenn angenommen werden darf, daß die Geschwindigkeit v_0 des ankommenden Wassers groß ist?

8. Stoßdruck.

301. Die Welle eines im freien Strom hängenden Schiffsmühlenrades ist unter 60° gegen die Geschwindigkeit v = 1,5 m/s des Stromes geneigt und macht n = 6 Umdrehungen in der Minute. Das Rad hat d = 2 m mittleren Durchmesser, die Schaufeln b = 2 m

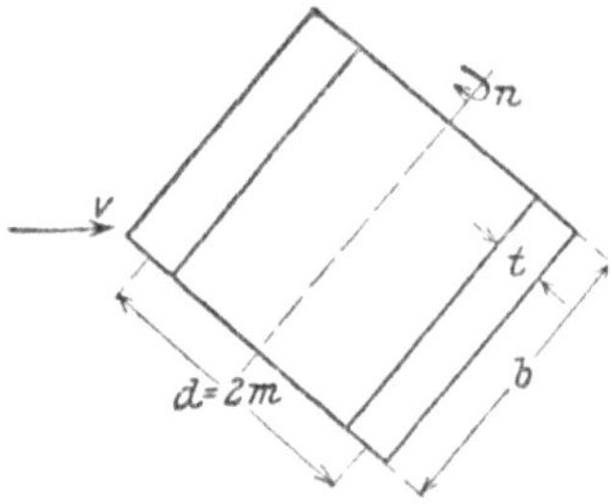

Aufg. 301.

Breite und t = 0,4 m Tiefe. Wenn eine dieser Schaufeln ihre tiefste Lage erreicht hat, welchen Druck nimmt sie vom Wasser auf und welche Leistung hat dieser Druck?

302. Eine prismatische Platte von der Länge l, der Breite b und dem Gewichte G schwimmt in einem mit der Geschwindigkeit v strömenden Flusse von der Tiefe t und wird am Boden des Flusses bei A durch ein Seil von der Länge L festgehalten. Man berechne die Tauchtiefen z_1 und z_2 an den Enden der Platte bei B und C.

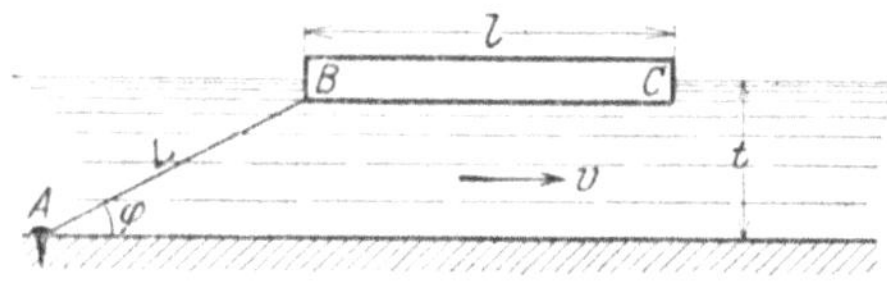

***303.** Ein Kegel, dessen Öffnung 2α ist und dessen Grundfläche den Halbmesser r besitzt, wird mit der Geschwindigkeit c gegen strömendes Wasser gezogen, das mit der Geschwindigkeit v fließt. Welche Kraft ist hiezu nötig?

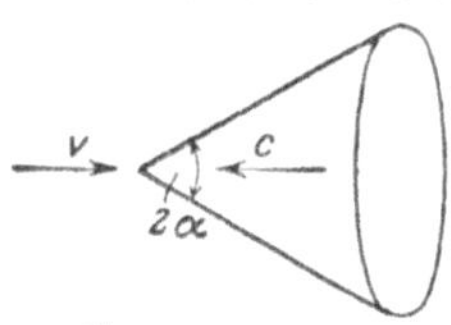

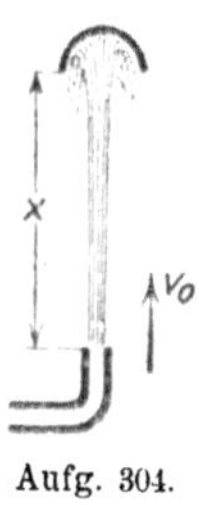

Aufg. 304.

304. Eine Halbkugelschale vom Gewicht G wird von einem Springbrunnen, der mit der Geschwindigkeit v_0 vertikal aufwärts steigt, schwebend im Gleichgewicht erhalten. In welcher Höhe x wird dies geschehen, wenn von dem Widerstand der Luft abgesehen wird?

305. Die beiden Ruder eines Bootes bieten dem ruhenden Wasser die Widerstandsfläche 2 F; diese besitzt in der gezeichneten Stellung in bezug auf das Boot die Geschwindigkeit u. Die Geschwindigkeit, mit der das Boot sich im Wasser bewegt, sei v. Wie groß wird der Widerstand sein, den das Boot in diesem Augenblicke findet?

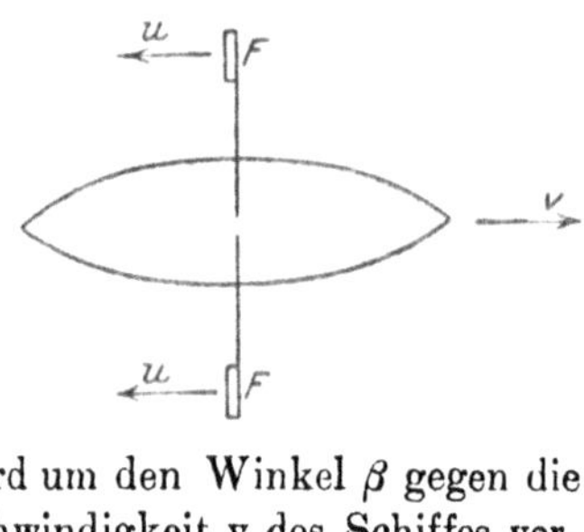

306. Das Steuer F eines Schiffes wird um den Winkel β gegen die Geschwindigkeit v des Schiffes verdreht. Welches Steuermoment wird auf das Schiff ausgeübt, wenn beobachtet wird, daß die Strömung das Steuer unter dem Winkel α trifft?

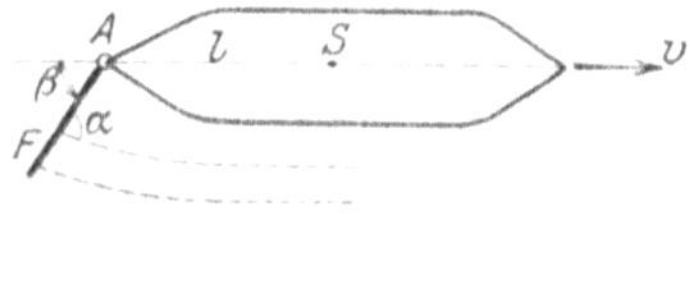

***307.** Wenn das Schiff der vorigen Aufgabe lang gegen seine Breite ist, so kann $\alpha = \beta$ gesetzt werden. Bei welchem Werte des Winkels β wird dann das Steuermoment am größten?

308. Ein Schiff wird bei einer bestimmten Stellung β seines Steuers sich derart bewegen, daß sein Schwerpunkt S einen Kreis von bestimmtem Halbmesser $SO = \varrho$ beschreibt. Man berechne diesen sowie die Geschwindigkeit v aus den Abmessungen des Schiffes, der gegebenen Triebkraft P und dem beobachteten Ablenkungswinkel δ.

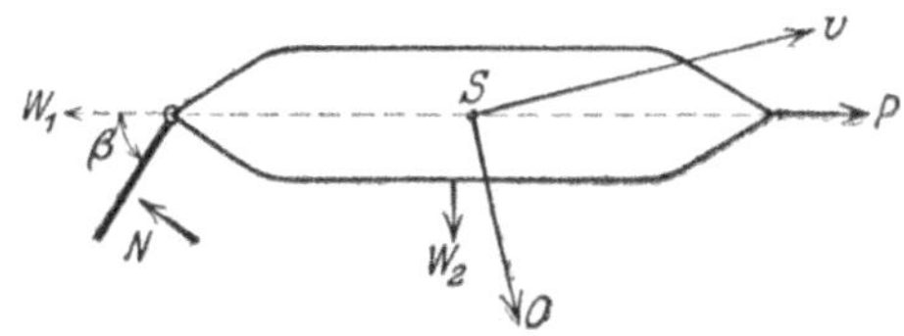

309. Das Modell eines Schiffes hat Abmessungen, die sich zu denen des Schiffes wie 1 : n verhalten. Mit dem Modell werden Widerstandsversuche angestellt, und zwar wäre bei einer Geschwindigkeit v des Modelles sein Widerstand w gemessen worden. Wie kann hieraus auf die entsprechende Geschwindigkeit V des Schiffes und seinen Widerstand W geschlossen werden, wenn die Einheitsgewichte von Wasser nnd Schiff in beiden Fällen die gleichen sind? (Froude's Theorem.)

310. Aus einem bis zur Höhe h gefüllten Gefäße strömt die Flüssigkeit durch die Bodenöffnung F aus und fällt durch die Höhe H auf die Oberfläche eines unterhalb befindlichen zweiten Gefäßes. Um wieviel erhöht sich hierdurch der Bodendruck dieses zweiten Gefäßes?

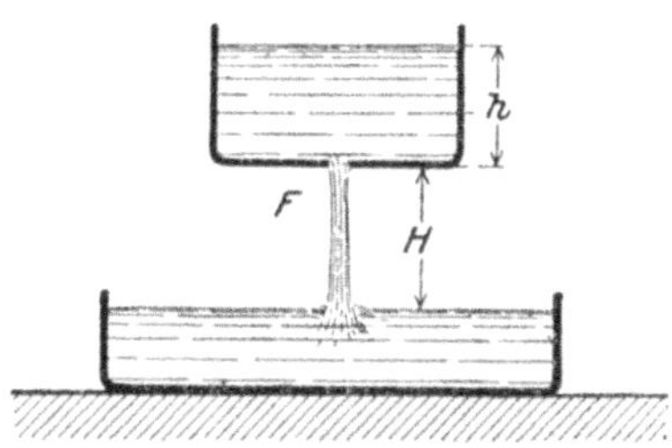

***311.** Wenn ein Flüssigkeitsstrahl mit dem Querschnitt F und der Geschwindigkeit v auf eine große ebene Platte stößt, die mit v den Winkel α einschließt, so ist der auf die Platte ausgeübte Stoßdruck nach Gleichung 67: $D = \frac{\gamma}{g} F v^2 \sin^2 \alpha$. Man suche diesen Ausdruck mit Benützung des Prinzipes der Schwerpunktsbewegung zu finden.

***312.** Der zur Platte normale Stoßdruck in voriger Aufgabe ist nach Gleichung 66:

$$N = \frac{\gamma}{g} F v^2 \sin \alpha.$$

Wie kann man dieses Resultat direkt mit Benützung des Prinzipes der Schwerpunktsbewegung finden?

*__313.__ In einem seitlich begrenzten Gerinne strömt eine Flüssigkeit vom Querschnitt F mit der Geschwindigkeit v. Sie wird durch eine Platte P abgelenkt, die sich unter dem Winkel α gegen die Strömung stellt. Man soll die Größe der Normaldrücke N und N_1 auf die Platte und den Boden mit Hilfe des Prinzipes der Bewegung des Schwerpunktes bestimmen. Auf die Wirkung der Schwerkraft ist keine Rücksicht zu nehmen.

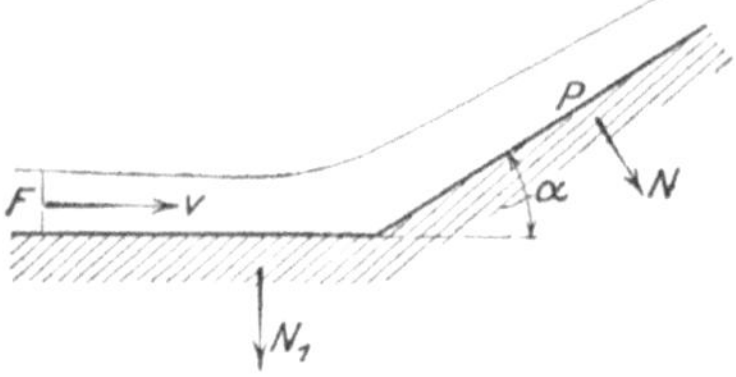

314. Aus einem Rohr vom Querschnitt F, das die Neigung α_0 gegen die Horizontale hat, tritt die Flüssigkeit bei A mit der Geschwindigkeit v_0 aus und strömt längs der beliebig gestalteten glatten Fläche AB herab. B liegt um h tiefer als A. Welchen Horizontaldruck H und welchen Vertikaldruck V wird die Flüssigkeit auf die Fläche ausüben?

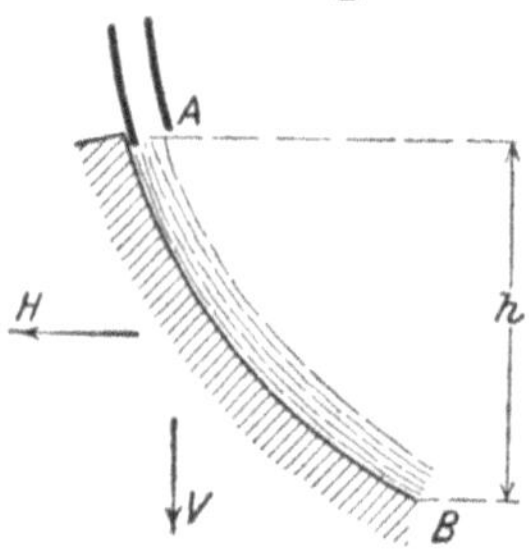

315. Wenn ein Flüssigkeitsstrahl mit dem Querschnitt $F = r^2\pi$ und der Geschwindigkeit v gegen eine schiefe ebene Platte stößt, so fließt die Flüssigkeit nach allen Seiten mit verschiedener Stärke δ ab. Beschreibt man auf der Platte einen Kreis mit beliebigem Halbmesser ϱ, so ist die Stärke δ am Umfang dieses Kreises:

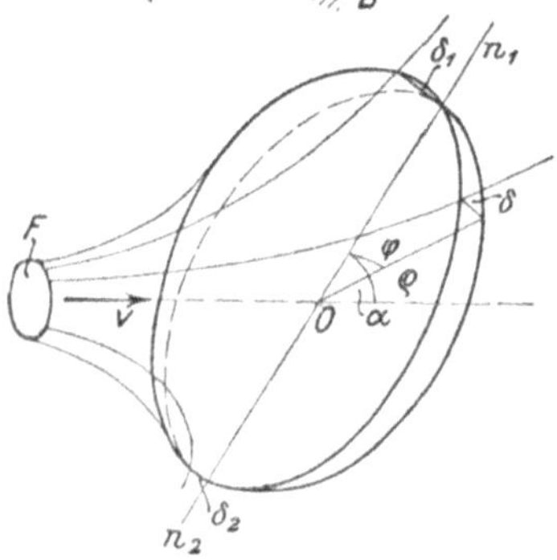

$$\delta = \frac{r^2}{2\varrho} \frac{\sin^2\alpha}{1 + \cos^2\alpha - 2\cos\alpha\cos\varphi}.$$

Hierin ist α der Winkel zwischen v und der Platte oder ihrer Neigungslinie $n_2 n_1$ und φ der Winkel zwischen dieser und einer beliebigen Stellung des Halbmessers ϱ. In welchem Verhältnis stehen die Stärken δ_1 und δ_2 des bei n_1 und n_2 abfließenden Strahles?

316. An welchen Stellen (siehe vorige Aufgabe) ist die Stärke δ des Strahles die gleiche, ob nun die Platte unter dem Winkel α geneigt ist oder ob sie senkrecht steht zur Geschwindigkeit v?

***317.** Man berechne in Aufgabe 315 die Flüssigkeitsmenge, welche in der Zeiteinheit die ringförmige Fläche durchströmt, deren Umfang der Kreis mit dem Halbmesser ϱ und deren Höhe δ nach dem dort gegebenen Gesetze veränderlich ist.

***318.** Der Flüssigkeitsring, dessen Innenfläche den Halbmesser ϱ und die veränderliche Höhe δ (siehe Abbildung zu Aufgabe 315), hingegen in Richtung der Strömung die konstante Dicke $d\varrho = v\,.\,dt$ hat, besitzt einen Schwerpunkt S, der in Richtung von $n_2 n_1$ mit einer gewissen Geschwindigkeit v_s fortschreitet. Man suche diese zu berechnen.

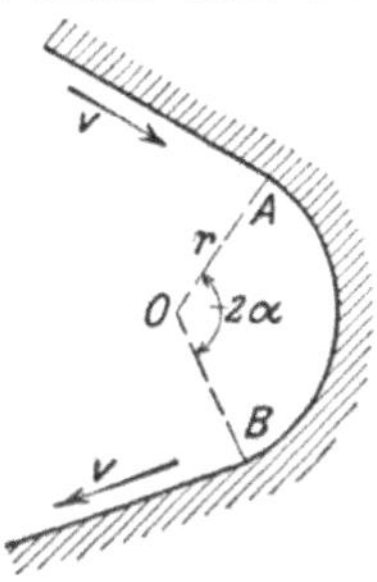

***319.** Ein Flüssigkeitsstrahl, der $Q\,m^3$ in der Sekunde führt, strömt mit der Geschwindigkeit v längs der nach einem Kreise gekrümmten, horizontal liegenden Zylinderfläche AB, ohne durch Reibung an seiner Geschwindigkeit zu verlieren. Welchen Druck übt der Strahl auf die gekrümmte Fläche aus und welche Richtung besitzt er?

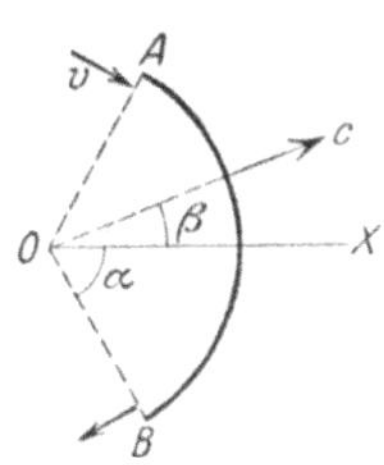

320. Ein Flüssigkeitsstrahl, der $Q\,m^3$ in der Sekunde führt, strömt derart gegen eine mit der Geschwindigkeit c fortbewegte, gekrümmte Platte AB, daß seine Eintrittsgeschwindigkeit v bei A zu OA senkrecht steht. Welche Leistung gibt die Flüssigkeit an die Platte ab? Welche absolute Geschwindigkeit besitzt die Flüssigkeit bei ihrem Eintritt in A und welche bei ihrem Austritt in B?

***321.** Wenn in voriger Aufgabe die Winkel α und β, sowie die absolute Geschwindigkeit v_1, mit der die Flüssigkeit in A ankommt, gegeben sind, wie groß muß die Geschwindigkeit c der Platte gewählt werden, damit die an diese abgegebene Leistung am größten wird? Wie groß ist diese größte Leistung?

322. Wenn in Aufgabe 320 der Winkel β gewählt werden darf, wie wird man ihn annehmen, damit die an die Platte AB abgegebene Leistung am größten wird? Wie groß wird man die Geschwindigkeit c der Platte wählen und wie groß wird die größte Leistung? In welchem Verhältnis n steht hierbei die Endenergie der Flüssigkeit bei B zur Anfangsenergie bei A?

323. In Aufgabe 320 ist das Verhältnis n der Endenergie der Flüssigkeit in B zu ihrer Anfangsenergie in A bekannt. Wie groß muß der Winkel β gewählt werden, wenn die Platte AB die größte Leistung von der Flüssigkeit aufnehmen soll?

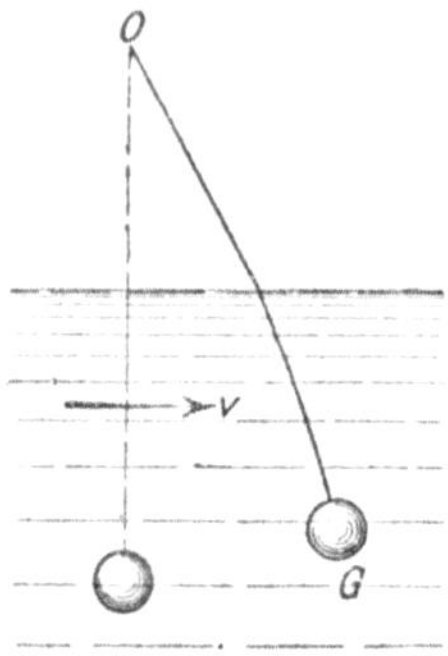

***324.** Zur Messung der Geschwindigkeit eines fließenden Gewässers bedient man sich manchmal des Strompendels, d. i. eines in O aufgehängten Fadens oder Drahtes, an dessen unterem Ende sich eine Kugel vom Halbmesser r und vom Gewicht G befindet. Der Faden wird durch den Stoß des fließenden Wassers gekrümmt. Man ermittle die Kurve, nach welcher sich der Faden krümmen wird mit Vernachlässigung seines Eigengewichtes.

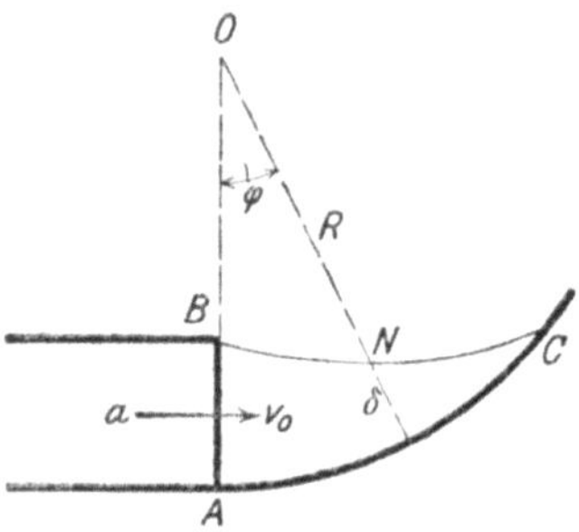

***325.** Aus einer rechteckigen Öffnung von der Breite b und der Höhe a tritt reibungslose Flüssigkeit mit der Geschwindigkeit v_0 aus und strömt längs einer nach dem Halbmesser R gekrümmten, glatten zylindrischen Wand von unbegrenzter Breite ab. Hierbei wird die Dicke δ des abfließenden Strahles kleiner, die Breite β größer. Man berechne δ und β in ihrer Abhängigkeit vom Winkel φ, ohne auf die Schwerkraft Rücksicht zu nehmen. Man ermittle die Gleichung der Begrenzungslinie BNC und gebe die Stelle C an, wo die Dicke δ des Strahles null wird.

9. Reaktion.

***326.** Man versuche die bekannte Gleichung für die Horizontalreaktion

$$H = 2\gamma F h$$

mit Hilfe des Prinzipes der Schwerpunktsbewegung zu finden.

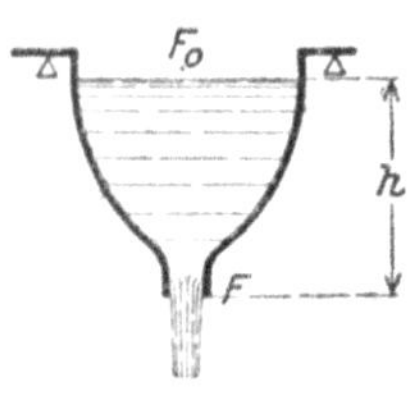

327. Wenn die Ausflußöffnung F eines am Rande unterstützten Gefäßes geöffnet wird, um wieviel ändert sich der Druck auf die Auflager? Man suche die Frage direkt ohne Anwendung der Reaktions-Gleichungen zu lösen.

328. Ein Gefäß von nebenstehender Gestalt besitzt eine vertikale Ausflußfläche F und bewegt sich mit der horizontalen Geschwindigkeit u. Wie groß ist die Leistung der Horizontalreaktion der Flüssigkeit? Bei welchem Wert der Geschwindigkeit u wird die Leistung am größten?

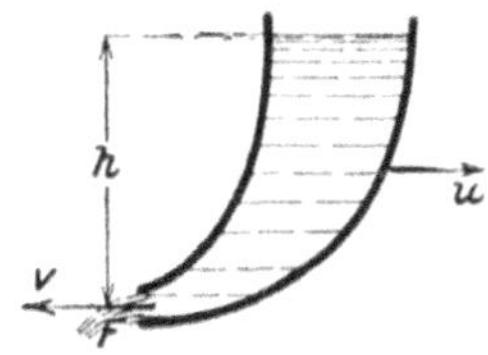

***329.** Aus einem unter β geneigten Rohr AB strömt Flüssigkeit mit der Geschwindigkeit v_0 in ein gefülltes, großes Gefäß, das bei C eine vertikale Ausflußöffnung besitzt und sich mit der Geschwindigkeit u bewegt. Wie groß ist hier die in horizontaler und vertikaler Richtung entstehende Reaktion? Wie groß ist die Nutzleistung der Horizontalreaktion? Wie groß ist ihr Verhältnis zur absoluten Leistung (Wirkungsgrad)? Bei welcher Geschwindigkeit u wird der Wirkungsgrad am größten? Auf vorkommende Stöße in der Flüssigkeit ist keine Rücksicht zu nehmen. (G. Zeuner, Theorie der Turbinen.)

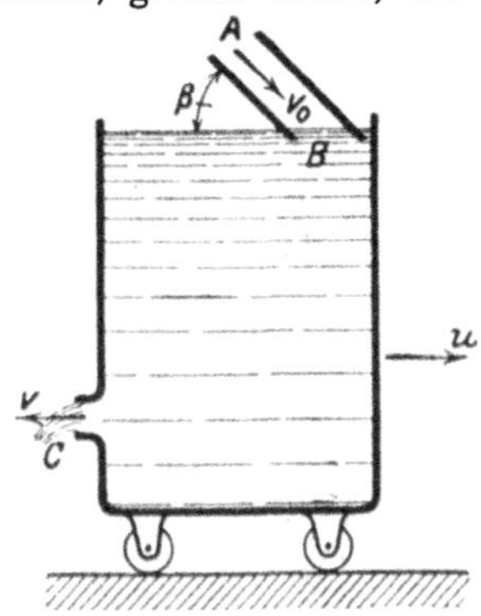

330. Ein Gefäß, dessen Durchflußmenge Q, dessen Höhe h, dessen Flächenverhältnis $\frac{F}{F_0} = n$ und dessen Winkel α_0 und α bei Eintritt und Austritt bekannt sind, wird von Wasser durchströmt, das über F_0 eine Druckhöhe h_0 besitzt. Wenn dieses Gefäß horizontal bewegt wird, welche Geschwindigkeit u wird der Druckhöhe h_0 entsprechend gewählt werden müssen?

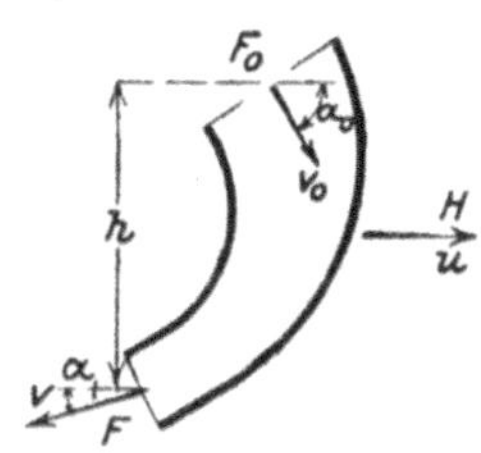

331. Das Verhältnis $n = F:F_0$ der Querschnitte in voriger Aufgabe darf nicht über einen gewissen Wert steigen, wenn die Geschwindigkeit u die Richtung der Horizontalreaktion haben soll. Wie groß ist dieser Grenzwert?

332. Wie müssen die Winkel α und α_0 in Aufgabe 330 gewählt werden, wenn der Energieverlust durch den Austritt des Wassers bei F am kleinsten werden soll? Welchen Grenzwert gibt es dann für das Verhältnis $n = F:F_0$ der Querschnitte? (330—332: A. Pfarr, Turbinen.)

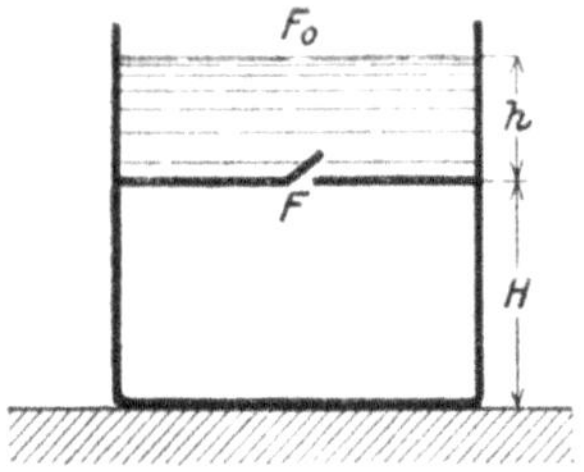

333. Aus einem Gefäß, das in seinem oberen Teile h gefüllt ist, strömt die Flüssigkeit durch die gegen F_0 kleine Bodenöffnung F in ein gleich weites leeres Untergefäß hinab. Wie ändert sich der gesamte Bodendruck des Gefäßes vom Beginn der Strömung bis zum Ende?

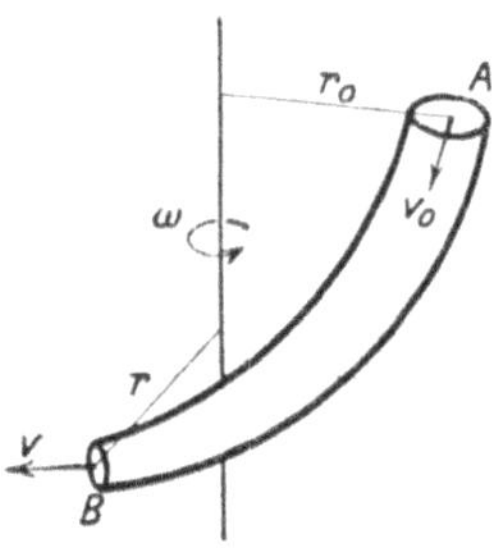

***334.** Ein gekrümmtes Gefäß AB dreht sich mit der Winkelgeschwindigkeit ω um eine vertikale Achse; durch das Gefäß strömen in der Sekunde Q m^3 einer Flüssigkeit. Welches Moment besitzt die hierbei auftretende Reaktion um die Drehungsachse?

335. In einer horizontalen Ebene ist das Rohr ABCD um eine vertikale Achse O drehbar gelagert. AB, CD sind geradlinig, BC ist beliebig gekrümmt. Wenn durch das gleichweite Rohr Flüssigkeit mit der Geschwindigkeit v strömt, welches Moment wird sie um die Drehungsachse O ausüben?

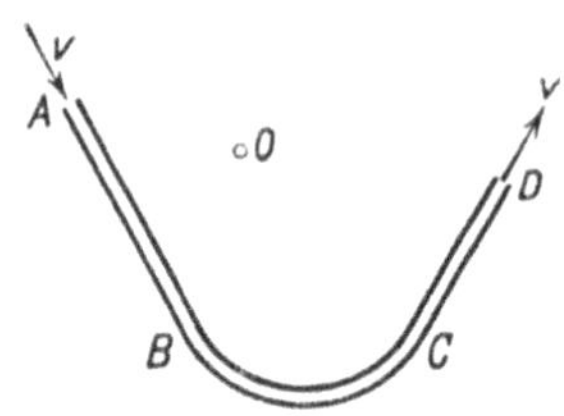

336. In einem horizontalen Rad, das sich um die vertikale Achse O mit der Winkelgeschwindigkeit ω dreht, befinden sich gekrümmte Kanäle, von denen einer AB gezeichnet ist. Das Wasser kommt in A mit bekannter absoluter Geschwindigkeit w an. In welcher Richtung muß es kommen, damit beim Eintritt in den Kanal kein Stoß stattfindet? Wie groß ist das Moment der Reaktion der in der Sekunde durch die Kanäle des Rades strömenden Wassermenge Q? Wie groß ist die Leistung dieser Reaktion?

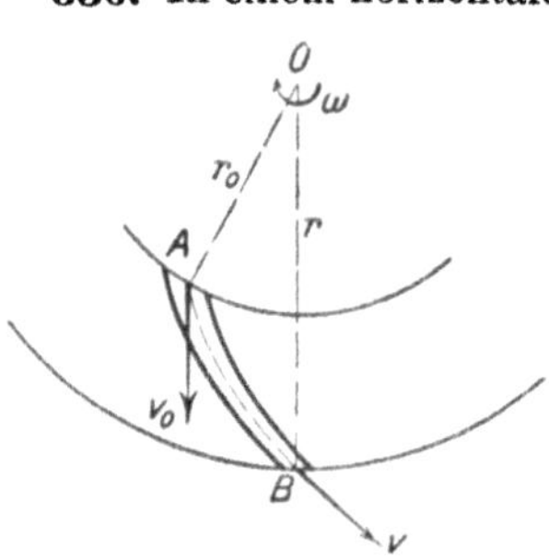

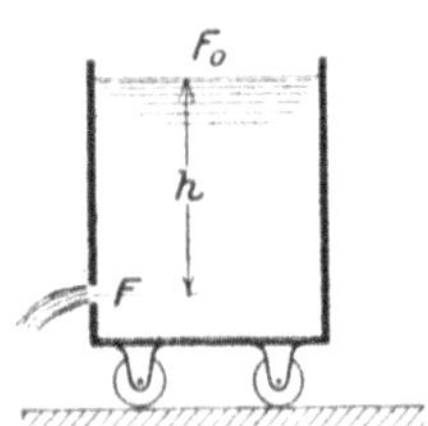

***337.** Ein auf Räder gesetztes prismatisches Gefäß besitzt nahe dem Boden eine seitliche Öffnung F, durch welche die Flüssigkeit ausströmt. Man stelle die Geschwindigkeit, mit der sich das Gefäß horizontal bewegt, als Funktion der Zeit dar.

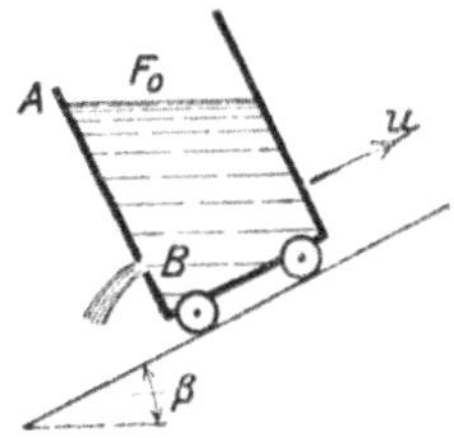

*338. Auf einer unter β geneigten schiefen Ebene kann sich ein mit Flüssigkeit gefülltes Gefäß auf Rädern bewegen. An der Rückseite des Gefäßes bei B wird die Öffnung F frei gemacht und die Flüssigkeit ausströmen gelassen. Man suche die Geschwindigkeit u, mit der sich das Gefäß aufwärts bewegen wird, durch die Zeit auszudrücken. Auf die Widerstände der Bewegung ist keine Rücksicht zu nehmen.

10. Energie.

339. Welchen Energieunterschied besitzen zwei gleiche Massenteilchen, von denen eines der Oberfläche einer ruhenden Flüssigkeit angehört, das andere um h m tiefer liegt?

340. Welchen Energieunterschied besitzen zwei gleiche Massenteilchen, von denen eines der Oberfläche einer unter Atmosphärendruck stehenden ruhenden Flüssigkeit angehört, das andere aus einer Öffnung des Gefäßes in die Atmosphäre ausströmt?

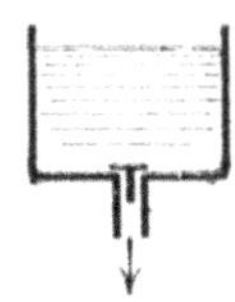

341. Die Flüssigkeit, die ein Gefäß durch ein Ventil verläßt, sucht dieses zu schließen. Wie ist diese Erscheinung zu erklären?

342. Aus einer Leitung fließen in der Sekunde Q Raummeter mit p at Druck. Welche Energie gibt das Druckwasser in der Sekunde ab?

343. In einem Rohr bewegt sich eine Scheidewand, an deren zwei Seiten gleiche Flüssigkeit von verschiedenen Rauminhalten V_1 und V_2 mit den Pressungen p_1 und p_2 die Bewegung mit gleicher Geschwindigkeit mitmacht. Was geht in der Flüssigkeit vor, wenn die Scheidewand plötzlich entfernt wird?

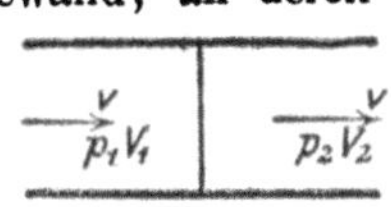

344. In einer Rohrleitung, in der das Wasser steht, übt es eine Pressung von $p_0 = 3{,}5$ at auf die Rohrwände aus. Um wieviel ändert sich diese Pressung, wenn das Wasser mit der Geschwindigkeit $v = 0{,}9$ m/s zu strömen beginnt?

345. An zwei Stellen einer horizontalen Rohrleitung, zwischen denen fast gar keine Widerstände vorkommen mögen, werden die

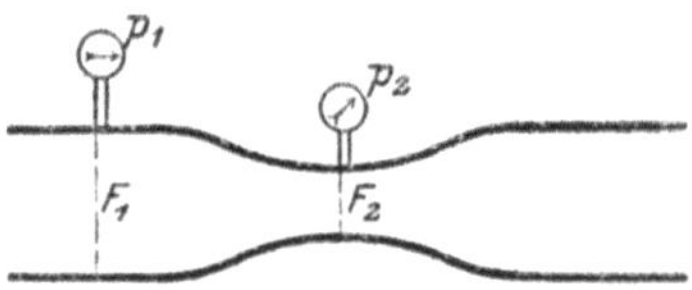

Querschnitte F_1 und F_2 und mit Manometern die Drücke p_1 und p_2 gemessen. Wie groß ist der Durchfluß in der Sekunde?

346. Man berechne den auf die Sekunde bezogenen Energieverlust einer geraden Druckwasserleitung infolge der Reibung im Rohr, wenn gegeben sind: die Leistung N des Druckwassers in PS, die Länge in met., der Durchmesser in cm und der Druck in at.

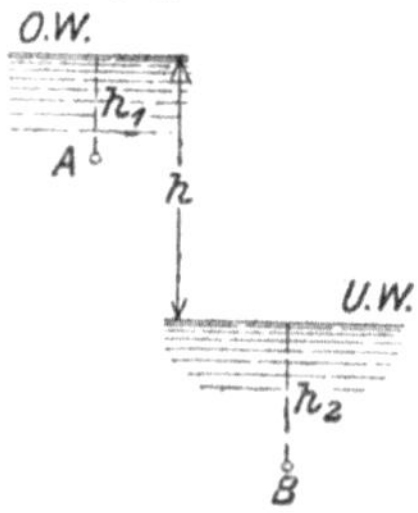

347. Ein Kilogramm Wasser, welches in A die Geschwindigkeit v_1 besaß, befindet sich nach einer gewissen Zeit in B und besitzt hier die Geschwindigkeit v_2. Welche Energie hat es in dieser Zeit abgegeben?

348. Ein Flüssigkeitsstrahl, der horizontal fließend Q m^3 in der Sekunde führt und die absolute Geschwindigkeit v_1 besitzt, trifft bei A eine gekrümmte Platte AB, gleitet im Innern derselben und verläßt sie bei B mit einer absoluten Geschwindigkeit v_2. Die Platte bewegt sich hierbei in irgend einer Richtung. Welche Leistung hat die Flüssigkeit an sie abgegeben?

349. Eine Wasserleitung liefert 125 Liter in der Sekunde. An einer Stelle A beträgt der Durchmesser 40 cm, der Druck 4,8 at; an einer um 4 m tieferen Stelle B ist der Durchmesser 30 cm, der Druck 4,4 at. Wie groß ist der Energieverlust eines Kilogramms zwischen A und B?

350. In einer Wasserleitung, die 44 Liter in der Sekunde liefert, sollen die Drücke an drei verschiedenen Stellen miteinander verglichen werden. Die Stelle A liegt 6 m höher als die Stelle C, an beiden ist der Rohrdurchmesser 15 cm. Die Stelle B liegt in der halben Höhe zwischen A und C, der Rohrquerschnitt ist doppelt so groß. Auf Widerstände ist keine Rücksicht zu nehmen.

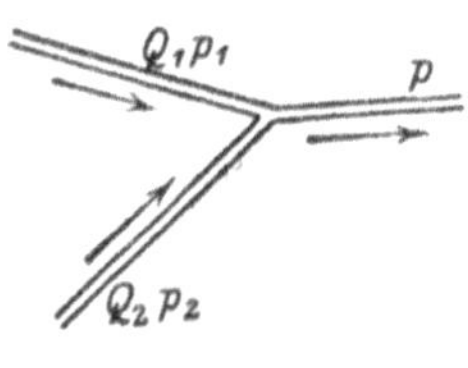

351. In einer horizontalen Ebene münden zwei Leitungsrohre in ein drittes von gleichem Durchmesser d. Wenn die in der Sekunde gelieferten Wassermengen Q_1 Q_2, sowie die Pressungen p_1 und p_2 in den beiden Zuleitungsrohren bekannt sind, wie kann die

Pressung p im Ableitungsrohr berechnet werden? Von den Widerständen ist abzusehen.

352. Eine schwere Flüssigkeit dreht sich mit konstanter Winkelgeschwindigkeit ω um eine vertikale Achse. M_1 und M_2 sind zwei gleiche Massenteilchen. Wie groß ist ihr Energieunterschied?

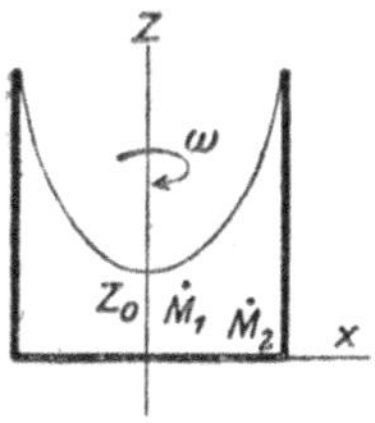

Aufg. 352.

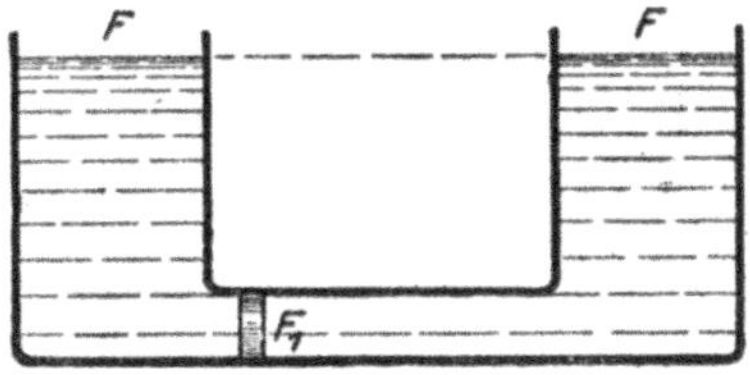

Aufg. 353.

353. Zwischen zwei gleichen Wasserkammern befindet sich ein Verbindungsrohr, in dem sich ein gut abgedichteter Kolben von der Fläche F_1 bewegen kann. Wenn dieser um die Länge l verschoben werden soll, welche Arbeit ist hierzu aufzuwenden?

354. Zwei Wasserkammern, in denen das Wasser verschieden hoch steht, werden durch Drehen eines Hahnes H miteinander in Verbindung gesetzt. Wenn die Oberflächen der beiden Kammern dieselbe Höhe erreicht haben, wieviel Energie wurde gewonnen?

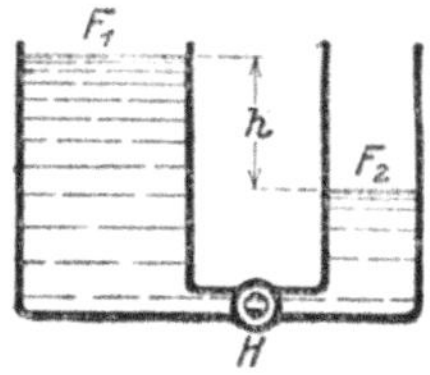

355. In einem horizontalen Rohr, das eine plötzliche Erweiterung besitzt, strömt die Flüssigkeit mit der Geschwindigkeit v_1 bezw. v_2. Man soll den Druckunterschied der Stellen A und B ermitteln, wenn von der Reibung abgesehen wird.

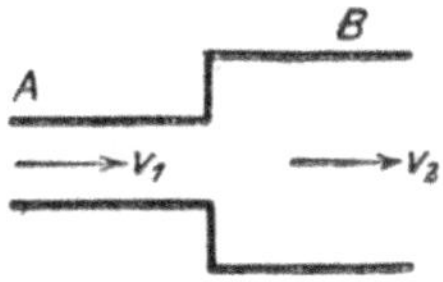

356. Durch einen Kanal AB strömt Flüssigkeit mit der Geschwindigkeit v_1 und tritt bei B mit der Geschwindigkeit v_2 in den Kanal BC über, der sich bei BD mit dem ersten gut überdeckt und nur einen engen Spalt freiläßt. Man berechne den Druckverlust $p_1 - p_2$, der durch diese plötzliche Änderung der Geschwindigkeit bei BD entstehen wird.

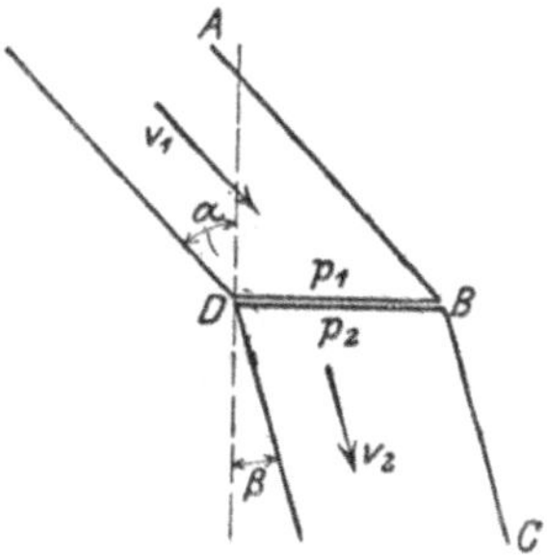

357. Das Gefäß in Aufgabe 337 würde sich mit der Geschwindigkeit u bewegen und die Flüssigkeit mit der Geschwindigkeit v ausfließen. Wieviel Energie wird jedes Kilogramm der ausfliessenden Flüssigkeit an das Gefäß abgeben?

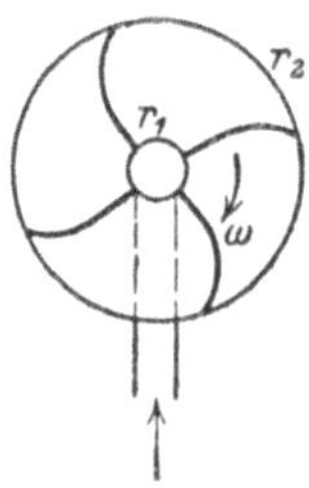

Aufg. 358.

***358.** Am inneren Umfang r_1 eines horizontal laufenden Rades tritt Wasser mit der Pressung p_1 in das Rad und verläßt es am äußeren Umfang r_2. Wieviel Energiezuwachs erhält ein Kilogramm Wasser, welches das Rad durchströmt?

***359.** Parallel zu einer horizontalen Ebene strömt eine tropfbare Flüssigkeit derart, daß die Energie in einer Strömungslinie unverändert bleibt. In welcher Beziehung steht die Geschwindigkeit zum Krümmungshalbmesser der Strömungslinie?

360. Wenn Wasser aus einer Bodenöffnung ausfließt, bildet es, sobald die Oberfläche dem Boden nahe gekommen ist, über der Öffnung eine trichterartige Vertiefung. Man ermittle die Gestalt dieses Trichters unter der Annahme, daß die Wasserteilchen über der Öffnung kreisförmige Bahnen beschreiben.

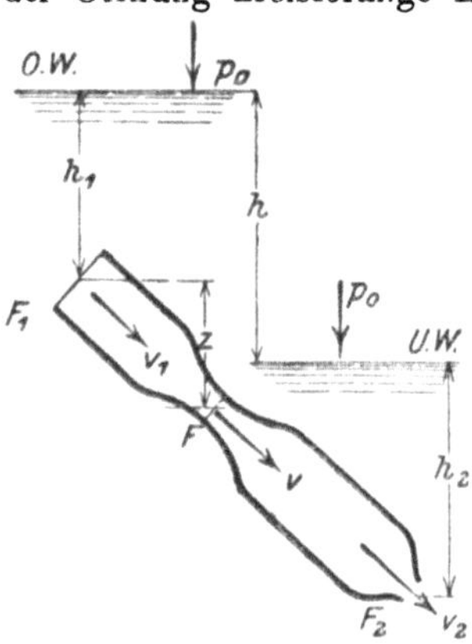

Aufg. 361.

361. Durch ein gerades Rohr mit veränderlichem Querschnitt strömt Wasser. Man soll den hydraulischen Druck im Querschnitt F durch die drei Flächen F F_1 F_2 und die Höhen h_1 z h ausdrücken, worin h den Abstand des Oberwassers vom Unterwasser bedeutet.

362. Wenn in voriger Aufgabe der Querschnitt F durch Drosselung verkleinert werden könnte, ohne daß Reibungen auftreten, auf welchen größten Wert könnte die Geschwindigkeit v gebracht werden?

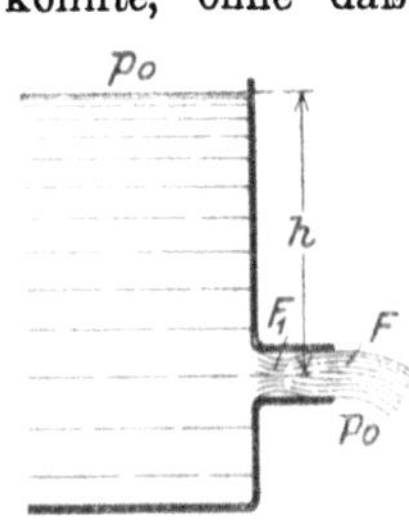

Aufg. 363.

363. Aus einem Gefäß strömt die Flüssigkeit durch ein seitliches Ansatzrohr vom Querschnitt F aus. Das Einschnürungsverhältnis des Querschnittes bei F_1 sei $\frac{F_1}{F} = \alpha$. Bei welcher Druckhöhe h wird die ausströmende Flüssigkeit den Querschnitt F nicht mehr vollständig ausfüllen? Auf die Reibungswiderstände ist keine Rücksicht zu nehmen.

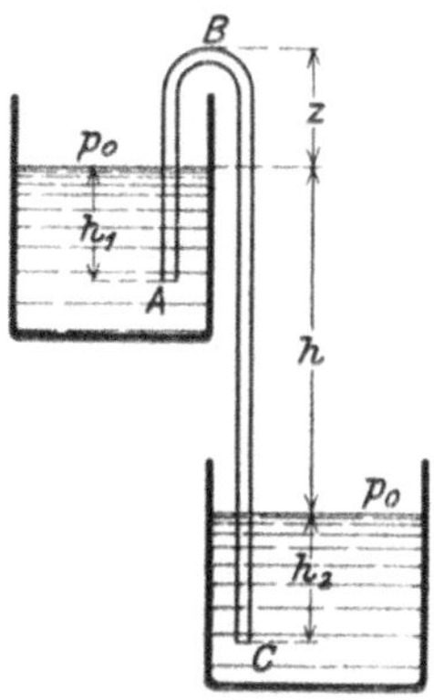

Aufg. 364.

364. Aus einem Obergefäß wird mit Hilfe eines gekrümmten Rohres ABC (Heber) Flüssigkeit in ein Untergefäß geleitet. Wie groß darf die Entfernung z bis zum höchsten Punkt B der Krümmung angenommen werden, wenn die Strömung im Rohr nicht abreißen soll? (Mit Rücksicht auf die Reibung im Rohr.)

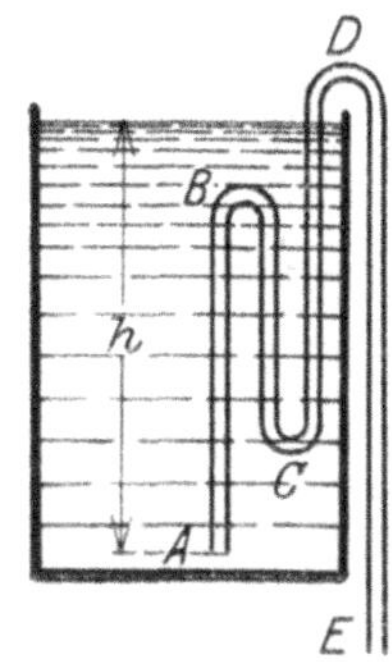

Aufg. 365.

365. Der selbsttätige Heber von Neugebauer besitzt 3 Umkehrstellen B, C und D. Die Stelle B soll unter der Oberfläche der Flüssigkeit liegen. Ein Ansaugen dieser ist nicht erforderlich. Man soll die Geschwindigkeit der Flüssigkeit an den Stellen B, C, D und E angeben.

366. Bei der Wasserstrahl-Luftpumpe strömt das Wasser aus einem sich verengenden Rohr A in ein sich erweiterndes Rohr B; durch die Druckverminderung in F_1 entsteht im Gehäuse C ein luftleerer Raum, mit Hilfe dessen aus D Luft abgesaugt werden kann. Die Verhältnisse der Querschnitte $\frac{F}{F_1} = r$, $\frac{F}{F_2} = s$ seien bekannt, F_0 sei sehr groß. Welchen Wert p_0 wird der Wasserdruck in F_0 mindestens haben müssen, wenn das Absaugen der Luft eintreten soll? Auf Reibungswiderstände ist keine Rücksicht zu nehmen.

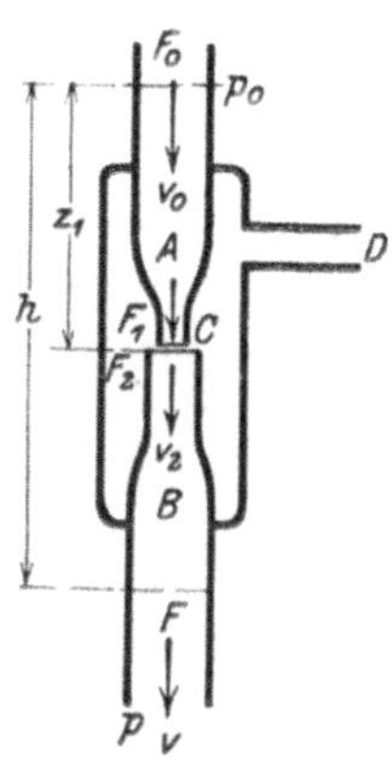

Aufg. 366.

367. Bei der Saugstrahlpumpe strömt das Wasser durch das Abfallrohr A einer Verengung (Düse) B zu und fließt durch sie mit der Geschwindigkeit v_1. Hierbei entsteht in dem Mündungsraume eine Druckverminderung, welche das Wasser bei C nötigt, emporzusteigen und mit der Geschwindigkeit v_2 bei der Düse vorbei-

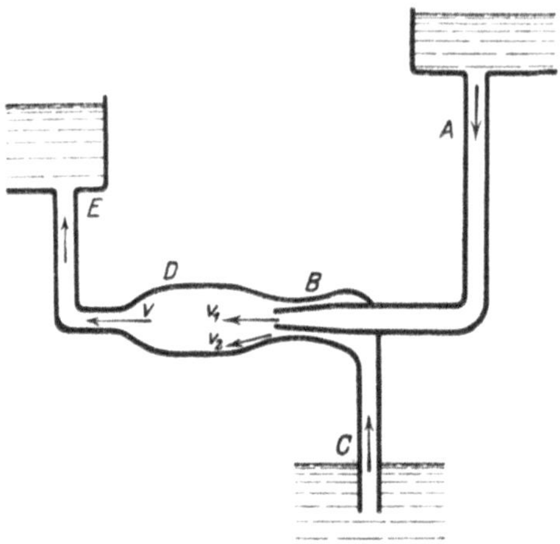

zuströmen. Das Gemenge der beiden Wässer fließt sodann durch ein erweitertes Rohr D mit der Geschwindigkeit v; hierbei entsteht wieder ein Ansteigen des Druckes, welcher das Wasser durch das Rohr E emporhebt. Man soll die Drucksteigerung $p - p_1$ zwischen B und D berechnen, wenn f_1 f_2 f die zu v_1 v_2 v gehörenden Querschnitte der Rohre sind.

(366—367. G. Zeuner, Theorie der Turbinen.)

11. Grundwasser-Bewegung.

***368.** Über einer wasserdichten Tonschichte A B liegt eine wasserführende Sandschichte, in der das Grundwasser die Oberfläche C D einnimmt. Nachdem durch die Sandschichte ein kreisrunder Brunnenschacht vom Halbmesser r getrieben wurde, dringt das Wasser von allen Seiten in den Schacht ein und sammelt sich dort bis zur Höhe h an, während das Grundwasser sinkt und seine Oberfläche die Gestalt C_1 D_1 annimmt. Man soll die Gleichung dieser Oberfläche unter der Annahme entwickeln, daß die Filtergeschwindigkeit des zuströmenden Wassers dem Gefälle proportional ist und daß in der Sekunde die Wassermenge Q aus dem Brunnen geschöpft werden kann, ohne daß sich die Oberfläche im Brunnen verändert. (J. Dupuit.)

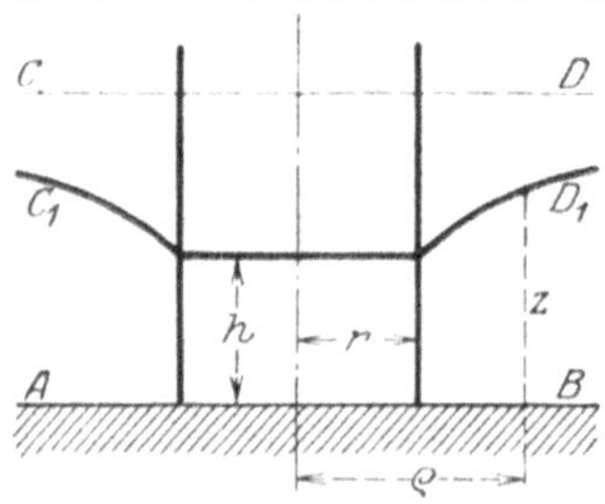

369. Bei dem Brunnen der vorigen Aufgabe werde in der Entfernung R von der Brunnenachse ein vertikales Bohrloch angebracht und gefunden, daß in diesem das Grundwasser um l höher stehe als im Brunnen, dessen Wasserstand h bekannt sei. Welche Wassermenge Q kann in der Sekunde aus dem Brunnen geschöpft werden, ohne an dessen Oberfläche etwas zu ändern?

370. In den Entfernungen R_1 und R_2 von der Achse eines Brunnens werden die Senkungen s_1 und s_2 des Grundwasserspiegels CD gemessen. Man berechne die Grundwassermenge Q, die in der Zeiteinheit in den Brunnen sickert, wenn k, die Bodendurchlässigkeit, gegeben ist.

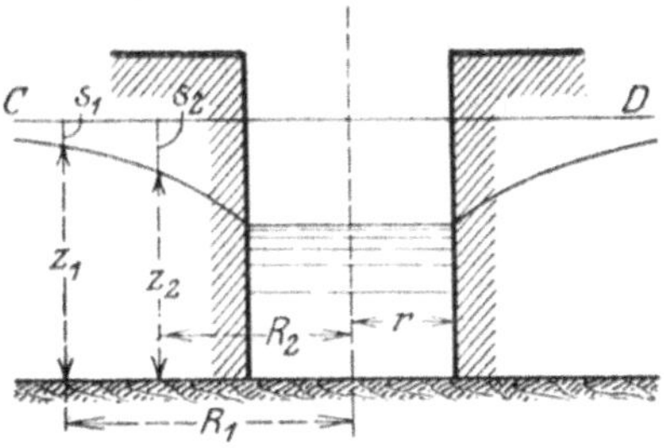

(G. Thiem.)

371. Die Entnahme von $Q = 0{,}07\ m^3/sek.$ aus einem Schöpfbrunnen ruft in zwei Standröhren (siehe Abbildung zur vorigen Aufgabe), die sich in den Entfernungen $R_1 = 50$ m und $R_2 = 25$ m vom Brunnen befinden, Senkungen $s_1 = 0{,}1$ m und $s_2 = 0{,}3$ m hervor. Wie groß ist die Ergiebigkeit des Grundwasserstromes, wenn dieser ein Gefälle $J = 0{,}004$ und eine Breite $B = 800$ m besitzt?

(Ph. Forchheimer.)

***372.** Über einer wasserdichten Thonschichte AB ströme das Grundwasser, dessen Oberfläche CD sei, mit veränderlicher Höhe z. Die Geschwindigkeit des Grundwassers sei wie in den vorhergehenden Aufgaben dem Gefälle proportional. Man versuche die Kontinuitätsgleichung der Grundwasserströmung unter der Voraussetzung abzuleiten, daß Beharrungszustand besteht.

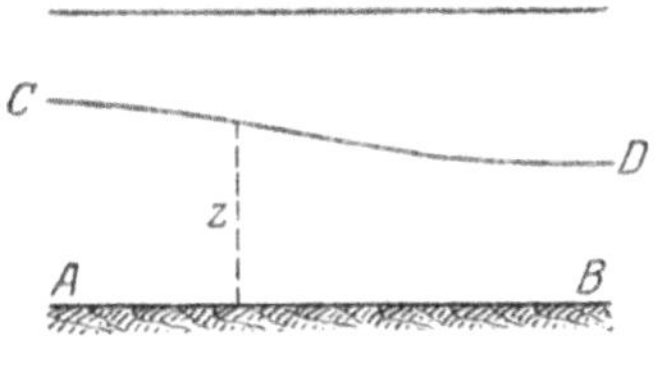

(Ph. Forchheimer, Zeitschr. d. Arch.- u. Ing.-Ver. Hannover 1886.)

***373.** Durch einen Damm, der zwei Gewässer von verschiedenen Tiefen trennt, sickert das Grundwasser hindurch. Man soll dessen Oberfläche CD bestimmen.

(G. Dénil.)

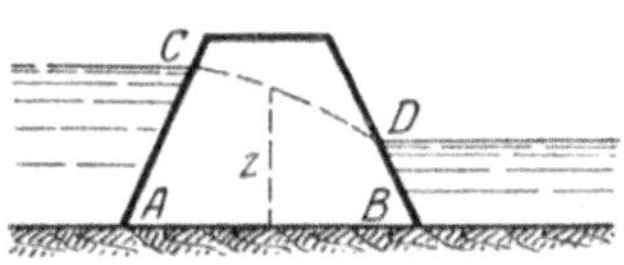

Aufg. 373.

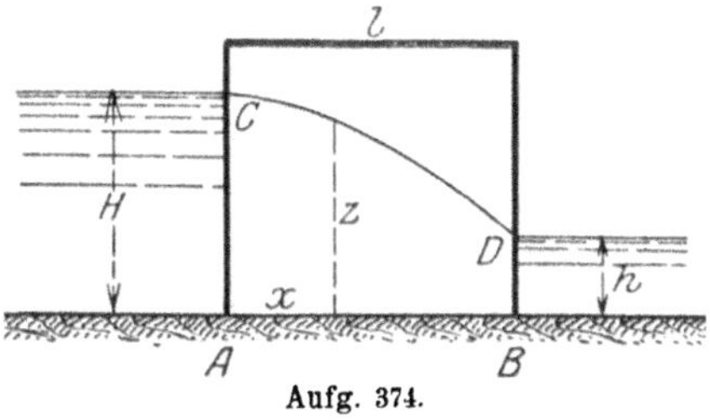

Aufg. 374.

374. Um die Bodendurchlässigkeit k zu bestimmen (vergl. Aufgabe 370), füllt man eine Bodenprobe zwischen zwei vertikale, um l entfernte Metallgewebe A und B und mißt die Wassermenge M, die in einer bestimmten Zeit bei B durchsickert, wenn die Höhen H und h konstant erhalten werden. Wie wird aus diesen Angaben und der Breite b der Wände k zu bestimmen sein?

***375.** Über der unter J_0 geneigten wasserdichten Schichte AB strömt Grundwasser, das bei seiner Mündung in C die Höhe h aufweist und in großer Entfernung von C die ursprüngliche Höhe H besitzt. Nach welcher Kurve wird sich der Grundwasserspiegel senken? (374, 375: Ph. Forchheimer, Hydraulik.)

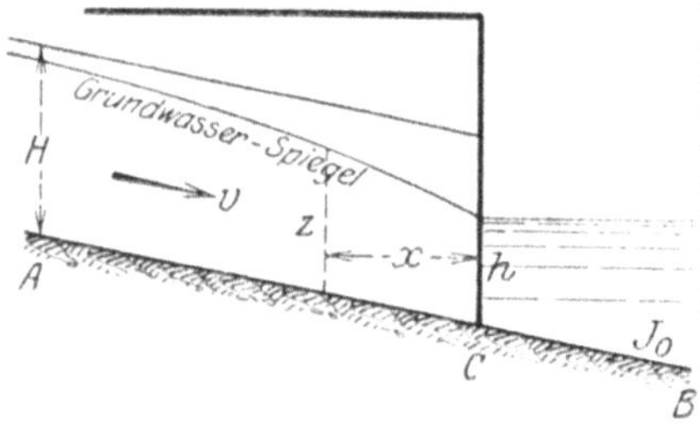

12. Bewegung durch Rotationsräume.

(Nach den Arbeiten von F. Prášil.)

***376.** Wie verändert sich die Kontinuitätsgleichung 78 für eine unzusammendrückbare Flüssigkeit

$$\frac{\partial v_x}{\partial x} + \frac{\partial v_y}{\partial y} + \frac{\partial v_z}{\partial z} = 0,$$

wenn sie auf Zylinderkoordinaten bezogen wird? ($x = r\cos\varphi$, $y = r\sin\varphi$, z unverändert.)

***377.** Wie verändern sich die Eulerschen Gleichungen 76 für den Strömungsdruck:

$$\frac{\partial p}{\partial x} = \mu\left(X - \frac{d v_x}{d t}\right), \frac{\partial p}{\partial y} = \mu\left(Y - \frac{d v_y}{d t}\right), \frac{\partial p}{\partial z} = \mu\left(Z - \frac{d v_z}{d t}\right),$$

wenn sie wie in voriger Aufgabe auf Zylinderkoordinaten r, φ, z bezogen werden?

***378.** Welche Form nehmen die Eulerschen Gleichungen für Zylinderkoordinaten (vergl. vorhergehende Aufgabe) an, wenn die Strömung der Flüssigkeit durch einen Rotationsraum mit vertikaler Achse erfolgt, ohne daß die Flüssigkeitsteilchen die Merdianebenen verlassen und wenn Beharrungszustand vorausgesetzt wird?

***379.** Welche Form nimmt die Kontinuitätsgleichung für Zylinderkoordinaten (vergl. Aufgabe 376) an, wenn die Strömung der Flüssigkeit wie in voriger Aufgabe erfolgt und wenn die Existenz eines Geschwindigkeitspotenzials vorausgesetzt wird (vergleiche hierzu Gleichung 80)?

***380.** Es soll für die in Aufgabe 378 geschilderte Flüssigkeitsbewegung in einem Rotationsraum die allgemeine Gleichung der Stromlinien entwickelt werden unter der Voraussetzung, daß ein Geschwindigkeitspotenzial existiert.

Folgende Funktionen zwischen den Zylinderkoordinaten r, z mit a und b als Konstanten stellen das Geschwindigkeitspotenzial einer Flüssigkeit dar, die durch einen Rotationsraum mit der Z als Achse derart strömt, daß die Flüssigkeitsteilchen aus ihren Meridianebenen nicht heraustreten. Man untersuche:

a) ob die Kontinuitätsgleichung

$$\frac{\partial^2 F}{\partial r^2} + \frac{1}{r}\frac{\partial F}{\partial r} + \frac{\partial^2 F}{\partial z^2} = 0$$

(vergl. Aufgabe 379) erfüllt ist;

b) die Größe der Geschwindigkeit v an einer beliebigen Stelle;

c) den Ort gleicher Geschwindigkeit;

d) die Gestalt der Stromlinien.

***381.** $F = az + b.$

***382.** $F = a \ln kr.$

***383.** $F = \frac{a}{\sqrt{r^2 + z^2}}.$

***384.** $F = ar^2 z - \frac{2}{3} az^3.$

***385.** $F = az \ln r.$

***386.** $F = 2az^2 - ar^2.$

***387.** Man ermittle im letzten Falle den Strömungsdruck an einer beliebigen Stelle und die Niveauflächen.

III. Gase.

1. Gasgesetze.

$$1 \text{ Atm.} = \frac{1{,}0333 \text{ kg}}{\text{cm}^2}, \qquad 1 \text{ at} = \frac{1 \text{ kg}}{\text{cm}^2}.$$

388. Wie kann bei Voraussetzung von 0° Temperatur und 760 mm Normalbarometerstand das Einheitsgewicht γ eines Gases aus dessen Gaskonstante R gerechnet werden?

389. Wieviel wiegt ein Raummeter Luft bei 0° und Normalbarometerstand?

390. Welches Gewicht haben 8,5 Raummeter Luft von 4,2 At Pressung und 20° Temperatur?

391. Wie ändert sich das Resultat der vorigen Aufgabe, wenn die Pressung 4,2 Atm. beträgt?

392. Welchen Rauminhalt haben 12,4 kg Luft von 5,7 At Pressung und 35° Temperatur?

393. Eine Luftmenge von 1 Atm. Pressung besitzt 1 kg Gewicht. Wieviel kg Sauerstoff und Stickstoff (von anderen Bestandteilen abgesehen) sind in dieser Luftmenge enthalten und welche Teildrücke üben sie aus?

394. Welche Rauminhalte nehmen in einem Raummeter Luft der Sauerstoff und der Stickstoff ein?

395. In 100 Raummeter Leuchtgas befinden sich folgende Gase:

Name des Gases	m^3	Gaskonstante R	Gewicht eines m^3: γ
Kohlenoxyd	10	30,19	1,2539
Wasserstoff	45	422,59	0,0896
Methan	35	52,82	0,7165
Äthylen	4	30,19	1,2539
Kohlensäure	3	19,21	1,9705
Stickstoff	3	30,19	1,2539

Das Einheitsgewicht γ ist in kg angegeben und bezieht sich auf 0° und 760 mm Q.S.

Man ermittle die Gaskonstante und das Einheitsgewicht des Leuchtgases.

396. In 100 kg Generatorgas befinden sich: 0,5 kg Wasserstoff, 1,2 kg Methan, 29 kg Kohlenoxyd, 7,8 Kohlensäure, 61,5 kg Stickstoff. Welches Einheitsgewicht besitzt das Gas und wieviel Raumteile v. H. nimmt jedes der Gase ein? (Mit Benützung der Tafel in voriger Aufgabe.)

397. Eine Mischung von 3 kg Leuchtgas und 50 kg Luft steht bei 0^0 unter dem normalen Luftdruck von 1 Atm. Man berechne das Einheitsgewicht und die Gaskonstante dieser Mischung, sowie die Teildrücke, die das Leuchtgas und die Luft dieses Gemisches für sich allein ausüben.

398. Aus einem dichtverschlossenen Raum von 2,3 m^3 Inhalt wurde die Luft zum Teil durch Auspumpen entfernt. Der Minderdruckmesser (vergl. Aufgabe 442) zeigt noch eine Quecksilberhöhe von 84 mm, hingegen ist der Barometerstand der äußeren Luft 750 mm. Wieviel kg Luft enthält der Raum noch, wenn dessen Innentemperatur 12^0 ist?

399. Eine Beleuchtungsanlage bedarf in der Stunde 0,07 m^3 Leuchtgas für jede Flamme bei Voraussetzung eines Gasdruckes von 100 mm Wassersäule, 15^0 Temperatur und 700 mm Barometerstand. Man soll diese Verbrauchsziffer an Gas auf den Überdruck Null, die Temperatur 0^0 und 760 mm Normalbarometerstand zurückführen.

400. Aus einem Wasserbecken von der Oberfläche $F_0 = 10$ m^2 führt ein Rohr von $F = 4$ cm^2 Querschnitt, dessen Ausfluß die Entfernung $h = 5$ m von der Oberfläche hat. An der Stelle A, in der Entfernung $z_1 = 1,2$ m von der Oberfläche, mündet in das Rohr ein Schlauch, der zu einem mit Luft von normaler Atmosphären-Pressung und 15^0 Temperatur erfüllten Gefäß führt. Das Gefäß besitzt $V = 2$ m^3 Inhalt, ist frei aufgehängt und wird durch eine Wagschale mit Gewichten im Gleichgewicht erhalten. Was muß an der Wagschale vorgenommen werden, wenn nach Öffnen des Rohres bei F das Gleichgewicht des Gefäßes erhalten bleiben soll?

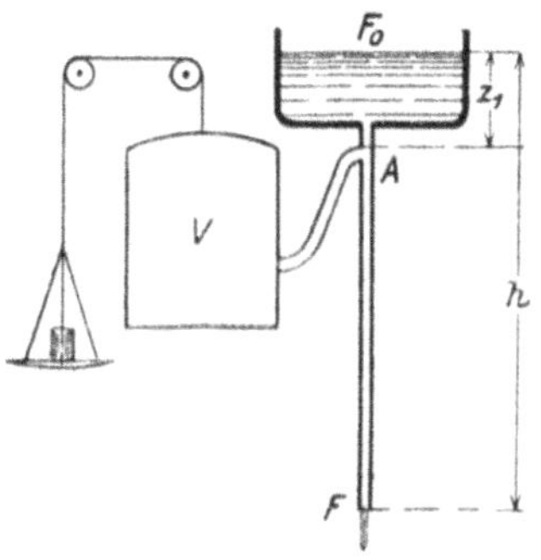

401. Ein gut schließender Kolben von der Fläche F und dem Gewicht G wird mit zwei Spiralfedern in einem Zylinder aufgehängt;

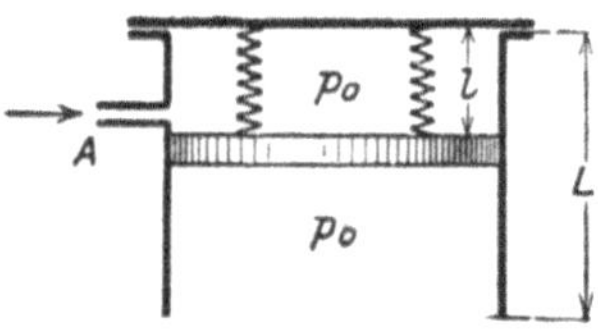

die elastische Kraft der Federn ist ihrer Längenänderung proportional. Bei A wird so lange Luft eingepumpt, bis der Kolben das untere Ende des Zylinders erreicht hat. Wieviel Raummeter Luft von Außenpressung p_0 müssen eingepumpt werden, wenn die Temperatur unverändert bleibt?

402. Während für stark verdünnte Gase das Boyle-Gay-Lussac'sche Gesetz $pv = RT$ (Gleichung 81) gilt, muß für stark zusammengepreßte Gase das Gesetz von van der Waals in der von Clausius stammenden Form:

$$\left[p + \frac{a}{(v - \alpha)^2}\right](v - b) = RT$$

gesetzt werden, in dem a, b, α konstante Größen sind. Man zeichne für verschiedene Temperaturen die Isothermen (Linien gleicher Temperatur) in das p – v-Achsenkreuz ein. (Allgemein, dann speziell für Kohlensäure: $a = 0{,}00735$, $b = 0{,}00238$, $\alpha = 0{,}00044$, $R = 0{,}003686$.)

***403.** Die Isothermen der vorigen Aufgabe zerfallen in zwei Gruppen: die eine (1) hat hyperbelähnlichen Verlauf und entspricht dem gasförmigem Zustande; die andere (2) hat einen Verlauf, der aus der Abbildung zu ersehen ist; er entspricht dem flüssigen Zustande des Gases. In dem Zustande 1 entspricht jedem Druck p ein einziger Wert des Volumens v; im Zustande 2 entsprechen jedem Drucke p drei Werte von v. Man ermittle jene Isotherme, welche dem Grenzzustande entspricht, d. h. bei der der Zustand 1 in den Zustand 2 übergeht und bestimme die Temperatur an dieser Grenze (Kritische Temperatur). (Allgemein, dann speziell für Kohlensäure mit den Zahlen der vorigen Aufgabe.)

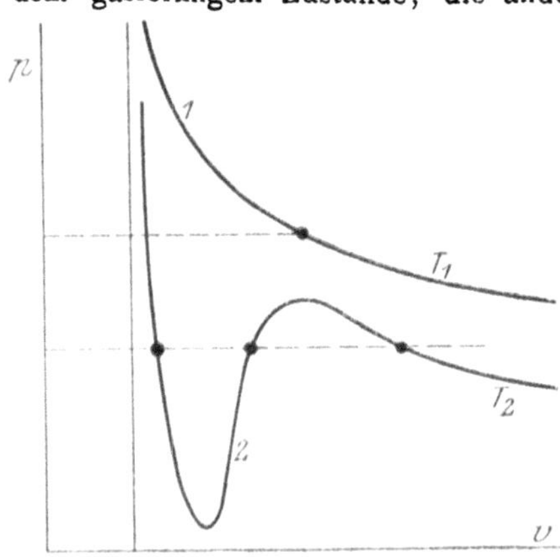

2. Zustandsänderungen.

*__404.__ Wie ändert sich das Resultat der Aufgabe 8, wenn unter gleichen Verhältnissen die Flüssigkeit ein Gas von überall gleicher Temperatur ist?

405. Durch Erwärmen einer abgeschlossenen Luftmenge von 20^0 Temperatur soll deren anfänglicher Druck verdreifacht werden. Welche Temperatur muß die Luft erhalten?

406. In einem Zylinder, der durch einen Kolben abgeschlossen ist, befindet sich Luft von der Temperatur $t_1 = 550^0$. Durch Verbrennung eines eingespritzten flüssigen Brennstoffes wird soviel Wärme zugeführt, daß sich der Rauminhalt der Luft verdoppelt, ohne daß sich der Druck auf den Kolben ändern würde. Welche Temperaturerhöhung erfährt die Luft und welche Arbeit hat der Druck auf den Kolben geleistet?

407. Eine Gasmenge von 5,2 at Pressung über dem äußeren Luftdruck wird ohne Änderung ihrer Temperatur auf 0,28 at unter dem äußeren Luftdruck ausgedehnt. Wie wird sich hierbei ihr Rauminhalt vervielfachen, wenn der Stand des Quecksilberbarometers mit 690 mm abgelesen wird?

408. Eine Gasmenge, welche die Pressung 2,5 at über dem Luftdruck der Atmosphäre besitzt, wird auf das viereinhalbfache ihres Rauminhaltes ausgedehnt. Wie groß ist am Ende dieser Ausdehnung der Überdruck des Gases über den Luftdruck, wenn letzterer durch den Barometerstand 720 mm gemessen wird und wenn die Temperatur des Gases sich nicht geändert hat?

409. Wenn die Temperatur eines Zimmers von 10^0 auf 14^0 gesteigert wird, um wieviel ändert sich das Gewicht der im Zimmer befindlichen Luft?

410. Ein geschlossener Gaskörper wird bei adiabatischer Zustandsänderung von der absoluten Temperatur T_1 auf T_2 gebracht. Wie ändert sich hierbei sein Einheitsgewicht?

411. Zwei unter gleicher Temperatur stehende Gasbehälter enthalten zwei verschiedene Gase mit den Gewichten G_1, G_2 und den Pressungen p_1, p_2; ihre Gaskonstanten R_1, R_2 seien bekannt. Welche Pressung p entsteht, wenn man die beiden Räume miteinander verbindet?

412. Ein Luftkörper von $V = 0{,}4$ m^3 Rauminhalt, $t_0 = 15^0$ Temperatur und $p_0 = 1{,}8$ Atm. Pressung wird ohne Wärmezufuhr auf das Doppelte seines Raumes ausgedehnt und sodann ohne Temperaturänderung auf seinen ursprünglichen Rauminhalt zusammengedrückt. Welche Ausdehnungsarbeit hat der Luftkörper im ganzen geleistet? Welche Temperatur und welche Pressung besitzt die Luft zum Schlusse?

413. Ein Luftmotor, der einen Wirkungsgrad von 80 v. H. besitzt, soll 2 PS. leisten. Wieviel Raummeter Luft von 6 Atm. Pressung müssen ihm zugeführt werden, wenn die Zustandsänderung nach dem Gesetze $p v^{1,2} = \text{konst.}$ erfolgt? Mit welcher Temperatur tritt die Luft aus dem Motor, wenn die Preßluft mit $t_1 = 15^0$ zugeführt wird?

414. Eine Luftmenge von 3,2 Raummeter mit 1,5 Atm. Pressung und 36^0 Temperatur wird ohne Änderung des Druckes auf 5,2 Raummeter ausgedehnt. Wie ändert sich hierbei die Temperatur, welche Arbeit leistet die Luftmenge und welche Wärmemenge muß zugeführt werden?

415. Eine Luftmenge von 45 Raummeter mit 1 Atm. Pressung wird von 25^0 auf -10^0 abgekühlt, ohne daß ihr Rauminhalt geändert wurde. Wie ändert sich ihr Druck und wieviel Wärme mußte entzogen werden?

416. Eine Luftmenge von 2,4 Raummeter, 5,8 Atm. Pressung und 15^0 Temperatur wird auf 4 Raummeter ausgedehnt, ohne daß an der Temperatur etwas geändert wird. Wie hat sich der Druck geändert, welche Arbeit hat die Luft geleistet und wieviel Wärme mußte zugeführt werden?

417. Im Zylinder eines Motors befindet sich ein Gemenge von Luft und Öldampf bei einer Pressung von $p_1 = 0{,}9$ at und der Temperatur $t_1 = 100^0$; durch Verdichtung dieses Gemenges soll seine Temperatur auf die Entzündungstemperatur des Öldampfes $t_2 = 600^0$ gebracht werden. Bis zu welcher Pressung p_2 muß man das Gemenge verdichten, wenn die Zustandsänderung ohne Änderung der Wärme verläuft?

418. Eine Luftmenge von 3,7 Raummeter mit 7,5 Atm. Pressung und 50^0 Temperatur dehnt sich, ohne Wärme zu gewinnen oder zu verlieren, aus, bis ihre Pressung auf 1 Atm. herabgesunken ist. Welchen Rauminhalt und welche Temperatur wird die Luft annehmen, und welche Arbeit wird sie geleistet haben?

419. Eine Gasmenge vom Rauminhalt V_1 und der Pressung p_1 macht der Reihe nach folgende drei Zustandsänderungen durch: zuerst ändert sich der Druck nicht, sodann ändert sich der Rauminhalt nicht, schließlich ändert sich die Temperatur nicht. Der Expansionsgrad ε ist gegeben, der Endzustand stimmt mit dem Anfangszustand überein. Welche Ausdehnungsarbeit hat das Gas geleistet? Welche Wärmemenge wurde zugeführt? Man zeichne die Schaulinie dieses Kreisprozesses.

420. Eine Gasmenge vom Rauminhalt V_1 und der Pressung p_1 macht der Reihe nach folgende drei Zustandsänderungen durch: zuerst eine isothermische mit dem Expansionsgrad ε, sodann eine Zustandsänderung bei gleichbleibendem Druck, schließlich eine adiabatische. Der Endzustand des Gases stimmt mit dem Anfangszustand überein. Welche Ausdehnungsarbeit leistet die Gasmenge und welche Wärmemenge nimmt sie in diesem Kreisprozesse auf? Man zeichne die Schaulinie.

421. Ein Kreisprozeß bestehe aus einer Zustandsänderung bei konstantem Volumen und aus einer solchen bei konstantem Druck, beide getrennt durch zwei adiabatische Zustandsänderungen. Der Anfangszustand p_1, v_1, T_1 ist gegeben, ebenso die Expansionsgrade ε und ε_1 der adiabatischen Zustandsänderungen. Man berechne die Ausdehnungsarbeit des Kreisprozesses und seine Wärmezufuhr. Wie sieht die Schaulinie aus? (W. J. Walker, Engineering 1920.)

422. In den Zylinder eines Luftmotors strömt bei A Luft von der Pressung p_1 und der Temperatur T_1 ein, bis sie den Rauminhalt V_1 einnimmt; hierauf wird der Luftzutritt bei A abgesperrt, der Kolben wird durch die sich ausdehnende Luft weitergeschoben, bis sie die kleinere Pressung p_2 erreicht hat; hierauf kehrt der Kolben um und drückt die Luft bei B hinaus. Welche Arbeit hat die Luft bei diesem Vorgang geleistet, wenn der Kolben seine Anfangslage wieder erreicht hat und wenn angenommen wird, daß die Temperatur der Luft sich nicht verändert hat?

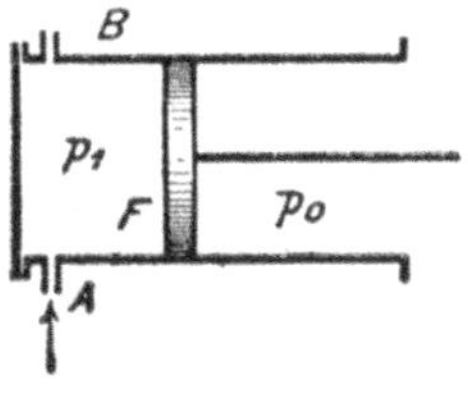

423. In einen mit Luft von $p_0 = 1$ Atm. Pressung gefüllten zylindrischen Raum (Windkessel) vom Durchmesser $D = 1$ m und der Höhe $h = 3$ m wird durch eine Pumpe Wasser gepreßt und hierdurch die Luft nach und nach auf $p = 15$ Atm. verdichtet. Der Pumpenkolben hat einen Durchmesser $d = 5$ cm und einen Hub $s = 40$ cm. Nach wieviel (x) Hüben der Pumpe wird die gewünschte Verdichtung der Luft eingetreten sein, wenn ihre Temperatur sich nicht ändert? Welche Gesamtarbeit wird, abgesehen von der Überwindung der Nebenwiderstände, hierzu erforderlich sein?

424. Wie ändert sich das Resultat der Aufgabe 422, wenn die Zustandsänderung der Luft nach dem Gesetze $pv^m =$ konst. stattfindet?

425. Ein mit Preßluft von 4 Atm. Pressung arbeitender Luftmotor wird derart erwärmt, daß die Luft während ihrer Ausdehnung keine Temperaturänderung erleidet. Der Motor erfordert 0,7 Raummeter Preßluft in der Minute; welche durchschnittliche Leistung besitzt er?

426. Ein Luftmotor wird mit Preßluft von 5 Atm. und 15° Temperatur betrieben; die Zustandsänderung folge dem Gesetze $pv^m =$ konstant. Nachdem die Luft sich ausgedehnt hat, strömt sie mit 1 Atm. Pressung und —50° Temperatur aus dem Motor. Man ermittle den Exponenten m der Zustandsänderung.

427. Der Luftmotor der vorigen Aufgabe soll $N = 3$ PS leisten. Welche Menge Preßluft muß ihm in der Minute zugeführt werden?

428. Auf welche Temperatur müßte die Preßluft des Motors in den beiden vorigen Aufgaben vorgewärmt werden, wenn sie den Motor nicht mit —50°, sondern mit +10° verlassen soll?

***429.** In welchem Verhältnis steht das Einheitsgewicht γ_h der atmosphärischen Luft in der Höhe h über der Erdoberfläche zu jenem γ_0 an der Erdoberfläche selbst, wenn angenommen wird, daß der Wärmegehalt der Luft in beiden Lagen der gleiche ist?

***430.** Wie kann aus der Schaulinie einer polytropischen Zustandsänderung $pv^m = c$ der Exponent m entnommen werden?

431. Wenn man in dem Gasgesetz von Boyle und Gay-Lussac $pv = RT$ Druck, Rauminhalt und Temperatur als Koordinaten eines Punktes ansieht, so stellt die Gleichung eine Fläche vor. Man zeichne und definiere diese Fläche. Durch jeden ihrer Punkte gehen zwei Gerade, welche in der Fläche liegen; man zeichne sie und gebe ihre Bedeutung an.

432. Man stelle die Zustandsänderung $pv^m =$ konst. durch eine räumliche Kurve dar, deren Koordinaten Druck, Rauminhalt und Temperatur sind.

***433.** Bei der adiabatischen Zustandsänderung eines Gases wird gewöhnlich angenommen, daß das Verhältnis der spezifischen Wärmen $k = \frac{c_p}{c_v}$ eine konstante Größe ist. Bei hohen Temperaturen nimmt jedoch k mit der Temperatur ab nach dem Erfahrungsgesetze

$$k = k_0 - \alpha T,$$

worin k_0 und α konstante Größen sind. Man berechne unter dieser

Voraussetzung die Temperaturänderung des Gases und die Änderung der Pressung als Funktion des Expansionsgrades $\varepsilon = \frac{v_1}{v_2}$.

434. In einem Motor werde ein Gasgemenge von $t_1 = 80^0$ anfänglicher Temperatur auf den zwanzigsten Teil seines Rauminhaltes adiabatisch verdichtet. Wie steigt hierbei seine Temperatur und wie vervielfacht sich seine Pressung, wenn der adiabatische Exponent dem Gesetze

$$k = 1{,}422 - 0{,}0000572\ T$$

gehorcht? Wie ändern sich die Resultate, wenn man auf die Veränderlichkeit von k keine Rücksicht nimmt?

435. Durch eine Explosion würde ein leerer Raum entstehen, in den von allen Seiten plötzlich Luft einströmt. Mit welcher zahlenmäßigen Geschwindigkeit wird dies Zuströmen im ersten Augenblicke erfolgen?

***436.** Auf den beiden Seiten eines Kolbens von der Fläche F befinden sich zwei verschiedene Gaskörper von gleicher Masse und gleichem Drucke p. Der Kolben soll so lange nach rechts bewegt werden, bis die beiden Gase ihre Dichten vertauscht haben. Welche Arbeit muß hierzu aufgewendet werden? (Routh.)

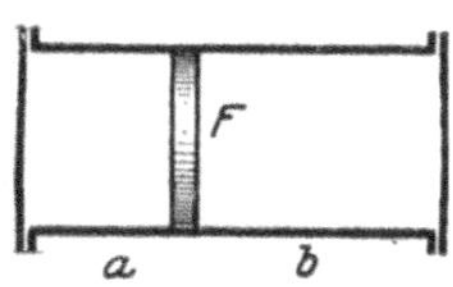

***437.** In einem zylindrischen Gefäß, das mit Luft von der Außenpressung p_0 gefüllt ist, wird ein gut anschließender Kolben vom Gewicht G fallen gelassen. In welcher Entfernung vom Boden kommt die Bewegung zum Stillstand, wenn die Reibung an der Wand vernachlässigt wird und wenn man annimmt, daß die Temperatur der Luft sich nicht ändert?

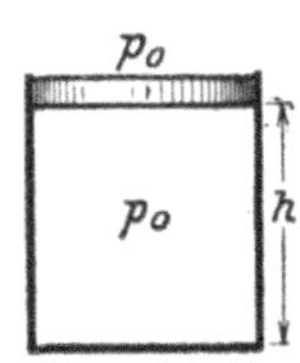

***438.** Von einem Gase, das bei Atmosphärenpressung p_0 das Einheitsgewicht γ_0 besitzt, löst sich eine kleine Blase in der Tiefe h einer Flüssigkeit, deren Einheitsgewicht γ ist. Mit welcher Geschwindigkeit erreicht die Blase die Oberfläche der Flüssigkeit? (H. Lorenz, Technische Hydromechanik.)

439. Die Luft in zwei ähnlichen Gefäßen werde in Schwingungen versetzt. Man zeige, daß die Anzahl der Schwingungen in der Zeiteinheit, also die Höhe des erzeugten Tones, den linearen Abmessungen der Gefäße verkehrt proportional ist. (Theorem von Savart.)

3. Gleichgewicht mit Flüssigkeiten.

440. Wie groß ist die Saughöhe einer Pumpe in 2500 m Meereshöhe bei 15° C, wenn das Einheitsgewicht der Luft in Meereshöhe bei dieser Temperatur $\gamma_0 = 1{,}2344$ ist?

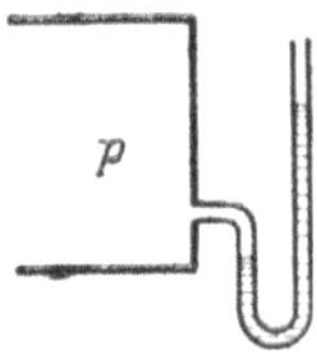

441. Der Überdruck in einem Gefäß wird durch ein offenes Manometer mit 6,4 at angegeben. Wie groß ist der absolute Gasdruck p, wenn der Stand des Quecksilberbarometers 670 mm beträgt?

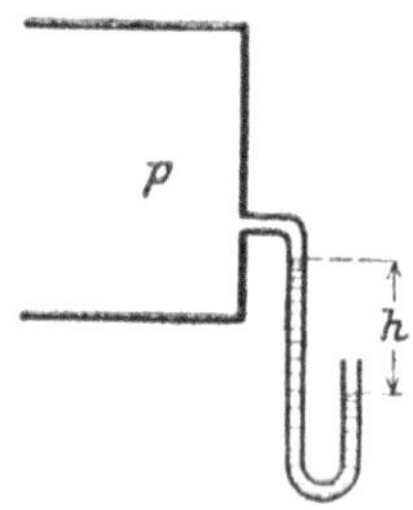

442. Die Ablesung eines Wasser-Minderdruckmessers (Vakuummeters) beträgt h = 22 mm. Wie groß ist der Gasdruck im Gefäße, wenn der gleichzeitige Quecksilberbarometerstand 695 mm ist?

443. Ein Quecksilbermanometer gibt den Druck eines Gases mit x Meter an. Wie groß ist dieser Druck in physikalischen Atmosphären (Atm.) und wie groß ist er in technischen Atmosphären (1 at = 1 kg/cm²)?

444. Das einfache Differentialmanometer besteht aus einem gekrümmten Rohr, in dessen Schenkeln Quecksilber steht, während über demselben eine genügende, auf beiden Seiten gleiche Menge Wasser sich befindet, die zum Teil im horizontalen Ansatzrohr steht. Wie findet man die Druckdifferenz $p_1 - p_2$ des auf beiden Seiten befindlichen Dampfes aus der Manometer-Ablesung z?

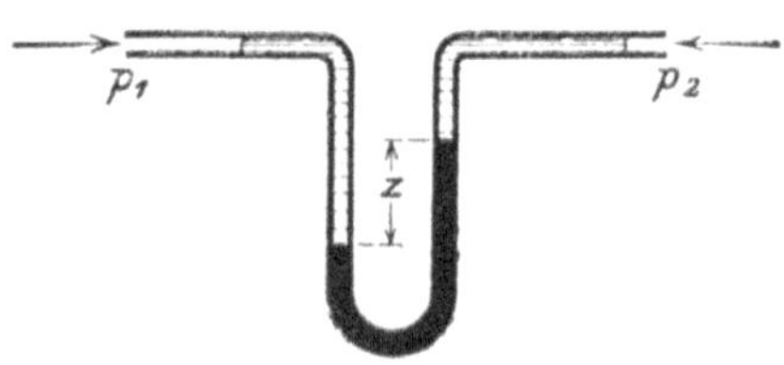

445. Eine andere Ausführung des Differentialmanometers besteht aus einer Reihe von n (in der Zeichnung 3) Heber-Rohren, deren unterer Teil mit Quecksilber, deren oberer behufs Übertragung des Druckes mit Wasser gefüllt ist. Welche Beziehung besteht zwischen der Pressung p im Kessel, dem Außendrucke p_0 und der Manometer-Ablesung z?

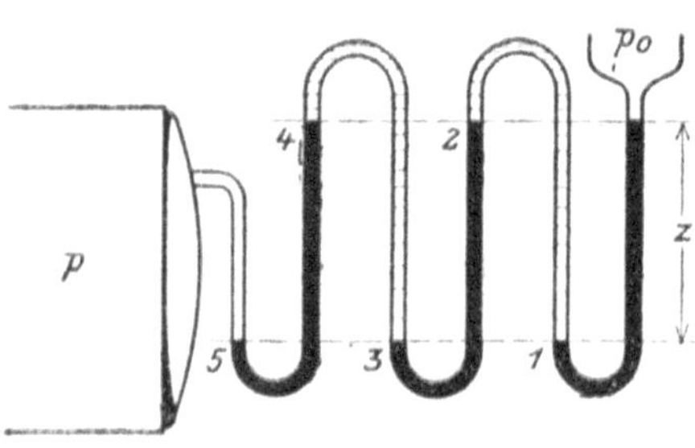

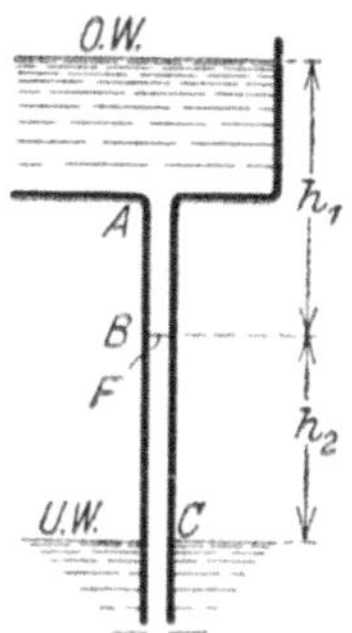

Aufg. 446.

446. Ein beliebig geformtes, vollständig mit Wasser gefülltes Abfallrohr A C verbindet das Oberwasser mit dem Unterwasser. In B ist das Rohr vollständig abgesperrt. Man berechne den Druck auf die Fläche F der Absperrvorrichtung.

***447.** Ein lufterfülltes Rohr von der Länge l, dessen obere Öffnung anfangs geschlossen ist, wird bis zur Tiefe h in Flüssigkeit getaucht und sodann oben rasch geöffnet. Bis zu welcher Höhe schießt die Flüssigkeit im Rohr empor, wenn auf die Reibung keine Rücksicht genommen wird?

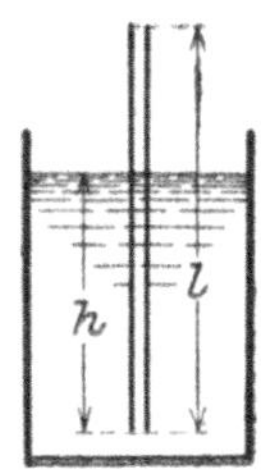

448. Aus einem mit Flüssigkeit gefüllten Gefäße, das von Dampf umgeben ist, tritt bei F ein Tropfen aus, der durch die kapillare Oberflächenspannung in Kugelform im Gleichgewicht erhalten wird. p_1 und p_3 sind die Dampfspannungen an der freien Oberfläche der Flüssigkeit und in der Umgebung des Tropfens, γ und γ_1 die Einheitsgewichte der Flüssigkeit und des Dampfes. Wie groß ist die kapillare Oberflächenspannung ϱ für die Längeneinheit?

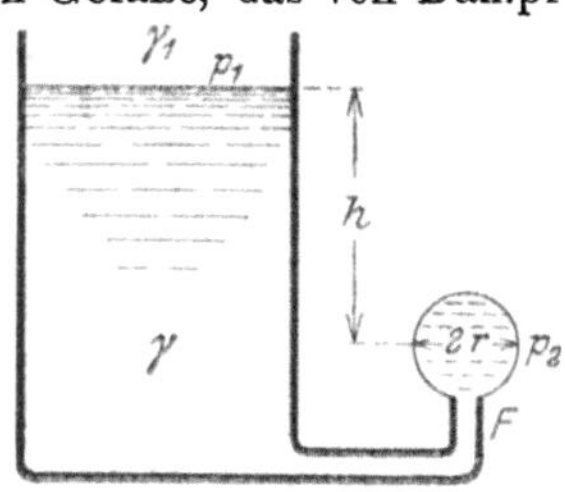

(A. Stodola, Zeitschr. Ver. deutsch. Ingen. 1913, S. 1781.)

449. Bei dem Schwimmdock von A. Mehlhorn und P. v. Klitzing wird in die Räume B und C Wasser einströmen gelassen, wodurch sich das Dock senkt und die Luft im Bodenraum A durch Eindringen des Wassers verdichtet wird. Beim Heben des Docks wird das Wasser aus den Räumen B und C gepumpt, wobei die verdichtete Luft in A das eingedrungene Wasser selbsttätig hinauspreßt. Welche Beziehung besteht zwischen den Wasserhöhen x und y in den Räumen A und C?

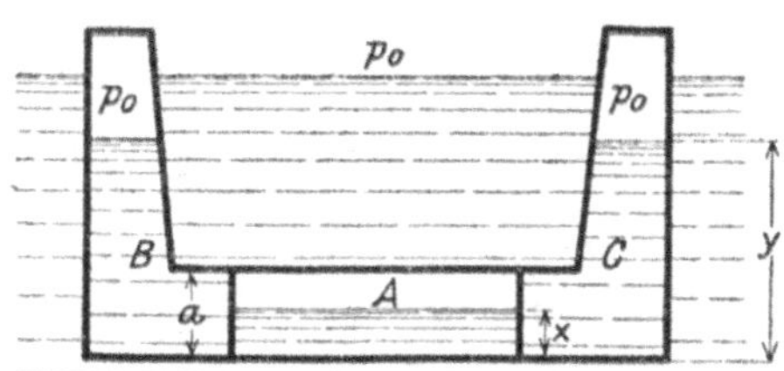

450. Durch die Aufwärtsbewegung des Kolbens K wird die Luft in dem darüber befindlichen Raume, welche anfangs die Pressung p_0 der Außenluft besitzt, derart verdichtet, daß die Kugel vom Gewicht G,

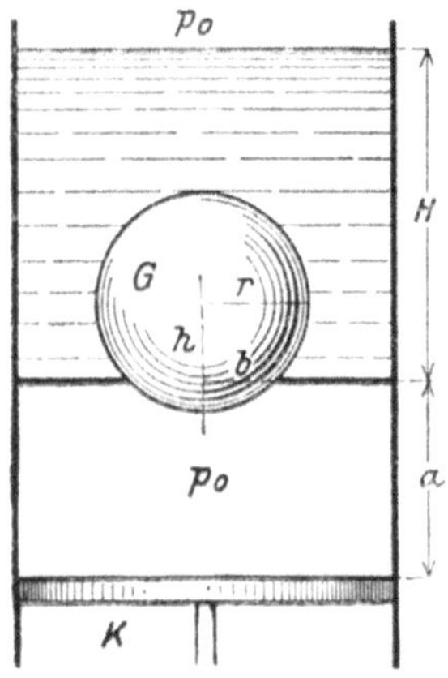

Aufg. 450.

welche die Bodenöffnung eines Gefäßes abschließt, gehoben wird. Um wieviel muß der Kolben bewegt werden, damit dies eintritt?

451. In eine geschlossene, anfangs mit Luft von der Pressung p_0 gefüllte Kammer F, l wird durch ein seitlich angebrachtes, vertikales Rohr vom Querschnitt f Wasser eingegossen. Wieviel (Q) Wasser ist notwendig, damit die Höhendifferenz der beiden Oberflächen die Größe h erreicht?

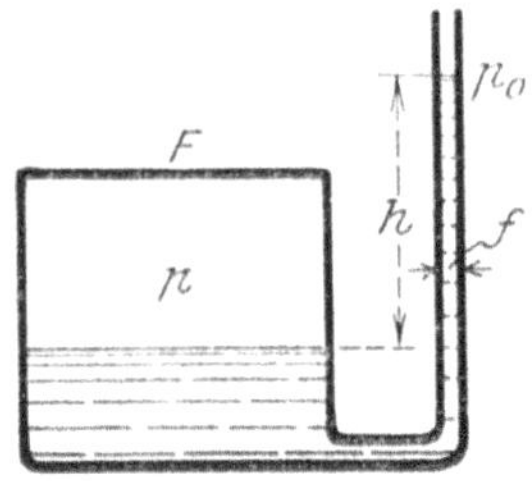

452. In dem neben gezeichneten Gefäße ist der Druck p über den beiden gleichen Oberflächen F anfangs gleich groß. Der linke Teil des Gefäßes ist durch einen Kolben, der rechte durch einen festen Deckel geschlossen. Wieviel muß der Kolben gehoben werden, wenn der Höhenunterschied der beiden Oberflächen gleich e werden soll?

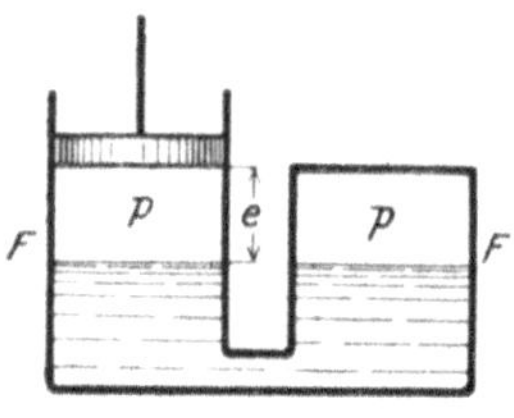

453. Ein prismatisches Gefäß vom Querschnitt F_1 und von der Länge l, das mit Luft von der Pressung p_0 gefüllt ist, wird mit dem Boden nach oben in ein Gefäß mit dem Querschnitt F_2 getaucht, das zum Teil Wasser enthält. Wenn die Oberfläche mit dem Boden F_1 gleich hoch stehen soll, wie groß wird das Gewicht G des ersten Gefäßes mindestens sein müssen? Wie groß ist der Bodendruck des zweiten Gefäßes?

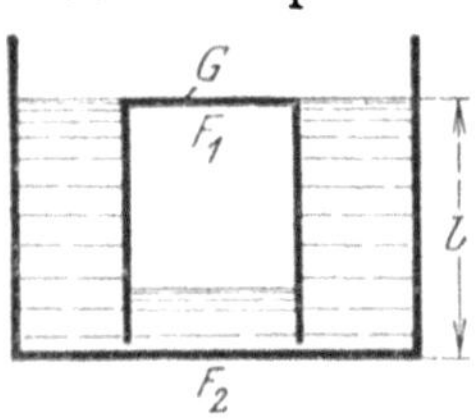

454. Auf einen Kolben F_1 wird ein gut passendes Gefäß vom Gewicht G gestülpt, das anfangs ganz mit Luft von der Pressung p_0 gefüllt ist. Man suche für das Gleichgewicht die Längen x, y und z zu berechnen, wenn G_1 das Gewicht des Kolbens, G_2 das Gewicht der Flüssigkeit (Einheitsgewicht γ) und F_2 die Querschnittsfläche des Gefäßes ist.

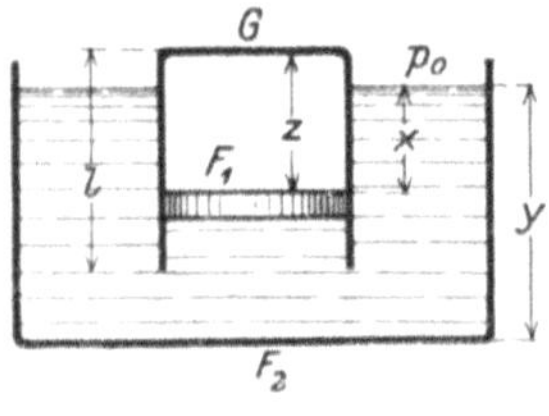

455. Ein Wasserspeicher vom Querschnitt F_0 ist durch eine Rohrleitung mit einer geschlossenen Luftkammer vom Querschnitt F und der Höhe a verbunden. Im Boden der Kammer befindet sich ein Ventil, durch welches das Wasser in die Kammer gelangen kann. Um welche Höhe x wird das Wasser im Speicher sinken und um welche Höhe y wird es in der Kammer steigen?

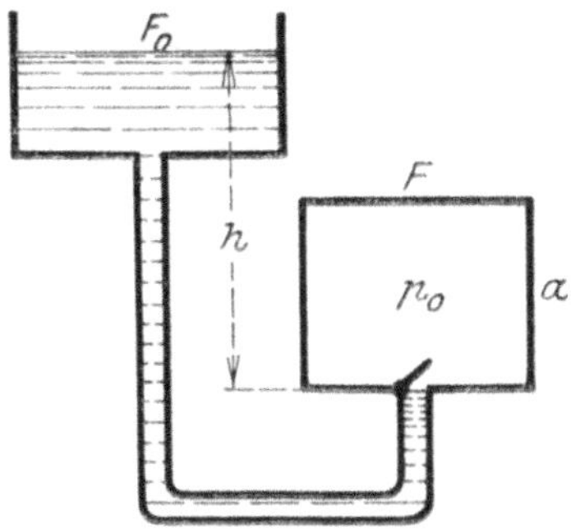

456. Zwei mit Flüssigkeit zum Teil gefüllte, gleich große Kammern sind durch eine Wand getrennt. Die Oberflächen haben anfänglich den Höhenunterschied h; über ihnen befindet sich Luft von gleicher Pressung p_0. Oben sind die Kammern geschlossen. Nahe dem Boden wird in die Wand eine kleine Öffnung f gemacht. Bis zu welchem Wert h_1 sinkt nun der Höhenunterschied, wenn vorausgesetzt wird, daß sich die Temperatur der eingeschlossenen Luft nicht ändert?

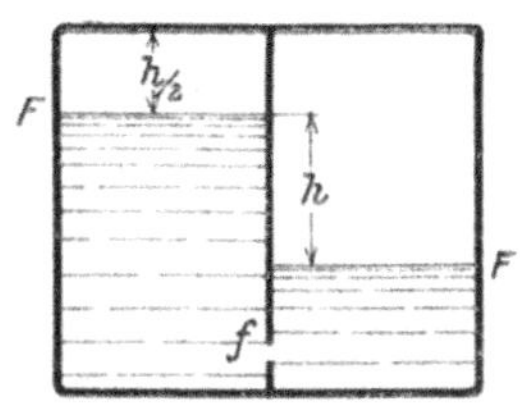

***457.** Wieviel Zeit benötigt die Flüssigkeit in der vorigen Aufgabe, bis das Gleichgewicht wieder hergestellt, d. h. der Höhenunterschied h_1 erreicht ist?

458. Ein zylindrisches, an seinem oberen Ende geschlossenes Rohr vom Querschnitt f und der Länge l ist anfänglich mit Luft von der Pressung p_0 gefüllt. Sein unteres Ende mündet in ein weiteres Rohr vom Querschnitt F, das mit seinem Ende A B anfänglich in der Oberfläche des Wassers liegt. Wenn A B um a gehoben wird, um wieviel (z) wird die Oberfläche im Rohr mitgehoben?

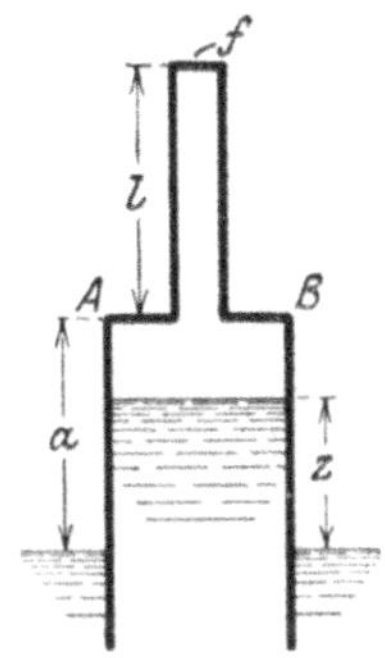

459. Zwei Kolben von den Oberflächen F und f, die durch eine Stange l miteinander verbunden sind, werden von zwei Rohren dicht umschlossen. Zwischen den Kolben sowie außerhalb ist Luft von der Pressung p_0. In das vertikale Rohr vom Querschnitt F wird bis zur Höhe h

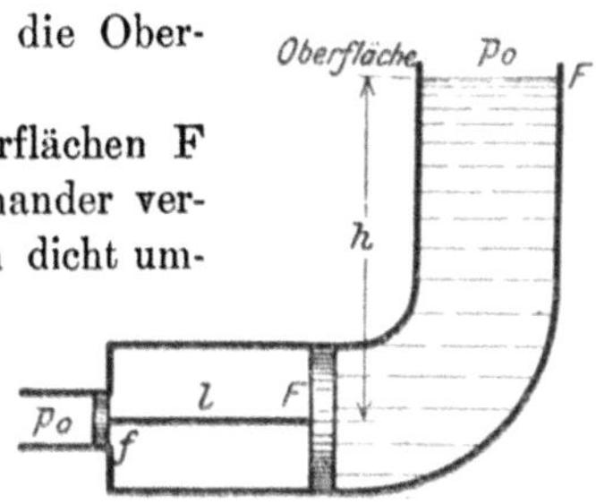

Flüssigkeit vom Einheitsgewicht γ gegossen. Um wieviel sinkt die Oberfläche dieser Flüssigkeit?

***460.** Zwei ungleich weite Rohre, in denen die Flüssigkeit gleich hoch steht, sind durch zwei Kolben abgeschlossen, die durch eine Stange l starr miteinander verbunden sind. Welcher Arbeitsaufwand ist nötig, um das Kolbensystem in die äußerste rechte Stellung zu bringen, wenn p_0 der anfängliche Luftdruck zwischen den Kolben ist?

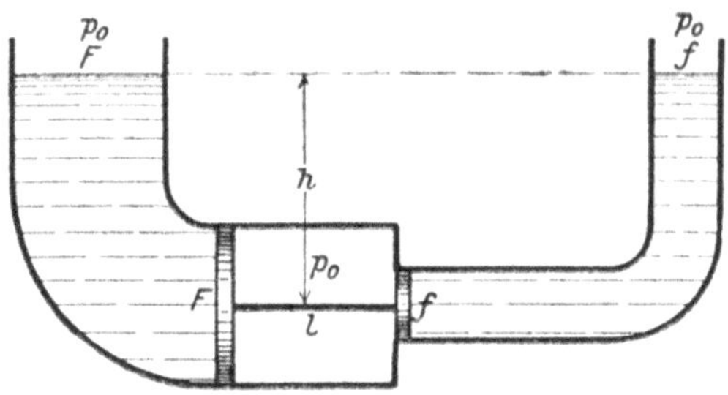

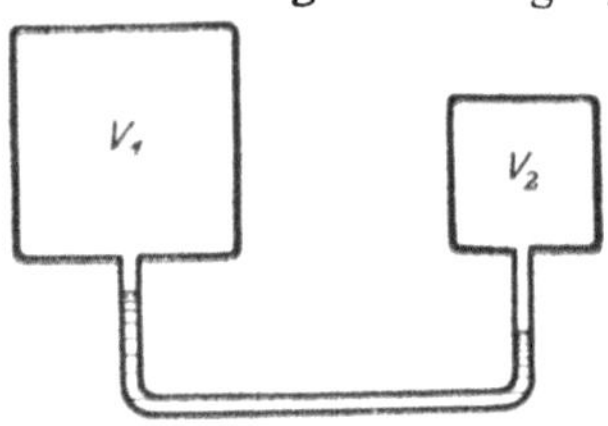

461. In zwei Gefäßen mit den Rauminhalten $V_1 = 2{,}5\ m^3$ und $V_2 = 2\ m^3$, die durch eine dünne Quecksilbersäule miteinander in Verbindung stehen, befinden sich gleiche Gewichtsmengen eines Gases von der gleichen Temperatur $t_0 = 17^0$. Auf welche Temperatur t muß das Gas im größeren Gefäße gebracht werden, wenn die Oberflächen der Quecksilbersäule in beiden Armen gleich hoch stehen sollen?

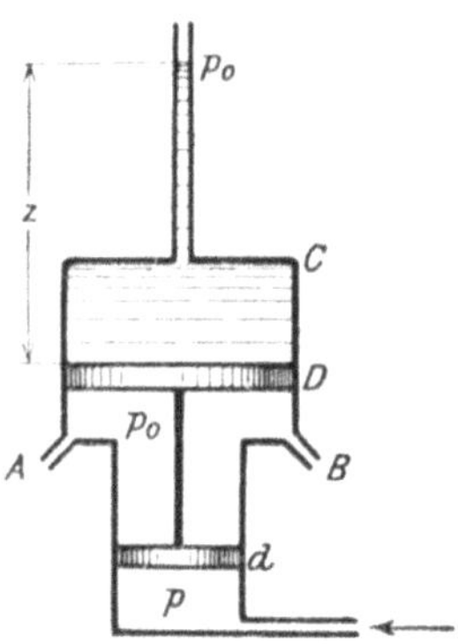

Aufg 462.

462. Beim Kolbenmanometer werden zwei starr miteinander verbundene Kolben von verschiedenen Durchmessern D und d durch das Gas mit der Pressung p nach aufwärts geschoben und mit ihnen die Flüssigkeit vom Einheitsgewicht γ, die über dem größeren Kolben steht. Wenn die Höhe z gemessen wird, wie groß ist p?

463. Wie würde sich das Resultat der vorigen Aufgabe ändern, wenn das Gefäß bei A und B keine Öffnungen besitzen würde?

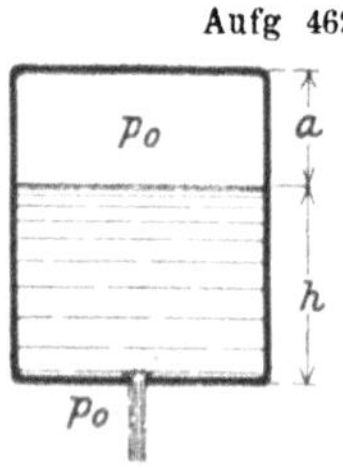

Aufg 464.

464. Aus einem dichten Gefäße, das bis zur Höhe $h = 2{,}24$ m mit Wasser und darüber ($a = 1$ m) mit Luft von derselben Pressung wie außen ($p_0 = 1$ Atm.) gefüllt ist, fließt das Wasser durch eine kleine Bodenöffnung aus. Wie weit sinkt die Oberfläche, wenn angenommen wird, daß die Temperatur der Luft sich nicht ändert?

465. In einem horizontalen Zylinder vom Halbmesser r befindet sich Flüssigkeit bis zu der gezeichneten Oberfläche, ober ihr Luft von der Pressung p_0. Die Flüssigkeit strömt unten durch eine kleine Öffnung aus, während die Luft keine Zufuhr erfährt und ihre Temperatur sich nicht ändert. Wenn die Oberfläche bis zur Mitte des Zylinders gesunken ist, tritt Stillstand ein. Welches Einheitsgewicht besitzt die Flüssigkeit?

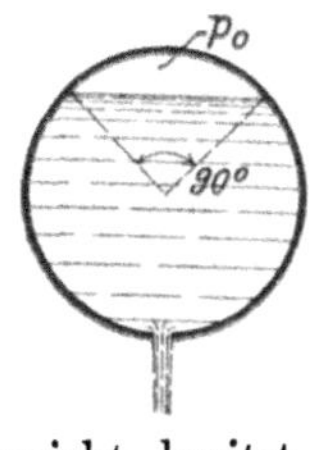

466. Ein prismatisches Gefäß von quadratischem Querschnitt ist zur Hälfte mit Flüssigkeit gefüllt. Ober ihr befindet sich Luft von der gleichen Pressung wie außen. Wenn an der tiefsten Kante eine kleine Öffnung frei gemacht wird, wie tief sinkt die Oberfläche der Flüssigkeit? Es wird vorausgesetzt, daß die Temperatur der eingeschlossenen Luft sich nicht ändert.

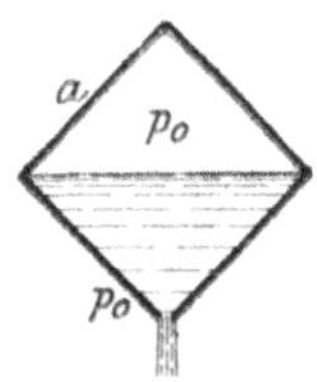

*__467.__ Eine Zentrifugalpumpe wird in Umdrehung versetzt und fördert Wasser auf eine Höhe $h_1 + h_2$. r_2 und r_1 sind die äußeren und inneren Abstände der Schaufeln von der Drehungsachse. Welche Umdrehungszahl n in der Minute muß die Pumpe erhalten?

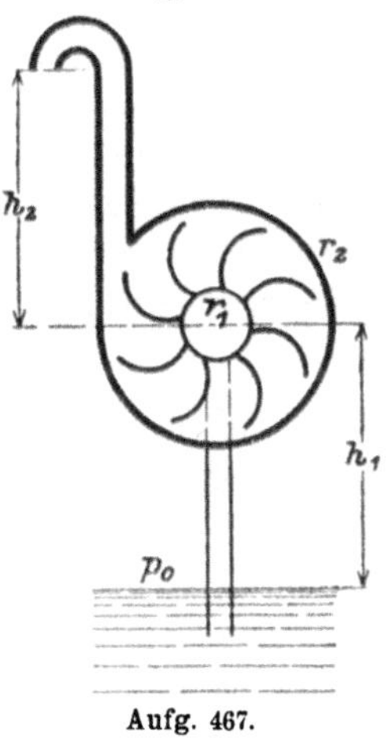

Aufg. 467.

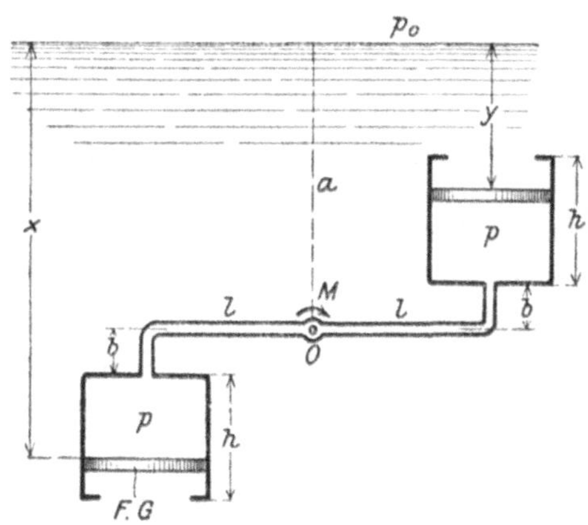

Aufg. 468.

468. Zwei offene, gleiche Hohlzylinder vom Querschnitt F und der Höhe h sind durch ein Rohr vom Rauminhalt V miteinander verbunden und können sich um eine horizontale Achse O drehen. In den Zylindern bewegen sich zwei gut anschließende Kolben vom Gewicht G. Anfangs sind beide Zylinder und der Raum V mit Luft von der Pressung p_1 gefüllt. Wie groß wird die Luftpressung p im Innern der Zylinder in der gezeichneten Stellung sein und welches Moment wird die Zylinder um O zu drehen suchen? Wie groß wird das Gewicht G des Kolbens sein müssen, damit er im unteren Zylinder frei schweben kann?

469. Wenn der Apparat der vorhergehenden Aufgabe sich um 90^0 gedreht hat, wie groß ist dann die Luftpressung im Innern des Zylinders geworden und wie groß ist das Moment um O?

4. Ausfluß und Bewegung in Leitungen.

470. Welche Energie ist in einer strömenden Gasmenge vom Rauminhalte V, der Pressung p und der Geschwindigkeit w enthalten?

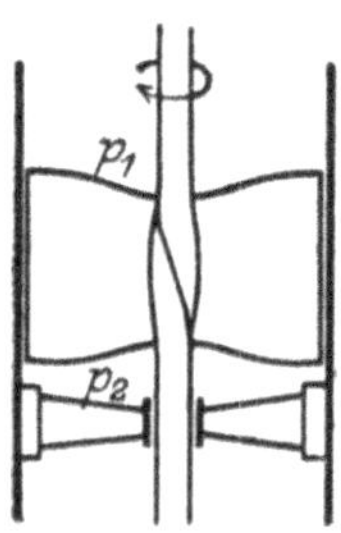

***471.** Ein Ventilator bewegt mit seinen Flügeln die Luft durch eine zylindrische Leitung. Die Drucksteigerung der Luft $p_2 - p_1$ ist vorgeschrieben. Welche Arbeit muß jedem Kilogramm strömender Luft in der Sekunde zugeführt werden, wenn von allen Reibungen abgesehen wird?

***472.** Aus einem Gefäße strömt durch eine kleine Öffnung Gas aus. Bei welcher Geschwindigkeit des Ausströmens wird ein ausströmender Stromfaden des Gases den kleinsten Querschnitt annehmen? Es soll angenommen werden, daß keine äußeren Massenkräfte auf das Gas wirken und daß seine Zustandsänderung so rasch erfolgt, daß keine Änderung des Wärmegehaltes stattfindet.

***473.** Das in der Sekunde durch den Ausflußquerschnitt F strömende Luftgewicht wird durch den Ausdruck gegeben:

$$G = F\sqrt{\frac{2gk}{k-1}\,\frac{p_i}{v_i}\left[\left(\frac{p}{p_i}\right)^{\frac{2}{m}} - \left(\frac{p}{p_i}\right)^{\frac{m+1}{m}}\right]},$$

wenn sich p_i und v_i auf den Zustand der Luft im Innern des Gefäßes beziehen und m der Exponent der Zustandsänderung ist. Man suche das Verhältnis $\beta = \frac{p}{p_i}$ derart zu bestimmen, daß das Ausflußgewicht G seinen größten Wert erreicht.

474. Man berechne die Temperatur der Luft im Ausflußquerschnitt aus der Temperatur T_i im Innern des Gefäßes, wenn angenommen wird, daß wie in der vorigen Aufgabe das Maximum des Ausflußgewichts erreicht ist.

***475.** Bei einer adiabatischen Gasströmung ohne Berücksichtigung der Schwerkraft und ohne Widerstände gilt für die Strömungsgeschwindigkeit die Gleichung 111:

$$\frac{w^2}{2g} = h = \frac{k}{k-1}(p_1 v_1 - p v).$$

Dieselbe Gasströmung finde nun einen Widerstand, dessen Widerstandszahl ζ_r sei. Hierdurch wird Wärme erzeugt, die Zustandsänderung folgt nicht mehr dem adiabatischen Gesetze $p v^k = \text{konst.}$, sondern einem anderen unbekannten Gesetze $p v^m = \text{konst.}$ Wie kann man den Exponenten m aus der gegebenen Widerstandszahl ζ_r berechnen? (G. Zeuner, Techn. Thermodynamik.)

476. Wie groß ist die Ausflußgeschwindigkeit der Luft aus einem Gefäße, in dem die Temperatur T herrscht, in den leeren Raum, wenn die Widerstände in der Ausflußöffnung vernachlässigt werden?

477. In einem Luftbehälter besteht die Pressung $p_i = 4{,}8$ Atm. und die Temperatur $t_i = 30^0$. Durch eine Öffnung $F = 12$ cm² strömt die Luft in den Außenraum, in dem die Pressung $p_a = 1$ Atm. herrscht. Die Widerstandszahl der Ausflußöffnung sei $\zeta = 0{,}025$. Man berechne die Ausflußgeschwindigkeit der Luft und das in der Sekunde ausfließende Gewicht.

478. Ein Windkessel, in welchem die Pressung $p_i = 1{,}6$ Atm. und die Temperatur $t_i = 6^0$ bestehen, besitzt in dünner Wand eine kreisförmige Öffnung von $F = 4$ cm², aus welcher die Luft in die Atmosphäre ausströmt. Wieviel Kilogramm Luft werden in der Sekunde ausströmen, wenn die Widerstandszahl der Mündung mit $\zeta = 0{,}04$ angenommen wird?

479. Ein Gasometer, in dessen Innerem eine Temperatur $t_i = 20^0$ und ein Überdruck von 40 mm Wassersäule herrscht, besitzt eine Ausflußöffnung von 3 cm Durchmesser, deren Widerstandszahl $\zeta = 0{,}034$ ist. Wieviel Kilogramm Gas werden in der Stunde ausfließen?

***480.** Aus einem mit Luft von hoher Pressung p_0 gefüllten Gefäße, dessen Rauminhalt V bekannt ist, strömt durch eine Ausflußöffnung mit der Fläche F die Luft in einen Raum, dessen Pressung p_a ebenfalls bekannt ist. Die Temperatur der Luft im Gefäße würde sich nicht ändern. Man berechne, wie groß die Pressung p_i im Innern des Gefäßes nach der Zeit t geworden ist.

***481.** Wie ändert sich das Resultat der vorigen Aufgabe, wenn die Luft im Gefäße ihre Temperatur nicht beibehält, sondern die Zustandsänderung $p v^r =$ konst. erleidet?

(J. J. v. Weyrauch, Zeitschr. Ver. deutsch. Ing. 1899.)

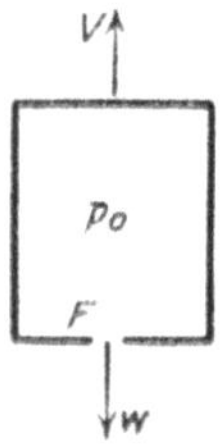

482. Ein Gefäß ist mit Luft gefüllt, deren hohe Pressung p_0 konstant erhalten wird. Das Gefäß besitzt im Boden eine Öffnung F, durch welche die Preßluft in den Außenraum (Pressung p_a) ausströmt. Wie groß ist die durch den Ausfluß ausgeübte Reaktion V?

483. Wenn das Gefäß der vorigen Aufgabe keine Zufuhr von Preßluft besitzt, so wird die Pressung p_0 mit der Zeit abnehmen. Man untersuche, wie sich in diesem Falle die Reaktion mit der Zeit ändert, wenn angenommen wird, daß die Temperatur der Luft im Gefäße keine Änderung erfährt.

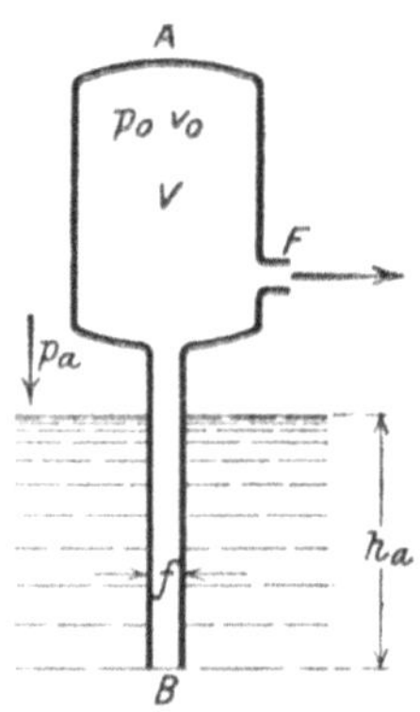

***484.** Aus einem Behälter AB, dessen Rauminhalt V ist, in dem sich anfangs Luft im Zustande $p_0 v_0$ befindet, ströme diese durch eine Ausflußfläche F in den freien Raum, dessen Luftpressung p_a ist. Der Behälter taucht mit einem Rohr vom Querschnitt f in Wasser bis zur Tiefe h_a ein. Während des Ausflusses der Luft bei F steigt das Wasser im Rohr empor. Welche Zeit t wird verfließen, bis die Pressung im Behälter auf p_i gesunken ist, wenn angenommen wird, daß die Zustandsänderung im Behälter nach dem Gesetze $p v^r =$ konst. erfolge?

(J. J. v. Weyrauch, Zeitschr. Ver. deutsch. Ing. 1899.)

***485.** Eine gerade Luftleitung habe die Länge l, die Neigung J und den Querschnitt F. Das Durchflußgewicht der Luft in der Sekunde G, ferner die Pressung p_0 an der Eintrittsstelle seien bekannt; ebenso die absolute Temperatur T,

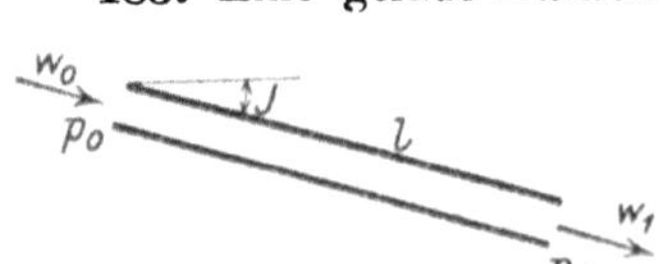

die im ganzen Rohr dieselbe wäre. Man berechne die Pressung p_1 an der Austrittsstelle unter Berücksichtigung der Luftreibung im Rohr (Reibungszahl λ konstant), sowie die Geschwindigkeiten w_0 und w_1 der Luftströmung.

*__486.__ Das Resultat der vorigen Aufgabe ist für horizontales Rohr ($J = 0$) nicht zu verwenden. Man berechne für diesen Fall die Größen $p_1\, w_0\, w_1$ unmittelbar.

*__487.__ Man berechne die Widerstandszahl eines konischen Luftleitungsrohres unter der Annahme, daß für jeden Teil ∂x desselben die Widerstandszahl nach den Gleichungen 108 und 109:

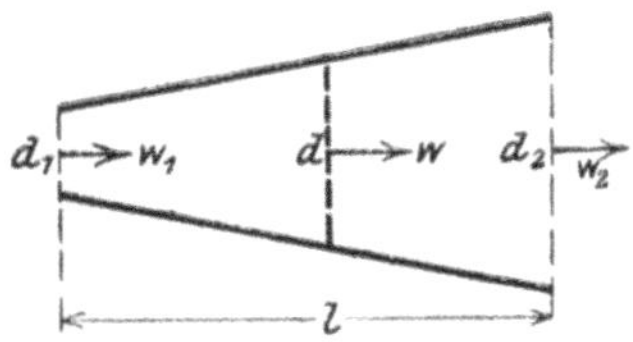

$$\xi_r = \left(\alpha + \frac{\beta d + \gamma}{d\sqrt{w}}\right)\frac{\partial x}{d}$$

gewählt werden darf.

*__488.__ Bei der Mammut-Pumpe wird durch ein enges Rohr A Druckluft von der Pressung p_1 eingeleitet, die sich in dem Raum B mit Wasser mengt, das hier mit der Geschwindigkeit v_1 eingesaugt wird. Das Gemenge von Luft und Wasser steigt dann durch ein weiteres Rohr empor und strömt bei C mit der Geschwindigkeit v_0 aus. Man soll aus der gegebenen Höhe h_0 und den Geschwindigkeiten v_0 und v_1 das Verhältnis η der geleisteten Hubarbeit des Wassers zur Verdichtungsarbeit der Luft berechnen. (Hydraulischer Wirkungsgrad.)

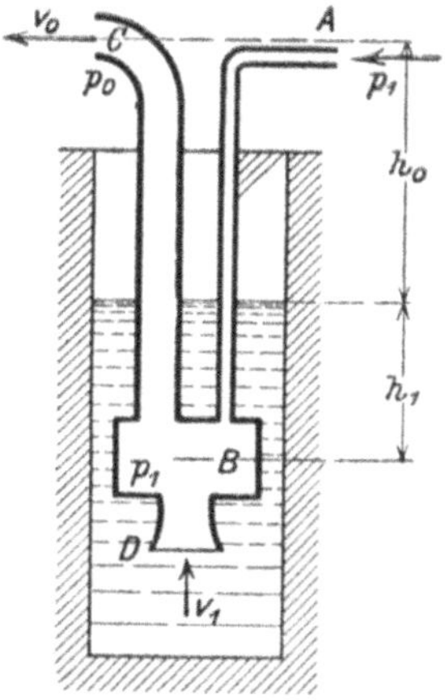

*__489.__ Es sei in voriger Aufgabe V_1 der Rauminhalt des in der Sekunde gehobenen Wassers, V_2 der Rauminhalt der in der Sekunde eingepreßten Luft (bezogen auf das Einheitsgewicht γ_0 der äußeren Luft), F der Querschnitt des Steigrohres bei C und D. Wie groß wird für ein gegebenes Fördervolumen V_1 des Wassers der kleinste Luftverbrauch V_2 sein?

490. Mit Hilfe einer Mammut-Pumpe (vergl. Aufg. 488) soll eine Wassermenge von 7 Liter in der Sekunde auf $h_0 = 15$ m Höhe gefördert werden. Der innere Durchmesser des Steigrohres C ist $d = 8$ cm,

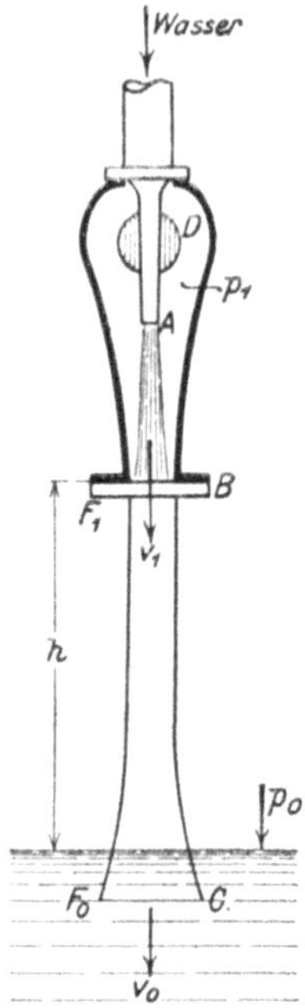

seine Gesamtlänge l = 36 m. Wie groß ist der kleinste Luftbedarf in der Sekunde und welchen hydraulischen Wirkungsgrad hat die Pumpe? (Widerstandszahlen: Reibung im Rohr:

$$\zeta_2 = 0{,}02 \frac{l}{d},$$

Eintritt bei D: $\zeta_1 = 2$.)

(488—490: H. Lorenz, Zeitschr. Ver. deutsch. Ing. 1909.)

***491.** In einer Strahl-Luftpumpe strömen Q m³/sek Wasser aus einer Düse A in einen geschlossenen Raum und erniedrigen in diesem die Luftpressung auf p_1, wodurch aus dem Rohr D V m³/sek Luft angesaugt werden; diese mengt sich mit dem Wasser und das Gemenge stürzt durch die Mischdüse BC. Wie groß sind die Geschwindigkeiten v_0 und v_1 an den Enden der Mischdüse, wenn deren Querschnitte F_0 und F_1 sind?

IV. Aeronautik.

1. Ballon.

492. Ein Ballon enthält einen Raummeter Luft von derselben Temperatur t_0, welche die außerhalb befindliche Luft besitzt. Welcher Auftrieb entsteht, wenn die Luft im Ballon auf t erwärmt wird?

493. Man soll den Auftrieb der Raumeinheit eines Ballons aus dem herrschenden Luftdruck p und der außen und innen gleichen absoluten Temperatur T berechnen.

494. Eine gebräuchliche Formel für die zum Vortrieb eines Ballons notwendige Anzahl von PS ist:

$$N = \frac{F v^3}{2250},$$

wenn F der größte Querschnitt in m^2 und v die Geschwindigkeit in m/s ist. Welche Widerstandszahl ζ wurde dieser Gleichung zugrunde gelegt?

495. Die ähnlichen Querschnitte zweier Ballons senkrecht zur Bewegungsrichtung stehen im Verhältnis m, ihre Geschwindigkeiten im Verhältnis n; in welchem Verhältnis werden die Leistungen ihrer Motoren stehen?

496. Das Zeppelin-Schiff Hansa hat bei seinen Probefahrten bei 500 PS Maschinenleistung eine Geschwindigkeit $v = 22$ m/s erreicht. Der Luftwiderstand des Schiffes war $W = 2{,}5\,v^2$. Wie groß war der Wirkungsgrad der Luftschraubenanlage?

(Dornier, Zeitschr. f. Flugt. u. Motorl. 1913.)

497. Ein Ballon, der mit Wasserstoff gefüllt wird, soll außer drei Mann Besatzung (zu 80 kg Gewicht) einen Motor von 450 kg und sonstige Lasten samt seinem Eigengewicht im Betrage von 2800 kg emporheben und hierbei eine Steigkraft von 1370 kg entwickeln. Der Barometerstand ist 730 mm, die Temperatur 20^0. Welchen Rauminhalt muß der Ballon bekommen?

498. Ein praller Ballon vom Rauminhalt V hebt das Gesamtgewicht G. Welche größte Höhe (Schwebehöhe) kann er erreichen, wenn angenommen wird, daß sich die Temperatur mit der Höhe nicht ändert?

499. Welche größte Steighöhe kann der Ballon der Aufgabe 497 erreichen, wenn angenommen wird, daß sich die Temperatur mit der Höhe nicht ändert?

500. Ein praller Ballon vom Rauminhalt V hebt das Gesamtgewicht G. Welche größte Höhe kann er erreichen, wenn angenommen wird, daß der Wärmegehalt der Luft sich nicht ändert?

501. Welche größte Steighöhe kann der Ballon der Aufgabe 497 erreichen, wenn angenommen wird, daß sich der Wärmegehalt der Luft nicht ändert?

502. Ein praller Kugelballon vom Halbmesser r hat die Höhe h erreicht. Wie groß wird die Zugspannung in der Ballonhülle für den Meter Stoffbreite geworden sein? Die Temperatur der Luft werde als unveränderlich angenommen.

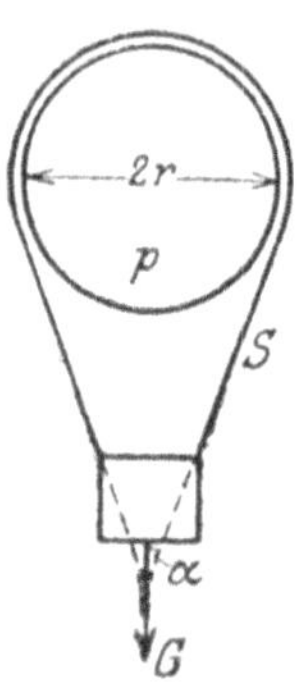

Aufg. 503.

503. Ein zylindrischer Ballon von der Länge l und dem Halbmesser r trägt eine Gondel vom Gewicht G, die durch 2n Schnüre mit dem Ballon verbunden ist. Wie groß muß der Überdruck p des Ballongases mindestens sein, wenn der Ballon prall erhalten bleiben soll?

504. Ein kugelförmiger Ballon, dessen Hülle b kg für den m^2 wiegt und der nur sein eigenes Gewicht zu tragen hat, soll sich in der Höhe h schwebend erhalten. Welchen Halbmesser muß er bekommen?

505. Um wieviel ändert sich die Schwebehöhe eines Ballons, wenn er das eine Mal mit Wasserstoff, das andere Mal mit Leuchtgas gefüllt wird?

506. Das von den Siemens-Schuckert-Werken, Berlin, gebaute Luftschiff hat eine Länge von $l = 130$ m und einen Durchmesser von $d = 13$ m. Es besitzt zwei Gondeln mit je zwei Motoren zu 125 PS und soll eine Geschwindigkeit von 60 km in der Stunde entwickeln. Man berechne die zur Überwindung des Luftwiderstandes notwendige Anzahl von PS, wenn angenommen wird, daß zwischen Motor und Luftschraube 20 v. H. für Nebenwiderstände verloren gehen.

507. Ein zylindrischer Ballon von d = 4 m Durchmesser mit Halbkugelabschluß soll v = 15 m/s Geschwindigkeit erhalten. Es stehen Motoren zur Verfügung, die q = 5 kg Gewicht für jede PS besitzen. Welche Länge würde der Ballon allein zur Überwindung des Motorengewichtes nötig haben? (Einheitsgewicht der Luft $\gamma = 1{,}2$, des Füllgases $\gamma_1 = 0{,}08$.) Die Nebenwiderstände würden n = 50 v. H. der Motorleistung beanspruchen.

508. Ein praller Ballon schwebt bei einer Lufttemperatur von $t = 20^0$ in einer gewissen Höhe. Um wieviel steigt er empor, wenn sein Gewicht durch Ausgeben von Ballast um 1 v. H. vermindert wird?

509. Um wieviel ändert sich die Schwebehöhe eines prallen Ballons, wenn die Temperatur von Luft und Gas um 1^0 zunimmt?

(508, 509: R. Emden, Ill. aeronaut. Mitteil. 1901.)

510. Man berechne die Größe des Ballastes, die mitgenommen werden muß, damit der Ballon vom Rauminhalt V in die Höhe h gelangen kann.

511. Um wieviel ändert sich die Schwebehöhe eines prallen Ballons, wenn durch Bestrahlung seiner Hülle die Temperatur des Gases von t bis t_1 zunimmt? Wie groß ist diese Änderung für Wasserstoff als Ballongas?

512. Um wieviel nimmt die Tragfähigkeit eines prallen Ballons zu, wenn die Temperatur der Luft um t^0 abnimmt? Wie groß ist diese Zunahme für Wasserstoff als Ballongas?

513. Um wieviel nimmt die Tragfähigkeit eines prallen Ballons zu, wenn die Temperatur des Gases um $t_1{}^0$ zunimmt? Wie groß ist diese Zunahme für Wasserstoff als Ballongas?

514. Wie groß ist der Auftrieb eines Ballons, dessen Gasinhalt sich nicht verändern kann (schlaffer Ballon), wenn angenommen wird, daß Luft und Gas gleiche Temperatur besitzen?

515. Wie ändert sich der Auftrieb eines schlaffen Ballons (vergl. vorige Aufgabe), wenn die Temperatur T der Luft und jene T_1 des Gases verschieden sind? Wie groß ist diese Änderung für jedes Kilogramm der verdrängten Luft?

516. Um wieviel ändert sich der Auftrieb eines schlaffen Ballons, wenn die Temperatur des Gases gegen jene der Luft t um 1^0 abnimmt?

***517.** Um wieviel kühlt sich das Gas eines schlaffen Ballons ab, wenn dieser um 100 m steigt, wenn angenommen wird, daß seine Hülle wärmeundurchlässig ist?

(516, 517: R. Emden, III. aeronaut. Mitteil. 1901.)

*518. Ein zylindrischer Ballon vom Querschnitt F und der Länge l schwebt horizontal. Man berechne sein Stabilitätsmoment um den Mittelpunkt O für eine Verdrehung α, wenn beachtet wird, daß Zwischenwände eine Verschiebung des Gases nicht gestatten, also das Einheitsgewicht γ_1 des Gases überall konstant ist, während die Luft ihr Einheitsgewicht γ mit der Höhenlage ändert. (Benütze Aufgabe 429.)

2. Luftdruck auf Flächen.

519. Ein Luftstrom trifft mit der Geschwindigkeit v eine schiefstehende Platte, gleitet an ihr ab und nimmt die Geschwindigkeit v' an, die zufolge verschiedener Widerstände kleiner als v ist. Die Reibung der Luft an der Platte soll mit deren Größe F und mit dem Quadrat der Geschwindigkeit v' zunehmen. Man berechne auf Grund dieser Annahme den Normaldruck N des Luftstromes auf die Platte.

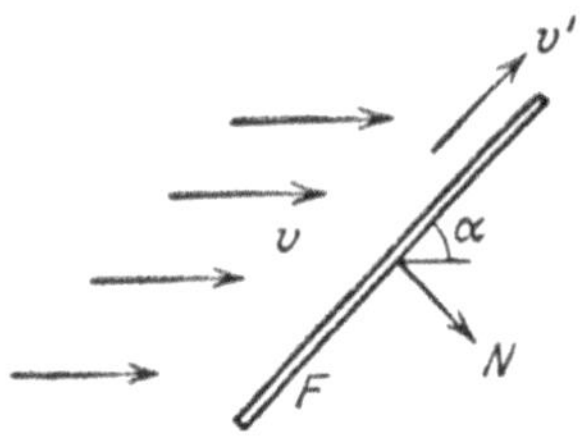

520. Für den Normaldruck N der mit der Geschwindigkeit v strömenden Luft gegen eine feste, ebene Platte F, die unter dem Winkel α geneigt ist (Abb. vorige Aufgabe), werden verschiedene Angaben gemacht. Immer wird gesetzt:

$$N = \frac{\gamma}{g} F v^2 . f(\alpha)$$

worin γ das Einheitsgewicht der Luft und $f(\alpha)$ eine Funktion des Winkels α bedeutet, für die folgende Angaben gemacht werden:

v. Loessl: $f(\alpha) = \sin \alpha$;

Duchemin: $f(\alpha) = \frac{2 \sin \alpha}{1 + \sin^2 \alpha}$;

Keck: $f(\alpha) = \frac{2 \sin^2 \alpha}{1 + \sin^2 \alpha}$;

Renard: $f(\alpha) = 2 \sin \alpha - \sin^3 \alpha$.

Man untersuche, welche dieser Angaben den größten und den kleinsten Wert für den Normaldruck der Luft ergibt.

521. Wie groß ist der Druck D der mit der Geschwindigkeit v gegen ein Prisma strömenden Luft, dessen gleiche Seitenflächen F unter 45^0 gegen die Luftströmung geneigt sind? Es sollen die in voriger Aufgabe angeführten Angaben von v. Loessl, Duchemin, Keck und Renard untereinander verglichen werden.

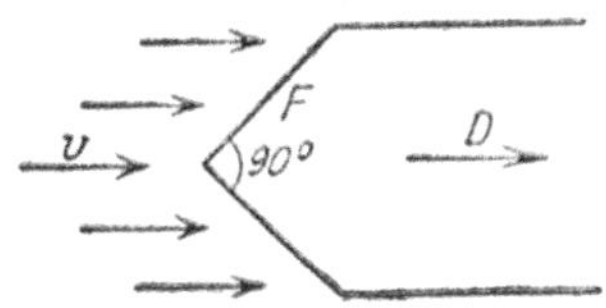

***522.** Man berechne den Druck D der strömenden Luft auf die Mantelfläche eines Zylinders, dessen Höhe h zur Strömung senkrecht steht, mit Benützung der Angaben von v. Loessl, Keck und Renard. (Siehe Aufgabe 520.)

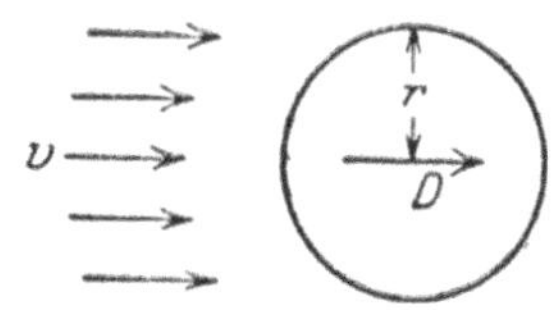

523. Man berechne den Druck D der strömenden Luft auf die Mantelfläche eines geraden Kreiskegels mit dem Winkel 2δ an der Spitze mit Benützung der Angaben von v. Loessl, Keck und Renard (vergl. Aufgabe 520). Wie groß wird D für $\delta = 45^0$?

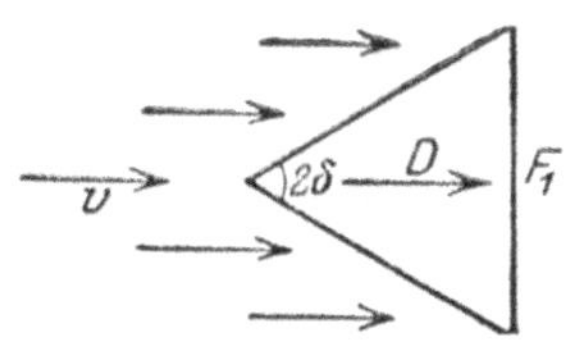

524. Die Methode der Integration der Luftdrücke auf Flächenelemente hat bei keinem der bekannten Widerstandsgesetze zu einer befriedigenden Übereinstimmung mit den Erfahrungsresultaten geführt. Besonders auffallend ist dies bei dem Druck strömender Luft gegen eine Kugel, für den v. Loessl durch Versuche fand: $D = \frac{1}{3} \frac{\gamma}{g} F_1 v^2$, wenn F_1 der Durchschnitt der Kugel ist. Wie stimmt dieser Wert mit jenen Werten, die man durch Integration der elementaren Luftdrücke nach den Angaben von v. Loessl, Keck und Renard gewinnt? (Vergl. Aufgabe 520.)

525. Zwei gleichgroße, gleichschwere horizontal liegende Platten werden fallen gelassen; die eine fällt vertikal herab, die andere unter einem Winkel α gegen die Horizontale. Welche von beiden sinkt rascher? (J. Popper.)

526. Eine rechteckige Platte mit den Abmessungen a und b und dem Gewicht G fällt in ruhender Luft und bewegt sich gleichzeitig seitlich

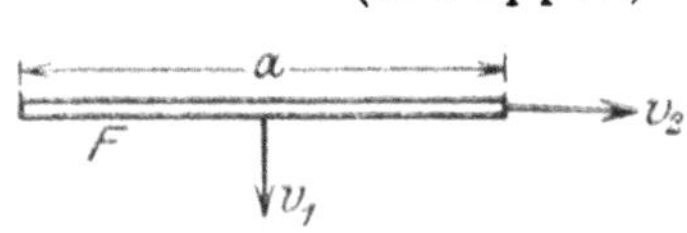

in der Richtung von a mit der Geschwindigkeit v_2. Für die Sinkgeschwindigkeit v_1 dieser Platte folgert v. Loessl aus seinen Versuchen (Zeitschr. des Österr. Ing. u. Arch. Ver. 1898) den Wert:

$$v_1 = \sqrt{\frac{G g}{\gamma (F + b v_2)}}.$$

Man untersuche, ob diese Angabe mit jener für den Luftdruck auf eine schiefstehende Platte

$$N = \frac{\gamma}{g} F v^2 \sin \alpha$$

(vergl. Aufgabe 520, Angabe von v. Loessl) in Einklang zu bringen ist.

***527.** Eine kreisförmige Scheibe dreht sich um eine in ihrer Ebene liegende Achse. Wenn M der Mittelpunkt des Luftdruckes W auf die Scheibe ist, wie groß ist seine Entfernung vom Mittelpunkt S der Scheibe?

***528.** Wenn der Luftstrom mit der Geschwindigkeit v eine rechteckige Platte von der Fläche F und der Länge l trifft, so ist

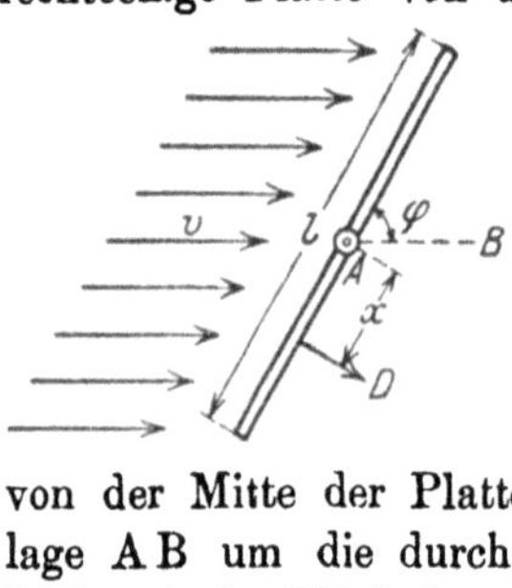

nach Rayleigh der resultierende Luftdruck auf die Platte:

$$D = \frac{\gamma}{g} F v^2 \frac{\pi \sin \varphi}{4 + \pi \sin \varphi}$$

und seine Angriffsstelle hat den Abstand

$$x = \frac{3}{4} \frac{\cos \varphi}{4 + \pi \sin \varphi} l$$

von der Mitte der Platte. Wenn die Platte sich aus der Anfangslage AB um die durch ihre Mitte gehende Achse A in ruhender Luft mit der Winkelgeschwindigkeit ω_0 dreht, welche größte Winkelgeschwindigkeit nimmt sie durch die strömende Luft an?

529. Man soll die verhältnismäßige Änderung $\triangle W : W$ des Widerstandes, den eine Fläche bei ihrer Bewegung durch die Luft erfährt, durch die verhältnismäßige Änderung des Luftdruckes $\triangle p : p$ und jene der absoluten Temperatur $\triangle T : T$ ausdrücken.

***530.** Zwischen zwei horizontalen Stangen A und B, die in derselben Vertikalebene liegen, ist ein Segel befestigt. Anfangs ist es schlaff. Welche Form nimmt es an, wenn es vom Winde horizontal angeblasen wird? (Mit Berücksichtigung des Luftwiderstandsgesetzes von v. Loessl, ohne Berücksichtigung des Eigengewichtes.)

3. Aeroplane.

531. Mit welcher Geschwindigkeit sinkt die horizontale Fläche F eines Fallschirmes vom Gewicht G gleichförmig nach abwärts?

532. Eine horizontale Platte mit der Fläche F und vom Gewicht G soll in lufterfülltem Raum freischwebend eine Aufwärtsbewegung mit der konstanten Geschwindigkeit c ausführen. Dies soll durch einen Luftstrom erreicht werden, der von unten gegen die Platte geblasen wird. Mit welcher Geschwindigkeit v wird der Luftstrom an die Platte geführt werden müssen und welche Leistung ist hierzu erforderlich?

533. Wie ändern sich die Resultate der vorigen Aufgabe, wenn die Platte mit der konstanten Geschwindigkeit c nach abwärts sinkt, statt zu steigen?

534. Welche Leistung ist erforderlich, um eine ebene Fläche F vom Gewicht G durch einen vertikal aufwärts geblasenen Luftstrom horizontal schwebend zu erhalten? (Schwebeleistung.)

535. Der von Henson 1840 projektierte Drachenflieger sollte eine Tragfläche von 500 m² erhalten; sein Gewicht samt Ballast und Maschine betrug 1700 kg, der Motor hatte 20 PS. Konnte er genügen, um das horizontale Schweben des Drachenfliegers zu erreichen? ($\gamma = 1{,}29$ Einheitsgewicht der Luft.)

536. Der Luftstrom, der in der Aufgabe 532 die Platte nach aufwärts bewegt hat, ist gegen die Vertikale unter dem Winkel β geneigt. Wie groß muß die Geschwindigkeit v des Luftstromes sein, wenn die Geschwindigkeit c der Platte gegeben ist? Wie groß ist die hierzu notwendige Leistung?

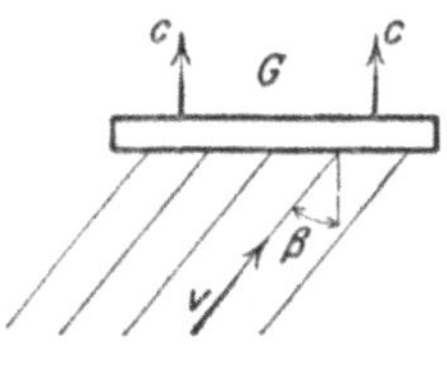

537. Wie ändert sich das Resultat der Aufgabe 534 (Berechnung der Schwebeleistung), wenn der Luftstrom die Unterseite der Platte schief trifft?

538. Die Fläche F eines Drachenfliegers wird unter dem Winkel α gegen die Horizontale gestellt und mit der Geschwindigkeit c horizontal bewegt. Welche Steigkraft wird die Luft auf die Fläche ausüben und welche horizontale Triebkraft ist erforderlich?

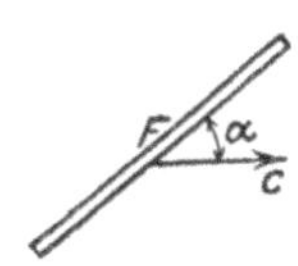

539. Die Fläche F eines Drachenfliegers wird unter dem Winkel α gegen die Horizontale gestellt; die Geschwindigkeit c des Fluges sei schief aufwärts gerichtet, β ihre Neigung zur Horizontalen.

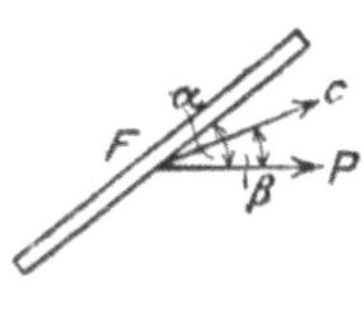

Welche Kraft P wird in horizontaler Richtung aufzuwenden sein und wie groß ist die vertikale Steigkraft?

*540. Eine horizontale Segelfläche sei einem horizontalen Winde von der Geschwindigkeit $c = 12$ m/sek. ausgesetzt und überdies einem unter dem Winkel β $\left(\operatorname{tg} \beta = \frac{3}{7}\right)$ gegen die Horizontale streichenden Winde, dessen Geschwindigkeit $u \sin kt$ sich mit der Zeit periodisch verändert; für $t = 0$ ist $u = \sqrt{58}$ m/sek. Wie groß ist der auf die Fläche wirkende Auftrieb und zwischen welchen Grenzen schwankt er? (A. Schmauck, Zeitschr. f. Flugtechnik u. Motorluftschiff. 1913.)

541. Ein Drachenflieger vom Gewicht G und ebener Fläche F (vergl. Abbildung zu Aufgabe 538) soll frei schwebend mit der Geschwindigkeit c horizontal fortbewegt werden. Welche Leistung ist hierzu erforderlich?

*542. Das Gewicht G des Drachenfliegers der vorigen Aufgabe bestehe aus dem Gewichte G_1 der Tragfläche F und dem übrigen Gewichte G_2. Da das Gewicht der Tragfläche mit dem Kubus der Abmessungen wächst, die Fläche selbst mit deren Quadrat, kann man $G_1 = \alpha \sqrt{F^3}$ setzen. Bei welchem Verhältnis $G_1 : G_2$ wird die zum Vortriebe notwendige Leistung am kleinsten sein? (O. Martienssen.)

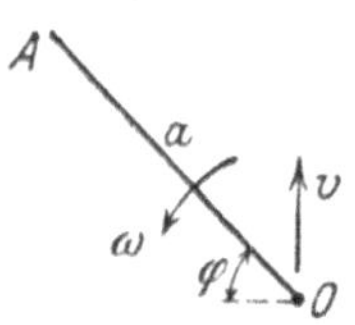

*543. Ein rechteckiger Flügel von den Abmessungen a und b bewegt sich mit der Geschwindigkeit v vertikal nach aufwärts und wird gleichzeitig um das Ende O mit der Winkelgeschwindigkeit ω gedreht. Man berechne den gesamten vertikalen Druck, den die Luft auf den Flügel ausübt.

*544. Ein Schwingenflieger besteht aus zwei um O drehbaren Flächen F, die nur wenig um die horizontale Lage schwingen. Beim Niedergange des Flügels F soll der Punkt A die Geschwindigkeit v_1 haben, beim Aufgange hingegen nur v_2. Wie groß wird das Gewicht G sein, das in Schwebe erhalten werden kann und welche Leistung ist hierzu erforderlich?

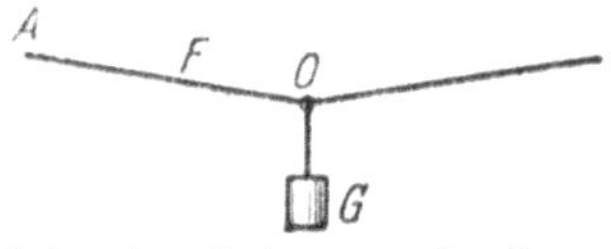

*545. In welchem Verhältnis müssen die Geschwindigkeiten v_1 und v_2 der vorigen Aufgabe stehen, wenn die Leistung zum Betriebe des Schwingenfliegers für die Gewichtseinheit am kleinsten werden soll?

*546. Eine Flugmaschine wird mit Hilfe einer schiefstehenden Tragfläche F (vergl. Abbildung zu Aufgabe 538) in horizontaler Richtung mit der Geschwindigkeit c bewegt. Die Überwindung des

Luftwiderstandes der Tragfläche erfordert eine gewisse Leistung E_1, die Überwindung der übrigen (sekundären) Luftwiderstände der Flugmaschine erfordert überdies eine Leistung E_2. In welchem Verhältnis werden diese beiden Leistungen stehen, wenn die Gesamtleistung E ein Minimum werden soll? Bei welcher Geschwindigkeit c_1 wird dies geschehen? (Ch. Renard.)

***547.** In voriger Aufgabe sei P_1 die dynamische Triebkraft zur Überwindung des Luftwiderstandes der Tragfläche, P_2 jene zur Überwindung des sekundären Luftwiderstandes der Flugmaschine. In welchem Verhältnis werden diese beiden Triebkräfte stehen, wenn die gesamte Triebkraft $P = P_1 + P_2$ ein Minimum werden soll? Bei welcher Geschwindigkeit c_2 wird dies geschehen?

(F. W. Lanchester, Aerodynamik.)

548. In welchem Verhältnis stehen bei der Flugmaschine der beiden vorigen Aufgaben die Geschwindigkeiten c_1 und c_2 für kleinste Leistung und für kleinste Triebkraft? In welchem Verhältnis stehen die zugehörigen Winkel α_1 und α_2 der Tragfläche?

***549.** Außer dem in Aufgabe 547 erwähnten sekundären Luftwiderstand P_2, herrührend von dem Körper der Flugmaschine außer der Tragfläche, muß auch noch die Luftreibung an der Tragfläche F berücksichtigt werden, zu deren Überwindung eine Triebkraft $P_3 = \zeta' \frac{\gamma}{g} F c^2$ notwendig sein wird. Wie muß die Neigung α und die Tragfläche F gewählt werden, damit die ganze Triebkraft einen kleinsten Wert annimmt? In welcher Beziehung steht dann die Luftreibung P_3 zur dynamischen Triebkraft P_1?

***550.** Die ebene Fläche F eines Drachenfliegers ist unter dem Winkel α gegen die Horizontale gestellt und wird in horizontaler Richtung bewegt. Ist E die zum Vortrieb des Fliegers nötige Gesamtleistung (vergl. Aufgabe 546), G sein Gesamtgewicht, so ist $u = E : G$ die auf die Gewichtseinheit des Fliegers bezogene Leistung. Wie muß der Winkel α gewählt werden, damit u seinen kleinsten Wert erreicht?

551. Der Drachenflieger der vorhergehenden Aufgabe hätte eine sekundäre Widerstandsfläche f, die ein Zwanzigstel der Tragfläche ist. Bei welchem Winkel α und bei welcher Horizontalgeschwindigkeit c wird für die Gewichtseinheit des Fliegers die kleinste Leistung aufzuwenden sein und wie groß ist diese? ($\zeta = 1$, $\frac{\gamma}{g} = \frac{1}{8}$ angenommen.

*552. Ein ebener Gleitflieger von der Fläche F und dem Gewicht G wird schief abwärts unter dem Winkel β gleiten gelassen. Wenn der Gleitflug möglichst flach erfolgen, d. h. β möglichst klein werden soll, unter welchem Winkel α muß die Tragfläche F gegen die Gleitrichtung c gestellt werden und wie groß ist dann β? (Theorem von Pénaud.)

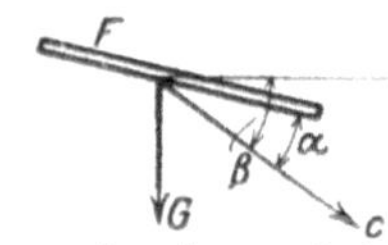

553. Wie groß werden die Winkel α und β für flachsten Gleitflug in voriger Aufgabe, wenn die sekundäre Widerstandsfläche f des Fliegers der zwanzigste Teil der Tragfläche F ist? ($\zeta = 1$.)

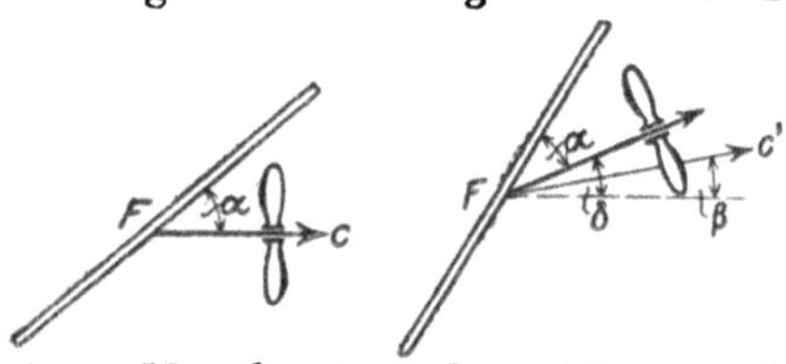

554. Ein Aeroplan, dessen Tragfläche F die Neigung α gegen die Achse des Propellers hat, fliegt anfangs in horizontaler Richtung mit der Geschwindigkeit c. Um den Aeroplan steigen zu lassen, wird die Propellerachse um den Winkel δ gegen den Horizont geneigt; die neue Flugrichtung soll unter β geneigt sein. In welchem Verhältnis steht die neue Geschwindigkeit c′ für ansteigenden Flug zu c?

555. Man soll in voriger Aufgabe das Verhältnis der notwendigen Leistung E′ bei ansteigendem Flug zu jener E bei horizontalem Flug berechnen, wenn auf den sekundären Widerstand des Aeroplans Rücksicht genommen wird.

*556. Das Gesamtgewicht G eines Aeroplans besteht aus drei Teilen: dem zu hebenden Nutzgewicht G_3, dem Motorgewicht $G_2 = n\,E$, welches der Gesamtleistung E zur Überwindung aller Widerstände proportional gesetzt werden kann, und dem Gewicht $G_1 = m\,F$ der Tragkonstruktion, welches der Größe der Tragfläche proportional zu setzen ist. Man ermittle das Verhältnis $x = \frac{E}{F}$ derart, daß hierdurch das Verhältnis $y = \frac{G_3}{F}$ seinen Größtwert erreicht und gebe diesen an. (A. Baumann, Zeitschr. Ver. deutsch. Ing. 1909.)

557. Welchen Kleinstwert muß bei dem Aeroplan der vorigen Aufgabe das Verhältnis der Leistung zur Tragfläche $\frac{E}{F}$ besitzen, damit überhaupt das Heben einer Nutzlast möglich ist?

558. Ein Aeroplan besitze eine Tragfläche $F = 110\ m^2$, die 143 kg wiegt und einen Motor von 70 PS, dessen Gewicht 6,25 kg für die

PS beträgt. Der Stellungswinkel der ebenen Tragfläche sei $\alpha = 15^0$, die sekundäre Widerstandsfläche f sei 0,0259 der Tragfläche. Man berechne die Nutzlast und die Gesamtlast, die bei horizontalem Flug befördert werden können, sowie die größte mögliche Nutzlast und die Leistung des hierzu notwendigen Motors. (Anwendung der beiden vorhergehenden Aufgaben; man setze $\zeta = 1$, $\frac{\gamma}{g} = \frac{1}{8}$.)

***559.** Man stelle die Nutzlast G eines ebenen Aeroplans (vergl. Aufgabe 556) in ihrer Abhängigkeit von der Geschwindigkeit c des Fliegers und dessen Neigung α dar und ermittle bei vorgeschriebener Geschwindigkeit c jenen Stellungswinkel, bei dem die Nutzlast am größten wird.

560. Welcher Bedingung muß die sekundäre Widerstandsfläche f eines Aeroplans (vergl. Lösung zu Aufgabe 546) genügen, wenn die Nutzlast G_3 einen positiven Wert annehmen soll? Vom Eigengewicht der Tragkonstruktion soll abgesehen werden.

561. Ein Aeroplan, dessen Tragfläche die Größe $F = 90$ m² besitzt und 117 kg wiegt, soll mit der Geschwindigkeit $c = 12$ m/s horizontal fortbewegt werden. Der verwendete Motor wiegt $3\frac{1}{8}$ kg für die PS, die sekundäre Widerstandsfläche f ist $\frac{1}{20}$ der Tragfläche. Bei welchem Stellungswinkel α derselben wird die größte Nutzlast transportiert werden können? Wie groß ist sie und wie kräftig muß hierzu der Motor sein? (Anwendung der Aufgabe 559; man setze $\zeta = 1$, $\frac{\gamma}{g} = \frac{1}{8}$.)

***562.** Die Triebkraft eines Aeroplans bestehe wie in Aufgabe 549 aus drei Teilen: 1. der dynamischen Triebkraft P_1, um die notwendige Geschwindigkeit c zu erzeugen; 2. der Triebkraft P_2 zur Überwindung des Luftwiderstandes des Körpers der Flugmaschine; 3. der Triebkraft P_3 zur Überwindung der Luftreibung der Tragfläche. Das Gewicht G des Aeroplans bestehe wie in Aufgabe 556 aus drei Teilen: 1. dem Gewicht G_1 der Tragfläche; 2. dem Gewicht G_2 des Motors; 3. der Nutzlast G_3. Man berechne die Tragfläche F, ihre Geschwindigkeit c und ihren Neigungswinkel α aus der Bedingung, daß die Triebkraft P den kleinsten Wert annehmen soll.

563. Die Erfahrung lehrt, daß die in Aufgabe 538 aufgestellten Gleichungen für den Auftrieb

$$A = \zeta \frac{\gamma}{g} Fc^2 \sin \alpha \cos \alpha$$

und für den Widerstand

$$W = \zeta \frac{\gamma}{g} F c^2 \sin^2 \alpha$$

der Wirklichkeit nicht vollständig entsprechen. Man hat sie durch die Gleichungen

$$A = \zeta_A \frac{\gamma}{g} F c^2, \qquad W = \zeta_w \frac{\gamma}{g} F c^2$$

ersetzt, worin ζ_A und ζ_w Erfahrungszahlen sind, die sich mit dem Winkel α ändern. Man soll auf Grund dieser Gleichungen den Winkel ψ ermitteln, unter dem eine ebene, sich selbst überlassene Tragfläche zu Boden gleiten wird. (Gleitwinkel.)

564. Wie ändert sich das Resultat der vorigen Aufgabe, wenn außer der Tragfläche F auch noch die sekundäre Widerstandsfläche des Aeroplans (vergl. Aufgabe 546) in Rechnung gestellt wird?

565. Bezeichnet man mit G das Gesamtgewicht eines Flugzeuges, C seine Geschwindigkeit in Kilometer für die Stunde, N die Leistung des Motors in P. S., η den Wirkungsgrad des Propellers und ψ den Gleitwinkel, so besteht die Beziehung:

$$\frac{GC}{N} = 270\,\eta \operatorname{cotg} \psi,$$

die man die Arbeitsgleichung des Flugzeugs nennt. Man versuche, sie zu begründen. (Bendemann und F. Rau, Zeitschr. f. Flugtechnik u. Motorluftschiffahrt 1914.)

566. Die in Aufgabe 563 erwähnten Erfahrungszahlen ζ_A und ζ_w sind mit dem Anstellungswinkel α der Tragfläche F veränderlich. Sieht man sie als Koordinaten eines Punktes an und verbindet man diese, den verschiedenen Werten von α entsprechenden Punkte durch eine stetige Kurve, so erhält man das nebenan ersichtliche Polardiagramm, das von Eiffel angegeben wurde; hierbei spielt der Winkel α die Rolle eines Parameters. F. Rau gibt hierfür folgendes angenähertes Gesetz an (Zeitschr. f. Flugtechnik u. Motorluftschiffahrt, 1914):

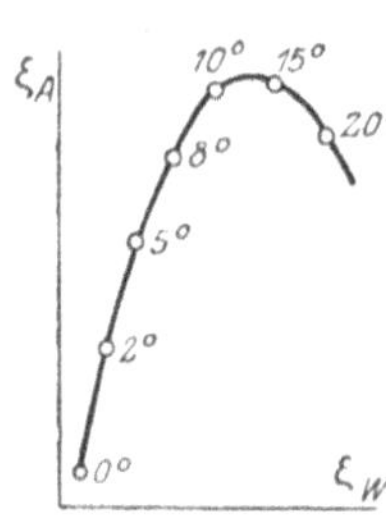

$$\zeta_A = 2 \sin \alpha \cos^2 \alpha,$$

$$\zeta_w = 2 \sin^2 \alpha \cos \alpha.$$

Welche Polargleichung hat dieses Diagramm und welche Abweichungen zeigt es im Vergleiche mit dem von Eiffel?

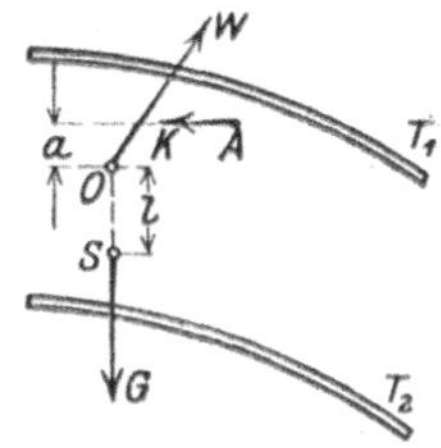

567. T_1 T_2 seien die Tragflächen eines Aeroplanes (Doppeldeckers), G sein Gewicht mit dem Schwerpunkt S, K die Motorkraft mit dem Angriffspunkt A, W der Luftwiderstand (beider Tragflächen) mit dem Angriffspunkt O. Man stelle die Bedingungen für das Gleichgewicht des Fluges auf.

*__568.__ Der Doppeldecker der vorigen Aufgabe werde durch Zunahme des Gegenwindes in Schwingungen um die durch den Schwerpunkt S gehende, zur Bildfläche senkrechte Achse versetzt. Die Dämpfung der Schwingung durch die widerstehende Luft sei der Winkelgeschwindigkeit proportional. Man berechne die Weite der ersten Schwingung, wenn die Größe der durch den Gegenwind erteilten anfänglichen Winkelgeschwindigkeit ω_0 als bekannt angenommen wird. (A. Boltzmann, Zeitschr. Öst. Ing. u. Arch. Ver. 1910.)

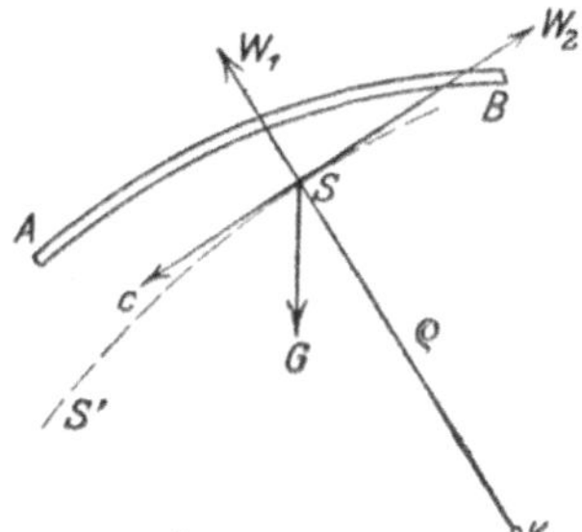

*__569.__ Es seien A B die sich deckenden Flügel eines Vogels, S dessen Schwerpunkt, G sein Gewicht, S S' die Bahn des Schwerpunktes, K deren Krümmungsmittelpunkt, W_1 der Luftwiderstand der Flügel normal zur Bahn, W_2 tangentiell zur Bahn. Der Vogel schwebe im Gleichgewicht ohne Flügelschlag nieder; man suche die Bahn seines Schwerpunktes, wenn angenommen wird, daß W_2 sehr klein ist und vernachlässigt werden kann. (N. Joukowsky.)

4. Schraubenflieger mit ebenen Flügeln.

(Mit der Annahme: $\frac{\gamma}{g} = \frac{1}{8}$ für Luft.)

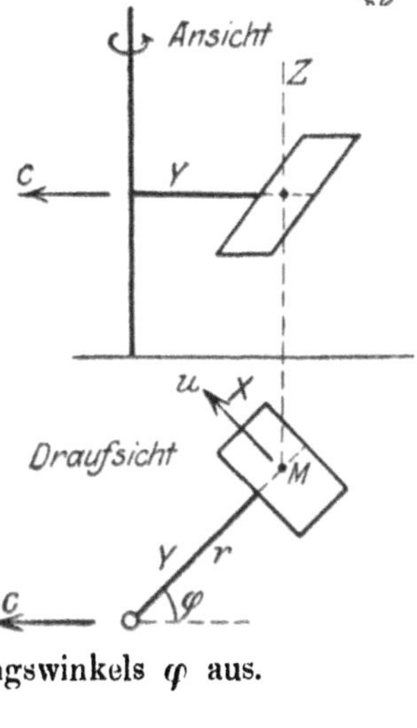

570. Ein ebener Flügel dreht sich mit konstanter mittlerer Umfangsgeschwindigkeit u um eine Achse und bewegt sich gleichzeitig mit der Geschwindigkeit c senkrecht zu dieser Achse. Man drücke das Moment des Luftdrucks auf den Flügel F um die Drehungsachse als Funktion des Drehungswinkels φ aus.

571. Der ebene Flügel F einer Luftschraube dreht sich um eine vertikale Achse mit der Geschwindigkeit u. Unter welchem Winkel β steigt die Schraube empor und mit welcher Geschwindigkeit w, wenn G das Gewicht der unbelasteten Schraube ist?

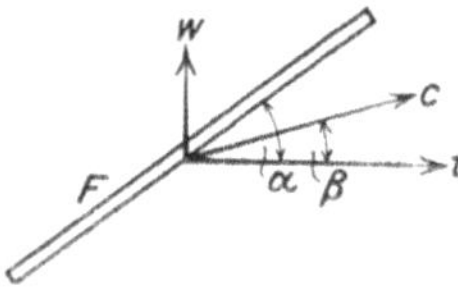

(A. Jarolimek, Zeitschr. Öst. Ing. u. Arch. Ver. 1893.)

572. Wie groß muß in der vorhergehenden Aufgabe die Geschwindigkeit w bei gegebener Drehungsgeschwindigkeit u gemacht werden, wenn die Steigkraft des Flügels in Richtung von w am größten werden soll?

(C. Eberhardt, Theorie u. Berechn. d. Luftschrauben.)

573. Die Luftschraube der Aufgabe 571 soll unter einem bestimmten gegebenen Winkel β emporsteigen. Welche Leistung wird hierzu erforderlich sein, wenn nur das Gewicht der Schraube G die Fläche F ihrer Flügeln und deren Neigung α bekannt sind?

(J. Popper, Flugtechnik.)

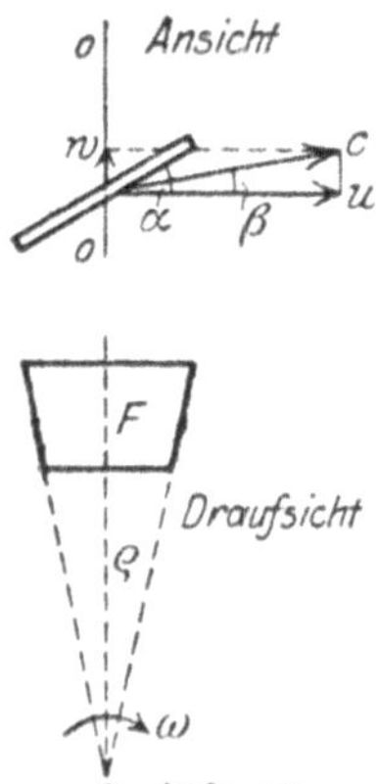

Aufg. 574.

574. Die kleine Fläche F wird gegen die Achse OO schief gestellt und mit n Umdrehungen in der Minute um diese gedreht; sie nimmt in Richtung der Achse eine Geschwindigkeit w an. Man berechne die Leistung E, die zur Überwindung des Luftwiderstandes durch die Fläche F erforderlich ist, ferner die Nutzleistung E_n, die durch die Zugkraft der Schraube bei ihrem Vortriebe geleistet wird und das Verhältnis dieser beiden Leistungen (Wirkungsgrad).

575. Eine kleine Fläche ist schief an einer in O_1 und O_2 gelagerten Welle befestigt. Sie wird durch Wind, der mit der Geschwindigkeit v in Richtung der Welle strömt, in Drehung versetzt. Welche Leistung E wird die Welle abgeben können und wie groß ist der günstigste Wert des Winkels α für eine bestimmte Umfangsgeschwindigkeit u?

(S. Finsterwalder.)

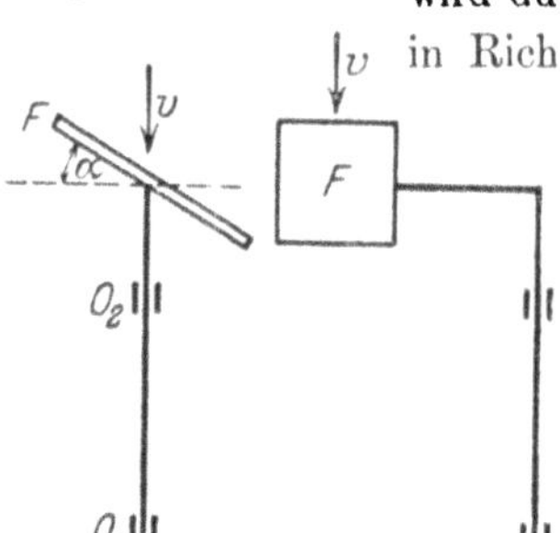

Aufg. 575.

***576.** Eine von einem Motor angetriebene Luftschraube mit vertikaler Achse hat ihr eigenes Gewicht G_1 und jenes des Motors G_2 zu tragen. Ersteres sei der Größe der Schraubenflächen proportional, also $G_1 = m F$, letzteres sei der Leistung des Motors proportional, also $G_2 = n E$. Man suche den kleinsten Wert der Drehungsgeschwindigkeit u der Schraubenflügel, bei welchem das Gesamtgewicht $G = G_1 + G_2$ schwebend erhalten werden kann, sowie den zugehörigen Wert der Neigung α der Schraubenflächen zum Horizont. (A. Jarolimek, a. a. O.)

577. Die Luftschraube in voriger Aufgabe habe eine Fläche $F = 4\ m^2$ und ein Gewicht $G_1 = 12$ kg; es stehen Motoren zur Verfügung, die das Gewicht $3\frac{1}{8}$ kg für eine Pferdestärke besitzen. Man berechne die kleinste Umdrehungsgeschwindigkeit der Schraubenfläche, wenn sie ihr Gesamtgewicht schwebend erhalten soll, ferner die hierzu notwendige Neigung α der Schraubenfläche, die Leistung und das Gewicht G_2 des Motors.

***578.** Man untersuche unter den Voraussetzungen der Aufgabe 576 die größte Neigung α der Schraubenflächen, bei der die Luftschraube, sich und ihren Motor tragend, frei schwebend erhalten werden kann, sowie die zugehörige Drehungsgeschwindigkeit u der Schraubenflügel. In welchem Verhältnis steht das Gewicht der Luftschraube G_1 zu jenem des Motors G_2?

***579.** Die Luftschraube der Aufgabe 576 hätte einen bestimmten gegebenen Steigungswinkel α. Man berechne jene Drehungsgeschwindigkeit u der Schraubenflügel, bei welcher das Gewicht für die Einheitsleistung des Motors seinen größten Wert erreichen darf. Wie groß wird dann das Gewicht G_2 des Motors im Verhältnis zu jenem G_1 der Schraube? (578, 579. A. Jarolimek a. a. O.)

580. Man berechne bei der Luftschraube der Aufgabe 577 die größte Neigung α der Schraubenfläche, bei der die Luftschraube ihr eigenes und das Gewicht ihres Motors frei schwebend erhalten kann, ferner die zugehörige Drehungsgeschwindigkeit der Schraubenflügel, das Gewicht des Motors und seine Leistung.

581. Die Luftschraube der Aufgabe 576 habe eine Fläche $F = 4\ m^2$, eine Neigung $\alpha = 10^0$ gegen die Horizontale und ein Gewicht $G_1 = 12$ kg. Man berechne die Drehungsgeschwindigkeit u, bei welcher das Gewicht für die Einheitsleistung des Motors am größten sein darf, wie auch das Gewicht des Motors und seine Leistung.

***582.** Die Luftschraube der Aufgabe 576 habe eine bestimmte Drehungsgeschwindigkeit u. Man berechne jenen Neigungswinkel α ihrer Flächen, bei welchem das Gewicht für die Einheitsleistung des Motors am größten werden darf. Wie groß ist dann das Gewicht des Motors und seine Leistung? (A. Jarolimek, a. a. O.)

583. Eine Luftschraube, die sich freischwebend erhalten soll, habe $F = 4\ m^2$ Fläche und $G_1 = 12$ kg Gewicht. Ihre Drehungsgeschwindigkeit sei $u = 30$ m/s. Man berechne den Neigungswinkel α der Schraube, bei dem das Gewicht für die Einheitsleistung des Motors am größten werden darf. Wie groß ist dann das Gewicht des Motors und seine Leistung?

***584.** Wenn die in Aufgabe 576 angegebene Luftschraube sich frei schwebend erhalten soll, welche vom Neigungswinkel α unabhängige Beziehung muß zwischen der Leistung E des Motors und der Drehungsgeschwindigkeit u bestehen? Wie groß ist die kleinste mögliche Drehungsgeschwindigkeit und wie groß ist die ihr entsprechende Leistung? Man zeichne die Schaulinie zwischen E und u.

***585.** Eine Luftschraube mit vertikaler Achse soll außer ihrem Gewicht G_1 und jenem des Motors G_2 noch eine Nutzlast G_3 freischwebend tragen. Die Drehungsgeschwindigkeit u der Schraubenflügel ist gegeben. Man bestimme den Neigungswinkel α ihrer Flächen derart, daß das Gewicht $G = G_1 + G_2$ der Schraube samt Motor für 1 kg Nutzlast den kleinsten Wert annimmt. Wie groß wird dann das Gewicht des Motors?

586. Die Luftschraube der vorigen Aufgabe habe $F = 4\ m^2$ Fläche und $G_1 = 12$ kg Gewicht; der Motor besitze für jedes mkg/s Leistung ein Gewicht von $\frac{1}{24}$ kg. Die Drehungsgeschwindigkeit sei $u = 24$ m/s. Man berechne den Neigungswinkel α, das Motorgewicht G_2 und die Nutzlast G_3 unter den gleichen Bedingungen wie in voriger Aufgabe.

***587.** Eine Luftschraube mit vertikaler Achse soll außer ihrem Gewicht G_1 und jenem des Motors G_2 noch eine Nutzlast G_3 frei schwebend tragen. Der Neigungswinkel α der Schraubenflächen ist gegeben. Man bestimme die Drehungsgeschwindigkeit u der Schraubenflächen derart, daß das Gewicht $G = G_1 + G_2$ der Schraube samt Motor für 1 kg Nutzlast den kleinsten Wert annimmt. Wie groß wird dann das Gewicht des Motors, die ganze Steigkraft und die Nutzlast? (A. Jarolimek, a. a. O.)

588. Die Luftschraube der vorigen Aufgabe habe $F = 4\ m^2$ Fläche, $\alpha = 5^0$ Neigung ihrer Flügel, $G_1 = 12$ kg Gewicht; der Motor besitze für jedes mkg/s Leistung ein Gewicht von $\frac{1}{24}$ kg. Man berechne die Drehungsgeschwindigkeit u der Luftschraube, das Motorgewicht G_2, die Steigkraft V und die Nutzlast G_3 unter den gleichen Voraussetzungen wie in voriger Aufgabe.

***589.** Eine Luftschraube mit vertikaler Achse soll außer ihrem Gewicht G_1 und jenem des Motors G_2 noch eine Nutzlast G_3 frei schwebend tragen. Die Drehungsgeschwindigkeit u der Schraubenflügel ist gegeben. Man bestimme den Neigungswinkel α ihrer Flächen derart, daß die zur Hebung von 1 kg Nutzlast erforderliche Leistung den kleinsten Wert annimmt. Wie groß wird das Motorgewicht, die Steigkraft V und die Nutzlast?

590. Man soll den Neigungswinkel α der Flächen der in Aufgabe 586 angenommenen Luftschraube derart bestimmen, daß die zur Hebung von 1 kg Nutzlast erforderliche Leistung den kleinsten Wert annimmt und hieraus das Motorgewicht G_2, die Steigkraft V und die Nutzlast G_3 berechnen.

***591.** Eine Luftschraube mit vertikaler Achse soll außer ihrem Gewicht G_1 und jenem des Motors G_2 noch eine Nutzlast G_3 frei schwebend tragen. Der Neigungswinkel α der Schraubenflächen ist gegeben. Man bestimme ihre Drehungsgeschwindigkeit u derart, daß die zur Hebung von 1 kg Nutzlast erforderliche Leistung des Motors den kleinsten Wert annimmt. Wie groß wird dann das Motorgewicht, die Steigkraft V und die Nutzlast? (A. Jarolimek, a. a. O.)

592. Man berechne die Drehungsgeschwindigkeit u der in Aufgabe 588 beschriebenen Luftschraube unter der Voraussetzung, daß die zur Hebung von 1 kg Nutzlast erforderliche Leistung des Motors den kleinsten Wert annimmt und gebe an, wie groß dann das Gewicht G_2 des Motors, die Steigkraft V und die Nutzlast G_3 werden.

***593.** Eine Luftschraube mit vertikaler Achse soll außer ihrem Gewicht G_1 und jenem des Motors G_2 noch eine Nutzlast G_3 freischwebend tragen. Welche Drehungsgeschwindigkeit u der Schraubenflügel und welchen Neigungswinkel α derselben wird man wählen müssen, wenn die Schraubenfläche für 1 kg Nutzlast am kleinsten werden soll? Wie groß wird dann die Nutzlast?

594. In voriger Aufgabe habe der m^2 Schraubenfläche 3 kg, der Motor für jede Pferdestärke $3\frac{1}{8}$ kg Gewicht. Man berechne die größte Nutzlast, die mit 4 m^2 Schraubenfläche gehoben werden kann und die hierzu notwendige Drehungsgeschwindigkeit.

595. Ein Mann von 80 kg Gewicht will sich mit Hilfe einer Luftschraube samt Motor emporheben und schwebend erhalten. Die Schraube wiegt 3 kg für den m^2 Fläche, der Motor 2 kg für die Pferdestärke. Die Schraubenfläche soll so klein wie möglich sein; ihr Winkel gegen die Horizontalebene ist 30^0. Man berechne die kleinste Schraubenfläche, ihre Drehungsgeschwindigkeit, das Gewicht des Motors und seine Leistung in Pferdestärken.

5. Hubschrauben.

596. Eine festgelagerte Luftschraube mit vertikaler Achse besteht

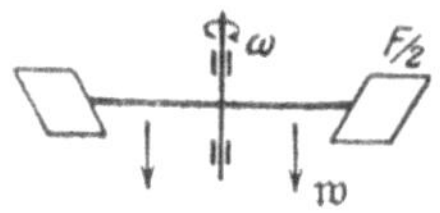

aus zwei ebenen Flächen $\frac{F}{2}$, die unter dem Winkel α gegen die Horizontalebene geneigt sind. Wenn u die horizontale, mittlere Geschwindigkeit dieser Flächen ist, mit welcher Geschwindigkeit $\mathfrak{w}$ wird die Luft vertikal durch die Schraube strömen?

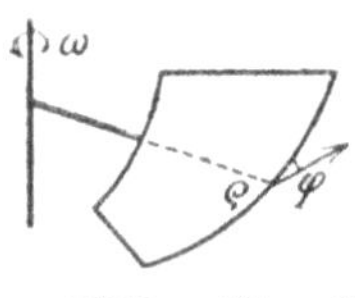

597. Der Flügel einer Luftschraube soll eine derartige Form bekommen, daß die bei der Drehung fortgestoßene Luft an allen Seiten der gekrümmten Fläche in Richtung der Achse des Flügels die gleiche Geschwindigkeit erhält.

***598.** Eine Luftschraube, die sich mit dem Drehmoment $\mathbf{M}_0$ und der Umdrehungszahl n_0 in der Minute zu drehen beginnt, erfährt den Widerstand der Luft, der dem Quadrat der Geschwindigkeit proportional ist. Wie ändert sich die Umdrehungszahl n mit der Zeit?

(E. Everling, Zeitschr. f. Flugt.- u. Motorluftsch. 1919.)

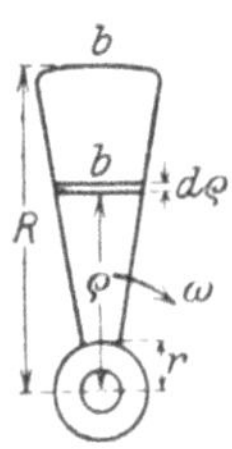

***599.** Der Flügel einer Hubschraube, dessen Breite b in jeder Entfernung ϱ vom Mittelpunkte gleich groß ist, drehe sich mit der Winkelgeschwindigkeit ω. Man berechne die Zugkraft dieser Schraube, wenn angenommen wird, daß ihre Ganghöhe (Steigung) s an allen Stellen den gleichen Wert besitze.

(C. Eberhardt, Theorie und Berechnung, der Luftschrauben.)

***600.** Welches Moment um die Drehungsachse des Flügels der vorigen Aufgabe ist erforderlich, um ihm die konstante Winkelgeschwindigkeit ω zu erhalten?

601. Welche Leistung in Pferdestärken erfordert die Hubschraube der beiden vorigen Aufgaben zu ihrem Betriebe?

602. Es soll gezeigt werden, daß die Zugkraft für je eine Pferdestärke der in den vorigen Aufgaben behandelten Hubschraube der Umdrehungszahl n und der Steigung s verkehrt proportional ist.

603. Wenn z die Anzahl der Flügel einer Hubschraube ist, soll gezeigt werden, daß die Zugkraft für je eine Pferdestärke der Quadratwurzel aus z direkt proportional und der Quadratwurzel aus der Zugkraft verkehrt proportional ist. (601—603: C. Eberhardt, Theorie und Berechnung der Luftschrauben.)

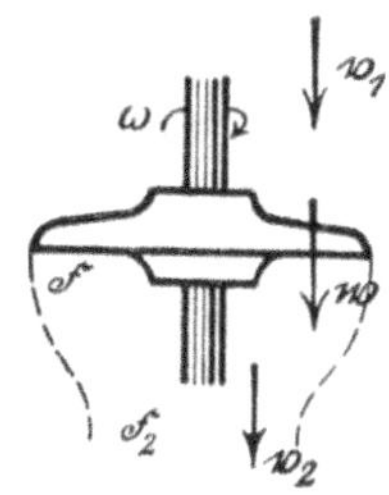

604. Eine Hubschraube dreht sich um ihre Achse und bestreicht hierbei einen Kreiszylinder vom Querschnitte $\mathfrak{F}$. Es soll angenommen werden, daß die Luft vor der Schraube die Geschwindigkeit $\mathfrak{v}_1$ hat und sich hinter der Schraube ohne Drehung mit konstanter Geschwindigkeit $\mathfrak{v}_2$ fortbewegt. Wie groß ist der Querschnitt $\mathfrak{F}_2$ dieses Luftstromes hinter der Schraube? (S. Finsterwalder, Zeitschr. f. Flugtechn. 1910, S. 54.)

6. Fahrtschrauben.

605. Eine Luftschraube bestehe aus zwei ebenen Flügeln F/2, die unter dem Winkel α gegen die Horizontalebene geneigt sind. u sei die mittlere Umfangsgeschwindigkeit der Flügel; w die Geschwindigkeit, mit der sich die Schraube in Richtung ihrer Achse bewegt. Mit welcher Geschwindigkeit $\mathfrak{w}$ strömt die Luft parallel zur Achse durch die Schraube?

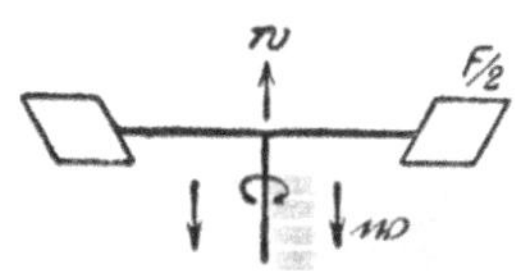

606. Welche Zugkraft wird die Luftschraube der vorhergehenden Aufgabe in Richtung der Achse ausüben?

607. Wie groß muß die Fahrtgeschwindigkeit w der Luftschraube in Aufgabe 605 sein, wenn die Zugkraft in Richtung der Achse null werden soll? (Grenzgeschwindigkeit.)

***608.** Der Flügel eines Propellers von konstanter Breite b drehe sich mit der Winkelgeschwindigkeit ω um seine Achse und habe gleichzeitig in Richtung dieser die Fahrtgeschwindigkeit w. Man berechne die Zugkraft V dieses Flügels.

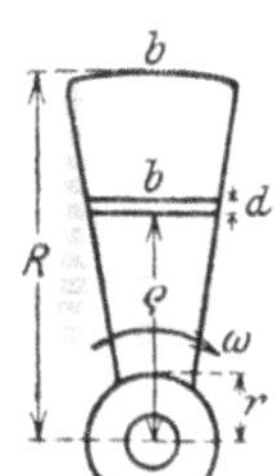

Aufg. 608.

609. Wie groß ist bei dem Flügel der vorigen Aufgabe das zur Überwindung des Luftwiderstandes erforderliche Moment, die hierzu notwendige Leistung und die Zugkraft für eine Pferdestärke?

610. Man berechne den Wirkungsgrad des Propellers in den beiden vorigen Aufgaben.

***611.** Der Einfallwinkel $\alpha - \beta$ der Luft an dem Flügel der Schraube von Aufgabe 608 ist mit der Entfernung ϱ des Flächenelementes von der Achse des Flügels veränderlich. Für welchen Wert von ϱ wird dieser Einfallwinkel am größten und wie groß ist dieser größte Winkel? (Vergl. Abb. Lösung von 605.) (A. Pröll.)

*612. Man kann den Flügel einer Schraube derart bauen, daß der Einfallwinkel $\alpha - \beta$ der Luft an allen Stellen des Flügels denselben Wert besitzt. Es wird dann eine Stelle des Flügels geben, an der der Wirkungsgrad einen größten Wert annimmt. Wie groß ist der Steigungswinkel α des Flügels an dieser Stelle und wie groß ist der Größtwert des Wirkungsgrades? (Wie oben.) (Drzewiecki.)

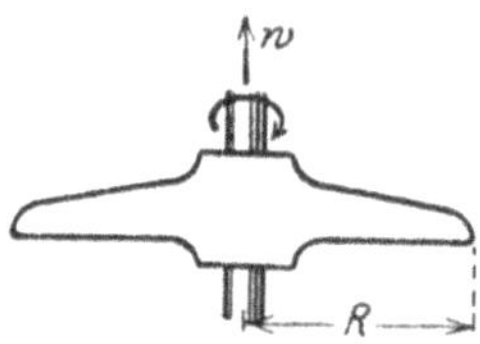

613. Die Flügel eines Propellers beschreiben eine Kreisfläche $\mathfrak{F}$ vom Halbmesser R, die Fahrtgeschwindigkeit sei w. Die Luft vor dem Propeller ist in Ruhe; hinter ihm hat sie relativ zum Propeller die Geschwindigkeit $\mathfrak{w}$. Welche Reaktion übt die durch den Propeller strömende Luft auf diesen aus?

614. In welchem Verhältnis steht bei dem Propeller mit ebenen Flügeln (Aufgabe 605) die Luftmenge, welche die Flügel des Propellers beim Einströmen unmittelbar trifft, zu jener, die in der gleichen Zeit durch den Propeller strömt? (Völligkeit.)

615. Wie kann die Luftmenge Q, die in der Zeiteinheit durch den Propeller der vorigen Aufgabe strömt, aus der Größe der Flügelfläche F und der Geschwindigkeit c der sie treffenden Luft gerechnet werden?

616. Ein Propeller, der die Fahrtgeschwindigkeit w hat, beschreibt einen Kreiszylinder, der den Querschnitt $\mathfrak{F}$ besitzt. Es soll angenommen werden, daß die Luft vor dem Propeller in Ruhe ist und sich hinter dem Propeller ohne Drehung mit der absoluten Geschwindigkeit $\mathfrak{v}_2$ fortbewegt. Wie groß ist der Querschnitt $\mathfrak{F}_1$ des angesaugten ruhenden Luftkörpers und wie groß ist der Querschnitt $\mathfrak{F}_2$ des Luftstromes hinter dem Propeller? (S. Finsterwalder, Zeitschr. f. Flugtechn. 1912.)

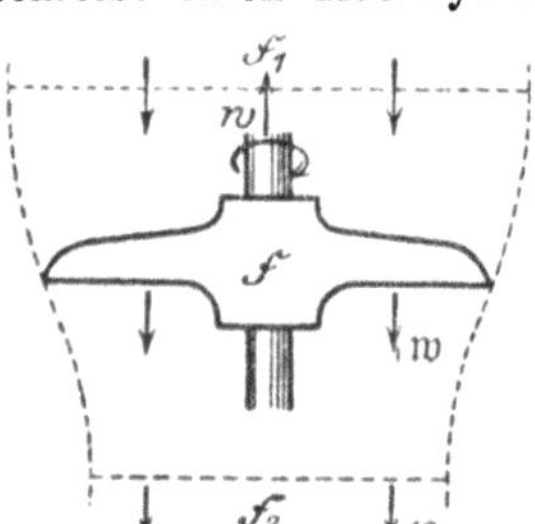

617. Mit welcher Geschwindigkeit $\mathfrak{w}$ durchströmt in voriger Aufgabe die Luft den Propeller?

618. Wie groß ist die Geschwindigkeit der Luftströmung $\mathfrak{v}_2$ hinter dem Propeller, wenn dieser ebene Flügel hat (Aufgabe 605)?

619. Die Aufgaben 613 und 616 geben für die Zugkraft V der Schraube verschiedene Werte. Wie ist dieser Widerspruch zu erklären?

620. Man soll den Wirkungsgrad eines Propellers berechnen, der abgesehen von allen Nebenwiderständen allein durch den Umstand bedingt ist, daß in jeder Sekunde ein gewisser Luftstrom beschleunigt

und hinter den Propeller geworfen werden muß. (Maximaler Wirkungsgrad.)

621. Es sei $\mathfrak{F}$ der Querschnitt des von einem Propeller beschriebenen Zylinders, D der Druck der Luft auf diesen Querschnitt beim Vortriebe des Propellers, V dessen Zugkraft. Man soll den Wirkungsgrad max η (vergl. vorhergehende Aufgabe) durch das Verhältnis $\varphi = \frac{V}{D}$ ausdrücken. (S. Finsterwalder.)

622. Es ist die Zugkraft eines Propellers mit ebenen Flügeln (vergl. Aufgabe 605) zu berechnen, wenn beachtet wird, daß die Triebkraft des Propellers nicht nur die Zugkraft hervorzubringen, sondern auch für die Beschleunigung der Luft hinter dem Propeller aufzukommen hat. (Analog zu Aufgabe 620.)

623. Wie groß ist bei dem Propeller der vorhergehenden Aufgabe der maximale Wirkungsgrad? (Vergl. Aufgabe 620.)

624. Die Luft, die einen Propeller durchströmt (vergl. Aufgabe 613) erhält außer der axialen Strömungsgeschwindigkeit $\mathfrak{w}$ auch noch eine Umfangsgeschwindigkeit $\mathfrak{u}$, die senkrecht zur Propellerachse und senkrecht zum Abstande ϱ des Luftteilchens von der Achse ist. Welches Reaktionsmoment entsteht durch diese Drehung der Luftteilchen? (H. Lorenz, Neue Theorie der Kreiselräder.)

7. Fahrzeuge.

625. Ein Flugzeug, dessen Maschinenleistung E und dessen Gewicht G gegeben sind, bewegt sich vom Startplatze aus auf Rädern und hat bis zum Beginn des Fluges außer dem Luftwiderstand auch den Widerstand seines Wagens zu überwinden. Man stelle eine Gleichung für die Länge des Anlaufweges auf.

626. Ein und dasselbe Flugzeug würde das einemal in Nähe des Bodens (Luftdichte μ_1) einen horizontalen Flug ausführen (Belastungsflug), ein andermal unter gleichen Verhältnissen einen aufsteigenden Flug bis zur Luftdichte μ_2 (Höhenflug). In welchem Verhältnis werden die Leistungen in beiden Fällen stehen? (L. Prandtl, Zeitschr. f. Flugtechn. und Motorluftschiff. 1913.)

8. Modellversuche.

Bei Versuchen mit Flugzeugmodellen sei L das Verhältnis der Längen im Modell zu jenen des Flugzeuges, K das Verhältnis der Kräfte, die am Modell verwendet werden zu jenen des Flugzeuges, ebenso T das Verhältnis der Zeiten. Ist L konstant, so sind Modell und Flugzeug geometrisch ähnlich; sind auch K und T konstant, so besteht unter gewissen Bedingungen auch mechanische Ähnlichkeit. Der Feststellung dieser Bedingungen dienen folgende Aufgaben. (Bader, Zeitschr. f. Flugtechn. und Motorluftschiff. 1917.)

627. Modell und Flugzeug sollen im Gleichgewichtszustand verglichen werden. Sie bestehen aus gleichem Material, haben somit gleiches Einheitsgewicht und gleiche Elastizitätszahl. Ist hier mechanische Ähnlichkeit zwischen Modell und Flugzeug möglich?

628. Wie ist in voriger Aufgabe das Verhältnis K der Kräfte zu wählen, wenn nur die Bedingung gestellt wird, daß Modell und Flugzeug gleiches Einheitsgewicht haben? In welchem Verhältnis stehen dann die Einheitsbelastungen der Flächen?

629. Bei den dünnen Verspannungsdrähten des Modells kann von deren Eigengewicht abgesehen werden. Dafür soll die mechanische Ähnlichkeit auf die Verschiedenheit der Elastizitätszahlen der Drähte des Modells und des Flugzeuges Rücksicht nehmen. In welcher Beziehung müssen dann die Verhältnisse K und L stehen?

630. Modell und Flugzeug sollen im Gleichgewichtszustand verglichen werden. Sie bestehen aus ungleichem Material (Eichenholz und Stahl). In welchen Verhältnissen müssen die Längen und Kräfte stehen, damit mechanische Ähnlichkeit erzielt wird? (Eichenholz: Einheitsgewicht 0,7, Elastizitätszahl 120000 at; Stahl: Einheitsgewicht 7,8, Elastizitätszahl 2,200000 at.)

631. Bei dynamischen Modellversuchen, bei denen auch die Zeit zu berücksichtigen ist, muß die Beschleunigung der Schwere als eine für Modell und Flugzeug gleichbleibende Größe angenommen werden. In welchem Verhältnis müssen hier die Zeiten und die Geschwindigkeiten für Modell und Flugzeug stehen?

632. In voriger Aufgabe sei das Längenverhältnis von Modell und Flugzeug $L = \frac{1}{9}$ gewählt worden; der Motor des Flugzeuges mache 1400 Umdrehungen in der Minute. Mit wieviel Impulsen muß man das Modell in der Minute schütteln, damit man aus den Schwingungen des Modells auf jene des Flugzeuges schließen kann?

633. In welchem Verhältnis stehen die Leistungen bei Modell und Flugzeug, wenn nur die Bedingung gestellt wird, daß die Materiale beider das gleiche Einheitsgewicht haben?

634. Das Längenverhältnis von Modell und Flugzeug ist 1 : 10. In welchem Verhältnis müssen die Leistungen stehen, wenn mechanische Ähnlichkeit bestehen soll?

Lösungen

1. Nennt man x_1 den Halbmesser des obersten Parallelkreises des Paraboloides, so ist nach Gleichung 2:

$$x_1^2 = \frac{2g}{\omega^2} H.$$

Die vorhandene Flüssigkeit nimmt den Raum ein:

$$R^2\pi \, . \, \frac{3}{4} H = R^2\pi \, . \, H - \text{Paraboloid};$$

letzteres hat den halben Rauminhalt des umschriebenen Zylinders, also

$$\text{Paraboloid} = \frac{1}{2} x_1^2 \pi H.$$

Entfernt man aus obigen Gleichungen x_1, so bleibt

$$\omega = \frac{2}{R} \sqrt{gH}.$$

2. Die vorhandene Flüssigkeit hat den Rauminhalt

$$R^2\pi h = R^2\pi H - \text{Scheibe des Paraboloides ABCD};$$

nennt man $x^2 = 2pz$ die Gleichung des Paraboloides, so erhält man für den Rauminhalt der Scheibe

$$\int_{x_2}^{x_1} x^2\pi \, . \, dz = \frac{\pi}{p} \int_{x_2}^{x_1} x^3 d\,x = \frac{\pi}{4} \frac{x_1^4 - x_2^4}{p}.$$

Nun ist nach Gleichung 2: $x^2 = 2pz = \frac{2g}{\omega^2} z$, also $p = \frac{g}{\omega^2}$, ferner $x_1^2 - x_2^2 = 2p(z_1 - z_2) = 2pH$, also der Rauminhalt der Scheibe ABCD:

$$\frac{\pi H}{2}(x_1^2 + x_2^2) = \frac{\pi H}{2} x_2^2 (\delta^2 + 1),$$

somit nach Einsetzen in die erste Gleichung:

$$x_2^2 = \frac{2R^2(H - h)}{H(\delta^2 + 1)}.$$

Außerdem ist

$$x_1^2 - x_2^2 = x_2^2(\delta^2 - 1) = 2\,p\,H = \frac{2g}{\omega^2}H,$$

also nach Entfernen von x_2:

$$\omega^2 = \frac{g\,H^2(\delta^2 + 1)}{R^2(H - h)(\delta^2 - 1)}$$

und die gewünschte Umdrehungszahl:

$$n = \frac{30}{\pi}\,\omega = \frac{30}{\pi}\,\frac{H}{R}\sqrt{\frac{g(\delta^2 + 1)}{(H - h)(\delta^2 - 1)}}.$$

Nach Einsetzen der gegebenen Werte wird

$$n = 309{,}65.$$

3. Nimmt man an, die Oberfläche der rotierenden Flüssigkeit senke sich in der Mitte um t und nennt man r den Halbmesser der Kugel, so ist nach Gleichung 2

$$r^2 = \frac{2g}{\omega^2}\cdot t.$$

Die Oberfläche bildet ein Paraboloid, dessen Inhalt

$$\frac{1}{2}\,r^2\pi\cdot t$$

ist; dies ist auch die Menge der über den Rand geflossenen Flüssigkeit. Es ist also

$$Q = \frac{r^4\pi\,\omega^2}{4g}.$$

4. Anwendung von Gleichung 1.

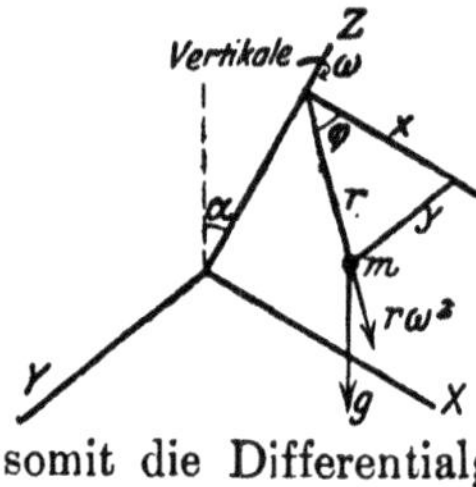

Wählt man die Drehungsachse A als Z-Achse, die XZ-Ebene vertikal, also die Y-Achse horizontal, so ist für einen beliebigen Punkt der Flüssigkeit:

$$X = r\,\omega^2\cos\varphi + g\sin\alpha = x\,\omega^2 + g\sin\alpha,$$
$$Y = r\,\omega^2\sin\varphi = y\,\omega^2,$$
$$Z = -\,g\cos\alpha,$$

somit die Differentialgleichung der Niveauflächen

$$(x\,\omega^2 + g\sin\alpha)\,dx + y\,\omega^2 dy - g\cos\alpha\,dz = 0$$

und nach Integration

$$\left(\omega x + \frac{g\sin\alpha}{\omega}\right)^2 + \omega^2 y^2 = 2\,g\,z\cos\alpha + \text{Konstante}.$$

Setzt man $x_1 = x + \frac{g\sin\alpha}{\omega^2}$, so kann die Gleichung auch so angeschrieben werden:

$$x_1^2 + y^2 = \frac{2g\cos\alpha}{\omega^2}(z - z_0),$$

d. h. die Niveauflächen sind Umdrehungs-Paraboloide, deren gemeinsamer Parameter $\frac{2g\cos\alpha}{\omega^2}$ ist. Die gemeinsame Achse aller Paraboloide erhält man, wenn man die Drehungsachse Z um $\frac{g}{\omega^2}$ vertikal aufwärts verschiebt.

5. Die Niveauflächen der Flüssigkeit sind Umdrehungsparaboloide, deren Achse die Spindel ist. Wenn die durch M gehende Niveaufläche die Wand des Bechers berührt, kann keine Flüssigkeit mehr im Becher sein.

Nennt man x die Entfernung des Punktes M von der Spindel, so ist nach Gleichung 2 die Gleichung des Paraboloides:

$$x^2 = \frac{2g}{\omega^2}(z - z_0)$$

und die Neigung der Tangente MN gegen die Achse:

$$\frac{dx}{dz} = \frac{g}{\omega^2 x} = \operatorname{cotg}\psi.$$

Ferner ist $$x = a - h\cos\psi + b\sin\psi,$$
woraus durch Entfernen von x für den verlangten Winkel ψ die Gleichung folgt:

$$\frac{g}{\omega^2}\operatorname{tg}\psi + h\cos\psi - b\sin\psi = a.$$

6. Ist ϱ der Reibungswinkel zwischen der Stange und dem Kübel, so gleitet dieser mit der Beschleunigung

$$\gamma = g(\sin\alpha - f\cos\alpha), \quad f = \operatorname{tg}\varrho$$

abwärts; an ihr ändert sich nichts, wenn Flüssigkeit ausströmt, da sich Gewicht und Masse durch die Ausströmung in gleicher Weise ändern. Jede Masseneinheit der Flüssigkeit ist also der Schwerkraft g und der Trägheitskraft $-\gamma$ ausgesetzt; ihre Resultante steht senkrecht zu den Niveauflächen. Diese sind also Ebenen mit der Neigung $\alpha - \varrho$ gegen die Horizontalebene.

7. Die Beschleunigung der Bewegung längs der Fahrbahn ist, wenn von der Reibung abgesehen wird,

$$\gamma = g\frac{Q}{2G - Q}\sin\alpha,$$

die bewegte Wassermasse $M = \frac{Q}{g}$; bildet man aus dem Gewicht Q und der Trägheitskraft — $M\gamma$ (längs der Fahrbahn nach aufwärts gerichtet) die Resultante, so schließt diese mit der Vertikalen den gesuchten Winkel ein. Es ergibt sich

$$\operatorname{tg}\varphi = \frac{Q \sin\alpha \cos\alpha}{2G - Q(1+\sin^2\alpha)}.$$

8. Anwendung von Gleichung 3. Ist die anziehende Kraft des Massenteilchens m in der Entfernung r von O: $K = mkr$, so ist $X = kx$, $Y = ky$, $Z = kz$, $dp = \mu k\,(x\,dx + y\,dy + z\,dz)$ und

$$p = p_0 + \frac{1}{2}\mu k(r_0^2 - r^2).$$

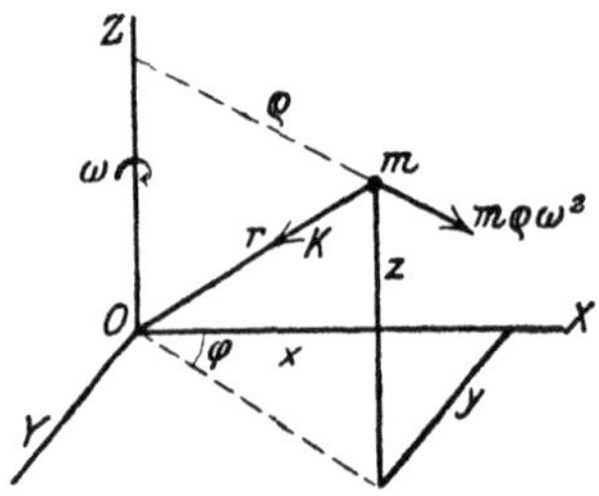

9. Anwendung der Gleichung 1. O sei der Anziehungspunkt, OZ die Drehungsachse, $K = mkr$ die Anziehungskraft, ω die Winkelgeschwindigkeit, $m\varrho\omega^2$ die Trägheitskraft des Massenteilchens m.

Es ist

$$X = \frac{K}{m}\cos(KX) + \varrho\omega^2\cos\varphi = -kx + x\omega^2,$$

$$Y = \frac{K}{m}\cos(KY) + \varrho\omega^2\sin\varphi = -ky + y\omega^2,$$

$$Z = \frac{K}{m}\cos(KZ) = -kz$$

und

$$X\,dx + Y\,dy + Z\,dz = (\omega^2 - k)\,x\,dx + (\omega^2 - k)\,y\,dy - kz\,dz = 0,$$

woraus nach Integration

$$x^2 + y^2 + \frac{k}{k-\omega^2}z^2 = \text{Konstante}$$

die Gleichung der Niveauflächen. Sie sind Umdrehungsellipsoide, wenn $k > \omega^2$ vorausgesetzt wird.

10. Lösung und Abbildung wie in voriger Aufgabe.

Ist $\gamma = \frac{a}{r^2}$ die Anziehungsbeschleunigung des Punktes O,

so ist

$$X = -\gamma\cos(\gamma X) + \varrho\omega^2\cos\varphi = -\frac{ax}{r^3} + x\omega^2,$$

$$Y = -\gamma\cos(\gamma Y) + \varrho\omega^2\sin\varphi = -\frac{ay}{r^3} + y\omega^2,$$

$$Z = -\gamma\cos(\gamma Z) = -\frac{az}{r^3},$$

woraus

$$X\,dx + Y\,dy + Z\,dz =$$

$$-\frac{a}{r^3}(x\,dx + y\,dy + z\,dz) + \omega^2(x\,dx + y\,dy) = 0$$

die Differentialgleichung der Niveauflächen. Nun ist

$$x\,dx + y\,dy + z\,dz = r\,dr, \quad x\,dx + y\,dy = \varrho\,d\varrho,$$

somit wird obige Gleichung

$$-\frac{a\,dr}{r^2} + \omega^2\varrho\,d\varrho = 0$$

und nach Integration

$$\frac{a}{r} + \frac{\omega^2}{2}\varrho^2 = \text{Konstante}$$

oder wenn $\varrho = r\cos\psi$ gesetzt wird:

$$\frac{a}{r} + \frac{\omega^2}{2}r^2\cos^2\psi = \text{Konstante}$$

die Gleichung der Niveauflächen.

11. Vergleiche die Abbildung zu Gleichung 2.

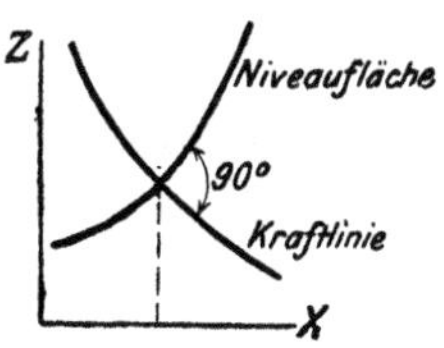

Die Kraftlinien durchsetzen die Niveauflächen normal. Deren Meridian hat die Gleichung

$$x^2 = \frac{2g}{\omega^2}(z - z_0).$$

Die Neigung seiner Tangente gegen die X-Achse ist also

$$\frac{dz}{dx} = \frac{\omega^2}{g}x$$

und die Neigung der dazu normalen Kraftlinie

$$\frac{d\zeta}{d\xi} = -\frac{dx}{dz},$$

also

$$\frac{d\zeta}{d\xi} = -\frac{g}{\omega^2}\cdot\frac{1}{\xi} \text{ für } x = \xi.$$

Die Integration dieser Gleichung liefert

$$\zeta = C - \frac{g}{\omega^2}\ln\xi.$$

12.

$$p = \frac{P}{F_1} = \frac{Q}{F_2}.$$

13.

$$\frac{\pi p}{4}(D^2 + d^2).$$

14. Aus $\gamma h \frac{\pi D^2}{4} = p \frac{\pi d^2}{4}$ folgt: $\frac{D}{d} = \sqrt{\frac{p}{h\gamma}}$.

15. Aus $(p_1 - p_0)\frac{\pi}{4}(D^2 - d^2) = p\frac{\pi \delta^2}{4}$ folgt:

$$p_1 = p_0 + p\frac{\delta^2}{D^2 - d^2}.$$

16. Es ist für den Niedergang des Kolbens:

$$P + p_1 \cdot \frac{\pi}{4}(D^2 - d^2) + G_1 = G + R$$

und für den Aufgang:

$$P + p_2 \cdot \frac{\pi}{4}(D^2 - d^2) + G_1 = G - R,$$

woraus
$$R = \frac{\pi}{8}(D^2 - d^2)(p_1 - p_2).$$

17. Es ist $p_1 F_2 + p(F_3 - F_4) = p(F_2 - F_4)$,

woraus
$$p_1 = p\frac{F_2 - F_3}{F_2}$$

bei geschlossenem Ventil (Gegendruck des Randes!). Bei geöffnetem ist:

$$p_2 F_1 + p(F_3 - F_4) = p(F_1 - F_4)$$

oder
$$p_2 = p\frac{F_1 - F_3}{F_1}.$$

Der Atmosphärendruck bei C kommt nicht in Betracht, da p, p_1, p_2 Überdrücke über den Atmosphärendruck bedeuten.

18. Ist d der Durchmesser der Welle, p der Einheitsdruck des gepressten Wassers, so ist

$$Q = p\frac{\pi d^2}{4}.$$

Der seitliche Druck auf die Welle längs des Lederstulpes ist $p \, . \, h d \pi$, die Reibung $f p \, . \, h d \pi$, wenn f die Reibungszahl ist, somit das Moment der Reibung

$$M = 2 f h Q.$$

19. Nennt man p den Einheitsdruck in der Flüssigkeit, so ist

$$P + Q = p\left(\frac{\pi d^2}{4} + \frac{\pi D^2}{4}\right).$$

Die Gleichheit der Momente um B liefert

$$P(a + b) = p \, . \, \frac{\pi d^2}{4} \, . \, b,$$

woraus durch Entfernen von p folgt

$$P = Q \frac{\frac{b}{a}\left(\frac{d}{D}\right)^2}{1 + \frac{b}{a} + \left(\frac{d}{D}\right)^2}.$$

20. Bei n Umdrehungen der Spindel wird diese mit dem Raum $\frac{\pi d^2}{4} . h n = \Delta v$ in das Wasser vorgetrieben; die verhältnismäßige Verminderung des Wasserraumes $v = \frac{D^2 \pi}{4} . H$ ist also

$$\frac{\Delta v}{v} = \frac{d^2 h n}{D^2 H}.$$

Setzt man dieses Verhältnis gleich ex, so ist der Wasserdruck

$$x = \frac{d^2 h n}{D^2 H e} = 208{,}5 \text{ Atm.}$$

Da 1 Atm. = 1,0333 kg/cm² ist, so wird der Druck auf die Bodenplatte

$$Q = \frac{\pi D^2}{4} . x . 1{,}0333 = 105\,755 \text{ kg.}$$

Die Spindel hat in Richtung ihrer Bewegung den Druck

$$\frac{\pi d^2}{4} . x . 1{,}0333 \text{ kg}$$

zu überwinden; setzt man die Arbeiten für eine Umdrehung der Spindel gleich, so ist

$$P . 2 a \pi = \frac{\pi d^2}{4} . x . 1{,}0333 . h,$$

woraus

$$P = \frac{x d^2 h}{8 a} . 1{,}0333 = 22 \text{ kg.}$$

21. Man bringe in den Punkten A, B, C der Platte die Gewichte d_1^2, d_2^2, d_3^2 (Kolbendurchmesser) an und suche deren Schwerpunkt; dies ist die gesuchte Stelle.

22. Die Raumdehnung einer unzusammendrückbaren Flüssigkeit ist Null, somit

$$e = \varepsilon_1 + \varepsilon_2 + \varepsilon_3 = 0$$

(vergl. II. Band, Festigkeitslehre, Gleichung 12). Da jedoch $\varepsilon_2 = \varepsilon_3$ sein wird, so folgt $\varepsilon_1 = -2\varepsilon_2$ und

$$m = \frac{\varepsilon_1}{-\varepsilon_2} = 2,$$

23. Für die Oberfläche ist $\mu_0 = k + k_1 p_0$.

Nimmt man eine Druckzunahme von einer Atmosphäre an, so ist $p_1 = 2 p_0$ und

$$\mu_1 = k + 2 k_1 p_0.$$

Nun ist nach der Definition der Raumdehnung (II. Band, Gleichung 12)

$$\frac{v_1 - v_0}{v_0} = - e,$$

worin $v_0 v_1$ die zu $p_0 p_1$ gehörenden Rauminhalte einer und derselben Flüssigkeitsmasse sind; es ist also

$$v_1 : v_0 = \mu_0 : \mu_1.$$

Hieraus erhält man endlich durch Verbindung dieser Gleichungen

$$k = \mu_0 \frac{1 - 2e}{1 - e}, \quad k_1 = \frac{\mu_0}{p_0} \frac{e}{1 - e}.$$

24. Wenn in einem Körper nur Normalspannungen auftreten, ist die Formänderungsarbeit

$$\mathsf{A} = \frac{1}{2E} \int \left[\sigma_x{}^2 + \sigma_y{}^2 + \sigma_z{}^2 - \frac{2}{m} (\sigma_y \sigma_z + \sigma_z \sigma_x + \sigma_x \sigma_y) \right] . d V,$$

worin E die Elastizitätszahl, σ_x, σ_y, σ_z die zueinander senkrechten Normalspannungen, m die Poissonsche Konstante und dV das Raumelement des Körpers bedeuten.

Nennt man $p = \gamma h$ die Pressung in der Flüssigkeit, so ist $\sigma_x = \sigma_y = \sigma_z = p$, somit

$$\mathsf{A} = \frac{3 p^2}{2 E} . \frac{m - 2}{m} . V.$$

Setzt man

$$\frac{3(m - 2)}{E m} = \frac{1}{E_1}, \quad V = r^2 \pi l,$$

so wird

$$\mathsf{A} = \frac{r^2 \pi l \gamma^2 h^2}{2 E_1}.$$

Hierin bedeutet E_1 die kubische Elastizitätszahl der Flüssigkeit.

25. Der Bodendruck ist $\gamma F h + P . \frac{F}{F_0}$; denn $\frac{P}{F_0}$ ist der Einheitsdruck der Belastung P, der sich nach F unverändert fortpflanzt.

26. $D = \frac{\pi d^2}{4} (p - \gamma h) (1 - 0{,}03) = 10\,588$ kg, wenn das Einheitsgewicht des Wassers mit $\gamma = 0{,}001$, ferner $h = 240$ cm eingesetzt wird.

27. Die Kraft K ist die Differenz des Druckes auf die Fläche $\frac{\pi D^2}{4}$ · und jenes nach abwärts gerichteten auf die Ringfläche $\frac{\pi}{4}(D^2 - d^2)$. Es bleibt

$K = \frac{\pi\gamma}{4}[d^2(h + b) - D^2 b]$, γ = Einheitsgewicht der Flüssigkeit.

28. Der Einheitsdruck des linken Gefäßes in der Fortsetzung der Fläche F_2 ist $\frac{P_1}{F_1} + \gamma x$; setzt man diesen gleich dem Einheitsdruck im mittleren Gefäße unter der Kolbenfläche $\frac{P_2}{F_2}$, so findet man

$$x = \frac{1}{\gamma}\left[\frac{P_2}{F_2} - \frac{P_1}{F_1}\right]$$

und ebenso

$$z = \frac{1}{\gamma}\left[\frac{P_3}{F_3} - \frac{P_2}{F_2}\right].$$

29. Nennt man x den Abstand des linken Kolbens von dem linken Zylinderboden, y den Abstand der Oberfläche im linken Steigrohr von der Kolbenstange, vertikal gemessen, so verlangt zunächst die Gleichheit der Rauminhalte die Beziehung:

$$V = \frac{1}{4}\left(\frac{r}{2}\right)^2 \pi \,.\, 40r = x\,.\,(2r)^2\pi + \frac{1}{4}\left(\frac{r}{2}\right)^2 \pi(y - 2r)$$

$$= (2r - x)\,.\,r^2\pi + \frac{1}{4}\left(\frac{r}{2}\right)^2 \pi(z + y - r).$$

Ferner müssen die Drücke auf die beiden Kolben einander gleich sein

$$\gamma\,.\,(2r)^2\pi\,.\,y = \gamma\,.\,r^2\pi\,.\,(y + z).$$

Durch Entfernen von x und y erhält man

$$z = 13\frac{13}{17}r.$$

30. Sobald G allseits von Flüssigkeit umgeben ist, erleidet es einen Auftrieb $A = V\gamma$, wenn V sein Rauminhalt und γ das Einheitsgewicht der Flüssigkeit ist; es wird also nur mehr die Kraft

$$G - V\gamma$$

nach abwärts drücken. Hingegen erhöht sich der Stand der Flüssigkeit im Gefäße um

$$h = \frac{V}{F},$$

wenn F der Querschnitt des Gefäßes ist. Ist h_1 die ursprüngliche Höhe der Flüssigkeit, so ist jetzt der Bodendruck

$$\gamma F(h + h_1) = V\gamma + G_1.$$

Der Gesamtdruck auf den Boden ist also

$$(G - V\gamma) + (V\gamma + G_1) + G_2 = G + G_1 + G_2.$$

31. Angenommen, der Kolben ist um x gesunken. Dann steigt das Wasser im Steigrohr um y und es ist

$$x \cdot \frac{\pi d^2}{4} = y \cdot \frac{\pi d_1^2}{4}$$

oder

$$y = 4x.$$

Die Kraft K, die dann den Kolben nach aufwärts drückt, ist nach Aufgabe 27:

$$K = \frac{\pi\gamma}{4}[d^2(h + b) - D^2 b],$$

worin $h = y + x = 5x$, $D = 3d$ ist. Setzt man für Gleichgewicht $K = G$, so bleibt

$$x = \frac{4}{5}\left(2b + \frac{G}{\pi\gamma d^2}\right).$$

32. Nennt man $AB = x$, $CD = y$ und die Tiefe der Kolbenfläche unter dem Zuleitungsrohr z, so ist der durch das Wassergewicht hervorgerufene, veränderliche Kolbendruck $\gamma F z$; ein Ausgleich findet statt, wenn

$$qx - \gamma F z = qy$$

ist. Nun ist: $x + e + y = l$, $x + h = b + z$; hieraus erhält man

$$q = \frac{\gamma F z}{2z + 2b - 2h - l + e}.$$

Macht man nun: $e = l - 2(b - h)$, so wird q von z unabhängig, nämlich

$$q = \tfrac{1}{2}\gamma F.$$

33. Ist p_0 der Luftdruck, so erleidet der Kolben von oben den Druck

$$D_1 = (F - f)(p_0 + \gamma x),$$

von unten den Druck

$$D_2 = F p,$$

wenn p der Wasserdruck dicht unter dem Kolben ist, für den die Gleichung gilt:

$$p_0 = p + \gamma(H - x - h).$$

Ausgleich findet statt, wenn

$$G + D_2 = D_1 + p_0 f,$$

woraus

$$x = \frac{F}{f}(H - h) - \frac{G}{f\gamma}.$$

34. Das Gleichgewicht am Hebel verlangt die Gleichung:

$$x_1 F_1 a = x_2 F_2 b;$$

ferner erfordert die Gleichheit der Rauminhalte die Beziehungen:

$$F_1 s_1 = f_1 (h_1 - x_1 - s_1), \quad F_2 s_2 = f_2 (x_2 - h_2 - s_2);$$

endlich ist: $s_1 : s_2 = a : b.$

Daraus erhält man:

$$s = a \cdot \frac{a F_1 h_1 - b F_2 h_2}{a^2 F_1 \left(1 + \frac{F_1}{f_1}\right) + b^2 F_2 \left(1 + \frac{F_2}{f_2}\right)} = 1{,}82 \text{ cm},$$

$$s_2 = s_1 \cdot \frac{b}{a} = 3{,}64 \text{ cm},$$

$$x_1 = h_1 - s_1 \left(1 + \frac{F_1}{f_1}\right) = 79{,}98 \text{ cm},$$

$$x_2 = h_2 + s_2 \left(1 + \frac{F_2}{f_2}\right) = 100{,}04 \text{ cm}.$$

35. Wenn dem Druck der Atmosphäre eine Süßwasserhöhe von 10,333 m entspricht, wie gewöhnlich angenommen wird, so entspricht ihr eine Seewasserhöhe von $10{,}333 \cdot \frac{35}{36} = 10{,}045$ m. In einer Meerestiefe von 9429 m besteht also ein Druck von $9429 : 10{,}045 = 938{,}7$ Atm. und die Zusammendrückung des Wassers im Oberteil der Flasche, wohin sich der Druck durch das Quecksilber fortpflanzt, wird also sein: $938{,}7 \times 0{,}000047 = 0{,}044$ vom Rauminhalt, somit $0{,}044 \times 920 \text{ cm}^3 = 40{,}48 \text{ cm}^3$. Soviel Quecksilber wird demnach eindringen können, also wenn 1 cm³ Quecksilber 13,6 Gramm wiegt: 550,5 Gramm.

36. Nach Gleichung 3 ist

$$dp = g\mu dz = g(k + k_1 p) \cdot dz$$

oder

$$\frac{k_1 dp}{k + k_1 p} = g k_1 dz,$$

woraus nach Integration

$$\ln(k + k_1 p) = g k_1 z + \text{Konstante}$$

oder

$$\ln \mu = g k_1 z + \text{Konstante}.$$

Wird für die Oberfläche $z = 0$ gesetzt, so ist

$$\ln \mu_0 = \text{Konstante},$$

woraus

$$\ln \frac{\mu}{\mu_0} = g k_1 z$$

und

$$\mu = \mu_0 e^{g k_1 z}.$$

Sodann ist auch die Pressung $p = \frac{\mu - k}{k_1}$ leicht als Funktion von z darzustellen.

37. Das Einheitsgewicht des Meerwassers wird nach voriger Aufgabe sein

$$\gamma = \gamma_0 e^{g k_1 z},$$

worin γ_0 das Einheitsgewicht an der Oberfläche, z die Meerestiefe und nach Aufgabe 23:

$$g k_1 = \frac{\gamma_0}{p_0} \cdot \frac{e}{1 - e}.$$

Setzt man $\gamma_0 = \frac{36}{35} \cdot 1000 \frac{kg}{m^3}$ (vergl. Aufgabe 35), $z = 8000$ m, $e = 0{,}000047, p_0 = 10333 \frac{kg}{m^3}$, so wird

$$\gamma = 1067{,}8 \frac{kg}{m^3}.$$

38. Für eine horizontale Schichte des Getreides von der Dicke dz besteht die Gleichung:

Druck nach abwärts + Gewicht = Druck nach aufwärts + Reibung,

oder

$$F p + \gamma F dz = F(p + dp) + f p_1 . 4 a dz,$$

woraus

$$dp = \gamma dz \left(1 - \frac{4 f k}{a \gamma} p\right)$$

und der Druck p in der Tiefe z:

$$p = \frac{a \gamma}{4 f k} \left[1 - e^{-\frac{4 f k}{a} z}\right].$$

Der Gesamtdruck auf die Bodenfläche wird somit

$$P = \frac{a^3 \gamma}{4 f k} \left[1 - e^{-\frac{4 f k}{a} h}\right].$$

39. Der größte Bodendruck tritt ein, wenn $h = \infty$ wird; dann ist $P = \frac{a^3 \gamma}{4 f k} = a^2 p$ und die Reibung einer Getreideschichte von der

Hohe dz am Umfang:

$$f.4ap_1.dz = a^2\gamma.dz,$$

also gleich ihrem Gewichte.

40. Durch die Bewegung des Gefäßes wird die Oberfläche sinken; nennt man s den Weg des Gefäßes, z den Abstand des Schwerpunkts von F von der Oberfläche F_0, h den anfänglichen Wert von z, so ist

$$F_0(h - z) = Fs.$$

Die bewegende Kraft des Gefäßes ist der Horizontaldruck auf die Gefäßwand rechts

$$P = \gamma F z = M\frac{d^2s}{dt^2},$$

wenn mit M die Masse des Gefäßes und der Flüssigkeit bezeichnet wird. Man erhält die Gleichung

$$\frac{d^2z}{dt^2} = -a^2z, \quad \text{worin } a^2 = \frac{\gamma F^2}{MF_0}.$$

Die Lösung der Differentialgleichung lautet:

$$z = A\sin at + B\cos at = h - \frac{F}{F_0}s,$$

woraus $$\frac{dz}{dt} = Aa\cos at - Ba\sin at = -\frac{F}{F_0}\cdot\frac{ds}{dt}.$$

Für den Anfang der Bewegung ist:

$$t = 0,\ s = 0,\ \frac{ds}{dt} = 0,$$

wenn das Gefäß in Ruhe war; man erhält damit die Integrationskonstanten: $A = 0$, $B = h$ und hieraus

$$s = \frac{F_0 h}{F}(1 - \cos at).$$

Diese Gleichung gilt nur so lange, bis die Stange das Gefäß verläßt; dann bewegt sich das Gefäß nach einem anderen Gesetze. (Vergl. Aufgabe 337.)

41. $\zeta = c + \frac{h}{2}\cdot\frac{2c+h}{3c+h}$; überdies liegt M auf der Verbindungsgeraden von A mit dem Halbierungspunkt von a. Der Ausdruck folgt aus Gleichung 8 mit $z_s = c + \frac{h}{3}$ und $i^2 = \frac{J}{F}$, $J = \frac{1}{36}ah^3$ (Trägheitsmoment für die horizontale Schwerlinie), $F = \frac{1}{2}ah$ (Fläche).

42. $\zeta = c + \frac{h}{2} \cdot \frac{4c + 3h}{3c + 2h}$; überdies liegt M auf der Verbindungsgeraden von B mit dem Halbierungspunkt von b.

43. $\zeta = \frac{7\sqrt{2}}{12} a.$

44. $\zeta = c + \frac{h}{3} \cdot \frac{3c + 2h}{2c + h}$; überdies liegt M auf der Verbindungsgeraden der Halbierungspunkte der beiden Seiten a.

45. $\zeta = \frac{h}{2} \cdot \frac{a + 3b}{a + 2b}$; überdies liegt M auf der Verbindungsgeraden der Halbierungspunkte der Seiten a und b.

46. $\zeta = c + \frac{a^2}{4c}.$

47. Fläche des regelmäßigen Fünfecks: $F = \frac{s^2}{4}\sqrt{5(5 + 2\sqrt{5})}$ $= 1.72\, s^2$. Polares Trägheitsmoment in bezug auf den Mittelpunkt O: $J_P = \frac{s^4}{48}(3 + 2\sqrt{5})\sqrt{5 + 2\sqrt{5}} = 0{,}4793\, s^4$ (vergl. Aufgabe 114 im II. Band, Festigkeitslehre, 3. Aufl.); Trägheitsmoment in bezug auf die Schwerlinie: $J = \frac{J_P}{2}$; Trägheitshalbmesser $i^2 = \frac{J}{F}$; nach Gleichung 8:

$$\zeta = c + 0{,}139\,\frac{s^2}{c}.$$

48. Schneidet man die Parabelfläche in dünne horizontale Streifen von der Länge x und dem Abstand z von der Oberfläche, mit der Breite dz, so ist zunächst

$$z = h - \frac{x^2}{b^2} h \text{ und } dz = -\frac{2x\,dx}{b^2} h,$$

somit nach Gleichung 4 mit $dF = x \, . \, dz$:

$$D = \gamma \int z\,dF = \frac{2\gamma h^2}{b^2} \int_0^b x^2 \left(1 - \frac{x^2}{b^2}\right) dx = \frac{4}{15}\gamma b h^2.$$

Ferner ist

$$\int z\,dD = \frac{2\gamma h^3}{b^2} \int_0^b x^2 \left(1 - \frac{x^2}{b^2}\right)^2 dx = \frac{16}{105}\gamma b h^3$$

und somit nach Gleichung 7:

$$\zeta = \frac{4}{7} h.$$

49. Man ziehe durch A eine horizontale Gerade, die das Dreieck in zwei andere Dreiecke teilt. Für diese beiden können die Druckmittelpunkte wie in Aufgabe 41 und 42 gefunden werden. Sind D_1, D_2 die Drücke dieser beiden Dreiecke, $\xi_1 \zeta_1$, $\xi_2 \zeta_2$ die Koordinaten ihrer Druckmittelpunkte, so sind die Koordinaten des gesuchten Druckmittelpunktes:

$$\xi = \frac{D_1 \xi_1 + D_2 \xi_2}{D_1 + D_2}, \quad \zeta = \frac{D_1 \zeta_1 + D_2 \zeta_2}{D_1 + D_2}.$$

50. Nach Gleichung 8 ist die vertikale Entfernung des Druckmittelpunktes vom Schwerpunkt allgemein $\frac{i^2}{z_s}$. Nun ist für ein regelmäßiges Vieleck das polare Trägheitsmoment in bezug auf den Mittelpunkt $J_P = \frac{1}{2} F r^2 \left(1 + \frac{s^2}{12 r^2}\right)$, ferner der Trägheitshalbmesser $i^2 = \frac{J_P}{2F}$, somit, weil z_s nicht kleiner als r sein kann, der größte Wert von $\frac{i^2}{z_s}$:

$$\frac{r}{4} + \frac{s^2}{48 r}.$$

51. Nein, da sich bei der Drehung J nicht ändert, also auch i nicht und somit auch ζ nicht.

52. Verwende die Gleichungen 5 und 8.

Es ist $z_s = \frac{h}{3}$, $i^2 = \frac{1}{18} h^2$, $\zeta = \frac{h}{2}$.

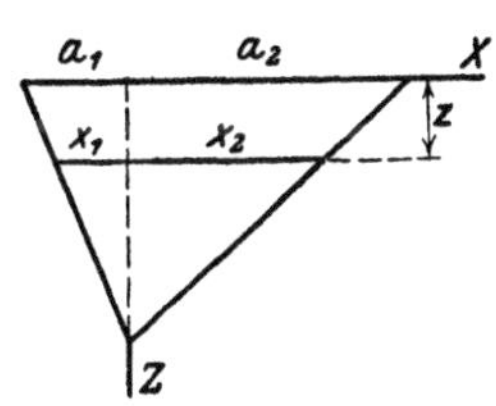

Um ξ zu berechnen, benötigt man das Zentrifugalmoment J_{xz}.

Es ist

$$J_{xz} = \int\int x z \, . \, dx \, . \, dz$$

$$= \int z \, dz . \left(\frac{x^2}{2}\right)_{x_1}^{x_2} = \frac{1}{2} \int_0^h z \, dz \, (x_2^2 - x_1^2).$$

Setzt man $\quad x_1 = \frac{a_1}{h}(h - z), \quad x_2 = \frac{a_2}{h}(h - z),$

so wird $$J_{xz} = \frac{1}{24}(a_2^2 - a_1^2)\,h^2$$

und schließlich $$\xi = \frac{1}{4}(a_2 - a_1).$$

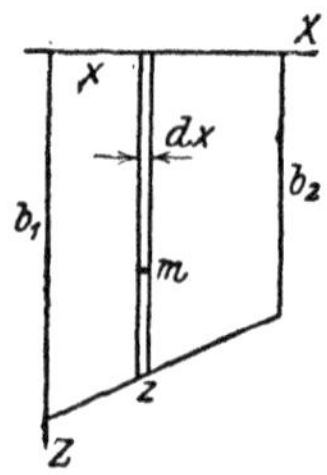

53. Anwendung der Gleichung 7.

Es ist der Differentialdruck auf den vertikalen Flächenstreifen

$$dD = \frac{1}{2}\gamma z^2\,dx$$

und mit

$$x = a\frac{b_1 - z}{b_1 - b_2}, \quad dx = -\frac{a\,dz}{b_1 - b_2}:$$

$$D = \frac{1}{2}\gamma\int_{b_1}^{b_2} z^2\,dx = \frac{1}{6}\gamma a\frac{b_1^3 - b_2^3}{b_1 - b_2}.$$

Ferner ist $D\zeta = \int \frac{2}{3} z\,.\,dD$, weil der Mittelpunkt m des Differentialdruckes in $\frac{2}{3}$ der Tiefe liegt; daraus wird

$$\zeta = \frac{1}{2}\frac{b_1^4 - b_2^4}{b_1^3 - b_2^3}.$$

Endlich ist $D\xi = \int x\,.\,dD$, woraus

$$\xi = \frac{a}{4}\cdot\frac{b_1^2 + 2b_1 b_2 + 3b_2^2}{b_1^2 + b_1 b_2 + b_2^2}.$$

54. Das Trägheitsmoment des Rechtecks in bezug auf die horizontale Schwerlinie ist nach Gleichung 31 in Band II, Festigkeitslehre:

$$J = \frac{1}{12}ab(a^2\sin^2\varphi + b^2\cos^2\varphi),$$

woraus $$\zeta = c + \frac{1}{12c}(a^2\sin^2\varphi + b^2\cos^2\varphi).$$

Ferner ist nach Aufgabe 148 in Band II, Festigkeitslehre, 3. Aufl.

$$J_{xz} = \frac{1}{12}ab(a^2 - b^2)\sin\varphi\cos\varphi,$$

woraus $$\xi = \frac{1}{12c}(a^2 - b^2)\sin\varphi\cos\varphi.$$

55. Wie in vorhergehender Aufgabe.

$$\zeta = c + \frac{1}{4c}(a^2 \sin^2 \varphi + b^2 \cos^2 \varphi),$$

$$\xi = \frac{1}{4c}(a^2 - b^2) \sin \varphi \cos \varphi.$$

(Benütze Gleichung 31 und Aufgabe 149 in Band II, Festigkeitslehre, 3. Aufl.)

56. Benütze die Gleichungen 4, 5, 8.

Es ist $z_s = nr + \frac{4r}{3\pi}$, $F = \frac{1}{4} r^2 \pi$, $D = \gamma r^3 \left(\frac{1}{3} + \frac{n\pi}{4}\right)$.

Das Trägheitsmoment der Viertelkreisfläche in bezug auf die horizontale Schwerlinie ist nach Aufgabe 123 in Band II, Festigkeitslehre, 3. Aufl.:

$$J = r^4 \left(\frac{\pi}{16} - \frac{4}{9\pi}\right),$$

woraus
$$i^2 = \frac{J}{F} = r^2 \left(\frac{1}{4} - \frac{16}{9\pi^2}\right)$$

und
$$\zeta = z_s + \frac{i^2}{z_s} = \frac{r}{4} \frac{12\pi n^2 + 32n + 3\pi}{4 + 3n\pi}.$$

Das Zentrifugalmoment der Viertelkreisfläche in bezug auf das Achsenkreuz ihres Umfanges ist $\frac{r^4}{8}$ (Aufgabe 145 in Band II, Festigkeitslehre, 3. Aufl.), woraus

$$J_{xz} = r^4 \left(\frac{1}{8} + \frac{n}{3}\right)$$

und
$$\xi = \frac{J_{xz}}{F z_s} = \frac{r}{2} \frac{3 + 8n}{4 + 3n\pi}.$$

57. Ein Kreis, dessen Mittelpunkt in s liegt.

58. Ein Kreis, dessen Ebene senkrecht zur Drehungsachse steht und dessen höchster Punkt der Schwerpunkt der Fläche ist.

59. Man erhält die Gleichung des fraglichen Ortes, wenn man aus den Gleichungen für ξ und ζ der Aufgabe 54 den Winkel φ entfernt. Es bleibt für M (ξ, ζ) die Gleichung eines Kreises übrig, dessen Mittelpunkt um $\frac{a^2 + b^2}{24c}$ unter S liegt und dessen Halbmesser $\frac{a^2 - b^2}{24c}$ ist.

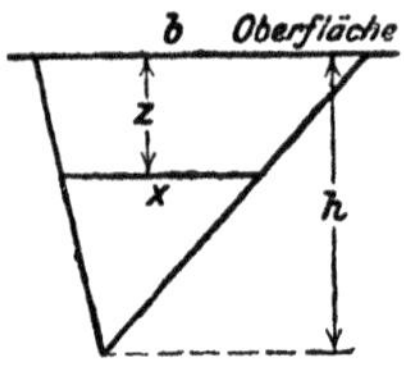

60. Der Druck auf die ganze Dreiecksfläche ist nach Gleichung 4:

$$D = \frac{1}{2}\gamma b h . \frac{h}{3};$$

der Druck auf das untere Dreieck

$$D_1 = \frac{1}{2}\gamma x (h - z)\left(z + \frac{h - z}{3}\right).$$

Setzt man $x = \frac{b(h - z)}{h}$ und $D = 2D_1$, so erhält man die Gleichung:

$$(2z^2 - 2hz - h^2)(2z - h) = 0.$$

Von den Wurzeln dieser Gleichung ist nur

$$z = \frac{h}{2}$$

brauchbar; die beiden anderen sind entweder negativ oder größer als h.

61. Es sei D_1 der Druck auf die linke Seite der Wand, bezogen auf deren Längeneinheit, D_2 ebenso der Druck auf die rechte Seite, dann ist

$$D_1 = \frac{1}{2}\gamma h_1^2, \quad D_2 = \frac{1}{2}\gamma h_2^2, \quad D = D_1 - D_2.$$

Ferner die Momente in bezug auf einen Punkt der höheren Oberfläche:

$$D_1 . \frac{2}{3} h_1 - D_2 \left[(h_1 - h_2) + \frac{2}{3} h_2\right] = D(h_1 - h_2),$$

woraus $(h_1 - h_2)(h_1^2 - 2h_1 h_2 - 2h_2^2) = 0$

und als brauchbare Lösung der Gleichung

$$h_1 : h_2 = 1 + \sqrt{3}.$$

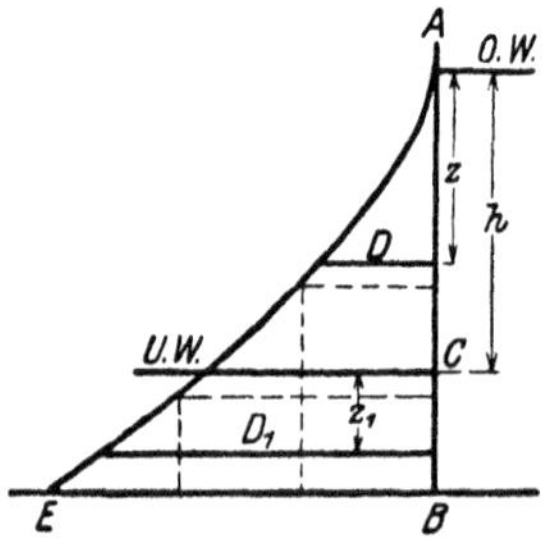

62. Stellt man den Gesamtdruck D auf die Seitenwand bis zur Tiefe z durch eine Schaulinie zwischen D und z dar, so ist deren Gleichung

$$D = \frac{1}{2}\gamma l z^2,$$

wenn l die Länge der Seitenwand ist. Die Kurve ist eine Parabel mit horizontaler Achse; ihr Scheitel ist A.

Von C bis B ist hingegen der Druck

$$D_1 = \frac{1}{2}\gamma l h^2 + \gamma l h z_1$$

und die Schaulinie eine Gerade, die sich berührend an die Parabel anschließt.

Teilt man BE in n gleiche Teile (in der Abbildung n = 3), zieht die Vertikalen bis zur Schaulinie, so erhält man die Stellen, an denen die Querriegel angebracht werden müssen.

63. Nach Gleichung 4 ist $D = \gamma \frac{d^2\pi}{8} e$.

Zieht man durch den Schwerpunkt des Halbkreises ein zu XZ paralleles Achsenkreuz, so ist in bezug darauf das Zentrifugalmoment der Fläche. Null. Es ist dann nach Gleichung 29 in Band II, Festigkeitslehre

$$J_{xz} = \frac{1}{12} e d^3$$

und nach Gleichung 5 dieses Bandes: $\xi = \frac{2d}{3\pi}$.

Das gesuchte Moment ist also

$$M = D\xi = \frac{1}{12}\gamma e d^3 = 16 \text{ mkg}.$$

64. Der Druck auf die Klappe ist nach Gleichung 4

$$D = \gamma \,.\, r^2\pi \,.\, h = 157{,}08 \text{ kg}.$$

Die Momentengleichung für O lautet mit Benützung von Gleichung 6:

$$P a \sin\alpha = G c \sin\alpha + D\left(b + \frac{r^2 \cos\alpha}{4h}\right),$$

woraus $$P = 33{,}6 \text{ kg}.$$

65. In O muß der Druckmittelpunkt der Klappe liegen. Es ist dann nach Gleichung 6 mit $i^2 = \frac{h^2}{12}$:

$$\eta = OC = e + \frac{h}{2} + \frac{h^2}{12\left(e + \frac{h}{2}\right)}$$

und $$AO:OB = 3e + h : 3e + 2h.$$

66. $z = 2a\sqrt{\frac{2}{3}}$.

67. Setzt man OA = y, so ist zunächst

$$G = \frac{1}{2}\gamma a y^2 \cos\alpha \sin\alpha,$$

ferner der Druck auf die Wand

$$D = \frac{1}{2} \gamma a y^2 \cos \alpha$$

und sein Moment um O nach Entfernen von y:

$$M = D \frac{y}{3} = \frac{G}{3} \sqrt{\frac{2G}{\gamma a}} \frac{1}{\sqrt{\cos \alpha \sin^3 \alpha}}.$$

Macht man $F(\alpha) = \cos \alpha \sin^3 \alpha$ zu einem Maximum, so erhält man für $\frac{dF(\alpha)}{d\alpha} = 0 : \operatorname{tg} \alpha = \sqrt{3}$ oder $\alpha = 60^0$ und damit

$$_{\min}M = \frac{4\sqrt{2}\sqrt[4]{3}}{9} G \sqrt{\frac{G}{\gamma a}}.$$

68. Es ist, wenn α der Winkel der drehbaren Wand gegen die Vertikale ist,

$$Q = a \left(b z + \frac{1}{2} z^2 \operatorname{tg} a \right)$$

und der Druck auf die Wand

$$D = \frac{1}{2} a \gamma \frac{z^2}{\cos \alpha}.$$

Entfernt man aus beiden Gleichungen den Winkel α, so bleibt

$$D = \frac{1}{2} a \gamma \sqrt{z^4 + 4 \left(\frac{Q}{a} - b z \right)^2}.$$

Setzt man $\frac{dD}{dz} = 0$, so bleibt für z die Gleichung

$$z^3 + 2 b^2 z = 2 Q \frac{b}{a}.$$

69. Mit Benützung der Gleichungen der vorigen Aufgabe ist das Moment des Druckes um O

$$M = \frac{1}{3} D \frac{z}{\cos \alpha} = \frac{a \gamma}{6} \frac{z^3}{\cos^2 \alpha} = \frac{a \gamma}{6} \left[z^3 + \frac{4}{z} \left(\frac{Q}{a} - b z \right)^2 \right].$$

Macht man $\frac{dM}{dz} = 0$, so wird

$$z = \sqrt{\frac{2}{3} \left[\sqrt{b^4 + \frac{3Q^2}{a^2}} - b^2 \right]}.$$

70. Nach Gleichung 4 ist $D = \gamma F z_s$, worin

$$F = (r \cos \varphi)^2 \pi, \quad z_s = r \cos \varphi \sin \varphi,$$

also

$$D = \gamma \pi r^3 \sin \varphi \cos^3 \varphi.$$

Setzt man $\frac{dD}{d\varphi} = 0$, so wird $tg^2\varphi = \frac{1}{3}$ oder $\varphi = 30^0$ und

$$_{max}D = \frac{3\sqrt{3}}{16}\gamma\pi r^3.$$

71. Nach Gleichung 7 ist mit

$$z_s = r\cos\varphi\sin\varphi,\quad i^2 = \frac{r^2\cos^2\varphi}{4},\quad \alpha = \varphi:\quad \zeta = \frac{5}{4} r\cos\varphi\sin\varphi.$$

Für $\varphi = 45^0$ wird ζ am größten und zwar $\zeta = \frac{5}{8} r$.

72. Nach Gleichung 9:

$$V = \gamma r^2\pi\left[h - \frac{2r}{3}\right].$$

73. Nach Gleichung 10:

$$H = \gamma r^2\pi h.$$

74. Ist dF ein Flächenelement des Mantels, z sein Abstand von der Oberfläche, so ist der Druck auf dasselbe $\gamma z dF$ und der Druck in Richtung der Kegelachse $\gamma z dF \sin\beta$.

Der verlangte Achsialdruck ist also

$$P_a = \gamma\sin\beta\int z\,dF = \gamma\sin\beta F z_s,$$

wenn F die Mantelfläche und z_s der Abstand ihres Schwerpunkts von der Oberfläche ist. Nun wird

$$F\sin\beta = r^2\pi,\quad z_s = c + \frac{h}{3}\cos\alpha,$$

also
$$P_a = \gamma r^2\pi\left(c + \frac{h}{3}\cos\alpha\right).$$

75. Der Vertikaldruck der Flüssigkeit auf den Mantel des Kegelstutzes ist nach Gleichung 9

$$V = \gamma\pi z\left[r_1^2 - \frac{1}{3}(r^2 + r_1^2 + rr_1)\right],$$

wenn r der Halbmesser des Schnittes in der Höhe z ist. Setzt man $V = G$, so wird

$$z^3 - \frac{3hr_1}{r_1 - r_2} z^2 + \frac{G}{\gamma}\cdot\frac{3h^2}{\pi(r_1 - r_2)^2} = 0.$$

76. Ist G das Gewicht des Kolbens, so ist die Kraft für das Gleichgewicht des Kolbens $P = G + V + V_1 - V_2$, worin

$$V = \frac{\pi}{4}(D^2 - d^2)\gamma(h + h_2)$$

der Bodendruck des Kolbens,

$$V_1 = \frac{\pi h_1}{12} \gamma (D_1^2 + D_1 D_2 + D_2^2)$$

das Gewicht des F_0 überragenden Wassers und

$$V_2 = \frac{\pi h_2}{12} \gamma (2 D^2 - D D_2 - D_2^2)$$

der Vertikaldruck des Wassers auf den Mantel des Kegelstutzes h_2 ist.

77. Der Druck auf den Kolben nach aufwärts ist $\gamma \frac{\pi D^2}{4} H$, jener nach abwärts auf die Mantelfläche des Kegelstutzes

$$\gamma \frac{\pi D^2}{4} H + \gamma \mathfrak{V} - \gamma \frac{\pi d^2}{4} (H + h),$$

d. i. das Gewicht der Flüssigkeitsmenge, die zwischen dem Mantel und der obersten Oberfläche Platz finden könnte. Darin ist $\mathfrak{V} = \frac{\pi h}{12} (D^2 + D d + d^2)$ der Rauminhalt des Kegelstutzes. Setzt man beide Drücke einander gleich, ferner $H = 6 h$ und $\frac{D}{d} = x$, so bleibt

$$x^2 + x = 20,$$

woraus

$$D = 4 d.$$

78. Der Druck der Flüssigkeit auf die Kugel von oben nach unten ist $\frac{17}{6} \gamma \pi r^3$, der Druck von unten nach oben $\frac{23}{24} \gamma \pi r^3$, somit die Kraft zum Heben der Kugel

$$G + \frac{15}{8} \pi \gamma r^3.$$

79. Nach Gleichung 9 ist der Vertikaldruck auf die Mantelfläche des Zylinders:

$$V = \gamma l r \left(h - \frac{r \pi}{4}\right)$$

und nach Gleichung 10 der Horizontaldruck

$$H = \gamma l r \left(h - \frac{r}{2}\right),$$

somit der ganze Druck $P = \gamma l r \sqrt{2 h^2 - 2{,}57 h r + 0{,}87 r^2}$, durch A gehend und die Neigung

$$\operatorname{tg} \delta = \frac{V}{H} = \frac{4 h - r \pi}{4 h - 2 r}.$$

80. Nach den Gleichungen 9 und 10 ist:

$$V = P_z = \frac{\gamma r^2 \pi}{12} (3 h - 2 r),$$

$$H = P_x = P_y = -\frac{\gamma r^2}{12}(3h\pi - 4r).$$

Der Gesamtdruck $P = \sqrt{P_x^2 + P_y^2 + P_z^2}$ geht durch A, seine Winkel sind: $\cos(P, X) = \frac{P_x}{P}$ und analog die anderen.

81. Stellung I: Vertikaldruck $V = \frac{1}{2}\gamma r^2 \pi l$ nach aufwärts,

Horizontaldruck $H = 2\gamma r l h$ nach links;

$$P = \frac{1}{2}\gamma r l \sqrt{r^2\pi^2 + 16h^2}.$$

Die Richtung des Druckes geht schief aufwärts durch O; ihre Neigung gegen die Horizontale ist:

$$\operatorname{tg}\delta = \frac{r\pi}{4h}.$$

Das Moment M um die Achse O ist Null.

Stellung II und III: Vertikaldruck $V = \frac{1}{4}\gamma r^2 \pi l$ nach aufwärts,

Horizontaldruck $H = 2\gamma r l h$ nach links;

$$P = \frac{1}{4}\gamma r l \sqrt{64h^2 + r^2\pi^2}.$$

Neigung des Druckes gegen die Horizontale

$$\operatorname{tg}\delta = \frac{r\pi}{8h}.$$

Da die Drücke auf die Mantelfläche durch O gehen, haben sie kein Moment; nur der Druck auf die horizontale und vertikale Fläche hat das rechtsdrehende Moment $M = \frac{1}{3}\gamma r^3 l.$

82. Der Vertikaldruck auf die Mantelfläche des Kegelstutzes ist

$$V = \frac{\gamma}{4}\left[R^2\pi h - \frac{\pi h}{3}(R^2 + Rr + r^2)\right] = \frac{\gamma\pi h}{12}(2R^2 - Rr - r^2).$$

Der Horizontaldruck senkrecht zur Zeichnung ist nach Gleichung 10 wie der Druck auf ein Trapez von den parallelen Seiten R und r zu rechnen:

$$H = \gamma \cdot \frac{1}{2}(R + r)h \cdot \frac{h}{3}\frac{r + 2R}{r + R} = \frac{\gamma h^2}{6}(2R + r).$$

Ebensogroß ist der Horizontaldruck parallel zur Zeichnung. Für den Gesamtdruck D ist dann

$$P^2 = V^2 + 2H^2,$$

woraus $$P = \frac{\gamma h^2 (2R + r)}{12} \sqrt{8 + \pi^2 \operatorname{cotg}^2 \alpha},$$

worin der Böschungswinkel der Kaimauer

$$\operatorname{cotg} \alpha = \frac{R - r}{h}.$$

Für die Neigung δ des Druckes gegen die Horizontale wird

$$\operatorname{tg} \delta = \frac{V}{H\sqrt{2}} = \frac{\pi}{2\sqrt{2}} \operatorname{cotg} \alpha.$$

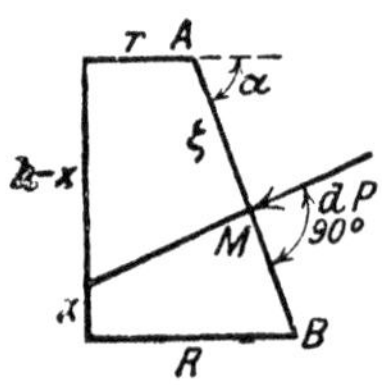

Um die Lage des Schnittpunktes des Druckes mit der Kegelachse zu berechnen, betrachte man den schmalen Flächenstreifen AB zwischen zwei Erzeugenden des Kegelstutzes. Er ist ein Trapez mit den Parallelseiten $r\,d\varphi$ und $R\,d\varphi$ und der Höhe $AB = \frac{h}{\sin \alpha}$. Der Mittelpunkt M seines Druckes hat (nach Aufgabe 45) von A die Entfernung

$$AM = \zeta = \frac{h}{2 \sin \alpha} \frac{3R + r}{2R + r}.$$

Da alle Elementardrücke dP die Kegelachse in demselben Punkt schneiden werden, ist dies auch ein Punkt des Gesamtdruckes; für diesen Punkt ist aber $(h - x) \sin \alpha = \zeta + r \cos \alpha$, woraus der gesuchte Abstand folgt:

$$x = h - \frac{h}{2 \sin^2 \alpha} \frac{3R + r}{2R + r} - r \operatorname{cotg} \alpha.$$

83. Denkt man sich die Halbkugel durch den Kreisdeckel AB geschlossen, so ist der Horizontaldruck auf die geschlossene Halbkugel nach jeder Richtung, also auch nach X und Y, gleich Null; der Vertikaldruck ist der Auftrieb

$$\gamma \cdot \frac{2}{3} r^3 \pi.$$

Der Horizontaldruck der offenen Halbkugel ist somit entgegengesetzt und gleich dem Horizontaldruck der Kreisfläche AB; also

$$P_x = \gamma \cdot r^2 \pi c \sin \alpha, \quad P_y = 0.$$

Ebenso ist der Vertikaldruck der offenen Halbkugel gleich dem Auftrieb, vermehrt um den entgegengesetzten Vertikaldruck der Kreisfläche AB, d. i.

$$P_z = -\gamma \cdot \frac{2}{3} r^3 \pi - \gamma \cdot r^2 \pi c \cos \alpha.$$

Das Moment des ganzen Druckes der offenen Halbkugel um

die OY-Achse ist das Moment des Auftriebes, vermindert um das Moment des ganzen Druckes auf die Kreisfläche AB, also

$$M_y = -\gamma \cdot \frac{2}{3} r^3 \pi \left(c \operatorname{cotg} \alpha - \frac{3}{8} r \sin \alpha\right) -$$
$$-\gamma \cdot r^2 \pi c \left(\frac{c}{\sin \alpha} + \frac{r^2 \sin \alpha}{4c}\right).$$

Hierin ist $\frac{3}{8} r$ die Entfernung des Schwerpunkts der Halbkugel von ihrem Mittelpunkt m; der zweite Klammerausdruck ist die Entfernung des Druckmittelpunktes der Kreisfläche AB von O.

Es bleibt $M_y = -\frac{\gamma r^2 \pi c}{\sin \alpha}\left(c + \frac{2}{3} r \cos \alpha\right).$

84. Wäre der Zylinder geschlossen, so hätte der Vertikaldruck der Flüssigkeit die Größe des Auftriebes $A = \gamma r^2 \pi l$ und jeder Horizontaldruck wäre Null. Nennt man D_1 und D_2 die Drücke auf die beiden Endflächen und legt durch S, den Mittelpunkt, die Achse X nach rechts, die Achse Z nach abwärts, so ist

$$P_z = -A + D_2 \cos \alpha - D_1 \cos \alpha,$$
$$P_x = (D_1 - D_2) \sin \alpha,$$
$$P_y = 0.$$

Man erhält: $P_z = -\gamma r^2 \pi l \sin^2 \alpha$, $P_x = -\gamma r^2 \pi l \sin \alpha \cos \alpha$, somit den ganzen Druck: $P = \gamma r^2 \pi l \sin \alpha$, senkrecht zur Zylinderachse nach aufwärts gerichtet.

Da P die Mittelkraft aus dem Auftrieb A und den Drücken D_1 und D_2 ist, so ist das Moment von P um S gleich der Summe der Momente von D_1 und D_2 um S, das ist aber

$$D_1 \cdot \frac{r^2 \sin \alpha}{4 c_1} - D_2 \cdot \frac{r^2 \sin \alpha}{4 c_2},$$

wenn c_1 und c_2 die Abstände der beiden Kreismittelpunkte von der Oberfläche sind. Setzt man hier

$$D_1 = \gamma r^2 \pi c_1, \quad D_2 = \gamma r^2 \pi c_2$$

ein, so bleibt das Moment gleich Null, d. h. der Gesamtdruck P der Mantelfläche schneidet die Achse des Zylinders in ihrer Mitte S.

85. Lösung ähnlich wie in den beiden vorhergehenden Aufgaben. Der Druck P auf den Kegelmantel ist die Mittelkraft aus dem Auftrieb A des geschlossenen Kegels und der entgegengesetzten Kraft des Druckes auf die Grundfläche des Kegels. Es ist

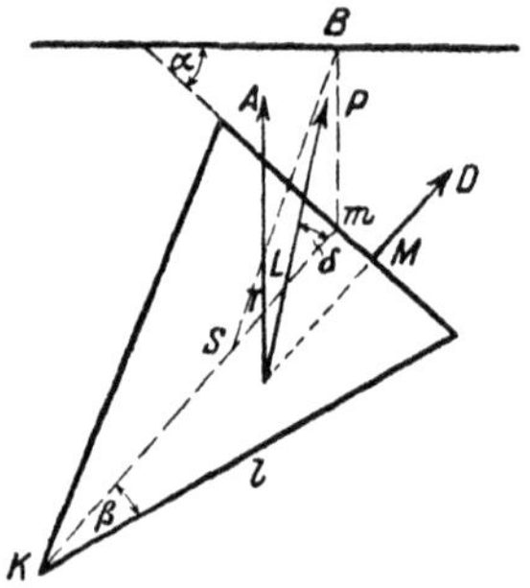

$$A = \gamma \cdot \frac{1}{3} h r^2 \pi, \quad D = \gamma \cdot r^2 \pi \cdot c,$$

also $\qquad P = \gamma r^2 \pi e,$

worin $e = SB$ ist. S ist in der Zeichnung der Schwerpunkt der Mantelfläche, T der Schwerpunkt des Kegels; es ist

$Sm = \frac{h}{3}, \quad Tm = \frac{h}{4}.$ Ferner ist

$$A \cos \alpha + D = P \cos \delta, \text{ oder}$$

$$\cos \delta = \frac{\frac{1}{3} h \cos \alpha + c}{e} = \frac{Sm \cos \alpha + mB}{SB},$$

d. h. es ist $\sphericalangle \delta = SBm$.

Bildet man die Momente um K, so wird

$$A \cdot KT \cdot \sin \alpha + D \cdot Mm = P \cdot KL \cdot \sin \delta,$$

woraus mit $Mm = \frac{r^2 \sin \alpha}{4c}$ und weil $\sin \alpha : \sin \delta = e : \frac{h}{3}$ ist,

$$KL = \frac{3}{4} \frac{1}{\cos \beta}.$$

86. Lösung ähnlich wie in den vorhergehenden Aufgaben.

$$P_1 = \frac{\gamma \pi h \cos \alpha}{3} (r_1^2 + r_1 r_2 - 2 r_2^2) + \gamma \pi c (r_1^2 - r_2^2),$$

$$P_2 = \frac{\gamma \pi h \sin \alpha}{3} (r_1^2 + r_1 r_2 + r_2^2).$$

Die fragliche Entfernung ist

$$\frac{3}{4h} \cdot \frac{r_1^4 - r_2^4}{r_1^2 + r_1 r_2 + r_2^2}.$$

87. $1730 : 1000 \times 0{,}05 = 34{,}6 \text{ m}^2$.

88. $G_1 = G \frac{\gamma_1}{\gamma_1 - \gamma}$. Ist $\gamma_1 = 7{,}8$ das Einheitsgewicht des Eisens, so folgt $G_1 = 1{,}147$ G kg.

89. Aus $\qquad 4 r^2 \pi \delta \gamma_1 + \frac{4}{3} r^3 \pi \gamma_2 = \frac{4}{3} r^3 \pi \gamma$

folgt $$r = 3 \delta \frac{\gamma_1}{\gamma - \gamma_2}.$$

Hierin sind $\gamma, \gamma_1, \gamma_2$ die Einheitsgewichte von Wasser, Blech und Luft.

90. Die Tauchtiefe bestimmt man aus der Bedingung, daß der Auftrieb des schwimmenden Körpers gleich dessen Gewicht ist. Nennt man x die Breite des Prismas in der Oberfläche, so wird

$$\text{Auftrieb} = \frac{1}{2}(x + b)\,t\,l\,\gamma = G.$$

Nun ist
$$a - b : x - b = h : t, \text{ also}$$
$$x = \frac{a-b}{h}\,t + b,$$

woraus für die Tauchtiefe die Gleichung folgt:

$$\frac{a-b}{2h}\,t^2 + b\,t = \frac{G}{l\gamma}.$$

91. Nennt man O die Mitte von 2r, S den Schwerpunkt des Halbzylinders, T den Schwerpunkt der Verdrängung $\mathfrak{V}$, F den unter der Oberfläche befindlichen Kreisabschnitt, b dessen Breite in der Oberfläche, l die Länge des Halbzylinders, so ist

$$OS = \frac{4}{3}\frac{r}{\pi},\quad OT = \frac{b^3}{12F},\quad d = ST = OT - OS,$$

$_{\min}J = \frac{1}{12}b^3 l$, $\mathfrak{V} = Fl$ und nach Gleichung 11 die metazentrische Höhe $m = \frac{_{\min}J}{\mathfrak{V}} - d = \frac{4}{3}\frac{r}{\pi}$. Das Metazentrum liegt also in O.

92. $t = h\sqrt[3]{\frac{\gamma_1}{\gamma}}$, wenn γ_1 das Einheitsgewicht der Pyramide, γ jenes der Flüssigkeit ist.

93. Sie ist die Entfernung des Bootschwerpunktes vom Schwerpunkt der Verdrängung. Da sich letztere nicht ändern kann, so lange das Boot unter Wasser ist, kann sich auch die metazentrische Höhe nicht ändern.

94. Nennt man F die Grundfläche des Kegels, F_1 die Schwimmfläche, so ist

$$F : F_1 = h^2 : (h - t)^2.$$

Das Gewicht des Kegels ist $G = \frac{1}{3}\gamma_1 . Fh$, der Auftrieb $A = \frac{1}{3}\gamma\,[Fh - F_1(h - t)]$.

Setzt man G = A, so bleibt für die Tauchtiefe

$$t = h\left[1 - \sqrt[3]{1 - \frac{\gamma_1}{\gamma}}\right]$$

(γ und γ_1 haben die gleiche Bedeutung wie in Aufgabe 92).

95. $t = h_1 + h_2 - \sqrt[3]{h_1^2(h_1 + h_2)\left(1 - \frac{\gamma_1}{\gamma}\right)}.$

(γ und γ_1 wie in Aufgabe 92.)

96. Man erhält für die Tauchtiefe die Gleichung

$$t^3 - 3rt^2 + 4r^3\frac{\gamma_1}{\gamma} = 0,$$

wenn r der Kugelhalbmesser ist. (γ und γ_1 haben die gleiche Bedeutung wie in Aufgabe 92.)

97. $\gamma_1 = \frac{1}{2}(\gamma + \gamma_2).$

98. Für indifferentes Schwimmen ist die metazentrische Höhe Null, oder nach Gleichung 11

$$d = \frac{\min J}{\mathfrak{V}}.$$

Nun ist hier $d = \frac{3}{4}(h - t)$; die Tauchtiefe t ist nach Aufgabe 92: $h\sqrt[3]{\frac{\gamma_1}{\gamma}}$. Nennt man x den Halbmesser der Schwimmfläche (Schnitt des Kegels mit der Oberfläche), so ist

$$\min J = \frac{\pi}{4}x^4, \quad \mathfrak{V} = \frac{\pi}{3}x^2 t, \quad x = \frac{rt}{h}.$$

Durch Einsetzen in die erste Gleichung erhält man

$$h^2(h - t) = r^2 t$$

und da $\operatorname{tg}\varphi = \frac{r}{h}$, so bleibt schließlich:

$$\cos\varphi = \sqrt[6]{\frac{\gamma_1}{\gamma}}.$$

99. Das Gewicht des Körpers ist $G = \gamma_1 \cdot \frac{2}{3}bhl$, der Auftrieb $A = \gamma \cdot \frac{2}{3}b_1 tl$, wenn b_1 die Breite des Prismas in der Schwimmfläche ist. Beachtet man, daß $b^2 : h = b_1^2 : t$, so folgt aus $G = A$ für die Tauchtiefe:

$$t = h\sqrt[3]{\left(\frac{\gamma_1}{\gamma}\right)^2}.$$

Ist S der Schwerpunkt des Körpers, T der Angriffspunkt des Auftriebes, so wird

$$d = ST = SP - TP = \frac{3}{5}(h - t).$$

Ferner ist das kleinste Trägheitsmoment der Schwimmfläche $\min J = \frac{1}{12} b_1^3 l$ und die Verdrängung $\mathfrak{V} = \frac{2}{3} b_1 t l$; die Bedingungsungleichung 12 gibt dann die gewünschte Beziehung:

$$\frac{\gamma_1}{\gamma} > \left(1 - \frac{5}{24}\frac{b^2}{h^2}\right)^{3/2}.$$

100. Lösung wie vorher. Es ist:

$$G = \frac{1}{8}\gamma_1 \pi b^2 h, \quad A = \frac{1}{8}\gamma \pi b_1^2 t,$$

$$t = h\sqrt{\frac{\gamma_1}{\gamma}};$$

$$d = ST = SP - TP = \frac{2}{3}(h - t),$$

$$\min J = \frac{\pi}{64} b_1^4, \; \mathfrak{V} = \frac{1}{8} b_1^2 \pi t \text{ und endlich}$$

$$\frac{\gamma_1}{\gamma} > \left(1 - \frac{3}{16}\frac{b^2}{h^2}\right)^2.$$

101. Ist F der Querschnitt des Gefäßes, h die ursprüngliche Flüssigkeitshöhe, h_1 jene nach dem Hineinwerfen des Körpers G_1, γ das Einheitsgewicht der Flüssigkeit, so ist das Gewicht der Flüssigkeit $G = \gamma F h = \gamma F h_1 - G_1$.

Da die Drücke auf die rechteckige Seitenwand im Verhältnis stehen

$$D : D_1 = h^2 : h_1^2,$$

so ist

$$D_1 = D\left(1 + \frac{G_1}{G}\right)^2.$$

102. a) Eine Parabel, deren Scheitel die Anfangslage ist. Die Scheiteltangente ist horizontal. Denn die aufwärts treibende Kraft der Kugel ist

$$\text{Auftrieb} - \text{Gewicht} = \mathfrak{V}(\gamma - \gamma)_1,$$

wenn $\mathfrak{V}$ der Rauminhalt der Kugel ist; somit die aufwärts gerichtete Beschleunigung

$$\left(\frac{\gamma}{\gamma_1} - 1\right) g = g.$$

b) $\tau = \sqrt{\frac{2\,t}{g}} = 0{,}9$ Sekunden.

c) $a = v\,\tau = 1{,}35$ m.

103. Taucht das Prisma um x empor, so ist seine bewegende Kraft $P = A - G$, worin der Auftrieb $A = F\,(l - x)\,\gamma$ und das Gewicht $G = F\,l\,\gamma_1$, F der Querschnitt ist. Dann ist die Beschleunigung der Aufwärtsbewegung

$$b = g\left[\frac{\gamma}{\gamma_1} - 1 - \frac{x}{l}\,\frac{\gamma}{\gamma_1}\right]$$

und nach Integration der Gleichung $v\,.\,d\,v = b\,.\,ds$:

$$v^2 = 2\,g\left[\left(\frac{\gamma}{\gamma_1} - 1\right)x - \frac{x^2}{2\,l}\,\frac{\gamma}{\gamma_1}\right],$$

woraus mit $v = o$ die größte Erhebung folgt:

$$x_1 = 2\,l\left(1 - \frac{\gamma_1}{\gamma}\right),$$

und mit $\gamma_1 = \frac{3}{4}\,\gamma$: $\qquad x_1 = \frac{l}{2}.$

Die Zeit ergibt sich aus: $v^2 = A\,x - B\,x^2 = \left(\frac{dx}{dt}\right)^2$,

$dt = \frac{dx}{\sqrt{A\,x - B\,x^2}}$ und nach Integration:

$$t = C - \sqrt{\frac{l}{g}\,.\,\frac{\gamma_1}{\gamma}}\ \text{arc sin}\left(1 - \frac{\gamma}{\gamma - \gamma_1}\,\frac{x}{l}\right).$$

Nach Bestimmung der Konstanten $C = \frac{\pi}{2}\sqrt{\frac{l}{g}\,\frac{\gamma_1}{\gamma}}$ wird

$t = \sqrt{\frac{l}{g}\,\frac{\gamma_1}{\gamma}}\ \text{arc cos}\left(1 - \frac{\gamma}{\gamma - \gamma_1}\,\frac{x}{l}\right)$ und somit die gewünschte Zeit:

$$T = \pi\sqrt{\frac{3\,l}{4\,g}}.$$

104. Es kann angenommen werden, daß die Fallbewegung der beiden Kugeln sehr bald gleichförmig wird, da der Widerstand mit v^2 wächst. Dann ist für jede Kugel

Gewicht = Auftrieb + Widerstand

woraus $\quad \frac{2}{3}\,d_1\left(\frac{\gamma_1}{\gamma} - 1\right) = \frac{2}{3}\,d_2\left(\frac{\gamma_2}{\gamma} - 1\right) = a\,v^2,$

wenn a die Widerstandskonstante ist.

Es bleibt für die Bedingung der Gleichfälligkeit

$$\frac{d_1}{d_2} = \frac{\gamma_2 - \gamma}{\gamma_1 - \gamma}.$$

105. Die abwärts treibende Kraft ist

$G_1 - A_1 = \frac{\pi}{6} d_1^3 (\gamma_1 - \gamma)$ und der Widerstand der einen Kugel

$$W_1 = a_1 \frac{\pi d_1^2}{4} \frac{v^2}{G_1 - A_1}.$$

Setzt man wie in voriger Aufgabe

Gewicht = Auftrieb + Widerstand

für jede Kugel, so wird

$$\frac{2}{3} d_1 \left(\frac{\gamma_1}{\gamma} - 1\right)^2 = a_1 v^2, \quad \frac{2}{3} d_2 \left(\frac{\gamma_2}{\gamma} - 1\right)^2 = a_2 v^2,$$

woraus die Bedingung der Gleichfälligkeit:

$$\frac{d_1}{d_2} = \frac{a_1}{a_2} \frac{\gamma_1 (\gamma_2 - \gamma)^2}{\gamma_2 (\gamma_1 - \gamma)^2}.$$

106. Für die Breite x erhält man zunächst, wenn man Gewicht und Auftrieb gleich setzt:

$$x = a \sqrt{\frac{\gamma_1}{\gamma}},$$

sodann mit Hilfe von Bedingung 12 und mit

$$\min J = \frac{1}{12} l x^3, \quad \mathfrak{V} = \frac{x^2 \sqrt{3}}{4} l, \quad d = \frac{1}{\sqrt{3}} (a - x):$$

$$\frac{\gamma_1}{\gamma} > \frac{9}{16}.$$

107. Rechnung wie vorher. Man erhält:

$$x = a \sqrt{1 - \frac{\gamma_1}{\gamma}}, \quad \min J = \frac{1}{12} l x^3, \quad \mathfrak{V} = \frac{\sqrt{3}}{4} (a^2 - x^2) l,$$

$$d = \frac{1}{\sqrt{3}} \frac{x^2}{a + x},$$

woraus mit Hilfe von Bedingung 12: $\frac{\gamma_1}{\gamma} < \frac{7}{16}$.

108. Hier sind zwei Fälle zu unterscheiden:

a) Der Schwerpunkt des Stabes liegt unter der Oberfläche. Dies tritt ein, wenn

$$t > b$$

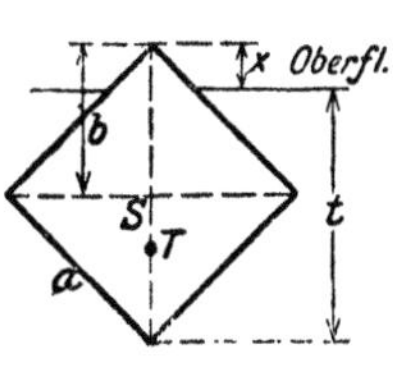

und weil die Tauchtiefe, wie die Gleichheit von Gewicht und Auftrieb ergibt:

$$t = a \left[\sqrt{2} - \sqrt{1 - \frac{\gamma_1}{\gamma}}\right],$$

so folgt $\gamma_1 : \gamma > 0{,}5$ als Bedingung.

Der Angriffspunkt T des Auftriebes hat von der unteren Ecke des Quadrates den Abstand

$$\frac{a^3 - 2x^2\left(a - \frac{\sqrt{2}}{3}x\right)}{\sqrt{2}\,(a^2 - x^2)}.$$

Daraus wird

$$d = ST = \frac{x^2\left(\frac{a}{\sqrt{2}} - \frac{2}{3}x\right)}{a^2 - x^2}.$$

Ferner ist $\min J = \frac{2}{3} l x^3$, $\mathfrak{B} = l(a^2 - x^2)$; somit liefert die Bedingung 12:

$$\gamma_1 : \gamma < \frac{23}{32} \text{ und } x > \frac{3}{4} b.$$

b) Der Schwerpunkt des Stabes liegt über der Oberfläche oder es ist $\gamma_1 : \gamma < 0{,}5$.

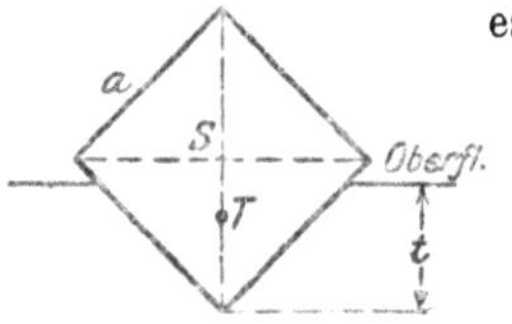

Dann ist $t = a\sqrt{\frac{\gamma_1}{\gamma}}$,

$$d = \frac{a}{\sqrt{2}} - \frac{2}{3} a \sqrt{\frac{\gamma_1}{\gamma}},$$

$\min J = \frac{2}{3} l t^3$, $\mathfrak{B} = t^2 l$ und die Bedingung 12 liefert: $\gamma_1 : \gamma > \frac{9}{32}$.

109. Man berechne zunächst die Koordinaten x_s und z_s des Schwerpunkts S des Primas, sowie ξ und ζ des Schwerpunkts T der verdrängten Flüssigkeit für ein beliebiges orthogonales Koordinatenkreuz; zweckmäßig wird es sein, die Achse X in die Oberfläche zu legen. Gleichgewicht wird eintreten können, wenn S und T in derselben Vertikale liegen oder wenn $x_s = \xi$ ist; dies liefert die Bedingungsgleichungen $\varphi = 90^0$ . . . . a)

und

$$\sin^2\varphi = \frac{b^2}{12\,a^2 k(1-k) - b^2} \quad \text{. . . . . b)}$$

worin $k = \frac{\gamma_1}{\gamma}$ ist.

Für die Stabilität des Gleichgewichtes benütze man das Kennzeichen 12

$$\frac{\min J}{\mathfrak{B}} > d,$$

worin

$$\min J = \frac{1}{12}\frac{b^3 l}{\sin^3\varphi}, \quad \mathfrak{B} = a b l k,$$

wenn l die Länge des Prismas ist, und

$$d = \zeta - z_s = \frac{b^2\cos^2\varphi}{24\,a k \sin\varphi} + \frac{a}{2}\sin\varphi\,(1-k).$$

Das Kennzeichen geht über in

$$12\,a^2\,k\,(1-k)\sin^4\varphi < b^2\,(2-\sin^2\varphi\cos^2\varphi)\;\ldots\ldots\;c).$$

Für $\varphi = 90^0$ ist also das Gleichgewicht sicher, wenn

$$b^2 > 6\,a^2\,k\,(1-k),$$

hingegen für den anderen Wert von φ nach Gleichung b), wenn

$$\sin^2\varphi < 1 \text{ oder } b^2 < 6\,a^2\,k\,(1-k).$$

110. Der Rauminhalt des Ellipsoides ist

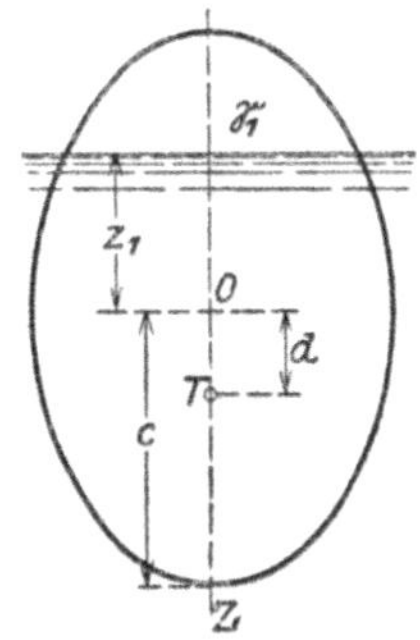

$$V = \int_{-c}^{+c} F\,dz = \frac{4}{3}\,\pi\,a\,b\,c\;\ldots\ldots\ldots\ldots\; a)$$

darin ist F der Querschnitt des Ellipsoides, eine Ellipse, die man aus der Gleichung des Ellipsoides

$$\frac{x^2}{a^2} + \frac{y^2}{b^2} + \frac{z^2}{c^2} = 1$$

erhält; ihre Halbachsen sind

$$\alpha = a\sqrt{1-\frac{z^2}{c^2}} \text{ und } \beta = b\sqrt{1-\frac{z^2}{c^2}}\;\ldots\; b)$$

und somit $F = \pi\,\alpha\,\beta = \pi\,a\,b\left(1-\frac{z^2}{c^2}\right)$.

Ebenso erhält man den Rauminhalt der Verdrängung:

$$\mathfrak{V} = \int_{-z_1}^{+c} F\,dz = \pi\,a\,b\left(z_1 - \frac{z_1^3}{3\,c^2} + \frac{2}{3}\,c\right).$$

Ferner folgt aus $G = A$: $V\gamma_1 = \mathfrak{V}\gamma$ oder

$$\mathfrak{V} = \frac{4}{3}\,\pi\,a\,b\,c\,\frac{\gamma_1}{\gamma}$$

und

$$z_1 - \frac{z_1^3}{3\,c^2} + \frac{2}{3}\,c = \frac{4}{3}\,c\,\frac{\gamma_1}{\gamma},$$

woraus z_1 und somit auch die Tauchtiefe $z_1 + c$ berechnet werden kann.

Für eine Drehung um die X-Achse des Ellipsoides ist die metazentrische Höhe

$$m_x = \frac{J_x}{\mathfrak{V}} - d;$$

darin ist $J_x = \frac{\pi}{4}\,a_1\,b_1^3$ das Trägheitsmoment der in der Oberfläche liegenden Schnittellipse, also mit Benützung der Ausdrücke b) für die Halbachsen:

$$J_x = \frac{\pi}{4}\,a\,b^3\left(1-\frac{z_1^2}{c^2}\right)^2.$$

Für den Abstand d hat man die Mittelpunkts-Gleichung zu benützen:

$$\mathfrak{B} \cdot d = \int_{-z_1}^{c} F\,z\,d\,z = \frac{1}{4}\pi\,a\,b\,c^2\left(1 - \frac{z_1{}^2}{c^2}\right)^2.$$

Man erhält:

$$m_x = \frac{3\gamma}{16\,\gamma_1\,c^5}(b^2 - c^2)\,(c^2 - z_1{}^2)^2$$

und ebenso für eine Drehung um die Y-Achse:

$$m_y = \frac{3\gamma}{16\,\gamma_1\,c^5}(a^2 - c^2)\,(c^2 - z_1{}^2)^2.$$

Das Ellipsoid schwimmt also stabil, wenn c die kleinste Hauptachse ist.

111. Nennt man x_1 und x_2 die Wasserhöhen in den beiden Kammern, G ihr Gewicht samt Kolben, Q das Wassergewicht in jeder Kammer, so ist

$$x_1 = \frac{G_1 + Q}{F\gamma},\quad x_2 = \frac{G_2 + Q}{F\gamma}.$$

Für Gleichgewicht ist

$$\frac{G_1 + Q + G}{f} + y\gamma = \frac{G_2 + Q + G}{f},$$

woraus

$$y = \frac{G_2 - G_1}{f\gamma}.$$

Ferner ist

$$x_1 + y = z + x_2,$$

woraus

$$z = \frac{G_2 - G_1}{\gamma}\left(\frac{1}{f} - \frac{1}{F}\right).$$

112. Ist f der kleine Querschnitt des Brettes, so kann für den Auftrieb des eintauchenden Stückes x genau genug gesetzt werden

$$A = \gamma\,f\,x$$

und wenn die Momente aller Kräfte um B gebildet werden:

$$G\,(l - y) = A\left(2\,l - y - \frac{x}{2}\right).$$

Es kann nur Gleichgewicht bestehen, wenn die Neigung des Brettes gegen die Horizontalebene gleich dem Reibungswinkel ϱ bei B ist; daraus folgt:

$$a = (2\,l - y - x)\sin\varrho.$$

Aus diesen drei Gleichungen folgt, wenn noch $G = \gamma_1 \cdot 2\,l\,f$ gesetzt wird:

$$2\,\gamma_1\,l\left(\frac{a}{\sin\varrho} - l + x\right) = \gamma\,x\left(\frac{a}{\sin\varrho} + \frac{x}{2}\right),$$

woraus x gerechnet werden kann; dann ist aus der dritten Gleichung auch y zu bestimmen.

113. Der Würfel sinkt, bis sein Gewicht $G = \gamma_1 a^3$ und sein Auftrieb $A = \gamma \cdot \frac{1}{2} a^3 \operatorname{tg} \varphi$ gleiche und entgegengesetzte Momente um O haben.

Man erhält

$$\operatorname{tg}^3 \varphi + \operatorname{tg} \varphi = 1.$$

Es ist φ beiläufig $34^0 20'$.

114. Nimmt man an, der Schwimmer G habe eine Bodenfläche F, die um z einsinkt, so ist zunächst

$$G = \gamma F z.$$

Hat das Gefäß G_1 die Bodenfläche F_1, so ist

$$G_2 = \gamma (F_1 y - F z).$$

Endlich ist

$$\gamma F_1 x = G_1 + \text{Bodendruck} = G_1 + \gamma F_1 y.$$

Entfernt man aus diesen Gleichungen z, F und F_1, so bleibt

$$G = \frac{G_1}{n-1} - G_2.$$

115. Es bestehen die Gleichungen:

$$G_1 - \gamma r^2 \pi \cdot z_1 = G_2 - \gamma R^2 \pi \cdot z_2,$$
$$l - z_1 = x + L - z_2,$$

wenn z_1 und z_2 die Tauchtiefen der Gewichte G_1 und G_2 sind. Ferner ist, wenn man y_1, y_2 die Längen der herabhängenden Schnur links und rechts nennt:

$$x = y_2 - y_1, \quad h = y_1 + l - z_1 = y_2 + L - z_2, \quad y_2 + y_1 = a - e.$$

Hieraus ergibt sich

$$x = \frac{2(G_2 - G_1)}{\gamma \pi (R^2 + r^2)} - (a + L + l - e - 2h) \frac{R^2 - r^2}{R^2 + r^2} - (L - l).$$

116. Man kann folgende Gleichungen aufstellen:

$$G + \text{Druck von oben} = \text{Auftrieb}$$

oder

$$G + \gamma f (h - x) = \gamma f z,$$

wenn h die Höhe der Flüssigkeit im oberen Gefäß bezeichnet. Nennt man ebenso h_1 die Höhe im unteren Gefäß, so ist

$$G_1 = \gamma (F h - f x), \quad 2 G_1 = \gamma (F h_1 - f z),$$
$$x + z = h_1.$$

Hieraus ergibt sich:

$$x = \frac{G_1}{5 \gamma f}, \quad G = \frac{3}{10} G_1.$$

117. Zur Berechnung von x, y, z, u dienen die vier Gleichungen:

$$G = \gamma [F(u+x) - F_1 x], \quad G_1 = \gamma_1 [F_1(x+y) - F_2(l-z)],$$
$$G_2 + \gamma_1 F_1 (x+y) = \gamma F_1 x, \quad x+y+z+u = h.$$

118. Nennt man S_1 den Schwerpunkt von S und A, T den Angriffspunkt des Auftriebes (Schwerpunkt des eintauchenden Trapezes), so müssen S_1 und T in derselben Vertikale liegen. Der Punkt S_1 hat in bezug auf das Achsenkreuz X Y die Koordinaten

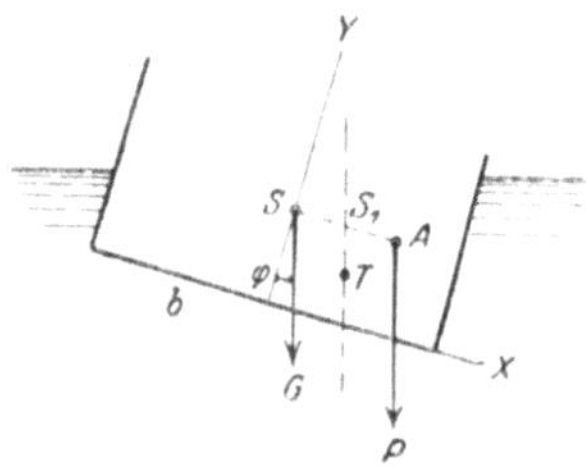

$$x_1 = \frac{P}{P+G} x, \quad y_1 = \frac{Py + Ga}{P+G}.$$

Der Schwerpunkt T hat die Koordinaten

$$x_2 = \frac{b^2}{3t} \operatorname{tang} \varphi, \quad y_2 = \frac{1}{2}\left(t + \frac{b^2}{3t} \operatorname{tang}^2 \varphi\right),$$

worin
$$t = \frac{P+G}{2\gamma b l}$$

die ursprüngliche Tauchtiefe des Bootes ist.

Setzt man nun

$$\operatorname{tang} \varphi = \frac{x_2 - x_1}{y_1 - y_2},$$

so erhält man für tang φ folgende Gleichung:

$$\operatorname{tg}^3 \varphi + \operatorname{tg} \varphi \left[2 - \frac{3(Py + Ga)}{\gamma b^3 l} + \frac{3(P+G)^2}{4\gamma^2 b^4 l^2}\right] = \frac{3Px}{\gamma b^3 l}.$$

119. Nennt man x die Höhe der Flüssigkeit (siehe Abbildung), t die Tauchtiefe der kleinen Kugel, so ist zunächst $x - t + r = R$. Ferner muß G gleich dem Auftrieb sein, also

$$G = \frac{\gamma \pi}{3} t^2 (3r - t) \quad \ldots\ldots \quad a)$$

und endlich das Gewicht der Flüssigkeit

$$G_1 = \frac{\gamma \pi}{3} x^2 (3R - x) - G.$$

Hieraus erhält man

$$t = \frac{G_1}{\gamma \pi (R^2 - r^2)} - \frac{(2R + r)(R - r)}{3(R + r)}$$

und das gewünschte Gewicht sodann aus der Gleichung a).

120. Man ermittle die Auflagerdrücke für beide Balken, füge deren Gewicht hinzu und setze die Summe gleich dem betreffenden Auftrieb. Dann erhält man die Gleichungen

$$P\left(1-\frac{x}{l}\right)+\frac{G}{2}+\gamma_1 a d^2=\gamma a d(d-y),$$

$$P\cdot\frac{x}{l}+\frac{G}{2}+4\gamma_1 a d^2=2\gamma a d(2d-y),$$

woraus

$$x=\frac{l}{6P}[4P+G+4ad^2(\gamma-\gamma_1)],$$

$$y=\frac{5}{3}d\left(1-\frac{\gamma_1}{\gamma}\right)-\frac{P+G}{3\gamma a d}.$$

121. Man darf annehmen, daß das Gewicht G in A selbst liegt; es sei S der Schwerpunkt der Platte, S_1 der Schwerpunkt von A und S, T der Schwerpunkt der Verdrängung. Nimmt man ein Achsenkreuz derart an, daß AX durch S geht, AY dazu senkrecht nach abwärts gerichtet ist, so hat der Punkt S_1 die Koordinaten

$$x_1=\frac{1}{2}\frac{\gamma_1 a^3 d}{\gamma_1 a^2 d+G},\quad y_1=0.$$

Die Verdrängung hat zum Querschnitt ein Trapez, dessen Höhe d, dessen parallele Seiten z und z + d seien; es muß die Beziehung gelten: Gewicht gleich Auftrieb, oder

$$\frac{1}{2}(2z+d)\gamma d a=\gamma_1 d a^2+G.$$

Die Koordinaten des Schwerpunkts T sind

$$x_2=\frac{1}{3}\frac{3z^2+3zd+d^2}{2z+d},\quad y_2=\frac{d^2}{6(2z+d)}.$$

Sollen nun T und S_1 in derselben Vertikalen sein, so ist

$$x_1=x_2+y_2$$

zu setzen; durch Entfernung von z erhält man dann aus obigen Gleichungen

$$G=\gamma a d\left[\sqrt{a^2\frac{\gamma_1}{\gamma}-\frac{d^2}{4}}-a\frac{\gamma_1}{\gamma}\right].$$

122. Nennt man P_1, P_2, P_3 die auf die Kugeln entfallenden Teile von P, ferner t_1, t_2, t_3 die Tauchtiefen der Kugeln, so müssen folgende Gleichungen erfüllt sein:

$$t_1=2r_1-y,\quad P_1+G_1+\frac{G}{3}=\frac{1}{3}\gamma\pi t_1^2(3r_1-t_1)$$

für die erste Kugel; jede andere liefert zwei analoge Gleichungen. Aus diesen sechs Gleichungen erhält man für y die Gleichung:

$$y^3 - y^2(r_1 + r_2 + r_3) = \frac{1}{\gamma\pi}\left[P + G - (G_1 + G_2 + G_3)\left(\frac{\gamma}{\gamma_1} - 1\right)\right]$$

und für den Teil P_1 der Belastung:

$$P_1 = \frac{1}{3}\left[P - (G_2 + G_3 - 2\,G_1)\left(\frac{\gamma}{\gamma_1} - 1\right) + \gamma\pi y^2 (r_2 + r_3 - 2\,r_1)\right],$$

worin γ_1 das Einheitsgewicht der Kugeln ist.

Für P_2 und P_3 erhält man analoge Gleichungen.

123. Der Schwerpunkt T der Verdrängung, die ein schief abgeschnittener Kreiszylinder ist, hat in bezug auf das gezeichnete Achsenkreuz die Koordinaten

$$x_2 = \frac{r^2}{4a}\operatorname{tg}\varphi, \quad y_2 = \frac{1}{8a}(4a^2 + r^2\operatorname{tg}^2\varphi),$$

wenn $AC = a$ genannt wird. (Vergl. Aufgabe 273 im I. Bande, Allgemeiner Teil, 4. Aufl.) Um a zu finden, benütze man den Satz vom Auftrieb:

$$G_1 + \frac{G}{2} = \text{Auftrieb} = \gamma\pi r^2 a.$$

In B kann das Gewicht $\frac{G}{2}$ angebracht werden; der Schwerpunkt S_1 von S und B hat die Koordinaten:

$$x_1 = \frac{G\,r}{2\,G_1 + G}, \quad y_1 = \frac{2\,G_1 s + G\,h}{2\,G_1 + G}.$$

Da nun T und S_1 in derselben Vertikale liegen müssen, so muß die Gleichung erfüllt sein:

$$\operatorname{tg}\varphi = \frac{x_2 - x_1}{y_1 - y_2},$$

woraus durch Einsetzen der Werte die Gleichung folgt:

$$\operatorname{tg}^3\varphi + \operatorname{tg}\varphi\left[2 + \left(\frac{2\,G_1 + G}{\gamma\pi r^3}\right)^2 - 4\,\frac{2\,G_1 s + G\,h}{\gamma\pi r^4}\right] = \frac{4\,G}{\gamma\pi r^3}.$$

124. Nennt man G das Gewicht des Troges samt Inhalt, x seine veränderliche Tauchtiefe, so ist der Zug Z im Seil:

$$Z = G - \gamma F x.$$

Ist $Z = 0$, dann ist die normale Tauchtiefe

$$t = \frac{G}{\gamma F},$$

worin F den Querschnitt des prismatischen Troges bezeichnet. Für $Z = 0$ sei das Gegengewicht in seiner höchsten Lage bei A; es ist $OA = a$ und

$$x + r = t + a = k = \text{konstant}.$$

λ sei der Winkel zwischen r und der Tangente an die Gleitbahn; dann ist für Gleichgewicht

$$Q \cos(\psi + \lambda) = Z \cos \lambda$$

oder

$$Q(\cos\psi - \sin\psi \,.\, \operatorname{tg}\lambda) = G - \gamma F(k - r).$$

Beachtet man, daß $\operatorname{tg}\lambda = r \,.\, \frac{d\psi}{dr}$, so wird

$$Q(\cos\psi\, dr - r\sin\psi \,.\, d\psi) = [G - \gamma F(k - r)]\, dr$$

und nach Integration

$$r\cos\psi = Ar + Br^2 + C.$$

Für die Lage des Gegengewichtes in A ist $r = a$, $\psi = 0$, woraus

$$r\cos\psi = a + A(r - a) + B(r^2 - a^2)$$

die Gleichung der Kurvenbahn folgt. Hierin ist

$$A = \frac{G - \gamma F k}{Q}, \quad B = \frac{\gamma F k}{2Q}.$$

125. Setzt man in die Gleichung $16 : F_1 = F_2 = F$, so folgt für die Ausflußgeschwindigkeit bei F, weil $\alpha = 1$ wird,

$$v = \varphi \sqrt{\frac{2gh}{1 - n^2 + \left(\frac{1}{\alpha_1} - 1\right)^2}}, \quad n = \frac{F}{F_0}.$$

Ebensogroß wie v ist aber die Geschwindigkeit v_1 bei A.

126. Die Ausflußgeschwindigkeit bei F ist nach Gleichung 14:

$$v = \varphi \sqrt{\frac{2gh}{1 - n^2}}, \quad n = \frac{F}{F_0}.$$

Nennt man F_1 den Querschnitt des Gefäßes bei A, so ist die gesuchte Geschwindigkeit, wenn bei F keine Einschnürung der Flüssigkeit stattfindet

$$v_1 = \frac{F}{F_1} v.$$

127. Setzt man in Gleichung 16: $F_1 = F_2$, worin F_1 der Querschnitt bei A ist, so folgt für die Ausflußgeschwindigkeit bei F:

$$v = \varphi \sqrt{\frac{2gh}{1 - n^2 + n_1^2(1 - \alpha_1)^2}}, \quad n = \frac{\alpha F}{F_0}, \quad n_1 = \frac{\alpha F}{\alpha_1 F_1}.$$

Die Geschwindigkeit bei A ist dann:

$$v_1 = n_1 v.$$

128. Nennt man F_0 die Oberfläche, v_0 ihre Geschwindigkeit in bezug auf das Gefäß, F die Ausflußfläche, dM das in dt ausfließende Flüssigkeitselement, so ist nach dem Arbeitsprinzip:

$$\frac{1}{2} dM (v^2 - v_0^2) = dM (g - \gamma) h,$$

ferner
$$F v = F_0 v_0, \quad v_0 = v \frac{F}{F_0} = n v$$

und
$$v = \sqrt{\frac{2(g-\gamma) h}{1 - n^2}}.$$

129. Nennt man dM das herabsinkende Flüssigkeitsteilchen, v_0 die Geschwindigkeit, mit der F_0 sinkt, v die Ausflußgeschwindigkeit, so ist mit Benützung des Arbeitsprinzipes

$$\frac{1}{2} dM (v^2 - v_0^2) + dM (v - v_0)^2 = dM \,.\, g h,$$

wobei das zweite Glied von dem zweimaligen Energieverlust durch Stoß beim Fließen durch die zwei oberen Bodenöffnungen herrührt. Setzt man noch $\alpha F v = F_0 v_0$, wobei α die Einschnürungszahl der Öffnung ist, so folgt, von Reibungen abgesehen:

$$v = \sqrt{\frac{2 g h}{(1-n)(3-n)}}, \qquad n = \frac{\alpha F}{F_0}.$$

130. Nennt man v_0, v und v_1 die Durchflußgeschwindigkeiten durch die Flächen F_0, F und F_1, und ist dM das herabsinkende Flüssigkeitsteilchen im Zeitelement dt, so ist nach dem Arbeitsprinzip

$$\frac{1}{2} dM (v_1^2 - v_0^2) + \frac{1}{2} dM (v - v_1)^2 = dM \,.\, g h,$$

worin das erste Glied die Energieänderung des Teilchens dM, das zweite den Energieverlust durch Stoß beim Austritt durch die Fläche F bedeutet. Nimmt man hinzu:

$$F_0 v_0 = F v = F_1 v_1,$$

so bleibt, von Reibungen abgesehen,

$$v = \sqrt{\frac{2 g h}{1 - n^2 - 2 n_1 (1 - n_1)}},$$

wenn $n = \frac{F}{F_0}$, $n_1 = \frac{F}{F_1}$ bedeutet.

131. Nennt man F_x die sinkende Oberfläche, x ihren Abstand von der Ausflußfläche F, so ist die Ausflußgeschwindigkeit

$$v = k\sqrt{x},$$

worin k eine Konstante ist; aus $F_x . v_0 = F v$ folgt

$$F_x = c\sqrt{x},$$

worin c eine Konstante ist. Ist das Gefäß z. B. prismatisch und hat es die Länge l, so ist

$$F_x = l y,$$

wenn y die Breite der Oberfläche ist; dann wird

$$y^2 = a x,$$

d. h. der Querschnitt des Gefäßes ist eine Parabel.

132. $q = \mu F \sqrt{\dfrac{2gh + \frac{1}{2}R^2\omega^2}{1 - n^2}}, \quad n = \dfrac{F}{F_0}, \quad \mu = \text{Ausflußzahl}.$

133. Nennt man $AB = y$, ferner v die Ausflußgeschwindigkeit an der oberen Öffnung, t die Zeit bis zum Eintreffen in B, so ist

$$y = v t, \quad h - x = \frac{1}{2} g t^2,$$

und

$$h - x = \frac{1}{2} g \frac{y^2}{v^2} = \frac{y^2}{4x}.$$

Ähnliches gilt für die untere Öffnung:

$$z = \frac{1}{2} g \frac{y^2}{v_1^2} = \frac{y^2}{4(h - z)}.$$

Durch Entfernen von y wird:

$$x(h - x) = z(h - z)$$

und somit

$$x = z.$$

134. Anfangs ist $v = \sqrt{2gb}$ und sinkt bis $\sqrt{2ga}$, d. h. bis die Flüssigkeit in der Röhre nach A gelangt ist. Dann bleibt v konstant, bis die Oberfläche der Flüssigkeit im Gefäß nach A gelangt ist. Von nun an nimmt v bis null ab.

135. Wenn sich F_0 um z gesenkt hat, ist im Gefäß noch die Flüssigkeitsmasse

$$M = \frac{\gamma}{g} F_0 (h - z)$$

mit der Beschleunigung $\dfrac{d^2 z}{d t^2}$. Da sich Gewicht, Bodendruck und

Trägheitskraft Gleichgewicht halten werden, so ist

$$D = M\left(g - \frac{d^2 z}{d t^2}\right).$$

Nennt man v die Ausflußgeschwindigkeit bei F, so ist nach Gleichung 14:

$$v = \varphi \sqrt{\frac{2 g (h - z)}{1 - n^2}}$$

mit $n = \frac{F}{F_0}$, und die Geschwindigkeit, mit der die Oberfläche sinkt, $v_0 = \frac{d z}{d t} = n v$, woraus

$$D = \gamma F_0 (h - z)\left[1 + \varphi^2 \frac{n^2}{1 - n^2}\right].$$

136. Ein Teilchen dM vom Gewicht dM . g sinkt von F_0 bis F, erhält hier die Geschwindigkeit v und gibt überdies die Energie $dM \frac{(v_1 - v)^2}{2}$ beim Eintritt in das Ansatzrohr ab, wenn v_1 seine Geschwindigkeit in F_1 war (Borda'sches Stoßgesetz). Es ist also

$$dM . g h = \frac{1}{2} dM . v^2 + \frac{1}{2} dM (v_1 - v)^2.$$

Ferner ist

$$F v = F_1 v_1,$$

und wenn man

$$m = \frac{F_1}{F}$$

setzt: $v_1 = \frac{v}{m}$, womit die erste Gleichung wird:

$$2 g h = \frac{v^2}{m^2}(1 - 2 m + 2 m^2)$$

und die Durchflußmenge Q durch das Ansatzrohr:

$$Q^2 = F^2 v^2 = F^2 \frac{2 g h m^2}{1 - 2 m + 2 m^2}.$$

Ohne Ansatzrohr wäre die Durchflußmenge

$$Q_1^2 = F_1^2 . 2 g h,$$

somit

$$\frac{Q_1}{Q} = \sqrt{1 - 2 m (1 - m)}.$$

137. Sobald Beharrungszustand eingetreten ist, wird

$$F_1 v_1 = F_2 v_2$$

sein. Ein Flüssigkeitsteilchen dM, das von F_0 bis F_1 gelangt, gibt die Arbeit $dM.g(h+h_1)$ ab, besitzt in F_1 die Bewegungsenergie $\frac{1}{2}dM.v_1^2$, verliert aber vorher in F_2 die Bewegungsenergie $\frac{1}{2}dM.v_2^2$, weil sie in der ruhenden Flüssigkeit des zweiten Gefäßes zerstört wird. Es ist also

$$dM.g(h+h_1)=\frac{1}{2}dM(v_1^2+v_2^2);$$

nun ist aber nach Gleichung 15 mit $\varphi=1$:

$$v_1^2=2gh_1.$$

Aus diesen drei Gleichungen erhält man:

$$v_2^2=2gh$$

und

$$F_1^2h_1=F_2^2h.$$

138. Wenn im Zeitelement rechts und links das Flüssigkeitselement dM herabsinkt, so fließt $2dM$ bei F aus. Die durch die Flächen F_1 mit der Geschwindigkeit v_1 fließenden Elemente prallen zusammen; hierdurch entsteht ein Energieverlust

$$\frac{1}{2}\frac{dM.dM}{dM+dM}[v_1-(-v_1)]^2=dM.v_1^2.$$

Die Arbeitsgleichung gibt dann folgenden Ansatz:

$$2dMgh=2.\frac{1}{2}dM(v^2-v_0^2)+dM.v_1^2.$$

Das Kontinuitätsgesetz verlangt:

$$2F_0v_0=2F_1v_1=Fv.$$

Hieraus wird:

$$v=\sqrt{\frac{2gh}{1+\frac{F^2}{4}\left(\frac{1}{F_1^2}-\frac{1}{F_0^2}\right)}}.$$

139. Wenn bei D die Flüssigkeit $\mathfrak{B}$ ausfließt, so nimmt das Gewicht von B um $\mathfrak{B}\gamma$ zu; infolgedessen sinkt C derart ein, daß die Verdrängung um $\mathfrak{B}$ zunimmt; die Oberfläche in A wird also nicht sinken und die Ausflußgeschwindigkeit in D wird unverändert bleiben.

140. Nach Gleichung 14 ist die Ausflußgeschwindigkeit

$$v=\sqrt{\frac{2gh}{1-n^2}},$$

ferner nach dem Kontinuitätsgesetz

$$F_0 v_0 = \mu F v,$$

woraus sich ergibt:

$$\mu = \frac{v_0}{\sqrt{2gh}} \frac{\sqrt{1-n^2}}{n}.$$

141. Es ist für das Zeitelement

$$F_0(-dx) = \text{Ausfluß} - \text{Einfluß} = dQ - q\,.\,dt,$$

worin

$$dQ = \mu F \sqrt{2gx}\,.\,dt.$$

Man erhält

$$dQ = \frac{F_0 \sqrt{x}\,dx}{\sqrt{k} - \sqrt{x}},$$

worin

$$\sqrt{k} = \frac{q}{\mu F \sqrt{2g}}.$$

Es wird schließlich

$$Q = F_0 \int_h^x \frac{\sqrt{x}\,dx}{\sqrt{k} - \sqrt{x}} = F_0 \left\{ (\sqrt{h} - \sqrt{x})(\sqrt{h} + \sqrt{x} + 2\sqrt{k}) + 2k \ln \frac{\sqrt{h} - \sqrt{k}}{\sqrt{x} - \sqrt{k}} \right\}.$$

142. $\mu = \dfrac{Q}{F\sqrt{2gh}} = 0{,}57.$

143. Anwendung von Gleichung 18.

Es ist $\quad x = \dfrac{b}{h}(h - z)\quad$ und

$$Q = \mu \sqrt{2g} \frac{b}{h} \int_0^h (h-z)\sqrt{z}\,dz = \frac{4}{15} \mu b h \sqrt{2gh}.$$

144. Anwendung von Gleichung 18.

Es ist $x = \dfrac{b}{h} z$ und $Q = \dfrac{2}{5} \mu b h \sqrt{2gh}.$

145. Anwendung von Gleichung 18.

Es ist $x = a - \dfrac{a-b}{h} z$ und $Q = \dfrac{2}{15} \mu (2a + 3b) h \sqrt{2gh}.$

146. Anwendung von Gleichung 18.

Es ist $x = a - \dfrac{a-b}{H-h}(z-h)\quad$ und

$$Q = \mu \,.\, \frac{2\sqrt{2g}}{H-h} \left\{ \frac{aH - bh}{3} (H^{3/2} - h^{3/2}) - \frac{a-b}{5} (H^{5/2} - h^{5/2}) \right\}.$$

147. Anwendung von Gleichung 18.

Es ist $x = 2\sqrt{r^2 - z^2}$ und $Q = 2\mu\sqrt{2g}\int_0^r \sqrt{r^2 - z^2} . \sqrt{z} . dz$.

Entwickelt man die Wurzel

$$\sqrt{r^2 - z^2} = r\sqrt{1 - \frac{z^2}{r^2}}$$

nach dem binomischen Lehrsatz, so erhält man

$$Q = 2\mu\sqrt{2g}\, r \int_0^r \left[1 - \frac{1}{2}\frac{z^2}{r^2} - \frac{1}{8}\frac{z^4}{r^4} - \frac{1}{16}\frac{z^6}{r^6} - \dots\right]\sqrt{z} . dz$$

$$= 2\mu\sqrt{2g}\, r^{5/2}\left[\frac{2}{3} - \frac{1}{7} - \frac{1}{44} - \frac{1}{120} - \dots\right]$$

und angenähert:

$$Q = 0{,}98\,\mu\sqrt{2g}\, r^{5/2}.$$

148. Anwendung von Gleichung 18.

Es ist $x = b\sqrt{\frac{h - z}{h}}$ und

$$Q = \mu\sqrt{2g}\frac{b}{\sqrt{h}}\int_0^h \sqrt{hz - z^2}\, dz = \frac{\pi}{8}\,\mu\,\sqrt{2g}\, b\, h^{3/2}.$$

149. Nach Gleichung 20 fließt durch die obere Öffnung in der Zeiteinheit

$$Q_1 = \frac{2}{3}\,\mu\, b\sqrt{2g}\left[(h + x)^{3/2} - h^{3/2}\right],$$

durch die untere Öffnung:

$$Q_2 = \frac{2}{3}\,\mu\, b\sqrt{2g}\left[(h + a)^{3/2} - (h + x)^{3/2}\right].$$

Setzt man $Q_1 = Q_2$, so bleibt

$$2\,(h + x)^{3/2} = (h + a)^{3/2} + h^{3/2}$$

oder
$$2\left(1 + \frac{x}{h}\right)^{3/2} = \left(1 + \frac{a}{h}\right)^{3/2} + 1.$$

Falls $a < h$ ist, entwickle man nach dem binomischen Lehrsatz und bleibe beim dritten Gliede stehen; dann ergibt sich

$$x = \sqrt{4h^2 + 2ah + \frac{1}{2}a^2} - 2h.$$

150. Nennt man f_1 die obere, f_2 die untere Teilfläche des Kreises, z_1 und z_2 die Abstände ihrer Schwerpunkte von O, so darf nach Gleichung 19 für die beiden Ausflußmengen genau genug gesetzt werden:

$$Q_1 = \mu_1 f_1 \sqrt{2g(h - z_1)}, \quad Q_2 = \mu_2 f_2 \sqrt{2g(h + z_2)}.$$

Gestattet man die Annahme, daß die Ausflußzahlen μ_1 und μ_2 gleich groß sind, so wird wegen $Q_1 = Q_2$:

$$f_1^2 (h - z_1) = f_2^2 (h + z_2).$$

Bezeichnet man $AB = c$, so ist nach einer bekannten Schwerpunktsregel

$$f_1 z_1 = f_2 z_2 = \frac{c^3}{12}.$$

Überdies ist $f_1 + f_2 = r^2\pi$. Hieraus erhält man

$$(f_1 - f_2) h = \frac{c^3}{12}.$$

Mit Einführung des Winkels $\alpha = \frac{1}{2} AOB$ wird

$$f_2 = r^2 (\alpha - \sin\alpha \cos\alpha), \quad c = 2 r \sin\alpha,$$

woraus schließlich $\pi - 2\alpha + \sin 2\alpha = \frac{2r}{3h} \sin^3\alpha$.

Hierdurch ist α und die Lage von AB bestimmt.

151. Anwendung der Gleichungen 13 und 17.

Bodenöffnung $F = 15\ cm^2$, Oberfläche $F_0 = 12\ m^2$,

$$n = \frac{F}{F_0} \doteq 0.$$

$$H = h + \frac{p_0 - p}{\gamma} = 0{,}8\,m + 0{,}2 \,.\, 10{,}333\ m = 2{,}867\ m.$$

Ausflußgeschwindigkeit: $v = 0{,}97 \sqrt{2gH} = 7{,}275$ m.

Ausflußzahl: $\mu = 0{,}645$.

Ausflußmenge: $Q = \mu F \sqrt{2gH} = 7{,}256$ Liter in der Sekunde.

152. Anwendung von Gleichung 20. Setzt man a statt H und $h = 0$, so ist die Ausflußmenge in der Sekunde:

$$Q = \frac{2}{3} \mu b \sqrt{2g}\, a^{3/2}.$$

Es ergibt sich:

$$n = \frac{0{,}6}{2{,}8} = 0{,}214, \quad \mu = 0{,}587, \quad Q = 0{,}8056\ m^3/s.$$

153. $$n = \frac{\pi d^2}{4 F_1} = 0{,}314, \quad \mu = 0{,}842,$$

$$Q = \mu \cdot \frac{\pi d^2}{4} \cdot \sqrt{2 g h} = 0{,}2355 \text{ m}^3.$$

Nach Gleichung 21 ist die Widerstandszahl

$$\zeta = \frac{1}{\mu^2} - 1 = 0{,}39$$

und

$$h = \text{Nutzhöhe} + \text{Widerstandshöhe}$$
$$= \frac{v^2}{2g} + \zeta \cdot \frac{v^2}{2g},$$

woraus die Ausflußgeschwindigkeit:

$$v = \sqrt{\frac{2 g h}{1 + \zeta}} = 7{,}51 \text{ m/s und die Widerstandshöhe} = \zeta \cdot \frac{v^2}{2g} = 1{,}13 \text{ m}.$$

154. Zur Zeit t sei x die Entfernung der Unterkante der Schütze von der Oberfläche. Dann ist im nächsten Zeitelement die Ausflußmenge nach Gleichung 20:

$$\frac{2}{3} \mu b \sqrt{2 g} (H^{3/2} - x^{3/2}) \cdot d t.$$

Nun ist beim Aufziehen der Schütze

$$- d x = c \cdot d t$$

und x nimmt von H bis h ab; die ganze Ausflußmenge ist also

$$Q = \frac{2}{3} \mu b \sqrt{2 g} \int_H^h (H^{3/2} - x^{3/2}) \frac{- d x}{c},$$

woraus

$$Q = \frac{2}{15} \frac{\mu b \sqrt{2 g}}{c} [3 H^{5/2} - 5 H^{3/2} h + 2 h^{5/2}].$$

155. Nach Gleichung 18 ist die Ausflußmenge in der Zeiteinheit

$$Q = \mu \sqrt{2 g} \int x \sqrt{z} d z.$$

Setzt man $x = \frac{b(H - z)}{H}$, so wird

$$Q = \mu \sqrt{2 g} \frac{b}{H} \int_u^{u+h} (H - z) \sqrt{z} d z.$$

Bildet man $\frac{dQ}{du} = 0$, so wird

$$H [(u + h)^{1/2} - u^{1/2}] = (u + h)^{3/2} - u^{3/2}$$

und daraus durch Kürzen des Klammerausdruckes

$$2h = 2u + \sqrt{u(u+h)}.$$

Man erhält schließlich

$$u = \frac{h}{2}\left(3 - \sqrt{\frac{11}{3}}\right) = 0{,}54\,h,$$

mit welchem Wert $\frac{d^2Q}{du^2} < 0$ wird.

156. Der Druck auf die Ausflußfläche ist $\gamma F h$; die Geschwindigkeit der ausströmenden Flüssigkeit ist anfangs Null und schließlich v, im Mittel also $\frac{v}{2}$, und die Arbeit des Druckes in der Sekunde:

$$A = \gamma F h \cdot \frac{v}{2}.$$

In der Sekunde strömt die Masse $\frac{\gamma}{g} f v$ aus; sie besitzt schließlich die Bewegungsenergie $\frac{1}{2} \cdot \frac{\gamma}{g} f v \cdot v^2$, welche der Arbeit A gleichgesetzt, mit Berücksichtigung von $v^2 = 2gh$ ergibt:

$$f = \frac{F}{2}.$$

157. Beschreibt man über dem Querschnitt $\frac{\pi d^2}{4}$ des Rohres eine Halbkugelfläche, so strömt das Wasser angenähert normal zu ihr mit der Geschwindigkeit v_1 der Öffnung zu; es ist nach dem Kontinuitätsgesetz

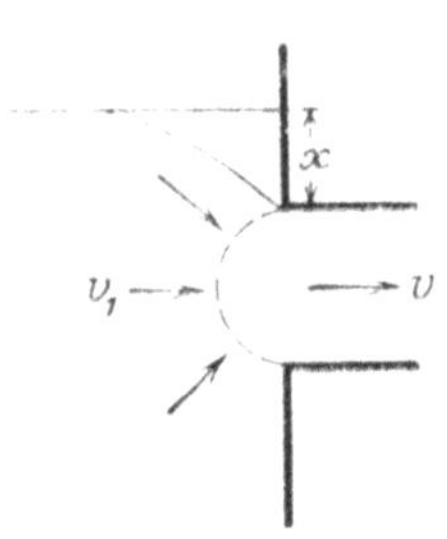

$$\frac{\pi d^2}{2} v_1 = \frac{\pi d^2}{4} v \text{ oder } v_1 = \frac{v}{2}.$$

An der Oberfläche sinken die Wasserteilchen mit der Geschwindigkeit $v_1 = \sqrt{2gx}$; es ist also

$$x = \frac{1}{4}\frac{v^2}{2g}.$$

158. Man denke sich über der Ausflußöffnung A B eine Flüssigkeitsschicht in der Form einer Halbkugeloberfläche f, durch welche die Flüssigkeit normal mit der Geschwindigkeit v_1 strömt. αF sei jener Querschnitt des ausfließenden Strahles, in welchem die Flüssigkeitsteilchen gleichgerichtete Geschwindigkeit besitzen; setzt man $OA = OB = r, F = r^2\pi$, so ist nach dem Kontinuitätsgesetz $\alpha F v = f \cdot v_1 = 2r^2\pi \cdot v_1$ oder

$$v_1 = \frac{1}{2}\alpha v.$$

Ist s der Schwerpunkt der Schichte $f = ACB$, v_s seine Geschwindigkeit, so gilt nach der Schwerpunktsregel

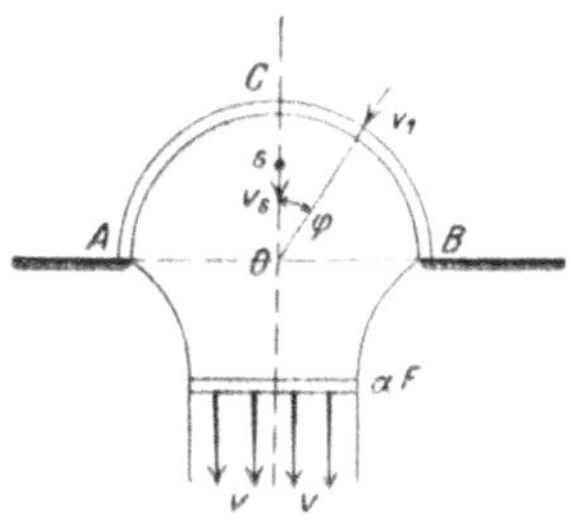

$$f \cdot v_s = \int v_1 \cos\varphi \cdot df$$

und da

$$\int \cos\varphi \cdot df = r^2\pi, \quad f = 2r^2\pi:$$

$$v_s = \frac{v_1}{2} = \frac{1}{4}\alpha v.$$

Nennt man v_0 die Oberflächengeschwindigkeit, p_0 den Druck an der Oberfläche, h die Höhe der Flüssigkeit im Gefäß, p_1 den Strömungsdruck an einer Stelle der Halbkugel, die die Entfernung z von der Ausflußöffnung hat, so ist nach Gleichung 73:

$$\frac{p_0}{\gamma} + h + \frac{v_0^2}{2g} = \frac{p_1}{\gamma} + z + \frac{v_1^2}{2g},$$

woraus mit Vernachlässigung von v_0:

$$p_1 = p_0 + \gamma\left(h - z - \frac{v_1^2}{2g}\right).$$

Der Vertikaldruck auf die ausströmende Halbkugeloberfläche ist dann $\int p_1\, df \cos\varphi$ und der Gegendruck im Querschnitt αF ist $\alpha F p_0$. Nach dem Gesetze vom Antrieb ist dann

$$dM(v - v_s) = \left(\int p_1\, df \cos\varphi - \alpha F p_0\right) dt,$$

worin $dM = \frac{\gamma}{g} \cdot \alpha F \cdot v\, dt$ die im Zeitelement ausströmende Masse ist.

Man erhält

$$\frac{\gamma}{g} \cdot \alpha F \cdot v(v - v_s) = p_0 F(1 - \alpha) + \gamma\left(h - \frac{v_1^2}{2g}\right) F - \gamma \int z \cos\varphi \cdot df.$$

Das letzte Integral ist der Inhalt $\frac{2}{3} r^3\pi$ der Kugelkappe und kann vernachlässigt werden. Mit Einführung der Werte von v_1 und v_s, sowie mit $v^2 = 2gh$, $\frac{p_0}{\gamma} = h_0$ folgt für α die Gleichung

$$2\alpha - 1 - \frac{\alpha^2}{4} = \frac{h_0}{h}(1 - \alpha).$$

Für $h = 0$ wird $\alpha = 1$, für $h = 2h_0$ wird $\alpha = 0{,}64$, für $h = \infty$, $\alpha = 0{,}536$.

159. Die Lösung ist ähnlich wie in voriger Aufgabe, nur tritt an die Stelle der Halbkugelfläche eine Kugelkappe ACB mit der Oberfläche

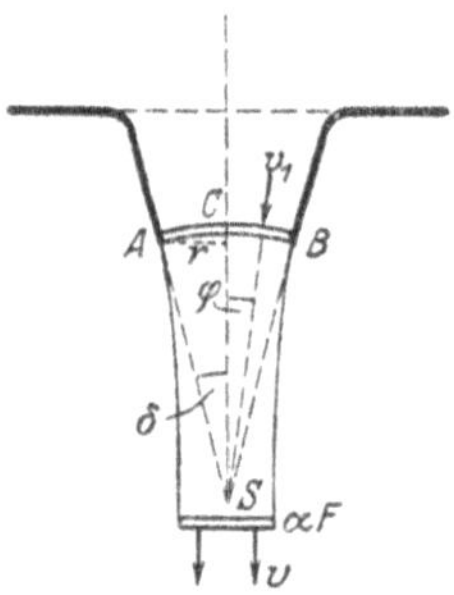

$$f = 2\varrho^2\pi(1 - \cos\delta) \text{ mit } SA = \varrho.$$

Man erhält

$$v_1 = \alpha v \cos^2\frac{\delta}{2} \text{ und } v_s = \alpha v \cos^4\frac{\delta}{2}$$

und auf demselben Wege wie dort die Gleichung

$$2\alpha - 1 - \alpha^2\cos^4\frac{\delta}{2} = \frac{h_0}{h}(1 - \alpha).$$

Für $\delta = 90^0$ erhält man die Gleichung der vorigen Aufgabe. Für $\delta = 0$ wird $\alpha = 1$. Für $\delta = 180^0$ wird $2\alpha - 1 = \frac{h_0}{h}(1 - \alpha)$, also für $h = \infty : \alpha = \frac{1}{2}$ wie in Aufgabe 156.

160. Nach Gleichung 23 ist die hydraulische Überdruckhöhe

$$Z_1 = \frac{p_1 - p_0}{\gamma} = z_1 - \frac{v_1^2 - v_0^2}{2g} \text{ in } F_1 \text{ und}$$

$$Z_2 = \frac{p_2 - p_0}{\gamma} = z_2 - \frac{v_2^2 - v_0^2}{2g} \text{ in } F_2.$$

Nun ist die Ausflußgeschwindigkeit nach Gleichung 14:

$$v^2 = \varphi^2\frac{2gh}{1 - n^2}, \quad n = \frac{F}{F_0} = \frac{3}{400},$$

und

$$\frac{v^2}{2g} = 2{,}823 \text{ m},$$

woraus

$$\frac{v_0^2}{2g} = \frac{v^2}{2g}\left(\frac{F}{F_0}\right)^2 \doteq 0,$$

$$\frac{v_1^2}{2g} = \frac{v^2}{2g}\cdot\left(\frac{F}{F_1}\right)^2 = 1{,}588 \text{ m}, \quad \frac{v_2^2}{2g} = \frac{v^2}{2g}\cdot\left(\frac{F}{F_2}\right)^2 = 0{,}254 \text{ m},$$

und

$$Z_1 = -0{,}588 \text{ m}, \quad Z_2 = +1{,}746 \text{ m}.$$

161. Wenn sich in dem zweiten Becken ein von Flüssigkeit freier Raum bildet, so herrscht in diesem die Pressung $p_1 = 0$, während an der Oberfläche oben und an der Ausflußöffnung unten die gleiche Pressung p_0 der Luft auftritt. Die Austrittsgeschwindigkeit aus dem oberen Rohr ist demnach

$$v_1 = \sqrt{2g\left(h + l + \frac{p_0 - p_1}{\gamma}\right)}$$

und jene aus dem unteren Rohr

$$v = \sqrt{2g\left(x + l + \frac{p_1 - p_0}{\gamma}\right)}.$$

Setzt man für Beharrungszustand $v = v_1$, so folgt

$$x = h + 2\frac{p_0}{\gamma}.$$

162. Nach Gleichung 23 ist $\frac{p_1 - p_0}{\gamma} = \frac{h}{2} - \frac{v_1^2}{2g}$, wenn p_1 die Pressung und v_1 die Geschwindigkeit im engsten Teil des Gefäßes ist. Mit $v^2 = 2gh$, $Fv = F_1 v_1$, $h_0 = \frac{p_0}{\gamma}$ wird, wenn $p_1 > 0$ sein soll:

$$F < F_1\sqrt{\frac{h_0}{h} + \frac{1}{2}}.$$

163. Nach Gleichung 22 ist der hydraulische Druck in A

$$p_1 = \frac{1}{m} p_0 = p_0 + h\gamma - \frac{\gamma}{2g}(v_1^2 - v_0^2),$$

wenn v_1 die Geschwindigkeit in A ist.

Nennt man v die Ausflußgeschwindigkeit am unteren Ende, so ist nach Gleichung 14, wenn von der Geschwindigkeitszahl φ abgesehen wird:

$$v^2 = \frac{2g(h + x)}{1 - n^2}, \quad n = \frac{F}{F_0};$$

ferner ist $v_1 = v$ und $v_0 = \frac{Fv}{F_0} = nv$.

Hiermit ergibt sich $x = \frac{p_0}{\gamma} \cdot \frac{m - 1}{m}$.

164. Wenn die Flüssigkeit bei A ausströmt, bildet sich im Verbindungsrohr und somit auch über der Oberfläche F_2 ein Druck, der kleiner als der anfängliche ist, nämlich nach Gleichung 22

$$p = p_0 + \left[\frac{h}{2} - \frac{v^2 - v_0^2}{2g}\right]\gamma,$$

denn die Geschwindigkeit bei C ist ebenso groß wie jene bei A nämlich

$$v = \varphi\sqrt{\frac{2gh}{1 - n^2}}, \quad n = \frac{F}{F_0}, \ \varphi = 0{,}97. \quad \text{(Gleichung 14.)}$$

Ferner ist
$$v_0 = \frac{Fv}{F_0} = nv,$$
somit
$$p = p_0 - \gamma h\left(\varphi^2 - \frac{1}{2}\right).$$

Die Ausflußgeschwindigkeit bei B ist dann nach Gleichung 13:
$$v_1 = \varphi\sqrt{\frac{2gH}{1-n_1^2}}, \quad H = h_1 + \frac{p-p_0}{\gamma}, \quad n_1 = \frac{F_1}{F_2}$$
und wenn $\frac{F_1}{F_2} = 0{,}0008$ als zu klein vernachlässigt wird:
$$v_1 = \varphi\sqrt{2g\left[h_1 - h\left(\varphi^2 - \frac{1}{2}\right)\right]} = 2{,}09 \text{ m/s}.$$

165. Ist p der Strömungsdruck bei A, so wird nach Gleichung 22 mit Vernachlässigung von v_0:
$$\frac{p}{\gamma} = \frac{p_0}{\gamma} + z_1 - \frac{v_1^2}{2g}, \text{ worin } z_1 = h - x \text{ ist.}$$
So lange p positiv ist, wird sich kein leerer Raum bilden, es wird also
$$x < \frac{p_0}{\gamma} + h - \frac{v_1^2}{2g}$$
sein müssen. Die Geschwindigkeit v_1 der Ausströmung bei A ergibt sich aus
$$v \cdot \frac{\pi d^2}{4} = v_1 \cdot \frac{\pi d_1^2}{2}$$
(vergleiche dazu die Lösung der Aufgabe 157).

Es bleibt
$$x < \frac{p_0}{\gamma} + h - \frac{v^2}{2g}\left(\frac{d}{d_1}\right)^4.$$

166. Nach Gleichung 22 ist der Druck im Querschnitt F_1:
$$p_1 = p_0 + \left(h - \frac{v_1^2 - v_0^2}{2g}\right)\gamma.$$

Vernachlässigt man v_0 (Sinken der Oberfläche F_0) und setzt angenähert $v = \sqrt{2gh}$ für die Ausflußgeschwindigkeit bei F, ferner $Fv = F_1 v_1$, so wird
$$p_1 = p_0 + h\gamma\left(1 - \frac{F^2}{F_1^2}\right).$$

So lange alle Querschnitte vollständig ausgefüllt sind, wird $p_1 > 0$ sein, woraus als Bedingung für F_1 folgt:

$$F_1 > F\sqrt{\frac{h}{h + h_0}} \quad \text{mit } h_0 = \frac{p_0}{\gamma}.$$

167. Benützt man Gleichung 16, setzt angenähert $\varphi = 1$, $\alpha = \alpha_1 = 1$ und vernachlässigt $\frac{1}{F_0^2}$ als zu klein, so bleibt für die Ausflußgeschwindigkeit in F:

$$v = \sqrt{\frac{2gh}{1 + (r - s)^2}},$$

wenn $\frac{F}{F_1} = r$, $\frac{F}{F_2} = s$ gesetzt wird. Ferner ist nach Gleichung 22 mit Vernachlässigung von v_0:

$$p_1 = p_0 + \left(h - \frac{v_1^2}{2g}\right)\gamma$$

und wenn $F v = F_1 v_1$, $v_1 = r v$ gesetzt wird:

$$p_1 = p_0 + h\gamma\left(1 - \frac{r^2}{1 + (r - s)^2}\right) \quad \ldots\ldots \text{a)}.$$

Soll die ausströmende Flüssigkeit den Querschnitt F_1 vollständig ausfüllen, so muß $p_1 > 0$ sein, woraus die Bedingung folgt:

$$h < \frac{p_0}{\gamma} \frac{1 + (r - s)^2}{2rs - s^2 - 1}.$$

168. Setzt man in voriger Aufgabe $s = \frac{F}{F_2} = 1$, so geht Gleichung a) über in:

$$p_1 = p_0 + h\gamma\left(1 - \frac{r^2}{1 + (r - 1)^2}\right).$$

Setzt man hier $\frac{dp_1}{dr} = 0$, so wird $r = \frac{F}{F_1} = 2$ und

$$_{\min}p_1 = p_0 - h\gamma.$$

169. Auf die Platte wirken das Gewicht G_1, der Stoßdruck D nach oben und der Überdruck der Luft D_1 nach unten. Für den Schwebezustand ist

$$G_1 - D + D_1 = 0 \quad \ldots\ldots\ldots \text{a)}$$

Der Stoßdruck ist nach Gleichung 65 mit $\delta = 90^0$:

$$D = \frac{\gamma}{g} Q v = \frac{G}{g} v.$$

Um den Überdruck D_1 zu finden, benütze man die Gleichung 23

$$Z + \frac{u^2}{2g} = Z_1 + \frac{u_1^2}{2g},$$

wenn u und u_1 die radialen Strömungsgeschwindigkeiten in der beliebigen Entfernung ϱ vom Mittelpunkte der Platte, bezw. für $\varrho = r_1$ sind. Die Überdruckhöhen an diesen Stellen sind

$$Z = \frac{p - p_0}{\gamma} \text{ und } Z_1 = 0.$$

Daraus wird

$$p_0 - p = \frac{\gamma}{2g}(u^2 - u_1^2).$$

Nun ist nach dem Kontinuitätsgesetze

$$Q = \frac{G}{\gamma} = a \,.\, 2\varrho\pi \,.\, u = a \,.\, 2 r_1 \pi \,.\, u_1$$

woraus

$$\varrho u = r_1 u_1$$

und

$$p_0 - p = \frac{\gamma u_1^2}{2g}\left(\frac{r_1^2}{\varrho^2} - 1\right).$$

Dann ist der Überdruck eines schmalen Ringstreifens der Platte:

$$dD_1 = (p_0 - p) \,.\, 2\varrho\pi \,.\, d\varrho = \frac{\pi\gamma u_1^2}{g}\varrho\, d\varrho\left(\frac{r_1^2}{\varrho^2} - 1\right)$$

und

$$D_1 = \frac{\pi\gamma u_1^2}{g}\int_{r_0}^{r_1}\left(\frac{r_1^2}{\varrho^2} - 1\right)\varrho\, d\varrho$$

$$= \frac{\pi\gamma u_1^2}{g}\left[r_1^2 \ln\left(\frac{r_1}{r_0}\right) - \frac{1}{2}(r_1^2 - r_0^2)\right]$$

und mit

$$u_1 = \frac{G}{2\gamma r_1 \pi a}:$$

$$D_1 = \frac{G^2}{8\gamma g \pi a^2}\left[2 \ln\left(\frac{r_1}{r_0}\right) - 1 + \left(\frac{r_0}{r_1}\right)^2\right].$$

Dann wird aus Gleichung a):

$$a^2 = \frac{G^2}{8\gamma\pi(Gv - G_1 g)}\left[2 \ln\left(\frac{r_1}{r_0}\right) - 1 + \left(\frac{r_0}{r_1}\right)^2\right].$$

170. Ist AB ein Stück der Strömungslinie, p der Druck auf die Flächeneinheit an der Innenseite, $p + \frac{\partial p}{\partial n} \,.\, dn$ an der Außenseite, dn die Dicke eines Flüssigkeitsteilchens dM, df sein Querschnitt, v die Geschwindigkeit, ϱ der Krümmungshalbmesser der Linie, so ist nach dem d'Alembertschen Prinzip

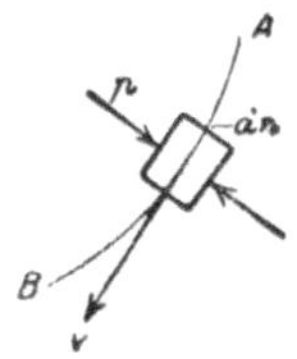

$$p\,.\,df - \left(p + \frac{\partial p}{\partial n}\,dn\right) df + dM\,.\,\frac{v^2}{\varrho} = 0$$

woraus
$$\frac{\partial p}{\partial n} = \frac{\gamma}{g}\,.\,\frac{v^2}{\varrho}$$

wenn γ das Einheitsgewicht ist.

171. Für die Lösung kann die gleiche Abbildung wie in der früheren Aufgabe benützt werden; AB ist jetzt die Strömungslinie in einer vertikalen Ebene. Fügt man noch die Schwerkraft gdM hinzu, deren Winkel gegen v mit α bezeichnet werde, so wird ähnlich wie in der früheren Aufgabe

$$p\,df - \left(p + \frac{\partial p}{\partial n}\,dn\right) df + dM\,.\,\frac{v^2}{\varrho} + g \sin\alpha\,.\,dM = 0$$

woraus
$$\frac{\partial p}{\partial n} = \frac{\gamma}{g}\,\frac{v^2}{\varrho} + \gamma \sin\alpha.$$

172. Die durch die Krümmung auftretende Zentrifugalkraft in M ist

$$dC = dM\,.\,\frac{v^2}{r},\quad \text{worin}$$

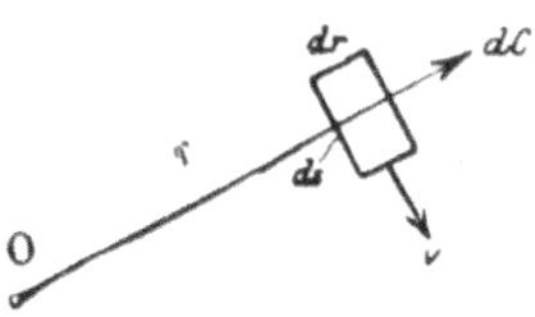

das Masselement $dM = \frac{\gamma}{g}\,dr\,.\,ds\,.\,dz$ ist, mit dz als Dicke des Elementes. Durch die Zentrifugalkraft nimmt der hydraulische Druck p nach außen zu; es ist die Zunahme

$$dp = \frac{dC}{ds\,dz} = \frac{\gamma}{g}\,\frac{v^2}{r}\,dr.$$

Nennt man p_1 den hydraulischen Druck in A, so ist nach Gleichung 22 mit $z = 0$, da die Höhenlage die gleiche ist:

$$p = p_1 - \frac{v^2 - v_1^2}{2g}\,\gamma \quad \ldots\ldots\ldots \quad a)$$

und
$$dp = -\frac{\gamma}{g}\,v\,dv.$$

Vergleicht man die beiden Ausdrücke für dp, so bleibt:

$$r\,dv + v\,dr = 0$$

oder
$$vr = k.$$

(Vergleiche damit Aufgabe 359.)

Um die Konstante k zu gewinnen, mache man von der Kontinuitätsgleichung Gebrauch:

$$a b v_1 = \iint v\, d r\, d z = b \int_{r_1}^{r_2} v\, d r$$

woraus

$$a v_1 = k \int_{r_1}^{r_2} \frac{d r}{r}$$

und somit

$$v r = \frac{a v_1}{\ln \frac{r_2}{r_1}} \quad \ldots\ldots\ldots \quad b)$$

173. Der leere Raum wird entstehen, wenn der hydraulische Druck $p = 0$ wird. Dies liefert zunächst nach Gleichung a) der vorigen Aufgabe:

$$v^2 = v_1^2 + 2g \frac{p_1}{\gamma}.$$

Dies gibt mit der Gleichung b) der vorigen Aufgabe für $r \gtreqless r_1$:

$$r_1 \sqrt{v_1^2 + 2g \frac{p_1}{\gamma}} \lesseqgtr \frac{a v_1}{\ln\left(1 + \frac{a}{r_1}\right)}$$

und

$$\frac{\ln (1 + x)}{x} \lesseqgtr \frac{v_1}{\sqrt{v_1^2 + 2g \frac{p_1}{\gamma}}}.$$

174. Man wende die Gleichungen a) und b) der Aufgabe 172 an. Wenn die Flüssigkeit in der Atmosphäre strömt, so muß ihr Druck sowohl in A, als längs CC gleich p_0 sein, also in Gleichung a)

$$p = p_1 = p_0$$

und somit $v = v_1$. Setzt man in Gleichung b) ϱ statt r und r_1, r statt r_2, so bleibt für den gesuchten Halbmesser ϱ die Gleichung

$$\varrho \ln \frac{r}{\varrho} = a.$$

175. Es ist nach Gleichung 22:

$$p = \gamma \left(z - \frac{v^2}{2g}\right) + \text{konst.}$$

Setzt man der Annahme gemäß $v = \frac{k}{r}$, so wird

$$p = \gamma \left(z - \frac{1}{2g} \cdot \frac{k^2}{r^2}\right).$$

In den Niveauflächen ist p konstant, also

$$g z - \frac{1}{2}\frac{k^2}{r^2} = \text{konst.},$$

welche Gleichung sich durch passende Wahl der XY Ebene auf die Form bringen läßt

$$r^2 z_1 = \text{konst.}$$

Die Niveauflächen sind also Umdrehungsflächen mit Z als Achse und Asymptote; die horizontalen Ebenen $z_1 = 0$ werden von ihnen in der Unendlichkeit berührt.

176. Anwendung von Gleichung 76:

$$\frac{\partial p}{\partial x} = \mu\left(X - \frac{du}{dt}\right).$$

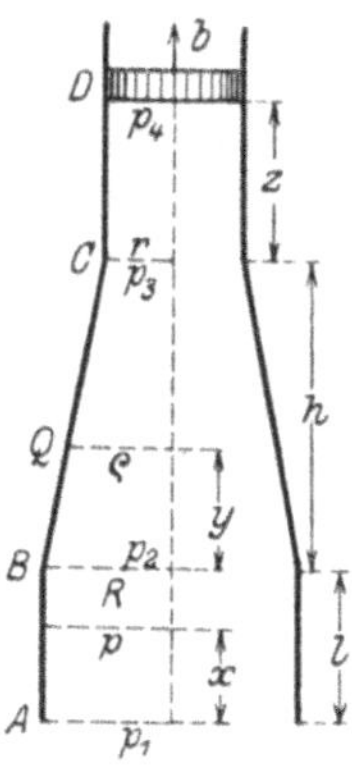

1. Teil AB. $X = -g$, ferner aus dem Kontinuitätsgesetze

$$\frac{du}{dt} = b \cdot \left(\frac{r}{R}\right)^2,$$

woraus $$dp = -\mu\left[g + b\left(\frac{r}{R}\right)^2\right] dx,$$

und mit Rücksicht auf p_1 in A:

$$p = p_1 - \mu\left[g + b\left(\frac{r}{R}\right)^2\right]x,$$

der Druck im Querschnitt B:

$$p_2 = p_1 - \mu l\left[g + b\left(\frac{r}{R}\right)^2\right].$$

2. Teil BC. Die Beschleunigung in einem beliebigen Querschnitt Q ist nach dem Kontinuitätsgesetze

$$\frac{du}{dt} = b \cdot \left(\frac{r}{\varrho}\right)^2,$$

ferner $$\varrho = R - y \cdot \frac{R - r}{h},$$

woraus $$\frac{\partial p}{\partial y} = -\mu\left[g + b\left(\frac{r}{\varrho}\right)^2\right]$$

und nach Integration

$$p = p_2 - \mu h \frac{R - \varrho}{R - r}\left(g + \frac{b r^2}{R \varrho}\right);$$

die Pressung im Querschnitt C ist:

$$p_3 = p_2 - \mu h \left(g + b\frac{r}{R}\right).$$

3. Teil CD. Wie der erste Teil zu rechnen.

$$p_4 = p_3 - \mu z (g + b).$$

177. Anwendung von Gleichung 25.

Ist r der Halbmesser der Kugelfläche, so ist

$$F_x = \pi \varrho^2 = \pi (2rx - x^2)$$

und die Entleerungszeit

$$T = \frac{1}{\mu F \sqrt{2g}} \int_0^{2r} \frac{F_x\,dx}{\sqrt{x}} = \frac{16}{15} \frac{\pi r^{5/2}}{\mu F \sqrt{g}}.$$

178. Wie vorige Aufgabe.

$$T = \frac{14}{15} \frac{\pi r^{5/2}}{\mu F \sqrt{2g}}.$$

179. Anwendung von Gleichung 25.

$$F_x = 2\varrho l, \quad \varrho = \sqrt{2rx - x^2}.$$

$$T = \frac{2l}{\mu F \sqrt{2g}} \int_0^{2r} \sqrt{2r - x}\,dx = \frac{8}{3} \frac{l r^{3/2}}{\mu F \sqrt{g}}.$$

180. Anwendung von Gleichung 25.

$F_x = F_0 \frac{x^2}{h^2}$, $T = \frac{2}{5} \frac{F_0 \sqrt{h}}{\mu F \sqrt{2g}} = 9{,}12$ Sekunden. (F ist sehr klein im Verhältnis zu F_0.)

181. Anwendung von Gleichung 25.

$$F_x = F_0 \frac{x}{h}, \quad T = \frac{2}{3} \frac{F_0 \sqrt{h}}{\mu F \sqrt{2g}}.$$

182. Anwendung von Gleichung 25.

Es ist
$$F_x = \left[\frac{a - b}{h} x + b\right]^2,$$

$$T = \frac{2}{15} \frac{\sqrt{h}}{\mu c^2 \sqrt{2g}} (3a^2 + 4ab + 8b^2) = 60{,}8 \text{ Sekunden.}$$

183. Die Zeit, welche die Flüssigkeit benötigt, um von oben bis zum Beginn des konischen Ansatzes zu sinken, ist nach Gleichung 24

$$T = \frac{2 r_0^2}{\mu r^2 \sqrt{2g}} \left[\sqrt{h + h_1} - \sqrt{h_1}\right] = 1^{St} 8' 53''.$$

Die Zeit zum Entleeren des konischen Ansatzes ist nach Gleichung 25

$$T_1 = \frac{2}{15} \frac{r_0^2 \sqrt{h_1}}{\mu r^2 \sqrt{2g}} \left[3 + 4\frac{r}{r_0} + 8\frac{r^2}{r_0^2}\right] = 19' 4''.$$

Die ganze Entleerungszeit ist demnach

$$T + T_1 = 1^{St} 27' 57''.$$

184. Nach Gleichung 25 ist die Entleerungszeit

$$T = \frac{2\pi a^2}{\mu F \sqrt{2g}} \frac{\sqrt{h^{4n+1}}}{4n+1}.$$

Der Rauminhalt der Flüssigkeit ist

$$V = \int_0^h r^2 \pi . dx = \frac{\pi a^2}{2n+1} h^{2n+1}$$

und das gewünschte Verhältnis

$$\frac{T}{V} = \frac{1}{\mu F \sqrt{2gh}} \frac{4n+2}{4n+1}.$$

185. Ist $\frac{x^2}{a^2} + \frac{y^2}{b^2} + \frac{z^2}{c^2} = 1$ die Gleichung des Ellipsoides, so muß Gleichung 25 in der Form geschrieben werden:

$$T = \frac{1}{\mu F \sqrt{2g}} \int_{-a}^{h-a} \frac{F_x dx}{\sqrt{x+a}},$$

worin

$$F_x = \pi b c \left(1 - \frac{x^2}{a^2}\right).$$

Man erhält:

$$T = \frac{2}{15} \frac{\pi b c h^{3/2}}{a^2 \mu F \sqrt{2g}} (10a - 3h).$$

186. Für eine Stellung $x < h$ des oberen Spiegels ist

$$F_0(-dx) = \text{Ausfluß aus dem Heber}$$
$$= \mu F \sqrt{2g(H - h + x)} . dt$$

woraus

$$\mu F . \sqrt{2g} . t = -F_0 \int_h^0 \frac{dx}{\sqrt{H-h+x}}$$

und

$$t = \frac{2F_0}{\mu F \sqrt{2g}} \left(\sqrt{H} - \sqrt{H-h}\right).$$

187. Wendet man Gleichung 25 an, so erhält man für die Entleerungszeit des Gefäßes ohne Hahn:

$$T_1 = \frac{2F_0 \sqrt{h}}{\mu_1 F \sqrt{2g}},$$

und wenn der Hahn eingestellt ist:

$$T = \frac{2F_0 \sqrt{h}}{\mu F \sqrt{2g}};$$

nach Gleichung 21 besteht zwischen Ausflußzahl und Widerstandszahl die Beziehung

$$\frac{1}{\mu_1} = \sqrt{1+\zeta_1};$$

ebenso wird bei eingestelltem Hahn

$$\frac{1}{\mu} = \sqrt{1+\zeta_1+\zeta}.$$

Man erhält $T_1 : T = \sqrt{1+\zeta_1} : \sqrt{1+\zeta_1+\zeta}$.

Setzt man nach Gleichung 28: $\zeta_1 = 1{,}78$, ferner nach Gleichung 42: $\zeta = 5{,}47$, so erhält man für das gewünschte Verhältnis:

$$T_1 : T = 1 : 1{,}73.$$

188. Der Kübel gleitet längs der Stange mit der Beschleunigung

$$g(\sin\alpha - f\cos\alpha),$$

$f =$ Reibungszahl, und mit der Geschwindigkeit

$$g(\sin\alpha - f\cos\alpha)t.$$

Er hat also in vertikaler Richtung die Beschleunigung

$$\gamma = g(\sin\alpha - f\cos\alpha)\sin\alpha = k$$

und nach Aufgabe 128 ist die Ausflußgeschwindigkeit in bezug auf den ruhend gedachten Kübel

$$v = \sqrt{\frac{2(g-k)x}{1-n^2}},$$

worin $n = \frac{F}{F_0}$ und F_0 die Oberfläche ist. Setzt man nun für ein Zeitelement des Ausflusses:

$$F_0(-dx) = \mu F v \, dt$$

so wird $$dt.\mu F\sqrt{\frac{2(g-k)}{1-n^2}} = -F_0.\frac{dx}{\sqrt{x}}$$
und nach Integration
$$\mu F t\sqrt{\frac{2(g-k)}{1-n^2}} = 2F_0(\sqrt{h}-\sqrt{x}).$$

189. Setzt man in Gleichung 24: F_0 statt F_x, $q=0$, so wird
$$t=\frac{F_0}{\mu F\sqrt{2g}}\int_x^h\frac{dx}{\sqrt{x}}=\frac{2F_0}{\mu F\sqrt{2g}}(\sqrt{h}-\sqrt{x})$$
und somit
$$t_1=\frac{2F_0}{\mu F\sqrt{2g}}(\sqrt{h}-\sqrt{h-z_1}),$$
$$t_2=\frac{2F_0}{\mu F\sqrt{2g}}(\sqrt{h}-\sqrt{h-z_2});$$
ferner ist für Beharrungszustand
$$q=\mu F\sqrt{2gh}.$$
Entfernt man aus diesen drei Gleichungen F und h, so bleibt
$$q=F_0\frac{t_2^2z_1-t_1^2z_2}{t_1t_2(t_2-t_1)}.$$

190. Es sei $F_0=al$, $F_1=bl$; wenn die linke Oberfläche um x sinkt, steigt die rechte ebenfalls um x; die beiden neuen Oberflächen seien $F_x=ul$, ihr Abstand z. Dann bestehen die Gleichungen:
$$2x+z=h,\quad u=a-\frac{a-b}{h}x,\quad F_x dx=\mu F\sqrt{2gz}\,dt,$$
wenn μ die Ausflußzahl bei F ist.

Man erhält die Differentialgleichung
$$4\mu F\sqrt{2g}.dt=-l\left[\frac{a+b}{\sqrt{z}}+\frac{a-b}{h}\sqrt{z}\right].dz$$
und nach Integration
$$2\mu F\sqrt{2g}.t=C-l\left[(a+b)\sqrt{z}+\frac{a-b}{3h}z\sqrt{z}\right].$$

Für $t=0$, $z=h$ wird $C=\frac{2}{3}l\sqrt{h}(2a+b)$ und damit die Ausgleichszeit:
$$T=\frac{(2F_0+F_1)\sqrt{h}}{3\mu F\sqrt{2g}}.$$

191. Sind μ und μ_3 die Ausflußzahlen für F und F_3, so gelten die Beziehungen:

Ausfluß durch F: $\mu F \sqrt{2g(h-y)}\,.\,dt = F_1 dx + F_2 dy,$

Ausfluß durch F_3: $\mu_3 F_3 \sqrt{2g(y-x)}\,.\,dt = F_1 dx.$

Setzt man:

$$\frac{\mu F}{\mu_3 F_3} = m, \quad \frac{F_2}{F_1} = n;$$

$$2g(h-y) = u^2, \quad 2g(y-x) = v^2 \quad . \quad . \quad . \quad . \quad . \quad a)$$

und entfernt dt, so bleibt die Differentialgleichung:

$$(mu - v)(u\,du + v\,dv) = nuv\,du,$$

welche durch die Substitution $v = uz$ in folgende übergeht:

$$du[m - (n+1)z + mz^2 - z^3] = u(z^2 - mz)\,dz.$$

Ihre Integration liefert

$$\ln u = \int \frac{z^2 - mz}{m - (n+1)z + mz^2 - z^3}\,dz + C.$$

Sobald für m und n Zahlenwerte gegeben sind, macht die Ausführung des Integrals mit Hilfe von Partialbrüchen keine Schwierigkeit. Man erhält also u als Funktion von z oder von $\frac{v}{u}$ und sodann mit Benützung der Gleichungen a) die gewünschte Beziehung zwischen x und y. Die Integrationskonstante C wird aus der Bemerkung gewonnen, daß x und y gleichzeitig den Wert h annehmen.

192. Nennt man x, y, z die Höhenlagen der drei Oberflächen F_1, F_2, F über dem Boden, so ist zunächst

$$F_1 dx + F_2 dy + F dz = 0 \quad . \quad . \quad . \quad . \quad . \quad . \quad . \quad a)$$

Ferner für den Abfluß durch den linken und rechten Kanal im Zeitelement

$$F_1 dx = \mu f \sqrt{2g(z-x)}\,.\,dt, \quad F_2 dy = \mu f \sqrt{2g(z-y)}\,.\,dt \quad . \quad . \quad b)$$

Endlich soll laut Angabe die Bedingung erfüllt werden:

$$z - x : z - y = h_1 : h_2 \quad . \quad . \quad . \quad . \quad . \quad . \quad . \quad . \quad c)$$

Die Gleichungen b) und c) geben die Beziehungen:

$$F_2 \sqrt{h_1}\,.\,dy = F_1 \sqrt{h_2}\,.\,dx \quad . \quad . \quad . \quad . \quad . \quad . \quad d)$$

und

$$(h_1 - h_2)\,dz = h_1\,dy - h_2\,dx \quad . \quad . \quad . \quad . \quad . \quad e)$$

Entfernt man aus diesen mit Hilfe der Gleichung a) dx, dy, dz, so bleibt für die gewünschte Oberfläche:

$$F = \frac{F_1 F_2 (h_2 - h_1)\left(\sqrt{h_2} + \sqrt{h_1}\right)}{\sqrt{h_1 h_2}\left(F_1 \sqrt{h_1} - F_2 \sqrt{h_2}\right)} \quad . \quad . \quad . \quad . \quad . \quad f)$$

Aus den Gleichungen d) und e) folgt ferner:

$$F_1\,dz = \frac{F_1}{F_2}\frac{\sqrt{h_2}}{h_1 - h_2}\left(F_1\sqrt{h_1} - F_2\sqrt{h_2}\right)dx.$$

Zieht man von dieser Gleichung die erste der Gleichungen b) ab, so wird

$$F_1\frac{d(z-x)}{\sqrt{z-x}} = \mu f\sqrt{2g}\,\frac{\sqrt{h_1}\left(F_1\sqrt{h_2} - F_2\sqrt{h_1}\right)}{F_2(h_1 - h_2)}\,dt$$

und hieraus die Ausgleichszeit

$$T = \frac{F_1F_2(h_1 - h_2)}{\sqrt{h_1}\left(F_1\sqrt{h_2} - F_2\sqrt{h_1}\right)}\cdot\frac{1}{\mu f\sqrt{2g}}\int_{h_1}^{0}\frac{d(z-x)}{\sqrt{z-x}}$$

oder

$$T = \frac{2}{\mu f\sqrt{2g}}\,\frac{F_1F_2(h_2 - h_1)}{F_1\sqrt{h_2} - F_2\sqrt{h_1}},$$

ein Ausdruck, der mit Benützung der Gleichung f) auch geschrieben werden kann:

$$T = \frac{2}{\mu f\sqrt{2g}}\,\frac{F(F_1h_1 + F_2h_2)}{(F + F_1 + F_2)\left(\sqrt{h_2} + \sqrt{h_1}\right)}.$$

Wenn $h_1 = h_2$ ist, so muß auch $F_1 = F_2$ angenommmen werden; dann ist F beliebig groß und die Ausgleichszeit wird

$$T = \frac{2}{\mu f\sqrt{2g}}\,\frac{FF_1\sqrt{h_1}}{F + 2F_1}.$$

193. Die strichlierten Linien sind die ursprünglichen Oberflächen; x, y, z die Senkungen bezw. Hebungen nach der Zeit t; u, v die Abstände der Oberflächen nach dieser Zeit.

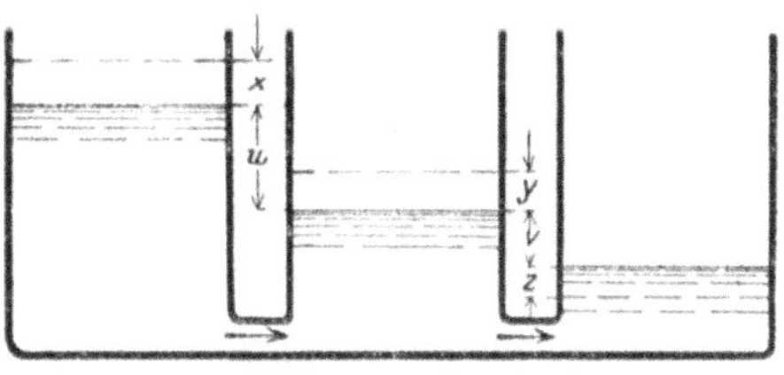

Dann gelten folgende Beziehungen:

$$\left.\begin{aligned} F\,dx &= \mu f\sqrt{2gu}\,.\,dt,\\ F\,dz &= \mu f\sqrt{2gv}\,.\,dt = F\,dx + F\,dy,\\ x + u &= h_1 + y, \quad y + v + z = h_2. \end{aligned}\right\} \quad \ldots\ldots \text{a)}$$

Entfernt man x, y, z, t aus diesen Gleichungen und setzt $\sqrt{u} = \xi$, $\sqrt{v} = \eta$, so bleibt die Differentialgleichung übrig:

$$\xi\,d\xi\,(2\eta - \xi) = \eta\,d\eta\,(2\xi - \eta).$$

Setzt man $\eta = \xi\omega$, so geht die Gleichung über in

$$d\xi(\omega^3 - 2\omega^2 + 2\omega - 1) = d\omega(2\omega - \omega^2) \,.\, \xi$$

oder

$$\frac{d\xi}{\xi} = d\omega \left\{ \frac{1}{\omega - 1} - \frac{2\omega - 1}{\omega^2 - \omega + 1} \right\}$$

und nach Integration

$$\xi = C \frac{\omega - 1}{\omega^2 - \omega + 1},$$

woraus

$$\eta^2 - \xi\eta + \xi^2 = C(\eta - \xi) \quad \ldots\ldots \quad b)$$

oder

$$v - \sqrt{uv} + u = C(\sqrt{v} - \sqrt{u}).$$

Die Integrationskonstante ist aus dem Anfangszustand zu ermitteln:

$$C = \frac{h_2 - \sqrt{h_1 h_2} + h_1}{\sqrt{h_2} - \sqrt{h_1}} \quad \ldots\ldots \quad c).$$

Aus den Gleichungen a) folgt zunächst

$$dx = -\frac{1}{3}(2du + dv), \quad dz = -\frac{1}{3}(2dv + du),$$

woraus $du = \frac{a}{3}(\sqrt{v} - 2\sqrt{u})dt, \quad dv = \frac{a}{3}(\sqrt{u} - 2\sqrt{v})dt,$

wenn $a = \frac{3\mu f\sqrt{2g}}{F}$ gesetzt wird.

Mit $\sqrt{u} = \xi$, $\sqrt{v} = \eta$ wird die erste dieser Gleichungen

$$\xi d\xi = \frac{a}{6}(\eta - 2\xi)dt \quad \ldots\ldots \quad d).$$

Aus Gleichung b) folgt

$$\eta = \frac{1}{2}(C + \xi) - \frac{1}{2}\sqrt{(C + \xi)(C - 3\xi)}.$$

Das Vorzeichen der Wurzel wird dadurch entschieden, daß ξ und η gleichzeitig verschwinden müssen.

Setzt man diesen Ausdruck für η in Gleichung d) ein, so wird

$$\frac{\xi d\xi}{C - 3\xi - \sqrt{(C + \xi)(C - 3\xi)}} = \frac{a}{12} \,.\, dt$$

oder mit $C - 3\xi = \varphi^2$:

$$\frac{(\varphi^2 - C)d\varphi}{\varphi - \sqrt{\frac{4C - \varphi^2}{3}}} = \frac{3}{8} a\,dt,$$

woraus nach Rationalmachen des Nenners:

$$2\varphi d\varphi + 2 d\varphi \sqrt{\frac{4C - \varphi^2}{3}} = a\,dt.$$

Die Integration liefert

$$\varphi^2 + \frac{\varphi}{\sqrt{3}}\sqrt{4C - \varphi^2} + \frac{4C}{\sqrt{3}} \arcsin \frac{\varphi}{2\sqrt{C}} = at + K$$

oder nach Einsetzen von φ:

$$2C - 2\xi - 2\eta + \frac{4C}{\sqrt{3}} \arcsin \frac{\sqrt{C - 3\xi}}{2\sqrt{C}} = at + K.$$

Die Konstante K wird bestimmt, wenn gleichzeitig

$$t = 0, \quad \xi = \sqrt{h_1}, \quad \eta = \sqrt{h_2}$$

gesetzt wird; man bekommt endlich

$$at = 2\left(\sqrt{h_1} + \sqrt{h_2} - \sqrt{u} - \sqrt{v}\right)$$
$$+ \frac{4C}{\sqrt{3}}\left[\arcsin \frac{\sqrt{C - 3\sqrt{u}}}{2\sqrt{C}} - \arcsin \frac{\sqrt{C - 3\sqrt{h_1}}}{2\sqrt{C}}\right].$$

Die Zeit bis zum Ausgleich der Oberflächen wird dann, wenn $u = 0$, $v = 0$ gesetzt wird:

$$T = \frac{2F}{3\mu f\sqrt{2g}}\left\{\sqrt{h_1} + \sqrt{h_2} + \frac{2C}{\sqrt{3}}\left[\frac{\pi}{6} - \arcsin \frac{\sqrt{C - 3\sqrt{h_1}}}{2\sqrt{C}}\right]\right\}.$$

194. Nach Aufgabe 145 ist die Ausflußmenge aus einer Trapez-Überfallsöffnung

$$Q = \frac{2}{15}\mu(2a + 3b)h\sqrt{2gh},$$

also bei einer Höhe z, wenn x statt a und z statt h gesetzt wird:

$$Q_z = \frac{2}{15}\mu(2x + 3b)z\sqrt{2gz},$$

worin
$$x = b + kz = b + \frac{a - b}{h}z.$$

Setzt man nun für das Zeitelement:

$$F.(-dz) = Q_z . dt,$$

so wird
$$t = \frac{15F}{2\mu\sqrt{2g}}\int_z^h \frac{dz}{z\sqrt{z}\,(2kz + 5b)}$$

und nach Ausführung der Integration ($z = y^2$ und Zerlegung in Partialbrüche):

$$t = \frac{3\,F}{\mu\sqrt{2g}\,b}\left\{\frac{1}{\sqrt{z}} - \frac{1}{\sqrt{h}} - m \operatorname{arc\,tg}\frac{m\left(\sqrt{h}-\sqrt{z}\right)}{1+m^2\sqrt{h\,z}}\right\},$$

worin
$$m^2 = \frac{2}{5}\,\frac{a-b}{b\,h}.$$

195. Es ist $q\,d\,t = F\,d\,z + \frac{2}{3}\,\mu\,b\sqrt{2g}\;z^{3/2}\,d\,t$, worin μ die Ausflußzahl ist. Es wird mit $k = \frac{2}{3}\,\mu\,b\sqrt{2\,g}$:

$$t = F\int\limits_{h_0}^{z}\frac{d\,z}{q-k\,z^{3/2}}.$$

Die größte Höhe h wird erreicht, wenn der Ausfluß gleich dem Einfluß geworden ist, oder $q = \frac{2}{3}\,\mu\,b\sqrt{2g}\,h^{3/2} = k\,h^{3/2}$, woraus h gerechnet werden kann. Die hierzu nötige Zeit ist unendlich groß. Die Ausführung obenstehenden Integrals liefert:

$$t = \frac{F}{3\,k\sqrt{h_1}}\left\{l\,n\,\frac{h_1^{3/2}-z^{3/2}}{\left(\sqrt{h_1}-\sqrt{z}\right)^3} - 2\sqrt{3}\operatorname{arc\,tg}\frac{\sqrt{3\,z}}{2\sqrt{h_1}+\sqrt{z}}\right\}.$$

Die Integrationskonstante wird aus der Bedingung bestimmt, daß für $t = 0 : z = 0$ ist.

196. Mit $q = 0$ folgt, ähnlich wie in voriger Aufgabe:

$$t = F\int\limits_{h_0}^{z}\frac{d\,z}{-k\,z^{3/2}} = \frac{F}{k}\int\limits_{z}^{h_0}\frac{d\,z}{z^{3/2}}$$

und
$$t = \frac{2\,F}{k}\left(\frac{1}{\sqrt{z}} - \frac{1}{\sqrt{h_0}}\right).$$

197. Nennt man b die Breite der Öffnung, μ die Ausflußzahl, so ist mit $k = \frac{2}{3}\,\mu\,b\sqrt{2\,g}$ für das obere Becken:

$$-F\,d\,z = k\,z^{3/2}\,d\,t$$

und für das untere Becken:

$$-F\,d\,z - F\,d\,y = k y^{3/2}\,dt,$$

woraus nach Entfernung von $d\,t$:

$$d\,z\cdot y^{3/2} = (d\,y + d\,z)\,z^{3/2}.$$

Setzt man $\frac{y}{z} = u^2$, so geht diese Differentialgleichung über in

$$\frac{dz}{z} = \frac{2u\,du}{u^3 - u^2 - 1}$$

und es ist

$$\ln z = \int \frac{2u\,du}{u^3 - u^2 - 1} + C.$$

Setzt man $u^3 - u^2 - 1 = (u - a)(u^2 + bu + c)$, worin $a = 1{,}466$, $b = 0{,}466$, $c = ab = 0{,}683$, so wird

$$\ln z = \frac{2}{a + 2b}\left\{\int \frac{du}{u - a} - \int \frac{u - b}{u^2 + bu + c}\right\} + C.$$

Die Integration liefert:

$$\ln z = \frac{1}{a + 2b}\left\{\ln (u - a)^2 - \ln (u^2 + bu + c) + \frac{6b}{\sqrt{4c - b^2}} \operatorname{arc\,tg} \frac{2u + b}{\sqrt{4c - b^2}}\right\} + C$$

und mit $u = \sqrt{\frac{y}{z}}$:

$$\ln \frac{z^{a+2b}\left(y + b\sqrt{yz} + cz\right)}{\left(\sqrt{y} - a\sqrt{z}\right)^2} = \frac{6b}{\sqrt{4c - b^2}} \operatorname{arc\,tg} \frac{2\sqrt{y} + b\sqrt{z}}{\sqrt{(4c - b^2)z}} + C$$

und nach Einsetzen der Zahlenwerte:

$$\ln \frac{z^{2,398}\left(y + 0{,}466\sqrt{yz} + 0{,}683\,z\right)}{\left(\sqrt{y} - 1{,}466\sqrt{z}\right)^2} = 1{,}763 \operatorname{arc\,tg}\left(1{,}261\sqrt{\frac{y}{z}} + 0{,}294\right) + C.$$

Die Konstante C wird gerechnet, indem

$$z = h_0,\quad y = h_1$$

gesetzt wird.

198. Für die Gleichgewichtslage des Bootes wäre

$$G + G_1 = \mathfrak{B}\gamma,$$

wenn $\mathfrak{B}$ die Verdrängung bezeichnet. Durch den Sprung sinkt aber das Boot noch um z tiefer ein, als es der Gleichgewichtslage entsprechen würde. Wenn F die Schwimmfläche und z klein ist, so wird die Verdrängung um Fz zunehmen und es bleibt eine nach aufwärts gerichtete Kraft

$$(\mathfrak{B} + Fz)\gamma - (G + G_1) = Fz\gamma;$$

da $\frac{G + G_1}{g}$ die bewegte Masse ist und $-\frac{d^2 z}{d t^2}$ die Beschleunigung der Aufwärtsbewegung, so wird

$$-\frac{d^2 z}{d t^2} \cdot \frac{G + G_1}{g} = F z \gamma$$

oder
$$\frac{d^2 z}{d t^2} = -\omega^2 z, \text{ worin } \omega^2 = \frac{F \gamma g}{G + G_1}.$$

Die Lösung dieser Differentialgleichung lautet:

$$z = A \sin \omega t + B \cos \omega t.$$

Die Konstanten bestimmt man aus der Festsetzung, daß für $t = 0 : z = z_0$ und $\frac{d z}{d t} = 0$ sei. Dann bleibt

$$z = z_0 \cos \omega t$$

und somit wird die Dauer einer vollen Schwingung:

$$T = \frac{2 \pi}{\omega} = 2 \pi \sqrt{\frac{G + G_1}{F \gamma g}}.$$

199. Ist G das Gewicht des Bootes, φ der Verdrehungswinkel um die horizontale Schwerlinie, m die metazentrische Höhe so ist das Stabilitätsmoment des Bootes, welches es in seine Gleichgewichtslage zurückzuführen sucht:

$$\mathbf{M} = G m \sin \varphi.$$

Nennt man $\mathbf{T}$ das Trägheitsmoment des Bootes für genannte Schwerlinie, ϱ den zugehörigen Trägheitshalbmesser, so ist

$$\mathbf{T} = \frac{G}{g} \varrho^2$$

und die Winkelbeschleunigung des Bootes bei seiner Drehung

$$\frac{d^2 \varphi}{d t^2} = -\frac{\mathbf{M}}{\mathbf{T}} = -\frac{m g}{\varrho^2} \sin \varphi.$$

Dies ist die Differentialgleichung der Schwingung. Schreibt man sie in der Form

$$\frac{d \varphi}{d t} \cdot \frac{d^2 \varphi}{d t} = -\frac{m g}{\varrho^2} \sin \varphi \, d \varphi,$$

so gibt die erste Integration

$$\frac{d \varphi}{d t} = \omega \sqrt{2} \sqrt{\cos \varphi - \cos \alpha},$$

wenn $\frac{m g}{\varrho^2} = \omega^2$ bezeichnet wird und α der anfängliche Wert von φ ist. Man erhält hieraus für die Dauer einer ganzen Schwingung

$$T = \frac{4}{\omega\sqrt{2}} \int_0^\alpha \frac{d\varphi}{\sqrt{\cos\varphi - \cos\alpha}}.$$

Dieses elliptische Integral ist aus der Pendelbewegung eines schweren Punktes bekannt; es hat für kleine Winkel α angenähert den Wert $\frac{\pi}{\sqrt{2}}$, so daß die gesuchte Schwingungsdauer

$$T = \frac{2\pi\varrho}{\sqrt{m g}}.$$

200. Mit Benützung der Resultate von Aufgabe 108, a) ist hier

$$x = \frac{7}{8} b, \quad d = \frac{245}{948} b, \quad \mathfrak{B} = \frac{237}{128} a^3;$$

für die Schwingung um die Symmetrieachse senkrecht zur Bildfläche ist das Trägheitsmoment $\mathsf{T}_1 = \frac{1}{6} M a^2$, der Trägheitshalbmesser $\varrho_1 = \frac{a}{\sqrt{6}}$, die metazentrische Höhe $m_1 = \frac{49}{474} b$ und die Schwingungsdauer nach voriger Aufgabe

$$T_1 = \frac{2\pi\varrho_1}{\sqrt{m_1 g}} = \frac{2\pi}{\sqrt{g}} \frac{\sqrt{158}}{7} \sqrt{b} = 3{,}602 \sqrt{b}.$$

Für die zur Bildfläche parallele Symmetrieachse ergibt sich ebenso:

$$\mathsf{T}_2 = \frac{1}{12} M (a^2 + l^2) = \frac{5}{6} M a^2, \quad \varrho_2 = \sqrt{\frac{5}{6}}\, a,$$

$$m_2 = \frac{1771}{948} b \text{ und } T_2 = \frac{2\pi}{\sqrt{g}} \sqrt{\frac{1580}{1771}} \sqrt{b} = 1{,}895 \sqrt{b}.$$

201. Mit Benützung der Resultate der Aufgaben 110 und 199. Für die Achse Z des Ellipsoides ist das Trägheitsmoment

$$\mathsf{T}_z = \int_{-c}^{+c} \mu J_P \cdot d z,$$

worin J_P das polare Trägheitsmoment eines Querschnittes F des Ellipsoides ist, also mit Benützung der Gleichungen b) in Aufgabe 110:

$$J_P = \frac{\pi}{4}(\alpha\beta^3 + \alpha^3\beta) = \frac{\pi}{4} a b (a^2 + b^2)\left(1 - \frac{z^2}{c^2}\right)^2,$$

woraus
$$T_z = \frac{4}{15}\mu \pi a b c (a^2 + b^2),$$

oder wenn die Masse des Ellipsoides mit Benützung von Gleichung a) in Aufgabe 110:

$$M = \mu V = \frac{4}{3}\mu \pi a b c,$$

auch
$$T_z = \frac{1}{5} M (a^2 + b^2).$$

Dementsprechend wäre das Trägheitsmoment für die X-Achse:

$$T_x = \frac{1}{5} M (b^2 + c^2)$$

und der Trägheitshalbmesser: $\varrho_x^2 = \frac{b^2 + c^2}{5}$.

Die Schwingungsdauer für eine Schwingung um die X-Achse ist dann nach Aufgabe 110 und 199:

$$T_x = \frac{2\pi \varrho_x}{\sqrt{m_x g}} = 8\pi \sqrt{\frac{c\gamma_1}{15 g \gamma}} \sqrt{\frac{b^2 + c^2}{b^2 - c^2} \frac{c^2}{c^2 - z_1^2}}$$

und analog die Schwingungsdauer T_y für die Y-Achse.

202. Wenn die Flüssigkeitsoberfläche den kleinen Winkel φ mit der Horizontalebene einschließt, so ist der Schwerpunkt S um

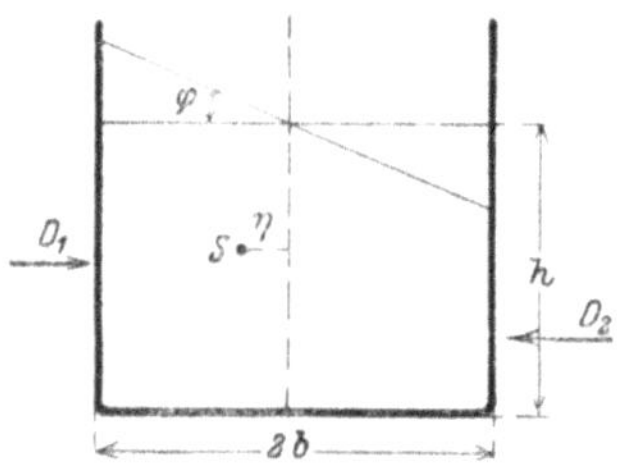

$$\eta = \frac{b^2}{3h} \operatorname{tg} \varphi$$

nach links gerückt. Die auf den Schwerpunkt wirkenden Horizontalkräfte sind die Drücke links und rechts:

$$D_1 = \frac{\gamma}{2} a (h + b \operatorname{tg} \varphi)^2, \quad D_2 = \frac{\gamma}{2} a (h - b \operatorname{tg} \varphi)^2,$$

wenn a die Länge des Troges ist, also

$$D = D_1 - D_2 = 2\gamma a b h \operatorname{tg} \varphi.$$

Nach dem Prinzip der Schwerpunktsbewegung ist

$$\frac{d^2 \eta}{d t^2} = -\frac{D}{M},$$

worin die Masse der Flüssigkeit:

$$M = \frac{\gamma}{g} \cdot 2 a b h.$$

Man erhält also:

$$\frac{d^2 \eta}{d t^2} = -\omega^2 \eta,$$

worin

$$\omega^2 = \frac{3 h g}{b^2}.$$

Die Lösung dieser Differentialgleichung ist

$$\eta = A \sin \omega t + B \cos \omega t,$$

somit die Zeit, die verfließt, bis η wieder denselben Wert annimmt:

$$T = \frac{2 \pi}{\omega} = \frac{2 b \pi}{\sqrt{3 h g}},$$

die Dauer einer Schwingung.

203. Die Gleichgewichtslage wird erreicht, wenn die Oberflächen die gleiche Entfernung h vom Boden besitzen; da

$$(h - h_1) F_1 = (h_2 - h) F_2$$

sein muß, so folgt

$$h = \frac{F_1 h_1 + F_2 h_2}{F_1 + F_2} \quad \ldots \ldots \ldots \quad a)$$

Angenommen, die Bewegung wäre so weit vorgeschritten, daß F_1 noch die Entfernung z_1, F_2 die Entfernung z_2 von der Gleichgewichtslage hätte; dann ist

$$F_1 z_1 = F_2 z_2 \quad \ldots \ldots \ldots \quad b)$$

und wenn v_1, v_2 und u die Geschwindigkeiten der Flüssigkeit in F_1, F_2 und im Kanal genannt werden:

$$F_1 v_1 = F_2 v_2 = f u \quad \ldots \ldots \ldots \quad c)$$

Sind M_1, M_2 und m die Flüssigkeitsmassen in den beiden Gefäßen und im Kanal, so ist:

$$M_1 = \frac{\gamma}{g} F_1 (h - z_1), \quad M_2 = \frac{\gamma}{g} F_2 (h + z_2), \quad m = \frac{\gamma}{g} f l$$

und die Änderung der Bewegungsenergie in einem Zeitelement:

$$d L = M_1 v_1 d v_1 + M_2 v_2 d v_2 + m u d u,$$

ferner die Elementararbeit

$$d A = \gamma (- F_1 d z_1) . (z_1 + z_2).$$

Setzt man $dL = dA$ und entfernt z_2, v_2 und u mit Hilfe der Gleichungen b) und c), so bleibt

$$v_1\, d v_1 = -\frac{g z_1\, d z_1}{a + b z_1}, \quad . \; . \; . \; . \; . \; . \; . \quad d)$$

worin
$$a = h + \frac{l\frac{F_1}{f}}{\frac{F_1}{F_2} + 1}, \quad b = \frac{F_1}{F_2} - 1.$$

Die Integration dieser Gleichung liefert

$$v_1^2 = \frac{2g}{b}\left[\frac{a}{b}\ln(a + b z_1) - z_1\right] + C \quad . \; . \; . \; . \quad e)$$

Die Konstante C wird aus der Bemerkung bestimmt, daß für den anfänglichen Wert von $z_1 = h - h_1$: $v_1 = 0$ ist. Ferner ist auch $v_1 = 0$ für den höchsten Stand von F_1 am Ende der Schwingung; man erhält ihn aus der Gleichung e) mit

$$z_1 - \frac{a}{b}\ln(a + b z_1) = C\frac{b}{2g}.$$

Die Geschwindigkeit, mit der die Flüssigkeit im linken Gefäß durch die Gleichgewichtsstellung hindurchgeht, erhält man aus der Gleichung e) mit $z_1 = 0$:

$$v_1^2 = \frac{2ga}{b^2}\ln a + C.$$

204. Wenn $h_2 - h_1$ klein ist, wird auch z_1 klein bleiben und kann gegen h vernachlässigt werden. Gleichung d) der vorigen Aufgabe wird dann einfacher zu schreiben sein:

$$v_1\, d v_1 = -\frac{g}{a} z_1\, d z_1,$$

woraus sich durch Integration ergibt:

$$v_1^2 = \frac{g}{a}(z_0^2 - z_1^2),$$

worin $z_0 = h - h_1$ der Anfangswert von z_1 ist.

Mit $v_1 = -\frac{d z_1}{d t}$ erhält man hieraus

$$d t = -\sqrt{\frac{a}{g}}\frac{d z_1}{\sqrt{z_0^2 - z_1^2}}$$

und durch Integration:

$$z_1 = z_0 \cos\left(t \sqrt{\frac{g}{a}}\right).$$

Die Dauer einer Schwingung ist demnach

$$T = 2\pi \sqrt{\frac{a}{g}}.$$

205. Die Geschwindigkeit im Kanal ist $u = \frac{F}{f} v$; die Änderung der Bewegungsenergie im Zeitelement ist

$$dL = \frac{1}{2}\frac{\gamma}{g} . F[(h+z)+(h-z)] . dv^2 + \frac{1}{2}\frac{\gamma}{g} lf . du^2$$

$$= \frac{1}{2}\frac{\gamma}{g}\left[2Fh + lf . \frac{F^2}{f^2}\right] . dv^2.$$

Die Elementararbeit des sich links senkenden und rechts hebenden Wassergewichtes ist

$$dA = \gamma F(-dz) . 2z,$$

die Elementararbeit der Widerstände im Kanal ist

$$dA_W = -\gamma F(-dz) . au^2.$$

Setzt man

$$dA + dA_W = dL,$$

so folgt die Differentialgleichung:

$$bv^2 - z - c\frac{dv^2}{dz} = 0,$$

worin $\qquad b = \frac{a}{2}\frac{F^2}{f^2}, \quad c = \frac{1}{4g}\left(2h + l\frac{F}{f}\right)$

bedeuten. Die Lösung der Differentialgleichung lautet

$$v^2 = \frac{c}{b^2} + \frac{z}{b} + Ce^{bz/c},$$

worin die Integrationskonstante C aus den Anfangsbedingungen: $z = z_0$, $v = 0$ zu entnehmen ist.

206. Rechnung ähnlich wie in voriger Aufgabe, nur ist au an die Stelle von au^2 zu setzen. Man erhält die Differentialgleichung:

$$bv - z - c\frac{dv^2}{dz} = 0,$$

$$b = \frac{a}{2}\frac{F}{f}, \quad c = \frac{1}{4g}\left(2h + l\frac{F}{f}\right)$$

bedeuten. Mit $v = -\frac{dz}{dt}$ geht die Gleichung über in

$$\frac{d^2 z}{dt^2} + \frac{b}{2c}\frac{dz}{dt} + \frac{z}{2c} = 0,$$

deren Lösung lautet:

$$z = e^{-mt}(A \sin \omega t + B \cos \omega t),$$

worin $$m = \frac{b}{4c}, \quad \omega^2 = \frac{1}{2c}\left(1 - \frac{b^2}{8c}\right);$$

vorausgesetzt ist: $$b^2 < 8c$$

oder $$h + l\frac{F}{2f} > \frac{g a^2}{16}\frac{F^2}{f^2}.$$

Die Konstanten A und B werden aus der Bedingung bestimmt, daß für $t = 0$: $v = 0$ und $z = z_0$ sei; man erhält

$$A = \frac{m}{\omega} z_0, \quad B = z_0$$

und somit

$$z = z_0 e^{-mt}\left(\frac{m}{\omega}\sin \omega t + \cos \omega t\right).$$

Die Dauer einer Schwingung ist aus $\omega T = 2\pi$:

$$T = \frac{2\pi}{\omega} = \frac{8\pi c}{\sqrt{8c - b^2}}.$$

207. Wenn die Kurbel sich um $d\varphi$ dreht, macht der Kolben angenähert den Weg $ds = r\,d\varphi \,.\, \sin\varphi$, verdrängt also unter sich das Wasser vom Rauminhalt $F\,ds$; währenddem hätte sich das Ventil II um dx gehoben, also Wasser vom Rauminhalt $f\,dx$ Platz gefunden; der Überschuß $F\,ds - f\,dx$ muß ausfließen, es ist also

$$F\,ds - f\,dx = \mu u x \sqrt{2g \,.\, \frac{p}{\gamma}} \,.\, dt,$$

wenn μ die Ausflußzahl und u der Umfang des Ventils ist. Mit $\frac{d\varphi}{dt} = \omega$ kann diese Gleichung in der Form angeschrieben werden:

$$a \sin\varphi\, d\varphi = b x\, d\varphi + f\,dx,$$

worin $$a = Fr, \quad b = \frac{\mu u}{\omega}\sqrt{\frac{2gp}{\gamma}}$$

bedeuten. Die Lösung dieser Differentialgleichung lautet:

$$x = C e^{-b\varphi/f} + \frac{a}{b^2 + f^2}(b \sin\varphi - f \cos\varphi);$$

da x nur eine periodische Funktion von φ sein kann, nicht aber mit dem Zunehmen von φ ohne Grenzen abnehmen kann, so folgt $C = 0$.

Nennt man φ_0 den Wert von φ, bei dem der Ventilschluß stattfindet, so ist für $x = 0$:

$$b \sin \varphi_0 - f \cos \varphi_0 = 0$$

oder $\operatorname{tg} \varphi_0 = \frac{f}{b}$ und somit auch

$$x = \frac{a}{\sqrt{b^2 + f^2}} \sin(\varphi - \varphi_0),$$

woraus die Geschwindigkeit des Ventils

$$\frac{dx}{dt} = \frac{a\omega}{\sqrt{b^2 + f^2}} \cos(\varphi - \varphi_0),$$

und somit die Geschwindigkeit, mit der das Ventil auf seine Sitzfläche zurückkehrt, für $\varphi = 180 + \varphi_0$:

$$-\frac{a\omega}{\sqrt{b^2 + f^2}}.$$

208. Ist f die Fläche des Ventils, p der Flüssigkeitsdruck auf die Flächeneinheit, P die Kraft der Feder, so ist für den Schwebezustand des Ventils:

$$P = p f.$$

Für die Federkraft darf gesetzt werden

$$P = P_0(1 + kx),$$

worin P_0 die Federkraft für $x = 0$, also bei geschlossenem Ventil ist.

Wird durch eine Störung x um z verkleinert, so wird die Flüssigkeit nicht mehr durch die Fläche ux ausfließen, sondern durch $u(x - z)$; die Ausflußgeschwindigkeit, die früher c war, ist jetzt $c \frac{x}{x - z}$ und da

$$c = \sqrt{2g \cdot \frac{p}{\gamma}}$$

ist, so wird sich auch der Druck p ändern in

$$p_1 = p \left(\frac{x}{x - z}\right)^2.$$

Aber auch die Federkraft wird kleiner, und zwar um

$$P - P_1 = P_0(1 + kx) - P_0(1 + k(x - z)) = P_0 k z.$$

Das Ventil erhält also eine nach aufwärts gerichtete Kraft

$$K = (p_1 - p) f + (P - P_1) = p f \left[\left(\frac{x}{x-z}\right)^2 - 1\right] + P_0 k z$$

$$= P_0 \left[(1 + k x) \frac{(2x - z) z}{(x-z)^2} + k z\right],$$

welche es in seine Gleichgewichtslage zurücktreibt. Da z klein gegen x ist, kann es in den Ausdrücken $2x - z$ und $x - z$ vernachlässigt werden; dann bleibt

$$K = P_0 z \left(\frac{2}{x} + 3k\right)$$

und da diese Kraft z zu verkleinern sucht, die Beschleunigung der Ventilmasse m

$$\frac{d^2 z}{d t^2} = -\frac{P_0}{m}\left(\frac{2}{x} + 3k\right) z = -a^2 z,$$

worin a^2 eine von der Schwebelage des Ventils abhängige Konstante ist. Die Lösung dieser Differentialgleichung ist

$$z = A \sin a t + B \cos a t,$$

die Ventilgeschwindigkeit: $v = \frac{dz}{dt} = A a \cos a t - B a \sin a t.$

Wenn für die anfängliche Störung:

$$t = 0, \quad z = z_0, \quad v = 0$$

gesetzt wird, so bleibt $A = 0$, $B = z_0$ und somit die Gleichung der Ventilbewegung:

$$z = z_0 \cos a t.$$

209. Vom Augenblicke der Absperrung bei C angefangen, ist die Bewegung des Wasserkörpers AB im Stollen nicht mehr gleichförmig, sondern verzögert; hat die Oberfläche in der Kammer die Höhe z über der Niveaulinie NN erreicht, so ist $z f \gamma$ der Gegendruck auf das Stollenwasser, oder vielmehr $(z + h_w) f \gamma$, wenn h_w die Widerstandshöhe der Reibung im Stollen genannt wird. Das bewegte Wassergewicht im Stollen ist $\gamma f l$, also seine Beschleunigung

$$\frac{dw}{dt} = -g \cdot \frac{z + h_w}{l} \quad \ldots \ldots \ldots \quad a)$$

Ferner ist $$f w = F v + \varepsilon q \quad \ldots \ldots \ldots \ldots \quad b)$$

oder $$w = \frac{F}{f}(v + \varepsilon c) \text{ mit } c = \frac{q}{F}.$$

Beachtet man noch, daß $\frac{dz}{dt} = v$ und der Annahme gemäß: $h_w = kw$, ε unveränderlich sein soll, so wird Gleichung a) übergehen in:

$$\frac{d^2 z}{dt^2} + \frac{1}{T_0}\frac{dz}{dt} + \frac{z}{T^2} + \frac{\varepsilon c}{T_0} = 0 \quad . \quad . \quad . \quad . \quad c)$$

worin $T^2 = \frac{Fl}{fg}$, $T_0 = \frac{1}{kg}$ bedeuten; T und T_0 haben die Dimension einer Zeit. — Anfangs ist $z = -h =$ konst., $\varepsilon = 1$ und Gleichung c) gibt dann:

$$\frac{c}{T_0} = \frac{h}{T^2}.$$

Setzt man $z + \varepsilon h = y$, so geht Gleichung c) über in

$$\frac{d^2 y}{dt^2} + \frac{1}{T_0}\frac{dy}{dt} + \frac{y}{T^2} = 0$$

oder

$$\frac{d^2 y}{dt^2} + 2a\frac{dy}{dt} + by = 0,$$

welche Gleichung mit $y = xe^{-at}$ übergeht in

$$\frac{d^2 x}{dt^2} + n^2 x = 0 \quad . \quad . \quad . \quad . \quad . \quad . \quad . \quad . \quad d)$$

worin

$$n^2 = b - a^2 = \frac{1}{T^2} - \frac{1}{4T_0^2}.$$

Hier müssen mehrere Fälle unterschieden werden.

1. Fall. $n^2 > 0$ oder $\frac{F}{f} < \frac{4l}{k^2 g}$. Die Auflösung der Gleichung d) lautet dann:

$$x = A\sin(nt + \alpha)$$

und es wird

$$y = Ae^{-at}\sin(nt + \alpha),$$

$$z = Ae^{-at}\sin(nt + \alpha) - \varepsilon h \quad . \quad . \quad . \quad e)$$

worin A und α die Integrationskonstanten sind. Für die Geschwindigkeit des Wasserspiegels erhält man hieraus

$$v = \frac{dz}{dt} = \sqrt{b}\,Ae^{-at}\sin(\beta - nt - \alpha) \quad . \quad . \quad . \quad . \quad f)$$

worin

$$\operatorname{tg}\beta = \frac{n}{a}.$$

Für den Anfang der Bewegung ist $t = 0$, $z = -h$ zu setzen; ferner ist bei Beginn der Bewegung d. h. nach eingetretener Absperrung bei C:

$$f w = q = F v_0 + \varepsilon q,$$

also

$$v_0 = (1 - \varepsilon) \frac{q}{F} = (1 - \varepsilon) c.$$

Hierdurch erhält man die Integrationskonstanten aus den Gleichungen e) und f):

$$A = (1 - \varepsilon) \frac{h b}{2 a n}, \quad \operatorname{cotg} \alpha = - \frac{b - 2 a^2}{2 a n}.$$

Hierin ist:

$$a = \frac{k g}{2 l}, \quad b = \frac{f g}{F l}, \quad n = \sqrt{b - a^2} \quad \ldots \quad g)$$

Setzt man $v = 0$, so erhält man aus Gleichung f) die zugehörige Zeit mit

$$t_1 = \frac{\beta - \alpha}{n}, \quad t_2 = \frac{\beta - \alpha + \pi}{n}, \quad t_3 = \frac{\beta - \alpha + 2\pi}{n} \text{ u. s. f.}$$

und sodann aus Gleichung e) folgende Werte:

das erste $z_{max} = A e^{-a t_1} \sin \beta - \varepsilon h$;

das erste $z_{min} = - A e^{-a t_2} \sin \beta - \varepsilon h$;

das zweite $z_{max} = A e^{-a t_3} \sin \beta - \varepsilon h$ u. s. f.

Der Wasserspiegel in der Kammer macht also eine gedämpft schwingende Bewegung; die Dauer einer Schwingung ist $\frac{2\pi}{n}$.

2. Fall. $n^2 < 0$ oder $\frac{F}{f} > \frac{4 l}{k^2 g}$. Die Auflösung der Gleichung d) lautet dann, wenn $n^2 = - \nu^2$ gesetzt wird:

$$x = A_1 e^{\nu t} + A_2 e^{-\nu t}$$

und es wird

$$z = A_1 e^{(-a + \nu) t} + A_2 e^{-(a + \nu) t} - \varepsilon h.$$

3. Fall. $n^2 = 0$. Man erhält analog:

$$z = (A_1 + A_2 t) e^{-a t} - \varepsilon h.$$

In den beiden letzten Fällen macht die Oberfläche keine Schwingungen, sondern nähert sich einer Grenzlage.

210. Es ist zunächst wie in der früheren Aufgabe, Gleichung a):

$$\frac{d w}{d t} = - g \cdot \frac{z + h_w}{l} = - g \cdot \frac{z + k w}{l};$$

sodann aber statt Gleichung b):

$$f w = F v + Q = F v + q \left(1 - \frac{t}{t_1}\right),$$

woraus

$$f \frac{d w}{d t} = F \frac{d v}{d t} - \frac{q}{t_1}.$$

Verbindet man diese Gleichung mit den zwei anderen und setzt wieder $v = \frac{dz}{dt}$, $\frac{q}{F} = c$, so erhält man die Differentialgleichung:

$$\frac{d^2z}{dt^2} + \frac{1}{T_0} \cdot \frac{dz}{dt} + \frac{z}{T^2} + \frac{c}{T_0}\left(1 - \frac{t}{t_1}\right) - \frac{c}{t_1} = 0 \quad \ldots\ldots \text{h)}$$

worin T_0 und T dieselbe Bedeutung wie in der früheren Aufgabe haben.

Die Lösung dieser Gleichung lautet:

$$z = A e^{-at} \sin(nt + \alpha) + Bt + C \quad \ldots\ldots\ldots \text{i)}$$

worin a und n aus der vorigen Aufgabe, Gleichungen g) bekannt, A, B, C und α Konstante sind. Bildet man nun $\frac{dz}{dt}$ und $\frac{d^2z}{dt^2}$, und setzt ihre Werte in Gleichung h) ein, so geht diese über in

$$bBt + 2aB + bC + \frac{c}{T_0}\left(1 - \frac{t}{t_1}\right) - \frac{c}{t_1} = 0$$

oder

$$t\left(bB - \frac{c}{T_0 t_1}\right) + 2aB + bC + \frac{c}{T_0} - \frac{c}{t_1} = 0.$$

Da diese Gleichung für alle Werte der Veränderlichen t erfüllt sein muß, so ist sowohl der Faktor von t als auch das von t freie Glied gleich Null zu setzen; man erhält hieraus

$$B = \frac{h}{t_1}, \quad C = h\left[\frac{1}{t_1}\left(T_0 - \frac{T^2}{T_0}\right) - 1\right].$$

Die Geschwindigkeit v des Wassers ergibt sich aus Gleichung i):

$$v = \frac{dz}{dt} = \sqrt{b}\, A e^{-at} \sin(\beta - nt - \alpha) + B \quad \ldots\ldots \text{k)}$$

worin wieder

$$\operatorname{tg}\beta = \frac{n}{a}.$$

Für den Anfang der Bewegung ist $t = 0$, $z = -h$, $v = 0$; setzt man diese Werte in die Gleichungen i) und k) ein und benützt die oben ermittelten Werte von B und C, so erhält man die beiden Integrationskonstanten A und α:

$$A = \frac{hT_0}{Tt_1 n}, \quad \operatorname{tg}\alpha = 2nT_0 \frac{T_0^2 - T^2}{3T_0^2 - T^2}.$$

211. Es ist

$$\zeta \frac{v^2}{2g} = \zeta_0 \frac{v^2}{2g} + \zeta_1 \frac{v_1^2}{2g}$$

oder

$$\zeta = \zeta_0 + \left(\frac{v_1}{v}\right)^2 \zeta_1$$

und da sich die Geschwindigkeiten verkehrt wie die Durchströmungsquerschnitte verhalten:

$$\zeta = \zeta_0 + \zeta_1 \frac{d^4}{16 h^2 d_1{}^2}.$$

212. Die Widerstandshöhe für den Teil ∂_x des Rohres ist

$$\partial h_w = \zeta_r \frac{v^2}{2g} = \left(\alpha + \frac{\beta}{\sqrt{vd}}\right) \cdot \frac{\partial x}{d} \cdot \frac{v^2}{2g}.$$

Nennt man x den Abstand der Querschnitte d_1 und d, so ist

$$d = d_1 \left[1 + x \frac{d_2 - d_1}{l d_1}\right],$$

ferner $v_1 d_1{}^2 = v_2 d_2{}^2 = v d^2$ (Kontinuitäts-Gesetz), woraus

$$d = d_1 \sqrt{\frac{v_1}{v}}, \quad \partial x = -\frac{l d_1 \sqrt{v_1}}{2(d_2 - d_1)} \cdot \frac{\partial v}{v^{3/2}},$$

sodann $$\partial h_w = -\frac{1}{4g(d_2 - d_1)} \left[\alpha v \partial v + \frac{\beta}{\sqrt{v_1 d_1{}^2}} v^{3/4} \partial v\right]$$ und

$$h_w = \frac{1}{4g(d_2 - d_1)} \left[\frac{\alpha}{2}(v_1{}^2 - v_2{}^2) + \frac{4}{7} \frac{\beta}{\sqrt[4]{v_1 d_1{}^2}} (v_1{}^{7/4} - v_2{}^{7/4})\right].$$

Setzt man $$h_w = \zeta_w \frac{v_2{}^2}{2g},$$

so wird mit Benützung des Kontinuitätsgesetzes schließlich die gesuchte Widerstandszahl

$$\zeta_w = \frac{1}{2(d_2 - d_1)} \left[\frac{\alpha}{2}\left\{\left(\frac{d_2}{d_1}\right)^4 - 1\right\} + \frac{4\beta}{7\sqrt{v_2 d_2}}\left\{\left(\frac{d_2}{d_1}\right)^{7/2} - 1\right\}\right].$$

Für $d_1 = d_2 = d$, $v_1 = v_2 = v$ geht dieser Ausdruck über in

$$\zeta_w = \left(\alpha + \frac{\beta}{\sqrt{vd}}\right)\frac{1}{d}.$$

213. Nach Gleichung 52 ist die Summe

$$H + Z + \frac{v^2}{2g}(1 + \zeta_r) = \text{konst.}$$

für die Punkte einer durch ein Rohr strömenden Flüssigkeit. Bedenkt man, daß die Punkte D des Rohres die gleiche Höhenlage besitzen und berücksichtigt Gleichung 30 in der Form:

$$\zeta_r = \lambda \frac{x}{d}$$

worin x die Rohrlänge bis D ist, so folgt

$$Z + \frac{v^2}{2g}\left(1 + \lambda \frac{x}{d}\right) = \text{konst.}$$

Da Z = DE und v konstant ist, so folgt hieraus, daß alle Punkte E in einer Geraden liegen müssen. Diese setzt nicht in der Oberfläche A ein, sondern etwas tiefer in B, da der Druck an der Einmündung des Rohres einen Abfall erleidet.

214. Anwendung der vorigen Aufgabe.

An der Stelle, wo das Gummirohr angebracht ist, besitzt die Flüssigkeit einen bestimmten Überdruck, der wie bei D in voriger Aufgabe durch die Höhe Z einer Flüssigkeitssäule gemessen wird.

Wählt man nun die Höhe h_1 derart, daß sie kleiner ist als Z, so wird auch die Flüssigkeit im dünnen Gummirohr diesen kleineren Druck annehmen, und da nach Gleichung 52

$$H + Z + \frac{v^2}{2g}(1 + \zeta_r) = \text{konstant}$$

bleibt, also auch

$$\frac{p}{\gamma} + \frac{v^2}{2g}(1 + \zeta_r) = \text{konstant}$$

bleibt, so wird bei abnehmendem Druck p die Geschwindigkeit v zunehmen und der Querschnitt abnehmen.

Es steht also zu erwarten, daß je nachdem $h_1 \lesseqgtr Z$ gemacht wird, das Gummirohr sich verengt bzw. erweitert.

215. Nach den Gleichungen 32 und 33 ist

$$\lambda = \alpha + \frac{\beta}{\sqrt{v\,d}} = 0{,}012 + \frac{0{,}0018}{\sqrt{1{,}2 \,.\, 0{,}3}} = 0{,}015$$

und die Reibungszahl im Rohr

$$\zeta_r = \lambda \frac{l}{d} = 7{,}50,$$

also das Reibungsgefälle

$$\zeta_r \frac{v^2}{2g} = 0{,}55 \text{ m.}$$

216. Es ist die Wassermenge in der Sekunde

$$Q = \frac{270}{60 \,.\, 60} = \frac{3}{40} \text{m}^3$$

und nach Gleichung 49 in erster Annäherung

$$d = 0{,}3 \sqrt[5]{\frac{Q^2 l}{h}} = 0{,}26 \text{ m.}$$

Sodann ist die Geschwindigkeit im Rohr

$$v = \frac{4\,Q}{\pi\, d^2} = 1{,}41 \text{ m/s}$$

und nach Gleichung 32, 34:

$$\lambda = 0{,}02 + \frac{0{,}0018}{\sqrt{v\,d}} = 0{,}023.$$

In zweiter Annäherung ist dann nach Gleichung 48:

$$d = 0{,}607 \sqrt[5]{0{,}023} \sqrt[5]{\frac{Q^2 l}{h}} = 0{,}25 \text{ m.}$$

217. Nennt man v die frühere, v_1 die jetzige Geschwindigkeit der Strömung, ζ die Widerstandszahl des Ventils, so ist die Nutzhöhe

$$\frac{v^2}{2\,g} = \frac{v_1^{\,2}}{2\,g} + \zeta \frac{v_1^{\,2}}{2\,g}$$

woraus

$$v_1 = \frac{v}{\sqrt{1+\zeta}}.$$

Nun ist nach Gleichung 44:

$$\zeta = \left(1{,}537 \frac{F}{F_1} - 1\right)^2$$

und mit $\frac{F}{F_1} = \left(\frac{20 \text{ cm}}{10 \text{ cm}}\right)^2 = 4: \quad \zeta = 26{,}502,$

woraus $v_1 = 0{,}19 \text{ m/s}.$

218. Da der Rohrquerschnitt der gleiche bleibt, verhalten sich die Durchflußmengen wie die Geschwindigkeiten; es muß also die neue Geschwindigkeit $v_1 = \frac{v}{2}$ sein. Ist ζ die Widerstandszahl des Hahnes, so kann man die Gleichung ansetzen

$$\frac{v^2}{2g} = \frac{v_1^{\,2}}{2g} + \zeta \frac{v_1^{\,2}}{2g},$$

woraus $\zeta = 3.$

In Tabelle 42 ist nun für den Hahnwinkel:

$$\delta' = 20^0: \quad \zeta' = 1{,}56,$$
$$\delta'' = 30^0: \quad \zeta'' = 5{,}47.$$

Setzt man

$$\delta'' - \delta' : \delta - \delta' = \zeta'' - \zeta' : \zeta - \zeta'$$

so wird $\delta = 23^0\,41'$.

219. Setze in Gleichung 26 die Werte ein: v = 1 m/s,

$$h = 2 \text{ m}, \quad \lambda = 0{,}02 + \frac{0{,}0018}{\sqrt{v \,.\, d}} = 0{,}024$$

(nach den Gleichungen 32 und 34),

$$\frac{l}{d} = \frac{50 \text{ m}}{0{,}2 \text{ m}} = 250, \quad F = F_2, \quad \frac{F}{F_0} \doteq 0,$$

so wird aus:

$$2\,g\,h = \zeta_1 + \lambda \frac{l}{d} + \zeta + 1$$

die Widerstandszahl des Hahnes

$$\zeta = 30{,}46.$$

In Tabelle 42 findet man für

$$\delta' = 40^0\colon \quad \zeta' = 17{,}3,$$

$$\delta'' = 45^0\colon \quad \zeta'' = 31{,}2.$$

Setzt man

$$\zeta'' - \zeta' : \zeta'' - \zeta = \delta'' - \delta' : \delta'' - \delta,$$

so bleibt der gesuchte Hahnwinkel

$$\delta = 44\tfrac{3}{4}{}^0.$$

220. Ist v_1 die Geschwindigkeit des Wassers vor A, v jene bei B vor Einstellen des Schiebers, v_2 dortselbst nach Einstellen des Schiebers, so ist

$$\frac{v_1^2}{2\,g} = \frac{v^2}{2\,g}(1 + \zeta_1 + \zeta_2)$$

und

$$\frac{v_1^2}{2\,g} = \frac{v_2^2}{2\,g}(1 + \zeta_1 + \zeta_2 + \zeta).$$

Nun soll $Q_2 = \frac{Q}{n}$, also auch $v_2 = \frac{v}{n}$ sein; somit wird

$$\zeta = (n^2 - 1)(1 + \zeta_1 + \zeta_2).$$

221. Nennt man Q und ζ Wassermenge und Widerstandszahl bei geöffnetem Hahn, Q_1 und ζ_1 bei geöffnetem Ventil, so ist

$$Q : Q_1 = v : v_1 = \sqrt{\frac{1 + \zeta_1}{1 + \zeta}}.$$

Setzt man für $\zeta = 14$ nach Tabelle 45, so bleibt $\zeta_1 = 5{,}49$; Tabelle 42 liefert hierzu den Winkel $\delta = 30^0$.

222. Ist v die Geschwindigkeit im Rohr hinter B, v_1 jene vor A, so ist

$$\frac{v_1^2}{2g} = \frac{v^2}{2g}(1 + \zeta_1 + \zeta_2 + \zeta_3).$$

Dabei beziehen sich die Widerstandszahlen der Reihe nach auf die Rohrverengung bei A, das Bogenstück und die Klappe bei B. ζ_1 wird nach der Tabelle 36 bestimmt.

Hierin ist für

$$\frac{F}{F_1} = 0{,}2: \quad \zeta'_1 = 0{,}42.$$

$$\frac{F}{F_1} = 0{,}4: \quad \zeta''_1 = 0{,}33.$$

Im vorliegenden Falle ist

$$\frac{F}{F_1} = \frac{\overline{30}^2}{\overline{50}^2} = 0{,}36.$$

Setzt man behufs Gewinnung eines brauchbaren Wertes von ζ_1:

$$\zeta_1' - \zeta_1'' : \zeta_1 - \zeta_1'' = 0{,}2 - 0{,}4 : 0{,}36 - 0{,}4$$

so wird $\zeta_1 = 0{,}348.$

ζ_2 ergibt sich aus Tabelle 40 mit

$$\frac{d}{D} = \frac{30}{150} = 0{,}2: \quad \zeta_2 = 0{,}14,$$

und da das vorliegende Bogenstück nur 60⁰ umspannt:

$$\zeta_2 = \frac{2}{3}\,0{,}14 = 0{,}093.$$

Ähnlich wie ζ_1 wird ζ_3 gerechnet. Die Tabelle 45 gibt für ein Klappenventil

bei 60^0 Öffnung: $\zeta_3' = 3{,}2,$

bei 70^0 Öffnung: $\zeta_3'' = 1{,}7.$

Setzt man wie oben

$$\zeta_3' - \zeta_3'' : \zeta_3 - \zeta_3'' = 60^0 - 70^0 : 65^0 - 70^0,$$

so folgt $\zeta_3 = 2{,}45.$

Nun erhält man: $v_1^2 = 3{,}891\, v^2$

und da die Wassermengen sich wie die Geschwindigkeiten verhalten:

$$Q = \frac{Q_1}{1{,}97}.$$

223. Anwendung von Gleichung 26.

Es ist h = 4 m, $\lambda = 0{,}03$ in erster Annäherung nach Gleichung 31, l = 33 m, d = 0,2 m; ferner

$$\frac{F}{F_2} = \frac{1}{4}, \quad \frac{F}{F_0} \doteq 0.$$

Die Widerstandszahlen ζ sind: für zweimaliges Knie 2 . 0,984 = 1,968 (nach Tabelle 39), für den Hahn: 5,47 (nach Tabelle 42), somit $\Sigma \zeta = 7{,}438$.

Durch Einsetzen in Gleichung 26 erhält man in erster Annäherung:

$$v = 2{,}297 \text{ m/s}.$$

Nun ist nach Gleichung 32 und 34 in zweiter Annäherung

$$\lambda = \alpha + \frac{\beta}{\sqrt{v \, . \, d}} = 0{,}02 + \frac{0{,}0018}{\sqrt{v\,d}} = 0{,}0227.$$

Eine abermalige Rechnung mit diesem neuen Wert von λ liefert:

$$v = 2{,}40 \text{ m/s},$$

wobei geblieben werden kann.

224. Man rechne zuerst nach Gleichung 49 mit

$$Q = \frac{200 \text{ m}^3}{60 \, . \, 60} = \frac{1}{18}$$

und erhält in erster Annäherung:

$$d = 0{,}28 \text{ m}.$$

Nun ist aus Gleichung 46

$$v = \frac{4\,Q}{\pi\,d^2} = 0{,}9 \text{ m/s}$$

und aus den Gleichungen 32 und 34:

$$\lambda = 0{,}02 + \frac{0{,}0018}{\sqrt{v\,d}} = 0{,}0236.$$

Benützt man nun Gleichung 47 und setzt hierin:

$\Sigma \zeta$ = Widerstand der Rohrerweiterung + Widerstand der Rohrkrümmung,

worin ersterer nach Gleichung 35:

$$\left(\frac{F}{F_1} - 1\right)^2 = 4,$$

letzterer nach Tabelle 40: 0,13 ist, also $\Sigma\zeta = 4{,}13$, so wird in zweiter Annäherung:

$$d^5 = \frac{8}{\pi^2 g} \cdot \frac{1}{18^2 . 2{,}84}[0{,}0236 . 680 + 0{,}28(2{,}865 + 4{,}13)],$$

$$d = 0{,}277 \text{ m}.$$

Man kann also bei dem Werte d = 0,28 m bleiben.

225. Verwendung von Gleichung 26 mit

$$\zeta_2 = 0, \quad \frac{F}{F_0} \doteq 0 \text{ und } F = F_2.$$

$$v = \sqrt{\frac{2gh}{\zeta_1 + \lambda\frac{l}{d} + \sum_A^C \zeta + 1}}.$$

Hierin ist $\zeta_1 = 1{,}78$, $h = 10$ m, ferner $\sum_A^C \zeta = \zeta_3$ (zwei Rohrkrümmungen) + ζ_4 (Rohrerweiterung) + ζ_5 (Rohrverengung). Nach Tabelle 40 ist $\zeta_3 = 2 . 0{,}13 = 0{,}26$, ferner nach Gleichung 35:

$$\zeta_4 = \left(\frac{F}{F_1} - 1\right)^2 = 4{,}75$$

und nach Tabelle 36: $\zeta_5 = 0{,}37$, somit $\Sigma\zeta = 5{,}38$.

Um λ zu rechnen, setze man probeweise $v = 1$ m/s; dann ist nach Gleichung 32 und 33:

$$\lambda = 0{,}012 + \frac{0{,}0018}{\sqrt{vd}} = 0{,}016$$

und

$$\lambda\frac{l}{d} = 64 \text{ mit } l = 800 \text{ m}.$$

Man erhält durch Einsetzen dieser Werte $v = 1{,}65$ m/s. Rechnet man nun nochmals λ, so erhält man $\lambda = 0{,}015$ und daraus $v = 1{,}70$ m/s.

Die Wassermenge in der Sekunde ist dann nach Gleichung 46: $Q = 0{,}05338$ m^3 und in der Stunde: 192,168 m^3.

Um den Piezometerstand dicht hinter B zu rechnen, benütze man Gleichung 53:

$$Z = z - \frac{v^2}{2g}\left(1 + \sum_A^B \zeta\right),$$

worin $z = 6$ m, $v = 1{,}70$ m/s und

$$\sum_A^B \zeta = \zeta_1 + \frac{\zeta_3}{2} + \zeta_4 + \lambda\frac{l_1}{d} + \zeta_5,$$

worin $l_1 = 450$ m ist. Mit den bekannten Werten der Widerstandszahlen wird $\sum_A^B \zeta = 40{,}78$ und $Z = -0{,}15$ m.

226. Mit Benützung von Gleichung 51.

Es ist $$Q_1 = C\sqrt{\frac{d_1^5 h}{l}}, \quad Q_2 = C\sqrt{\frac{d_2^5 h}{l}}$$

und $$Q = C\sqrt{\frac{d^5 h}{l}}.$$

Setzt man hier $d_2 = n\,d_1$ und $Q_1 + Q_2 = 2\,Q$, so bleibt

$$d = d_1 \sqrt[5]{\left(\frac{1 + n^2\sqrt{n}}{2}\right)^2}$$

227. Die Gesamtkosten sind

$$k_1\,d\,l + k_2\,Q\,h$$

und mit Benützung von Gleichung 50:

$$\left(k_1\,d + k_2\,c\,\frac{Q^3}{d^5}\right) l = A\,l,$$

worin $c = 0{,}00243$.

Setzt man $\frac{\delta A}{\delta d} = 0$, so wird der gewünschte Durchmesser

$$d = \sqrt{\frac{5\,k_2\,c}{k_1}}\,\sqrt{Q}.$$

228. Analog wie in voriger Aufgabe sind die Gesamtkosten

$$k_1\,(d_1\,l_1 + d_2\,l_2) + k_2\,(Q_1 + Q_2)\,h.$$

Die Widerstandshöhe ist nach Gleichung 50:

$$h = c\,\frac{Q_1^2\,l_1}{d_1^5} = c\,\frac{Q_2^2\,l_2}{d_2^5},$$

somit die Gesamtkosten

$$k_1\left(l_1 + l_2\sqrt[5]{\frac{Q_2^2 l_2}{Q_1^2 l_1}}\right) d_1 + k_2\,(Q_1 + Q_2)\,\frac{c\,Q_1^2\,l_1}{d_1^5} = A.$$

Setzt man $\frac{\delta A}{\delta d_1} = 0$, so erhält man für die gewünschten Durchmesser:

$$d_1 = a\sqrt[5]{l_1 Q_1^2}, \quad d_2 = a\sqrt[5]{l_2 Q_2^2}$$

worin
$$a = \sqrt[6]{\frac{5\,k_2\,c\,(Q_1 + Q_2)}{k_1(l_1^{6/5}\,Q_1^{2/5} + l_2^{6/5}\,Q_2^{2/5})}}$$
und $c = 0{,}00243$.

229. In der Entfernung x vom Anfang der Rohrleitung ist die Durchflußmenge
$$Q_x = Q_1 + (l - x)\,a,$$
worin
$$a = \frac{Q - Q_1}{l}.$$

Für ein Element dx der Leitung ist nach Gleichung 50 das notwendige Gefälle
$$dh = c\,\frac{Q_x^2}{d^5}\,dx$$
mit $c = 0{,}00243$. Die Integration dieser Gleichung liefert
$$h = h_1\left[1 + \frac{l a}{Q_1} + \frac{1}{3}\left(\frac{l a}{Q_1}\right)^2\right],$$
worin $h_1 = c\,\frac{Q_1^2}{d^5}\,l$ das für Q_1 notwendige Gefälle ist.

230. Mit den Bezeichnungen der vorigen Aufgabe folgt zunächst aus Gleichung 46 für den veränderlichen Durchmesser
$$d = \sqrt{\frac{4}{\pi}\cdot\frac{Q_x}{v}} = \sqrt{\frac{4}{\pi v}\left[Q_1 + (l - x)\,a\right]}.$$

Ferner folgt durch Verbindung der Gleichungen 46 und 50:
$$h = 0{,}00133\,\frac{l\,v^{5/2}}{\sqrt{Q}},$$
somit hier:
$$dh = c_1\,\frac{v^{5/2}}{\sqrt{Q_x}}\,dx.$$

Setzt man $Q_x = Q_1 + (l - x)\,a$ ein und integriert, so bleibt
$$h = 0{,}00266\,\frac{v^{5/2}\,l}{\sqrt{Q} + \sqrt{Q_1}}.$$

231. Die Durchflußmengen in der Sekunde sind:
$$Q_1 = \frac{1}{45}\,\frac{m^3}{s}, \quad Q_2 = \frac{1}{30}\,\frac{m^3}{s}, \quad Q = Q_1 + Q_2 = \frac{1}{18}\,\frac{m^3}{s}.$$

Mit $v = 1\,\frac{m}{s}$ wird:
$$d = \sqrt{\frac{4\,Q}{\pi v}} = 0{,}266 \text{ m}$$

und nach den Gleichungen 32 und 34:

$$\lambda = \alpha + \frac{\beta}{\sqrt{v d}} = 0{,}023.$$

Ferner wird mit Benützung der Gleichungen 27 und 30:

$$h_1 = \frac{v^2}{2g}\left[\zeta_1 + \lambda \frac{l}{d}\right] + \frac{v_1^2}{2g}\left[\zeta'_1 + \lambda_1 \frac{l_1}{d_1} + 1\right],$$

$$h_2 = \frac{v^2}{2g}\left[\zeta_1 + \lambda \frac{l}{d}\right] + \frac{v_2^2}{2g}\left[\zeta'_1 + \lambda_2 \frac{l_2}{d_2} + 1\right],$$

worin nach Gleichung 28: $\zeta_1 = 1{,}78$ und ferner $\zeta_1' = 2$ die Widerstandzahl für die Abzweigung bei B sein soll. Man erhält durch Einsetzen der Werte:

$$v_1^2\left[\lambda_1 \frac{l_1}{d_1} + 3\right] = 120{,}565,$$

$$v_2^2\left[\lambda_2 \frac{l_2}{d_2} + 3\right] = 356{,}005$$

und mit $v_1 = \frac{4 Q_1}{\pi d_1^2}$, $v_2 = \frac{4 Q_2}{\pi d_2^2}$:

$$\left.\begin{aligned} \lambda_1 \frac{l_1}{d_1} + 3 &= 150\,588\, d_1^4 \\ \lambda_2 \frac{l_2}{d_2} + 3 &= 197\,625\, d_2^4 \end{aligned}\right\} \quad \ldots\ldots\ldots \quad a)$$

Vernachlässigt man zunächst 3 und setzt $\lambda_1 = \lambda_2 = \lambda$, so wird:

$$150\,588\, d_1^5 = \lambda l_1, \quad 197\,625\, d_2^5 = \lambda l_2,$$

woraus $d_1 = 0{,}136$ m, $d_2 = 0{,}119$ m.

Hieraus wird:

$$v_1 = 1{,}53 \frac{m}{s}, \quad v_2 = 3{,}02 \frac{m}{s},$$

ferner $\lambda_1 = \alpha + \frac{\beta}{\sqrt{v_1 d_1}} = 0{,}024$, $\lambda_2 = 0{,}023$

und sodann genauer aus den Gleichungen a):

$$d_1 = 0{,}139 \text{ m}, \quad d_2 = 0{,}121 \text{ m}.$$

232. Lösung ähnlich der vorigen Aufgabe mit Hilfe der Gleichungen

$$h_1 = \frac{v_1^2}{2g}\left[\zeta_1 + \lambda_1 \frac{l_1}{d_1}\right] + \frac{v^2}{2g}\left['\zeta_1 + \lambda \frac{l}{d} + 1\right],$$

$$h_2 = \frac{v_2^2}{2g}\left[\zeta_1 + \lambda_2 \frac{l_2}{d_2}\right] + \frac{v^2}{2g}\left[\zeta'_1 + \lambda \frac{l}{d} + 1\right]$$

in Verbindung mit

$$Q_1 = \frac{\pi d_1^2}{4} v_1, \quad Q_2 = \frac{\pi d_2^2}{4} v_2, \quad Q = \frac{\pi d^2}{4} v = Q_1 + Q_2, \quad . \; . \quad b)$$

wobei in erster Annäherung $\lambda_1 = \lambda_2 = \lambda = 0{,}03$ gesetzt werden kann. Aus diesen sechs Gleichungen können die sechs Unbekannten gerechnet werden. Gewöhnlich begnügt man sich aber mit der Annäherung, auf alle Widerstände außer der Reibung im Rohr zu verzichten. Dann ist nach Gleichung 50:

$$h_1 = 0{,}00243 \left(\frac{l_1 Q_1^2}{d_1^5} + \frac{l Q^2}{d^5}\right),$$

$$h_2 = 0{,}00243 \left(\frac{l_2 Q_2^2}{d_2^5} + \frac{l Q^2}{d^5}\right),$$

und nach Einsetzen der gegebenen Werte:

$$Q^2 + 8{,}04\, Q_1^2 = 0{,}01256,$$

$$Q^2 + 36{,}62\, Q_2^2 = 0{,}01507,$$

woraus in Verbindung mit $Q = Q_1 + Q_2$ folgt:

$$Q_1 = 0{,}0348 \frac{m^3}{s}, \quad Q_2 = 0{,}0183 \frac{m^3}{s}, \quad Q = 0{,}0531 \frac{m^3}{s}.$$

Die Geschwindigkeiten werden dann nach den Gleichungen b):

$$v_1 = 1{,}97 \frac{m}{s}, \quad v_2 = 2{,}33 \frac{m}{s}, \quad v = 1{,}08 \frac{m}{s}$$

und die entsprechenden stündlichen Durchflußmengen:

125 280 Liter, 65 880 Liter und 191 160 Liter.

233. Eine Stelle M des Rohres BC in der Entfernung x von B hat das Gesamtgefälle

$$h_x = h_0 + x \frac{h_1 - h_0}{l_1}$$

und soll noch $q_1(l_1 - x)$ Wasser führen; es ist also nach Gleichung 50:

$$h_0 + x \frac{h_1 - h_0}{l_1} = 0{,}00243 \left[\frac{Q^2 l}{d^5} + \frac{q_1^2 (l_1 - x)^2 x}{d_1^5}\right].$$

Ebenso ist für das Rohr BD:

$$h_0 + y \frac{h_1 - h_0}{l_2} = 0{,}00243 \left[\frac{Q^2 l}{d^5} + \frac{[q_2(l_2 - y) + q]^2 y}{d_2^5}\right].$$

Aus diesen beiden Gleichungen können d_1 und d_2 als Funktionen von x und y dargestellt werden.

234. Die Durchflußmenge bei A ist

$$Q_1 = \mu F \sqrt{2gh} = k\sqrt{h} \quad \ldots\ldots \quad a)$$

wenn h die Druckhöhe ist und

$$k = \mu F \sqrt{2g}$$

bedeutet. Durch die Reibung im Rohrstück AB geht nach Gleichung 30 die Druckhöhe verloren:

$$h_r = \zeta_r \frac{v_1^2}{2g} = \lambda \frac{l}{d}\frac{v_1^2}{2g},$$

und da $$Q_1 = \frac{\pi d^2}{4} v_1,$$

so wird auch: $$h_r = a Q_1^2,$$

worin $$a = \frac{8\lambda l}{g\pi^2 d^5}.$$

Bei B steht demnach noch die Druckhöhe $h + h_r$ zur Verfügung und es ist die Ausflußmenge bei B wie in Gleichung a):

$$Q_2 - Q_1 = k\sqrt{h + h_r} = k\sqrt{h + a Q_1^2}.$$

Ebenso erhält man für die Ausflußmenge in C und D:

$$Q_3 - Q_2 = k\sqrt{h + a(Q_1^2 + Q_2^2)},$$

$$Q_4 - Q_3 = k\sqrt{h + a(Q_1^2 + Q_2^2 + Q_3^2)},$$

woraus $$(Q_4 - Q_3)^2 - (Q_3 - Q_2)^2 = b^2 Q_3^2$$

wenn $$b^2 = \frac{16\lambda\mu^2}{\pi^2} \cdot \frac{F^2 l}{d^5}$$

bedeutet. Allgemein ist also:

$$(Q_n - Q_{n-1})^2 - (Q_{n-1} - Q_{n-2})^2 = b^2 Q^2_{n-1}.$$

Daraus ergibt sich folgende Konstruktion: Macht man $b = \operatorname{tg}\beta$, $OM = Q_{n-2}$, $ON = Q_{n-1}$, errichtet in N die Senkrechte und macht $MP = NQ$, so ist $OQ = Q_n$.

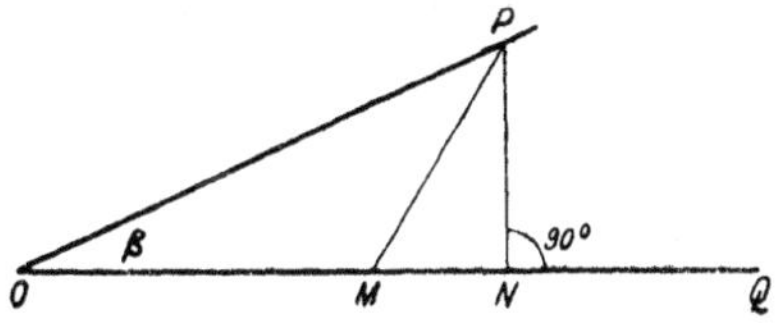

235. Nach Gleichung 50 ist

$$h = 0{,}00243\, Q^2 \left(\frac{l_1}{d_1^5} + \frac{l_2}{d_2^5} + \frac{l_3}{d_3^5}\right).$$

Ferner sind die Kosten der Leitungsanlage

$$K = k(d_1 l_1 + d_2 l_2 + d_3 l_3).$$

Betrachtet man d_1 und d_2 als unabhängig Veränderliche und differenziert beide Gleichungen nach ihnen, so erhält man:

$$\frac{l_1}{d_1^6} + \frac{l_3}{d_3^6}\frac{\partial d_3}{\partial d_1} = 0, \quad \frac{l_2}{d_2^6} + \frac{l_3}{d_3^6}\frac{\partial d_3}{\partial d_2} = 0;$$

$$l_1 + l_3\frac{\partial d_3}{\partial d_1} = 0, \quad l_2 + l_3\frac{\partial d_3}{\partial d_2} = 0,$$

woraus $$d_1 = d_2 = d_3$$

und die Kosten mit Benützung von Gleichung 49:

$$K = 0{,}3\,k\sqrt[5]{\frac{Q^2}{h}(l_1 + l_2 + l_3)^6}.$$

236. Nach der Gleichung 50 ist

$$h_1 = 0{,}00243\left(\frac{l Q^2}{d^5} + \frac{l_1 Q_1^2}{d_1^5}\right) \quad \ldots\ldots \quad a)$$

und zwei analoge Gleichungen für h_2 und h_3. Setzt man

$$Q_1 = \frac{Q}{3},$$

so wird $$d_1 = d\sqrt[5]{\frac{l_1}{9(a h_1 - l)}} \quad \text{mit } a = \frac{d^5}{0{,}00243\,Q^2}$$

und analog für d_2 und d_3.

237. Zu der Gleichung a) der vorigen Aufgabe und den beiden analogen für h_2 und h_3 tritt noch die Bedingung:

$$K = k(d l + d_1 l_1 + d_2 l_2 + d_3 l_3) = \text{Minimum}.$$

Betrachtet man d als unabhängig Veränderliche, differenziert nach ihr die Gleichungen a) und setzt überdies $\frac{\partial K}{\partial d} = 0$, so wird

$$\frac{l Q^2}{d^6} + \frac{l_1 Q_1^2}{d_1^6}\cdot\frac{\partial d_1}{\partial d} = 0$$

nebst zwei analogen Gleichungen für d_2 und d_3, und

$$l + l_1\frac{\partial d_1}{\partial d} + l_2\frac{\partial d_2}{\partial d} + l_3\frac{\partial d_3}{\partial d} = 0.$$

Aus diesen vier Gleichungen erhält man durch Entfernen der Differentialquotienten:

$$\frac{d^6}{Q^2} = \frac{d_1^6}{Q_1^2} + \frac{d_2^6}{Q_2^2} + \frac{d_3^6}{Q_3^2}.$$

Diese in Verbindung mit den Gleichungen a) genügt zur Ermittlung der vier Durchmesser.

238. Führt man die Untersuchung für zwei Rohrstücke mit den mittleren Druckhöhen y_1 und y_2 durch, so betragen die Kosten derselben

$$K = k d_1^2 y_1 l + k d_2^2 y_2 l;$$

der Druckhöhenverlust eines Rohrstückes ist nach Gleichung 50:

$$\frac{c Q^2 l}{d^5},$$

worin $c = 0{,}00243$, Q die Durchflußmenge ist. Der Druckhöhenverlust beider Rohrstücke ist also

$$z = c \frac{Q^2 l}{d_1^5} + c \frac{Q^2 l}{d_2^5}.$$

Da z unverändert bleiben und K ein Minimum werden soll, so ist

$$\partial z = 0 \text{ und } \partial K = 0,$$

woraus das gesuchte Gesetz sich ergibt:

$$d_1^7 y_1 = d_2^7 y_2$$

oder

$$d^7 y = \text{konstant}.$$

239. Der Druckhöhenverlust zwischen zwei unendlich nahen Querschnitten des veränderlichen Rohres ist nach Gleichung 50:

$$\partial y = c \frac{Q^2}{d^5} . \partial x$$

wenn $c = 0{,}00243$, Q die Durchflußmenge ist.

Setzt man nun $d^7 y = a$, ferner $y = \frac{h x}{l}$ ein, so wird

$$\partial y = c Q^2 \left(\frac{h}{a l}\right)^{5/7} x^{5/7} . \partial x.$$

Integriert man und beachtet, daß

$$\int_0^h \partial y = h$$

ist, so folgt die Konstante

$$a = h \left[\frac{7}{12} \frac{c Q^2 l}{h}\right]^{7/5}.$$

Die Kosten für das Stück ∂x des Rohres sind:

$$\partial K = k d^2 y . \partial x$$

und da $d^7 = \frac{a}{y}$

$$\partial K = k a^{2/7} y^{5/7} . \partial x$$

oder

$$\partial K = k a^{2/7} \left(\frac{h}{l}\right)^{5/7} . x^{5/7} \partial x$$

woraus die Kosten für den ganzen Rohrstrang von $x = 0$ bis $x = l$:

$$K = \frac{7}{12} k h l \left[\frac{7}{12} \frac{c Q^2 l}{h}\right]^{2/5}.$$

Ist hingegen der Rohrdurchmesser konstant, so sind die Kosten

$$K_1 = k d^2 . \frac{h}{2} l$$

und wegen
$$h = \frac{c Q^2}{d^5} . l:$$

$$K_1 = \frac{1}{2} k h l \left[\frac{c Q^2 l}{h}\right]^{2/5}.$$

Das Kostenverhältnis ist also:

$$K : K_1 = \left(\frac{7}{12}\right)^{7/5} : \frac{1}{2} = 0{,}94 : 1.$$

240. Aus $h = \lambda \frac{l}{d} \frac{v^2}{2 g}$ ergibt sich mit Benützung von

$$Q = \frac{\pi d^2}{4} v: \qquad h = c \frac{Q^2 l}{d^5} + c_1 \frac{Q^{3/2} l}{d^{9/2}}.$$

A. Flamant empfiehlt: $h = c_2 \frac{Q^{7/4} l}{d^{19/4}}$: die Exponenten von Q und d sind Mittelwerte der Exponenten in obiger Gleichung.

241. Ist dF ein Element des Querschnittes, u die daselbst herrschende Geschwindigkeit der Flüssigkeit, so ist die mittlere Geschwindigkeit

$$v = \frac{1}{F} \int u . dF$$

und die Durchflußmenge in der Sekunde

$$Q = F v = \int u . dF.$$

Die Bewegungsgröße für den ganzen Querschnitt ist, wenn $dm = \frac{\gamma}{g} dQ$ das Massenelement bedeutet,

$$B = \int u . dm = \frac{\gamma}{g} \int u^2 . dF$$

und die Bewegungsenergie

$$L = \frac{1}{2} \int u^2 . dm = \frac{1}{2} \frac{\gamma}{g} \int u^3 . dF.$$

Hingegen sind dieselben Größen, für mittlere Geschwindigkeit berechnet:

$$B_1 = \frac{\gamma}{g} Q v = \frac{\gamma}{g} F v^2,$$

$$L_1 = \frac{1}{2}\frac{\gamma}{g} Q v^2 = \frac{1}{2}\frac{\gamma}{g} F v^3.$$

Setzt man nun $u = v + z$, worin z eine veränderliche kleine Größe ist, die positiv oder negativ sein kann, so wird:

$$\int u\,dF = Fv + \int z\,dF,$$

$$\int u^2 dF = Fv^2 + 2v\int z\,dF + \int z^2 dF,$$

$$\int u^3 dF = Fv^3 + 3v^2\int z\,dF + 3v\int z^2 dF + \int z^3 dF.$$

Aus der ersten Gleichung folgt: $\int z\,dF = 0$; setzt man ferner $\int z^2 dF = \eta \,.\, F v^2$ und vernachlässigt die kleine Größe $\int z^3 dF$, so wird

$$B = B_1(1 + \eta)$$

und

$$L = L_1(1 + 3\eta).$$

242. Das Element der Durchflußmenge in der Sekunde ist $dQ = u \,.\, dF$; das Flächenelement kann als schmaler Ring angenommen werden: $dF = 2\varrho\pi \,.\, d\varrho$. Integriert man

$$Q = 2\pi \int_0^r \varrho\, d\varrho \left[u_0 - 21\sqrt{\frac{r}{2}J}\left(\frac{\varrho}{r}\right)^3\right]$$

und setzt $Q = r^2\pi \,.\, v$, so bleibt für die mittlere Geschwindigkeit

$$v = u_0 - \frac{42}{5}\sqrt{\frac{r}{2}J}.$$

243. Die Reibung am Umfang eines Flüssigkeitszylinders vom Halbmesser ϱ und der Länge l ist:

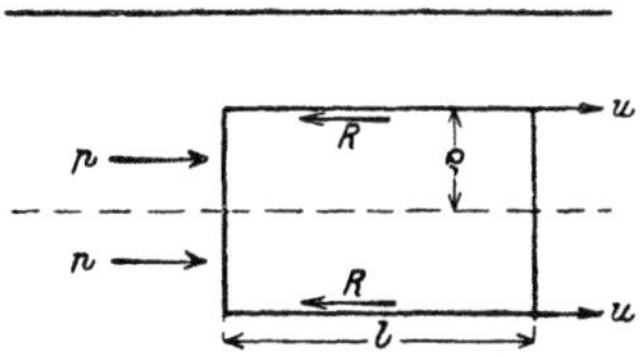

$$R = \eta l \,.\, 2\pi\varrho \,.\, \frac{du}{d\varrho}.$$

Ist p der hydraulische Überdruck für die Flächeneinheit des Querschnittes, so muß

$$p \,.\, \varrho^2\pi + R = 0$$

sein, woraus

$$du = -\frac{p}{2\eta l}\varrho\, d\varrho$$

und nach Integration

$$u = -\frac{p}{4\eta l}\varrho^2 + C.$$

An der Wand des Rohres ist die Geschwindigkeit u nahezu Null, also

$$0 = -\frac{p}{4\eta l} r^2 + C,$$

woraus das Geschwindigkeitsgesetz:

$$u = \frac{p}{4\eta l}(r^2 - \varrho^2).$$

Für $\varrho = 0$ ist die Geschwindigkeit am größten und zwar

$$\max u = \frac{pr^2}{4\eta l}.$$

244. Man rechne zunächst die Durchflußmenge in der Sekunde

$$Q = \int_0^r u \,.\, 2\pi\varrho\, d\varrho = \frac{\pi p r^4}{8\eta l};$$

dann ist die mittlere Geschwindigkeit:

$$v = \frac{Q}{\pi r^2} = \frac{p r^2}{8\eta l}$$

und der Druckhöhenverlust

$$h = \frac{p}{\gamma} = \frac{8\eta l}{\gamma} \cdot \frac{v}{r^2},$$

also der mittleren Geschwindigkeit proportional.

245. Benützt man den Ansatz aus Aufgabe 243: $p \,.\, \varrho^2\pi + R = 0$ und setzt $R = 2\varrho\pi \,.\, l \,.\, \tau$, worin τ die gesuchte Schubspannung ist, so folgt ohne Rücksicht auf das Vorzeichen:

$$\tau = \frac{p\varrho}{2l}.$$

Die notwendige Leistung ist

$$E = Q\gamma h = Q p,$$

worin Q die Durchflußmenge in der Sekunde und h der Druckhöhenverlust sind. Nach voriger Aufgabe ist dann

$$E = \frac{\pi p^2 r^4}{8\eta l}.$$

246. Da an den Wänden für $\varrho = r$ und $\varrho = r + \delta$ die Geschwindigkeit nahezu null ist, wird die Verteilung der Geschwindigkeiten zwischen der inneren und äußeren Rohrwand wie in Aufgabe 243 erfolgen. Ersetzt man deshalb in $u = \frac{p}{4\eta l}(r^2 - \varrho^2)$ (siehe Lösung zu 243) r durch $\frac{\delta}{2}$, ϱ durch $\varrho - \left(r + \frac{\delta}{2}\right)$, so wird das Verteilungsgesetz der Geschwindigkeit:

$$u = \frac{p}{4\eta l}(\varrho - r)(r + \delta - \varrho).$$

Daraus wird

$$\max u = \frac{p\delta^2}{16\eta l} \text{ für } \varrho = r + \frac{\delta}{2}.$$

Die Durchflußmenge in der Sekunde wird

$$Q = \int_r^{r+\delta} u \,.\, 2\pi\varrho \,.\, d\varrho = \frac{p\pi\delta^3}{24\eta l}(2r + \delta) \text{ und } v = \frac{p\delta^2}{24\eta l}.$$

247. Nennt man G das Gewicht des fallenden Zylinders, A seinen Auftrieb, R die Reibung in der Flüssigkeit, p_1 und p_2 die hydraulischen Drücke auf die Endflächen des Zylinders, so ist für dessen gleichförmiges Fallen:

$$G - A - R - (p_2 - p_1) r^2\pi = 0.$$

Mit $G = l r^2\pi\gamma_1$, $A = l r^2\pi\gamma$, $p_2 - p_1 = p$ wird

$$l(\gamma_1 - \gamma) = p + \frac{R}{r^2\pi} \quad \text{. . . . . a)}$$

Der Reibungswiderstand ist wie in 243:

$$R = \eta l \,.\, 2r\pi \left(\frac{du}{d\varrho}\right)_{\varrho = r}$$

Die Geschwindigkeit u eines Flüssigkeitsteilchens setzt sich aus zwei Teilen zusammen. Zunächst zieht der fallende Zylinder die Flüssigkeitsteilchen im Zwischenraum δ durch die Zähigkeit mit sich; in der Entfernung ϱ von der Achse geschieht dies mit der Geschwindigkeit u_1, für welche die Proportion gelten wird:

$$u_1 : c = r + \delta - \varrho : \delta$$

oder

$$u_1 = c\,\frac{r + \delta - \varrho}{\delta}.$$

Anderseits verdrängt der fallende Zylinder Flüssigkeit und diese strömt durch den ringförmigen Raum δ zwischen Zylinder und Gefäß nach oben; für dieses Strömen ist wegen der Reibung die Geschwindigkeit verschieden; nach voriger Aufgabe ist sie

$$u_2 = \frac{p}{4\eta l}(\varrho - r)(r + \delta - \varrho)$$

und somit die Geschwindigkeit an der Stelle ϱ: $u = u_2 - u_1$. Dann ist

$$\frac{du}{d\varrho} = \frac{p}{4\eta l}(2r + \delta - 2\varrho) + \frac{c}{\delta}$$

und
$$R = r\pi\left(\frac{p\delta}{2} + \frac{2c}{\eta l \delta}\right).$$

Damit wird Gleichung a):

$$l(\gamma_1 - \gamma) = p + \frac{1}{r}\left(\frac{p\delta}{2} + \frac{2c}{\eta l \delta}\right) \quad . \quad . \quad . \quad . \quad . \quad b)$$

Ferner wird beim Strömen durch den Spalt δ die Kontinuitätsgleichung bestehen:

$$r^2\pi \, . \, c = [(r + \delta)^2 - r^2]\,\pi \, . \, v \quad . \quad . \quad . \quad . \quad . \quad c)$$

Nach Aufgabe 246 ist aber

$$v = \frac{p\delta^2}{24\eta l} \quad . \quad . \quad . \quad . \quad . \quad . \quad . \quad . \quad . \quad d)$$

Entfernt man aus den Gleichungen b) c) d) die Größen p und v, so bleibt für die Zähigkeitszahl:

$$\eta = \frac{(\gamma_1 - \gamma)\delta^3}{12rs} \, . \, t.$$

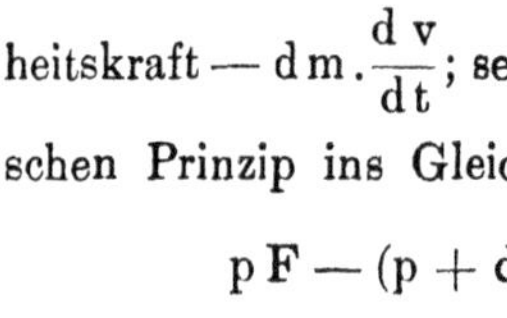

248. Man betrachte eine Scheibe der Flüssigkeit vom Querschnitt F des Rohres und der Länge dx. Ihre Masse ist $dm = \frac{\gamma}{g} F dx$, ihre äußeren Kräfte die Drücke pF und (p + dp)F und das Gewicht gdm; ihre Trägheitskraft $-dm . \frac{dv}{dt}$; setzt man diese Kräfte nach dem d'Alembertschen Prinzip ins Gleichgewicht, so wird:

$$pF - (p + dp)F + gdm . \frac{dh}{dx} - dm . \frac{dv}{dt} = 0,$$

wenn dh das Gefälle von dx ist. Daraus wird

$$dp = \gamma\left(dh - \frac{1}{g}\frac{dv}{dt}dx\right)$$

und wenn man zwischen A und B integriert:

$$p_B - p_A = \gamma(h - h_1) - \frac{\gamma}{g}\frac{dv}{dt} l,$$

oder da $p_A = \gamma h_1$ ist:

$$p_B = \gamma\left(h - \frac{l}{g}\frac{dv}{dt}\right).$$

249. Man erhält nach:

Ganguillet und Kutter ($n = 0{,}025$): $v = 0{,}372$ m/s,
Bazin ($c = 0{,}85$): $v = 0{,}439$ m/s,
Hessle: $v = 0{,}352$ m/s,
Hagen: $v = 0{,}410$ m/s.

250. Setzt man die beiden Werte von C einander gleich, so wird, wenn $23 + \frac{k}{J} = m$ bezeichnet wird:

$$\sqrt{R}\left[b\left(m + \frac{1}{n}\right) - 87a\right] = 87mn - c\left(m + \frac{1}{n}\right).$$

Setzt man nun $b\left(m + \frac{1}{n}\right) - 87a = 0,$

$$87mn - c\left(m + \frac{1}{n}\right) = 0$$

$$a + b = 2,$$

so erhält man

$$a = \frac{2}{1 + 87n - c},$$

$$b = \frac{2(87n - c)}{1 + 87n - c}$$

und

$$\frac{k}{J} = \frac{c}{n(87n - c)} - 23.$$

Für die Angaben der vorigen Aufgabe wird:

$$a = 0{,}86, \quad b = 1{,}14, \quad \frac{k}{J} = 2{,}66$$

und beide Gleichungen liefern dann für die Geschwindigkeit des Flusses: $v = 408$ m/s.

251. Ist $dM = \frac{\gamma}{g} btdx$ die elementare Durchflußmenge, W der Widerstand des Bettes, so ist für Beharrungszustand

$$dM . gh = W dx.$$

Setzt man
$$W = k \frac{v^2}{2g} u l,$$
worin die Geschwindigkeit
$$v = \frac{Q}{b t}$$
und der benetzte Umfang $u = b + 2t$, so wird
$$Q = \sqrt{\frac{\gamma}{k l}} \frac{b^{3/2} t^{3/2} \sqrt{2gh}}{\sqrt{b + 2t}}.$$
(Vergleiche Aufgabe **253.**)

252. An einer Stelle, die um x vom ersten Profil entfernt ist, sei die Tiefe t, die Geschwindigkeit v; für ein kleines Stück dx des Bettes ist dann der Widerstand
$$d W = k \frac{v^2}{2g} u \, d x,$$
worin k eine vom Bette abhängige Konstante, $v = \frac{Q}{b t}$, u (benetzter Umfang) $= b + 2t$ ist.

Ferner wird
$$d x = - \frac{1}{t_1 - t_2} \cdot d t,$$
woraus
$$d W = - \frac{k l Q^2}{2 g b^2 (t_1 - t_2)} \frac{(b + 2t) d t}{t^2}$$
und
$$W = \frac{k l Q^2}{2 g b^2} \left\{ \frac{b}{t_1 t_2} + \frac{2}{t_1 - t_2} \ln \frac{t_1}{t_2} \right\}.$$

253. Ist dM die elementare Durchflußmenge:
$$d M = \frac{\gamma}{g} b t \, d x$$
mit den Bezeichnungen der vorhergehenden Aufgabe, v_1 und v_2 die Geschwindigkeiten im ersten und letzten Querschnitt, so ist nach dem Arbeitsprinzip
$$\frac{1}{2} d M (v_2^2 - v_1^2) = d M \cdot g h - \int d W \cdot d x$$
und wegen
$$d W = k \frac{v^2}{2g} u \, d x \text{ (siehe vorige Aufgabe),}$$
$$Q = b t v = b t_1 v_1 = b t_2 v_2.$$
$$u = b + 2t,$$

$$v_2^2 - v_1^2 = 2gh + \frac{k l Q^2}{b^3 \gamma (t_1 - t_2)} \int_{t_1}^{t_2} \frac{b + 2t}{t^3} dt,$$

woraus $$Q = \frac{b t_1 t_2 \sqrt{2gh}}{\sqrt{(t_1 + t_2)\left(t_1 - t_2 + \frac{kl}{2\gamma}\right) + \frac{2 k l t_1 t_2}{b\gamma}}}.$$

Für $t_1 = t_2 = t$ wird:

$$Q = \sqrt{\frac{\gamma}{kl}} \frac{b^{3/2} t^{3/2} \sqrt{2gh}}{\sqrt{b + 2t}}.$$

(Vergleiche Aufgabe 251.)

254. Der Querschnitt hat die Fläche: $F = 3{,}84$ m²; die Geschwindigkeit des Wassers ist also im Mittel:

$$v = \frac{Q}{F} = 1{,}56 \text{ m/s}.$$

Der benetzte Umfang ist $u = 5{,}72$ m, der Profilsradius

$$R = \frac{F}{u} = 0{,}67 \text{ m}$$

und somit nach Gleichung 56:

$$C = \frac{87}{1 + \frac{0{,}47}{\sqrt{R}}} = 55{,}2.$$

Damit wird aus Gleichung 54 das relative Gefälle

$$J = 0{,}00119$$

und das absolute Gefälle $h = Jl = 1{,}01$ m.

255. Für Niederwasser ist nach den Gleichungen 55 und 56 die in der Sekunde abgeführte Wassermenge $Q = CF\sqrt{RJ}$,

worin $$C = \frac{87}{1 + \frac{0{,}47}{\sqrt{R}}}.$$

Mit den angegebenen Werten erhält man

$$F = 1{,}625 \text{ m}^2, \quad u = 4{,}207 \text{ m}, \quad R = \frac{F}{u} = 0{,}386 \text{ m}, \quad C = 49{,}54.$$

Ebenso ist für Hochwasser:

$$Q_1 = C_1 F_1 \sqrt{R_1 J}, \text{ worin } C_1 = \frac{87}{1 + \frac{0{,}47}{\sqrt{R_1}}}$$

mit $F_1 = 3{,}5\ m^2$, $u_1 = 5{,}414\ m$, $R_1 = \frac{F_1}{u_1} = 0{,}646\ m$,

$$C_1 = 54{,}91.$$

Endlich wird daraus $\frac{Q_1}{Q} = 3{,}088$.

256. In den beiden Fällen sind Querschnitt, benetzter Umfang, Wassermenge und Profilsradius:

$$F_1 = b\,t,\quad u_1 = b + 2\,t,\quad Q_1 = \frac{87}{1 + \frac{c}{\sqrt{R_1}}} F_1 \sqrt{R_1 J},\quad R_1 = \frac{F_1}{u_1};$$

$$F_2 = b\,x,\quad u_2 = b + 2\,x,\quad Q_2 = \frac{87}{1 + \frac{c}{\sqrt{R_2}}} F_2 \sqrt{R_2 J},\quad R_2 = \frac{F_2}{u_2}.$$

Setzt man $Q_2 = \frac{1}{n} Q_1$, so erhält man zur Bestimmung von x folgende Gleichung:

$$k^2 b^4 x^4 - 4\,k\,c\,b^2 x^3 + 2\,x^2(2\,c^2 - b - k\,c\,b^3) + b\,x\,(4\,c^2 - b) + b^2 c^2 = 0,$$

worin $k = n \frac{c + \sqrt{R_1}}{F_1 R_1}$ bedeutet.

257. Aus Gleichung **54** folgt zunächst

$$C^2 R = \frac{v^2}{J} = 625 \text{ mit } J = \frac{2}{5000}.$$

Die Bazinsche Gleichung 56

$$C = \frac{87}{1 + \frac{0{,}85}{\sqrt{R}}}$$

gibt in Verbindung damit für C die Gleichung

$$C^2 + 29{,}41\,C = 2558{,}67,$$

woraus $C = 38{,}0$ und $R = 0{,}43\ m$.

Der Querschnitt des Kanales ist

$$F = \frac{Q}{v} = 2\ m^2$$

und der benetzte Umfang

$$u = \frac{F}{R} = 4{,}65\ m.$$

Benützt man nun noch die aus dem Trapez zu entnehmenden Gleichungen

$$F = Bt - t^2\sqrt{3},$$
$$u = B + t(4 - 2\sqrt{3}),$$

so ergeben sich:

$$B = 4{,}32 \text{ m}, \quad t = 0{,}61 \text{ m}$$

und die Sohlenbreite

$$b = B - 2\sqrt{3}\cdot t = 2{,}21 \text{ m}.$$

Andere Werte, die die Rechnung ergibt

$$(B = 3{,}88 \text{ m}, \quad t = 1{,}44 \text{ m}, \quad b = -1{,}11 \text{ m})$$

sind unbrauchbar.

258. Nach den Gleichungen 55 und 56 ist für den ursprünglichen Kanal

$$Q = CF\sqrt{RJ}, \quad C = \frac{87\sqrt{R}}{\sqrt{R} + 0{,}47},$$

und nach der Verbreiterung der Sohle

$$Q_1 = C_1 F_1 \sqrt{R_1 J}, \quad C_1 = \frac{87\sqrt{R_1}}{\sqrt{R_1} + 0{,}47}.$$

Dividiert man diese Gleichungen durcheinander und setzt

$$R = \frac{F}{u}, \quad R_1 = \frac{F_1}{u_1},$$

$$F = \frac{1}{2}(B + b)\,t, \quad F_1 = \frac{1}{2}(B + b + 2x)\,t,$$

$$u_1 = u + x,$$

ferner

$$\frac{\sqrt{R_1} + 0{,}47}{\sqrt{R} + 0{,}47} = k, \quad \ldots\ldots\ldots\ldots \quad \text{a)}$$

so erhält man die Gleichung:

$$k\frac{Q_1}{Q}\left(1 + \frac{x}{u}\right) = \left(1 + \frac{2x}{B + b}\right)^2$$

oder nach Einsetzen der Werte:

$$x^2 + x(6 - 2{,}435\,k) = 15{,}75\,k - 9 \quad \ldots\ldots \quad \text{b)}$$

Setzt man hier in erster Annäherung: $k = 1$, so wird $x = 1{,}37$ m. Sodann rechnet man

$$\sqrt{R} = 0{,}963, \quad \sqrt{R_1} = 1{,}05, \quad k = 1{,}06 \text{ aus Gleichung a)},$$

und hierauf aus Gleichung b): $x = 1{,}55$ m in zweiter Annäherung. Nach nochmaliger Wiederholung der Rechnung erhält man:

$$\sqrt{R_1} = 1{,}07, \quad k = 1{,}07 \text{ und } x = 1{,}58 \text{ m}.$$

259. Es ist $F = 1{,}74\ m^2$, $u = 4{,}16\ m$, $R = \frac{F}{u} = 0{,}418\ m$,

$$Q = \frac{2080{,}8}{3600} = 0{,}578\ m^3 \text{ in der Sekunde.}$$

Nach den Gleichungen 55 und 57 wird:

$$Q = \frac{\alpha}{1 + \frac{\beta}{\sqrt{R}}} F \sqrt{R J}, \quad \alpha = 63 + \frac{0{,}00155}{J},$$

$$\beta = \frac{1}{40}\left(23 + \frac{0{,}00155}{J}\right)$$

mit $n = \frac{1}{40}$. Setzt man alle bekannten Werte ein, so erhält man für das Gefälle J die Gleichung:

$$70{,}8939\, J \sqrt{J} - 1{,}0924778\, J + 0{,}001744 \sqrt{J} - 0{,}00003468 = 0.$$

Die Gleichung ist kubisch in bezug auf $\sqrt{J}$. Löst man sie auf, so erhält man als brauchbare Wurzel:

$$J = 0{,}00025.$$

260. Aus den Gleichungen 54, 55, 57 ergibt sich zunächst:

$$J = \frac{1}{5000}, \quad n = 0{,}025, \quad \alpha = 70{,}75, \quad \beta = 0{,}76875.$$

Für Niederwasser ist:

$$F = 12\ m^2, \quad u = 9{,}656\ m, \quad \sqrt{R} = 1{,}12, \quad C = 41{,}95,$$

woraus $v = 0{,}664\ m/s$ und $Q = 7{,}972\ m^3$.

Für Hochwasser ist:

$$F = 27{,}5\ m^2, \quad u = 19{,}262\ m, \quad \sqrt{R} = 1{,}20, \quad C = 43{,}12,$$

woraus $v = 0{,}732\ m/s$ und $Q = 20{,}130\ m^3$.

261. Nach den Gleichungen 55 und 57 ist die Durchflußmenge:

$$Q = C F \sqrt{R J}, \quad C = \frac{\alpha}{1 + \frac{\beta}{\sqrt{R}}},$$

$$\alpha = 23 + \frac{1}{n} + \frac{0{,}00155}{J} = 114{,}7,$$

$$\beta = u\left(23 + \frac{0{,}00155}{J}\right) = 1{,}87,$$

mit $n = 0{,}025$ für Erde.

Ferner ist $F = t\left(x + \frac{3}{2} t\right) = 4\,(x + 6)$ . . . . . . a)

$$u = x + 14{,}42$$

also $$R = 4\,\frac{x + 6}{x + 14{,}42} \quad \ldots\ldots\ldots \quad b)$$

Setzt man die Werte von α, β, Q, J in die erste Gleichung ein und ersetzt dort F durch den eben gerechneten Ausdruck a), so erhält man

$$x = 9{,}55\,\frac{\sqrt{R} + 1{,}87}{R} - 6 \quad \ldots\ldots\ldots \quad c)$$

Erste Annäherung. Man versuche zunächst mit der beiläufigen Annahme: $R = t = 4$ m; dann wird

$$x = 3{,}24 \text{ m.}$$

Zweite Annäherung. Man setze den eben gefundenen Wert von x in die Gleichung b) ein, erhält

$$R = 4 \cdot \frac{3{,}24 + 6}{3{,}24 + 14{,}42} = 2{,}09 \text{ m und aus Gleichung c)}$$

$$x = 9{,}17 \text{ m.}$$

In gleicher Weise wird die Rechnung fortgesetzt.

Man erhält in dritter Annäherung:

$$R = 2{,}57 \text{ m}, \quad x = 6{,}89 \text{ m};$$

in vierter Annäherung:

$$R = 2{,}42 \text{ m}, \quad x = 7{,}54 \text{ m};$$

in fünfter Annäherung:

$$R = 2{,}46 \text{ m}, \quad x = 7{,}36 \text{ m.}$$

262. Nennt man t die Tiefe des Punktes C, so ist für die ursprüngliche Form des Querschnittes dessen Fläche $F = t^2$ und der benetzte Umfang $u = 2\,t\sqrt{2}$, für die geänderte Form:

$$F_1 = t^2 \operatorname{cotg} \varphi, \quad u_1 = \frac{2\,t}{\sin \varphi}.$$

Nun ist nach Gleichung 55:

$$Q = C\,F\sqrt{\frac{F}{u}J} \quad \text{und} \quad Q_1 = C\,F_1\sqrt{\frac{F_1}{u_1}J}.$$

Setzt man $Q_1 = 2\,Q$, so wird

$$\cos^3 \varphi + 2\sqrt{2}\cos^2 \varphi = 2\sqrt{2}.$$

263. Wenn in Gleichung 55 Q und F gegebene Werte haben, so kann das Gefälle J nur dann ein Minimum werden, wenn auch der benetzte Umfang u ein Minimum wird. Es ist, wenn b die Sohlenbreite bedeutet,

$$F = \frac{B+b}{2}\,t, \quad B = b + 2\,t\,\mathrm{cotg}\,\varphi,$$

$$u = b + \frac{2\,t}{\sin\varphi} = B + 2\,t\,\mathrm{tang}\,\frac{\varphi}{2}.$$

Setzt man

$$\frac{du}{d\varphi} = 2\,\frac{dt}{d\varphi}\,.\,\mathrm{tang}\,\frac{\varphi}{2} + \frac{t}{\cos^2\frac{\varphi}{2}} = 0, \text{ so wird } \frac{dt}{d\varphi} = -\frac{t}{\sin\varphi};$$

differenziert man die Gleichung

$$F = t\,(B - t\,\mathrm{cotg}\,\varphi),$$

so wird

$$\frac{dt}{d\varphi}\,(2\,t\,\mathrm{cotg}\,\varphi - B) = \frac{t^2}{\sin^2\varphi}.$$

Aus dieser und der obigen Gleichung für $\frac{dt}{d\varphi}$ erhält man:

$$\frac{\sin\varphi\,(1+\cos\varphi)}{(1+2\cos\varphi)^2} = \frac{F}{B^2}$$

und

$$t = B\,\frac{\sin\varphi}{1+2\cos\varphi}$$

264. Nach Gleichung 54 ist die Strömungsgeschwindigkeit

$$v = C\sqrt{R\,J} \quad \text{mit} \quad R = \frac{F}{u}.$$

Setzt man $F = r^2\,(\pi - \varphi + \sin\varphi\cos\varphi),$

$$u = 2\,r\,(\pi - \varphi),$$

so wird

$$R = \frac{r}{2}\left[1 + \frac{\sin\varphi\cos\varphi}{\pi - \varphi}\right].$$

Bildet man $\frac{dR}{d\varphi} = 0$, so bleibt für den Winkel φ die Gleichung:

$$2\,(\pi - \varphi)\cos 2\,\varphi + \sin 2\,\varphi = 0,$$

woraus angenähert:

$$\varphi = 51\tfrac{1}{4}{}^0$$

und

$$_{\max}v = 0{,}781\;C\sqrt{r\,J}.$$

265. Nach Gleichung 55 ist die Durchflußmenge:

$$Q = C\,F\sqrt{R\,J}$$

und mit Benützung der Ausdrücke für F und R aus der vorigen Aufgabe, handelt es sich um das Maximum des Ausdruckes

$$Z = \frac{(\pi - \varphi + \sin\varphi\cos\varphi)^3}{\pi - \varphi}.$$

Setzt man $\frac{dZ}{d\varphi} = 0$, so bleibt für den Winkel φ die Gleichung:

$$2(\pi - \varphi)(3\cos 2\varphi - 2) + \sin 2\varphi = 0,$$

woraus angenähert:

$$\varphi = 25^0\,55' \quad \text{und}$$

$$_{\max}Q = 2{,}333\,.\,Cr^2\sqrt{rJ}.$$

266. Nach Gleichung 54 wird die Geschwindigkeit

$$v = C\sqrt{RJ}$$

am größten, wenn $R = \frac{F}{u}$ seinen Maximalwert erreicht. Nun ist:

$$F = \frac{B^2}{4}\operatorname{tg}\alpha - \varrho^2(\operatorname{tg}\alpha - \alpha),$$

$$u = \frac{B}{\cos\alpha} - 2\varrho(\operatorname{tg}\alpha - \alpha).$$

Bildet man $\frac{dR}{d\varrho} = 0$, so erhält man für den Kreishalbmesser die Gleichung

$$\varrho = \frac{B}{2}\,\frac{1 - \sqrt{\cos^2\alpha + \alpha\sin\alpha\cos\alpha}}{\sin\alpha - \alpha\cos\alpha},$$

während

$$\frac{d^2R}{d\varrho^2} = -\frac{2(\operatorname{tg}\alpha - \alpha)}{u},$$

also negativ ist.

Für $\alpha = 30^0$ erhält man $\varrho = 0{,}13\,B$.

267. Der benetzte Umfang muß ein Minimum sein, oder wegen

$$u = 2(s_1 + s_2):$$

$$ds_1 + ds_2 = 0.$$

Es ist

$$F = s_1\sin\alpha\,(2s_2\cos\beta + s_1\cos\alpha) + s_2^2\sin\beta\cos\beta$$

und durch Differenzieren und Verbinden mit der obigen Gleichung $ds_2 = -ds_1$:

$$s_1\sin\alpha(\cos\alpha - \cos\beta) + s_2\cos\beta(\sin\alpha - \sin\beta) = 0.$$

Durch Verbinden mit der Gleichung für F wird

$$s_1 = \frac{1}{N} \cos \frac{\alpha + \beta}{2} \sqrt{\frac{2 F \cos \beta}{\sin \alpha}},$$

$$s_2 = \frac{1}{N} \sin \frac{\alpha + \beta}{2} \sqrt{\frac{2 F \sin \alpha}{\cos \beta}},$$

worin $$N = \sqrt{\sin^2 \alpha + \cos^2 \beta + \cos(\alpha - \beta)}.$$

Ferner $$B = 2 (s_1 \cos \alpha + s_2 \cos \beta),$$
$$t = s_1 \sin \alpha + s_2 \sin \beta.$$

Rechnet man die beiden Perpendikel von O auf die Seiten s_1 und s_2, nämlich

$$p_1 = \frac{B}{2} \sin \alpha, \quad p_2 = t \cos \beta$$

so ergibt sich $p_1 = p_2$, d. h. das Profil umhüllt einen Halbkreis.

Für $\beta = 0$ (Trapez-Profil) wird

$$s_1 = \sqrt{\frac{F}{\sin \alpha (2 - \cos \alpha)}}, \quad t = \sqrt{\frac{F \sin \alpha}{2 - \cos \alpha}}, \quad B = 2 s_1.$$

268. Nennt man b die Flußbreite, J das Gefälle, so ist die treibende Kraft des schraffierten Wasserkörpers:

$$K = \gamma b l z J,$$

die Reibung in der Tiefe z:

$$R = \eta b l \frac{dv}{dz}$$

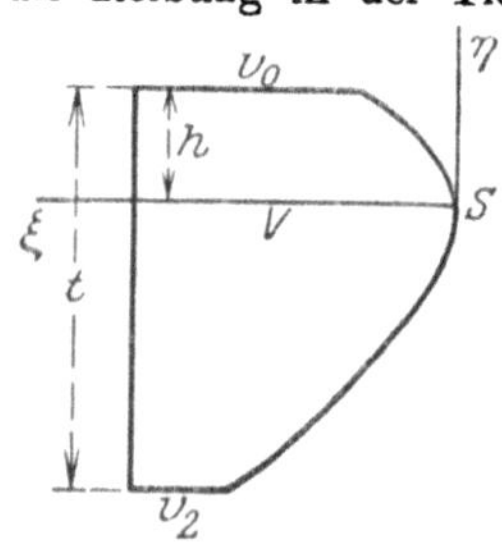

und die Luftreibung an der Oberfläche:

$$R_1 = k b l v_0^2;$$

nimmt v mit z zu, so hat R die Richtung von K, da die untere Schichte die obere mitzunehmen trachtet; wegen des Beharrungszustandes herrscht Gleichgewicht und es ist

$$K + R - R_1 = 0$$

oder

$$\gamma z J = -\eta \frac{dv}{dz} + k v_0^2$$

und nach Integration

$$\frac{1}{2} \gamma J z^2 = -\eta v + k v_0^2 z + C;$$

da für $z = 0$, $v = v_0$ ist, so bleibt

$$\frac{1}{2} \gamma J z^2 = \eta (v_0 - v) + k v_0^2 z \quad . \quad . \quad . \quad . \quad . \quad a)$$

welcher Gleichung man die Form geben kann:

$$\left(z-\frac{k v_0^2}{\gamma J}\right)^2=\frac{2\eta}{\gamma J}\left[v_0-v+\frac{k^2 v_0^4}{2\eta\gamma J}\right]$$

oder auch $$y^2=2px \quad \ldots\ldots \quad b)$$

wenn $$y=z-\frac{k v_0^2}{\gamma J},\quad x=v_0-v+\frac{k^2 v_0^4}{2\eta\gamma J},\quad p=\frac{\eta}{\gamma J}$$

gesetzt wird. Gleichung b) gibt das gewünschte Geschwindigkeitsgesetz an. Das Diagramm der Geschwindigkeit v, bezogen auf die Tiefe z, ist eine Parabel; deren Scheitel S hat die Koordinaten $y=0$, $x=0$, woraus sich ergibt:

$$z=h=\frac{k v_0^2}{\gamma J},\quad v=V=v_0\left(1+\frac{k^2 v_0^3}{2\eta\gamma J}\right).$$

Aus Gleichung a) wird mit $z=t$, $v=v_2$:

$$\frac{1}{2}\gamma J t^2=\eta(v_0-v_2)+k v_0^2 t,$$

woraus v_0 gerechnet werden kann.

269. Die Schaulinie für Tiefe und Geschwindigkeit ist eine Parabel mit horizontaler Achse. Nennt man p ihren Halbparameter, V die Geschwindigkeit im Scheitel der Parabel, h dessen Tiefe unter der Oberfläche, so gelten die Gleichungen

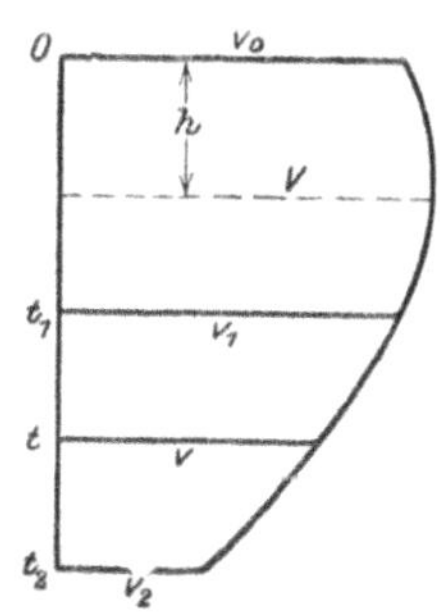

$$h^2=2p(V-v_0),$$
$$(t_1-h)^2=2p(V-v_1),$$
$$(t_2-h)^2=2p(V-v_2),$$

und für eine beliebige Stelle:

$$(t-h)^2=2p(V-v).$$

Entfernt man p und V, so wird

$$(t_2+t-2h)(t_2-t)=\frac{v-v_2}{v_0-v_1}t_1(t_1-2h),$$

worin $$2h=\frac{t_1^2(v_0-v_2)-t_2^2(v_0-v_1)}{t_1(v_0-v_2)-t_2(v_0-v_1)}.$$

Die mittlere Geschwindigkeit ist dann aus

$$v_m=\frac{1}{t_2}\int_0^{t_2} v\,dt:$$

$$v_m=\frac{v_0+v_2}{2}-\frac{t_2}{6}\left[\frac{v_0}{t_1}-\frac{v_1 t_2}{t_1(t_2-t_1)}+\frac{v_2}{t_2-t_1}\right].$$

270. Das Element der Durchflußmenge ist

$$dQ = v\,dF = v \cdot b\,dz,$$

wenn b die Breite des Gerinnes ist. Bildet man

$$Q = b \int_0^t \left[v_0 - 20 \sqrt{tJ} \left(\frac{z}{t} \right)^2 \right] dz$$

und setzt $Q = b\,t\,v_m$,

so bleibt für die mittlere Geschwindigkeit

$$v_m = v_0 - \frac{20}{3} \sqrt{t\,J}.$$

271. Aus der Gleichung für die Durchflußmenge

$$Q = F\,v = F_1\,v_1$$

folgt, wenn b und b_1 die Breiten des Wasserlaufes bezeichnen:

$$\frac{J}{J_1} = \left(\frac{b_1}{b} \right)^2 \left(\frac{t_1}{t} \right)^{7/2}.$$

272. In zwei um dx voneinander entfernten Querschnitten des Flusses seien z und z + dz die Tiefen, v und v + dv die mittleren Geschwindigkeiten.

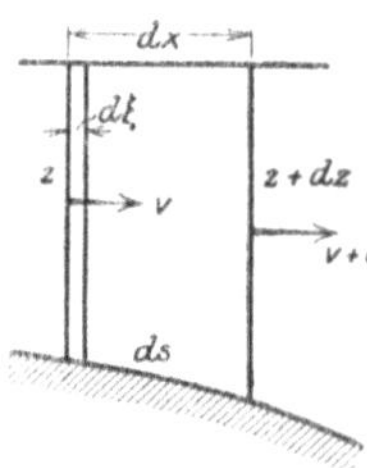

Ist $dM = \frac{\gamma}{g} F \cdot d\xi$ die im Zeitelement durch den Querschnitt $F = b\,z$ fließende Wassermenge, so ist dem Kontinuitätsgesetz zufolge

$$z\,v = (z + dz)(v + dv)$$

oder

$$v\,dz + z\,dv = 0.$$

Da das Gefälle Null sein soll, so wird die Änderung der Bewegungsenergie des Wassers nur von der Reibungsarbeit am benetzten Umfang u des Flußbettes herrühren; es ist

$$\frac{1}{2} dM [(v + dv)^2 - v^2] = - dW \cdot d\xi,$$

worin der Reibungswiderstand

$$dW = a\,u\,ds \cdot v^2$$

gesetzt werden kann. Durch Einsetzen wird:

$$\frac{1}{2} \cdot \frac{\gamma}{g} F\,d\xi \cdot 2\,v\,dv = - a\,u\,v^2 \cdot d\xi\,ds.$$

Nimmt man für $\frac{F}{u} = R$, wie gebräuchlich, angenähert die mittlere Tiefe z, so wird mit $z\,dv = - v\,dz$:

$$\frac{\gamma}{g} dz = a ds$$

oder
$$s = \frac{\gamma}{a g} z + C$$

d. h. der Flußgrund ist eine Gerade mit dem Gefälle $\frac{a g}{\gamma}$.

273. Nennt man G das Gewicht eines Geschiebes, φ die Neigung der Normale des Flußgrundes gegen die Vertikale, so wird das Geschiebe in der äußersten Gleichgewichtsstellung sein, wenn die Kraft

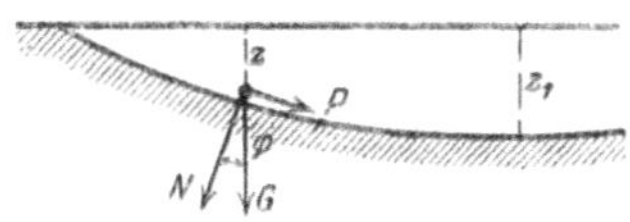

$$P = G \sin \varphi,$$

mit der es herabzugleiten sucht, und die horizontale Schubkraft $H = kz$ des Wassers (senkrecht zur Zeichnung) gerade noch durch die Reibung $R = f . N = f . G \cos \varphi$ getilgt werden. Diese äußerste Gleichgewichtsstellung verlangt also, daß

$$P^2 + H^2 = R^2$$

oder
$$k^2 z^2 = G^2 (f^2 \cos^2 \varphi - \sin^2 \varphi).$$

An der tiefsten Stelle z_1 ist $\varphi = 0$, somit

$$k^2 z_1^2 = G^2 f^2,$$

woraus
$$\frac{z^2}{z_1^2} = 1 - \frac{\sin^2 \varphi}{\sin^2 \varrho},$$

wenn ϱ der Reibungswinkel, $f = \operatorname{tg} \varrho$ ist.

Nennt man ds das Bogenelement des benetzten Umfanges, dz die Zunahme der Tiefe, so ist

$$\frac{dz}{ds} = \sin \varphi$$

und mit voriger Gleichung verbunden:

$$ds = \frac{z_1}{\sin \varrho} \frac{dz}{\sqrt{z_1^2 - z^2}}.$$

Die Integration liefert

$$s = \frac{z_1}{\sin \varrho} \arcsin \frac{z}{z_1},$$

da für $z = 0$ auch $s = 0$ ist.

Diese Gleichung kann auch geschrieben werden

$$z = z_1 \sin \left(\frac{s \sin \varrho}{z_1}\right).$$

Nennt man u den ganzen benetzten Umfang, so ist für

$$z = z_1, \quad s = \frac{u}{2},$$

woraus

$$z_1 = \frac{u \sin \varrho}{\pi}.$$

274. Ist G das Gewicht eines Geschiebes, so ist die Reibung R bei konstantem Gefälle dem Gewicht proportional: $R = aG$ und für die Stoßkraft des Wassers kann nach der Annahme gesetzt werden:

$$S = b\,G^{2/3}\,v^2,$$

weil G der dritten Potenz der Längenabmessung des Geschiebes proportional ist.

Setzt man für gleichförmige Bewegung des Geschiebes: $S = R$, so folgt $G = c\,v^6$, worin c eine Konstante ist.

275. Bei veränderlichem Gefälle des Flusses ist die Reibung zu setzen:

$$R = a\,G\,\frac{dz}{ds},$$

wenn ds das Bahnelement des Geschiebes G, dz seine Höhenänderung, also $\frac{dz}{ds}$ sein Gefälle ist. Dann wird nach der gemachten Annahme die Verkleinerung des Geschiebes

$$dG = b\,R\,ds = a\,b\,G\,dz,$$

woraus durch Integration folgt:

$$G = m\,e^{nz},$$

worin m und n konstante Größen sind.

276. Ein Wasserkörper vom Querschnitt F, der Länge l und der Geschwindigkeit v, der eine schiefe Ebene unter dem Winkel J gleichförmig herabgleitet, verliert in der Zeiteinheit soviel Energie, als sein Gewicht Arbeit leistet, also

$$\gamma F l \,.\, J v$$

und für die Längeneinheit

$$\gamma F J v,$$

oder wenn $F = bt$, $v = C\sqrt{RJ}$ (nach Gleichung 54) und R angenähert gleich t gesetzt wird:

$$\gamma C b (t J)^{3/2}.$$

Setzt man diesen Verlust der mitgeführten Geschiebemenge G proportional, so ist

$$G = k \gamma C b (t J)^{3/2}$$

und für einen zweiten, gleichbreiten Fluß mit der gleichen Geschiebemenge

$$G = k\gamma C_1 b (t_1 J_1)^{3/2},$$

woraus

$$\frac{J}{J_1} = \frac{t_1}{t} \cdot \left(\frac{C_1}{C}\right)^{2/3}.$$

Hier sind jedoch C und C_1 keine Konstanten, sondern hängen, wie die Gleichungen 56 und 57 zeigen, vom Profilsradius R bezw. R_1, also wieder von t und t_1 ab. Klarer wird die Beziehung, wenn man die Angabe von Hermanek (vergl. Aufgabe 271) benützt. Dann erhält man auf ähnlichem Wege

$$G = k\gamma C b t J \sqrt[4]{t} \sqrt{t J},$$

und da hier C eine Konstante ist:

$$\frac{J}{J_1} = \left(\frac{t_1}{t}\right)^{7/6}.$$

277. Die Tiefe des Wassers vor dem Wehr ist

$$1{,}58 + 0{,}6 = 2{,}18 \text{ m},$$

die Querschnittsfläche

$$F = 14{,}6 \times 2{,}18 = 31{,}828 \text{ m}^2,$$

die über das Wehr fließende Wassermenge

$$Q = 24{,}38 - 5 = 19{,}38 \text{ m}^3,$$

die Geschwindigkeit des Wassers

$$24{,}38 : F = 0{,}766 \frac{\text{m}}{\text{s}},$$

die Geschwindigkeitshöhe $k = 0{,}030$ m.

Dann liefert Gleichung 58:

$$Q = 0{,}57\, B \sqrt{2g}\,[(x + k)^{3/2} - k^{3/2}],$$

$$x = 0{,}53 \text{ m}$$

und die gewünschte Wehrhöhe:

$$H = t + h - x = 1{,}65 \text{ m}.$$

278. Die Tiefe des Wassers vor dem Wehr ist

$$1{,}2 + 0{,}5 = 1{,}7 \text{ m},$$

die Querschnittsfläche

$$F = 32 \times 1{,}7 = 54{,}4 \text{ m}^2,$$

die Geschwindigkeit des Wassers

$$34 : F = 0{,}62 \frac{\text{m}}{\text{s}},$$

die Geschwindigkeitshöhe $k = 0{,}02$ m.

Die Bedingung 60 wird dann

$$Q \gtrless 0{,}57 \,.\, 38 \,.\, \sqrt{2\,g}\,[(0{,}52)^{3/2} - (0{,}02)^{3/2}] \begin{array}{l} \ldots \text{Grundwehr} \\ \ldots \text{Überfallwehr} \end{array}$$

Da $Q = 34 - 4 = 30 \dfrac{m^3}{s}$ ist, so wird die Bedingung

$$30 < 35{,}688,$$

es ist also ein Überfallwehr zu verwenden.

279. Nach Gleichung 61 ist die Durchflußmenge eines Schleußenwehrs

$$Q = \mu\, a\, B \sqrt{2\,g\,(h + k)},$$

worin $k = \dfrac{v^2}{2\,g}$ und $v = \dfrac{Q}{b\,t}$.

Man erhält hieraus:

$$Q = \sqrt{\frac{2\,g\,h}{\dfrac{1}{\mu^2\,a^2\,B^2} - \dfrac{1}{b^2\,t^2}}}.$$

280. Querschnittsfläche des Flusses vor dem Wehr:

$$F = (2 + 1)\,12 = 36\ m^2,$$

Geschwindigkeit: $18 : F = 0{,}5\ m/s$, $k = \dfrac{v^2}{2\,g} = 0{,}013\ m$.

Nach Gleichung 58 ist mit

$$B = 12 - 3 = 9\ m, \quad Q = 18 - 8 = 10 \frac{m^3}{s}: \ x = 0{,}566\ m$$

und die Höhe des Wehrs: $H = t + h - x = 2{,}434\ m$.

Für die Öffnung der Schleuße a ergibt sich nach Gleichung 61 mit $\mu = 0{,}65$:

$$8 \frac{m^3}{s} = 0{,}65 \cdot 3\ m \cdot a \sqrt{2\,g\,(h + k)},$$

da die durch den Fabrikskanal abzuführende Menge von $8 \dfrac{m^3}{s}$ jetzt durch die Schleuße fließen muß, wenn sich der Stau nicht ändern soll; daraus wird

$$a = 0{,}92\ m,$$

um welches Stück die Schleuße vom Boden aus aufgezogen werden muß.

281. Die Drücke des Wassers links und rechts auf die Schütze sind:

$$D_1 = \frac{1}{2}\,\gamma\, b\,(h_1 - x)^2 \quad \text{und} \quad D_2 = \frac{1}{2}\,\gamma\, b\,(h_2 - x)^2,$$

somit der resultierende Druck:

$$D = \frac{1}{2}\gamma\, b\, h\,[h_1 + h_2 - 2\,x].$$

Ist f die Reibungszahl der Schütze an der Führung in der Schleuße, so ist die erforderliche Arbeit zum Aufziehen der Schütze:

$$A = \int_0^x f\, D\, d\,x = \frac{1}{2} f \gamma\, b\, h\, x\,(h_1 + h_2 - x).$$

282. Mit Benützung von Gleichung 58 ist

$$Q_1 = \frac{2}{3}\mu_1 \sqrt{2\,g}\, l\,[(x + k)^{3/2} - k^{3/2}]$$

für den mittleren Teil,

$$Q_2 = \frac{2}{3}\mu_1 \sqrt{2\,g}\, l_1\,[(x + k \sin^2\alpha)^{3/2} - k^{3/2} \sin^3\alpha$$

für jeden der beiden Seitenteile. Aus

$$Q = Q_1 + 2\,Q_2$$

kann x berechnet werden; dann ist die Wehrhöhe

$$H = t + h - x.$$

283. Mit Benützung der Gleichung 58 ist, wenn

$$l_1 + l_2 + l_3 = l$$

bezeichnet wird, in dem Stücke l_1 die abfließende Wassermenge

$$\frac{l_1}{l} Q = \frac{2}{3}\mu_1\, l_1 \sqrt{2\,g}\,[(x_1 + k)^{3/2} - k^{3/2}],$$

also
$$Q = \frac{2}{3}\mu_1\, l \sqrt{2\,g}\,[(x_1 + k)^{3/2} - k^{3/2}],$$

woraus x_1 berechnet werden kann. Ebenso ist für das Stück l_2:

$$Q = \frac{2}{3}\mu_1\, l \sqrt{2\,g} \cdot x_2^{3/2}.$$

x_3 ist ebenso groß wie x_1. Die Wehrhöhen sind

$$H_1 = H_3 = t + h - x_1, \quad H_2 = t + h - x_2.$$

284. An der Stelle M ist die Geschwindigkeit, mit der das Wasser normal zum Wehr ankommt: v cos φ und nach Gleichung 58 die Überfallmenge:

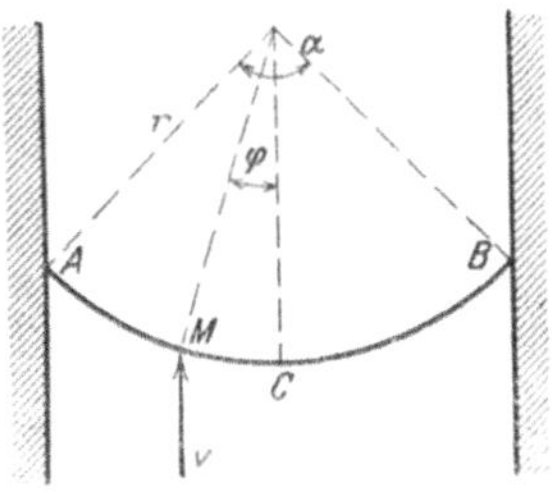

$$d\,Q = \frac{2}{3}\mu_1 \cdot r\, d\,\varphi \cdot \sqrt{2\,g} \cdot \left[\left(x + \frac{v^2 \cos^2\varphi}{2\,g}\right)^{3/2} - \left(\frac{v^2 \cos^2\varphi}{2\,g}\right)^{3/2}\right].$$

Soll über jede Längeneinheit der Wehrkrone gleichviel abfließen, so muß

$$\frac{dQ}{d\varphi} = \frac{Q}{r\alpha}$$

eine Konstante sein, oder, wenn

$$\frac{Q}{\frac{2}{3}\mu_1 r \alpha \sqrt{2g}} = c, \quad \frac{v^2}{2g} = k$$

gesetzt wird,

$$(x + k\cos^2\varphi)^{3/2} - (k\cos^2\varphi)^{3/2} = c.$$

Die Wehrhöhe ist dann mit φ veränderlich zu machen und zwar (siehe Abbildung zu Gleichung 58)

$$H = t + h - x = t + h + k\cos^2\varphi - [c + k^{3/2}\cos^3\varphi]^{2/3}.$$

285. Es sind die mittleren Geschwindigkeiten im Gerinne vor und nach dem Streichwehr

$$v_1 = \frac{Q_1}{b\,t_1}, \quad v_2 = \frac{Q_2}{b\,t_2};$$

ferner ist nach Gleichung 52, wenn die hydraulische Überdruckhöhe in N und P gleich gesetzt wird:

$$t_1 + \frac{v_1^2}{2g} = t_2 + \frac{v_2^2}{2g},$$

woraus

$$t_1 + \frac{m_1}{t_1^2} = t_2 + \frac{m_2}{t_2^2}, \quad \ldots\ldots\ldots \quad a)$$

wenn $m_1 = \frac{Q_1^2}{2g\,b^2}$, $m_2 = \frac{Q_2^2}{2g\,b^2}$ gesetzt wird.

286. Es ist

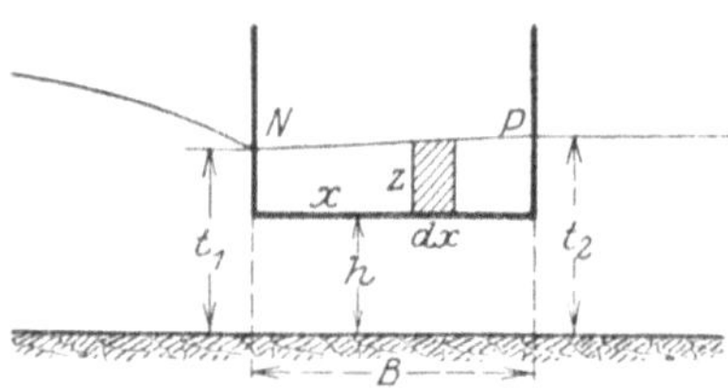

$$dQ = \frac{2}{3}\mu\sqrt{2g}\,z^{3/2}\cdot dx$$

(vergl. Gleichung 58). Ferner

$$x = \frac{B}{t_2 - t_1}(z + h - t_1),$$

$$dx = \frac{B}{t_2 - t_1}\cdot dz,$$

$$dQ = \frac{2}{3}\mu\sqrt{2g}\cdot\frac{B}{t_2 - t_1}z^{3/2}\cdot dz$$

und

$$Q = \frac{4}{15}\mu\sqrt{2g}\frac{B}{t_2 - t_1}[(t_2 - h)^{5/2} - (t_1 - h)^{5/2}].$$

Mit Gleichung a) in voriger Aufgabe hat man zwei Gleichungen für t_1 und t_2; Q_1 ist gegeben und $Q_2 = Q_1 - Q$.

287. Angenäherte Lösung. Nach Gleichung 58 ist

$$Q_1 = 0{,}57\, B_1 \sqrt{2\,g}\, x^{3/2} \quad \ldots \ldots \ldots \quad a)$$

worin $x = t_1 + h - H$ und $k = \frac{v_1^2}{2\,g}$ vernachlässigt wurde. Es ist h der Stau bei C.

Nennt man ferner h_1 den Stau bei A, so ist

$$\frac{h - h_1}{l} = J_1 \quad \ldots \ldots \ldots \quad b)$$

falls sich vor dem Wehr ein Stausee bildet.

Hierdurch wird auch der zweite Arm um h_1 erhöht und wenn man die Annahme gestattet, daß die Bewegung im zweiten Arm gleichförmig bleibt, so darf gesetzt werden (nach Gleichung 55)

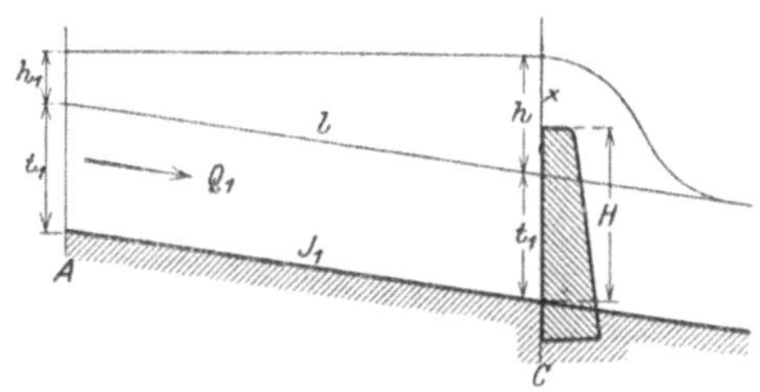

$$Q_2 = F_2 v_2 = C\, B_2 (t_2 + h_1) \sqrt{(t_2 + h_1) J_2} \quad \ldots \quad c)$$

Hierin wurde der Profilsradius R durch die mittlere Tiefe ersetzt und das Oberflächengefälle J_2 unverändert beibehalten.

Nun ist noch

$$Q = Q_1 + Q_2 \quad \ldots \ldots \ldots \quad d)$$

und vor Einbau des Wehrs nach Gleichung 55:

$$Q = F_1 v_1 + F_2 v_2 = C_1 B_1 t_1 \sqrt{t_1 J_1} + C_2 B_2 t_2 \sqrt{t_2 J_2} \, . \quad . \quad e)$$

Aus diesen 5 Gleichungen a) bis e) können Q, Q_1, Q_2, h und h_1 gerechnet werden. Die Konstanten C, C_1, C_2 sind aus den Angaben 56 oder 57 zu entnehmen.

288. Erteilt man dem Fluß die Geschwindigkeit v nach rechts, so daß die Sturzwelle an derselben Stelle bleibt, und bedenkt, daß die abfließende Wassermenge in jedem Querschnitt die gleiche bleiben muß, so ist

$$t_1 (v_1 + v) = t_2 (v - v_2),$$

woraus

$$v = v_2 + (v_1 + v_2) \frac{t_1}{h}.$$

289. Erteilt man dem fließenden Wasser die Geschwindigkeit w stromaufwärts, so steht die sägeförmige Oberfläche still und das Wasser läuft unter ihr hinweg. Nimmt man die Breite des Gerinnes als konstant an, so gilt nach dem Kontinuitätsgesetz

$$z_1(w - v_1) = z_2(w - v_2).$$

Nun ist nach Gleichung 54:

$$v = C\sqrt{RJ}.$$

Ersetzt man hierin den Profilsradius R, der kleinen Wassertiefe wegen, durch die Tiefe z und verzichtet auf die Veränderlichkeit des Gefälles J, so wird

$$v_1 : v_2 = \sqrt{z_1} : \sqrt{z_2},$$

woraus sich ergibt

$$w = \frac{v_1^3 - v_2^3}{v_1^2 - v_2^2}.$$

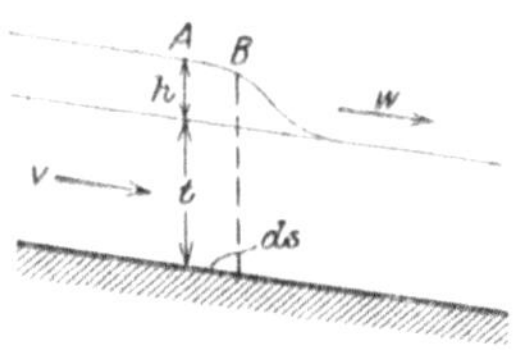

290. Ist t die Tiefe des Kanals, b seine Breite, h der Schwall infolge des Hochwassers, so ist an der Stelle A die Durchflußmenge in der Sekunde

$$Q = F v, \quad F = b(h + t)$$

und wenn man für die Berechnung der mittleren Geschwindigkeit v angenähert die Benützung der Gleichung 54 für Beharrungszustand gestattet und den Profilsradius R gleich der Tiefe setzt:

$$v = C\sqrt{(h + t) J},$$

so ist

$$Q = C\sqrt{J}\, b\, (h + t)^{3/2}.$$

Das um ds entfernte Profil B des Kanals hat eine andere Durchflußmenge, da sich der Schwall h mit s ändert; es ist

$$dQ = dF \cdot w,$$
$$dF = b \cdot dh$$

und

$$w = \frac{1}{b} \cdot \frac{dQ}{dh} = \frac{1}{b} \cdot \frac{3}{2} C\sqrt{J}\, b \sqrt{h + t}$$

oder

$$w = \frac{3}{2} v.$$

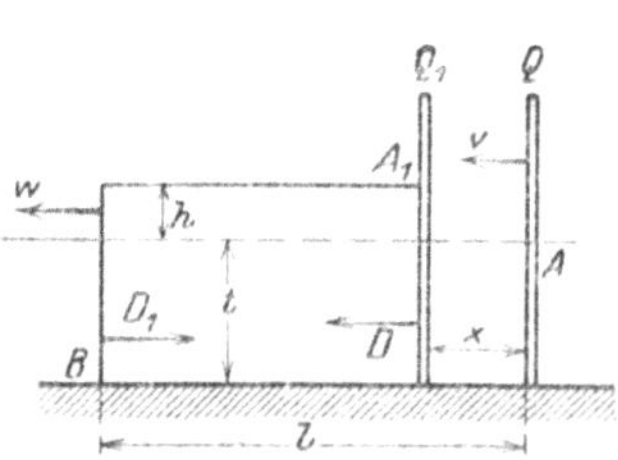

291. Ist Q die Querwand zu Beginn, Q_1 nach der Zeit τ, so ist

$$x = v\tau; \quad \ldots \quad a)$$

ist ferner l die Länge, bis zu welcher sich in der Zeit τ der Stau fortgepflanzt hat, so ist

$$l = w\tau \quad \ldots \quad b)$$

Da der Wasserkörper zwischen A und B gleichen Rauminhalt haben muß, wie jener zwischen A_1 und B, so ist auch

$$l\,t = (l - x)(t + h) \text{ oder } x = \frac{l\,h}{t + h} \quad \ldots\ldots \quad c)$$

Der Schwerpunkt des Wasserkörpers A B beschreibt in der Zeit τ in horizontaler Richtung den Weg $\frac{x}{2}$; die Horizontalkräfte des Wasserkörpers sind seine Drücke an den Enden

$$D = \frac{1}{2}\gamma\, b\,(h + t)^2, \quad D_1 = \frac{1}{2}\gamma\, b\, t^2$$

und ihre Arbeit in der Zeit τ, im Schwerpunkt verrichtet:

$$A = (D - D_1)\frac{x}{2}.$$

Die Bewegungsenergie des Wasserkörpers A B beginnt mit Null und ist nach der Zeit τ

$$L = \frac{1}{2}\cdot\frac{\gamma}{g}\, b\, l\, t \cdot v^2.$$

Setzt man $A = L$, so wird mit Benützung von Gleichung c)

$$v^2 = \frac{g\,h^2(2\,t + h)}{2\,t(t + h)}$$

woraus der Stau h gerechnet werden kann. Mit Hilfe der Gleichungen a) und b) erhält man hieraus die Fortpflanzungsgeschwindigkeit der Stauwelle:

$$w^2 = \frac{g}{t}(h + t)\left(\frac{h}{2} + t\right)$$

oder

$$w = v\left(1 + \frac{t}{h}\right).$$

292. $v = h\sqrt{\frac{g}{t}}, \quad w = \sqrt{g\,t}, \quad w = v\frac{t}{h}.$

293. Stauhöhe $h = 0{,}045$ m, Geschwindigkeit des Staues $w = 4{,}44$ m/s.

294. Man untersuche eine Querschnittsscheibe des Gewässers vor und hinter der Sohlenstufe. Wenn b die Breite des Gerinnes ist, so wird die Masse der Querschnittsscheibe sein

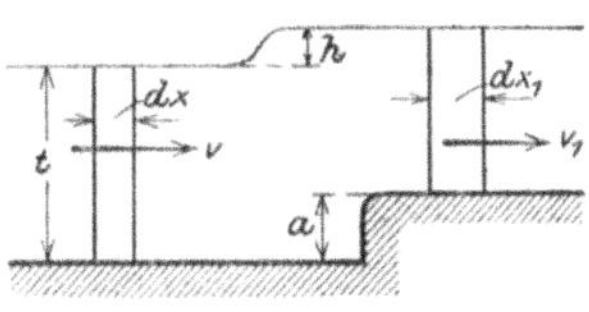

$$d\,M = \frac{\gamma}{g}\, b\, t\,.\,d\,x = \frac{\gamma}{g}\, b\,(t + h - a)\,.\,d\,x_1 \quad \ldots\ldots \quad a)$$

Der hydrostatische Druck auf den Querschnitt ist in der ersten Lage $D = \frac{\gamma}{2} b t^2$, in der zweiten:

$$D_1 = \frac{\gamma}{2} b (t + h - a)^2.$$

Nach dem Arbeitsprinzip ist

$$\frac{1}{2} dM (v_1^2 - v^2) = -g dM . \frac{h + a}{2} + D . dx - D_1 . dx_1 \quad . \quad \text{b)}$$

worin der erste Teil der rechten Seite die Arbeit des Gewichtes von dM beim Heben über die Stufe ist. Beachtet man noch, daß nach dem Kontinuitätsgesetz:

$$v : v_1 = t + h - a : t \quad . \; . \; . \; . \; . \; . \; . \quad \text{c)}$$

so erhält man aus den Gleichungen a) b) c):

$$h = \frac{v^2}{2g} - \frac{v_1^2}{2g} = \frac{v^2}{2g}\left[1 - \left(\frac{t}{t + h - a}\right)^2\right].$$

295. Nennt man v_2 die Geschwindigkeit im Querschnitt von der Höhe $t + h$, so ist

$$v : v_2 = t + h : t \quad . \; . \; . \; . \; . \; . \; . \quad \text{d)}$$

Da $v > v_2$ ist, so tritt ein Stoß auf, der den Verlust der Druckhöhe

$$\frac{(v - v_2)^2}{2g}$$

zur Folge hat. Gleichung b) der vorigen Aufgabe müßte demnach lauten:

$$\frac{1}{2} dM (v_1^2 - v^2) + \frac{1}{2} dM (v - v_2)^2 = -g dM . \frac{h + a}{2} + D dx - D_1 dx_1.$$

Entfernt man hieraus mit Hilfe von c) und d) die Geschwindigkeiten v_1 und v_2, so bleibt

$$h = \frac{v^2}{2g} - \frac{v_1^2}{2g} - \frac{(v - v_2)^2}{2g} = \frac{v^2}{2g}\left[1 - \left(\frac{t}{t + h - a}\right)^2 - \left(\frac{h}{t + h}\right)^2\right].$$

296. Die in der Sekunde abfließende Flüssigkeitsmenge ist

$$Q = \mu b h \sqrt{2g(H - h)};$$

sie wird ein Maximum für $h = \frac{2}{3} H$.

297. Es sei $A_0 A A_1$ eine der Stromlinien des Ausflusses, dann ist nach Gleichung 73:

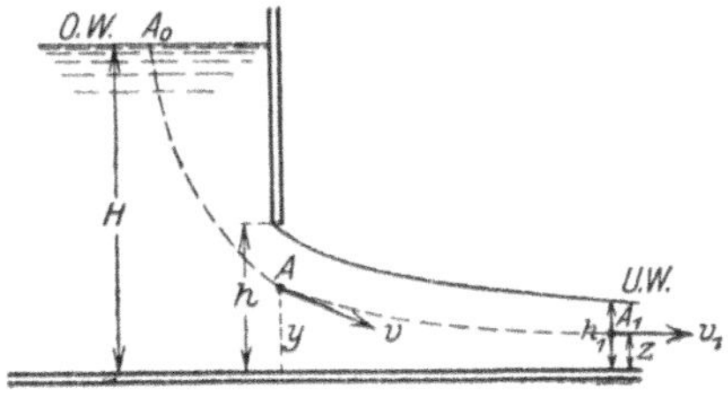

$$H = \frac{v^2}{2g} + y$$
$$= \frac{v_1^2}{2g} + z + (h_1 - z)$$

worin das letzte Glied $(h_1 - z)$ den Gegendruck des Unterwassers bedeutet.

Die Ausflußmenge des Grundablasses ist dann

$$Q = \mu b \int_0^h dy \,.\, v = \frac{2}{3} \mu b \sqrt{2g} \left[H^{3/2} - (H - h)^{3/2}\right]$$

(vergl. Gleichung 20), wobei allerdings die Neigung von v gegen y vernachlässigt wurde.

An der Stelle A_1 ist

$$Q = b h_1 v_1 = b v_1 \left(H - \frac{v_1^2}{2g}\right).$$

Aus den beiden Gleichungen für Q kann zunächst v_1 gefunden werden:

$$v_1 \left(H - \frac{v_1^2}{2g}\right) = \frac{2}{3} \mu \sqrt{2g} \left[H^{3/2} - (H - h)^{3/2}\right]$$

und sodann

$$h_1 = H - \frac{v_1^2}{2g}.$$

298. Die Wassertiefe h_1 und die Geschwindigkeit v_1 an der Stelle D wurden bereits in voriger Aufgabe ermittelt, wobei das Gefälle auf der Strecke AD als zu geringfügig vernachlässigt werden kann. Wenn von der Strecke BC angenommen wird, daß sie im Beharrungszustande ist und man nennt h_2 ihre Tiefe, v_2 ihre mittlere Geschwindigkeit, so ist nach Gleichung 54:

$$v_2 = C \sqrt{R_2 J},$$

worin

$$R_2 = \frac{F_2}{u_2}, \quad F_2 = b h_2, \quad u_2 = b + 2 h_2$$

ist. Die Durchflußmenge Q in der Sekunde ist wie in voriger Aufgabe

$$Q = \frac{2}{3} \mu b \sqrt{2g} \left[H^{3/2} - (H - h)^{3/2}\right] = b h_2 v_2.$$

Aus diesen Gleichungen ergibt sich

$$v_2^3 + \frac{2Q}{b^2} v_2^2 = \frac{C^2 J Q}{b}.$$

Hieraus ist die Geschwindigkeit v_2 bestimmt und damit auch die Wassertiefe

$$h_2 = \frac{Q}{b\,v_2}.$$

Um die Länge der Strecke x zu finden bis zur Wasserschwelle bei B, sind die Bodenwiderstände W_1 und W_2, sowie der Energieverlust des Wassers durch Stoß bei B zu berücksichtigen.

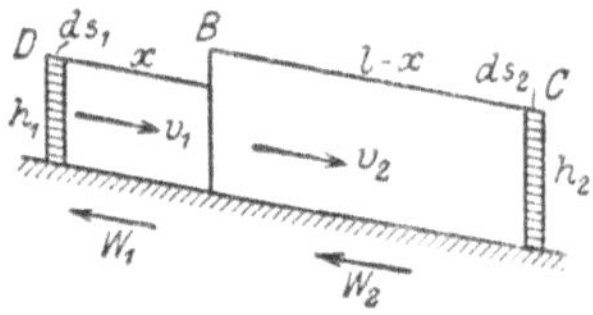

Das scheibenförmige Massenelement in D

$$dm = \frac{\gamma}{g}\,b\,h_1 \, . \, ds_1$$

wird im Zeitelemente dt nach C versetzt, es ist also auch

$$dm = \frac{\gamma}{g}\,b\,h_2 \, . \, ds_2.$$

Da die Strecke BC im Beharrungszustande ist, hält das Wassergewicht dem Bodenwiderstande Gleichgewicht, es ist also

$$W_2 = \gamma\, b\, h_2 (l - x) \, . \, J.$$

Vom Teile DB kann dies nicht behauptet werden; dort kann für den Bodenwiderstand nur der Ansatz gemacht werden

$$W_1 = a\, v_1^2 x\, u_1,$$

worin $u_1 = b + 2h_1$ der benetzte Umfang ist.

Das Arbeitsprinzip liefert dann folgenden Ansatz:

Änderung der Bewegungsenergie + Energieverlust durch Stoß = Arbeit der statischen Drücke bei D und C + Arbeit des Gewichtes der Wasserscheibe dm — Arbeit der Widerstände oder:

$$\frac{1}{2} dm \, . \, v_2^2 - \frac{1}{2} dm \, . \, v_1^2 + \frac{1}{2} dm (v_1 - v_2)^2 = \frac{1}{2} \gamma b (h_1^2 ds_1 - h_2^2 ds_2)$$
$$+ g \, . \, dm \left(lJ - \frac{h_2 - h_1}{2} \right) - W_1 ds_1 - W_2 ds_2,$$

welche Gleichung mit Benützung der Gleichungen für dm und $h_1 v_1 = h_2 v_2$ die einfache Gestalt annimmt:

$$x = \left(\frac{h_1}{v_2} - \frac{v_2}{g} \right) \frac{v_1 - v_2}{J - J_1}$$

worin $$J_1 = \frac{v_1^2 (b + 2h_1)}{C^2 b h_1}$$ bedeutet.

Da $J = \frac{v_2^2 (b + 2h_2)}{C^2 b h_2}$, ferner $h_2 > h_1$, $v_2 < v_1$ ist, so folgt $J < J_1$ und somit hat x nur so lange einen positiven Wert, so lange $v_2^2 > h_1 g$ ist.

299. Ein Massenelement dM, das anfangs die Geschwindigkeit v_0 und den Abstand z vom Boden hatte, wird im Querschnitt AB die Geschwindigkeit v und die Entfernung z_1 vom Boden besitzen; seine Fallhöhe ist $z - z_1$ und es ist (wenn die Veränderung des Druckes p vernachlässigt wird)

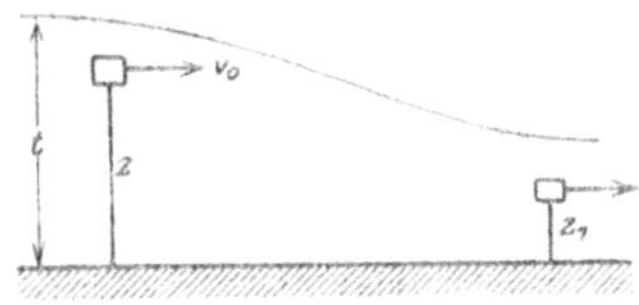

$$\frac{1}{2} dM(v^2 - v_0^2) = g\,dM(z - z_1),$$

worin $dM = \frac{\gamma}{g} b\,dz.v_0 dt = \frac{\gamma}{g} b_1 dz_1 . v dt;$

es ist also $b v_0 dz = b_1 v dz_1$

und $$v = \frac{1}{a} . \frac{dz}{dz_1}, \quad \text{worin } a = \frac{b_1}{v_0 b}.$$

Hierdurch geht die erste Gleichung über in:

$$\frac{dz}{dz_1} = a\sqrt{v_0^2 + 2g(z - z_1)} = aZ,$$

deren Integration ergibt: $a^2 g z_1 = aZ + \ln(aZ - 1) + C.$

Da für $z = 0$ auch $z_1 = 0$ ist, kann C ermittelt werden und es bleibt

$$a(agz_1 + v_0 - Z) = \ln \frac{aZ - 1}{av_0 - 1}.$$

Ist t_1 die Tiefe des Wassers im Querschnitt AB, ferner

$$t - t_1 = h$$

die Senkung der Oberfläche, so wird, wenn

$$z = t, \quad z_1 = t_1$$

gesetzt wird, für die Senkung h die Gleichung bestehen:

$$\frac{b_1}{b} + \frac{b_1}{b v_0}\left[\frac{b_1 g}{b v_0}(t - h) - \sqrt{v_0^2 + 2gh}\right] = \ln \frac{b_1\sqrt{v_0^2 + 2gh} - b v_0}{v_0(b_1 - b)}.$$

300. Wenn $\frac{v_0^2}{2g} = h_0$ groß ist, so darf gesetzt werden:

$$\sqrt{v_0^2 + 2gh} = v_0\sqrt{1 + \frac{h}{h_0}} \doteq v_0\left(1 + \frac{h}{2h_0}\right),$$

$$\ln \frac{b_1\sqrt{v_0^2 + 2gh} - b v_0}{v_0(b_1 - b)} = \ln \frac{b_1\sqrt{1 + h/h_0} - b}{b_1 - b}$$

$$= \ln\left[1 + \frac{b_1}{b_1 - b} . \frac{h}{2h_0}\right] \doteq \frac{b_1}{b_1 - b} . \frac{h}{2h_0}.$$

Das Resultat der vorigen Aufgabe vereinfacht sich dann zu:

$$h = \frac{b_1 - b}{b_1} t.$$

301. Anwendung von Gleichung 64.

Es ist $F = bt = 0{,}8\ m^2,\ \alpha = 60^0,\ \beta = 90^0,$

$$c = \frac{dn\pi}{60} = 0{,}628\,\frac{m}{s},\quad \gamma = 1000\,\frac{kg}{m^3},$$

$\zeta = 1{,}86$ (nach Tabelle 63). Man erhält den Druck auf die Schaufel mit $N = 34{,}16$ kg und seine Leistung $Nc = 0{,}286$ PS.

302. Der Stoßdruck des Wassers auf die Platte ist nach Gleichung 62:

$$D = \zeta\gamma b z_1 \frac{v^2}{2g},$$

weil $F = bz_1$ die gestoßene Fläche ist. Von diesem Drucke entfällt $\frac{D}{\cos\varphi}$ auf die Spannung des Seiles, während der Rest

$$K = D\tan\varphi = D\,.\,\frac{t}{\sqrt{L^2 - t^2}}$$

in B nach abwärts wirkt und die Platte zu verdrehen sucht.

Nennt man z die Tauchtiefe der Platte unter deren Schwerpunkt, so ist

$$G + K = \text{Auftrieb} = \gamma b l z.$$

Nennt man ferner φ die Verdrehung der Platte durch K, so gilt für das Auftriebsmoment, das durch die Verdrehung der Platte entsteht:

$$M = \gamma\varphi\frac{b l^3}{12}.$$

Dieses Moment wird getilgt durch das Moment der Kraft K, es ist also

$$M = K\,.\,\frac{l}{2}.$$

Ferner ist noch

$$z_1 = z + \frac{l}{2}\varphi,\quad z_2 = z - \frac{l}{2}\varphi.$$

Man erhält aus diesen Gleichungen:

$$z_1 = \frac{G}{\gamma b(l - 4a)},\quad z_2 = \frac{G(l - 6a)}{\gamma b l(l - 4a)},$$

worin $a = \zeta\frac{v^2}{2g}\frac{t}{\sqrt{L^2 - t^2}}$ bedeutet.

303. Anwendung von Gleichung 64.

Es ist $\beta = \alpha - 180^0;$

zieht man zwei unendlich nahe Erzeugende des Kegels, die zwischen sich die Fläche dF einschließen, so erleidet diese den Normaldruck

$$dN = \zeta\gamma . dF \frac{(v+c)^2}{2g} \sin^2\alpha.$$

In die Bewegungsrichtung fällt hiervon die Kraft

$$dP = dN \sin\alpha.$$

Ist F die Mantelfläche des Kegels, so ist

$$F \sin\alpha = r^2\pi,$$

also die ganze Zugkraft

$$P = \zeta\gamma r^2\pi \frac{(v+c)^2}{2g} \sin^2\alpha.$$

304. Kommt das Wasser an der Kugelschale mit der Geschwindigkeit v an, so ist sein Druck auf sie nach Gleichung 65, da $\delta = 180^0$ ist,

$$D = 2\frac{\gamma}{g} Q v = 2\frac{\gamma}{g} F v^2,$$

wenn F die Öffnung des Springbrunnens ist. Mit D = G und

$$v^2 = v_0^2 - 2gx$$

folgt

$$x = \frac{v_0^2}{2g} - \frac{G}{4\gamma F}$$

305. Die Fläche F besitzt in bezug auf das Wasser die Geschwindigkeit $u - v$; der Druck des Ruders auf das Wasser ist nach Gleichung 62

$$D = \zeta \frac{\gamma}{2g} F (u-v)^2$$

und seine Arbeit in der Sekunde

$$\zeta \frac{\gamma}{2g} F (u-v)^3,$$

worin ζ eine Erfahrungszahl ist. Setzt man diesen Ausdruck gleich der Leistung W v zur Überwindung des Bootwiderstandes, so bleibt

$$W = \zeta \frac{\gamma}{g} F \frac{(u-v)^3}{v}.$$

306. Der Normaldruck des Wassers auf das Steuer ist nach Gleichung 64

$$N = \zeta\gamma F \frac{v^2 \sin^2\alpha}{2g};$$

man denke sich hierbei das Schiff in Ruhe (c = 0) und das Wasser mit der Geschwindigkeit v gegen das Schiff strömend.

Nennt man AS = l und n die Entfernung des Steuerdruckes von A, so ist das Steuermoment

$$M = N(l\cos\beta + n);$$

vernachlässigt man n, so bleibt

$$M = \zeta \gamma F l \frac{v^2}{2g} \sin^2\alpha \cos\beta.$$

307. Macht man $\sin^2\beta\cos\beta$ zu einem Maximum, so wird $tg\beta = \sqrt{2}$ oder $\beta = 54^0\,44'$.

308. Auf das Schiff wirken folgende Kräfte: in Richtung der Schiffsachse die Triebkraft P; entgegengesetzt dazu der Widerstand des Wassers

$$W_1 = \zeta_1 \gamma F_1 \frac{v^2 \cos^2\delta}{2g}, \quad F_1 = \text{Querwiderstandsfläche};$$

senkrecht dazu der Widerstand des Wassers an der Breitseite

$$W_2 = \zeta_2 \gamma F_2 \frac{v^2 \sin^2\delta}{2g}, \quad F_2 = \text{Längswiderstandsfäche};$$

der Normalwiderstand der Steuerfläche F

$$N = \zeta \gamma F \frac{v^2 \sin^2(\beta - \delta)}{2g}$$

(wie in Aufgabe 306, wenn angenommen wird, daß die Strömung gegen das Steuer der Geschwindigkeit v entgegengesetzt ist).

Wendet man die Gleichungen für die Bewegung des Schwerpunkts an, so wird bei Projektion der Kräfte auf die Richtung von v und senkrecht dazu:

$$(P - W_1)\cos\delta - W_2 \sin\delta - N\sin(\beta - \delta) = 0,$$

$$(P - W_1)\sin\delta + W_2\cos\delta - N\cos(\beta - \delta) = M\frac{v^2}{\varrho},$$

worin M die Masse des Schiffes bedeutet; hieraus können v und ϱ gerechnet werden.

309. Wenn die Längenabmessungen im Verhältnis

$$l : L = 1 : n$$

stehen, so stehen die Gewichte, da die Einheitsgewichte die gleichen sind, im Verhältnis $1 : n^3$; da Widerstände Kräfte sind wie Gewichte, so müssen sie im gleichen Verhältnis stehen, also

$$w : W = 1 : n^3.$$

Ferner stehen nach Gleichung 62 die Widerstände zweier in einer und derselben Flüssigkeit bewegten Körper im Verhältnis der Flächen und der Quadrate der Geschwindigkeiten, also

$$w : W = f v^2 : F V^2 = l^2 v^2 : L^2 V^2.$$

Es folgt hieraus

$$v : V = 1 : \sqrt{n}.$$

310. Ist die im Zeitelement dt ausströmende Flüssigkeitsmasse

$$dM = \frac{\gamma}{g} F v dt$$

und kommt sie mit der Geschwindigkeit v_1 an der unteren Oberfläche an, wo sie zur Ruhe kommt, so ist nach dem Satze vom Antrieb

$$dM(v_1 - 0) = D \, . \, dt,$$

wenn D der auf den Boden ausgeübte Stoßdruck ist. Setzt man noch

$$v^2 = 2gh, \quad v_1^2 = v^2 + 2gH,$$

so bleibt für die gesuchte Vergrößerung des Bodendruckes

$$D = 2\gamma F h \sqrt{1 + \frac{H}{h}}.$$

311. Das Flüssigkeitsteilchen von der Masse

$$dM = \frac{\gamma}{g} F v dt$$

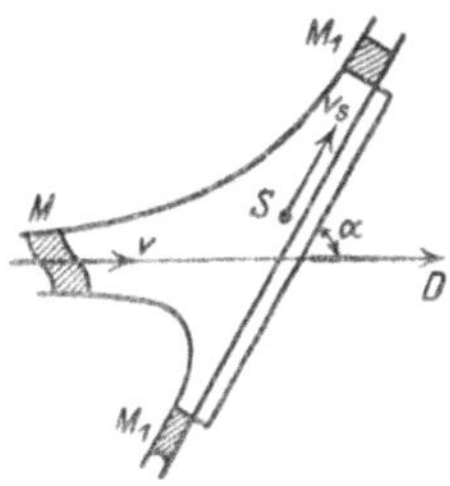

strömt im Zeitelement von M gegen die Platte. Ebensoviel Masse dM verläßt im Zeitelement ringförmig in M_1 den Rand der Platte, wenn Beharrungszustand vorausgesetzt wird. Ist S der Schwerpunkt der ringförmigen Masse dM in M_1, v_s seine Geschwindigkeit, so ist nach dem Satze vom Antrieb:

$$dM(v - v_s \, . \cos\alpha) = D \, . \, dt,$$

oder

$$D = \frac{\gamma}{g} F v (v - v_s \cos\alpha).$$

Da in Richtung der Platte keine Kräfte auftreten, so ist nach dem Prinzip der Schwerpunktsbewegung:

$$dM(v_s - v\cos\alpha) = 0,$$

daher $v_s = v\cos\alpha$ und

$$D = \frac{\gamma}{g} F v^2 \sin^2\alpha.$$

312. Lösung ähnlich wie in voriger Aufgabe. Für die Richtung senkrecht zur Platte ist nach dem Satze vom Antrieb:

$$dM(v\sin\alpha - v_s\cos 90^0) = N \, . \, dt,$$

woraus

$$N = \frac{\gamma}{g} F v^2 \sin\alpha.$$

313. Lösung wie in Aufgabe 311.

Die strömende Flüssigkeit ändert ihre Geschwindigkeit nach der Ablenkung nicht, wenn sie reibungslos ist; ein Massenelement $dM = \frac{\gamma}{g} F v \, . \, dt$ hat somit auch nach der Ablenkung die Geschwindigkeit v.

Für die Richtung von N ist also nach dem Satze vom Antrieb:

$$dM[v \sin\alpha - v \cos 90^0] = (N + N_1 \cos\alpha) dt$$

und ebenso ist für die Richtung von N_1:

$$dM[v \cos 90^0 + v \sin\alpha] = (N_1 + N \cos\alpha) dt,$$

woraus:
$$N + N_1 \cos\alpha = N_1 + N \cos\alpha = \frac{\gamma}{g} F v^2 \sin\alpha$$

und
$$N = N_1 = \frac{\gamma}{g} F v^2 \operatorname{tg} \frac{\alpha}{2}.$$

Bemerkung: Verschiedene Autoren, darunter G. Herrmann, Die graphische Theorie der Turbinen und Kreiselpumpen, 1887, und auch G. Zeuner, Theorie der Turbinen, 1899, nahmen an, daß die Geschwindigkeit v der Flüssigkeit beim Auftreffen auf die schiefe Wand sich in zwei Teile zerlegt; $v \cos\alpha$ würde der Flüssigkeit bleiben, während $v \sin\alpha$ vernichtet würde. Dem widerspricht jedoch der Versuch, wie D. Bánki, Zeitschr. Ver. deutsch. Ing. 1909, gezeigt hat. Die Flüssigkeit stößt überhaupt nicht, sondern wird stetig in die neue Richtung gelenkt und verliert nur wenig an Geschwindigkeit.

314. Ist $dM = \frac{\gamma}{g} F v_0 dt$ die im Zeitelement dt aus dem Rohr tretende Flüssigkeitsmasse, so ist nach dem Satze vom Antrieb

$$dM(v \cos\alpha - v_0 \cos\alpha_0) = H \, dt$$

und
$$dM(v \sin\alpha - v_0 \sin\alpha_0) = (-V + G) dt,$$

wenn G das Gewicht der Flüssigkeit zwischen A und B ist. Ferner ist, wenn von Reibungswiderständen abgesehen wird:

$$v^2 = v_0^2 + 2gh.$$

Man erhält also:
$$H = \frac{\gamma}{g} F v_0 (v \cos\alpha - v_0 \cos\alpha_0)$$

und
$$V = G - \frac{\gamma}{g} F v_0 (v \sin\alpha - v_0 \sin\alpha_0).$$

315.
$$\frac{\delta_1}{\delta_2} = \operatorname{cotg}^4 \frac{\alpha}{2}.$$

316. An den Stellen $\varphi = \pm\alpha$ rechts und links von $n_1 n_2$. (Man setze den Faktor von $\frac{r^2}{2\varrho}$ im Ausdruck für δ gleich der Einheit.)

317. Es ist

$$Q = 2\int_{\varphi=0}^{\pi} \varrho\, d v . d\varphi = r^2 v \sin^2\alpha \int_{\varphi=0}^{\pi} \frac{d\varphi}{1 + \cos^2\alpha - 2\cos\alpha\cos\varphi}.$$

Nun ist:

$$\int \frac{d\varphi}{1 - m\cos\varphi} = \frac{2}{\sqrt{1-m^2}} \operatorname{arc\,tg}\left\{\frac{1+m}{\sqrt{1-m^2}} \operatorname{tg}\frac{\varphi}{2}\right\},$$

somit $Q = \pi r^2 v$, d. h. gleich der Menge $F v$, die durch den ursprünglichen Querschnitt des Strahles fließt.

318. Nennt man y_s den Abstand des Schwerpunkts S von O, hingegen $d V = \delta . \varrho d\varphi . d\varrho$ das Raumelement der Flüssigkeit des Ringes, so gilt die Schwerpunktsgleichung

$$y_s \int d V = \int d V \varrho \cos\varphi.$$

Die Integration hat sich von $\varphi = 0$ bis $\varphi = 2\pi$ zu erstrecken. Es ist dann

$$y_s \int \varrho\delta . d\varphi = \int \varrho^2 \delta \cos\varphi . d\varphi.$$

Setzt man (vergl. Aufgabe 315)

$$\varrho\delta = \frac{r^2}{2} \frac{\sin^2\alpha}{1 + \cos^2\alpha - 2\cos\alpha\cos\varphi},$$

so wird

$$y_s \int_0^{\pi} \frac{d\varphi}{1 + \cos^2\alpha - 2\cos\alpha\cos\varphi} = \varrho \int_0^{\pi} \frac{\cos\varphi . d\varphi}{1 + \cos^2\alpha - 2\cos\alpha\cos\varphi}.$$

Das linke Integral wurde in voriger Aufgabe bereits behandelt; es ist $\frac{\pi}{\sin^2\alpha}$. Das rechte Integral hat die Form

$$\int \frac{\cos\varphi\, d\varphi}{1 - m\cos\varphi} = -\frac{\varphi}{m} + \frac{1}{m}\int \frac{d\varphi}{1 - m\cos\varphi}$$

und gibt:

$$\frac{\pi\cos\alpha}{\sin^2\alpha}.$$

Es ist also $y_s = \varrho\cos\alpha$ und die Geschwindigkeit des Schwerpunkts

$$v_s = \frac{d y_s}{d t} = \frac{d\varrho}{d t}\cos\alpha = v\cos\alpha,$$

wie schon in Aufgabe 311 gefunden wurde.

319. Nimmt man an, d sei die Dicke und t die Tiefe des Strahles, F der Querschnitt, v die überall gleiche Geschwindigkeit, ϱ der Abstand eines Massenelementes von O und

$$dM = \frac{\gamma}{g} t \,.\, \varrho \, d\varphi \,.\, d\varrho$$

das Massenelement, ferner

$$dM \,.\, \frac{v^2}{\varrho}$$

dessen radial nach außen gerichtete Fliehkraft. Nimmt man die Halbierungslinie des Winkels 2α zur X-Achse und nennt φ den Winkel zwischen ihr und der Fliehkraft, so ist die Gesamtwirkung der Fliehkräfte in Richtung der X-Achse:

$$X = \int\limits_{r-d}^{r} \int\limits_{-\alpha}^{+\alpha} dM \frac{v^2}{\varrho} \cos\varphi = 2 \frac{\gamma}{g} F v^2 \sin\alpha,$$

während die senkrecht zu X gerichteten Teile der Fliehkräfte sich tilgen. Der Gesamtdruck des Strahles hat somit die Größe $2 \frac{\gamma}{g} Q v \sin\alpha$ und die Richtung der Halbierungslinie X.

320. Nach voriger Aufgabe ist der Gesamtdruck der Flüssigkeit auf die Platte $X = 2 \frac{\gamma}{g} Q v \sin\alpha$, also die an diese abgegebene Leistung

$$X c \cos\beta = 2 \frac{\gamma}{g} Q v c \sin\alpha \cos\beta.$$

Die absolute Geschwindigkeit bei A ist

$$v_1 = \sqrt{v^2 + c^2 + 2 v c \sin(\alpha - \beta)},$$

bei B:

$$v_2 = \sqrt{v^2 + c^2 - 2 v c \sin(\alpha + \beta)}.$$

321. Die abgegebene Leistung ist nach voriger Aufgabe $2 \frac{\gamma}{g} Q v c \sin\alpha \cos\beta$; sie wird am größten, wenn vc ein Maximum oder $d(vc) = 0$ wird.

Nun ist $$v_1^2 = v^2 + c^2 + 2 v c \sin(\alpha - \beta),$$

also für gegebenes v_1, α, β:

$$0 = d(v^2 + c^2) + 2 \sin(\alpha - \beta) \,.\, d(vc),$$

oder

$$v\,dv + c\,dc = 0.$$

Nimmt man hinzu:

$$v\,dc + c\,dv = 0,$$

so folgt

$$v = c$$

und somit

$$c = \frac{v_1}{2\cos\frac{90 - \alpha + \beta}{2}}.$$

Die größte Leistung ist dann

$$\frac{\gamma}{g} Q\, v_1^2 \frac{\sin\alpha\cos\beta}{1 + \sin(\alpha - \beta)}.$$

322.

$$\beta = 0;\; c = \frac{v_1}{2\cos\frac{90 - \alpha}{2}},$$

größte Leistung:

$$\frac{\gamma}{g} Q\, v_1^2 \frac{\sin\alpha}{1 + \sin\alpha},$$

$$n = \frac{1 - \sin\alpha}{1 + \sin\alpha}.$$

323. Die Anfangsenergie für ein Kilogramm Flüssigkeit ist $\frac{v_1^2}{2g}$, die Endenergie $\frac{v_2^2}{2g}$, somit $n = \frac{v_2^2}{v_1^2}$ und mit den Resultaten der Aufgaben 320 und 321:

$$v = c,\quad v_1^2 = 2c^2 + 2c^2\sin(\alpha - \beta),$$
$$v_2^2 = 2c^2 - 2c^2\sin(\alpha + \beta),$$

woraus

$$n = \frac{1 - \sin(\alpha + \beta)}{1 + \sin(\alpha - \beta)}$$

und

$$\operatorname{tg}^2\beta - 2\frac{1 + n}{1 - n}\operatorname{cotg}\alpha\operatorname{tg}\beta = \left(\frac{1 + n}{1 - n}\right)^2 - \frac{1}{\sin^2\alpha}.$$

324. Ist ds ein Element der Fadenkurve AB, so erleidet es durch das strömende Wasser einen Normaldruck, der nach Gleichung 64

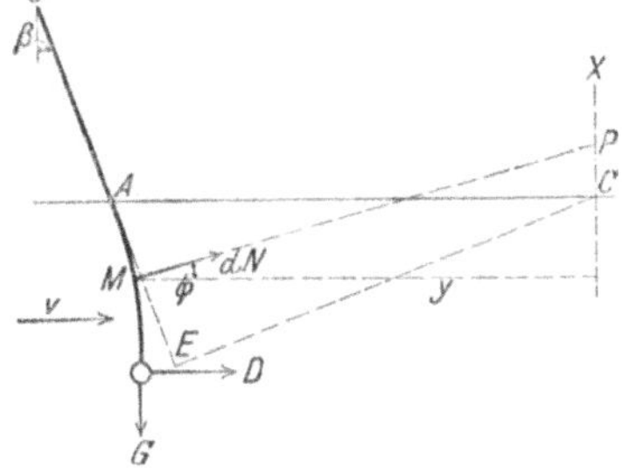

$$dN = a\,v^2 \cdot ds\cos^2\varphi,$$

wenn $\frac{\zeta\gamma F}{2g}$ durch a ds ersetzt und $\alpha = 90 - \varphi$, $c = 0$ gesetzt wird. Wenn von der Reibung der Flüssigkeit abgesehen wird, so werden nur Normaldrücke auf den Faden ausgeübt, seine Spannung S ist also überall die gleiche; am Ende bei B kann sie ermittelt werden aus

$$S = \sqrt{G^2 + D^2},$$

worin nach Gleichung 62:

$$D = \zeta \gamma r^2 \pi \frac{v^2}{2g}.$$

Das Element ds ist dann im Gleichgewicht infolge des Druckes dN und der beiden Spannungen S, die den Winkel $180^0 - d\varphi$ miteinander einschließen; daraus folgt $S\,d\varphi = dN$, oder wenn der Krümmungshalbmesser der Fadenkurve bei M:

$$\varrho = \frac{ds}{d\varphi}$$

gesetzt wird:

$$\varrho \cos^2 \varphi = \frac{S}{a v^2} = \text{konst.}$$

Diese Gleichung entspricht aber der Kettenlinie, von der $AB = s$ ein Bogen ist.

Verlängert man OA und macht $AE = s$, wobei s die Länge des in das Wasser tauchenden Fadenstückes ist, errichtet in E das Perpendikel EC bis zum Schnitt mit der Oberfläche, so ist C ein Punkt der X-Achse der Kettenlinie. Das Stück MP der Normale in M ist dann der Krümmungshalbmesser ϱ der Fadenkurve in M.

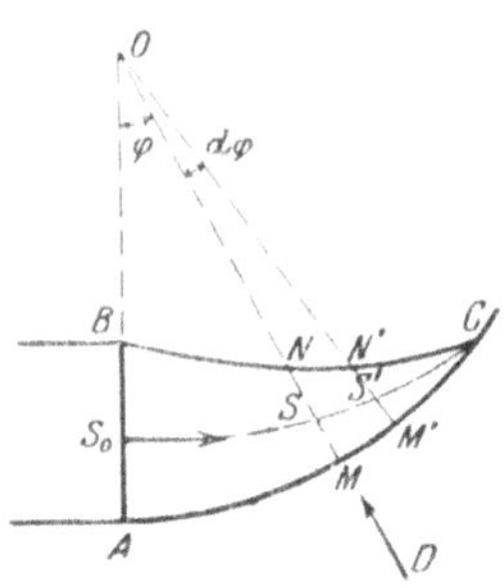

325. Der Schwerpunkt S des Strahlquerschnittes beschreibe die Bahn $S_0 S S'$. Wenn die Zylinderwand glatt ist und die Schwerkraft vernachlässigt wird, so wirkt auf die Bewegung des Schwerpunkts S nur der Druck D der Wand. Da dieser durch O geht, macht der Schwerpunkt eine Zentralbewegung, deren Sektorengeschwindigkeit konstant ist, oder

$$r^2 \frac{d\varphi}{dt} = c, \quad u = r \frac{d\varphi}{dt} = \frac{c}{r},$$

wenn $OS = r = R - \frac{\delta}{2}$ genannt wird. Setzt man noch

$$OS_0 = r_0 = R - \frac{a}{2},$$

so ist die Konstante $c = v_0 r_0$.

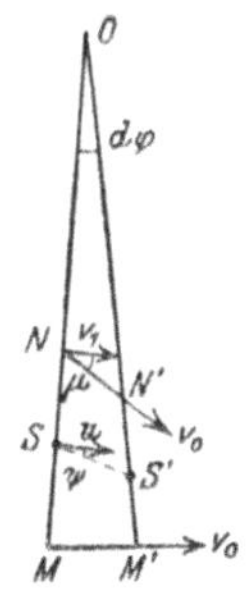

Am Zylinder bei M M' und an der Oberfläche bei N N' strömt die Flüssigkeit mit ungeänderter Geschwindigkeit v_0, da auf die Schwerkraft und die Widerstände keine Rücksicht genommen wird. Nennt man also v_1, u und v_0 die Teile der Strömungsgeschwindigkeiten in N, S und M, senkrecht zum Querschnitt, so kann mit einiger Annäherung gesetzt werden:

$$u = \frac{1}{2}(v_0 + v_1) = \frac{1}{2}(v_0 + v_0 \cos \mu) = v_0 \cos^2 \frac{\mu}{2}.$$

Ferner ist
$$\operatorname{tg} \mu = -\frac{d\delta}{(R-\delta)\, d\varphi},$$

$$\operatorname{tg} \psi = -\frac{d\frac{\delta}{2}}{\left(R - \frac{\delta}{2}\right) d\varphi}.$$

und wenn δ klein gegen R ist, angenähert:

$$\mu = 2\psi.$$

Setzt man also
$$\operatorname{tg} \psi = \frac{dr}{r\, d\varphi} = \operatorname{tg} \frac{\mu}{2}$$

und
$$u = \frac{v_0 r_0}{r} = v_0 \cos^2 \frac{\mu}{2},$$

so gibt die Entfernung des Winkels μ aus beiden Gleichungen:

$$\frac{dr}{r\sqrt{\frac{r}{r_0} - 1}} = d\varphi.$$

Die Integration liefert die Polargleichung der Bahn des Schwerpunkts:

$$r \cos^2 \frac{\varphi}{2} = r_0 \quad \text{. . . . . a)}$$

mit Rücksicht darauf, daß für $\varphi = 0$, $r = r_0$ ist. Mit

$$r = R - \frac{\delta}{2}, \quad r_0 = R - \frac{a}{2}$$

wird die Dicke des Strahles:

$$\delta = \frac{a - 2R \sin^2 \varphi/_2}{\cos^2 \varphi/_2} \quad \text{. . . . . b)}$$

Setzt man die in der Zeiteinheit durch den Querschnitt des Strahles strömende Flüssigkeitsmenge:

$$Q = a\,b\,v_0 = \beta\,\delta\,u = \beta\,\delta \cdot \frac{v_0 r_0}{r},$$

so wird die Breite des Strahles

$$\beta = \frac{a\,b\,r}{\delta\,r_0} = \frac{a\,b}{a - 2\,R\sin^2\varphi/_2}.$$

Die Stelle C findet man, wenn man $\delta = 0$ oder $\beta = \infty$ setzt, also

$$\sin\frac{\varphi_1}{2} = \sqrt{\frac{a}{2\,R}}.$$

Die Entfernung dieser Stelle von A B ist

$$R\sin\varphi_1 = \sqrt{a\,(2\,R - a)},$$

d. h. der Winkel A B C ist ein rechter. Nennt man endlich $ON = \varrho$, so ist die Gleichung der Begrenzungslinie B N C aus Gleichung a)

$$\left(\varrho + \frac{\delta}{2}\right)\cos^2\frac{\varphi}{2} = R - \frac{a}{2}$$

zu finden, wenn δ aus Gleichung b) entnommen wird; man findet

$$(R + \varrho)\cos^2\frac{\varphi}{2} = 2\,R - a.$$

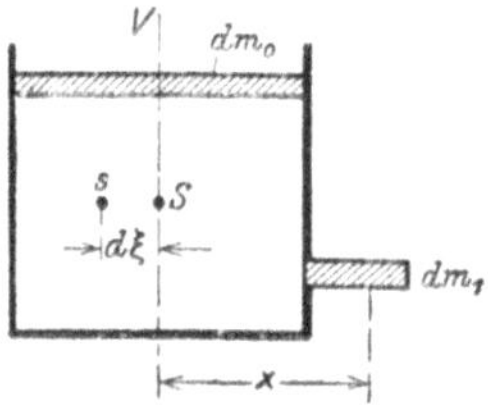

326. Es sei dm die Masse eines Flüssigkeitsteilchens, dm_0 und dm_1 seine Lagen vor und nach dem Zeitelement d t. M sei die Masse der übrigen Flüssigkeit und des Gefäßes, V die Vertikale durch den gemeinsamen Schwerpunkt S von M und dm. Da keine horizontalen Kräfte vorhanden sind, kann dieser Schwerpunkt die Vertikale nicht verlassen; wenn also dm_0 nach dm_1 versetzt wird, d. h. ausfließt, so muß der Schwerpunkt s von M um $d\xi$ nach links rücken; hierbei ist

$$M \cdot d\xi = dm \cdot x$$

oder da: $dm = \frac{\gamma}{g} F\,v\,d\,t$:

$$M\,\frac{d\xi}{d\,t} = \frac{\gamma}{g}\,F\,v\,x.$$

Differenziert man nach t, so wird:

$$M\,\frac{d^2\xi}{d\,t^2} = \frac{\gamma}{g}\,F\,v\,\frac{d\,x}{d\,t}.$$

Nun ist $\frac{d^2\xi}{dt^2}$ die nach links gerichtete Beschleunigung des Gefäßes, $\frac{dx}{dt} = v$, also:

$$H = M\gamma_s = \frac{\gamma}{g} F v^2$$

oder wegen $v^2 = 2gh$: $H = 2\gamma F h$.

327. Die Ausflußmasse in der Sekunde ist $\frac{\gamma}{g} Q$, worin $Q = F v$ ist. Die Geschwindigkeit dieser Masse wird von v_0 auf v gesteigert; hierzu ist die Kraft $V = \frac{\gamma}{g} Q (v - v_0)$ notwendig, welche vom Gewichte der Flüssigkeit bestritten wird. Um diesen Teil V wird sich also der Auflagerdruck vermindern.

Es ist $V = \frac{\gamma}{g} F v^2 \left(1 - \frac{v_0}{v}\right) = \frac{\gamma}{g} F v^2 \left(1 - \frac{F}{F_0}\right)$

und nach Gleichung 14:

$$V = 2\varphi^2 \gamma F h \frac{1}{1+n}.$$

Denselben Wert würde man aus Gleichung 69 mit $\alpha = \alpha_0 = 90^0$ erhalten.

328. An die Stelle von v in Gleichung 71 muß hier die absolute Geschwindigkeit w der ausfließenden Flüssigkeit gesetzt werden; es ist $w = v - u$ und somit

$$H = \frac{\gamma}{g} Q (v - u)$$

und die Leistung der Horizontalreaktion:

$$E = H u = \frac{\gamma}{g} Q u (v - u).$$

Sie wird am größten, wenn $u = \frac{v}{2}$ oder

$$\max E = \frac{\gamma}{g} Q \frac{v^2}{4}$$

und wenn angenähert: $v^2 = 2gh$ gesetzt wird:

$$\max E = \frac{1}{2} \gamma Q h = \frac{1}{2} E_a,$$

worin E_a die zur Verfügung stehende Arbeitsfähigkeit der Flüssigkeit ist.

329. Angenommen, die Flüssigkeitsmenge Q fließe in der Sekunde zu und ab, es ist also Beharrungszustand. In horizontaler Richtung ist dann die absolute Eintrittsgeschwindigkeit der Flüssigkeit: $v_0 \cos\beta$ und die absolute Austrittsgeschwindigkeit: $w = v - u$, somit die Horizontalreaktion:

$$H = \frac{\gamma}{g} Q [v - u + v_0 \cos\beta],$$

wenn in Gleichung 68 w statt v, $\alpha = 0$, $180 - \beta$ statt α_0 gesetzt wird.

Ebenso ist die Vertikalreaktion nach Gleichung 68:

$$V = -\frac{\gamma}{g} Q v_0 \sin\beta,$$

also nach abwärts gerichtet.

Die Leistung der Horizontalreaktion (Nutzleistung) ist:

$$E_n = H u = \frac{\gamma}{g} Q u [v - u + v_0 \cos\beta],$$

während die in der Flüssigkeit enthaltene absolute Leistung

$$E_a = \frac{1}{2} \frac{\gamma}{g} Q v_0^2 + \gamma Q h,$$

somit der Wirkungsgrad:

$$\eta = \frac{E_n}{E_a} = \frac{2u(v - u + v_0 \cos\beta)}{v_0^2 + 2gh}.$$

Das Maximum von η wird erzielt mit $u = \frac{1}{2}(v + v_0 \cos\beta)$; es ist dann

$$\max \eta = \frac{(v + v_0 \cos\beta)^2}{2(v_0^2 + 2gh)}.$$

330. Die absolute Eintrittsgeschwindigkeit des Wassers bei F_0 ist:

$$w_0^2 = 2 g h_0;$$

sie teilt sich in v_0 und u, es ist also

$$w_0^2 = v_0^2 + u^2 + 2 v_0 u \cos\alpha_0 \quad . \quad . \quad . \quad . \quad . \quad . \quad a)$$

woraus

$$u = \sqrt{w_0^2 - v_0^2 \sin^2\alpha_0} - v_0 \cos\alpha_0$$

oder da

$$v^2 = 2gh + v_0^2, \quad n = \frac{F}{F_0} = \frac{v_0}{v},$$

und nach Gleichung **14** mit $\varphi = 1$:

$$v^2 = 2gh \frac{1}{1 - n^2}, \quad v_0^2 = 2gh \frac{n^2}{1 - n^2} \quad . \quad . \quad . \quad b)$$

ist, so wird auch:

$$u = \sqrt{2g}\left[\sqrt{h_0 - \frac{n^2}{1-n^2} h \sin^2 \alpha_0} - \sqrt{\frac{n^2}{1-n^2}} h \cos \alpha_0\right] \quad . \quad . \quad c)$$

die der Druckhöhe h_0 entsprechende Geschwindigkeit des Gefäßes.

331. Aus der oben entwickelten Gleichung c) für u folgt mit $u > 0$:

$$n \leqq \sqrt{\frac{h_0}{h + h_0}}.$$

332. Die Austrittsgeschwindigkeit w des Wassers bei F setzt sich aus v und u zusammen; am geringsten ist der Energieverlust, nämlich Null, wenn $w = 0$ ist. Dies verlangt aber:

$$\alpha = 0 \quad \text{und} \quad v = u.$$

Benützt man die Gleichungen a) und b) der Aufgabe 330, so folgt für den Winkel α_0:

$$\cos \alpha_0 = \frac{h_0(1 - n^2) - h(1 + n^2)}{2nh}.$$

Da $\cos \alpha_0 < 1$ sein muß, so hat n den Grenzwert:

$$n \geqq \frac{h_0 - h}{h_0 + h}.$$

333. Sofort nach Öffnung von F wirkt die nach aufwärts gerichtete Reaktion, die nach Gleichung 70 mit $\alpha = 90^0$:

$$V = 2\gamma F h$$

den Bodendruck verkleinert. Sobald jedoch die ausströmende Flüssigkeit den untern Boden erreicht hat, tritt dort ein Stoßdruck auf, der nach Aufgabe 310:

$$D = 2\gamma F h \sqrt{1 + \frac{H}{h}};$$

der Bodendruck wird also beim ersten Anprall auf den untern Gefäßboden um

$$D - V = 2\gamma F h \left[\sqrt{1 + \frac{H}{h}} - 1\right]$$

vergrößert. Diese Vergrößerung nimmt aber von nun an ab; denn ist die Flüssigkeitshöhe im Obergefäß nur mehr z, die im Untergefäß $h - z$, so ist die aufwärts gerichtete Reaktion $2\gamma F z$, der nach abwärts gerichtete Stoßdruck

$$2\gamma F z \sqrt{1 + \frac{H - h + z}{z}},$$

also die Vergrößerung des Bodendruckes:

$$2\gamma F\left[\sqrt{(2z+H-h)z}-z\right]$$

die für $z = 0$ ebenfalls Null wird.

334. Ähnlich wie Aufgabe 326, jedoch mit Hilfe des Flächenprinzipes zu lösen. Die Masse dM des Flüssigkeitsteilchens ist zu Beginn des Zeitelementes dt in A, nach dem Zeitelement in B; die Bewegungsgrößen von dM sind: $dM\,(v_0 \cos\alpha_0 - r_0\,\omega)$ in A und $dM\,(v\cos\alpha - r\omega)$ in B, wenn α_0 und α die Winkel von v_0 und v gegen die umgekehrten Bewegungsrichtungen in A und B sind.

Bildet man die Momente dieser Bewegungsgrößen um die Drehungsachse und dividiert ihre Differenz durch das Zeitelement, so erhält man die Größe des entgegengesetzt drehenden Momentes der Reaktion, also

$$\mathbf{M} = \frac{dM}{dt}\left[(v\cos\alpha - r\,\omega)\,r - (v_0\cos\alpha_0 - r_0\,\omega)\,r_0\right],$$

und da $dM = \frac{\gamma}{g} Q\,.\,dt$ ist:

$$\mathbf{M} = \frac{\gamma}{g} Q\left[(v\cos\alpha - r\,\omega)\,r - (v_0\cos\alpha_0 - r_0\,\omega)\,r_0\right].$$

335. Ähnlich wie vorige Aufgabe.

Es ist $$\mathbf{M} = \frac{\gamma}{g} Q\,v\,(r - r_0),$$

wenn r und r_0 die Abstände des Punktes O von den Rohrstücken CD und AB sind.

336. Lösung wie in Aufgabe 334.

Sind wieder α_0 und α die Winkel der Wassergeschwindigkeiten v_0 und v in A und B längs der Kanalachse (also relativ zum Rad) gegen die umgekehrten Bewegungsrichtungen von A und B (Tangenten an die Kreise), so ist das Moment der Reaktion um die Drehungsachse O:

$$\mathbf{M} = \frac{\gamma}{g} Q\left[(v\cos\alpha - r\,\omega)\,r - (v_0\cos\alpha_0 - r_0\,\omega)r_0\right]$$

und ihre Leistung:

$$E = \mathbf{M}\,\omega.$$

Wenn beim Eintritt in A kein Stoß stattfinden soll, so muß das Wasser derart eintreten, daß seine absolute Geschwindigkeit w die Resultante aus v_0 und $r_0\,\omega$ ist.

337. Nennt man u die Geschwindigkeit des Gefäßes nach der Zeit t, v die Ausflußgeschwindigkeit bei F, so ist die Horizontalreaktion nach Aufgabe 328

$$H = \frac{\gamma}{g} Q (v - u) = \frac{\gamma}{g} F v (v - u)$$

und die veränderliche Masse des Gefäßes

$$M = M_0 - \frac{\gamma}{g} F_0 (h - z),$$

wenn M_0 ihr anfänglicher Wert und z der veränderliche Abstand der Oberfläche von F ist. Die Veränderung der Bewegungsgröße Mu rührt her von dem Antrieb der Horizontalreaktion H und von der Veränderung der Masse durch Ausströmen von Flüssigkeit mit der absoluten Geschwindigkeit u — v, es ist also nach dem Satze vom Antrieb

$$d(Mu) = H \, . \, dt + dM(u - v)$$

oder

$$M \, . \, du = H \, . \, dt - v \, . \, dM.$$

Hierin ist

$$dM = \frac{\gamma}{g} F_0 \, . \, dz,$$

somit

$$M \frac{du}{dt} = H - v \frac{\gamma}{g} F_0 \frac{dz}{dt}.$$

Setzt man hier die Werte von M und H ein, ferner die Geschwindigkeit der Oberfläche:

$$v_0 = -\frac{dz}{dt} = \frac{F}{F_0} v = n v$$

und nach Gleichung 14:

$$v = \varphi \sqrt{\frac{2gz}{1 - n^2}},$$

so erhält man die Differentialgleichung

$$\frac{du}{dz} = \frac{u - a\sqrt{z}}{b + z},$$

worin

$$a = 2\varphi \sqrt{\frac{2g}{1 - n^2}}, \qquad b = \frac{M_0 g}{\gamma F_0} - h$$

bedeuten.

Die Lösung dieser Gleichung lautet:

$$u = a \left[\sqrt{z} - \frac{b + z}{\sqrt{b}} \operatorname{arc\,tg} \sqrt{\frac{z}{b}} \right] + C.$$

Die Konstante C wird aus der Bedingung bestimmt, daß für $z = h$, $u = 0$ ist. Beachtet man noch, daß nach Aufgabe 189:

$$\sqrt{z} = \sqrt{h} - \frac{\mu F \sqrt{2g}}{2 F_0} t$$

ist, so hat man die gewünschte Beziehung zwischen u und t.

338. Lösung ähnlich wie in voriger Aufgabe. Nennt man $AB = z$, h den anfänglichen Wert von z, F_0 die Oberfläche, $F_1 = F_0 \cos\beta$ den Normalschnitt des Gefäßes, M_0 die anfängliche Masse des Gefäßes samt Flüssigkeit, so ist die Masse nach der Zeit t

$$M = M_0 - \frac{\gamma}{g} F_1 (h - z).$$

Die Gleichungen 68 geben die hier auftretende Horizontal- und Vertikalreaktion, wenn man die absolute Geschwindigkeit der ausströmenden Flüssigkeit $w = v - u$ statt v, ferner $\alpha_0 = 90^0$ und $\alpha = \beta$ einsetzt; es wird dann:

$$H = \frac{\gamma}{g} Q (v - u) \cos\beta,$$

$$V = \frac{\gamma}{g} Q [(v - u) \sin\beta - (v_0 - u \sin\beta)]$$

$$= \frac{\gamma}{g} Q (v \sin\beta - v_0),$$

ferner $Q = Fv$ und nach Gleichung 14:

$$v = \varphi \sqrt{\frac{2 g z \cos\beta}{1 - n^2}}, \quad n = \frac{F}{F_0}.$$

Die in Richtung der Bewegung wirkende Kraft ist dann

$$K = H \cos\beta + (V - M g) \sin\beta.$$

Aus denselben Gründen wie in voriger Aufgabe ist hier die Änderung der Bewegungsgröße

$$d(Mu) = K \, . \, dt + dM (u - v)$$

oder

$$M \, . \, du = K \, . \, dt - v \, . \, dM;$$

es ist

$$dM = \frac{\gamma}{g} F_1 dz$$

und somit

$$M \frac{du}{dt} = K - v \, . \, \frac{\gamma}{g} F_1 \frac{dz}{dt}.$$

Beachtet man wieder, daß

$$v_0 = - \frac{dz}{dt} \cos\beta = n v$$

und setzt die Werte von M und K ein, so erhält man die Differentialgleichung:

$$\frac{du}{dv} = a \frac{vu}{c + bv^2} + a_1 \frac{v^2}{c + bv^2} + a_2$$

worin

$$a = \frac{1 - n^2}{\varphi^2 g^2} \gamma F_0 \cos^2 \beta, \qquad a_1 = -\frac{1 - n^2}{\varphi^2 g^2} \gamma F_0 (2 - n \sin \beta),$$

$$a_2 = \frac{1 - n^2}{n \varphi^2} \sin \beta, \quad b = \frac{1 - n^2}{2 \varphi^2 g^2} \gamma F_0, \quad c = M_0 - \frac{\gamma}{g} F_1 h.$$

Löst man zunächst die Differentialgleichung

$$\frac{du}{dv} = a \frac{vu}{c + bv^2},$$

so erhält man

$$u = C(c + bv^2)^m \quad . \quad . \quad . \quad . \quad . \quad . \quad . \quad . \quad . \quad a)$$

worin

$$m = \frac{a}{2b} = \cos^2 \beta.$$

Die Variation der Konstanten C liefert dann

$$C = \left(\frac{a_1}{b} + a_2\right) \int \frac{dv}{(c + bv^2)^m} - \frac{a_1 c}{b} \int \frac{dv}{(c + bv^2)^{m+1}} \quad . \quad . \quad b).$$

Die Verbindung der Gleichungen a) und b) gibt u als Funktion von v. Nun ist aber

$$z = ev^2, \text{ worin } e = \frac{1 - n^2}{2 \varphi^2 g \cos \beta}$$

und ähnlich wie in voriger Aufgabe

$$\sqrt{z} = \sqrt{h} - \frac{\mu F \sqrt{2g}}{2 F_1} t.$$

Damit ist die Beziehung zwischen u und t hergestellt.

339. Der Unterschied ist Null. Das obere Teilchen m besitzt um m g h mehr Lagen-Energie als das untere; das untere Teilchen besitzt hingegen um p mehr Druck, und somit um $m \cdot \frac{p}{\mu}$ mehr Druck-Energie (vgl. Gleichung 72); nun ist $p = \gamma h = g \mu h$, somit ist die Abnahme an Lagen-Energie gleich der Zunahme an Druck-Energie.

340. Der Unterschied ist Null. Das zweite Massenteilchen m liege um h tiefer als das erste, seine Ausflußgeschwindigkeit ist $\sqrt{2gh}$

und seine Bewegungs-Energie $\frac{1}{2} m v^2 = m g h$. Das erste Massenteilchen hingegen hat zwar keine Bewegungs-Energie, allein um mgh mehr Lagen-Energie. Da der Druck in beiden Teilchen der gleiche ist, so weist die Druck-Energie keinen Unterschied auf.

341. Da die Energie der strömenden Flüssigkeit (von Reibungsverlusten abgesehen) unverändert bleibt:

$$\frac{v^2}{2g} + \frac{p}{\gamma} + h = \text{konstant (Gleichung 73)},$$

die Geschwindigkeit v unter dem Ventil aber rasch zunimmt, so muß die Pressung p der Flüssigkeit unter dem Ventil abnehmen, wodurch der von oben wirkende Druck auf das Ventil dieses zu schließen trachtet.

342. Die Druck-Energie von 1 Kilogramm Wasser ist $\frac{p}{\gamma}$; die Energie von $Q\gamma$ Kilogramm somit pQ, wenn p in Kilo f. d. m^2 eingeführt wird; hingegen

$$pQ \cdot 10^{-4},$$

wenn p in at eingesetzt wird.

343. Da die Flüssigkeit die beiden Räume vollständig ausfüllt und unzusammendrückbar ist, kann eine Änderung der Bewegung nicht entstehen, also auch keine Änderung der Bewegungs-Energie. Die Druck-Energie auf der einen Seite ist

$$\frac{p_1}{\gamma} \cdot V_1 \gamma = p_1 V_1$$

und ebenso $p_2 V_2$ auf der anderen Seite; nennt man p den Druck nach der Entfernung der Scheidewand, so ist $p(V_1 + V_2)$ die Druck-Energie. Da von der Energie nichts verloren geht, so bleibt nach der Ausgleichung der Druck übrig

$$p = \frac{p_1 V_1 + p_2 V_2}{V_1 + V_2}.$$

344. Nach Gleichung 73 ist, weil $v_0 = 0$,

$$\frac{p_0}{\gamma} = \frac{p}{\gamma} + \frac{v^2}{2g},$$

woraus mit $\gamma = 0{,}001 \frac{kg}{cm^3}$, $g = 981 \frac{cm}{sek^2}$ die Druckänderung folgt:

$$p_0 - p = 0{,}0046 \text{ at}.$$

345. Aus Gleichung 73 folgt zunächst:

$$\frac{v_1^2}{2g} + \frac{p_1}{\gamma} = \frac{v_2^2}{2g} + \frac{p_2}{\gamma},$$

sodann mit Benützung des Kontinuitätsgesetzes

$$Q = F_1 v_1 = F_2 v_2:$$

$$Q = \sqrt{\frac{2g}{\gamma}(p_1 - p_2)}\frac{F_1 F_2}{\sqrt{F_1^2 - F_2^2}}.$$

346. Der Energieverlust durch Rohrreibung ist für jedes Kilogramm Wasser gleich der Widerstandshöhe, also nach Gleichung 50

$$h_r = 0{,}00243 \, . \, \frac{Q^2 l}{d^5}$$

und der Energieverlust für $Q\,m^3$ in einer Sekunde

$$\mathfrak{B}\frac{mkg}{s} = Q\gamma h_r = 2{,}43 \, . \, \frac{Q^3 l}{d^5}.$$

Die Energie des Druckwassers ist nach Aufgabe 342:

$$pQ = 75N,$$

also $$\mathfrak{B}\frac{mkg}{s} = 2{,}43 \, . \, 75^3 \, . \, \frac{N^3 l}{d^5 p^3} = 1\,025\,156\,\frac{N^3 l}{d^5 p^3}.$$

Hier sind l und d in met., p in Kilo f. d. m^2 einzusetzen. Wenn d in cm, p in at eingesetzt werden soll, so ändert sich obiger Ausdruck in $$\mathfrak{B}\frac{mkg}{s} = 10\,251{,}56\,\frac{l N^3}{d^5 p^3}.$$

347. Legt man die Horizontalebene durch B und nennt p_1 und p_2 die Pressungen in A und B, so ist nach Gleichung 73 die

Energie in A: $$E_1 = \frac{v_1^2}{2g} + \frac{p_1}{\gamma} + (h_2 + h - h_1),$$

jene in B: $$E_2 = \frac{v_2^2}{2g} + \frac{p_2}{\gamma}.$$

Die Differenz beider ist, wenn $p_1 = h_1\gamma$, $p_2 = h_2\gamma$ gesetzt wird:

$$\left(\frac{v_1^2}{2g} + h - \frac{v_2^2}{2g}\right) mkg.$$

348. $\frac{1}{2}\frac{\gamma Q}{g}(v_1^2 - v_2^2)$. Vergleiche hiermit Aufgabe 320.

349. Nach Gleichung 73 ist der Energieverlust für ein Kilogramm Wasser $$\frac{v_1^2 - v_2^2}{2g} + \frac{p_1 - p_2}{\gamma} + h_1 - h_2.$$

Die in der Sekunde gelieferte Wassermenge ist

$$\frac{\pi d_1^2}{4} \cdot v_1 = \frac{\pi d_2^2}{4} \cdot v_2 = 125 \frac{\text{Lit}}{\text{sek}},$$

woraus:

$$v_1 = 1 \frac{m}{s}, \quad v_2 = \frac{16}{9} \frac{m}{s}$$

und somit der Energieverlust:

$$7{,}89 \text{ mkg}.$$

350. Nennt man $p_1 p_2 p_3$ die Drücke in A, B, C, so ist mit Rücksicht auf die Gleichung 73:

$$\frac{v_1^2}{2g} + \frac{p_1}{\gamma} + 3\,m = \frac{v_2^2}{2g} + \frac{p_2}{\gamma}$$

und

$$\frac{v_2^2}{2g} + \frac{p_2}{\gamma} + 3\,m = \frac{v_1^2}{2g} + \frac{p_3}{\gamma}.$$

Die Geschwindigkeit v_1 in A und C ist

$$v_1 = 2{,}5 \frac{m}{s},$$

die Geschwindigkeit v_2 in B ist $\frac{v_1}{2}$.

Man erhält die gewünschten Druckdifferenzen:

$$p_2 - p_1 = 0{,}324 \text{ at},$$
$$p_3 - p_2 = 0{,}276 \text{ at}.$$

351. Jedes Kilogramm Wasser hat nach Gleichung 73 im Zuleitungsrohr die Energie

$$\frac{v_1^2}{2g} + \frac{p_1}{\gamma} + h_1 \text{ bezw. } \frac{v_2^2}{2g} + \frac{p_2}{\gamma} + h_2,$$

im Ableitungsrohr

$$\frac{v^2}{2g} + \frac{p}{\gamma} + h.$$

Es ist also wegen $h_1 = h_2 = h$:

$$\frac{v_1^2}{2g} + \frac{p_1}{\gamma} + \frac{v_2^2}{2g} + \frac{p_2}{\gamma} = 2\left(\frac{v^2}{2g} + \frac{p}{\gamma}\right).$$

Beachtet man, daß

$$Q_1 = \frac{\pi d^2}{4} v_1, \quad Q_2 = \frac{\pi d^2}{4} v_2, \quad Q_1 + Q_2 = \frac{\pi d^2}{4} v,$$

so bleibt $p = \frac{p_1 + p_2}{2} - \frac{4\gamma}{g\pi^2 d^4}(Q_1^2 + 4\,Q_1 Q_2 + Q_2^2).$

352. Anwendung von Gleichung 73: $E = \frac{v^2}{2g} + \frac{p}{\gamma} + h.$

Ist P_1 der vertikal über M_1 liegende Oberflächenpunkt und sind z_1 und h_1 die Höhen von P_1 und M_1 über X, x_1 ihre Entfernung von Z, p_0 der Oberflächendruck, so ist in M_1:

$$p_1 = p_0 + \gamma (z_1 - h_1), \quad v_1 = x_1 \omega$$

und nach Gleichung 2:

$$\frac{v_1^2}{2g} = z_1 - z_0,$$

somit die Energie in M_1:

$$E_1 = \frac{p_0}{\gamma} + 2 z_1 - z_0$$

und der Energie-Unterschied

$$E_2 - E_1 = 2 (z_2 - z_1).$$

353. Wenn der Kolben um l verschoben wird, so senkt sich der linke Wasserspiegel um $l \frac{F_1}{F}$, der rechte hebt sich um ebensoviel. Die Arbeit besteht also darin, die Wassermenge $F_1 l$ die Höhe $l \frac{F_1}{F}$ emporzuheben; es ist somit

$$A = \gamma \frac{F_1^2}{F} l^2.$$

354. Die Oberfläche F_1 wird um x sinken, die andere F_2 um y steigen müssen, bis beide gleich hoch stehen. Es ist

$$F_1 x = F_2 y, \quad x + y = h.$$

Das Wassergewicht $\gamma F_1 x$ sinkt um x, verliert demnach die Energie $\gamma F_1 x^2$; ebenso gewinnt das Wassergewicht $\gamma F_2 y$ die Energie $\gamma F_2 y^2$ Der gesamte Gewinn an Energie ist also

$$- \gamma F_1 x^2 + \gamma F_2 y^2 = \gamma F_1 F_2 h^2 \frac{F_1 - F_2}{(F_1 + F_2)^2}.$$

355. Nach Gleichung 73 ist, da das Rohr horizontal ist,

$$\frac{v_1^2}{2g} + \frac{p_1}{\gamma} = \frac{v_2^2}{2g} + \frac{p_2}{\gamma},$$

wenn p_1 und p_2 die Pressungen in A und B sind. Diese Energie-Gleichung bedarf jedoch einer Ergänzung, weil durch die Rohrerweiterung ein Stoß entsteht ($v_1 > v_2$) und infolge hiervon nach dem Borda'schen Gesetz ein Verlust an Energie, und zwar $\frac{(v_1 - v_2)^2}{2g}$ für die Masseneinheit eintritt. Man müßte also eigentlich schreiben:

$$\frac{v_1^2}{2g} + \frac{p_1}{\gamma} = \frac{v_2^2}{2g} + \frac{(v_1 - v_2)^2}{2g} + \frac{p_2}{\gamma},$$

woraus der gewünschte Druckunterschied:

$$p_2 - p_1 = \frac{\gamma}{g} v_2 (v_1 - v_2).$$

356. Nennt man F_1 und F_2 die Querschnitte der beiden Kanäle, so ist nach dem Kontinuitätsgesetz

$$F_1 v_1 = F_2 v_2,$$

ferner

$$\frac{F_1}{\cos\alpha} = \frac{F_2}{\cos\beta},$$

also

$$v_1 \cos\alpha = v_2 \cos\beta \quad \ldots\ldots\ldots \quad \text{a)}$$

Benützt man die Gleichung 73 und beachtet, daß die Höhendifferenz vor und hinter dem Spalt vernachlässigt werden kann, so ist

$$\frac{v_1^2}{2g} + \frac{p_1}{\gamma} = \frac{v_2^2}{2g} + \frac{p_2}{\gamma} + \text{Energieverlust.}$$

Dieser Verlust entsteht durch den Stoß der Flüssigkeitsmasse mit der Geschwindigkeit v_1 auf jene mit der kleineren Geschwindigkeit v_2 und ist

$$\frac{1}{2g}(\overline{v_1} - \overline{v_2})^2 = \frac{1}{2g}\left(v_1^2 + v_2^2 - 2 v_1 v_2 \cos(\alpha - \beta)\right).$$

Es bleibt

$$\frac{p_1 - p_2}{\gamma} = \frac{v_2}{g}\left[v_2 - v_1 \cos(\alpha - \beta)\right]$$

und mit Benützung der Beziehung a)

$$p_2 - p_1 = \frac{\gamma}{g} v_2^2 \frac{\sin\beta \sin(\alpha - \beta)}{\cos\alpha}.$$

357. Die Horizontalreaktion der ausströmenden Flüssigkeit ist nach Aufgabe 328:

$$H = \frac{\gamma}{g} Q (v - u)$$

und die Arbeit der ausströmenden Flüssigkeit in der Sekunde

$$H u = \frac{\gamma}{g} Q u (v - u).$$

Nun fließen in der Sekunde γQ Kilogramm Flüssigkeit aus somit ist die von jedem Kilogramm abgegebene Energie

$$\frac{u(v - u)}{g}.$$

358. Ein Flüssigkeitsteilchen von der Masse $dM = \frac{\gamma}{g} df\, d\varrho$ (worin df der Querschnitt des Teilchens und ϱ sein Abstand vom Drehungsmittelpunkt O ist) erleidet an seiner inneren Fläche df die Pressung p, an der äußeren Fläche die Pressung $p + dp$; die Fliehkraft ist $dM . \varrho\omega^2$.

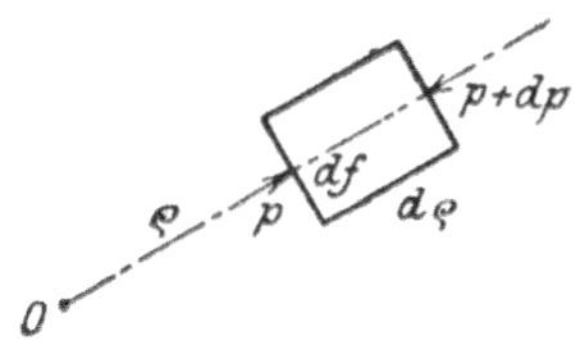

Setzt man die Summe dieser Kräfte Null, so erhält man

$$p . df - (p + dp) . df + dM . \varrho\omega^2 = 0,$$

woraus

$$dp = \frac{\gamma}{g} \varrho\omega^2 . d\varrho$$

und

$$p_2 - p_1 = \frac{\gamma}{2g} \omega^2 (r_2^2 - r_1^2) \quad \ldots\ldots \quad a)$$

Der Energiezuwachs von einem Kilogramm Wasser, wenn es mit der radialen Geschwindigkeit v_1 in das Rad eintritt und es mit der radialen Geschwindigkeit v_2 verläßt, ist:

$$\frac{p_2}{\gamma} + \frac{v_2^2 + u^2}{2g} - \frac{p_1}{\gamma} - \frac{v_1^2}{2g},$$

da zu v_2 noch die Umfangsgeschwindigkeit $u = r_2\omega$ des Rades kommt.

Für die Geschwindigkeiten v_1 und v_2 muß das Kontinuitätsgesetz gelten: $r_1 v_1 = r_2 v_2$, so lange das Wasser das Rad vollkommen ausfüllt. Mit dieser Gleichung und a) erhält man für den Energiezuwachs:

$$\frac{\omega^2}{2g}(2r_2^2 - r_1^2) - \frac{v_1^2}{2g}\left(1 - \frac{r_1^2}{r_2^2}\right).$$

359. Da die Energie und auch die Höhenlage h des Flüssigkeitsteilchens in einer Strömungslinie unveränderlich sind, so ist nach Gleichung 73:

$$\frac{v^2}{2g} + \frac{p}{\gamma} = \text{konst.}$$

und

$$\frac{v\,dv}{g} + \frac{dp}{\gamma} = 0.$$

Benützt man das Resultat der Aufgabe 170:

$$\frac{\partial p}{\partial n} = \frac{\gamma}{g} . \frac{v^2}{\varrho}$$

und setzt $d\varrho$ statt ∂n (der Zunahme in Richtung der Normale), so wird
$$\varrho\,dv + v\,d\varrho = 0$$
oder
$$\varrho v = \text{konst.}$$

360. Man benütze die Gleichung 73. Es ist p gleich dem Druck der Atmosphäre, ferner nach voriger Aufgabe: $v = \frac{k}{\varrho}$, somit
$$\frac{k^2}{2g\varrho^2} + h = a = \text{konst.}$$
worin h die Höhe des Teilchens ist. Setzt man
$$a - h = z,$$
so wird
$$z\varrho^2 = \frac{k^2}{2g} = \text{konst.}$$
die Gleichung der Trichterfläche.

361. Aus Gleichung 73 folgt durch Vergleich der Energie eines Kilogramms Wasser in F_1 und F:
$$\frac{v_1^2}{2g} + \frac{p_1}{\gamma} + z = \frac{v^2}{2g} + \frac{p}{\gamma}$$
und mit
$$p_1 = p_0 + h_1\gamma, \quad F_1 v_1 = F v = F_2 v_2,$$
ferner Gleichung 14:
$$v_2 = \varphi\sqrt{\frac{2gh}{1-n^2}}, \quad n = \frac{F_2}{F_1}, \quad \varphi \doteq 1$$
folgt:
$$p = p_0 + \gamma(h_1 + z) - \gamma h\frac{F_2^2(F_1^2 - F^2)}{F^2(F_1^2 - F_2^2)}.$$

362. Der hydraulische Druck in F kann höchstens bis Null abnehmen. Setzt man im Resultat der vorigen Aufgabe $p = 0$, so kann F berechnet werden, und sodann aus
$$F v = F_2 v_2, \quad v_2 \text{ wie früher:}$$
$$\max v = \sqrt{2g\left[\frac{p_0}{\gamma} + h_1 + z + h\frac{F_2^2}{F_1^2 - F_2^2}\right]}.$$

363. Ist dM das im Zeitelement ausfließende Flüssigkeitsteilchen, so ist nach dem Arbeitsprinzip
$$\frac{1}{2}dM(v^2 - v_0^2) + \frac{1}{2}dM(v_1 - v)^2 = dM\,.\,gh;$$
hierin sind v, v_1, v_0 die Geschwindigkeiten in F, F_1 und in der Oberfläche, letztere v_0 als klein zu vernachlässigen; der zweite Teil

links ist der Verlust an Bewegungsenergie zufolge des plötzlichen Geschwindigkeitswechsels bei F_1. Wegen

$$F\,v = F_1 v_1 \text{ ist } v_1 = \frac{v}{\alpha} \text{ und}$$

$$v^2 = \frac{2\,g\,h}{1 + \left(\frac{1}{\alpha} - 1\right)^2} \quad . \quad . \quad . \quad . \quad . \quad . \quad . \quad \text{a)}$$

Ist ferner p_1 die Pressung in F_1, p_0 die äußere Atmosphärenpressung, so ist nach dem Energiegesetz Gleichung 73:

$$\frac{p_1}{\gamma} + \frac{v_1^2}{2\,g} - \frac{(v_1 - v)^2}{2\,g} = \frac{p_0}{\gamma} + \frac{v^2}{2\,g},$$

worin wieder das letzte Glied links vom Energieverlust herrührt.

Man erhält

$$\frac{p_1}{\gamma} = \frac{p_0}{\gamma} - \frac{v^2}{2\,g} \cdot \frac{2(1 - \alpha)}{\alpha} \quad . \quad . \quad . \quad . \quad . \quad . \quad . \quad \text{b)}$$

Die Flüssigkeit wird den Querschnitt ausfüllen, so lange p_1 größer als Null ist; setzt man also $p_1 = 0$ und verbindet die Gleichungen a) und b), so bleibt

$$h = \frac{p_0}{\gamma} \cdot \frac{\alpha^2 + (1 - \alpha)^2}{2\,\alpha(1 - \alpha)}$$

als oberste Grenze der Druckhöhe.

364. Nennt man v die Geschwindigkeit der Strömung im Rohr, p_1 und p_2 die Pressungen bei A und C, so ist mit Rücksicht auf Gleichung 74:

$$\frac{v^2}{2\,g} + \frac{p_1}{\gamma} + h_2 + h - h_1 = \frac{v^2}{2\,g} + \frac{p_2}{\gamma} + h_w \quad . \quad . \quad . \quad \text{a)}$$

Diese Energieverluste h_w bestehen nach Gleichung 75 und 30 aus dem Reibungsverlust $\frac{v^2}{2\,g}\lambda\frac{l}{d}$, wenn l die Länge AC des Rohres ist, und aus dem Stoßverlust $\frac{v^2}{2\,g}$, da die Flüssigkeit im Untergefäß auf ruhende Flüssigkeit stößt und selbst zur Ruhe kommt. Setzt man noch $p_1 = p_0 + h_1\gamma$, $p_2 = p_0 + h_2\gamma$, so geht Gleichung a) über in:

$$h = \frac{v^2}{2\,g}\left(1 + \lambda\frac{l}{d}\right) \quad . \quad . \quad . \quad . \quad . \quad . \quad . \quad . \quad \text{b)}$$

Stellt man nun die Energiegleichung für die Punkte A und B auf, so wird

$$\frac{v^2}{2g} + \frac{p_1}{\gamma} + h_2 + h - h_1 = \frac{v^2}{2g} + \frac{p}{\gamma} + h_2 + h + z + h_w \quad . \quad c)$$

wobei h_w gleich $\frac{v^2}{2g}\lambda\frac{l_1}{d}$ zu setzen ist, wenn l_1 die Rohrlänge AB bezeichnet und p die Pressung der Flüssigkeit in B ist. Die Gleichung vereinfacht sich in

$$p = p_0 - z\gamma - \frac{v^2}{2g}\lambda\frac{l_1}{d}\gamma \quad . \; . \; . \; . \; . \; . \; . \quad d)$$

Beachtet man nun, daß p nicht kleiner als Null werden darf, wenn die Flüssigkeit nicht abreißen soll, so bleibt

$$z < \frac{p_0}{\gamma} - h\frac{\lambda l_1}{\lambda l + d}.$$

365. Wird der Heber eingetaucht, so füllt sich zunächst $AB = l_1$ und die Flüssigkeit strömt durch B angenähert mit der Geschwindigkeit

$$v_B^2 = 2g(h - l_1).$$

Ist die Flüssigkeit in den Arm BC gelangt und ist x ihre Entfernung von B, ihre Geschwindigkeit v, dann besteht bei A der Druck p, für den die Energiegleichung 73) gilt:

$$\frac{v^2}{2g} + \frac{p}{\gamma} = h.$$

Die Beschleunigung der Flüssigkeit ist

$$b = \frac{\text{Druck} - \text{Gewicht}}{\text{Masse}} = \frac{\gamma\left(h - \frac{v^2}{2g}\right) - \gamma(l_1 - x)}{\frac{\gamma}{g}(l_1 + x)}$$

oder

$$b = g\frac{h - l_1 + x}{l_1 + x} - \frac{v^2}{2(l_1 + x)};$$

aus $v\,dv = b\,dx$ folgt dann

$$dv^2 . (l_1 + x) + v^2 . dx = 2g(h - l_1 + x) . dx$$

und nach Integration

$$v^2(l_1 + x) = g(h - l_1 + x)^2 + C.$$

Für $x = 0$ ist $v = v_B$; damit wird

$$v^2 = v_B^2 + \frac{g x^2}{l_1 + x}$$

und für $x = BC = l_2$:

$$v_C^2 = v_B^2 + \frac{g l_2^2}{l_1 + l_2}.$$

Ist nun die Flüssigkeit in den Arm CD gelangt und ist y ihre Entfernung von C, so ist ähnlich wie früher die Beschleunigung der Flüssigkeit

$$b = \frac{\gamma\left(h - \frac{v^2}{2g}\right) - \gamma(l_1 - l_2 + y)}{\frac{\gamma}{g}(l_1 + l_2 + y)}$$

und aus $v\,dv = b\,dy$ nach Integration:

$$v^2 = v_B{}^2 + g\frac{l_2{}^2 + 2l_2 y - y^2}{l_1 + l_2 + y}.$$

Für $y = CD = l_3$ wird dann:

$$v_D{}^2 = v_B{}^2 + g\frac{l_2{}^2 + 2l_2 l_3 - l_3{}^2}{l_1 + l_2 + l_3}.$$

In ähnlicher Weise kann die Geschwindigkeit bei E gefunden werden:

$$v_E{}^2 = v_B{}^2 + \frac{g}{l}[(l - l_1)^2 - 2l_3(l_3 + 2l_4)],$$

worin $l_4 = DE$, $l = l_1 + l_2 + l_3 + l_4$ ist.

Die Bedingung, daß die Flüssigkeit durch E strömt, ist $v_E > 0$ oder

$$l^2 + l_1{}^2 + 2lh > 2l_3{}^2 + 4l_3 l_4 + 4ll_1.$$

366. Die Pressung p_1 in F_1 ist nach Gleichung 22:

$$p_1 = p_0 + \left[z_1 - \frac{v_1{}^2 - v_0{}^2}{2g}\right]\gamma.$$

Da F_0 als groß angenommen wurde, kann v_0 als klein vernachlässigt werden; ferner ist

$$F_1 v_1 = F_2 v_2 = F v$$

und

$$v_1 = r v, \quad v_2 = s v,$$

somit

$$p_1 = p_0 + \left[z_1 - r^2 . \frac{v^2}{2g}\right]\gamma.$$

Soll nun in C ein luftleerer Raum entstehen, also $p_1 = 0$ sein so wird

$$\frac{v^2}{2g}r^2 = z_1 + \frac{p_0}{\gamma} \quad \ldots\ldots \quad a)$$

Aus der Energiegleichung 73 folgt nun weiter:

$$\frac{v_0{}^2}{2g} + \frac{p_0}{\gamma} + h = \frac{v^2}{2g} + \frac{p}{\gamma} + \frac{(v_1 - v_2)^2}{2g},$$

wobei das letzte Glied auf den Energieverlust beim Übergang von F_1 nach F_2 Rücksicht nimmt. Mit Vernachlässigung von v_0 wird daraus:

$$\frac{v^2}{2g}[1 + (r - s)^2] = h + \frac{p_0 - p}{\gamma} \quad \ldots\ldots \quad b)$$

Verbindet man nun a) und b), vernachlässigt ferner h und z_1 als kleine Höhen, so bleibt

$$p_0 = \frac{r^2}{2rs - s^2 - 1} p.$$

367. Da der Verlauf des Rohres von B bis D horizontal ist, so kann Gleichung 73 in der Form benützt werden:

$$(M_1 + M_2)\left(\frac{p}{\gamma} + \frac{v^2}{2g}\right) = (M_1 + M_2)\frac{p_1}{\gamma} + M_1\frac{v_1^2}{2g} + M_2\frac{v_2^2}{2g},$$

wenn M_1 und M_2 die Wassermassen sind, die in der Zeiteinheit durch die Düse B, bezw. durch das Rohr C strömen. Hierbei ist jedoch der Energieverlust noch nicht berücksichtigt, den die Wassermassen M_1 und M_2 erleiden, wenn sie in D mit den Geschwindigkeiten v_1 bezw. v_2 ankommend, auf das folgende Wasser mit der Geschwindigkeit v stoßen.

Dieser Energieverlust ist nach dem Borda'schen Gesetz

$$M_1\frac{(v_1 - v)^2}{2g} + M_2\frac{(v_2 - v)^2}{2g}.$$

Fügt man diesen der linken Seite obiger Gleichung hinzu und beachtet noch, daß

$$M_1 = \frac{\gamma}{g} f_1 v_1, \quad M_2 = \frac{\gamma}{g} f_2 v_2, \quad M_1 + M_2 = \frac{\gamma}{g} f v,$$

so bleibt für die Drucksteigerung:

$$p - p_1 = \frac{\gamma}{fg}[f_1 v_1(v_1 - v) + f_2 v_2(v_2 - v)].$$

368. In allen Punkten der Mantelfläche des Zylinders vom Halbmesser ϱ und der Höhe z strömt das Grundwasser mit der Geschwindigkeit

$$v = k\frac{dz}{d\varrho}$$

gegen den Brunnen; dort sammelt sich also in der Zeiteinheit die Menge

$$Q = 2\varrho\pi . z . v,$$

von der wir annehmen, daß sie in jeder Sekunde aus dem Brunnen gepumpt wird, so daß Beharrungszustand eintritt und h konstant bleibt. Dann bleibt auch Q konstant und es ist

$$2z\,dz = \frac{Q}{\pi k} . \frac{d\varrho}{\varrho}$$

woraus nach Integration

$$z^2 = h^2 + \frac{Q}{\pi k} . \ln\frac{\varrho}{r}.$$

Die Integrationskonstante bestimmt man aus der Bemerkung, daß für $\varrho = r$, $z = h$ ist.

Die Oberfläche C_1D_1 des Grundwassers nimmt also die Form einer Umdrehungsfläche an, deren Meridian obige Gleichung hat

369.
$$Q = \frac{\pi k l (2h + l)}{\ln R - \ln r}.$$

370. Aus Aufgabe 368 folgt

$$z_1^2 = h^2 + \frac{Q}{\pi k} \ln \frac{R_1}{r},$$

$$z_2^2 = h^2 + \frac{Q}{\pi k} \ln \frac{R_2}{r},$$

woraus

$$Q = \frac{\pi k (z_1^2 - z_2^2)}{\ln R_1 - \ln R_2}$$

und mit $z_1^2 - z_2^2 = (s_2 - s_1)(2H - s_1 - s_2)$

angenähert

$$Q = \frac{2\pi k H (s_2 - s_1)}{\ln R_1 - \ln R_2}.$$

371. Aus voriger Aufgabe ergibt sich zunächst

$$kH = \frac{Q}{2\pi} \cdot \frac{\ln R_1 - \ln R_2}{s_2 - s_1} = \frac{0{,}07\,[\ln 50 - \ln 25]}{2 \cdot 3{,}1416\,(0{,}3 - 0{,}1)},$$

$$kH = 0{,}0386.$$

Die Ergiebigkeit des Grundwasserstromes ist

$$HBv = HB \cdot kJ = 0{,}0386 \cdot BJ$$

und mit den gegebenen Zahlen: 0,1235 m³/sek.

372. Man denke sich ein dünnes Prisma von der Höhe z und dem Querschnitt $dx \cdot dy$ und beachte zunächst die beiden parallelen Seitenflächen $z\,dy$. Durch die eine strömt in der Zeiteinheit die Grundwassermenge

$$v_x \cdot z\,dy,$$

durch die andere

$$v_x \cdot z\,dy + \frac{\partial}{\partial x}(v_x z) \cdot dx \cdot dy;$$

der Überschuß an Durchfluß in der Richtung X ist also

$$\frac{\partial}{\partial x}(v_x z) \cdot dx \cdot dy$$

und ebenso in der Richtung Y:

$$\frac{\partial}{\partial y}(v_y z) \cdot dy \cdot dx.$$

Da nun bei Beharrungszustand kein Überschuß an Durchfluß vorkommen kann, so ist

$$\frac{\partial}{\partial x}(v_x z) + \frac{\partial}{\partial y}(v_y z) = 0$$

und wenn der Voraussetzung gemäß

$$v_x = k\frac{\partial z}{\partial x}, \quad v_y = k\frac{\partial z}{\partial y},$$

so bleibt

$$\frac{\partial^2 z^2}{\partial x^2} + \frac{\partial^2 z^2}{\partial y^2} = 0$$

für den Ausdruck der Kontinuitätsgleichung.

373. Man kann die Kontinuitätsgleichung für die Grundwasserbewegung aus der vorigen Aufgabe benützen. Nimmt man AB als Richtung der X-Achse an und beachtet, daß in der dazu senkrechten Richtung des Dammes keine Änderung von ζ stattfinden wird, so bleibt

$$\frac{\partial^2 z^2}{\partial x^2} = 0,$$

woraus

$$z^2 = B - Ax$$

d. h. die Linie CD ist ein Parabelbogen.

Die Konstanten A und B können aus der bekannten Lage der Punkte C und D bestimmt werden.

374. Nach voriger Aufgabe ist für $x = 0$: $H^2 = B$; für $x = l$: $h^2 = B - Al$, woraus die Gleichung der Parabel CD:

$$z^2 = H^2 - \frac{H^2 - h^2}{l}x.$$

Die Filtergeschwindigkeit ist

$$v = -k\frac{dz}{dx} = k \cdot \frac{H^2 - h^2}{2zl},$$

somit die Menge $M = bzvt = \frac{kbt}{2l}(H^2 - h^2)$ und die Durchlässigkeitszahl

$$k = \frac{2Ml}{bt(H^2 - h^2)}.$$

375. Ist Q die Ausströmung des Grundwassers in der Sekunde k die Durchlässigkeit des Bodens, b die Breite, v die Geschwindigkeit der Strömung, so ist

$$Q = bzv = bHv_1.$$

Setzt man wie in Aufgabe 368 die Geschwindigkeit dem Gefälle proportional, so ist

$$v = k\left(J_0 + \frac{dz}{dx}\right)$$

und in großer Entfernung von C:

$$\frac{dz}{dx} = 0, \quad v_1 = k J_0,$$

woraus

$$z\left(J_0 + \frac{dz}{dx}\right) = H J_0.$$

Die Differentialgleichung

$$J_0 dx = \frac{z}{H - z} dz$$

hat das Integral

$$J_0 x = C - z - H \ln (H - z)$$

und nach Bestimmung der Konstanten C:

$$J_0 x = h - z + H \ln \frac{H - h}{H - z},$$

die Gleichung des Grundwasserspiegels.

376. Das Raumelement in der Flüssigkeit hat die Kanten

$$dr, \; r d\varphi, \; dz;$$

somit die Seitenflächen

$$r d\varphi dz, \; dr dz, \; r dr d\varphi.$$

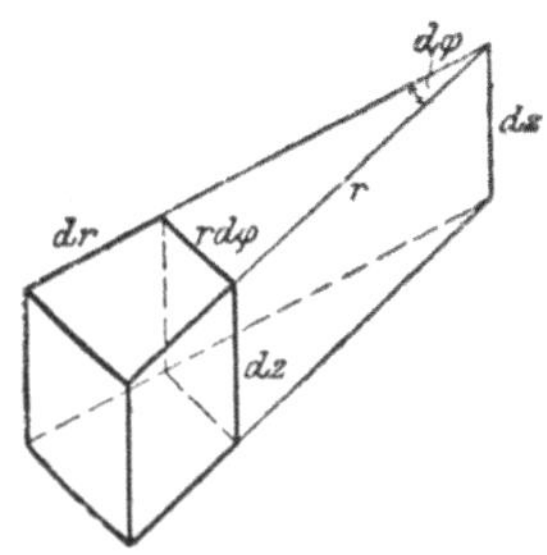

Die Strömungsgeschwindigkeit der Flüssigkeit senkrecht zu diesen drei Flächen sei

$$v_r, \quad v_n, \quad v_z.$$

Die Einströmung durch die rückwärtige Zylinderfläche $r d\varphi dz$ beträgt im Zeitelement dt:

$$v_r \, . \, r d\varphi dz \, . \, dt$$

und die Ausströmung durch die vordere Zylinderfläche $(r + dr) d\varphi dz$ in derselben Zeit:

$$\left(v_r + \frac{\partial v_r}{\partial r} \, . \, dr\right)(r + dr) d\varphi dz \, . \, dt.$$

Die Abnahme an Flüssigkeit beträgt also

$$\text{Ausströmung} - \text{Einströmung} = \frac{\partial (v_r r)}{\partial r} \, . \, dr d\varphi dz dt,$$

wenn auf die kleinen Glieder höherer Ordnung keine Rücksicht genommen wird.

Eine analoge Untersuchung lehrt, daß die Abnahme an Flüssigkeit in den Richtungen $r\,d\varphi$ und dz beträgt:

$$\frac{\partial v_n}{\partial \varphi} . dr\,d\varphi\,dz\,dt \text{ und } \frac{\partial v_z}{\partial z} . r\,dr\,d\varphi\,dz\,dt.$$

Da die Gesamtabnahme Null sein muß, so folgt für die Summe der drei Abnahmen

$$\frac{\partial (v_r r)}{\partial r} + \frac{\partial (v_n r)}{r \partial \varphi} + \frac{\partial (v_z r)}{\partial z} = 0$$

für die gesuchte Kontinuitätsgleichung, da r beim partiellen Differenzieren nach φ und z als Konstante zu betrachten ist.

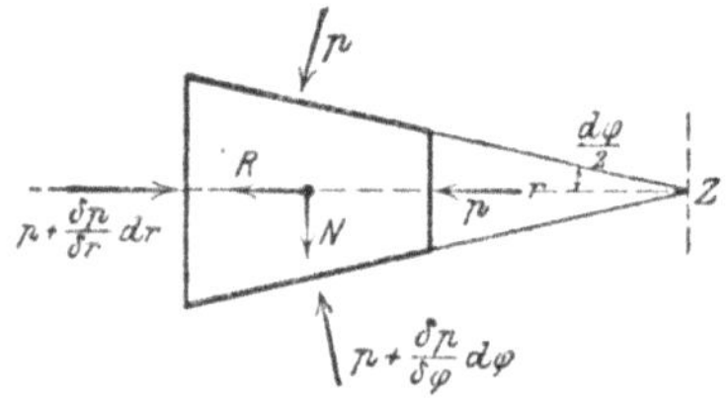

377. Es seien R und N die Massenkräfte für die Masseneinheit in der Richtung der Entfernung r und senkrecht zu r und z; v_r und v_n die Strömungsgeschwindigkeiten in diesen Richtungen (wie in der vorigen Aufgabe); $dm = \mu . dV = \mu . dr . r d\varphi . dz$ das Massenelement (vergl. Abbildung zu voriger Aufgabe).

Dann ist für die Richtung von R:

$$\text{Beschleunigung} = \frac{\text{Kraft}}{\text{Masse}}$$

oder
$$\gamma_r = R + \Big[p\,r\,d\varphi\,dz - \left(p + \frac{\partial p}{\partial r} dr\right)(r + dr)\,d\varphi\,dz$$
$$+ p\,dr\,dz . \sin\frac{d\varphi}{2} + \left(p + \frac{\partial p}{\partial \varphi} d\varphi\right) dr\,dz . \sin\frac{d\varphi}{2}\Big] \frac{1}{dm},$$

worin die nach R stehenden vier Ausdrücke die Projektionen der Seitendrücke auf die Richtung von R sind. Mit Unterdrückung unendlich kleiner Glieder bleibt

$$\gamma_r = R - \frac{1}{\mu} . \frac{\partial p}{\partial r} \quad . \; . \; . \; . \; . \; . \; . \; . \; . \quad a)$$

Ebenso ist für die Richtung von N:

$$\gamma_n = N + \Big[p\,dr\,dz \cos\frac{d\varphi}{2} - \left(p + \frac{\partial p}{\partial \varphi} d\varphi\right) dr\,dz \cos\frac{d\varphi}{2}\Big] \frac{1}{dm}$$

oder
$$\gamma_n = N - \frac{1}{\mu} . \frac{\partial p}{r \partial \varphi} \quad . \; . \; . \; . \; . \; . \; . \; . \quad b)$$

Nun ist aus nebenstehender Abbildung:

$$\left.\begin{aligned}\gamma_r &= \gamma_x \cos\varphi + \gamma_y \sin\varphi,\\ \gamma_n &= -\gamma_x \sin\varphi + \gamma_y \cos\varphi.\end{aligned}\right\} \quad . \quad c)$$

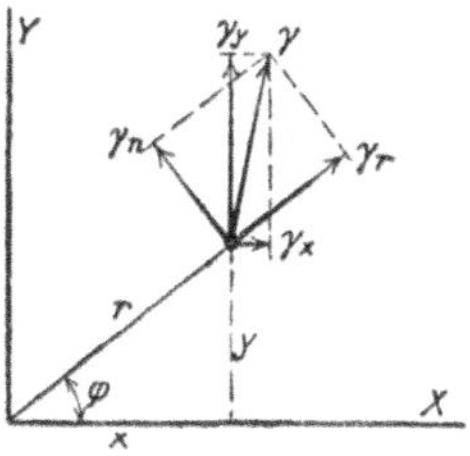

Setzt man hier

$$\gamma_x = \frac{d^2 x}{d t^2} = \frac{d^2}{d t^2}(r \cos\varphi),$$

$$\gamma_y = \frac{d^2 y}{d t^2} = \frac{d^2}{d t^2}(r \sin\varphi),$$

ferner $\frac{d r}{d t} = v_r, \quad r\frac{d\varphi}{d t} = v_n,$ so wird

$$\gamma_x = \frac{d v_r}{d t}\cos\varphi - \frac{d v_n}{d t}\sin\varphi - \frac{v_r v_n}{r}\sin\varphi - \frac{v_n^2}{r}\cos\varphi,$$

$$\gamma_y = \frac{d v_r}{d t}\sin\varphi + \frac{d v_n}{d t}\cos\varphi + \frac{v_r v_n}{r}\cos\varphi - \frac{v_n^2}{r}\sin\varphi.$$

Setzt man dies in die Gleichungen c), so wird:

$$\gamma_r = \frac{d v_r}{d t} - \frac{v_n^2}{r} \text{ und } \gamma_n = \frac{d v_n}{d t} + \frac{v_r v_n}{r}$$

und die Gleichungen a) und b) gehen über in:

$$\frac{\partial p}{\partial r} = \mu\left(R - \frac{d v_r}{d t} + \frac{v_n^2}{r}\right) \quad . \quad . \quad . \quad . \quad . \quad . \quad d)$$

$$\frac{\partial p}{r\,\partial\varphi} = \mu\left(N - \frac{d v_n}{d t} - \frac{v_r v_n}{r}\right); \quad . \quad . \quad . \quad . \quad e)$$

das sind die auf Zylinder-Koordinaten transformierten Euler'schen Gleichungen.

Die dritte Gleichung:

$$\frac{\partial p}{\partial z} = \mu\left(Z - \frac{d v_z}{d t}\right) \quad . \quad . \quad . \quad . \quad . \quad . \quad . \quad . \quad f)$$

bleibt unverändert.

In diesen drei Gleichungen d), e), f) bedeuten:

$$\frac{d v_r}{d t} = \frac{\partial v_r}{\partial r}\frac{d r}{d t} + \frac{\partial v_r}{\partial\varphi}\frac{d\varphi}{d t} + \frac{\partial v_r}{\partial z}\frac{d z}{d t} + \frac{\partial v_r}{\partial t}$$

$$= v_r\frac{\partial v_r}{\partial r} + v_n\frac{\partial v_r}{r\,\partial\varphi} + v_z\frac{\partial v_r}{\partial z} + \frac{\partial v_r}{\partial t} \quad . \quad . \quad . \quad g)$$

und ebenso:

$$\frac{d v_n}{d t} = v_n\frac{\partial v_n}{r\,\partial\varphi} + v_z\frac{\partial v_n}{\partial z} + v_r\frac{\partial v_n}{\partial r} + \frac{\partial v_n}{\partial t} \quad . \quad . \quad . \quad h)$$

$$\frac{d v_z}{\partial} = v_z\frac{\partial v_z}{\partial z} + v_r\frac{\partial v_z}{\partial r} + v_n\frac{\partial v_z}{r\,\partial\varphi} + \frac{\partial v_z}{\partial t} \quad . \quad . \quad . \quad . \quad i)$$

378. Da bei Beharrungszustand die Geschwindigkeit und ihre Teile v_r, v_n, v_z von der Zeit nicht abhängen, fallen in den Gleichungen g), h), i) der vorigen Aufgabe die letzten Glieder fort. Ferner ist $v_n = 0$, wenn die Teilchen ihre Meridianebenen nicht verlassen. Die Massenkräfte werden

$$R = 0, \quad N = 0, \quad Z = -g.$$

In allen Punkten eines Parallelkreises werden Geschwindigkeit und Druck die gleichen sein, daher

$$\frac{\partial v_r}{\partial \varphi} = 0, \quad \frac{\partial v_z}{\partial \varphi} = 0, \quad \frac{\partial p}{\partial \varphi} = 0.$$

Mit diesen Vereinfachungen werden die Gleichungen d) und f) der vorigen Aufgabe:

$$\frac{\partial p}{\partial r} = -\mu \left(v_r \frac{\partial v_r}{\partial r} + v_z \frac{\partial v_r}{\partial z} \right),$$

$$\frac{\partial p}{\partial z} = -\mu \left(g + v_z \frac{\partial v_z}{\partial z} + v_r \frac{\partial v_z}{\partial r} \right).$$

379. Da die Geschwindigkeit $v_n = 0$ ist, wird die Kontinuitätsgleichung nach Aufgabe 376

$$\frac{\partial (v_r r)}{\partial r} + \frac{\partial (v_z r)}{\partial z} = 0$$

oder

$$\frac{\partial v_r}{\partial r} + \frac{v_r}{r} + \frac{\partial v_z}{\partial z} = 0.$$

Besteht ein Geschwindigkeitspotential von der Form $F(r, z)$, so ist

$$v_r = \frac{\partial F}{\partial r}, \quad v_z = \frac{\partial F}{\partial z}$$

und somit die Kontinuitätsgleichung:

$$\frac{\partial^2 F}{\partial r^2} + \frac{1}{r} \frac{\partial F}{\partial r} + \frac{\partial^2 F}{\partial z^2} = 0.$$

380. Schreibt man die in voriger Aufgabe entwickelte Kontinuitätsgleichung in der Form

$$\frac{\partial \left(r \frac{\partial F}{\partial r} \right)}{\partial r} + \frac{\partial \left(r \frac{\partial F}{\partial z} \right)}{\partial z} = 0$$

und setzt:

$$r \frac{\partial F}{\partial r} = -\frac{\partial S}{\partial z}, \quad r \frac{\partial F}{\partial z} = \frac{\partial S}{\partial r} \quad \ldots \ldots \text{a)}$$

worin S eine neue Funktion von r und z sei, so folgt zunächst:

$$\frac{\frac{\partial F}{\partial r}}{\frac{\partial F}{\partial z}} = -\frac{\frac{\partial S}{\partial z}}{\frac{\partial S}{\partial r}} \quad \ldots\ldots\ldots \quad \text{b)}$$

d. h. die Kurvenscharen in der Meridianebene der strömenden Flüssigkeit, die durch die Gleichungen

$$F(r, z) = \text{konst.}, \quad S(r, z) = \text{konst.}$$

dargestellt werden, durchschneiden einander orthogonal, die Funktion S stellt also die Schar der Stromlinien dar.

Da
$$\frac{\partial^2 F}{\partial r\, d z} = \frac{\partial^2 F}{\partial z \partial r},$$
so folgt aus den Gleichungen a):

$$-\frac{\partial}{\partial z}\left(\frac{1}{r}\frac{\partial S}{\partial z}\right) = \frac{\partial}{\partial r}\left(\frac{1}{r}\frac{\partial S}{\partial r}\right)$$

oder
$$\frac{\partial^2 S}{\partial r^2} - \frac{1}{r}\cdot\frac{\partial S}{\partial r} + \frac{\partial^2 S}{\partial z^2} = 0$$

die allgemeine Differentialgleichung aller Stromlinien.

381. Es ist

$$\frac{\partial F}{\partial r} = 0, \quad \frac{\partial^2 F}{\partial r^2} = 0, \quad \frac{\partial^2 F}{\partial z^2} = 0;$$

die Kontinuitätsgleichung ist erfüllt.

$$v_r = \frac{\partial F}{\partial r} = 0, \quad v_z = \frac{\partial F}{\partial z} = a; \quad v = a.$$

Alle Punkte haben gleiche Geschwindigkeit. Die Flächen gleichen Potentials sind Ebenen senkrecht zur Achse. Die Stromlinien sind Gerade, parallel zur Achse.

382. $\frac{\partial F}{\partial r} = \frac{a}{r}, \quad \frac{\partial^2 F}{\partial r^2} = -\frac{a}{r^2}, \quad \frac{\partial^2 F}{\partial z^2} = 0;$

die Kontinuitätsgleichung ist erfüllt.

$$v_r = \frac{a}{r}, \quad v_z = 0; \quad v = \frac{a}{r}.$$

Die Strömung findet in Ebenen statt, die zur Achse normal stehen. Die Orte gleicher Geschwindigkeit sind Kreiszylinder um die Achse; die Stromlinien sind Gerade, welche die Achse normal schneiden.

383. $\frac{\partial F}{\partial r} = -a\,r\,(r^2+z^2)^{-3/2}$, $\frac{\partial^2 F}{\partial r^2} = -a\,(r^2+z^2)^{-3/2} + 3\,a\,r^2(r^2+z^2)^{-5/2}$

$$\frac{\partial^2 F}{\partial z^2} = -a\,(r^2+z^2)^{-3/2} + 3\,a\,z^2(r^2+z^2)^{-5/2}.$$

Die Kontinuitätsgleichung ist erfüllt.

$$v_r = \frac{\partial F}{\partial r},\quad v_z = \frac{\partial F}{\partial z},\quad v = \frac{a}{r^2+z^2}.$$

Die Orte gleicher Geschwindigkeit sind Kugelflächen um den Koordinaten-Anfangspunkt.

$$\frac{\partial S}{\partial r} = r\frac{\partial F}{\partial z} = -a\,r\,z\,(r^2+z^2)^{-3/2},$$

$$\frac{\partial S}{\partial z} = -r\frac{\partial F}{\partial r} = a\,r^2(r^2+z^2)^{-3/2},$$

$$dS = \frac{\partial S}{\partial r}dr + \frac{\partial S}{\partial z}dz = 0,$$

woraus die Gleichung der Stromlinien

$$S = \frac{a\,z}{\sqrt{r^2+z^2}} = \text{konst.}$$

d. s. Gerade, die durch den Koordinaten-Anfangspunkt gehen.

Die Bewegung ist eine Strömung durch ein konisches Rohr mit der Kegelspitze im Koordinaten-Anfangspunkt.

384. $\frac{\partial F}{\partial r} = 2\,a\,r\,z$, $\frac{\partial^2 F}{\partial r^2} = 2\,a\,z$, $\frac{\partial^2 F}{\partial z^2} = -4\,a\,z$.

Die Kontinuitätsgleichung ist erfüllt.

$$v_r = 2\,a\,r\,z,\quad v_z = a\,r^2 - 2\,a\,z^2;\quad v = a\sqrt{r^4+4\,z^4}.$$

$$\frac{\partial S}{\partial r} = a\,r^3 - 2\,a\,r\,z^2,\quad \frac{\partial S}{\partial z} = -2\,a\,r^2 z;$$

die Gleichung der Stromlinien

$$S = a\left(\frac{r^4}{4} - r^2 z^2\right) = \text{konst.}$$

385. $\frac{\partial F}{\partial r} = \frac{a\,z}{r}$, $\frac{\partial^2 F}{\partial r^2} = -\frac{a\,z}{r^2}$, $\frac{\partial^2 F}{\partial z^2} = 0$;

die Kontinuitätsgleichung ist erfüllt.

$$v_r = \frac{a\,z}{r},\quad v_z = a\ln r;\quad v = a\sqrt{\frac{z^2}{r^2} + (\ln r)^2}.$$

$$\frac{\partial S}{\partial r} = a\,r\ln r,\quad \frac{\partial S}{\partial z} = -a\,z;$$

die Gleichung der Stromlinien:

$$S = \frac{1}{4} a r^2 (\ln r^2 - 1) - \frac{1}{2} a z^2 = \text{konst.}$$

386. $\frac{\partial F}{\partial r} = -2 a r, \quad \frac{\partial^2 F}{\partial r^2} = -2 a, \quad \frac{\partial^2 F}{\partial z^2} = 4 a;$

die Kontinuitätsgleichung ist erfüllt.

$$v_r = -2 a r, \quad v_z = 4 a z; \quad v = 2 a \sqrt{r^2 + 4 z^2}.$$

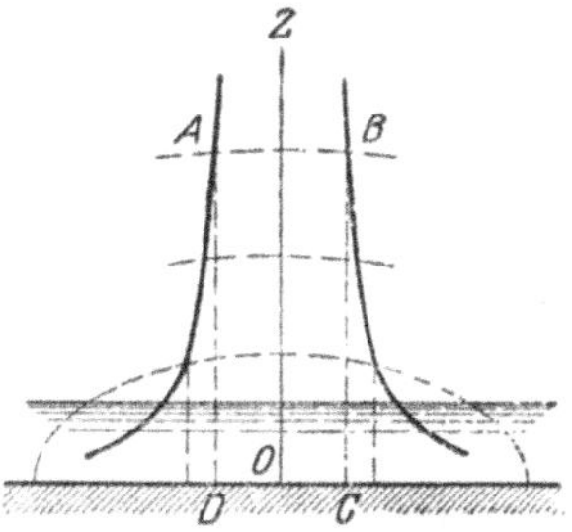

Die Geschwindigkeit v_r ist also in allen Punkten eines Zylindermantels ABCD die gleiche, ebenso ist die Geschwindigkeit v_z in allen Punkten eines Horizontalschnittes AB die gleiche. Da nun dieser Horizontalschnitt die Fläche $F_1 = r^2 \pi$ und der Mantel die Fläche $F_2 = 2 r z \pi$ hat, so ist

$$F_1 \cdot v_z + F_2 \cdot v_r = 0,$$

d. h. die durch jeden Zylindermantel einströmende Flüssigkeitsmenge strömt durch den oberen Querschnitt AB wieder aus, wie es der Kontinuität entspricht. Aus der Gleichung für v folgt, daß die Orte gleicher Geschwindigkeit Rotations-Ellipsoide mit dem Mittelpunkt in O sind. Ihr Achsenverhältnis ist 2 : 2 : 1.

Aus den Gleichungen a) und b) der Aufgabe 380 folgt:

$$\frac{\partial S}{\partial r} = 4 a r z, \quad \frac{\partial S}{\partial z} = 2 a r^2$$

und

$$\frac{\frac{\partial S}{\partial z}}{\frac{dS}{\partial r}} = -\frac{\frac{\partial F}{\partial r}}{\frac{\partial F}{\partial z}} = -\frac{v_r}{v_z} = -\frac{dr}{dz},$$

woraus die Gleichung der Stromlinien

$$S = r^2 z = \text{konst.}$$

387. Aus den letzten Gleichungen der Aufgabe 378 folgt hier:

$$\frac{\partial p}{\partial r} = -\mu v_r \frac{\partial v_r}{\partial r} = -4 a^2 \mu r,$$

$$\frac{\partial p}{\partial z} = -\mu v_z \frac{\partial v_z}{\partial z} = -\mu (g + 16 a^2 z),$$

woraus

$$dp = \frac{\partial p}{\partial r} dr + \frac{\partial p}{\partial z} dz = -\mu (4 a^2 r dr + g dz + 16 a^2 z dz)$$

und nach Integration:

$$C - \frac{p}{\mu} = 2\,a^2 r^2 + g\,z + 8\,a^2 z^2.$$

In den Niveauflächen ist $p =$ konst., somit ihre Gleichung

$$2\,r^2 + 8\,z^2 + \frac{g}{a^2}\,z = \text{konst.}$$

Die Flächen sind also Rotationsellipsoide, deren Mittelpunkte auf der Z-Achse liegen.

388. Nach Gleichung 83 ist

$$\gamma = \frac{p}{R\,T}$$

und mit $p = 10\,333\,\frac{kg}{m^2}$, $T = 273^0$:

$$\gamma = \frac{37{,}85}{R}.$$

389. Mit $R = 29{,}27$ folgt aus voriger Aufgabe das Gewicht eines Raummeters $\gamma = 1{,}293$ kg.

390. Aus Gleichung 85: $V\,p = G\,R\,T$ ist

$$G = \frac{8{,}5 \cdot 42\,000}{29{,}27\,(273 + 20)} = 41{,}627 \text{ kg}.$$

391. $G = \frac{8{,}5 \cdot 4{,}2 \cdot 10\,333}{29{,}27\,(273 + 20)} = 43{,}013$ kg.

392. $V = \frac{G\,R\,T}{p} = \frac{12{,}4 \cdot 29{,}27\,(273 + 35)}{5{,}7 \cdot 10\,333} = 1{,}898\ m^3.$

393. Nennt man $G\,G_1\,G_2$ die Gewichte der Luft, des Sauerstoffes und des Stickstoffes, $p\,p_1\,p_2$ ihre Drücke, $R\,R_1\,R_2$ ihre Gaskonstanten, so gilt nach Gleichung 86 die Beziehung:

$$R\,G = R_1\,G_1 + R_2\,G_2;$$

ferner ist $G = G_1 + G_2$; hieraus folgt

$$G_1 = G\,\frac{R - R_2}{R_1 - R_2} = 0{,}247 \text{ kg},$$

$$G_2 = G\,\frac{-R + R_1}{R_1 - R_2} = 0{,}753 \text{ kg},$$

wenn nach den Angaben unter 82:

$$R = 29{,}27, \quad R_1 = 26{,}47, \quad R_2 = 30{,}19$$

eingesetzt wird. Ferner gilt nach Gleichung 85:

$$V\,p = G\,R\,T, \quad V\,p_1 = G_1\,R_1\,T, \quad V\,p_2 = G_2\,R_2\,T,$$

woraus $$p_1 = p\,\frac{G_1 R_1}{G R} = 0{,}223 \text{ Atm.}$$

$$p_2 = p\,\frac{G_2 R_2}{G R} = 0{,}777 \text{ Atm.}$$

394. Benützt man Gleichung 85 für Luft, Sauerstoff und Stickstoff, so ist mit den Bezeichnungen der vorigen Aufgabe

$$V p = G R T, \quad V_1 p = G_1 R_1 T, \quad V_2 p = G_2 R_2 T,$$

ferner $$V_1 + V_2 = V, \quad G_1 + G_2 = G,$$

woraus $$V_1 = V\,\frac{R_1 (R_2 - R)}{R (R_2 - R_1)} = 0{,}223 \text{ m}^3,$$

$$V_2 = V\,\frac{R_2 (R - R_1)}{R (R_2 - R_1)} = 0{,}777 \text{ m}^3.$$

395. Anwendung der Gleichung 86. Man bestimmt zunächst die Gasgewichte, indem man ihren Rauminhalt mit dem zugehörigen Einheitsgewicht multipliziert und rechnet sodann

$$R_m = \frac{\Sigma R G}{\Sigma G} = 67{,}19,$$

$$\gamma = 0{,}5634\,\frac{\text{kg}}{\text{m}^3}.$$

396. Aus Gleichung 86 folgt zunächst $R = 31{,}567$ und hieraus das Einheitsgewicht $\gamma = \frac{37{,}85}{R} = 1{,}1990\,\frac{\text{kg}}{\text{m}^3}$.

Dividiert man die Anzahl der Gewichtsteile der einzelnen Gase durch die zugehörigen Einheitsgewichte (in voriger Aufgabe mitgeteilt), so erhält man zunächst die Rauminhalte der Reihe nach mit 5,580, 1,675, 23,128, 3,958, 49,047, deren Summe 83,388 ist. Bezieht man sie auf 100 Raumteile, so bleiben für die Gase der Reihe nach:

6,69, 2,01, 27,74, 4,75, 58,81 v. H.

397. Rechnung wie in Aufgabe 393.

Für Leuchtgas ist nach Aufgabe 395:

$$R_1 = 67{,}19,$$

für Luft nach Gleichung 82:

$$R_2 = 29{,}27;$$

man erhält $R = 31{,}41$ und hieraus nach Aufgabe 388:

$$\gamma = \frac{37{,}85}{R} = 1{,}205.$$

Die Teildrücke werden:

für Leuchtgas $p_1 = 0{,}121$ Atm.

für Luft $p_2 = 0{,}879$ Atm.

398. Ist p die Luftpressung im Raum, p_0 jene der Atmosphäre, so ist

$$\frac{p}{\gamma} = \frac{p_0}{\gamma} - h = 750 - 84 = 666 \text{ mm}.$$

Mit $\gamma = 0{,}013596 \frac{\text{kg}}{\text{cm}^3}$ für Quecksilber

wird $p = 0{,}90549$ at

und nach Gleichung 85

$$G = \frac{V p}{R T} = \frac{2{,}3 \cdot 9054{,}9}{29{,}27(273 + 12)} = 2{,}497 \text{ kg}.$$

399. Den ursprünglichen Gasdruck rechnet man aus der Gleichung

$$p_1 = p_0 + h\gamma,$$

worin p_0 der Atmosphärendruck, $h = 10$ cm und γ das Einheitsgewicht des Wassers ist.

Bei 700 mm Barometerstand ist

$$p_0 = 70 \text{ cm} \cdot \gamma_1 = 0{,}95172 \text{ at}$$

mit $\gamma_1 = 0{,}013596 \frac{\text{kg}}{\text{cm}^3}$

als Einheitsgewicht des Quecksilbers. Es wird

$$p_1 = 0{,}96172 \text{ at}.$$

Nach Gleichung 85 ist

$$V_1 p_1 = G R T_1, \quad V_2 p_2 = G R T_2,$$

somit $V_2 = V_1 \cdot \frac{p_1}{p_2} \cdot \frac{T_2}{T_1}$

und da $p_2 = 1{,}0333$ at sein soll:

$$V_2 = 0{,}07 \cdot \frac{0{,}96172}{1{,}0333} \cdot \frac{273}{288} = 0{,}0618 \text{ m}^3.$$

400. Die Ausflußgeschwindigkeit bei F ist nach Gleichung 14, weil $n = \frac{F}{F_0} = 4 \cdot 10^{-5}$ vernachlässigt werden darf:

$$v = \varphi \sqrt{2 g h} = 9{,}60 \text{ m/s}$$

und der Strömungsdruck bei A nach Gleichung 22:

$$p_1 = p_0 + \left[z_1 - \frac{v_1^2}{2g}\right] \gamma.$$

Es ist $v_1 = v$ und v_0 an der Oberfläche kann vernachlässigt werden. Es ist

$$p_0 - p_1 = 3500\ \mathrm{kg/m^2}.$$

Das anfängliche Gewicht der Luft im Gefäße ist nach Gleichung 85:

$$G_0 = \frac{V p_0}{R T}$$

und da die Luft die Pressung p_1 annimmt, ihr geändertes Gewicht

$$G_1 = \frac{V p_1}{R T},$$

also die Gewichtsänderung

$$G_0 - G_1 = \frac{V (p_0 - p_1)}{R T} = 0{,}830\ \mathrm{kg}$$

mit $R = 29{,}27$ und $T = 273 + 15 = 288^0$.

Um dieses Gewicht muß die Wagschale erleichtert werden.

401. Ist l_0 die Länge der unbelasteten Federn, k deren Kraft für die Verlängerung um die Längeneinheit, so ist anfangs

$$G = k (l - l_0) \quad \ldots \ldots \ldots \quad a)$$

und zu Ende, wenn die Pressung im Zylinder von p_0 auf p gestiegen ist:

$$G + (p - p_0) F = k (L - l_0) \quad \ldots \ldots \quad b)$$

Anfangs ist das Einheitsgewicht der Luft nach Gleichung 83:

$$\gamma_0 = \frac{p_0}{R T},$$

somit sind anfangs $\frac{F l p_0}{R T}$ Kilogramm Luft ober dem Kolben; am Ende sind $\frac{F L p}{R T}$ Kilogramm Luft ober dem Kolben, also sind eingepumpt worden:

$$\frac{F}{R T} (L p - l p_0) \text{ Kilogramm}$$

und somit das eingepumpte Volumen, bezogen auf die Pressung p_0:

$$V = \frac{F}{R T \gamma_0} (L p - l p_0)$$

und mit Benützung der Gleichungen a) und b)

$$V = (L - l) \left(F + k \frac{L}{p_0} \right).$$

402.

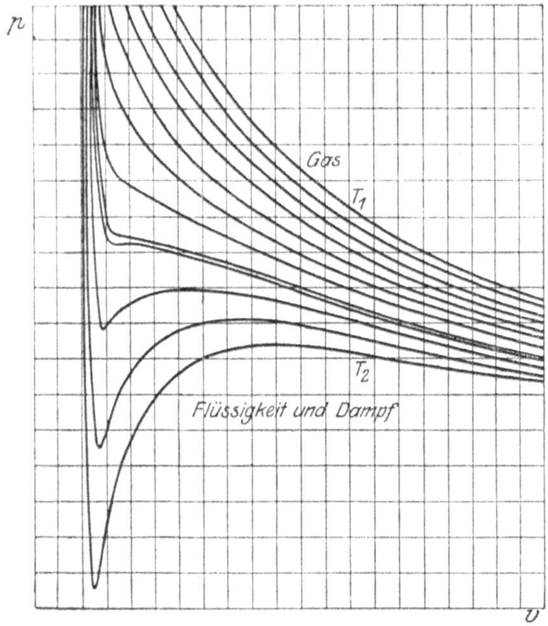

403. Die Isotherme des Grenzzustandes wird die Eigenschaft haben, daß die drei Schnittpunkte der Gruppe 2 in einem einzigen Punkt A zusammenfallen, d. h. an dieser Stelle hat die Kurve einen Wendepunkt und die Wendetangente ist der v-Achse parallel.

Es bestehen also die Bedingungen:

$$\frac{dp}{dv} = 0 \quad \text{und} \quad \frac{d^2p}{dv^2} = 0,$$

woraus sich mit Hilfe der v. d. Waals'schen Gleichung in voriger Aufgabe für den Punkt A ergibt:

$$v = 3b - 2\alpha, \qquad p = \frac{a}{27(b-\alpha)^2}$$

und für die kritische Temperatur:

$$T_K = \frac{8a}{27R(b-\alpha)}.$$

Für Kohlensäure ergibt sich $t_K = 31{,}4^0$.

404. Lösung analog zu 8, nur ist die Dichte $\mu = k_1 p$ veränderlich. Es ist

$$dp = k_1 k (x\,dx + y\,dy + z\,dz)$$

woraus

$$\ln p = \ln p_0 + \frac{k k_1}{2}(r_0^2 - r^2).$$

405. Da der Rauminhalt sich nicht ändert, gilt die Gleichung:

$$p_1 : p_2 = T_1 : T_2 = 1 : 3,$$

woraus

$$t_2 = 606^0.$$

406. Nach den Gleichungen 85 und 93.

Aus $V_1 : V_2 = T_1 : T_2 = 1 : 2$ folgt $t_2 = 1373^0$.

Die Arbeit ist $L = R(t_2 - t_1) = 24089$ mkg

mit

$$R = 29{,}27 \quad \text{für Luft.}$$

407. Die Pressung der äußeren Luft ist in Quecksilbersäule $\frac{p_0}{\gamma} = 69$ cm, Einheitsgewicht des Quecksilbers:

$$\gamma = 0{,}013596 \frac{\text{kg}}{\text{cm}^3},$$

woraus

$$p_0 = 0{,}938 \text{ at.}$$

Da bei unveränderlicher Temperatur für das Gas

$$v_1 p_1 = v_2 p_2$$

gilt, so ist

$$\frac{v_2}{v_1} = \frac{p_1}{p_2} = \frac{p_0 + 5{,}2}{p_0 - 0{,}28} = 9{,}3.$$

Der Rauminhalt des Gases wird also 9,3 mal größer.

408. Rechnung ähnlich wie in voriger Aufgabe.

Es ist

$$\frac{p_0}{\gamma} = 72 \text{ cm}, \quad p_0 = 0{,}979 \text{ at}$$

und

$$\frac{v_2}{v_1} = 4{,}5 = \frac{p_1}{p_2} = \frac{2{,}5 + 0{,}979}{p_2},$$

woraus $p_2 = 0{,}773$ at und somit der gefragte Überdruck:

$$0{,}773 - 0{,}979 = -0{,}206 \text{ at.}$$

409. Anwendung von Gleichung 85.

Da die Pressung p der Luft und ihr Rauminhalt V sich nicht ändern, ist $G_1 T_1 = G_2 T_2$, worin G_1 und G_2 die Gewichte der Zimmerluft vor und nach der Erwärmung sind. Es wird

$$G_2 = G_1 \cdot \frac{T_1}{T_2} = 0{,}986\, G_1.$$

410. Setzt man in Gleichung 97 für adiabatische Zustandsänderung $m = k = 1{,}41$ (Gleichung 90),

so folgt

$$\frac{T_2}{T_1} = \varepsilon^{k-1} = \left(\frac{v_1}{v_2}\right)^{k-1}$$

woraus mit Berücksichtigung von Gleichung 83:

$$\gamma_2 = \gamma_1 \sqrt[k-1]{\frac{T_2}{T_1}}.$$

411. Nennt man $V_1 V_2$ die Rauminhalte der beiden Gasbehälter, so ist nach Gleichung 85

$$V_1 = \frac{R_1 T}{p_1} G_1 \text{ und } V_2 = \frac{R_2 T}{p_2} G_2.$$

Der verbundene Raum ist

$$V = V_1 + V_2 = \frac{R T}{p} (G_1 + G_2).$$

Mit Hilfe des Dalton'schen Gesetzes, Gleichung 86, folgt daraus:

$$p = p_1 p_2 \frac{G_1 R_1 + G_2 R_2}{G_1 R_1 p_2 + G_2 R_2 p_1}.$$

412. Für die erste (adiabatische) Zustandsänderung ist nach den Gleichungen 98 und 99 die Ausdehnungsarbeit für 1 Kilogramm Luft:

$$L_1 = \frac{R T_0}{k-1}(1 - \varepsilon_1{}^{k-1}) = \frac{R}{k-1}(T_0 - T_1),$$

worin $T_0 = t_0 + 273^0 = 288^0, \quad k = 1{,}41$

und $\varepsilon_1 \text{ (Expansionsgrad)} = \frac{v_0}{v_1} = \frac{1}{2}$ ist.

Für die zweite (isothermische) Zustandsänderung ist nach Gleichung 95 die Ausdehnungsarbeit für 1 Kilogramm Luft:

$$L_2 = R T_1 \ln \frac{1}{\varepsilon_2},$$

worin nach Gleichung 97 und 99

$$T_1 = T_0 \varepsilon_1{}^{k-1} \text{ und } \varepsilon_2 = \frac{v_1}{v_2} = 2 \text{ ist.}$$

Die ganze Ausdehnungsarbeit des Luftkörpers ist dann

$$A = G (L_1 + L_2)$$

und da das Gewicht des Luftkörpers nach Gleichung 85

$$G = \frac{V p_0}{R T_0}$$

ist, so bleibt

$$A = \frac{V p_0}{k-1}\left[1 - \varepsilon_1{}^{k-1}\left[1 + (k-1) \ln \varepsilon_2\right]\right]$$

und wenn $p_0 = 1{,}8 \,.\, 10333$ kg/m² und die übrigen Werte eingesetzt werden:

$$A = 607{,}88 \text{ mkg.}$$

Die Schlußtemperatur ist

$$T_2 = T_1 = T_0\, \varepsilon_1^{\,k-1} = 288^0 \,.\, \left(\frac{1}{2}\right)^{0{,}41} = 216{,}7^0$$

und somit $$t_2 = -56{,}3^0.$$

Die Schlußpressung folgt aus den Gleichungen 96, 99 und 94

$$p_0 v_0^k = p_1 v_1^k, \quad p_1 v_1 = p_2 v_2,$$
$$p_2 = p_0\, \varepsilon_1^k\, \varepsilon_2 = 1{,}355 \text{ Atm.}$$

413. Die Arbeit für 1 Kilogramm Luft ist nach Gleichung 98

$$L = \frac{R T_1}{m-1}\left[1 - \left(\frac{p_2}{p_1}\right)^{\frac{m-1}{m}}\right].$$

Nennt man V und G Rauminhalt und Gewicht der in der Stunde eingeführten Luftmenge, so ist nach Gleichung 85: .

$$G = \frac{V p_1}{R T_1}$$

und GL ist die Arbeit der Luft in einer Stunde. Setzt man nun laut Angabe

$$0{,}8 \,.\, GL = 2 \,.\, 75 \frac{\text{mkg}}{\text{s}} \,.\, 60 \,.\, 60,$$

so folgt $$GL = 675\,000 \text{ mkg},$$

und $$V = \frac{(m-1)\, GL}{p_1\left[1 - \left(\frac{p_2}{p_1}\right)^{\frac{m-1}{m}}\right]} = 8{,}44 \text{ m}^3,$$

wenn $m = 1{,}2$, $p_1 = 6 \,.\, 10333$ kg/m², $p_2 = 10333$ kg/m² eingesetzt werden.

Aus Gleichung 97:

$$T_2 = T_1 \left(\frac{p_2}{p_1}\right)^{\frac{m-1}{m}}$$

erhält man mit

$$T_1 = 273^0 + 15^0: \quad T_2 = 213{,}7^0$$

und die Austrittstemperatur:

$$t_2 = -59{,}3^0.$$

414. Anwendung der Gleichungen 85 und 93.

Es ist:

$$V_1 p = G R T_1, \quad V_2 p = G R T_2, \quad \text{somit}$$

$$T_2 = T_1 \cdot \frac{V_2}{V_1} = 502{,}1^0$$

mit $T_1 = 273^0 + 36^0$, $V_1 = 3{,}2\ m^3$, $V_2 = 5{,}2\ m^3$;
daraus die gesuchte Temperatur

$$t_2 = T_2 - 273^0 = 229{,}1^0.$$

Die Arbeit der ganzen Luftmenge ist

$$GL = V_1 p \frac{T_2 - T_1}{T_1} = 3{,}2 \,.\, 1{,}5 \,.\, 10\,333 \,.\, \frac{502{,}1 - 309}{309} = 30\,995 \text{ mkg}$$

und die zugeführte Wärmemenge:

$$GQ = GL \frac{c_p}{R} = 252 \text{ WE mit } c_p = 0{,}238.$$

415. Anwendung der Gleichungen 85 und 92.

Es ist $V p_1 = G R T_1$, $V p_2 = G R T_2$,

somit
$$p_2 = p_1 \cdot \frac{T_2}{T_1} = 0{,}883 \text{ Atm.}$$

wenn $p_1 = 1$ Atm., $T_1 = 273^0 + 25^0$, $T_2 = 273^0 - 10^0$ eingesetzt werden.

Die zugeführte Wärmemenge ist

$$GQ = V p_1 \,.\, \frac{c_v}{R} \,.\, \frac{T_2 - T_1}{T_1} = -315 \text{ WE mit } c_v = 0{,}169.$$

416. Anwendung der Gleichungen 85 und 95.

Es ist $V_1 p_1 = V_2 p_2$, woraus $p_2 = 3{,}48$ Atm.

Ferner ist

$$GL = V_1 p_1 \ln \frac{V_2}{V_1} = 2{,}4 \,.\, 5{,}8 \,.\, 10\,333 \,.\, \ln \frac{4}{2{,}4} = 73\,471 \text{ mkg}$$

die von der Luftmenge geleistete Arbeit und die notwendige Wärmezufuhr

$$GQ = \frac{1}{424} GL = 173 \text{ WE.}$$

417. Setzt man in Gleichung 97: $m = k = 1{,}41$, so wird

$$\frac{T_2}{T_1} = \left(\frac{p_2}{p_1}\right)^{\frac{k-1}{k}}$$

oder
$$\frac{273 + 600}{273 + 100} = \left(\frac{p_2}{0{,}9}\right)^{\frac{0{,}41}{1{,}41}}$$

woraus die Endpressung: $p_2 = 16{,}76$ at.

418. Anwendung der Gleichungen 96, 97, 98 mit $m = k = 1{,}41$.

Es ist $$T_2 = T_1 \left(\frac{p_2}{p_1}\right)^{\frac{k-1}{k}} = 179{,}8^0,$$
wenn $T_1 = 273^0 + 50^0$, $p_1 = 7{,}5$ Atm., $p_2 = 1$ Atm. eingesetzt werden; daraus ist $t_2 = -93{,}2^0$.

Aus $$p_1 v_1^k = p_2 v_2^k$$
folgt mit Benützung von Gleichung 84 auch:
$$p_1 V_1^k = p_2 V_2^k \text{ und mit } V_1 = 3{,}7 \text{ m}^3:$$
$$V_2 = V_1 \left(\frac{p_1}{p_2}\right)^{\frac{1}{k}} = 15{,}45 \text{ m}^3.$$

Endlich ist die Arbeitsleistung der ganzen Luftmenge:
$$GL = \frac{V_1 p_1}{R T_1} \cdot \frac{R}{k-1}(T_1 - T_2) = \frac{V_1 p_1}{k-1} \frac{T_1 - T_2}{T_1} = 310103 \text{ mkg},$$
wenn $$p_1 = 7{,}5 \,.\, 10\,333 \text{ kg/m}^2$$
eingesetzt wird.

419. Ist $\frac{v_1}{v_2} = \varepsilon$ der gegebene Expansionsgrad, so ist die Arbeit für ein Kilogramm Gas in der ersten Zustandsänderung nach Gleichung 93: $$p_1(v_2 - v_1),$$
in der zweiten: Null, in der dritten nach Gleichung 95:
$$p_3 v_3 \ln \frac{v_1}{v_2} = p_1 v_1 \ln \varepsilon,$$
somit die Arbeit von einem Kilogramm Gas:
$$L = p_1 v_1 \left(\frac{1}{\varepsilon} - 1 + \ln \varepsilon\right)$$
und für den gegebenen Gaskörper:
$$\text{Ausdehnungsarbeit} = p_1 V_1 \left(\frac{1}{\varepsilon} - 1 + \ln \varepsilon\right).$$

Die zugeführte Wärmemenge für ein Kilogramm Gas ist nach den Gleichungen 93, 92 und 95:
$$Q = c_p (T_2 - T_1) + c_v (T_1 - T_2) + A R T_1 \ln \varepsilon$$
wenn T_1 und T_2 die absoluten Temperaturen zu Anfang und zu Ende der ersten Zustandsänderung sind; mit Rücksicht auf die Gleichungen 81 und 87:
$$p_1 v_1 = R T_1, \quad p_1 v_2 = R T_2, \quad c_p - c_v = A R$$

folgt: $$Q = A p_1 v_1 \left(\frac{1}{\varepsilon} - 1 + \ln \varepsilon\right)$$
und die ganze zugeführte Wärmemenge:
$$A p_1 V_1 \left(\frac{1}{\varepsilon} - 1 + \ln \varepsilon\right) = A \,.\, \text{Ausdehnungsarbeit.}$$

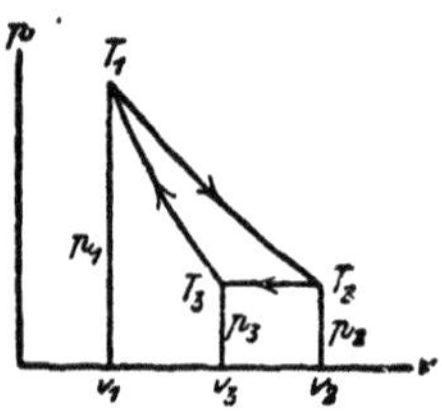

420. Für ein Kilogramm des Gases ist die Ausdehnungsarbeit während der ersten Zustandsänderung nach Gleichung 95:
$$p_1 v_1 \ln \frac{v_2}{v_1},$$
während der zweiten nach Gleichung 93:
$$p_2(v_3 - v_2),$$
während der dritten nach den Gleichungen 98 und 99:
$$\frac{p_3 v_3}{k-1}\left[1 - \left(\frac{v_3}{v_1}\right)^{k-1}\right];$$
somit die Ausdehnungsarbeit während des Kreisprozesses:
$$L = p_1 v_1 \ln \frac{v_2}{v_1} + p_2(v_3 - v_2) + \frac{p_3 v_3}{k-1}\left[1 - \left(\frac{v_3}{v_1}\right)^{k-1}\right].$$
Nun ist $$\frac{v_1}{v_2} = \varepsilon, \quad p_1 v_1 = p_2 v_2,$$
$$p_2 = p_3, \quad p_1 v_1^k = p_3 v_3^k,$$
woraus $$v_3 = v_1 \varepsilon^{-1/k}$$
und die Ausdehnungsarbeit des ganzen Gaskörpers:
$$\frac{V_1}{v_1} L = p_1 V_1 \left\{\ln \frac{1}{\varepsilon} - \frac{k}{k-1}\left(1 - \varepsilon^{\frac{k-1}{k}}\right)\right\}.$$

Die zugeführte Wärmemenge für ein Kilogramm Gas ist während der ersten Zustandsänderung nach Gleichung 95:
$$A p_1 v_1 \ln \frac{1}{\varepsilon},$$
während der zweiten nach Gleichung 93:
$$c_p (T_3 - T_2),$$
während der dritten: Null. Es ist also die während des Kreisprozesses zugeführte Wärmemenge:
$$Q = A p_1 v_1 \ln \frac{1}{\varepsilon} + c_p (T_3 - T_2).$$

Nun ist $T_1 = T_2$, ferner nach Gleichung 97 und 99:
$$T_3 = T_1 \left(\frac{v_1}{v_3}\right)^{k-1}$$

und mit Rücksicht auf die oben gefundene Beziehung

$$v_3 = v_1 \varepsilon^{-1/k}: \quad T_3 = T_1 \varepsilon^{\frac{k-1}{k}}.$$

Ferner ist aus den Gleichungen 90 und 87:

$$c_p = \frac{k}{k-1} A R,$$

somit wird:

$$Q = A p_1 v_1 \left[\ln\frac{1}{\varepsilon} - \frac{k}{k-1}\left(1 - \varepsilon^{\frac{k-1}{k}}\right)\right]$$

und die dem ganzen Gaskörper zugeführte Wärmemenge

$$A p_1 V_1 \left[\ln\frac{1}{\varepsilon} - \frac{k}{k-1}\left(1 - \varepsilon^{\frac{k-1}{k}}\right)\right] = A \,.\, \text{Ausdehnungsarbeit.}$$

421. Den vier Zustandsänderungen des Kreisprozesses entsprechen die Ausdehnungsarbeiten (Gleichungen 92 bis 99):

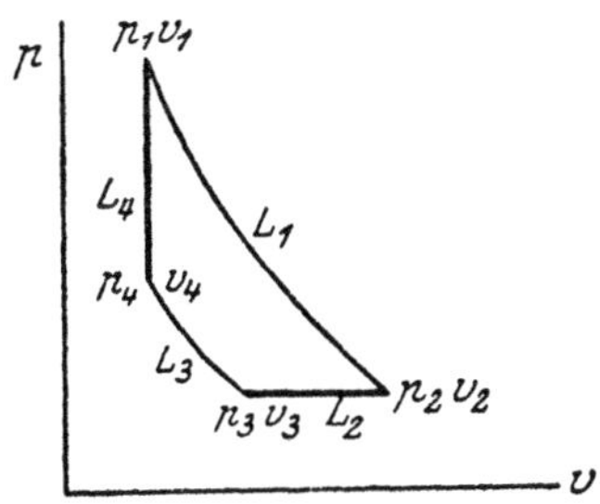

$$L_1 = \frac{p_1 v_1}{k-1}(1 - \varepsilon^{k-1}), \quad \varepsilon = \frac{v_1}{v_2};$$

$$L_2 = p_2(v_2 - v_3);$$

$$L_3 = \frac{p_4 v_4}{k-1}(1 - \varepsilon_1^{k-1}), \quad \varepsilon_1 = \frac{v_4}{v_3};$$

$$L_4 = 0; \quad L = L_1 - L_2 - L_3.$$

Ferner ist $v_1 = v_4$, $p_2 = p_3$, $p_1 v_1^k = p_2 v_2^k$, $p_3 v_3^k = p_4 v_4^k$.

Aus diesen Gleichungen erhält man

$$L = \frac{p_1 v_1}{k-1} \cdot \frac{1}{\varepsilon_1^k}\left[\varepsilon^k(k\varepsilon_1^{k-1} - 1) - \varepsilon_1^k(k\varepsilon^{k-1} - 1)\right].$$

Die Wärmezufuhr ist bei den beiden adiabatischen Zustandsänderungen Null, bei den übrigen:

$$Q = c_p(T_3 - T_2) + c_v(T_1 - T_4).$$

Mit Benützung der Gleichung 81: $p_1 v_1 = R T_1$ und dreier gleichen für die anderen Zustandsänderungen wird

$$T_2 = T_1 \varepsilon^{k-1}, \quad T_3 = T_1 \frac{\varepsilon^k}{\varepsilon_1}, \quad T_4 = T_1 \frac{\varepsilon^k}{\varepsilon_1^k} \text{ und}$$

$$Q = T_1 \varepsilon^k \left[c_p\left(\frac{1}{\varepsilon_1} - \frac{1}{\varepsilon}\right) + c_v\left(\frac{1}{\varepsilon^k} - \frac{1}{\varepsilon_1^k}\right)\right].$$

422. Bis zum Absperren von A bleibt die Pressung der Luft unverändert; ihre Arbeit ist $p_1 F s_1 = p_1 V_1$, wenn F die Kolbenfläche, s_1 der Weg des Kolbens ist. Von der Absperrung bis zum

Ende des Kolbenweges s nach rechts ist die Ausdehnungsarbeit nach Gleichung 95:

$$p_1 v_1 \ln \frac{v_2}{v_1}$$

für ein Kilogramm Luft oder nach Gleichung 84 auch:

$$p_1 \frac{V_1}{G} \ln \frac{V_2}{V_1};$$

somit für G Kilogramm Luft:

$$p_1 V_1 \ln \frac{V_2}{V_1}.$$

Beim Vorgang des Kolbens ist somit die ganze Arbeit:

$$p_1 V_1 + p_1 V_1 \ln \frac{V_2}{V_1} - p_0 F s,$$

wenn p_0 die Außenpressung der Luft und $V_2 = F s$ ist. Ähnlich findet man für die Arbeit der Luft beim Rückgang des Kolbens:

$$-p_2 V_2 + p_0 F s.$$

Die Arbeit während eines Doppelhubes des Kolbens ist demnach

$$p_1 V_1 - p_2 V_2 + p_1 V_1 \ln \frac{V_2}{V_1},$$

und da der isothermischen Zustandsänderung wegen $p_1 V_1 = p_2 V_2$ ist:

$$\text{Arbeit bei einem Doppelhub} = p_1 V_1 \ln \frac{p_1}{p_2}.$$

423. Wenn vorausgesetzt wird, daß das eingepumpte Wasser unzusammendrückbar ist, so wird die Luft anfänglich den Rauminhalt $V_0 = \frac{\pi D^2}{4} . h$, zum Schlusse $V = \frac{\pi D^2}{4} h - x \frac{\pi d^2}{4} s$ haben.

Setzt man, der isothermischen Zustandsänderung wegen,

$$V p = V_0 p_0,$$

so bleibt

$$x = \left(\frac{D}{d}\right)^2 \frac{h}{s} \left(1 - \frac{p_0}{p}\right) = 2800 \text{ Hübe.}$$

Die erforderliche Arbeit ist wie in voriger Aufgabe

$$p_0 V_0 \ln \frac{p}{p_0} = p_0 \frac{\pi D^2}{4} h . \ln \frac{p}{p_0} = 65\,897 \text{ mkg.}$$

424. Mit Benützung von Gleichung 98 ist die Arbeit der Luft während des Vorganges des Kolbens ähnlich wie in Aufgabe 422:

$$p_1 V_1 + \frac{p_1 V_1}{m-1} \left[1 - \left(\frac{V_1}{V_2}\right)^{m-1}\right] - p_0 V_2,$$

und während des Rückganges

$$-p_2 V_2 + p_0 V_2.$$

Mit Benützung von Gleichung 96:

$$p_1 V_1^m = p_2 V_2^m$$

wird die ganze Arbeit während eines Doppelhubes:

$$\frac{m}{m-1}(p_1 V_1 - p_2 V_2).$$

425. Die Arbeit der Luft bei isothermischer Zustandsänderung ist nach Aufgabe 422 für eine Luftmenge V_1:

$$p_1 V_1 \ln \frac{p_1}{p_2},$$

also die Arbeit der zuströmenden Preßluft in der Sekunde:

$$p_1 \cdot \frac{0{,}7}{60} \ln \frac{p_1}{p_2} = 4 . 10333 \frac{kg}{m^2} \cdot \frac{0{,}7}{60} . \ln \frac{4}{1} = 668{,}5 \frac{mkg}{s},$$

wenn angenommen wird, daß die Luft mit $p_2 = 1$ Atm. aus dem Motor strömt. Die durchschnittliche Leistung ist also $N = 8{,}9$ PS.

426. Aus Gleichung 97 folgt:

$$\ln T_2 - \ln T_1 = \frac{m-1}{m} \ln\left(\frac{p_2}{p_1}\right).$$

Mit $T_2 = 273^0 - 50^0 = 223^0$, $T_1 = 273^0 + 15^0 = 288^0$,

$$\frac{p_2}{p_1} = \frac{1}{5} \text{ folgt: } \frac{m-1}{m} = 0{,}159 \text{ und } m = 1{,}19.$$

427. Nach Gleichung 98 ist die Arbeit von einem Kilogramm Luft:

$$L = \frac{p_1 v_1}{m-1}\left[1 - \left(\frac{p_2}{p_1}\right)^{\frac{m-1}{m}}\right];$$

werden in der Minute $V_1 m^3$ Preßluft benötigt, so ist die von ihr geleistete Arbeit

$$\frac{p_1 V_1}{m-1}\left[1 - \left(\frac{p_2}{p_1}\right)^{\frac{m-1}{m}}\right] = 75 . 60 \, N.$$

Setzt man hier

$$p_1 = 5 \text{ Atm.} = 5 . 10333 \text{ kg/m}^2, \quad \frac{p_2}{p_1} = \frac{1}{5}, \quad m = 1{,}19, \quad N = 3$$

ein, so erhält man

$$V_1 = 0{,}219 \frac{m^3}{min}.$$

428. Aus Gleichung 97:

$$\frac{T_2}{T_1} = \left(\frac{p_2}{p_1}\right)^{\frac{m-1}{m}}$$

folgt mit $\frac{p_2}{p_1} = \frac{1}{5}$, $m = 1{,}19$ $T_2 = 273^0 + 10^0$:

$$t_1 = 93^0.$$

429. Die Zustandsänderung der Luft gehorcht dem Gesetze:

$$p v^k = \text{konstant} = c$$

(vergleiche die Gleichungen 90, 96 und 99). Ferner folgt aus Gleichung 3, für Luft angewendet,

$$dp = g\mu dz = \gamma dz$$

oder mit Berücksichtigung von Gleichung 83:

$$dz = v dp.$$

Nun ist $p = \frac{c}{v^k}$, $dp = -ckv^{-(k+1)}dv$

also $dz = -ckv^{-k}dv$

und $z = c\frac{k}{k-1}\frac{1}{v^{k-1}} + C$

oder $z = c\frac{k}{k-1}\gamma^{k-1} + C.$

Für die Luft an der Erdoberfläche ist

$$0 = c\frac{k}{k-1}\gamma_0^{k-1} + C,$$

somit wird $z = c\frac{k}{k-1}(\gamma^{k-1} - \gamma_0^{k-1}),$

woraus mit $z = -h$ (weil die z nach abwärts positiv gezählt werden),

$$c = p_0 v_0{}^k = \frac{p_0 v_0}{\gamma_0^{k-1}}$$

oder wegen Gleichung 81 : $c = \frac{RT_0}{\gamma_0{}^{k-1}}$:

$$\gamma_h = \gamma_0 \sqrt[k-1]{1 - \frac{k-1}{k}\cdot\frac{h}{RT_0}}.$$

Falls h nicht zu große Werte annimmt, kann hierfür angenähert gesetzt werden:

$$\gamma_h = \gamma_0\left(1 - \frac{h}{kRT_0}\right).$$

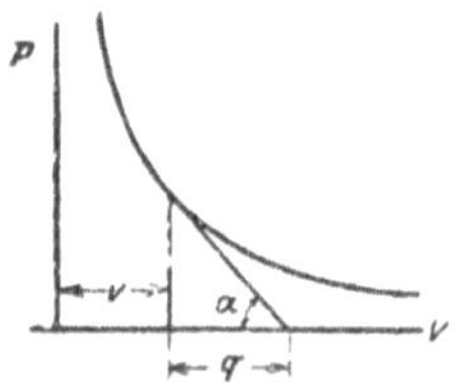

430. Man ziehe an irgend einer Stelle der Zustandslinie die Tangente bis zum Schnitt mit der v-Linie; dann ist

$$\frac{dp}{dv} = -\operatorname{tg}\alpha = -\frac{cm}{v^{m+1}} = -\frac{mp}{v},$$

woraus $m = \frac{v}{q}.$

431. Die Fläche ist ein hyperbolisches Paraboloid. Die eine Schar von Geraden schneidet die v-Achse und ist zur p T-Ebene parallel; die andere Schar schneidet die p-Achse und ist zur v T-Ebene parallel. Durch jeden Punkt der Fläche geht eine Gerade jeder Schar. Die eine gibt die Zustandslinie des Gases bei konstantem Rauminhalt, die andere bei konstanter Pressung an.

432. Die Zustandslinie des Gases ist der Schnitt des orthogonalen Zylinders $p\,v^m = \text{konst.}$ (Erzeugende parallel zur T-Achse) mit der Fläche $p\,v = R\,T$, die in der vorhergehenden Aufgabe behandelt wurde.

433. Die Wärmezufuhr des Gases wird zum Teil zur Erhöhung der Temperatur, zum anderen Teil zur Bestreitung der Ausdehnungsarbeit verwendet; es ist also die elementare Wärmezunahme

$$d\,Q = c_v \cdot d\,T + A\,p\,d\,v.$$

Bei der adiabatischen Zustandsänderung ist $d\,Q = 0$, somit

$$\frac{d\,T}{d\,v} = -\frac{A\,p}{c_v}$$

und mit Benützung der Gleichungen 81, 87 und 90:

$$p = \frac{R\,T}{v}, \quad A\,R = c_p - c_v = c_v\,(k-1):$$

$$\frac{d\,T}{d\,v} = -\frac{T}{v}(k-1).$$

Führt man k als Funktion der Temperatur ein, so wird

$$\frac{d\,T}{d\,v} = -\frac{T}{v}(k_0 - 1 - \alpha T)$$

und nach Integration:

$$\int_{T_1}^{T_2} \frac{d\,T}{T\,(k_0 - 1 - \alpha\,T)} = -\int_{v_1}^{v_2} \frac{d\,v}{v}.$$

Die Ausführung liefert

$$\frac{T_1}{T_2} = \frac{\alpha\,T_1}{k_0 - 1} + \frac{1}{\varepsilon^{k_0 - 1}}\left(1 - \frac{\alpha\,T_1}{k_0 - 1}\right)$$

worin

$$\varepsilon = \frac{v_1}{v_2}$$

der Expansionsgrad ist.

Ferner wird
$$\frac{p_1}{p_2} = \frac{v_2\,T_1}{v_1\,T_2} = \frac{1}{\varepsilon} \cdot \frac{T_1}{T_2}.$$

(Nach W. Schüle, Techn. Wärmemechanik.)

434. Benütze die Resultate der vorigen Aufgabe. Mit

$$k_0 = 1{,}422, \quad \alpha = 0{,}0000572, \quad \varepsilon = 20$$

wird
$$\frac{T_1}{T_2} = 0{,}3168 \quad \text{und} \quad t_2 = 841^0,$$
$$p_2 = 63{,}1\, p_1.$$

Wird k konstant und gleich k_0 angenommen, so ist nach Gleichung 97:
$$\frac{T_2}{T_1} = \varepsilon^{k-1} = 3{,}54 \quad \text{und} \quad t_2 = 977^0,$$
$$p_2 = 70{,}8\, p_1.$$

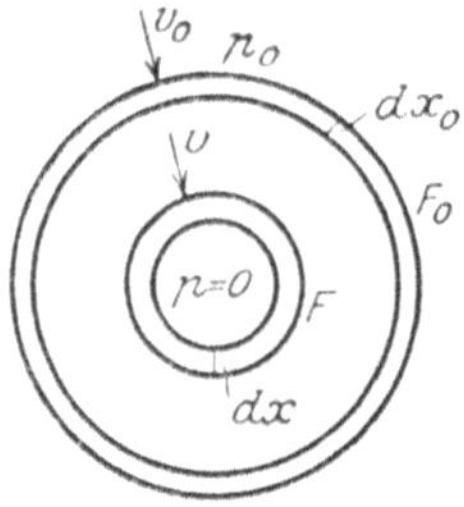

435. Das Massenelement $d\,m = \mu\, F_0\, d\, x_0$ strömt im Zeitelement durch die Fläche F_0 und auch durch die Fläche F, wenn angenommen wird, daß die Dichte im ersten Augenblicke außen und innen die gleiche ist. Dann wird nach dem Arbeitsprinzip

$$\frac{1}{2}\, d\, m\, (v^2 - v_0^2) = p_0\, F_0 \cdot d\, x_0.$$

Da F_0 beliebig groß angesetzt werden darf, ist wegen $F\, v = F_0\, v_0 =$ konst.: $v_0 = 0$; es bleibt dann

$$v^2 = \frac{2\, p_0}{\mu} = \frac{2\, p_0\, g}{\gamma}.$$

Mit $p_0 = 10333\ \text{kg/m}^2$, $g = 9{,}81\ \text{m/sek}^2$, $\gamma = 1{,}293\ \text{kg/m}^3$
wird
$$v = 396\ \text{m/sek}.$$

436. Angenommen, der Kolben sei um x bewegt worden, die Pressung links sei p_1 geworden, jene rechts p_2; dann ist bei isothermischer Zustandsänderung

$$p\, a = p_1 (a + x) \quad \text{und} \quad p\, b = p_2 (b - x)$$

und die aufzuwendende Arbeit ist

$$L = \int_0^{x_1} (p_2 - p_1)\, F\, d\, x = p\, F \int_0^{x_1} \left(\frac{b}{b - x} - \frac{a}{a + x}\right) d\, x.$$

Wenn $x = x_1$ geworden, haben die Gase ihre Dichten μ_1 und μ_2 vertauscht; anfangs ist wegen der Gleichheit der Masse auf beiden Seiten
$$a\, \mu_1 = b\, \mu_2;$$
am Ende ist aus demselben Grunde

$$(a + x_1)\, \mu_2 = (b - x_1)\, \mu_1;$$

hieraus erhält man $x_1 = b - a$ und mit diesem Wert für die obere Grenze des Integrals wird

$$L = p\,F\,(b - a)\ln\frac{b}{a}.$$

437. Ist x die Entfernung des Kolbens vom Boden während seiner Bewegung, p die veränderliche Pressung der Luft, so ist wegen isothermischer Zustandsänderung $p\,x = p_0 h$. Die Beschleunigung des Kolbens ist

$$\gamma = g\frac{G + F\,p_0 - F\,p}{G}.$$

Benützt man die Gleichung aus der Bewegungslehre

$$v\,d\,v = \gamma(-d\,x)$$

und integriert, so erhält man die Geschwindigkeit des Kolbens

$$v^2 = 2\,g\left(1 + \frac{F\,p_0}{G}\right)(h - x) + \frac{2\,F\,p_0\,h\,g}{G}\ln\frac{x}{h}.$$

Der Wert von x, für den $v = 0$ wird, ergibt sich dann aus

$$\left(\frac{G}{F\,p_0} + 1\right)x - h\cdot\ln x = \left(\frac{G}{F\,p_0} + 1\right)h - h\cdot\ln h.$$

438. Nennt man V den Rauminhalt und p die Pressung der Gasblase in der Tiefe z, V_0 ihren Rauminhalt bei der Atmosphärenpressung p_0, so ist bei Voraussetzung isothermischer Zustandsänderung

$$V\,p = V_0\,p_0 \quad\text{und}\quad p = p_0 + \gamma\,z.$$

Nennt man A den Auftrieb der Blase in der Tiefe z, so ist

$$A - G = V\gamma - G$$

die nach aufwärts gerichtete Kraft und

$$\frac{V\gamma - G}{G}\,g$$

die nach aufwärts gerichtete Beschleunigung.

Die Geschwindigkeit v der Gasblase erhält man dann aus der Gleichung

$$v\,d\,v = \frac{V\gamma - G}{G}\,g(-d\,z) = \left(-\frac{V_0\,p_0\,\gamma}{G}\,\frac{dz}{p_0 + \gamma\,z} + d\,z\right)g,$$

welche nach Integration zwischen den Grenzen $z = h$ bis $z = 0$ die Geschwindigkeit beim Auftauchen der Blase an der Oberfläche ergibt:

$$v^2 = 2\,g\left[\frac{p_0}{\gamma_0}\ln\frac{p_0 + \gamma\,h}{p_0} - h\right].$$

439. Die in den beiden ähnlichen Gefäßen an ähnlich gelegenen Stellen wirksamen Kräfte werden im Verhältnis stehen:

$$P : P_1 = \frac{M L}{T^2} : \frac{M_1 L_1}{T_1^2} \quad \ldots \ldots \quad a)$$

Ferner ist bei Voraussetzung der Gültigkeit des Boyle'schen Gesetzes die Pressung p der Luft ihrer Dichte μ proportional oder

$$p : p_1 = \frac{P}{F} : \frac{P_1}{F_1} = \mu : \mu_1$$

und da die Dichten den Massen direkt und den Rauminhalten verkehrt proportional sind:

$$\frac{P}{F} : \frac{P_1}{F_1} = \frac{M}{L^3} : \frac{M_1}{L_1^3},$$

also auch

$$P : P_1 = \frac{M}{L} : \frac{M_1}{L_1} \quad \ldots \ldots \quad b)$$

Aus den Gleichungen a) und b) ergibt sich

$$\frac{M L}{T^2} : \frac{M_1 L_1}{T_1^2} = \frac{M}{L} : \frac{M_1}{L_1}$$

oder

$$T : T_1 = L : L_1,$$

d. h. die Schwingungszeiten verhalten sich wie die linearen Abmessungen, also die Schwingungszahlen umgekehrt wie diese.

440. Nach Gleichung 118 ist die Meereshöhe

$$h = 2500 \text{ m} = 7992 \left(1 + \frac{15}{273}\right) \ln \frac{p_0}{p},$$

worin nach Gleichung 83:

$$p_0 = \gamma_0 R T = 10405 \frac{\text{kg}}{\text{m}^2}$$

ist. Beachtet man noch, daß

$$\ln \frac{p_0}{p} = 2{,}302\,585 \ln \frac{p_0}{p}$$

ist, so wird der Luftdruck in 2500 m Meereshöhe bei 15° C:

$$p = 7735 \frac{\text{kg}}{\text{m}^2}$$

und die Saughöhe der Pumpe für Wasser:

$$\frac{p}{\gamma} = 7{,}735 \text{ m}.$$

441. Ist p_0 der Druck der Luft, so ist

$$p - p_0 = 6{,}4 \text{ at}$$

und da $\frac{p_0}{\gamma_1} = 67 \text{ cm}, \quad \gamma_1 = 0{,}013\,596 \text{ kg/cm}^3,$

so wird $p_0 = 0{,}911$ at und $p = 7{,}311$ at.

442. Es ist $p = p_0 - h\gamma$, worin γ das Einheitsgewicht des Wassers ist. Ferner ist $\frac{p_0}{\gamma_1} = 69{,}5$ cm,

wenn γ_1 das Einheitsgewicht des Quecksilbers ist. Mit dem Wert von γ_1 aus der vorigen Aufgabe wird

$$p_0 = 0{,}9449 \text{ at und } p = 0{,}9449 - 2{,}2 \, . \, 0{,}001 = 0{,}9427 \text{ at.}$$

443. Aus der Gleichung: $p = h\gamma_1$, worin das Einheitsgewicht des Quecksilbers $\gamma_1 = 13\,596 \text{ kg/m}^3$ ist.

Es ist der Gasdruck:

$$p = 1{,}3596 \, x \text{ at und } p = \frac{1{,}3596}{1{,}0333} x \text{ Atm.} = 1{,}3158 \, x \text{ Atm.}$$

444. Nennt man γ und γ_1 die Einheitsgewichte von Wasser und Quecksilber, so ist $p_1 + z\gamma = p_2 + z\gamma_1$,

woraus $p_1 - p_2 = z(\gamma_1 - \gamma)$.

445. Nennt man γ und γ_1 die Einheitsgewichte von Wasser und Quecksilber, so sind die Pressungen in den fünf Trennungsflächen 1 bis 5:

$$p_1 = p_0 + \gamma_1 z,$$
$$p_2 = p_1 - \gamma z,$$
$$p_3 = p_2 + \gamma_1 z,$$
$$p_4 = p_3 - \gamma z,$$
$$p = p_4 + \gamma_1 z.$$

Die Summe der Gleichungen gibt:

$$p = p_0 + z(3\gamma_1 - 2\gamma)$$

für drei Heberrohre; allgemein für n Rohre:

$$p = p_0 + n z \left(\gamma_1 - \frac{n-1}{n}\gamma\right).$$

446. Nennt man p_0 den Luftdruck über dem Ober- und Unterwasser, p_1 und p_2 die Wasserdrücke dicht ober und unter der Fläche F, so ist $p_1 = p_0 + \gamma h_1, \quad p_0 = p_2 + \gamma h_2,$

woraus der Druck auf die Fläche F:

$$F(p_1 - p_2) = F\gamma(h_1 + h_2).$$

447. Wenn das Rohr anfangs geschlossen ist, dringt die Flüssigkeit bis zu einer Höhe z_0 ein; ist p_1 die Pressung im geschlossenen Rohr, p_0 die Außenpressung, so ist

$$l\,p_0 = (l - z_0)\,p_1 \quad \text{und} \quad p_1 + \gamma z_0 = p_0 + \gamma h,$$

woraus
$$z_0^2 - z_0\left(l + h + \frac{p_0}{\gamma}\right) + l\,h = 0.$$

Diese Gleichung liefert z_0.

Sobald das Strömen im Rohr beginnt, ist die Pressung p beim unteren Ende nach der Energiegleichung 73 zu berechnen:

$$\frac{v^2}{2g} + \frac{p}{\gamma} = h,$$

worin v die Strömungsgeschwindigkeit ist.

Die Beschleunigung der Strömung ist in der Höhe z

$$b = \frac{\text{Druck} - \text{Gewicht}}{\text{Masse}} = \frac{p - \gamma z}{\frac{\gamma}{g} z} = g\left(\frac{h}{z} - 1\right) - \frac{v^2}{2z}$$

und aus $v\,d\,v = b\,d\,z$:

$$2\,v\,d\,v = \left[2\,g\left(\frac{h}{z} - 1\right) - \frac{v^2}{z}\right] d\,z$$

oder
$$z \cdot d\,v^2 + v^2 \cdot d\,z = 2\,g\,(h - z)\,d\,z$$

und nach Integration

$$z\,v^2 = -g\,(h - z)^2 + C.$$

Für $z = z_0$ ist $v = 0$; damit wird

$$v^2 = \frac{g}{z}(z - z_0)(2\,h - z - z_0).$$

Die Steighöhe der Flüssigkeit ist also $2\,h - z_0$.

448. Denkt man sich den Tropfen durch eine horizontale Ebene durchschnitten, so ist für Gleichgewicht

$$\pi r^2 (p_1 + \gamma h) = \pi r^2 p_2 + 2\,\pi r \,.\, \sigma$$

und
$$p_2 = p_1 + h\,\gamma_1,$$

woraus
$$\sigma = \frac{r}{2}(p_2 - p_1)\,\frac{\gamma - \gamma_1}{\gamma_1}.$$

449. Ist p die Luftpressung im Bodenraum A, so ist

$$p = p_0 + \gamma\,(y - x)$$

und bei isothermischer Zustandsänderung der Luft im Bodenraum

$$a\,p_0 = (a - x)\,p,$$

woraus mit $p_0 = \gamma h_0$:

$$x^2 - x\,(a + h_0 + y) + a\,y = 0.$$

450. Der vertikale Flüssigkeitsdruck auf die Kugel ist

$$V = \frac{1}{3}\gamma\pi\left[3b^2\left(\frac{p_0}{\gamma} + H\right) - 2r^3 - 3r^2h + h^3\right].$$

Ist p die Luftpressung ober dem Kolben, so wird die Kugel gehoben, wenn

$$p.\pi b^2 > G + V.$$

Nennt man x die erforderliche Bewegung des Kolbens, so ist nach dem Boyle'schen Gesetz

$$p(a - x) = p_0 a$$

mit Vernachlässigung des Rauminhaltes der Kugelkappe für Luft, woraus

$$x > a\left(1 - \frac{\pi p_0 b^2}{G + V}\right).$$

451. Ist z die Höhe des Wassers in der Kammer, p die Pressung der Luft in ihr, so bestehen bei Voraussetzung unveränderter Temperatur die Gleichungen:

$$p_0 l = p(l - z), \quad p = p_0 + \gamma h,$$
$$Q = Fz + f(h + z),$$

woraus

$$Q = (F + f)\frac{hl}{h + h_0} + fh, \qquad h_0 = \frac{p_0}{\gamma}.$$

452. Der Kolben sei um das fragliche Stück x gehoben; die linke Oberfläche wird um $e/_2$ gestiegen, die rechte um $e/_2$ gesunken sein; ist dann p_1 der Druck über der linken Oberfläche, p_2 jener über der rechten, so muß sein:

$$p_1 + e\gamma = p_2,$$

wenn γ das Einheitsgewicht der Flüssigkeit ist. Setzt man ferner voraus, daß sich die Temperatur der Luft über den Oberflächen nicht ändert, so ist links

$$pe = p_1\left(e + x - \frac{e}{2}\right),$$

und rechts

$$pe = p_2\left(e + \frac{e}{2}\right).$$

Entfernt man p_1 und p_2 aus allen drei Gleichungen, so bleibt

$$x = \frac{e}{2}\cdot\frac{4p + 3e\gamma}{2p - 3e\gamma}.$$

453. Es bestehen die Gleichungen:

$$p_0 + l\gamma = p + \gamma z, \quad p_0 l = p(l - z),$$
$$G > A = \gamma F_1(l - z),$$

wenn A der Auftrieb, p die Pressung im Gefäße, z die Tiefe des eingedrungenen Wassers ist. Man erhält:

$$(l - z)^2 = \frac{p_0}{\gamma} z.$$

Der Bodendruck ist $F_2(p_0 + l\gamma)$.

454. Wenn außen die Luftpressung p_0 besteht, im Innern des Gefäßes die Pressung p, so ist

$$p_0 + x\gamma = p + \frac{G_1}{F_1},$$

und wenn die Temperatur der Luft sich nicht ändert:

$$p_0 l = pz.$$

Aus dem Gesetz des Auftriebes folgt ferner

$$G + G_1 = \gamma F_1 x,$$

und endlich ist

$$G_2 = \gamma(F_2 y - F_1 x).$$

Hieraus wird:

$$x = \frac{G + G_1}{\gamma F_1}, \quad y = \frac{G + G_1 + G_2}{\gamma F_2}, \quad z = \frac{F_1 p_0 l}{F_1 p_0 + G}.$$

455. Es bestehen die Gleichungen:

$$F_0 x = Fy, \quad a p_0 = p(a - y),$$

$$p_0 + \gamma(h - x) = p + \gamma y,$$

wenn p die Luftpressung in der Kammer am Ende der Zustandsänderung bei gleicher Temperatur ist. Man erhält:

$$\frac{a h_0}{a - y} + y\left(1 + \frac{F}{F_0}\right) = h + h_0, \quad h_0 = \frac{p_0}{\gamma},$$

$$x = \frac{F}{F_0} y.$$

456. Angenommen, die Flüssigkeit in der linken Kammer sei um x gesunken, in der rechten um x gestiegen; nennt man den veränderlichen Höhenunterschied z, so ist $2x + z = h$.

Nennt man p_1 und p_2 die veränderlichen Luftpressungen in der linken und rechten Kammer, so werden die Gleichungen bestehen:

$$p_0 \frac{h}{2} = p_1\left(\frac{h}{2} + x\right), \quad p_0 \cdot \frac{3}{2} h = p_2\left(\frac{3}{2} h - x\right)$$

oder

$$p_1 = \frac{p_0 h}{2h - z}, \quad p_2 = \frac{3 p_0 h}{2h + z}.$$

Sobald Gleichgewicht eingetreten ist, besteht die Beziehung:

$$p_1 + \gamma z = p_2.$$

Durch Entfernen von p_1, p_2 erhält man aus diesen drei Gleichungen:

$$z^3 - 4hz\left(\frac{p_0}{\gamma} + h\right) + 4\frac{p_0}{\gamma}h^2 = 0.$$

Die brauchbare Wurzel dieser Gleichung ist der gesuchte Höhenunterschied h_1.

457. Für den Ausfluß im Zeitelement ist

$$\mu f \sqrt{2g\left(z + \frac{p_1 - p_2}{\gamma}\right)} \, . \, dt = F dx = -\frac{1}{2} F dz,$$

woraus die Zeit bis zur Erreichung des Gleichgewichtes:

$$T = \frac{F}{2\mu f \sqrt{2g}} \int_{h_1}^{h} \frac{\sqrt{4h^2 - z^2}\, dz}{\sqrt{-z^3 + 4hz\left(\frac{p_0}{\gamma} + h\right) - 4\frac{p_0}{\gamma}h^2}}.$$

Es wird T unendlich groß, weil nach dem Resultat der vorigen Aufgabe für $z = h_1$ der Nenner verschwindet.

458. Setzt man unveränderliche Temperatur voraus und nennt p die Luftpressung im dünneren Rohr am Ende des Hubes, so gilt die Beziehung $p_0 f l = p[fl + F(a - z)]$.

Ferner ist $p_0 = p + \gamma z$.

Hieraus wird

$$z^2 - z\left(l\frac{f}{F} + \frac{p_0}{\gamma} + a\right) + a\frac{p_0}{\gamma} = 0.$$

459. Wenn die Oberfläche um x sinkt, schieben sich beide Kolben um x nach links. Dadurch entsteht zwischen ihnen die Luftpressung p; wenn die Temperatur sich nicht ändert, ist

$$p_0 F l = p[F(l - x) + fx].$$

Die horizontal gerichteten Drücke auf die beiden Kolben sind in Summe $F[\gamma(h - x) + p_0] - Fp + fp - fp_0$.

Für Gleichgewicht ist diese Summe Null; entfernt man p aus beiden Gleichungen, so bleibt für x die Gleichung:

$$x^2 - x\left[h + \frac{p_0}{\gamma}\frac{F - f}{F} + \frac{Fl}{F - f}\right] + \frac{Flh}{F - f} = 0.$$

460. Wenn F um x sinkt, hebt sich f um ebensoviel. Die Arbeiten der Kolbendrücke sind:

$$A_1 = \gamma F \int_0^l (h - x)\, dx + p_0 F l,$$

$$\mathbf{A}_2 = -\gamma f \int_0^l (h + x)\,dx - p_0 f l.$$

Die Verdichtungsarbeit der Luft zwischen den Kolben ist:

$$\mathbf{A}_3 = -\int_0^l p(F - f)\,dx,$$

worin p, der veränderliche Luftdruck zwischen den Kolben, aus dem Boyle'schen Gesetz entnommen werden kann:

$$p_0 F l = p[F(l - x) + f x],$$

$$p = \frac{p_0 F l}{F - f} \cdot \frac{1}{a - x} \quad \text{mit } a = \frac{F l}{F - f}.$$

Man erhält:

$$\mathbf{A}_3 = p_0 F l \,.\, \ln\left(1 - \frac{l}{a}\right).$$

Der notwendige Arbeitsaufwand ist demnach

$$\mathbf{A} = -(\mathbf{A}_1 + \mathbf{A}_2 + \mathbf{A}_3)$$

oder $\mathbf{A} = \frac{1}{2}\gamma l^2 (F + f) - l(\gamma h + p_0)(F - f) - p_0 F l \,.\, \ln \frac{f}{F}.$

Für $F = f$ ist $\mathbf{A} = \gamma F l^2$ (vgl. Aufgabe 353).

461. Die Pressung im kleineren Gefäß ist nach Gleichung 85:

$$p_2 = \frac{G R (273 + 17)}{V_2}.$$

Nach der Erwärmung des größeren Gefäßes wird dort die Pressung

$$p_1 = \frac{G R (273 + t)}{V_1}.$$

Soll $p_1 = p_2$ werden, so muß

$$273 + t = (273 + 17)\frac{V_1}{V_2}$$

sein, oder $t = 89\frac{1}{2}^0$.

462. Da die Luft zwischen den Kolben die Pressung p_0 beibehält, so ist mit Vernachlässigung der Kolbengewichte

$$(p_0 + \gamma z)\frac{\pi D^2}{4} - p_0 \frac{\pi D^2}{4} + p_0 \frac{\pi d^2}{4} - p \frac{\pi d^2}{4} = 0$$

woraus

$$p = p_0 + \gamma z \left(\frac{D}{d}\right)^2.$$

463. Nennt man p_1 die veränderliche Pressung der Luft zwischen den Kolben, ferner

$$F = \frac{\pi D^2}{4}, \quad f = \frac{\pi d^2}{4},$$

so ist $(p_0 + \gamma z) F - p_1 F + p_1 f - p f = 0.$

Ist ferner f_0 der Querschnitt der dünnen Flüssigkeitssäule, $BD = x$, $BC = h$, l die Entfernung der Kolben und V der Rauminhalt der Flüssigkeit, so gilt die Gleichung

$$V = f_0 z + (F - f_0)(h - x),$$

und bei isothermischer Zustandsänderung der Luft zwischen den Kolben

$$p_0 f l = p_1 [f l + (F - f) x].$$

Aus diesen drei Gleichungen ergibt sich durch Entfernen von x und p_1:

$$p = (p_0 + \gamma z) \frac{F}{f} - \frac{p_0 l}{h - \frac{V - f_0 z}{F - f_0} + \frac{l}{F - f}}.$$

464. Nennt man x den Abstand der Oberfläche vom Boden, p die Luftpressung, so wird sein

$$p_0 a = p(a + h - x)$$

(Isothermische Zustandsänderung, Gleichung 94).

Das Gleichgewicht wird eingetreten sein, wenn

$$p + \gamma x = p_0$$

ist. Hieraus erhält man

$$x^2 - x\left(a + h + \frac{p_0}{\gamma}\right) + \frac{p_0}{\gamma} h = 0.$$

Mit $\frac{p_0}{\gamma} = 10{,}333$ m folgt: $x = 2$ m für Gleichgewicht.

465. Wenn die Flüssigkeit bis zur Mitte des Zylinders gesunken ist, hat die Pressung der Luft bis p abgenommen; nach dem Gesetz der isothermischen Zustandsänderung, Gleichung 94, ist

$$p \frac{r^2 \pi}{2} = p_0 r^2 \left(\frac{\pi}{4} - \frac{1}{2}\right).$$

Die Ausflußgeschwindigkeit aus der Bodenöffnung ist dann nach Gleichung 13:

$$v = \varphi \sqrt{\frac{2 g \left(r + \frac{p - p_0}{\gamma}\right)}{1 - n^2}}$$

und wenn Stillstand eintreten soll:

$$v = 0$$

oder

$$r\gamma + p - p_0 = 0,$$

woraus

$$\gamma = \frac{p_0}{r} \cdot \frac{\pi + 2}{2\pi}.$$

466. Lösung wie in Aufgabe 464. Es ist

$$\frac{1}{2} p_0 a^2 = p (a^2 - x^2)$$

und für eingetretenes Gleichgewicht

$$p + x\gamma = p_0,$$

wenn p die Luftpressung im Innern und x der Abstand der Oberfläche von der Ausflußstelle ist. Man erhält

$$x^3 - \frac{p_0}{\gamma} x^2 - a^2 x + \frac{p_0}{\gamma} \frac{a^2}{2} = 0.$$

467. Man erhält wie in Aufgabe 358:

$$p_2 - p_1 = \frac{\gamma}{2g} \omega^2 (r_2^2 - r_1^2).$$

Setzt man:

$$p_2 = p_0 + \gamma h_2, \quad p_1 = p_0 - \gamma h_1,$$

so bleibt

$$n = \frac{30}{\pi} \omega = \frac{30}{\pi} \sqrt{2 \frac{g(h_2 + h_1)}{r_2^2 - r_1^2}}.$$

468. Die beiden Kolben sind in den gezeichneten Stellungen im Gleichgewicht, wenn

$$p_0 + \gamma x = \frac{G}{F} + p$$

und

$$p_0 + \gamma y + \frac{G}{F} = p.$$

Ferner ist nach dem Boyle'schen Gesetz

$$p_1 (V + 2 F h) = p [V + F (x - y - 2 b)].$$

Aus diesen drei Gleichungen ergibt sich der gewünschte Luftdruck im Innern der Zylinder:

$$p = p_1 \frac{\gamma (V + 2 F h)}{\gamma (V - 2 F b) + 2 G}$$

und das Moment

$$\mathbf{M} = 2 F l (p - \gamma a - p_0).$$

Damit der Kolben im unteren Zylinder frei schweben kann, muß $x > a + b$ und $x < a + b + h$ sein; daraus folgt für G die Bedingung:

$$\frac{G}{F} + p_1 \frac{\gamma(V + 2Fh)}{\gamma(V - 2Fb) + 2G} - p_0 \gtrless \begin{matrix}(a + b)\gamma \\ (a + b + h)\gamma\end{matrix}.$$

469. Im höher liegenden Zylinder wird der Kolben vollständig an das Ende des Zylinders gerückt sein, da der Wasserdruck mit dem Innendruck nicht mehr Gleichgewicht halten wird. Im tiefer liegenden Zylinder werden Innendruck und Wasserdruck Gleichgewicht halten, daher

$$p = p_0 + \gamma(a + l).$$

Das Moment ist Null.

470. Die Spannungsenergie für die Gewichtseinheit ist $\frac{p}{\gamma}$ (vergl. Gleichung 73), somit für das Gewicht G: $\frac{p}{\gamma} G = pV$.

Die Bewegungsenergie ist

$$\frac{1}{2} m w^2 = \frac{1}{2} \frac{G}{g} w^2 = \frac{1}{2} \frac{V\gamma}{g} w^2.$$

Die Gesamtenergie ist demnach $V\left(p + \gamma \frac{w^2}{2g}\right)$.

471. Benütze Gleichung 107. Man vernachlässige das vom Gefälle herrührende Glied $ds . \sin J$; die negative Reibungsenergie $- dh_r$ streiche man, da die Reibung vernachlässigt werden soll, und ersetze sie durch die positive zugeführte Energie dE. Dann wird

$$dh = -\frac{dp}{\gamma} + dE.$$

Da nach dem Kontinuitätsgesetz die Luftgeschwindigkeit vor und hinter dem Ventilator die gleiche sein muß, so ist $dh = 0$ und

$$E = \frac{p_2 - p_1}{\gamma}$$

die gesuchte Leistung.

472. Nach Gleichung 107 ist, wenn der Reibungswiderstand und das Gefälle vernachlässigt wird:

$$\frac{w\,dw}{g} = -\frac{dp}{\gamma}$$

oder

$$dp = -\frac{\gamma}{g} w\,dw = -\mu w\,dw,$$

wenn μ die Dichte ist.

In der Sekunde strömt durch die Fläche F die Gasmasse $\mu F w$. F wird am kleinsten, wenn μw am größten wird, oder wenn

$$\mu . dw + w . d\mu = 0$$

ist. Durch Vergleich der letzten beiden Gleichungen erhält man

$$w = \sqrt{\frac{dp}{d\mu}} \quad . \quad . \quad . \quad . \quad . \quad . \quad . \quad . \quad . \quad a)$$

Da die Zustandsänderung des Gases adiabatisch ist, so gilt nach den Gleichungen 96 und 99 das Gesetz

$$p v^k = \text{konstant}$$

oder auch nach Gleichung 83:

$$p = C\gamma^k = C_1 \mu^k;$$

durch Differenzieren erhält man

$$dp = \frac{kp}{\mu} . d\mu$$

und Gleichung a) nimmt die Form an

$$w = \sqrt{\frac{kp}{\mu}};$$

dies ist aber die Schallgeschwindigkeit im Gase bei dem Druck p und der Dichte μ.

473. Sucht man das Maximum von

$$\beta^{\frac{2}{m}} - \beta^{\frac{m+1}{m}}$$

so wird

$$\beta = \left(\frac{2}{m+1}\right)^{\frac{m}{m-1}}$$

(vergl. Gleichung 100).

474. Aus

$$p v^m = p_i v_i^m, \quad p v = RT,$$
$$p = \beta p_i, \quad p_i v_i = RT_i$$

folgt mit dem oben gefundenen Wert von β:

$$T = T_i \frac{2}{m+1}.$$

475. Anwendung von Gleichung 110:

$$(1 + \zeta_r) h + \int v\, dp = \text{konstant}.$$

Setzt man

$$p v^m = p_1 v_1^m, \quad p = \frac{p_1 v_1^m}{v^m}$$

so wird

$$\int_{v_1}^{v} v\, dp = -m p_1 v_1^m \int_{v_1}^{v} \frac{dv}{v^m} = \frac{m}{m-1} p_1 v_1^m \left(\frac{1}{v^{m-1}} - \frac{1}{v_1^{m-1}}\right)$$

und $$(1+\zeta_r)h = \frac{m}{m-1}(p_1 v_1 - p v).$$

Dividiert man diese Gleichung durch Gleichung 111:

$$h = \frac{k}{k-1}(p_1 v_1 - p v),$$

so bleibt $$m = \frac{k(1+\zeta_r)}{1+k\zeta_r}.$$

476. Da $p_a = 0$ ist, kann Gleichung 105 angewendet werden. Nach voriger Aufgabe ist, wenn $\zeta_r = 0$ gesetzt wird, $m = k$, somit

$$w = \sqrt{2g\frac{k}{k+1}p_i v_i} = \sqrt{2g\frac{k}{k+1}RT}.$$

477. Nach Aufgabe 475 folgt die Ausströmung der Luft dem Gesetz $p v^m =$ konst., worin

$$m = \frac{k(1+\zeta)}{1+k\zeta} = 1{,}396 \text{ mit } k = 1{,}41, \quad \zeta = 0{,}025.$$

Berechnet man daraus das Verhältnis $\beta = \frac{p}{p_i}$ für größtes Ausflußgewicht nach Gleichung 100, so erhält man

$$\beta = \left(\frac{2}{m+1}\right)^{\frac{m}{m-1}} = 0{,}529.$$

Da $p_a = 1$ Atm., $p_i = 4{,}8$ Atm. ist, so wird

$$p_a < \beta p_i$$

und es sind zur Berechnung von Ausflußgeschwindigkeit und Ausflußgewicht die Gleichungen 105 und 106 zu verwenden. Es ist also der Druck in der Ausflußöffnung:

$$p = \beta p_i = 2{,}539 \text{ Atm.},$$

die Temperatur in dieser (nach Aufgabe 474):

$$T = T_i\frac{2}{m+1} = 252{,}92^0,$$

die Ausflußgeschwindigkeit

$$w = \sqrt{gkpv\frac{m-1}{k-1}} = \sqrt{gkRT\frac{m-1}{k-1}} = 314{,}49 \text{ m/s}$$

mit $R = 29{,}27$, und das Ausflußgewicht in der Sekunde

$$G = F.\frac{w}{v_i}.\beta^{\frac{1}{m}} \quad \text{mit } v_i = \frac{RT_i}{p_i}:$$

$$G = 1{,}338 \text{ kg/s}.$$

478. Rechnung zunächst wie in voriger Aufgabe.

Es wird $m = 1{,}388$ und $\beta = 0{,}530$.

Da $p_a = 1$ Atm., $p_i = 1{,}6$ Atm. ist, so wird

$$p_a > \beta p_i \quad \text{und} \quad p = p_a,$$

es sind somit die Gleichungen 101 und 102 zu verwenden.

Man erhält für die Temperatur in der Ausflußöffnung nach Gleichung 97:

$$T = T_i \left(\frac{p}{p_i}\right)^{\frac{m-1}{m}} = (273 + 6)\left(\frac{1}{1{,}6}\right)^{\frac{0{,}388}{1{,}388}} = 244{,}71^0,$$

ferner die Ausflußgeschwindigkeit nach Gleichung 101, wenn

$$p_i v_i \left[1 - \left(\frac{p_a}{p_i}\right)^{\frac{m-1}{m}}\right] = R T_i \left(1 - \frac{T}{T_i}\right) = R(T_i - T)$$

gesetzt wird:

$$w = \sqrt{2g \frac{k}{k-1} R (T_i - T)} = 260{,}23 \text{ m/s},$$

und endlich das Ausflußgewicht in der Sekunde nach Gleichung 102:

$$G = F \cdot \frac{w}{v_i} \left(\frac{p_a}{p_i}\right)^{\frac{1}{m}} = \frac{F w p}{R T},$$

oder
$$G = \frac{0{,}0004 \cdot 260{,}23 \cdot 1 \cdot 10333}{29{,}27 \cdot 244{,}71} = 0{,}150 \text{ kg/s}.$$

479. Da der Überdruck nur gering ist, kann nach den Gleichungen 103, 104 gerechnet werden.

Es ist die Ausflußgeschwindigkeit

$$w = \sqrt{\frac{2g}{1+\zeta} v_i (p_i - p_a)}$$

und wegen Gleichung 81 auch

$$w = \sqrt{\frac{2gRT_i}{1+\zeta}\left(1 - \frac{p_a}{p_i}\right)}.$$

Aus Aufgabe 395 folgte für Leuchtgas $R = 67{,}19$; ferner ist

$$T_i = 273 + 20 = 293^0, \quad p_a = 10333 \text{ mm Wassersäule},$$

$$p_i = (10333 + 40) \text{ mm},$$

woraus
$$w = 37{,}96 \text{ m/s}.$$

Das Ausflußgewicht in der Sekunde ist

$$G = \frac{F w}{v_i} = \frac{F w p_i}{R T_i}.$$

Setzt man hier $p_i = (10\,333 + 40)\ \text{kg/m}^2$,
so bleibt $G = 0{,}014\,138\ \text{kg/s}$,
und somit 50,899 kg f. d. Stunde.

480. Nach den Gleichungen 105 und 106 ist bei hohen Innenpressungen p_i das in der Sekunde ausfließende Luftgewicht (bei konstantem p_i und v_i)

$$G = F\frac{w}{v_i}\beta^{\frac{1}{m}} = \alpha F\sqrt{\frac{p_i}{v_i}},$$

wenn $$\alpha^2 = 2g\frac{k}{k-1}\,\frac{m-1}{m+1}\left(\frac{2}{m+1}\right)^{\frac{2}{m-1}} = \text{konstant}$$

gesetzt wird. Hierin ist m der Exponent der Zustandsänderung $p v^m = \text{konst.}$ in der Ausflußöffnung. Im Innern des Gefäßes ist hingegen wegen unveränderlicher Temperatur

$$p_i v_i = p_0 v_0 = \text{konst.},$$

also $$\frac{p_i}{v_i} = \frac{p_0}{v_0}\left(\frac{p_i}{p_0}\right)^2.$$

Im Zeitelement dt fließt somit das Luftgewicht aus:

$$dG = \alpha F\sqrt{\frac{p_i}{v_i}}\,.\,dt = \alpha F\sqrt{\frac{p_0}{v_0}}\,.\,\frac{p_i}{p_0}\,.\,dt \quad \ldots\ldots \quad a)$$

Sind G_0 und G_i die im Gefäß befindlichen Luftgewichte, wenn die Zustände p_0, v_0 und p_i, v_i sind, so gilt die Beziehung

$$V = G_0 v_0 = G_i v_i \quad \ldots\ldots\ldots \quad b)$$

Das ausgeflossene Luftgewicht ist

$$G_0 - G_i = G_0\left(1 - \frac{v_0}{v_i}\right) = G_0\left(1 - \frac{p_i}{p_0}\right)$$

und im Zeitelement: $$dG = -G_0\,.\,d\left(\frac{p_i}{p_0}\right) \quad \ldots\ldots\ldots \quad c)$$

Aus den Gleichungen a) und c) erhält man:

$$\alpha F\sqrt{\frac{p_0}{v_0}}\,.\,p_i\,.\,dt = -G_0\,.\,dp_i$$

oder $$\frac{dp_i}{p_i} = -\frac{\alpha F}{G_0}\sqrt{\frac{p_0}{v_0}}\,.\,dt,$$

und mit Rücksicht auf Gleichung b):

$$\frac{dp_i}{p_i} = -\frac{\alpha F}{V}\sqrt{p_0 v_0}\,.\,dt,$$

woraus nach Integration:

$$\ln p_i = -\frac{\alpha F}{V} \sqrt{p_0 v_0} \cdot t + C.$$

Für den Beginn ist $p_i = p_0$, $t = 0$, somit $C = \ln p_0$, woraus

$$\ln p_0 - \ln p_i = \frac{\alpha F}{V} \sqrt{p_0 v_0} \cdot t$$

und endlich

$$p_i = p_0 \cdot e^{-at},$$

wenn

$$a = \frac{\alpha F}{V} \sqrt{p_0 v_0} \text{ gesetzt wird.}$$

481. Die Rechnung ist ähnlich wie in voriger Aufgabe, nur wird zu setzen sein

$$p_i v_i^r = p_0 v_0^r$$

und somit

$$\frac{p_i}{v_i} = \frac{p_0}{v_0} \left(\frac{p_i}{p_0}\right)^{\frac{r+1}{r}}.$$

Man erhält die Differentialgleichung

$$\alpha F \sqrt{\frac{p_0}{v_0}} \left(\frac{p_i}{p_0}\right)^{\frac{3r-1}{2r}} . dt = -\frac{G_0}{r} . d\left(\frac{p_i}{p_0}\right)$$

und nach Integration

$$p_i = \frac{p_0}{\left(1 + \frac{r-1}{2} at\right)^{\frac{2r}{r-1}}},$$

worin a die Bedeutung wie in voriger Aufgabe hat.

482. Es ist wie bei tropfbaren Flüssigkeiten nach Gleichung 70 die vertikale Reaktion mit $\alpha = 90^0$:

$$V = \frac{\gamma}{g} Q w = \frac{G}{g} w.$$

Hierin können für das in der Sekunde ausfließende Luftgewicht G und die Ausflußgeschwindigkeit w die Gleichungen 105, 106 benützt werden. Man erhält:

$$V = \frac{F \alpha_1^2}{g} \cdot p_0,$$

worin

$$\alpha_1^2 = 2 g \frac{k}{k-1} \frac{m-1}{m+1} \left(\frac{2}{m+1}\right)^{\frac{1}{m-1}}.$$

483. Mit Benützung der Resultate der vorigen und der Aufgabe 480 ist die Reaktion

$$V = \frac{F \alpha_1^2}{g} p_i = \frac{F \alpha_1^2}{g} p_0 e^{-at},$$

worin α_1^2 und a die gleiche Bedeutung haben wie in den Aufgaben 482 und 480.

484. Nach der Zeit t sei das Wasser im Rohr um die Höhe h_i emporgestiegen; die Luftpressung im Innern des Behälters genügt dann der Gleichung

$$p_i + h_i\gamma = p_a + h_a\gamma,$$

wenn γ das Einheitsgewicht des Wassers ist.

Sind G_0 und G_i die Gewichte der Luft im Behälter zu Anfang und zur Zeit t, v_0 und v_i die zugehörigen Rauminhalte von 1 Kilog. Luft, so ist

$$V = G_0 v_0, \quad G_i v_i = V - f h_i,$$

somit das in der Zeit t ausgeflossene Luftgewicht:

$$G = G_0 - G_i = G_0\left(1 - \frac{v_0}{v_i}\right) + f\frac{h_i}{v_i}$$

und im Zeitelement

$$dG = -G_0 v_0 . d\left(\frac{1}{v_i}\right) + f . d\left(\frac{h_i}{v_i}\right),$$

oder wegen

$$h_i = h_a + \frac{p_a}{\gamma} - \frac{p_i}{\gamma}, \quad dh_i = -\frac{1}{\gamma}dp_i:$$

$$dG = K . d\left(\frac{1}{v_i}\right) - \frac{f}{\gamma} . d\left(\frac{p_i}{v_i}\right) \quad \ldots\ldots \quad a)$$

worin

$$K = fh_a + f\frac{p_a}{\gamma} - V.$$

Setzt man nun $p_i v_i^r = p_0 v_0^r$, so wird

$$\frac{1}{v_i} = \frac{1}{v_0}\left(\frac{p_i}{p_0}\right)^{\frac{1}{r}}, \quad d\left(\frac{1}{v_i}\right) = \frac{1}{r v_0}\left(\frac{p_i}{p_0}\right)^{\frac{1}{r}-1} . d\left(\frac{p_i}{p_0}\right) \quad .\ . \quad b)$$

$$\frac{p_i}{v_i} = \frac{p_0}{v_0}\left(\frac{p_i}{p_0}\right)^{\frac{r+1}{r}}, \quad d\left(\frac{p_i}{v_i}\right) = \frac{p_0}{v_0} . \frac{r+1}{r}\left(\frac{p_i}{p_0}\right)^{\frac{1}{r}} . d\left(\frac{p_i}{p_0}\right) \quad .\ . \quad c)$$

Hierzu tritt die Gleichung a) aus Aufgabe 480:

$$dG = \alpha F\sqrt{\frac{p_i}{v_i}}\,dt$$

mit der dort gegebenen Bedeutung von α.

Verbindet man diese Gleichung mit den Gleichungen a), b), c), so erhält man die Differentialgleichung

$$\alpha F\sqrt{\frac{p_0}{v_0}} . dt = \frac{K}{r v_0}\left(\frac{p_i}{p_0}\right)^{\frac{1-3r}{2r}} . d\left(\frac{p_i}{p_0}\right) - \frac{r+1}{r} . \frac{f p_0}{\gamma v_0}\left(\frac{p_i}{p_0}\right)^{\frac{1-r}{2r}} . d\left(\frac{p_i}{p_0}\right)$$

zwischen t und p_i; ihre Integration liefert

$$\alpha F\sqrt{\frac{p_0}{v_0}}\,t = -\frac{2 f p_0}{\gamma v_0}\left(\frac{p_i}{p_0}\right)^{\frac{r+1}{2r}} - \frac{1}{r-1}\,\frac{2K}{v_0}\left(\frac{p_i}{p_0}\right)^{\frac{1-r}{2r}} + C.$$

Die Konstante C wird aus der Bemerkung bestimmt, daß für $t = 0 : p_i = p_0$ ist. Man erhält endlich

$$t = \frac{2}{\alpha F \sqrt{p_0 v_0}} \left\{ \frac{f p_0}{\gamma} \left[1 - \left(\frac{p_i}{p_0} \right)^{\frac{r+1}{2r}} \right] - \frac{1}{r-1} \left(f h_a + f \frac{p_a}{\gamma} - V \right) \left[\left(\frac{p_0}{p_i} \right)^{\frac{r-1}{2r}} - 1 \right] \right\}.$$

485. Es ist in jedem Querschnitt das Durchflußgewicht in der Sekunde

$$G = \gamma_0 F w_0 = \gamma F w,$$

daher $\frac{w_0}{v_0} = \frac{w}{v}$ und da die Temperatur sich nicht ändert:

$$p_0 v_0 = p v, \quad w_0 p_0 = w p,$$

$$h : h_0 = \frac{w^2}{2g} : \frac{w_0^2}{2g} = p_0^2 : p^2.$$

Benützt man Gleichung 107:

$$dh = \frac{w\,dw}{g} = ds \,.\, \sin J - \frac{dp}{\gamma} - dh_r$$

und setzt nach Gleichung 108:

$$dh_r = \lambda \frac{ds}{2r} \cdot \frac{w^2}{2g} = hk\,ds,$$

worin ds statt l und $k = \frac{\lambda}{2r}$ gesetzt wurde, so wird

$$dh = ds \,.\, \sin J - v\,dp - kh\,ds.$$

Nun ist:

$$v \,.\, dp = p_0 v_0 \,.\, \frac{dp}{p},$$

also
$$dh = ds(\sin J - kh) - p_0 v_0 \,.\, \frac{dp}{p} \quad \ldots\ldots \text{a)}$$

oder

$$\frac{dh}{\sin J - kh} = ds - p_0 v_0 \,.\, \frac{dp}{p} \,.\, \frac{1}{\sin J - k h_0 \frac{p_0^2}{p^2}}.$$

Die Integration liefert

$$\ln(\sin J - kh) = -ks + k \frac{p_0 v_0}{2 \sin J} \ln(p^2 \sin J - k h_0 p_0^2) + C,$$

woraus mit Rücksicht auf den Anfangszustand und den Endzustand:

$$s = 0, \quad p = p_0, \quad h = h_0;$$
$$s = l, \quad p = p_1, \quad h = h_1$$

die Gleichung folgt:

$$e^{kl}\left(\frac{h_1}{h_0}\right)^a = \left(\frac{\sin J - k h_1}{\sin J - k h_0}\right)^{a-1} \quad \ldots\ldots \quad b)$$

worin
$$a = \frac{kRT}{2\sin J}.$$

Man wird zuerst w_0 rechnen aus

$$w_0 = \frac{G}{F\gamma_0} = \frac{G}{F}\cdot\frac{RT}{p_0},$$

sodann
$$h_0 = \frac{w_0^2}{2g},$$

dann aus obiger Gleichung b) h_1 und hieraus w_1; endlich

$$p_1 = p_0\frac{w_0}{w_1}.$$

486. Die Gleichung a) der vorigen Aufgabe wird für $J = 0$:

$$dh = -khds - p_0 v_0 \cdot \frac{dp}{p}$$

oder
$$\frac{dh}{h} = -kds - p_0 v_0 \cdot \frac{dp}{p}\cdot\frac{p^2}{h_0 p_0^2}.$$

Die Integration liefert

$$\ln h = -ks - \frac{v_0}{2h_0 p_0}p^2 + C$$

und mit Rücksicht auf die Anfangs- und Endbedingungen:

$$\ln\frac{h_1}{h_0} = -kl + \frac{p_0 v_0}{2h_0}\left(1 - \frac{p_1^2}{p_0^2}\right)$$

oder
$$\ln\frac{h_1}{h_0} = -kl + \frac{RT}{2h_0}\left(1 - \frac{h_0}{h_1}\right) \quad \ldots\ldots \quad c)$$

Diese Gleichung tritt an Stelle von Gleichung b). Ersetzt man, um eine angenäherte Lösung zu erhalten,

$$\ln\frac{h_1}{h_0} \text{ durch } \frac{h_1 - h_0}{h_0},$$

so kann Gleichung c) auch in die Form gebracht werden:

$$h_1^2 + h_1\left[h_0(kl - 1) - \frac{RT}{2}\right] + \frac{RT}{2}h_0 = 0.$$

487. Lösung ähnlich wie in Aufgabe 212.

Man erhält für die Widerstandshöhe

$$h_r = \xi_r \frac{w_2^2}{2g}$$

die Widerstandszahl:

$$\xi_r = \frac{1}{2(d_2 - d_1)}\left[\frac{1}{2}\left(\alpha - \frac{\gamma}{d_2\sqrt{w_2}}\right)\left\{\left(\frac{d_2}{d_1}\right)^4 - 1\right\} + \frac{2\beta}{3\sqrt{w_2}}\left\{\left(\frac{d_2}{d_1}\right)^3 - 1\right\}\right].$$

Für $d_1 = d_2 = d, \quad w_1 = w_2 = w$

wird

$$\xi_r = \left(\alpha + \frac{\beta d + \gamma}{d\sqrt{w}}\right)\frac{1}{d}.$$

488. Für den Eintritt des Wassers in den Raum B ist nach Gleichung 53 und 23:

$$z - Z = h_1 - \frac{p_1 - p_0}{\gamma_1} = \frac{v_1^2}{2g}(1 + \zeta_1) \quad . \quad . \quad . \quad . \quad a)$$

wenn γ_1 das Einheitsgewicht des Wassers, ζ_1 die Widerstandszahl für die Einströmung ist.

Für die Bewegung des Gemisches von Luft und Wasser von B bis C benütze man die Gleichung 74:

$$\frac{v^2}{2g}(1 + \zeta) + \frac{p}{\gamma} + h = \text{konst.}$$

in der Form:

$$dh + dh_r + \frac{v\,dv}{g} + \frac{dp}{\gamma} = 0 \quad . \quad . \quad . \quad . \quad . \quad . \quad b)$$

Hierin ist h_r die veränderliche Widerstandshöhe

$$\zeta_r \cdot \frac{v^2}{2g}$$

im Rohr C, γ das Einheitsgewicht des Gemisches. Nennt man G_1 und G_2 das in der Sekunde geförderte Wassergewicht, bezw. eingepreßte Luftgewicht, γ_2 und γ_0 das Einheitsgewicht der Luft innerhalb und außerhalb des Rohres, so gilt

$$\frac{G_1 + G_2}{\gamma} = \frac{G_1}{\gamma_1} + \frac{G_2}{\gamma_2}$$

und bei isothermischer Zustandsänderung

$$\gamma_2 = \frac{p}{p_0}\gamma_0.$$

Integriert man Gleichung b) von B bis C, so erhält man

$$h_0 + h_1 + \int_B^C d h_r + \frac{v_0^2 - v_1^2}{2g} + \int_{p_1}^{p_0} \frac{dp}{\gamma} = 0.$$

Es ist
$$\int_{p_1}^{p_0} \frac{dp}{\gamma} = \frac{1}{G_1 + G_2}\left\{\frac{G_1}{\gamma_1}\int_{p_1}^{p_0} dp + \frac{G_2}{\gamma_0} p_0 \int_{p_1}^{p_0} \frac{dp}{p}\right\}$$

$$= \frac{1}{G_1 + G_2}\left\{\frac{G_1}{\gamma_1}(p_0 - p_1) + \frac{G_2}{\gamma_0} p_0 \ln \frac{p_0}{p_1}\right\}$$

und somit:

$$-(h_0 + h_1) + \frac{1}{G_1 + G_2}\left\{\frac{G_1}{\gamma_1}(p_1 - p_0) + \frac{G_2}{\gamma_0} p_0 \ln \frac{p_1}{p_0}\right\}$$
$$= \frac{v_0^2 - v_1^2}{2g} + \int_B^C d h_r \quad . \quad . \quad . \quad c)$$

Setzt man
$$\int_B^C d h_r = \zeta_2 \frac{v_0^2}{2g}$$

und addiert die Gleichungen a) und c), so bleibt

$$-h_0 + \frac{G_2}{G_1 + G_2}\left\{\frac{p_0}{\gamma_0} \ln \frac{p_1}{p_0} - \frac{p_1 - p_0}{\gamma_1}\right\} = \frac{v_0^2}{2g}(1 + \zeta_2) + \frac{v_1^2}{2g}\zeta_1.$$

Das Glied
$$\frac{p_1 - p_0}{\gamma_1}$$

darf gegenüber dem ersten Gliede vernachlässigt werden, ebenso G_2 gegen G_1; es bleibt dann

$$\frac{G_2 p_0}{G_1 \gamma_0} \ln \frac{p_1}{p_0} = h_0 + \frac{v_0^2}{2g}(1 + \zeta_2) + \frac{v_1^2}{2g}\zeta_1 \quad . \quad . \quad . \quad . \quad d)$$

Nun ist nach den Gleichungen 83 und 95:

$$R T \ln \frac{p_1}{p_0} = \frac{p_0}{\gamma_0} \ln \frac{p_1}{p_0}$$

die Arbeit, um 1 kg Luft von p_0 auf p_1 zu verdichten, also ist

$$L_2 = G_2 \frac{p_0}{\gamma_0} \ln \frac{p_1}{p_0}$$

die Verdichtungsarbeit für G_2 kg; ebenso ist $L_1 = G_1 h_0$ die Arbeit zum Heben von G_1 kg Wasser.

Der hydraulische Wirkungsgrad ist dann

$$\eta = \frac{L_1}{L_2},$$

worin $$\frac{1}{\eta} = 1 + \frac{v_0^2(1+\zeta_2) + v_1^2\zeta_1}{2gh_0} \quad \ldots \ldots \text{e)}$$

489. Setzt man mit den Bezeichungen der vorigen Aufgabe

$$G_1 = V_1\gamma_1, \qquad G_2 = V_2\gamma_0$$
$$V_1 = Fv_1, \qquad V_1 + V_2 = Fv_0,$$

so nimmt Gleichung d) die Form an:

$$\frac{V_2}{V_1}\cdot\frac{p_0}{\gamma_1}\ln\frac{p_1}{p_0} = h_0 + \frac{(1+\zeta_2)(V_1+V_2)^2 + \zeta_1 V_1^2}{2gF^2}.$$

Setzt man $\frac{\partial V_1}{\partial V_2} = 0$, so wird

$$\frac{1}{V_1}\cdot\frac{p_0}{\gamma_1}\ln\frac{p_1}{p_0} = \frac{(1+\zeta_2)(V_1+V_2)}{gF^2} \quad \ldots \ldots \text{f)}$$

und dividiert man diese Gleichungen, so bleibt:

$$(1+\zeta_2)(V_2^2 - V_1^2) = \zeta_1 V_1^2 + 2gF^2h_0 \quad \ldots \text{g)}$$

woraus sich in Verbindung mit f) V_1 und V_2 berechnen läßt.

490. Benütze die Resultate der vorigen Aufgabe.

Es ist $V_1 = 0{,}007\ \text{m}^3$, $F = 0{,}005\ \text{m}^2$,

$$v_1 = \frac{V_1}{F} = 1{,}4\ \text{m/s};$$

die Widerstandszahlen sind mit den Bezeichnungen der vorigen Aufgabe:

$$\zeta_1 = 2, \quad \zeta_2 = 0{,}02\frac{36}{0{,}08} = 9.$$

Gleichung g) liefert dann die erforderliche kleinste Luftmenge

$$V_2 = 0{,}0282\ \text{m}^3/\text{s} = 28{,}2\ \text{Liter/s}.$$

Aus Gleichung f) erhält man mit $p_0 = 10333\ \text{kg/m}^2$:

$$\ln\frac{p_1}{p_0} = 0{,}972, \quad \frac{p_1}{p_0} = 2{,}65$$

und aus Gleichung a) die Tauchtiefe des Rohres

$$h_1 = 17{,}35\ \text{m}.$$

Endlich wird der hydraulische Wirkungsgrad

$$\eta = \frac{L_1}{L_2} = \frac{V_1\gamma_1 h_0}{V_2 p_0 \ln\frac{p_1}{p_0}} = 0{,}37.$$

491. Lösung wie in Aufgabe 488; an Stelle von $h_0 + h_1$ tritt hier $-h$. Man erhält wie dort Gleichung c):

$$h + \frac{1}{G_1 + G_2}\left\{\frac{G_1}{\gamma_1}(p_1 - p_0) + \frac{G_2}{\gamma_0} p_0 \ln \frac{p_1}{p_0}\right\} = \frac{v_0^2 - v_1^2}{2g} + \zeta_2 \frac{v_0^2}{2g}$$

und wenn G_2 gegen G_1 vernachlässigt wird:

$$h - \frac{p_0 - p_1}{\gamma_1} - \frac{G_2}{G_1} \cdot \frac{p_0}{\gamma_0} \ln \frac{p_0}{p_1} = (1 + \zeta_2)\frac{v_0^2}{2g} - \frac{v_1^2}{2g}$$

für die Bewegung in der Mischdüse BC.

Nun ist $V = \frac{G_2}{\gamma_0}$, $Q = \frac{G_1}{\gamma_1}$, somit

$$h - \frac{p_0 - p_1}{\gamma_1} - \frac{V}{Q} \cdot \frac{p_0}{\gamma_1} \ln \frac{p_0}{p_1} = (1 + \zeta_2)\frac{v_0^2}{2g} - \frac{v_1^2}{2g} \quad . \; . \; \text{a)}$$

Nennt man γ und γ' die Einheitsgewichte des Gemisches von Luft und Wasser in B und C, so ist wie in Aufgabe 488 in B:

$$\frac{G_1 + G_2}{\gamma} = \frac{G_1}{\gamma_1} + \frac{G_2}{\gamma_2} = \frac{G_1}{\gamma_1} + \frac{G_2}{\gamma_0} \cdot \frac{p_0}{p_1},$$

und in C:

$$\frac{G_1 + G_2}{\gamma'} = \frac{G_1}{\gamma_1} + \frac{G_2}{\gamma_0}.$$

Vernachlässigt man G_2 gegen G_1, so wird:

$$\frac{1}{\gamma} = \frac{1}{\gamma_1} + \frac{G_2}{G_1} \cdot \frac{p_0}{p_1} \cdot \frac{1}{\gamma_0}$$

und

$$\frac{1}{\gamma'} = \frac{1}{\gamma_1} + \frac{G_2}{G_1} \cdot \frac{1}{\gamma_0}.$$

Nun ist nach dem Kontinuitätsgesetz

$$F_1 v_1 \gamma = F_0 v_0 \gamma'.$$

Setzt man

$$\frac{F_0}{F_1} = n,$$

so wird

$$v_1 = v_0 n \frac{\gamma'}{\gamma} = v_0 n \frac{Q + V \frac{p_0}{p_1}}{Q + V} \quad . \; . \; . \; . \; . \; \text{b)}$$

Aus a) und b) lassen sich v_0 und v_1 berechnen.

492. Der entstehende Auftrieb ist nach Gleichung 117 für $V = 1\,m^3$:

$$\gamma - \gamma_1.$$

Da nun nach Gleichung 83 für das Einheitsgewicht der Außenluft

$$\gamma = \frac{p_0}{RT_0}$$

und für jenes der Innenluft

$$\gamma_1 = \frac{p_0}{RT},$$

so folgt für den Auftrieb

$$\frac{p_0}{R}\left(\frac{1}{273 + t_0} - \frac{1}{273 + t}\right)$$

493. Aus Gleichung 85:

$$pV = GRT$$

ist der Auftrieb der Raumeinheit des Ballons

$$\frac{G - G_1}{V} = \frac{p}{T}\left(\frac{1}{R} - \frac{1}{R_1}\right),$$

wenn R die Gaskonstante der Luft, R_1 jene des Füllgases ist.

494. Die zum Vortrieb notwendige Leistung ist

$$E = 75\,N = W v,$$

worin nach Gleichung 112:

$$W = \zeta \frac{\gamma}{g} F v^2.$$

Setzt man hier $N = \frac{F v^3}{2250}$ ein und nimmt $\frac{\gamma}{g}$ wie gebräuchlich mit $\frac{1}{8}$ an, so bleibt $\zeta = 0{,}26$ in Übereinstimmung mit Gleichung 114 für Zylinder mit Halbkugel-Abschluß.

495. Nach Gleichung 112 ist die Leistung des Motors zur Überwindung des Luftwiderstandes

$$W v = \zeta \frac{\gamma}{g} F v^3.$$

Das gewünschte Verhältnis ist also $m n^3$.

496. Der Wirkungsgrad η ist das Verhältnis der Leistung Wv, die zur Überwindung des Luftwiderstandes erforderlich ist, zur Maschinen-Leistung. Man erhält

$$\eta = \frac{2{,}5\, v^3}{75.500} = 0{,}71.$$

497. Anwendung von Gleichung 117:

$$S = V(\gamma - \gamma_1) - G.$$

Es ist $S = 1370$ kg, $G = 3490$ kg,
ferner nach Gleichung 83

$$\gamma = \frac{p}{RT}, \quad p = 10333 \text{ kg/m}^2 . \frac{730}{760},$$

$T = 273^0 + 20^0$, $R = 29{,}27$ für Luft, $422{,}59$ für Wasserstoff,
woraus $\gamma = 1{,}16$ kg/m³, $\gamma_1 = 0{,}08$ kg/m³
und $V = 4500$ m³.

498. Die größte Höhe wird erreicht sein, wenn die Steigkraft Null geworden ist. Nach Gleichung 117 ist dann:

$$S = 0, \quad \gamma - \gamma_1 = \frac{G}{V}$$

und da nach Gleichung 83:

$$\gamma = \frac{p}{RT}, \quad \gamma_1 = \frac{p}{R_1 T},$$

so ist für das Schweben der Luftdruck

$$p = \frac{G}{V} \frac{T}{{}^1/_R - {}^1/_{R_1}} \quad \ldots \ldots \ldots \text{ a)}$$

Sind γ_0 und p_0 Einheitsgewicht und Luftdruck an der Oberfläche der Erde, so wird wegen

$$\gamma_0 = \frac{p_0}{RT}: \quad p = \frac{G}{V\gamma_0} \cdot \frac{p_0}{1 - {}^R/_{R_1}}$$

und nach den Gleichungen 118 und 119 die größte Höhe:

$$h = RT \ln \left[\frac{V\gamma_0}{G}\left(1 - {}^R/_{R_1}\right)\right] \quad \ldots \ldots \text{ b)}$$

499. Nach voriger Aufgabe und nach Gleichung 119 ist mit $\gamma_0 = 1{,}16$, $t = 20^0$:

$$h = 7992\left(1 + \frac{20}{273}\right) \ln \left[\frac{4500 \cdot 1{,}16}{3490}\left(1 - \frac{29{,}27}{422{,}59}\right)\right] = 2837 \text{ m.}$$

500. Wie in Aufgabe 498 muß auch hier

$$\gamma - \gamma_1 = \frac{G}{V}, \quad p = \frac{G}{V} \cdot \frac{T}{{}^1/_R - {}^1/_{R_1}}$$

sein. Nun ist $p = \gamma R T$ und nach Aufgabe 429 das Einheitsgewicht der Luft in der Höhe h

$$\gamma = \gamma_0 \sqrt[k-1]{1 - \frac{k-1}{k} \frac{h}{RT_0}}.$$

Man erhält daraus die größte Höhe mit

$$h = \frac{k}{k-1} R T_0 \left[1 - \left(\frac{G}{V\gamma_0} \frac{R_1}{R_1 - R}\right)^{k-1}\right].$$

501. Nach voriger Aufgabe wird $h = 3742$ m.

502. Nach den Gleichungen 118 und 119 ist

$$h = k \ln \frac{p_0}{p}, \quad k = 7992\left(1 + \frac{t}{273}\right),$$

woraus der Überdruck des Gases im Ballon gegen die dünner gewordene äußere Luft:

$$p_0 - p = p_0\left(1 - e^{-h/k}\right).$$

Nennt man σ die Spannung des Meters Stoffbreite, so ist

$$r^2\pi(p - p_0) = 2 r\pi \cdot \sigma,$$

woraus

$$\sigma = \frac{p_0 r}{2} \frac{e^{h/k} - 1}{e^{h/k}}.$$

503. Ist p der gesuchte Überdruck, so ist $2 r l p$ die Kraft, die den Ballon an seinen Längsseiten aufzureißen sucht. Soll der Ballon prall bleiben, so darf die Zugkraft S der Schnüre höchstens ebensogroß sein, also

$$2 S n \leqq 2 r l p$$

und da $G = 2 S n \cos \alpha$, so folgt

$$p \geqq \frac{G}{2 r l \cos \alpha}.$$

504. Nach Aufgabe 498, Gleichung b) ist die Schwebehöhe

$$h = R T \ln \left[\frac{V\gamma_0}{G}\left(1 - \frac{R}{R_1}\right)\right].$$

Setzt man hier:

$$V = \frac{4}{3} r^3 \pi, \quad G = 4 r^2 \pi \cdot b,$$

so folgt

$$r = \frac{3b}{\gamma_0} \cdot \frac{R_1}{R_1 - R} e^{h/RT}.$$

505. Ist für Wasserstoff die Schwebehöhe wie in voriger Aufgabe

$$h_1 = R T \ln \left[\frac{V\gamma_0}{G}\left(1 - \frac{R}{R_1}\right)\right]$$

und für Leuchtgas

$$h_2 = RT \ln \left[\frac{V\gamma_0}{G}\left(1 - \frac{R}{R_2}\right)\right],$$

so folgt
$$h_1 - h_2 = RT \ln \frac{R_2(R_1 - R)}{R_1(R_2 - R)},$$

und mit

$R = 29{,}27, \quad R_1 = 422{,}59, \quad R_2 = 67{,}19\colon\ h_1 - h_2 = 14{,}64\ T.$

506. Wenn angenommen wird, daß das Luftschiff die Form eines zugespitzten Ellipsoides erhalten hat, so ist sein Stirnwiderstand nach den Gleichungen 112 und 114:

$$W = \zeta \frac{\gamma}{g} F v^2, \quad \zeta = 0{,}2$$

und der Luftwiderstand seiner Seitenfläche nach Gleichung 116:

$$W' = \zeta' \frac{\gamma}{g} F' v^2, \quad \zeta' = 0{,}00244.$$

Mit $\frac{\gamma}{g} = \frac{1}{8}$, $v = \frac{100}{6}$ m/s, $F = \frac{\pi d^2}{4}$, $F' = \pi d l$ wird

$$W = 922 \text{ kg und } W' = 450 \text{ kg},$$

somit die erforderliche Leistung

$$(W + W')v = 22867 \frac{\text{m kg}}{\text{s}}$$

oder 304,9 PS. Mit Rücksicht auf die Verluste von 20 v. H. steigt diese Anforderung auf 381 PS, denen die 500 PS der vier Motoren gegenüberstehen.

507. Nach den Gleichungen 112, 114, 116 ist der Gesamtwiderstand des Ballons

$$W + W' = \frac{\gamma}{g}(\zeta F + \zeta' F')v^2$$

mit $\zeta = 0{,}26$, $F = \frac{\pi d^2}{4}$; $\zeta' = 0{,}00244$, $F' = \pi d x$.

Die Nutzleistung ist $E_n = (W + W')\, v$ und die Leistung des Motors

$$E = \frac{1}{1 - n} E_n,$$

endlich das Gewicht des Motors

$$G = q \frac{E}{75}.$$

Wird mit x die fragliche Länge des Ballons bezeichnet, so müßte nach Gleichung 117:

$$G = V(\gamma - \gamma_1) = F x (\gamma - \gamma_1)$$

sein. Aus diesen Beziehungen bleibt schließlich die Gleichung für x zurück:

$$\frac{q}{75} \cdot \frac{1}{1-n} \cdot \frac{\gamma}{g} v^3 \left(\zeta \frac{d}{4} + \zeta' x\right) = \frac{d}{4} (\gamma - \gamma_1) x,$$

woraus mit $n = \frac{1}{2}$: $\qquad x = 14{,}52$ m.

508. Nach Aufgabe 498 ist die Höhe, in der der Ballon schwebt:

$$h = k \ln \frac{G_0}{G},$$

wenn $\qquad k = RT = 7992 \left(1 + \frac{t}{273}\right), \quad G_0 = V \gamma_0 (1 - {}^R/_{R_1})$

bedeuten. Wird G auf G_1 vermindert, so ist die Schwebehöhe

$$h_1 = k \ln \frac{G_0}{G_1},$$

und somit $\qquad h_1 - h = k \ln \frac{G}{G_1}.$

Setzt man nun $t = 20^0$, $G_1 = 0{,}99$ G, so wird $k = 8577$ und $h_1 - h = 86{,}2$ m. Um diese Höhe steigt der Ballon empor.

509. Benützt man Gleichung a) der Aufgabe 498 in Verbindung mit Gleichung 118 und 119, so ist die Schwebehöhe

$$h = RT \ln \frac{p_0}{p} = RT \ln \frac{a}{T},$$

worin $\qquad a = \frac{p_0 V}{G} \left(\frac{1}{R} - \frac{1}{R_1}\right);$

bei der Temperatur T_1 ist die Schwebehöhe

$$h_1 = RT_1 \ln \frac{a}{T_1},$$

somit $\qquad \frac{h}{T} - \frac{h_1}{T_1} = R \ln \frac{T_1}{T}.$

Setzt man nun $T_1 = T + 1^0$, und

$$\ln \frac{T_1}{T} = \ln\left(1 + \frac{1}{T}\right) = \frac{1}{T} - \frac{1}{2T^2} + \frac{1}{3T^3} - \ldots$$

so kann, mit Vernachlässigung der Glieder von T^2 angefangen, geschrieben werden

$$\frac{h}{T} - \frac{h_1}{T + 1^0} \doteq \frac{R}{T},$$

woraus
$$h - h_1 = R\left(1 + \frac{1^0}{T} - \ln\frac{a}{T}\right).$$

Angenähert darf also gesetzt werden

$$h - h_1 \doteq R,$$

d. h. die Schwebehöhe des Ballons nimmt für je 1^0 Temperaturerhöhung um beiläufig 30 m ab.

510. Nach Gleichung 117 gilt für das Schweben des Ballons an der Erdoberfläche

$$S = V(\gamma_0 - \gamma_{01}) - (G + B) = 0,$$

wenn B das Gewicht des Ballastes, γ_0 und γ_{01} die Einheitsgewichte von Luft und Gas sind. Schwebt der Ballon nach Ausgabe des Ballastes in der Höhe h, so ist ebenso

$$S = V(\gamma_h - \gamma_{h1}) - G = 0,$$

woraus
$$B = V[(\gamma_0 - \gamma_h) - (\gamma_{01} - \gamma_{h1})].$$

Nun ist nach Aufgabe 429 angenähert

$$\gamma_0 - \gamma_h = \frac{\gamma_0 h}{k R T_0};$$

ferner der Luftdruck in der Höhe h

$$p_h = p_0\left(\frac{v_0}{v_h}\right)^k = p_0\left(\frac{\gamma_h}{\gamma_0}\right)^k$$

und der Gasdruck in der gleichen Höhe

$$p_{h1} = p_{01}\left(\frac{\gamma_{h1}}{\gamma_{01}}\right)^k;$$

da nun $p_h = p_{h1}$, $p_0 = p_{01}$, so folgt

$$\frac{\gamma_{h1}}{\gamma_{01}} = \frac{\gamma_h}{\gamma_0} \text{ oder } \gamma_{01} - \gamma_{h1} = \frac{\gamma_{01} h}{k R T_0}$$

und
$$B = \frac{V h}{k R T_0}(\gamma_0 - \gamma_{01}).$$

511. Ähnlich wie in Aufgabe 498 ist für das Schweben des Ballons

$$\gamma - \gamma_1 = \frac{G}{V}$$

und wenn T die absolute Temperatur der Luft, T_1 jene des Ballongases ist, nach Gleichung 83:

$$\gamma = \frac{p}{RT}, \quad \gamma_1 = \frac{p}{R_1 T_1},$$

woraus
$$p\left(\frac{1}{RT} - \frac{1}{R_1 T_1}\right) = \frac{G}{V}.$$

Nach den Gleichungen 118 und 119 ist dann die Schwebehöhe des Ballons:

$$h_1 = RT \ln \frac{p_0}{p} = RT \ln \left[\frac{p_0 V}{G} \cdot \frac{R_1 T_1 - RT}{R R_1 T T_1}\right],$$

während für $T = T_1$:

$$h = RT \ln \left[\frac{p_0 V}{G} \cdot \frac{R_1 - R}{R R_1 T}\right].$$

Man erhält also

$$h_1 - h = RT \ln \left[1 + \frac{R}{R_1 - R} \cdot \frac{T_1 - T}{T_1}\right]$$

und wenn man von der Reihe

$$\ln(1 + x) = x - \frac{x^2}{2} + \frac{x^3}{3} - \ldots$$

nur das erste Glied beibehält, angenähert:

$$h_1 - h = \frac{R^2}{R_1 - R} T \left(1 - \frac{T}{T_1}\right).$$

Für Wasserstoff ist $R_1 = 422{,}59$, für Luft $R = 29{,}27$, somit angenähert:

$$h_1 - h = 2{,}18\,(t_1 - t).$$

512. Nach Gleichung a) in Aufgabe 498 ist die Tragfähigkeit des Ballons

$$G = \frac{Vp}{T}\left(\frac{1}{R} - \frac{1}{R_1}\right)$$

und wenn die Temperatur der Luft um t abgenommen hat:

$$G_1 = Vp\left[\frac{1}{R(T - t)} - \frac{1}{R_1 T}\right].$$

Man findet hieraus

$$\triangle G = G_1 - G = G \frac{R_1}{R_1 - R} \cdot \frac{t}{T - t}.$$

Für Wasserstoff ist $R_1 = 422{,}59$, für Luft $R = 29{,}27$ und

$$\triangle G = 1{,}07\, G \frac{t}{T - t}.$$

513. Rechnung wie in voriger Aufgabe. Man findet

$$\triangle G = G \frac{R}{R_1 - R} \cdot \frac{t_1}{T + t_1}$$

und für Wasserstoff:

$$\triangle G = 0{,}074\, G \frac{t_1}{T + t_1}.$$

514. Der Rauminhalt V des schlaffen Ballons ist nicht konstant, hingegen ist es das Gewicht G_1 des Ballongases:

$$G_1 = V\gamma_1.$$

Der Auftrieb ist

$$A = V(\gamma - \gamma_1) = G_1\left(\frac{\gamma}{\gamma_1} - 1\right) = G_1\left(\frac{R_1}{R} - 1\right) = \text{konstant},$$

also von der Höhenlage unabhängig, solange der Ballon nicht prall geworden ist.

515. Ähnlich wie in voriger Aufgabe. Der Auftrieb ist

$$A_1 = G_1\left(\frac{R_1 T_1}{R T} - 1\right).$$

Das Gewicht der verdrängten Luft ist

$$G = G_1 \frac{\gamma}{\gamma_1} = G_1 \frac{R_1 T_1}{R T},$$

somit die Änderung des Auftriebes für jedes Kilogramm verdrängter Luft:

$$\frac{A_1 - A}{G} = 1 - \frac{T}{T_1}.$$

516. Nach voriger Aufgabe verändert sich der Auftrieb um

$$1 - \frac{T}{T-1} = -\frac{1}{T-1} = -\frac{1}{272 + t^0}\,\text{kg}$$

für jedes Kilogramm der verdrängten Luft.

517. Setzt man die Wärmezunahme

$$dQ = c_v\, dT + A p\, dv$$

gleich Null und entnimmt aus den Gleichungen 81 und 87:

$$p\, dv = R\, dT - v\, dp, \quad c_v + A R = c_p,$$

so bleibt

$$0 = c_p\, dT - A R T \frac{dp}{p}.$$

Nun folgt aus den Gleichungen 118 und 119:

$$dh = -RT\frac{dp}{p},$$

es ist also

$$\frac{dh}{dT} = -\frac{c_p}{A}$$

und mit $c_p = 0{,}238$, $A = \frac{1}{424}$ (nach den Gleichungen 88 und 89):

$$\frac{dh}{dT} = -100{,}912,$$

d. h. wenn h um 100 m zunimmt, kühlt sich das Gas um beiläufig 1^0 ab.

518. Ist γ_0 das Einheitsgewicht der Luft an der Stelle O, so ist es nach Aufgabe 429 an der Stelle P:

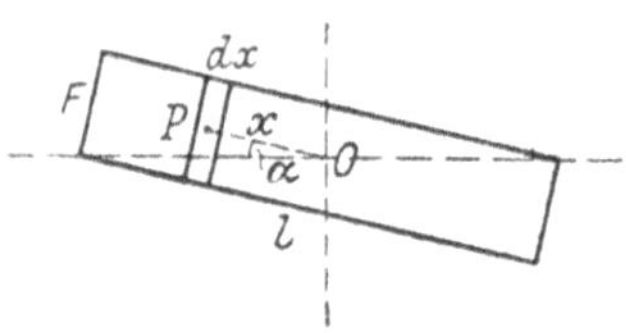

$$\gamma = \gamma_0(1 - ah),$$

$$a = \frac{1}{kRT_0}, \quad h = x\sin\alpha.$$

Der Ballon schwebt, wenn (vom Gewichte des Ballons abgesehen) das Einheitsgewicht γ_1 des Gases gleich dem mittleren Einheitsgewichte γ_m der verdrängten Luft ist. Nun ist aber

$$\gamma_m = \frac{1}{l}\int_{-l/2}^{+l/2} \gamma_0(1 - ax\sin\alpha)\,dx = \gamma_0,$$

somit wird $\gamma_1 = \gamma_0$ und

$$\gamma_1 - \gamma = \gamma_0\, ax\sin\alpha.$$

Das Stabilitätsmoment des Ballons ist

$$2\int_0^{l/2} F.\,dx(\gamma_1 - \gamma)x\cos\alpha = \frac{1}{12}\,\frac{F\gamma_0\sin\alpha\cos\alpha}{kRT_0}\,l^3.$$

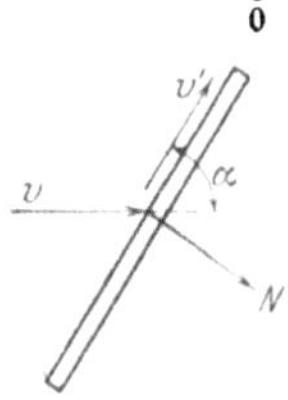

519. Nennt man $R = \mu.\frac{\gamma}{g}Fv'^2$ den an der Platte entstehenden Reibungswiderstand und

$$M = \frac{\gamma}{g}.F\sin\alpha\,.\,v$$

die Masse der in der Zeiteinheit gegen die Platte strömenden Luft, so ist nach dem Satze vom Antrieb

$$Mv - Mv'\cos\alpha = N\sin\alpha + R\cos\alpha.$$

Setzt man obenstehende Werte für R und M ein und bezeichnet das unbekannte Verhältnis der Geschwindigkeiten $v' : v$ mit n, so wird

$$N = \frac{\gamma}{g} F v^2 . f(\alpha)$$

worin $f(\alpha) = 1 - n \cos\alpha - \mu n^2 \operatorname{cotg}\alpha.$

Nimmt man $\mu = 0$ an, so wird

$$f(\alpha) = 1 - n \cos\alpha.$$

Mit $n = \cos\alpha$ wird $f(\alpha) = \sin^2\alpha$, die Newton'sche Angabe, die jetzt nicht mehr benützt wird.

Mit $n = \frac{1 - \sin\alpha}{\cos\alpha}$ wird $f(\alpha) = \sin\alpha$, das vielbenützte Luftwiderstandsgesetz von R. v. Loessl.

Mit $n = k \cos\alpha$ wird $f(\alpha) = \sin^2\alpha + (1 - k)\cos^2\alpha$, eine Angabe, die W. Schüle empfiehlt. (Technische Wärmemechanik.)

520. Bezeichnet man mit L, D, K und R den Wert des Normaldruckes für die vier Angaben, so ist

$$R > D > L > K.$$

521. Es ist $D = 2 N \sin\alpha$, worin $N = \frac{\gamma}{g} F v^2 . f(\alpha)$.

Setzt man $\alpha = 45^0$, so erhält man nach:

v. Loessl: $D = \frac{\gamma}{g} F v^2$;

Duchemin: $D = 1{,}333 \frac{\gamma}{g} F v^2$;

Keck: $D = 0{,}943 \frac{\gamma}{g} F v^2$;

Renard: $D = 1{,}5 \frac{\gamma}{g} F v^2$.

522. Es ist

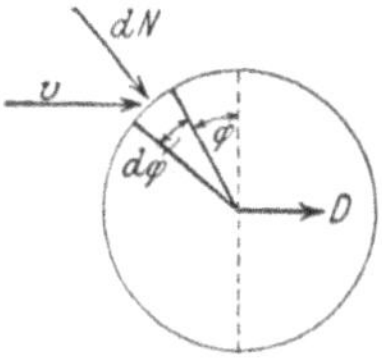

$$d N = \frac{\gamma}{g} . dF . v^2 . f(\varphi),$$

worin $dF = h r d\varphi$. Dann wird:

$$dD = dN . \sin\varphi,$$

und

$$D = \int dN . \sin\varphi = 2 \frac{\gamma}{g} h r v^2 \int_0^{\pi/2} f(\varphi) . \sin\varphi . d\varphi.$$

Nennt man $F_1 = 2\,h\,r$ den Achsialschnitt des Zylinders, so ist

$$D = \frac{\gamma}{g} F_1 v^2 . J; \quad J = \int_0^{\pi/2} f(\varphi) \sin\varphi \, d\varphi.$$

Das Integral J erhält folgende Werte:
nach v. Loessl:

$$f(\varphi) = \sin\varphi, \quad J = \int_0^{\pi/2} \sin^2\varphi \, d\varphi = \frac{\pi}{4} = 0{,}785;$$

nach Keck:

$$f(\varphi) = \frac{2\sin^2\varphi}{1 + \sin^2\varphi}, \quad J = 2\int_0^{\pi/2} \frac{\sin^3\varphi}{1 + \sin^2\varphi} d\varphi = 0{,}754;$$

nach Renard:

$$f(\varphi) = 2\sin\varphi - \sin^3\varphi, \quad J = 2\int_0^{\pi/2} \sin^2\varphi \, d\varphi - \int_0^{\pi/2} \sin^4\varphi \, d\varphi$$

$$= \frac{5\pi}{16} = 0{,}982.$$

Direkte Versuche ergaben nach v. Loessl: $J = \frac{2}{3}$.

523. Ist F die Mantelfläche des Kegels, dF ein Streifen derselben zwischen zwei unendlich nahen Erzeugenden, so ist ähnlich wie in Lösung zu voriger Aufgabe der Normaldruck dieses Streifens:

$$dN = \frac{\gamma}{g} . dF . v^2 . f(\delta),$$

woraus

$$dD = dN . \sin\delta$$

und da alle Streifen gleiche Neigung gegen v besitzen:

$$D = \frac{\gamma}{g} F v^2 \sin\delta . f(\delta).$$

Ist F_1 die Grundfläche des Kegels, so wird

$$D = \frac{\gamma}{g} F_1 v^2 . f(\delta).$$

Nach den Angaben von v. Loessl, Keck und Renard wird:

$$f(\delta) = \sin\delta, \quad f(\delta) = \frac{2\sin^2\delta}{1 + \sin^2\delta}, \quad f(\delta) = 2\sin\delta - \sin^3\delta.$$

Für $\delta = 45^0$ wird in diesen drei Fällen:

$$F(\delta) = 0{,}707,\ 0{,}667 \text{ und } 1{,}06.$$

524. Setzt man den Durchschnitt der Kugel $F_1 = r^2\pi$, so findet man ähnlich wie in voriger Aufgabe:

$$dN = \frac{\gamma}{g}\, dF \,.\, v^2 \,.\, f(\varphi),$$

worin dF die Oberfläche eines schmalen Kreisringes auf der Kugel ist, senkrecht zu v:

$$dF = 2r\cos\varphi \,.\, \pi r\, d\varphi$$

und

$$dD = dN \,.\, \sin\varphi,$$

woraus

$$D = \frac{\gamma}{g} F_1 v^2 \,.\, J$$

mit

$$J = 2\int_0^{\pi/2} f(\varphi) \,.\, \sin\varphi \,.\, \cos\varphi \,.\, d\varphi.$$

Das Integral J erhält folgende Werte:
nach der Angabe von v. Loessl:

$$J = 2\int_0^{\pi/2} \sin^2\varphi \,.\, \cos\varphi \,.\, d\varphi = \frac{2}{3} = 0{,}667;$$

nach der Angabe von Keck:

$$J = 4\int_0^{\pi/2} \frac{\sin^3\varphi\cos\varphi}{1+\sin^2\varphi}\, d\varphi = 2(1 - \ln 2) = 0{,}614;$$

nach der Angabe von Renard:

$$J = 4\int_0^{\pi/2} \sin^2\varphi\cos\varphi\, d\varphi - 2\int_0^{\pi/2} \sin^4\varphi\cos\varphi\, d\varphi = \frac{14}{15} = 0{,}933.$$

525. Ist F die Größe der Platte, G ihr Gewicht, v_1 die Geschwindigkeit der vertikal herabfallenden Platte, so ist nach Gleichung 112, wenn die Platte gleichförmig fällt:

$$G = \zeta \frac{\gamma}{g} F v_1^2.$$

Ist v die Geschwindigkeit der unter dem Winkel α fallenden Platte, so ist nach Gleichung 115 für gleichförmiges Fallen:

$$G = \zeta \frac{\gamma}{g} F v^2 \sin\alpha.$$

Nun ist $v_2 = v \sin\alpha$ die vertikale Geschwindigkeit der zweiten Platte, es ist also durch Vergleich

$$v_1^2 = v\, v_2$$

oder

$$\frac{v_2}{v_1} = \sqrt{\sin\alpha};$$

die Platte ohne Seitenbewegung fällt also rascher.

526. Der Ausdruck für v_1 ist zunächst nicht homogen, da das Glied $b\, v_2$ die Dimension $L^2 T^{-1}$ besitzt, somit nicht zur Fläche F addiert werden darf. Dieser Fehler könnte jedoch durch Hinzufügung einer Erfahrungszahl k von der Dimension der Zeit, also

$$F + k\, b\, v_2$$

behoben werden; allerdings erscheint es dann zweifelhaft, ob k gerade den Wert Eins für das gewählte Maßsystem annehmen wird.

Die Platte besitzt im Raum die Geschwindigkeit

$$v = \sqrt{v_1^2 + v_2^2} = \frac{v_1}{\sin\alpha},$$

wenn mit α der Winkel zwischen v und der Platte bezeichnet wird. Die zu prüfende Angabe für v_1 kann also auch in folgender Form geschrieben werden:

$$G = N = \frac{\gamma}{g} F\, v^2 \sin^2\alpha \left(1 + \frac{k}{a} v \cos\alpha\right),$$

die mit der früheren Angabe v. Loessl's:

$$N = \frac{\gamma}{g} F\, v^2 \sin\alpha$$

nicht in Einklang zu bringen ist. (Vergl. die Einwendungen von J. Popper und R. Knoller, Zeitschr. Öst. Ing.- und Arch.-Ver. 1899.)

527. Zerschneidet man die Kreisfläche in Streifen, der Achse parallel, so ist die Fläche eines Streifens

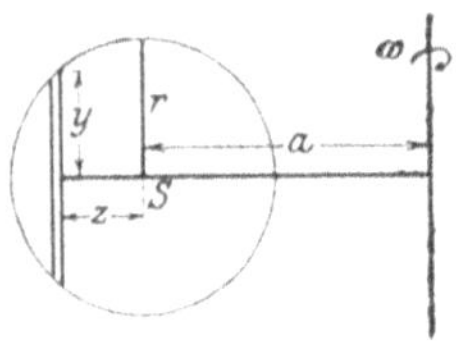

$$df = 2y \,.\, dz$$

und der Druck der Luft auf ihn:

$$dW = \zeta \,.\, \frac{\gamma}{g} \,.\, df \,.\, v^2,$$

worin $v = (a + z)\,\omega$.

Der gesamte Druck auf die Kreisfläche ist dann

$$W = 2\zeta \frac{\gamma}{g} \omega^2 \int (a + z)^2 y\, dz \quad \ldots\ldots \quad a)$$

und mit

$$y = \sqrt{r^2 - z^2}, \quad r^2\pi = F:$$

$$\int_{-r}^{+r} (a+z)^2 \sqrt{r^2 - z^2}\, dz = \frac{F}{2}\left(a^2 + \frac{r^2}{4}\right).$$

Ist ferner z_0 der Abstand des Druckmittelpunktes M von S, so gilt die Gleichung

$$W(a+z_0) = \int (a+z)\, dW = 2\zeta \frac{\gamma}{g} \omega^2 \int (a+z)^3 y\, dz \quad . \quad b)$$

worin
$$\int_{-r}^{+r} (a+z)^3 \sqrt{r^2 - z^2}\, dz = \frac{aF}{2}\left(a^2 + \frac{3}{4} r^2\right).$$

Aus den Gleichungen a) und b) folgt sodann

$$z_0 = \overline{MS} = \frac{2ar^2}{4a^2 + r^2}.$$

528. Die Platte erhält durch den Druck der strömenden Luft die Winkelbeschleunigung

$$\lambda = \frac{\mathbf{M}}{\mathbf{T}},$$

worin $\mathbf{T}$ das Trägheitsmoment der Platte für die Drehungsachse und

$$\mathbf{M} = Dx = a \frac{\sin\varphi \cos\varphi}{(4 + \pi \sin\varphi)^2}$$

mit $a = \frac{3\pi}{4} \frac{\gamma}{g} F l v^2$ bezeichnet.

Aus der Gleichung für die drehende Bewegung

$$\omega\, d\omega = \lambda\, d\varphi$$

folgt nach Integration:

$$\frac{\omega^2}{2} = \frac{a}{\mathbf{T}} \int \frac{\sin\varphi \cos\varphi}{(4 + \pi \sin\varphi)^2} d\varphi + C,$$

und da für $\varphi = 0$: $\omega = \omega_0$ ist, weiter

$$\omega^2 = \omega_0^2 + \frac{2}{\pi^2} \frac{a}{\mathbf{T}} \left[\ln \frac{4 + \pi \sin\varphi}{4} - \frac{\pi \sin\varphi}{4 + \pi \sin\varphi} \right];$$

man erhält für $\varphi = 90^0$ die größte Winkelgeschwindigkeit

$$\max \omega^2 = \omega_0^2 + \frac{3}{2\pi} \cdot \frac{\gamma}{g} \frac{Fl}{\mathbf{T}} v^2 \left[\ln \frac{4+\pi}{4} - \frac{\pi}{4+\pi} \right]$$
$$= \omega_0^2 + 0{,}0667 \frac{\gamma}{g} \frac{Fl}{\mathbf{T}} v^2.$$

529. Nach Gleichung 112 ist der Widerstand:

$$W = \zeta \cdot \frac{\gamma}{g} F v^2$$

also ist

$$\frac{\triangle W}{W} = \frac{\triangle \gamma}{\gamma}.$$

Das Einheitsgewicht γ der Luft ist nach Gleichung 83:

$$\gamma = \frac{p}{RT}$$

oder

$$\triangle \gamma = \frac{T \triangle p - p \triangle T}{RT^2},$$

woraus

$$\frac{\triangle W}{W} = \frac{\triangle p}{p} - \frac{\triangle T}{T}.$$

530. Es sei A C B der Durchschnitt des Segels mit einer Vertikalebene, $MM' = ds$ ein Bogenelement, dann ist der Luftdruck auf dieses

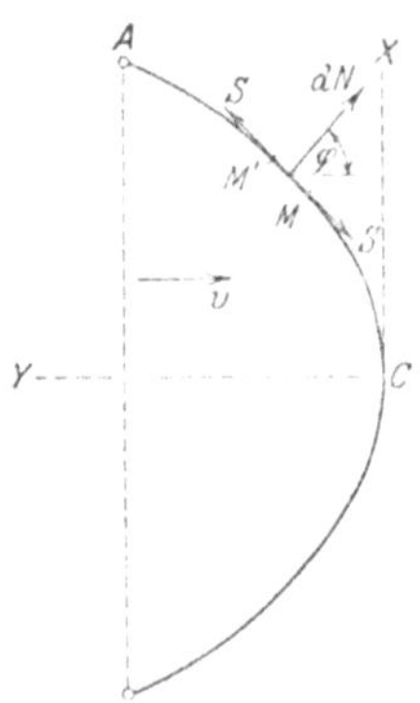

$$dN = a\,v^2 . ds . \cos \varphi,$$

wenn φ der Winkel zwischen der Luftgeschwindigkeit v und der Normale ist. Da nur Normaldrücke auf das Segel ausgeübt werden, ist die Spannung S überall die gleiche; aus dem Gleichgewicht des Elementes ds folgt $S\,d\varphi = dN$ und hieraus

$$\varrho \cos \varphi = \frac{S}{a\,v^2} = k,$$

wenn k eine Konstante und $\varrho = \frac{ds}{d\varphi}$ der Krümmungshalbmesser ist.

Da $\frac{dx}{ds} = \cos \varphi$, $\frac{dy}{ds} = \sin \varphi$ ist, so folgt aus

$$\varrho \cos \varphi = \frac{dx}{d\varphi} = k: \quad x = k\varphi \quad \ldots\ldots \quad a)$$

und aus

$$\frac{dy}{dx} = \operatorname{tg} \varphi:$$

$$dy = \operatorname{tg}\varphi . dx = k \operatorname{tg}\varphi\, d\varphi,$$

woraus nach Integration:

$$y = -k \ln \cos \varphi \quad \ldots\ldots\ldots \quad b$$

Aus den Gleichungen a) und b) folgt für die Form des gespannten Segels:

$$\cos\frac{x}{k}\,e^{y/k} = 1.$$

Ist 2 b die Entfernung der Stangen A und B, 2 l die Breite des Segels ACB und beachtet man, daß

$$ds = \frac{dx}{\cos\varphi} = k\,.\frac{d\varphi}{\cos\varphi},$$

so folgt
$$s = k\ln\frac{1+\operatorname{tg}\varphi/_2}{1-\operatorname{tg}\varphi/_2},$$

wenn der Bogen s der Kurve von C aus gezählt wird. Für $x = b$ und $s = l$ erhält man

$$e^{l/k} = \frac{1+\operatorname{tg}^{b}/_{2k}}{1-\operatorname{tg}^{b}/_{2k}},$$

woraus k und damit auch die Segelspannung $S = a k v^2$ gerechnet werden kann.

531. Sinkt der Fallschirm gleichförmig, so halten sich Gewicht und Luftwiderstand Gleichgewicht; dann ist nach Gleichung 112:

$$W = \zeta\frac{\gamma}{g}F c^2 = G$$

oder
$$c = \sqrt{\frac{G g}{\zeta\gamma F}}.$$

532. Die von unten nach oben geblasene Luft hat gegen die Platte die relative Geschwindigkeit $v - c$, ihr Druck auf die Platte ist nach Gleichung 112

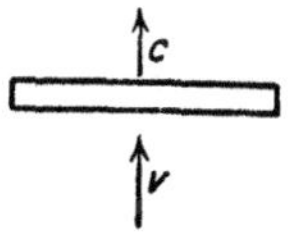

$$W = \zeta\frac{\gamma}{g}F(v-c)^2.$$

Auf die Oberseite der Platte wirkt der Druck der ruhenden Luft:

$$W_1 = \zeta\frac{\gamma}{g}F c^2.$$

Setzt man für Gleichgewicht, da die Platte sich gleichförmig bewegen soll:

$$W = G + W_1,$$

so wird
$$v = c + \sqrt{\frac{G g}{\zeta\gamma F} + c^2}.$$

In der Sekunde wird der Luftmasse $M = \frac{\gamma}{g} F v$ die Geschwindigkeit v zu erteilen sein; hierzu ist die Leistung erforderlich

$$E = \frac{1}{2} M v^2 = \frac{1}{2} \frac{\gamma}{g} F v^3 = \frac{1}{2} \frac{\gamma}{g} F \left[c + \sqrt{\frac{G g}{\zeta \gamma F} + c^2}\right]^3.$$

533. Hier ist $v + c$ die relative Geschwindigkeit der strömenden Luft gegen die Platte. Es ist also für Gleichgewicht

$$G = W = \zeta \frac{\gamma}{g} F (v + c)^2,$$

woraus

$$v = \sqrt{\frac{G g}{\zeta \gamma F}} - c$$

und die notwendige Leistung wie in voriger Aufgabe

$$E = \frac{1}{2} M v^2 = \frac{1}{2} \frac{\gamma}{g} F v^3 = \frac{1}{2} \frac{\gamma}{g} F \left[\sqrt{\frac{G g}{\zeta \gamma F}} - c\right]^3.$$

534. Man setze in den Resultaten der beiden vorhergehenden Aufgaben die Geschwindigkeit c der Platte gleich Null, so wird die verlangte Leistung für das Schweben der Platte:

$$E = \frac{1}{2 \zeta} G v,$$

worin

$$v = \sqrt{\frac{g}{\zeta \gamma} \cdot \frac{G}{F}}$$

die für das Schweben notwendige Luftgeschwindigkeit ist. Setzt man $\frac{g}{\gamma} = 8$, $\zeta = 0{,}83$ (Gleichung 113) für kreisförmige Platte, so wird

$$E = 1{,}87 \frac{G^{3/2}}{F^{1/2}}.$$

Mit $\zeta = 1$ wird $E = \frac{1}{2} G v$. Das Verdienst, die Schwebeleistung in dieser Form richtig eingeschätzt zu haben, gebührt A. Budau. Bis dahin wurde gewöhnlich $E = G v$ angenommen.

535. Nach voriger Aufgabe ist die zum Schweben notwendige Leistung

$$E = \frac{1}{2 \zeta} \sqrt{\frac{g}{\zeta \gamma}}\, G \sqrt{\frac{G}{F}}.$$

Setzt man $\zeta = 1$ (günstigster Fall, da nach den Angaben 113 für ein Rechteck $\zeta = 0{,}6$)

so wird $$E = 4322 \frac{\text{m kg}}{\text{s}} \text{ oder } 57{,}6 \text{ PS}.$$

Der Motor von 20 PS war also zu schwach.

536. Gibt man sowohl der Platte wie dem Luftstrom die Zusatzgeschwindigkeit c nach abwärts, so kommt die Platte zur Ruhe und der Luftstrom besitzt gegen sie die relative Geschwindigkeit

$$v_1 = v - c.$$

Nennt man β_1 den Winkel, den v_1 mit der Vertikalen einschließt, so ist nach Gleichung 115

$$W = \zeta \frac{\gamma}{g} F v_1^2 \cos \beta_1$$

und da $$v \cos \beta = c + v_1 \cos \beta_1:$$

$$W = \zeta \frac{\gamma}{g} F (v \cos \beta - c) \sqrt{v^2 + c^2 - 2 v c \cos \beta}.$$

Setzt man wie in Aufgabe 532

$$W_1 = \zeta \frac{\gamma}{g} F c^2, \quad W = G + W_1,$$

so kann v gerechnet werden.

Die Leistung ist $E = \frac{1}{2} M v^2$, wenn $M = \frac{\gamma}{g} F \cos \beta \,.\, v$ die in der Sekunde bewegte Luftmasse ist; es wird $E = \frac{1}{2} \frac{\gamma}{g} F \cos \beta \, v^3$.

537. Wenn der Luftstrom mit der Normale der Platte den Winkel β einschließt, so ist nach voriger Aufgabe mit $c = 0$:

$$v = \frac{1}{\sqrt{\cos \beta}} \sqrt{\frac{g}{\zeta \gamma} \cdot \frac{G}{F}}$$

und die Schwebeleistung:

$$E = \frac{1}{2} \frac{G}{\zeta \cos \beta} \sqrt{\frac{G g}{\zeta \gamma F}} = \frac{1}{2 \zeta} G v.$$

538. Nach Gleichung 115 ist der Normaldruck der Luft auf die Fläche des Drachenfliegers

$$N = \zeta \frac{\gamma}{g} F c^2 \sin \alpha,$$

somit die Steigkraft

$$V = N \cos \alpha = \zeta \frac{\gamma}{g} F c^2 \sin \alpha \cos \alpha$$

und die Triebkraft

$$P = N \sin \alpha = \zeta \frac{\gamma}{g} F c^2 \sin^2 \alpha$$

539. Der Normaldruck der Luft auf die Fläche ist nach Gleichung 115:

$$N = \zeta \frac{\gamma}{g} F c^2 \sin(\alpha - \beta),$$

somit die horizontale Triebkraft

$$P = N \sin \alpha = \zeta \frac{\gamma}{g} F c^2 \sin(\alpha - \beta) \sin \alpha$$

und die vertikale Steigkraft

$$V = N \cos \alpha = \zeta \frac{\gamma}{g} F c^2 \sin(\alpha - \beta) \cos \alpha.$$

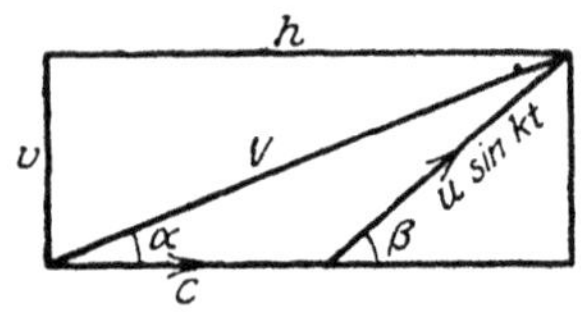

540. Die gesamte Geschwindigkeit des Windes setzt sich aus c und u sin kt zusammen und ist V. Der Auftrieb der Segelfläche ist

$$A = \zeta \frac{\gamma}{g} F V^2 \sin \alpha = \zeta \frac{\gamma}{g} F v h = a v h,$$

wenn der Winkel α klein, $\cos \alpha \doteq 1$ ist. Wenn man

$$A = a u \sin \beta \sin kt (c + u \cos \beta \sin kt)$$

nach der Zeit differenziert und $\frac{dA}{dt} = 0$ setzt, so erhält man:

1) $\cos kt = 0, \; kt = \frac{\pi}{2}$

$$\frac{d^2A}{dt^2} = - a u \sin \beta k^2 (c + 2 u \cos \beta);$$

2) $\sin kt = - \frac{c}{2 u \cos \beta}$,

$$\frac{d^2A}{dt^2} = a u \sin \beta k^2 \left(2 u \cos \beta - \frac{c^2}{2 u \cos \beta}\right).$$

Für die besonderen Werte wird

$$\max A = 57 \zeta \frac{\gamma}{g} F, \quad \min A = -15{,}4 \zeta \frac{\gamma}{g} F.$$

541. Nach Aufgabe 538 ist die Steigkraft

$$V = \zeta \frac{\gamma}{g} F c^2 \sin \alpha \cos \alpha$$

und die Triebkraft: $P = \zeta \frac{\gamma}{g} F c^2 \sin^2 \alpha.$

Setzt man V = G, so wird die notwendige Geschwindigkeit

$$c = \sqrt{\frac{G g}{\zeta \gamma F}} \cdot \frac{1}{\sqrt{\sin \alpha \cos \alpha}},$$

die Triebkraft $P = G \operatorname{tg} \alpha$

und die notwendige Leistung:

$$E = P c = G \sqrt{\frac{G g}{\zeta \gamma F}} \sqrt{\frac{\sin \alpha}{\cos^3 \alpha}}.$$

Die Fälle $\alpha = 0$ und $\alpha = 90^0$ sind auszuscheiden, da $c = \infty$ wird.

542. Nach voriger Aufgabe ist die zum Vortrieb notwendige Leistung

$$E = k G \sqrt{\frac{G}{F}}, \text{ worin } k^2 = \frac{g}{\zeta \gamma} \cdot \frac{\sin \alpha}{\cos^3 \alpha}.$$

Setzt man $G = G_1 + G_2 = a \sqrt{F^3} + G_2$ und bildet $\frac{\partial E}{\partial F} = 0$, so wird

$G = \frac{9}{2} a \sqrt{F^3}$ und somit $G_1 : G_2 = 2 : 7$.

543. Ist M ein Element b dx des Flügels in der Entfernung x von O, so ist

$$\overline{v} = \overline{v_0} + \overline{x \omega}$$

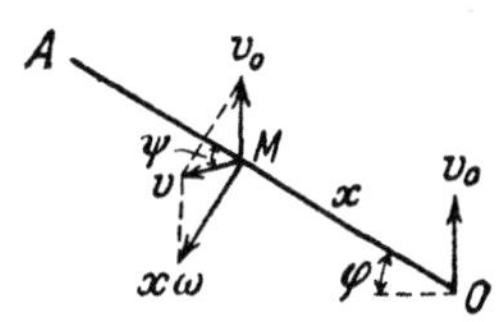

seine Geschwindigkeit und nach Gleichung 115:

$$dN = \zeta \frac{\gamma}{g} . b dx . v^2 \sin \psi$$

der Luftdruck auf das Flächenelement.

Der gesuchte vertikale Gesamtdruck ist

$$V = \int_0^a dN . \cos \varphi.$$

Es ist

$$v \cos \psi = v_0 \sin \varphi,$$
$$v \sin \psi = x \omega - v_0 \cos \varphi$$

und

$$v^2 = v_0^2 + x^2 \omega^2 - 2 v_0 x \omega \cos \varphi.$$

Man erhält

$$V = \zeta \frac{\gamma}{g} \frac{b \cos \varphi}{3 \omega} (v_1^3 - v_0^3),$$

worin v_1 die Geschwindigkeit des Punktes A ist.

544. Mit $\varphi = 0$, $v_0 = 0$ wird der vertikale Luftdruck nach voriger Aufgabe

$$\zeta \frac{\gamma}{g} \frac{b\,v_1^3}{3\,\omega}$$

und wenn $v_1 = a\,\omega$, $F = ab$ gesetzt wird:

$$\frac{1}{3} \zeta \frac{\gamma}{g} F\,v_1^2.$$

Ebenso wird für den Aufgang des Flügels F der Vertikaldruck

$$\frac{1}{3} \zeta \frac{\gamma}{g} F\,v_2^2,$$

wenn v_2 die Geschwindigkeit des Punktes A ist. Man erhält also

$$G = \frac{2}{3} \zeta \frac{\gamma}{g} F\,(v_1^2 - v_2^2).$$

Mit den Bezeichnungen der vorigen Aufgabe ist die Leistung beim Niedergange des Flügels F

$$\int_0^a d\,N \,.\, x\,\omega = \frac{1}{4} \zeta \frac{\gamma}{g} F\,v_1^3$$

und analog für den Aufgang. Man erhält die Gesamtleistung:

$$E = \frac{1}{2} \zeta \frac{\gamma}{g} F\,(v_1^3 + v_2^3).$$

545. Es ist

$$\frac{E}{G} = \frac{3}{4} \frac{v_1^3 + v_2^3}{v_1^2 - v_2^2}.$$

Setzt man $v_1 = n\,v_2$, so ist

$$\frac{E}{G} = \frac{3}{4} v_2 \frac{n^2 - n + 1}{n - 1}.$$

Der kleinste Wert dieses Verhältnisses ist $\frac{9}{4} v_2$ mit $n = 2$.

546. Nach Aufgabe 539 ist die horizontale Triebkraft für die Tragfläche F mit $\beta = 0$:

$$P_1 = \zeta \frac{\gamma}{g} F\,c^2 \sin^2 \alpha.$$

Die Triebkraft für den sekundären Luftwiderstand kann gesetzt werden:

$$P_2 = \frac{\gamma}{g} f\,c^2,$$

worin f die gesamte Widerstandsfläche (außer der Tragfläche), auf normalen Stoß der Luft zurückgeführt, bedeutet.

Die beiden Leistungen sind dann

$$E_1 = P_1 c, \quad E_2 = P_2 c;$$

nun ist nach Aufgabe 538 die Steigkraft:

$$V = \zeta \frac{\gamma}{g} F c^2 \sin\alpha \cos\alpha.$$

Setzt man V = G (Gewicht der Flugmaschine), so wird

$$E = E_1 + E_2 = \frac{a}{c} + b c^3,$$

worin $a = \frac{G^2 g}{\zeta \gamma F \cos^2\alpha}, \quad b = \frac{\gamma}{g} f$ bedeuten.

Macht man $\frac{dE}{dc} = 0$, so wird $\frac{a}{c_1} = 3 b c_1^3$, d. h.

$$E_1 = 3 E_2$$

und $c_1^4 = \frac{a}{3b}$ oder $c_1 = \sqrt{\frac{G g}{\gamma \cos\alpha \sqrt{3 \zeta F f}}}.$

547. Nach voriger Aufgabe ist die ganze Triebkraft

$$P = P_1 + P_2 = \zeta \frac{\gamma}{g} F c^2 \sin^2\alpha + \frac{\gamma}{g} f c^2$$

oder

$$P = \frac{a}{c^2} + b c^2,$$

worin a und b dieselbe Bedeutung wie oben haben. Setzt man

$$\frac{dP}{dc} = 0,$$

so wird $\frac{a}{c_2^2} = b c_2^2$ oder $P_1 = P_2$.

Hierzu gehört die Geschwindigkeit

$$c_2^4 = \frac{a}{b} \quad \text{oder} \quad c_2 = \sqrt{\frac{G g}{\gamma \cos\alpha \sqrt{\zeta F f}}}.$$

548. Aus den Resultaten der beiden vorigen Aufgaben folgt zunächst:

$$c_1 : c_2 = 1 : \sqrt[4]{3} = 1 : 1{,}32.$$

Ferner ist bei dem Minimum der Leistung (Aufgabe 546):

$$G = \zeta \frac{\gamma}{g} F c_1^2 \sin\alpha \cos\alpha$$

und wenn der Wert von c_1 eingesetzt wird:

$$\sin\alpha_1 = \sqrt{\frac{3f}{\zeta F}}.$$

Ebenso erhält man bei dem Minimum der Triebkraft (Aufgabe 547):

$$\sin \alpha_2 = \sqrt{\frac{f}{\zeta F}}.$$

Es ist also

$$\sin \alpha_1 : \sin \alpha_2 = \sqrt{3} : 1 = 1{,}732 : 1.$$

549. Die ganze Triebkraft ist

$$P = P_1 + P_2 + P_3,$$

worin die dynamische Triebkraft wie in Aufgabe 546 und 547:

$$P_1 = \zeta \frac{\gamma}{g} F c^2 \sin^2 \alpha \quad \ldots \ldots \quad a)$$

ist. Da die vertikale Steigkraft gleich dem Gewicht der Flugmaschine ist, so folgt aus Aufgabe 546:

$$G = \zeta \frac{\gamma}{g} F c^2 \sin \alpha \cos \alpha.$$

Entfernt man α aus beiden Gleichungen, so bleibt:

$$P_1^2 - \zeta \frac{\gamma}{g} F c^2 P_1 + G^2 = 0 \quad \ldots \ldots \quad b)$$

und

$$\sin^2 \alpha = \frac{P_1^2}{G^2 + P_1^2} \quad \ldots \ldots \quad c)$$

Macht man nun P zu einem Minimum, indem man $\frac{\partial P}{\partial F} = 0$ setzt, so wird

$$\frac{\partial P_1}{\partial F} + \frac{\partial P_3}{\partial F} = 0,$$

woraus mit Benützung des Ausdruckes $P_3 = \zeta' \frac{\gamma}{g} F c^2$ und der Gleichung b) folgt:

$$P_1 (\zeta + 2\zeta') = \zeta \zeta' \frac{\gamma}{g} F c^2,$$

somit aus Gleichung a):

$$\sin \alpha = \sqrt{\frac{\zeta'}{\zeta + 2\zeta'}} \quad \ldots \ldots \quad d)$$

ferner wird aus Gleichung c):

$$P_1 = G \sqrt{\frac{\zeta'}{\zeta + \zeta'}} \quad \ldots \ldots \quad e)$$

und endlich

$$P_3 = \zeta' \cdot \frac{P_1}{\zeta \sin^2 \alpha} = P_1 \left(1 + 2 \frac{\zeta'}{\zeta}\right).$$

Für die Tragfläche erhält man aus a), d) und e):

$$F = \frac{G g}{\zeta \gamma c^2} \frac{\zeta + 2\zeta'}{\sqrt{\zeta'(\zeta + \zeta')}}.$$

550. Zunächst ist wie in Aufgabe 546 die ganze Triebkraft

$$P = P_1 + P_2 = \frac{\gamma}{g} c^2 (\zeta F \sin^2 \alpha + f)$$

und die Steigkraft

$$V = \zeta \frac{\gamma}{g} F c^2 \sin \alpha \cos \alpha = G,$$

also
$$u = \frac{E}{G} = \frac{P}{G} c = \frac{\sin^2 \alpha + m}{\sin \alpha \cos \alpha} c,$$

worin
$$m = \frac{f}{\zeta F}$$
bezeichnet.

Setzt man aus der Gleichung für V:

$$c = \sqrt{\frac{G g}{\zeta \gamma F}} \frac{1}{\sqrt{\sin \alpha \cos \alpha}} \quad \ldots\ldots\ldots \quad a)$$

in den Ausdruck von u ein, so wird

$$u = \frac{k - \cos 2\alpha}{\sqrt{\sin^3 2\alpha}} \sqrt{\frac{2 G g}{\zeta \gamma F}} \quad \ldots\ldots\ldots \quad b)$$

worin
$$k = 1 + 2 m.$$

Untersucht man den ersten Bruch auf sein Minimum, so erhält man für α die Gleichung

$$\cos^2 2\alpha - 3 k \cos 2\alpha + 2 = 0.$$

551. Es wird in voriger Aufgabe:

$$m = \frac{1}{20}, \quad k = 1{,}1, \quad \cos^2 2\alpha - 3{,}3 \cos 2\alpha + 2 = 0,$$

woraus $\cos 2\alpha = 0{,}80$ (die andere Wurzel größer als eins), $\alpha = 18^0\,26'$
Ferner wird nach Gleichung a):

$$c = 5{,}17 \sqrt{\frac{G}{F}}$$

und nach Gleichung b)

$$u = 2{,}58 \sqrt{\frac{G}{F}}.$$

552. Beim Gleitflieger ist das Gewicht G die treibende Kraft, also die Leistung
$$E = P c = G \sin \beta \,.\, c,$$
somit, wenn die Lösung der Aufgabe 550 herangezogen wird, die Leistung für die Gewichtseinheit

$$u = \frac{E}{G} = c \sin \beta,$$

also
$$\sin \beta = \frac{\sin^2 \alpha + m}{\sin \alpha \cos \alpha},$$

worin $m = \frac{f}{\zeta F}$ bedeutet. Untersucht man das Minimum dieses Ausdruckes, so findet man hierfür

$$\cos 2\alpha = \frac{1}{k} \text{ und } \sin\beta = \sqrt{k^2 - 1},$$

worin
$$k = 1 + 2m = 1 + \frac{2f}{\zeta F}.$$

Es ist also
$$\sin\beta = \operatorname{tg} 2\alpha.$$

553. $\alpha = 12^0\, 18^1/_2'$, $\beta = 27^0\, 16^1/_4'$. Für kleine Winkel darf $\beta \doteq 2\alpha$ angenommen werden.

554. Für horizontalen Flug ist nach Aufgabe 538 die notwendige Geschwindigkeit

$$c^2 = \frac{G\,g}{\zeta\,\gamma\,F}\,\frac{1}{\sin\alpha\cos\alpha} \quad . \quad . \quad . \quad . \quad . \quad . \quad . \quad a)$$

Für den ansteigenden Flug mit der Geschwindigkeit c' ist der Normaldruck der Luft nach Gleichung 115:

$$N' = \zeta\,\frac{\gamma}{g}\,F\,c'^2 \sin(\alpha + \delta - \beta);$$

setzt man die Teile von N' und G, senkrecht zur Richtung der Achse des Propellers einander gleich, so wird

$$N' \cos\alpha = G\cos\delta,$$

woraus
$$c'^2 = \frac{G\,g}{\zeta\,\gamma\,F}\,\frac{\cos\delta}{\sin(\alpha + \delta - \beta)\cos\alpha} \quad . \quad . \quad . \quad . \quad . \quad b)$$

und somit aus a) und b):

$$z^2 = \left(\frac{c'}{c}\right)^2 = \frac{\sin\alpha\cos\delta}{\sin(\alpha + \delta - \beta)} \quad . \quad . \quad . \quad . \quad . \quad c)$$

555. Für horizontalen Flug ist nach Aufgabe 550 die notwendige Triebkraft

$$P = P_1 + P_2 = \zeta\,\frac{\gamma}{g}\,F\,c^2 \sin^2\alpha + \frac{\gamma}{g}\,f\,c^2$$

oder
$$P = G\,\frac{\sin^2\alpha + m}{\sin\alpha\cos\alpha},$$

wenn $m = \frac{f}{\zeta F}$ bedeutet. Analog ist für ansteigenden Flug:

$$P' = P_1' + P_2',$$

worin $$P_1' = G \sin\delta + N' \sin\alpha = G \frac{\sin(\alpha+\delta)}{\cos\alpha}$$

und mit Benützung der Gleichungen a) und c) in voriger Aufgabe:

$$P_2' = \frac{\gamma}{g} f c'^2 = G z^2 \frac{m}{\sin\alpha\cos\alpha}.$$

Es ist also

$$P' = G\left[\frac{\sin(\alpha+\delta)}{\cos\alpha} + \frac{m z^2}{\sin\alpha\cos\alpha}\right]$$

und das Verhältnis der Leistungen:

$$x = \frac{E'}{E} = \frac{P' c' \cos(\delta-\beta)}{P c} = z\cos(\delta-\beta)\frac{\sin(\alpha+\delta)\sin\alpha + m z^2}{\sin^2\alpha + m}.$$

556. Nach Aufgabe 538 ist die Steigkraft des Aeroplans:

$$V = \zeta \frac{\gamma}{g} F c^2 \sin\alpha\cos\alpha.$$

Setzt man diesen Ausdruck gleich dem Gewicht

$$G = G_1 + G_2 + G_3 = mF + nE + G_3,$$

ferner nach Aufgabe 546 die Gesamtleistung

$$E = (P_1 + P_2)c = \left(\zeta \sin^2\alpha + \frac{f}{F}\right)\cdot\frac{\gamma}{g} F c^3,$$

so wird mit $$\frac{E}{F} = x, \quad \frac{G_3}{F} = y$$

zunächst $$c^3 = \frac{x}{\frac{\gamma}{g}\left(\zeta\sin^2\alpha + \frac{f}{F}\right)}$$

und $$y = a x^{2/3} - n x - m,$$

worin $$a = \zeta\left(\frac{\gamma}{g}\right)^{1/3} \frac{\sin\alpha\cos\alpha}{\left(\zeta\sin^2\alpha + \frac{f}{F}\right)^{2/3}} \quad \ldots\ldots \text{a)}$$

Setzt man $$\frac{dy}{dx} = 0,$$

so findet man den gewünschten Wert:

$$x_1 = \frac{E}{F} = \left(\frac{2a}{3n}\right)^3$$

und den zugehörigen Größtwert

$$\max y = \max\left(\frac{G_3}{F}\right) = \frac{4a^3}{27n^2} - m = \frac{n}{2}x_1 - m.$$

557. Den Schlußgleichungen der vorigen Aufgabe läßt sich die Form geben:

$$a^3 = \frac{27}{8} n^3 x_1 \text{ und } \max y = \frac{1}{2} n x_1 - m.$$

Sie sind durch folgende Kurven dargestellt:

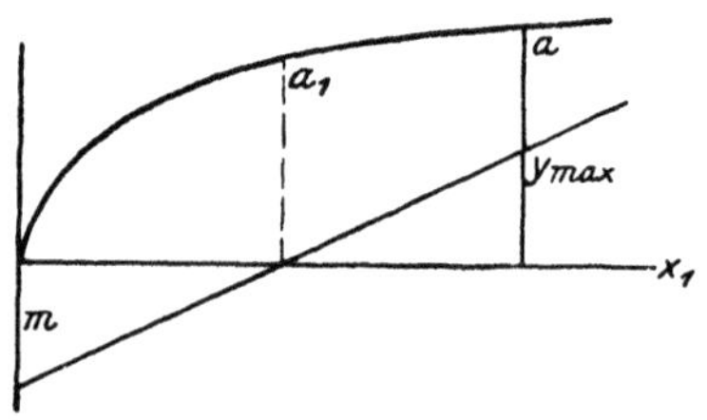

Damit überhaupt eine Nutzlast G_3 gehoben werden kann, muß

$$\max y = \max \frac{G_3}{F} > 0$$

oder $$x_1 = \frac{E}{F} > 2 \frac{m}{n}$$

sein, d. i. der gesuchte Kleinstwert. Hierbei ist aber die Bedingung zu erfüllen, daß

$$a > a_1 \text{ (vergleiche Abbildung)},$$

oder

$$a > 3\sqrt[3]{\frac{n^2 m}{4}}.$$

558. Es ist $$n = \frac{6{,}25}{75} = \frac{1}{12}, \quad m = \frac{143}{110} = 1{,}3,$$

woraus

$$a_1 = 3\sqrt[3]{\frac{n^2 m}{4}} = 0{,}393.$$

Ferner $$a = \zeta \left(\frac{\gamma}{g}\right)^{1/3} \frac{\sin \alpha \cos \alpha}{\left(\zeta \sin^2 \alpha + \frac{f}{F}\right)^{2/3}} = 0{,}609.$$

Die Bedingung $a > a_1$ ist also erfüllt. Für die Nutzlast ist

$$y = \frac{G_3}{F} = a x^{2/3} - n x - m, \quad x = \frac{E}{F} = \frac{70 \cdot 75}{110},$$

woraus $$G_3 = 301 \text{ kg}.$$

Das Gesamtgewicht des Aeroplans ist

$$G = G_3 + n E + m F = 881{,}5 \text{ kg}.$$

Für die größte Nutzlast ist

$$x_1 = \frac{E}{F} = \left(\frac{2 a}{3 n}\right)^3 = 115{,}6,$$

$$\max G_3 = \left(\frac{1}{2} n x_1 - m\right) F = 386 \text{ kg}$$

und die hierzu nötige Motorleistung:

$$E = 115{,}5\,F = 12\,705\,\frac{mkg}{s}$$

oder
$$E = 169{,}4\ PS.$$

559. Die Geschwindigkeit des Aeroplans ist abhängig von dessen Gesamtgewicht, nämlich nach Aufgabe 541:

$$c = \sqrt{\frac{G\,g}{\zeta\,\gamma\,F}}\,\frac{1}{\sqrt{\sin\alpha\cos\alpha}}.$$

Für G kann nach Aufgabe 556 gesetzt werden:

$$G = m\,F + n\,E + G_3.$$

Endlich ist die Leistung nach Aufgabe 546:

$$E = (P_1 + P_2)c = \frac{\gamma}{g}\left(\zeta\sin^2\alpha + \frac{f}{F}\right)F\,c^3.$$

Man erhält hieraus die gewünschte Beziehung:

$$\frac{G_3}{F} = \frac{\gamma}{g}\,c^2\left[\zeta\sin\alpha\cos\alpha - n\,c\left(\zeta\sin^2\alpha + \frac{f}{F}\right)\right] - m \quad . \quad . \quad a)$$

Setzt man bei konstant angenommenem c

$$\frac{d\,G_3}{d\,\alpha} = 0,$$

so wird
$$\operatorname{cotg} 2\,\alpha = n\,c$$

und
$$\frac{{}_{max}G_3}{F} = \frac{\gamma}{g}\,c^2\left[\frac{\zeta}{2}\,\operatorname{tg}\alpha - n\,c\,\frac{f}{F}\right] - m \quad . \quad . \quad . \quad b)$$

560. Setzt man in Gleichung a) der vorigen Aufgabe $m = 0$, so wird G_3 positiv sein, wenn

$$\frac{f}{F} < \zeta\left(\frac{\sin\alpha\cos\alpha}{n\,c} - \sin^2\alpha\right).$$

Ebenso folgt aus Gleichung b), daß ${}_{max}G_3$ positiv wird, wenn

$$\frac{f}{F} < \frac{\zeta}{2}\,\operatorname{tg}\alpha\,\operatorname{tg} 2\,\alpha.$$

561. Es ist

$$n = \frac{3\frac{1}{8}}{75} = \frac{1}{24}, \quad m = \frac{117}{90} = 1{,}3.$$

Aus $\operatorname{cotg} 2\,\alpha = n\,c$ folgt $\alpha = 31^0\,43'$,
sodann die größte Nutzlast:

$${}_{max}G_3 = F\left[\frac{\gamma}{g}\,c^2\left\{\frac{\zeta}{2}\,\operatorname{tg}\alpha - n\,c\,\frac{f}{F}\right\} - m\right] = 343\ kg$$

und die hierzu nötige Leistung

$$E = \frac{\gamma}{g}\left(\zeta \sin^2 \alpha + \frac{f}{F}\right) F c^3 = 6345 \frac{mkg}{s}$$

oder

$$E = 84{,}6 \text{ PS.}$$

562. Es ist $P = P_1 + P_2 + P_3$.

Für P_1 ist nach Aufgabe 549 Gleichung b:

$$P_1^2 - \zeta \frac{\gamma}{g} F c^2 P_1 + G^2 = 0$$

und wenn für kleine Neigung α der Tragfläche P_1^2 klein gegen G^2 angesehen und vernachlässigt wird:

$$P_1 = \frac{G^2}{\zeta \frac{\gamma}{g} F c^2} \quad \ldots \ldots \ldots \text{a)}$$

Ferner ist wie in den Aufgaben 546 und 549:

$$P_2 = \frac{\gamma}{g} f c^2, \qquad P_3 = \zeta' \frac{\gamma}{g} F c^2 \quad \ldots \ldots \text{b)}$$

und wie in Aufgabe 556:

$$G = G_1 + G_2 + G_3 = m F + n P c + G_3 \quad \ldots \text{c)}$$

Setzt man

$$\frac{\partial P}{\partial c} = 0,$$

so wird

$$\frac{\partial P_1}{\partial c} + \frac{\partial P_2}{\partial c} + \frac{\partial P_3}{\partial c} = 0. \quad \ldots \ldots \ldots \text{d)}$$

Aus a) folgt:

$$\zeta \frac{\gamma}{g} F \left(2 c P_1 + c^2 \frac{\partial P_1}{\partial c}\right) = 2 G \frac{\partial G}{\partial c}$$

und aus c):

$$\frac{\partial G}{\partial c} = n c \frac{\partial P}{\partial c} + n P = n P;$$

somit

$$\frac{\partial P_1}{\partial c} = \frac{2 G P n}{\zeta \frac{\gamma}{g} F c^2} - \frac{2 P_1}{c}$$

und aus b):

$$\frac{\partial P_2}{\partial c} = 2 \frac{\gamma}{g} f c, \quad \frac{\partial P_3}{\partial c} = 2 \zeta' \frac{\gamma}{g} F c;$$

Gleichung d) liefert dann:

$$\zeta \left(\frac{\gamma}{g}\right)^2 F c^4 (f + \zeta' F) = G^2 - n c G P \quad \ldots \ldots \text{e}$$

Setzt man ferner $$\frac{\partial P}{\partial F} = 0,$$

so wird $$\frac{\partial P_1}{\partial F} + \frac{\partial P_3}{\partial F} = 0 \quad \ldots \ldots \ldots \quad f)$$

Dann ist nach a)

$$\zeta \frac{\gamma}{g} c^2 \left(P_1 + F \frac{\partial P_1}{\partial F}\right) = 2\,G \frac{\partial G}{\partial F}$$

und nach c):

$$\frac{\partial G}{\partial F} = m + n c \frac{\partial P}{\partial F} = m;$$

somit $$\frac{\partial P_1}{\partial F} = \frac{2\,G m F - G^2}{\zeta \frac{\gamma}{g} F^2 c^2}$$

und aus b): $$\frac{\partial P_3}{\partial F} = \zeta' \frac{\gamma}{g} c^2.$$

Gleichung f) liefert dann

$$\zeta\zeta' \left(\frac{\gamma}{g}\right)^2 F^2 c^4 = G^2 - 2\,m G F \quad \ldots \ldots \quad g)$$

Aus den Gleichungen c), e), g) und

$$P = P_1 + P_2 + P_3 = \frac{G^2}{\zeta \frac{\gamma}{g} F c^2} + \frac{\gamma}{g} c^2 (f + \zeta' F)$$

können dann F, c, P und G berechnet werden. Der Winkel α ergibt sich schließlich aus

$$G = \zeta \frac{\gamma}{g} F c^2 \sin \alpha \cos \alpha.$$

563. $$\operatorname{tg} \psi = \frac{W}{A} = \frac{\zeta_w}{\zeta_A} r.$$

564. Nach Aufgabe 546 ist der Widerstand der sekundären Widerstandsfläche f:

$$W_2 = \frac{\gamma}{g} f c^2,$$

während der Widerstand der Tragfläche nach voriger Aufgabe

$$W_1 = \zeta_w \frac{}{g} F c^2$$

ist. Dann wird der Gesamtwiderstand

$$W = W_1 + W_2 = \frac{\gamma}{g} c^2 (\zeta_w F + f)$$

und für den Gleitwinkel

$$\operatorname{tg} \psi = \frac{W}{A} = \frac{\zeta_W + \frac{f}{F}}{\zeta_A}.$$

565. Es ist die Leistung $E = Wc = 75 N \eta$,

ferner $C = \frac{3600\,c}{1000} = 3{,}6\,c$ und nach Aufgabe 563:

$$\operatorname{cotg} \psi = \frac{A}{W} = \frac{G}{W} r,$$

woraus sich die Arbeitsgleichung ergibt.

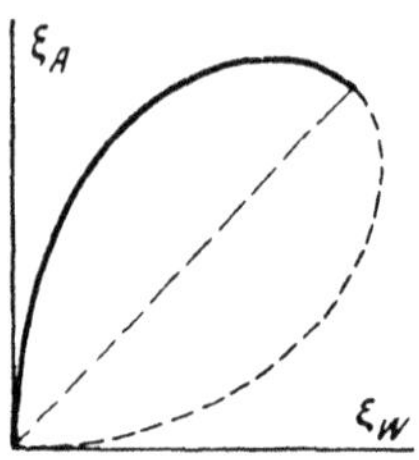

Aufg. 566.

566. $r = \sin 2\alpha$.

567. Sind W_h und W_v der horizontale und der vertikale Teil von W, so ist Gleichgewicht zu erwarten, wenn

$$W_h = K, \quad W_v = G, \quad a = 0 \quad \text{ist.}$$

568. Hat sich der Aeroplan um den kleinen Winkel φ um die horizontale Schwerachse gedreht, so wird ihn das Gewicht mit dem Moment $Gl\varphi$ und der Luftwiderstand (gemäß der Annahme) mit dem Moment $p\omega$ zurückzudrehen suchen, wobei p eine Konstante und $\omega = \frac{d\varphi}{dt}$ die Winkelgeschwindigkeit ist. Die Winkelbeschleunigung des Aeroplans ist also

$$\frac{d^2\varphi}{dt^2} = -\frac{Gl\varphi + p\frac{d\varphi}{dt}}{\mathbf{T}},$$

worin $\mathbf{T}$ das Trägheitsmoment für die Schwingungsachse ist. Man erhält demnach die Differentialgleichung:

$$\frac{d^2\varphi}{dt^2} + \frac{p}{\mathbf{T}}\frac{d\varphi}{dt} + \frac{Gl}{\mathbf{T}}\varphi = 0,$$

deren Lösung lautet

$$\varphi = Ce^{kt} \sin \alpha t,$$

wovon man sich durch Differenzieren überzeugen kann. Hierin ist

$$k = \frac{p}{2\mathbf{T}}, \quad \alpha = \frac{1}{2\mathbf{T}}\sqrt{4\mathbf{T}Gl - p^2};$$

es ist also vorausgesetzt, daß

$$p < 2\sqrt{\mathbf{T}Gl}.$$

Die Winkelgeschwindigkeit ergibt sich jetzt mit

$$\omega = \frac{d\varphi}{dt} = C e^{-kt}(-k \sin \alpha t + \alpha \cos \alpha t).$$

Für $t = 0$ ist $\omega = \omega_0$, woraus $C = \frac{\omega_0}{\alpha}$.

Am Ende der ersten Schwingung wird $\omega = 0$, es ist also

$$-k \sin \alpha t_1 + \alpha \cos \alpha t_1 = 0,$$

und somit für die Zeit t_1 der ersten Schwingung

$$\operatorname{tg} \alpha t_1 = \frac{1}{p} \sqrt{4 T G l - p^2} = n.$$

Endlich wird die Weite der ersten Schwingung

$$\varphi_1 = C e^{-k t_1} \sin \alpha t_1 = \frac{\omega_0 \sqrt{T}}{\sqrt{G l}} e^{-\frac{1}{n} \operatorname{arc\,tg} n}$$

569. W_1 ist dem Quadrat der Geschwindigkeit c des Vogels proportional und kann gesetzt werden:

$$W_1 = \alpha c^2,$$

wenn α eine Funktion des Neigungswinkels der Normale S K gegen den Flügel ist; da beim Gleichgewicht des Vogelkörpers W_1 durch S gehen muß (denn sonst treten kippende Momente auf), wird sich während des Schwebefluges der genannte Neigungswinkel nicht ändern dürfen und α ist eine Konstante.

Bringt man in S die Trägheitskraft $\frac{M c^2}{\varrho}$ in der Richtung von W_1 an, so ist nach dem D'Alembert'schen Prinzip:

$$W_1 + \frac{M c^2}{\varrho} = G \cos \varphi \qquad \text{oder} \qquad c^2 \left(a + \frac{M}{\varrho}\right) = G \cos \varphi$$

und für den Krümmungshalbmesser der Bahn:

$$\varrho = \frac{c^2}{g \cos \varphi - \frac{a}{M} c^2}.$$

Setzt man $\varrho = \frac{ds}{d\varphi}$, worin ds das Bahnelement ist, und benützt die zeitfreie Bewegungsgleichung $c \,.\, dc = \gamma_t \, ds = g \sin \varphi \,.\, d\varphi$, so erhält man die Differentialgleichung

$$dc = \frac{g c \sin \varphi \,.\, d\varphi}{g \cos \varphi - \frac{a}{M} c^2},$$

deren Integral lautet: $g \cos \varphi = \frac{C}{c} + \frac{a c^2}{3 M}$.

Die Bewegung ist das Gleiten eines schweren Körpers auf glatter Bahn; nennt man z die Höhenlage des Schwerpunkts S und h eine Konstante, so ist für diese Bewegung $c = \sqrt{2g(z+h)}$ und somit die Gleichung der Bahn des Schwerpunkts:

$$\cos\varphi = \frac{C_1}{\sqrt{z+h}} + \frac{2a}{3M}(z+h).$$

Die Konstante C_1 ist durch den Anfangszustand bestimmt. Die Bahn wird ein Kreis, wenn $C_1 = 0$ ist.

570. Man wähle das Achsenkreuz XYZ, worin Z parallel der Drehungsachse ist, X in die Richtung der Umfangsgeschwindigkeit u und Y in die Ebene des Flügels fällt. Ferner sei φ der Drehungswinkel des Flügels, α seine Neigung gegen die horizontale XY-Ebene. Der Mittelpunkt des Flügels M hat dann die Geschwindigkeit v, deren Richtungskosinusse sind:

$$\frac{u + c\sin\varphi}{v}, \quad \frac{c\cos\varphi}{v}, \quad 0;$$

hingegen hat die Normale n der Flügelebene die Richtungskosinusse

$$\sin\alpha, \quad 0, \quad \cos\alpha.$$

Nennt man ψ den Winkel zwischen v und n, so ist

$$\cos\psi = \frac{u + c\sin\varphi}{v}\sin\alpha$$

und nach Gleichung 115 der Luftdruck auf die Flügelfläche F:

$$N = \zeta\frac{\gamma}{g}F v^2 \cos\psi = \zeta\frac{\gamma}{g}F v \sin\alpha(u + c\sin\varphi).$$

Das Moment dieses Luftdrucks um die Drehungsachse wird

$$\mathbf{M} = N r \sin\alpha$$

und mit $v^2 = u^2 + c^2 + 2uc\sin\varphi$:

$$\mathbf{M} = \zeta\frac{\gamma}{g}F r \sin^2\alpha(u + c\sin\varphi)\sqrt{u^2 + c^2 + 2uc\sin\varphi}.$$

Für $\varphi = 90^0$ wird $\max\mathbf{M} = \zeta\frac{\gamma}{g}F r \sin^2\alpha(u+c)^2$,

für $\varphi = 270^0$ wird $\min\mathbf{M} = \zeta\frac{\gamma}{g}F r \sin^2\alpha(u-c)^2$.

571. Nach Aufgabe 539 ist der Normaldruck auf die Fläche F

$$N = \zeta\frac{\gamma}{g}F c^2 \sin(\alpha - \beta),$$

und die vertikale Steigkraft

$$V = N\cos\alpha = \zeta\frac{\gamma}{g}F c^2\sin(\alpha - \beta)\cos\alpha.$$

Setzt man $V = G$ und $c = \frac{u}{\cos\beta}$, so bleibt die Gleichung

$$\frac{\sin(\alpha-\beta)}{\cos^2\beta} = \frac{G g}{\zeta\gamma F u^2 \cos\alpha} \quad . \; . \; . \; . \; . \; . \; . \; a)$$

zur Bestimmung des Steigungswinkels β. Die vertikale Geschwindigkeit der Luftschraube ist dann $w = u \operatorname{tg}\beta$.

572. Nach voriger Aufgabe ist die Steigkraft

$$V = \zeta \frac{\gamma}{g} F c^2 \sin(\alpha-\beta)\cos\alpha.$$

Da c die Resultante aus w und u ist, folgt

$$c\sin(\alpha-\beta) = u\sin\alpha - w\cos\alpha = (u \operatorname{tg}\alpha - w)\cos\alpha$$

und

$$V = \zeta \frac{\gamma}{g} F \sqrt{u^2+w^2}(u\operatorname{tg}\alpha - w)\cos^2\alpha.$$

Sucht man den Größtwert des Ausdruckes

$$A = (u^2+w^2)(u\operatorname{tg}\alpha - w)^2,$$

so findet man

$$\frac{\partial A}{\partial w} = 2(u\operatorname{tg}\alpha - w)(w u \operatorname{tg}\alpha - u^2 - 2w^2) = 0,$$

$$\frac{\partial^2 A}{\partial w^2} = 2(u\operatorname{tg}\alpha - w)(u\operatorname{tg}\alpha - 4w).$$

Wenn für $\max A$ der zweite Differentialquotient kleiner als Null werden soll, so muß $w > \frac{u}{4}\operatorname{tg}\alpha$ sein und somit folgt aus $\frac{\partial A}{\partial w} = 0$:

$$w = \frac{u}{4}\left[\operatorname{tg}\alpha + \sqrt{\operatorname{tg}^2\alpha - 8}\right].$$

573. Die notwendige Leistung ist

$$E = P u,$$

wenn

$$P = \zeta\frac{\gamma}{g} F c^2 \sin(\alpha-\beta)\sin\alpha$$

nach Aufgabe 539 die horizontale Triebkraft ist. Setzt man wie in Aufgabe 571

$$c = \frac{u}{\cos\beta},$$

so wird

$$E = \zeta\frac{\gamma}{g}\frac{\sin(\alpha-\beta)\sin\alpha}{\cos^2\beta} F u^3,$$

und wenn man u mit Hilfe von Gleichung a) entfernt:

$$E = G\sqrt{\frac{G g}{\zeta\gamma F}}\,\frac{\operatorname{tg}\alpha\cos\beta}{\sqrt{\cos\alpha\sin(\alpha-\beta)}}$$

574. Nennt man s die Ganghöhe oder Steigung der Schraubenlinie, die von der kleinen Fläche F beschrieben wird und ϱ deren Abstand von der Achse, so ist

$$\operatorname{tg}\alpha = \frac{s}{2\varrho\pi};$$

die Geschwindigkeit der Fläche ist

$$c = \sqrt{u^2 + w^2} = \sqrt{\varrho^2\omega^2 + w^2}$$

und ihre Neigung β:

$$\operatorname{tg}\beta = \frac{w}{u} = \frac{w}{\varrho\omega}.$$

Der Normaldruck der Luft auf die Fläche F wird

$$N = \zeta\frac{\gamma}{g} F c^2 \sin(\alpha - \beta),$$

die Zugkraft der Schraube in Richtung ihrer Achse:

$$V = N\cos\alpha,$$

die Leistung zur Überwindung des Luftwiderstandes:

$$E = N\sin\alpha\cdot u$$

und die Nutzleistung zum Vortriebe der Schraube:

$$E_n = V w = N\cos\alpha\cdot w.$$

Man erhält:

$$E = \zeta\frac{\gamma}{g} F\varrho s\omega\left(\frac{s\omega}{2\pi} - w\right)\sqrt{\frac{\varrho^2\omega^2 + w^2}{s^2 + 4\pi^2\varrho^2}},$$

$$E_n = \frac{60\,w}{s\,n}E$$

und den Wirkungsgrad

$$\eta = \frac{E_n}{E} = \frac{60\,w}{s\,n}.$$

575. Die Aufgabe ist die Umkehrung der vorigen. Gibt man

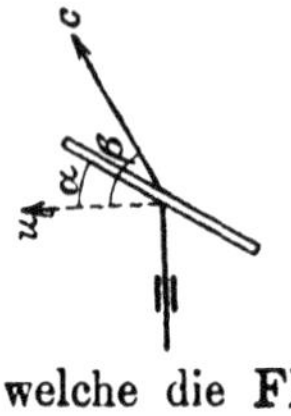

sowohl der Welle, wie der Luft eine nach oben gerichtete Geschwindigkeit $w = v$, so kommt die Luft zur Ruhe und die Fläche F macht die gleiche Bewegung wie in voriger Aufgabe. Nur trifft die Luft jetzt die Außenseite der Fläche und es ist $\beta - \alpha$ statt, wie früher, $\alpha - \beta$ zu setzen. Die Leistung, welche die Fläche abgibt, wird sein:

$$E = N\sin\alpha\cdot u = \zeta\frac{\gamma}{g} F c^2\sin(\beta - \alpha)\sin\alpha\cdot u$$

und wegen

$$c = \frac{u}{\cos\beta},\quad u = w\cdot\operatorname{cotg}\beta,\quad w = v:$$

$$E = \zeta\frac{\gamma}{g} F v^3\frac{\sin\alpha\cos\beta\sin(\beta - \alpha)}{\sin^3\beta}.$$

Dieser Wert wird am größten, wenn $\sin\alpha \sin(\beta-\alpha)$ am größten wird, also für

$$\alpha = \frac{\beta}{2}, \quad \text{worin} \quad \operatorname{tg}\beta = \frac{v}{u}.$$

576. Es ist

$$G = G_1 + G_2 = m\,F + n\,E.$$

Setzt man wie in den Aufgaben 571 und 573 mit $\beta = 0$:

$$G = V = \zeta \frac{\gamma}{g} F\,u^2 \sin\alpha \cos\alpha,$$

$$E = Pu = \zeta \frac{\gamma}{g} F\,u^3 \sin^2\alpha$$

in obige Gleichung ein, so wird

$$u^2 \sin\alpha \cos\alpha = k + n\,u^3 \sin^2\alpha \quad \ldots\ldots \quad \text{a)}$$

worin

$$k = \frac{m\,g}{\zeta\,\gamma}.$$

Differenziert man diese Gleichung nach α und setzt $\frac{d\,u}{d\,\alpha} = 0$, so erhält man

$$\operatorname{tg} 2\alpha = \frac{1}{n\,u} \quad \ldots\ldots\ldots\ldots \quad \text{b)}$$

und nach Entfernen von α aus den Gleichungen a) und b):

$$u^4 - 4\,k\,n\,u^3 - 4\,k^2 = 0 \quad \ldots\ldots \quad \text{c)}$$

Aus dieser Gleichung ist $_{\min} u$ zu berechnen und sodann aus Gleichung b) der Neigungswinkel α.

577. Benütze die Resultate der vorigen Aufgabe.

Es ist

$$m = 3, \quad n = \frac{1}{24}, \quad k = 24.$$

Gleichung c) geht über in

$$u^4 - 4\,u^3 = 2304,$$

woraus als brauchbarer Wert der kleinsten Umfangsgeschwindigkeit:

$$_{\min} u = 8{,}19 \text{ m/s}.$$

Sodann liefert Gleichung b) den Neigungswinkel der Luftschraube $\alpha = 35^0\,35'$.

Ferner wird das Gesamtgewicht

$$G = \frac{1}{8} F\,u^2 \sin\alpha \cos\alpha = 15{,}87 \text{ kg},$$

also das Gewicht des Motors

$$G_2 = G - G_1 = 3{,}87 \text{ kg},$$

und seine Leistung

$$E = 93 \text{ mkg/s}.$$

578. Setzt man in Gleichung a) der Aufgabe 576: $\sin^2\alpha = x$, so geht sie über in

$$u^4 x(1-x) - (k + n x u^3)^2 = 0 \quad \ldots \ldots \quad d)$$

Differenziert man die Gleichung nach u und setzt $\frac{dx}{du} = 0$, so erhält man

$$x = \sin^2\alpha = \frac{2u - 3nk}{u(2 + 3n^2u^2)} \quad \ldots \ldots \quad e)$$

Entfernt man x aus d) und e), so bleibt

$$2nu^3 - 9n^2ku^2 - 4k = 0 \quad \ldots \ldots \quad f)$$

Hieraus kann die fragliche Geschwindigkeit u des Schraubenflügels und sodann aus Gleichung e) der größte Wert des Neigungswinkels α berechnet werden.

Bildet man $\frac{G_2}{G_1} = \frac{nE}{mF} = \frac{n}{k} u^3 \sin^2\alpha$

und benützt die Gleichungen e) und f), so bleibt

$$G_2 = 2G_1.$$

579. Aus Gleichung a) in Aufgabe 576 folgt zunächst

$$n = \frac{u^2 \sin\alpha\cos\alpha - k}{u^3\sin^2\alpha} \quad \ldots \ldots \quad g)$$

worin $n = \frac{G_2}{E}$ das Gewicht für die Einheitsleistung des Motors ist. Bildet man für konstanten Winkel α den Differentialquotienten $\frac{\partial n}{\partial u}$ und setzt ihn gleich Null, so wird

$$u = \sqrt{\frac{3k}{\sin\alpha\cos\alpha}} \quad \ldots \ldots \quad h)$$

und

$$\max n = \frac{2}{3\sqrt{3}} \sqrt{\frac{\cos^3\alpha}{k\sin\alpha}} \quad \ldots \ldots \quad i)$$

Mit Benützung der Gleichung h) wird sodann das Gesamtgewicht (vergl. Aufgabe 576)

$$G = \zeta\frac{\gamma}{g} F u^2 \sin\alpha\cos\alpha = \frac{m}{k} F \cdot 3k = 3mF = 3G_1,$$

also das Motorgewicht

$$G_2 = 2G_1.$$

580. Benütze die Resultate der Aufgabe 578.

Es ist wie in Aufgabe 577:

$$m = 3, \quad n = \frac{1}{24}, \quad k = 24,$$

und Gleichung f) geht über in

$$2\,u^3 - 9\,u^2 = 2304.$$

Ihre brauchbare Wurzel ist $u = 12{,}22$ m/s; mit diesem Wert liefert Gleichung e):

$$\max \alpha = 52^0\ 38'\ 40''.$$

Das Gesamtgewicht wird dann

$$G = \frac{1}{8}\,F\,u^2 \sin\alpha \cos\alpha = 36 \text{ kg},$$

somit das Gewicht des Motors $G_2 = G - G_1 = 24$ kg und seine notwendige Leistung:

$$E = \frac{G_2}{n} = 576 \text{ mkg/s}.$$

581. Es ist wie in Aufgabe 577:

$$m = 3, \quad k = 24, \quad \text{ferner } \alpha = 10^0.$$

Die Gleichungen h) und i) der Aufgabe 579 geben dann:

$$u = 20{,}53 \text{ m/s}$$

$$\max n = 0{,}185 \text{ kg Gewicht für 1 mkg/s Leistung,}$$

das Gewicht des Motors $G_2 = 24$ kg

und seine Leistung $E = \frac{G_2}{n} = 130$ mkg/s.

582. Wenn man in Gleichung g), Aufgabe 579, bei unveränderlichem u nach α differenziert und $\frac{\partial n}{\partial \alpha} = 0$ setzt, so wird

$$\operatorname{tg} \alpha = \frac{2\,k}{u^2}$$

und damit

$$\max n = \frac{u}{4\,k} - \frac{k}{u^3}.$$

Aus

$$G = \zeta\,\frac{\gamma}{g}\,F\,u^2 \sin\alpha \cos\alpha$$

wird dann

$$G = \frac{m}{k}\,F\,u^2 \sin\alpha \cos\alpha = 2\,F\,m \cos^2\alpha,$$

uud da

$$G = G_1 + G_2 = m\,F + n\,E,$$

so bleibt für das Gewicht des Motors

$$G_2 = G_1 \cos 2\alpha$$

und für seine Leistung

$$E = \frac{G_2}{n} = G_1 u \sin 2\alpha.$$

583. Mit den Resultaten der vorigen Aufgabe wird: $m = 3$, $k = \frac{m g}{\zeta \gamma} = 24$, $\alpha = 3^0 3' 10''$, $\max n = 0{,}31$, d. h. das Gewicht der PS darf $23^1/_4$ kg sein.

Das Gewicht des Motors wird $G_2 = 11{,}93$ kg und seine Leistung 38,5 mkg/s.

584. Wenn man in den drei Gleichungen der Aufgabe 576:

$$G = m F + n E,$$

$$G = \zeta \frac{\gamma}{g} F u^2 \sin\alpha \cos\alpha,$$

$$E = \zeta \frac{\gamma}{g} F u^3 \sin^2\alpha$$

E durch y und u durch x ersetzt und sodann den Winkel α aus den Gleichungen entfernt, bleibt die Gleichung der gewünschten Schaulinie in der Form zurück:

$$x^2 (a + n y)^2 + y^2 = b x^3 y \quad \ldots \ldots \quad a)$$

worin $a = m F$ und $b = \zeta \frac{\gamma}{g} F$

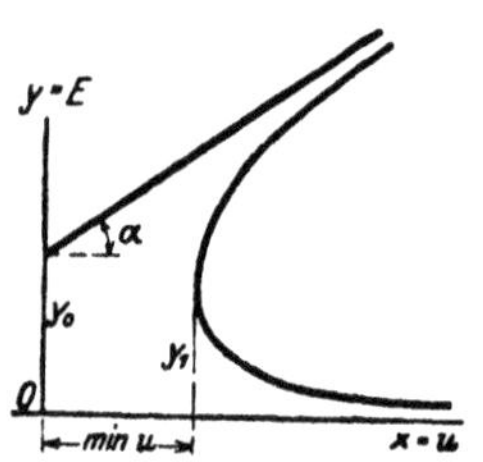

bedeuten. Um den Verlauf der Schaulinie für positive x und y kennen zu lernen, bilde man

$$\frac{dy}{dx} = \frac{2x(a + n y)^2 - 3 b x^2 y}{b x^3 - 2y - 2 n x^2 (a + n y)},$$

ein Ausdruck, der mit Benützung von Gleichung a) in folgenden übergeht:

$$\frac{dy}{dx} = \frac{y}{x}\left[1 + 2y \frac{a n - b x + n^2 y}{2a^2 + 2 a n y - b x y}\right].$$

Um die Leistung E_1 zu finden, die der kleinsten Umdrehungsgeschwindigkeit $\min u$ entspricht, setze man $dx = 0$, woraus

$$2a^2 + 2 a n y_1 - b x_1 y_1 = 0 \quad \ldots \ldots \quad b)$$

und in Verbindung mit Gleichung a)

$$4a^2 (a + n y_1)^4 + b^2 y_1^4 = 8 a^3 (a + n y_1)^3 \quad \ldots \quad c)$$

Die Wurzel y_1 dieser Gleichung ist die gesuchte Leistung; die kleinste Umdrehungsgeschwindigkeit erhält man, wenn man aus den Gleichungen b) und c) die Leistung y entfernt; man erhält

$$b^2 x_1^4 - 4abnx_1^3 = 4a^2$$

oder mit Einsetzung der Werte für a und b, und mit

$$k = \frac{mg}{\zeta\gamma} = \frac{mF}{b}, \quad x_1 = u:$$

$$u^4 - 4knu^3 = 4k^2,$$

welche Gleichung in Aufgabe 576 auf anderem Wege gefunden wurde.

Für sehr kleine y kann in Gleichung a) sowohl ny als y^2 vernachlässigt werden; es bleibt dann

$$x^2 a^2 = bx^3 y \text{ oder } xy = \frac{a^2}{b},$$

d. h. für sehr kleine y nähert sich die Kurve einer Hyperbel, deren Asymptote die Achse Ox ist.

Für sehr große y kann in Gleichung a) die Konstante a vernachlässigt werden und es bleibt

$$x^2 n^2 y^2 + y^2 = bx^3 y,$$

woraus

$$y = \frac{bx^3}{1 + n^2 x^2}$$

und da 1 gegen das große n^2x^2 vernachlässigt werden kann:

$$y = \frac{b}{n^2} x \quad \ldots\ldots\ldots\ldots \quad d)$$

Die Kurve besitzt also noch eine zweite Asymptote, die unter dem Winkel $\operatorname{tg}\alpha = \frac{b}{n^2}$ gegen die Achse Ox geneigt ist.

Für den Schnitt dieser Asymptote mit Oy gilt die Beziehung

$$y_0 = \left(y - x\frac{dy}{dx}\right)_{y=\infty} = \left(2y^2 \frac{bx - n^2y - na}{2a^2 + 2ny - bxy}\right)_{y=\infty}.$$

Mit Benützung der Gleichung d) wird

$$y_0 = \frac{2a}{n}.$$

585. Mit den Bezeichnungen der Aufgabe 576 ist das Gewicht der Luftschraube $G_1 = mF$ und das Gewicht des Motors $G_2 = nE$; die Leistung des Motors muß sein: $E = \zeta\frac{\gamma}{g} F u^3 \sin^2\alpha$ und die vertikale Steigkraft der Luftschraube $V = \zeta\frac{\gamma}{g} F u^2 \sin\alpha\cos\alpha$.

Für freies Schweben wird die Gleichung erfüllt werden müssen:

$$G_1 + G_2 + G_3 = V.$$

Mit der Bezeichnung

$$b = \zeta \frac{\gamma}{g} F$$

ist das Gewicht der Schraube samt Motor für 1 kg Nutzlast

$$x = \frac{G_1 + G_2}{G_3} = \frac{G_1 + b\,n\,u^3 \sin^2\alpha}{b\,u^2 \sin\alpha\cos\alpha - b\,n\,u^3 \sin^2\alpha - G_1} \quad . \quad . \quad e)$$

Setzt man $\frac{\partial x}{\partial \alpha} = 0$, wobei u als konstant anzusehen ist, so erhält man

$$\sin^2\alpha = \frac{G_1}{2\,G_1 + b\,n\,u^3}$$

und das Gewicht des Motors

$$G_2 = \frac{b\,n\,u^3\,G_1}{2\,G_1 + b\,n\,u^3}.$$

586. Es wird auf Grund der vorigen Resultate:

$b = \frac{1}{2}$, $n = \frac{1}{24}$; $\alpha = 11^0\,18'\,40''$, $G_2 = 11{,}1$ kg, $V = 55{,}4$ kg

und daraus: $G_3 = 32{,}3$ kg.

587. Lösung ähnlich wie in Aufgabe 585. Wenn man dort Gleichung e) nach u differenziert, hierbei den Winkel α als unveränderlich ansieht und $\frac{\partial x}{\partial u} = 0$ setzt, so erhält man

$$u^3 = \frac{2\,G_1}{b\,n\,\sin^2\alpha}$$

und das Motorgewicht

$$G_2 = n\,b\,u^3 \sin^2\alpha = 2\,G_1.$$

Für die Steigkraft wird dann

$$V = b\,u^2 \sin\alpha\cos\alpha = \cos\alpha \sqrt[3]{\frac{4\,G_1^2\,b}{n^2 \sin\alpha}}$$

und die Nutzlast

$$G_3 = V - 3\,G_1.$$

588. Es ist wie in Aufgabe 586: $b = \frac{1}{2}$, $n = \frac{1}{24}$.

Dann liefern die Resultate der vorigen Aufgabe:

$u = 53{,}3$ m/s, $G_2 = 24$ kg, $V = 123{,}46$ kg, $G_3 = 87{,}46$ kg.

589. Mit den Bezeichnungen der Aufgaben 576 und 585 ist die Leistung für 1 kg Nutzlast

$$y = \frac{E}{G_3} = \frac{b\,u^3 \sin^2\alpha}{b\,u^2 \sin\alpha\cos\alpha - G_1 - n\,b\,u^3 \sin^2\alpha} \quad . \; . \; . \quad f)$$

Differenziert man diesen Ausdruck bei konstant angenommener Geschwindigkeit u und setzt $\frac{\partial y}{\partial \alpha} = 0$, so wird

$$\operatorname{tg}\alpha = \frac{2\,G_1}{b\,u^2}$$

und damit das Gewicht des Motors

$$G_2 = n\,b\,u^3 \sin^2\alpha = \frac{4\,n\,b\,u^3\,G_1^2}{4\,G_1^2 + b^2 u^4},$$

die Steigkraft

$$V = b\,u^2 \sin\alpha\cos\alpha = \frac{2\,b^2 u^4\,G_1}{4\,G_1^2 + b^2 u^4}$$

und die Nutzlast:

$$G_3 = V - G_2 - G_1 = G_1 \frac{b^2 u^4 - 4\,n\,b\,u^3\,G_1 - 4\,G_1^2}{4\,G_1^2 + b^2 u^4}.$$

590. Setzt man in den Resultaten der vorigen Aufgabe:

$$b = \frac{1}{2}, \quad n = \frac{1}{24},$$

dann wird

$\alpha = 4^0\,45'\,50''$, $G_2 = 2$ kg, $V = 23{,}8$ kg und $G_3 = 9{,}8$ kg.

591. Differenziert man Gleichung f) in Aufgabe 589 bei konstant angenommenem Winkel α und setzt $\frac{\partial y}{\partial u} = 0$, so erhält man

$$u = \sqrt{\frac{3\,G_1}{b \sin\alpha\cos\alpha}}$$

und damit das Gewicht des Motors

$$G_2 = n\,b\,u^3 \sin^2\alpha = 3\,n\sqrt{\frac{3\sin\alpha}{b}}\left(\frac{G_1}{\cos\alpha}\right)^{3/2},$$

die Steigkraft $V = 3\,G_1$

und die Nutzlast $G_3 = 2\,G_1 - G_2$.

592. Mit $b = \frac{1}{2}$, $n = \frac{1}{24}$ wird aus den Resultaten der vorigen Aufgabe:

$u = 28{,}8$ m/s, $G_2 = 3{,}78$ kg, $V = 36$ kg, $G_3 = 20{,}22$ kg.

593. Wie in Aufgabe 576 und 585 ist die Nutzlast

$$G_3 = V - G_1 - G_2 = \zeta \frac{\gamma}{g} F u^2 \sin\alpha \cos\alpha - m F - \zeta \frac{\gamma}{g} n F u^3 \sin^2\alpha,$$

also die Nutzlast für ein m^2 Tragfläche

$$z = \frac{G_3}{F} = c u^2 \sin\alpha \cos\alpha - m - c n u^3 \sin^2\alpha,$$

wenn

$$c = \zeta \frac{\gamma}{g}$$

gesetzt wird. Soll nun $\frac{F}{G_3}$ ein Minimum werden, so muß z den größten Wert annehmen. Nimmt man zunächst α als gegeben an und setzt $\frac{\partial z}{\partial u} = 0$, so wird

$$u = \frac{2}{3n} \operatorname{cotg} \alpha.$$

Setzt man überdies $\frac{\partial z}{\partial \alpha} = 0$, so kommt man zu dem unbrauchbaren Resultat:

$$\operatorname{tg} 2\alpha = \frac{3}{2} \operatorname{tg} \alpha.$$

Man rechne also durch Einsetzen des Wertes von u zunächst:

$$V = \frac{4c}{9n^2} F \frac{\cos^3\alpha}{\sin\alpha},$$

$$G_2 = \frac{8c}{27n^2} F \frac{\cos^3\alpha}{\sin\alpha} = \frac{2}{3} V,$$

und die Nutzlast

$$G_3 = \frac{G_2}{2} - G_1 = \left(\frac{4c}{27n^2} \frac{\cos^3\alpha}{\sin\alpha} - m\right) F.$$

Da α noch anzunehmen ist, wird man hierfür den mit Rücksicht auf die Ausführung kleinstmöglichen Wert annehmen, um $\frac{F}{G_3}$ so klein wie möglich zu machen.

594. Es ist $m = 3$, $n = \frac{1}{24}$, $c = \frac{1}{8}$; nimmt man α so klein wie möglich an, z. B. $\alpha = 5^0$, so wird

$$u = 16 \operatorname{cotg} \alpha = 182{,}88 \text{ m/s}, \quad G_3 = 118 F = 472 \text{ kg}.$$

Mit $\alpha = 2^0$ wird:

$$u = 458{,}18 \text{ m/s}, \quad G_3 = 302 F = 1208 \text{ kg}.$$

595. Mit Benützung der Resultate der Aufgabe 593 ist:

$$m = 3, \quad n = \frac{2}{75}, \quad c = \frac{1}{8}, \quad \alpha = 30^0;$$

ferner $u = 25 \operatorname{cotg} \alpha = 43{,}30$ m/s und aus $G_3 = 80$ kg: $F = 2{,}595$ m². Damit wird das Gewicht des Motors $G_2 = 175{,}57$ kg und seine Leistung $N = 87{,}78$ PS.

596. Der mit der Geschwindigkeit u bewegte Flügel drückt die Luft in normaler Richtung mit der Geschwindigkeit $u \sin \alpha$ von sich; hiervon entfällt $\mathfrak{w} = u \sin \alpha \cos \alpha$ auf die Luftströmung in Richtung der Achse.

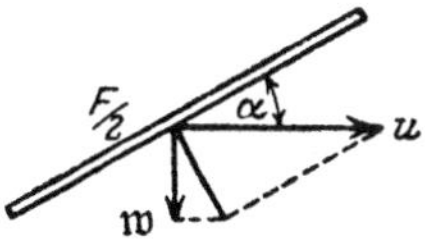

597. Ist ϱ der Abstand eines Flächenteilchens von der Achse des Flügels, ω dessen Winkelgeschwindigkeit, so ist die Umfangsgeschwindigkeit des Flächenteilchens $u = \varrho \omega$; nennt man ferner φ dessen Neigung gegen eine zur Achse senkrechte Ebene, so ist die Geschwindigkeit der in Richtung der Achse strömenden Luft nach 596:

$$\mathfrak{w} = u \sin \varphi \cos \varphi.$$

Soll also $\mathfrak{w}$ an allen Stellen des Flügels gleichgroß sein, so muß der Flügel nach der Gleichung

$$\varrho \sin 2\varphi = \text{konst.}$$

geformt werden.

598. Ist ω die Winkelgeschwindigkeit der Luftschraube zur Zeit t, ω_0 jene bei Beginn der Drehung, so ist das Drehmoment zur Zeit t, bezw. bei Beginn

$$\mathbf{M} = C\omega^2, \quad \mathbf{M}_0 = C\omega_0^2;$$

nennt man ferner $\mathbf{T}$ das Trägheitsmoment der Schraube für die Drehungsachse, so wird

$$\mathbf{T} \cdot \frac{d\omega}{dt} = -\mathbf{M} = -\mathbf{M}_0 \cdot \frac{\omega^2}{\omega_0^2}$$

und

$$\mathbf{T} \cdot \frac{d\omega}{\omega^2} = -\frac{\mathbf{M}_0}{\omega_0^2} \cdot dt,$$

woraus nach Integration

$$-\frac{\mathbf{T}}{\omega} = -\frac{\mathbf{M}_0}{\omega_0^2} t + C_1$$

und mit Berücksichtigung der Anfangswerte und $\omega = \frac{n\pi}{30}$:

$$n = \frac{n_0}{1 + \frac{\mathbf{M}_0}{\mathbf{T}} \frac{30\,t}{n_0 \pi}}.$$

599. Vergleiche hierzu Aufgabe 571.

Die Fläche F ist hier durch $b \cdot d\varrho$ zu ersetzen; für die Neigung α gilt jetzt die Gleichung

$$\operatorname{tg}\alpha = \frac{s}{2\varrho\pi}$$

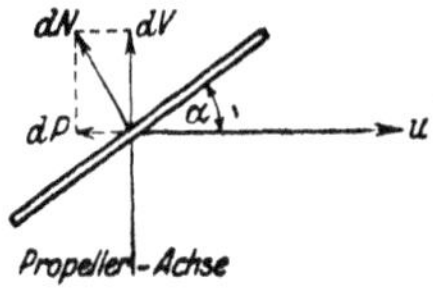

und für den Normaldruck auf das Flügelelement wie in Aufgabe 571:

$$dN = \zeta\frac{\gamma}{g}\cdot b\,d\varrho\cdot u^2\sin\alpha.$$

Nennt man V die Zugkraft der Schraube in Richtung ihrer Achse, so ist

$$dV = dN\cdot\cos\alpha$$

und mit $u = \varrho\,\omega$:

$$dV = \zeta\frac{\gamma}{g}\,b\,\omega^2\cdot\sin\alpha\cos\alpha\cdot\varrho^2\,d\varrho$$

und mit Benützung der Gleichung für $\operatorname{tg}\alpha$:

$$dV = \zeta\frac{\gamma}{g}\,b\,\omega^2 a\,\frac{\varrho^3\,d\varrho}{\varrho^2 + a^2},$$

worin $a = \frac{s}{2\pi}$ bedeutet.

Man erhält nach Integration von $\varrho = r$ bis $\varrho = R$:

$$V = \zeta\frac{\gamma\,a\,b\,\omega^2}{2g}\left[R^2 - r^2 - a^2\ln\frac{R^2+a^2}{r^2+a^2}\right] = C\omega^2.$$

600. In der Bewegungsrichtung u des Flügels muß der Luftwiderstand

$$dP = dN\cdot\sin\alpha$$

überwunden werden. Dies erfordert das Moment

$$d\mathbf{M} = \varrho\cdot dP,$$

oder

$$d\mathbf{M} = \zeta\frac{\gamma}{g}\,b\,\omega^2 a^2\frac{\varrho^3\,d\varrho}{\varrho^2+a^2}$$

und

$$\mathbf{M} = \zeta\frac{\gamma\,a^2\omega^2 b}{2g}\left[R^2 - r^2 - a^2\ln\frac{R^2+a^2}{r^2+a^2}\right].$$

601. Ist $\mathbf{M}$ das erforderliche Moment der Schraube, ω ihre Winkelgeschwindigkeit, so ist die erforderliche Leistung $\mathbf{M}\omega$ und somit die Anzahl der Pferdestärken

$$N = \frac{\zeta\gamma}{150\,g}\,a^2 b\,\omega^3\left[R^2 - r^2 - a^2\ln\frac{R^2+a^2}{r^2+a^2}\right] = C_1\,\omega^3.$$

602. Aus den Resultaten der Aufgaben 599 und 601 folgt:

$$\frac{V}{N} = \frac{C}{C_1} \cdot \frac{1}{\omega} = \frac{4500}{s\,n},$$

wobei $\omega = \frac{n\pi}{30}$ gesetzt wurde.

603. Aus den Aufgaben 599 und 601 folgt zunächst:

$$V = C z \omega^2, \quad N = C_1 z \omega^3.$$

Hieraus wird

$$\frac{V}{N} = \frac{C}{C_1} \cdot \frac{1}{\omega} = \frac{C^{3/2}}{C_1} \sqrt{\frac{z}{V}}.$$

604. Nennt man V die Zugkraft der Schraube, $\mathfrak{w}$ die Geschwindigkeit, mit der die Luft die Schraube parallel zur Achse durchströmt, so ist die in der Sekunde aufzuwendende Leistung

$$E = V \mathfrak{w}.$$

Nennt man ferner Q die Luftmenge, die in der Sekunde durch die Schraube strömt, so ist bei Voraussetzung unveränderlicher Dichte

$$Q = \mathfrak{F} \mathfrak{w} = \mathfrak{F}_2 \mathfrak{v}_2.$$

Ferner die Zugkraft nach Gleichung 68 mit $\alpha = \alpha_0 = 90^0$, $v_0 = \mathfrak{v}_1$:

$$V = \frac{\gamma}{g} Q (\mathfrak{v}_2 - \mathfrak{v}_1)$$

und die aufzuwendende Leistung

$$E = \frac{1}{2} \frac{\gamma}{g} Q (\mathfrak{v}_2^2 - \mathfrak{v}_1^2).$$

Aus diesen Gleichungen folgt:

$$\mathfrak{w} = \frac{1}{2}(\mathfrak{v}_1 + \mathfrak{v}_2) \quad \text{und} \quad \mathfrak{F}_2 = \frac{1}{2} \mathfrak{F} \left(1 + \frac{\mathfrak{v}_1}{\mathfrak{v}_2}\right).$$

605. Ist F die gesamte Fläche des Flügels, so ist $c = \bar{u} + \bar{w}$ die Geschwindigkeit, mit der er die ruhende Luft trifft und β die Neigung von c gegen die Horizontalebene. Die Luft wird normal zur Fläche mit der Geschwindigkeit $c \sin(\alpha - \beta)$ fortgestoßen; hier von entfällt

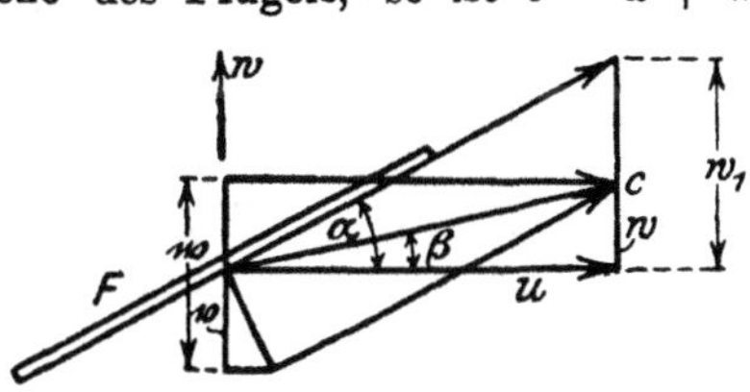

in Richtung der Achse die Geschwindigkeit $\mathfrak{v} = c \sin(\alpha - \beta) \cos \alpha$. Die Geschwindigkeit, mit der die Luft durch den Flügel strömt, ist demnach in Richtung der Achse

$$\mathfrak{w} = w + \mathfrak{v} = w + c \sin(\alpha - \beta) \cos \alpha.$$

606. Nach Aufgabe 571 ist die Zugkraft in Richtung der Schraubenachse

$$V = \zeta \frac{\gamma}{g} F c^2 \sin(\alpha - \beta) \cos \alpha$$

und mit Benützung der vorhergehenden Aufgabe

$$V = \zeta \frac{\gamma}{g} F c (\mathfrak{w} - w).$$

607. Die Zugkraft V wird Null, wenn $\alpha = \beta$ wird, also die Luft in der Richtung der Flügelebene einströmt. Dann ist $\mathfrak{w} = w$. Diese Grenzgeschwindigkeit ist $w_1 = u \operatorname{tg} \alpha$ (vergl. Abbildung zur Lösung der Aufgabe 605).

608. Lösung ähnlich wie in Aufgabe 599, nur kommt hier noch die Fahrtgeschwindigkeit des Flügels hinzu; die Geschwindigkeit c des Flügels ist hier die Resultante aus $u = \varrho \omega$ und w, also $c = \sqrt{\varrho^2 \omega^2 + w^2}$. Der Normaldruck der Luft auf das Flügelelement wird

$$d N = \zeta \frac{\gamma}{g} \cdot b \, d \varrho \cdot c^2 \sin(\alpha - \beta)$$

und das Element der Zugkraft

$$d V = d N \cdot \cos \alpha.$$

Setzt man wie in Aufgabe 599: $\operatorname{tg} \alpha = \frac{s}{2 \varrho \pi}$, ferner $\operatorname{tg} \beta = \frac{w}{\varrho \omega}$, so erhält man

$$d V = \zeta \frac{\gamma}{g} \cdot b \, d \varrho (s \omega - 2 \pi w) \cdot 2 \pi \varrho^2 \frac{\sqrt{\varrho^2 \omega^2 + w^2}}{4 \pi^2 \varrho^2 + s^2}$$

und $$V = \zeta \frac{\gamma}{g} b \omega^2 (a - k) \int_r^R \frac{\varrho^2 \sqrt{k^2 + \varrho^2}}{a^2 + \varrho^2} d \varrho,$$

worin $a = \frac{s}{2 \pi}$, $k = \frac{w}{\omega}$ bezeichnen.

Das unbestimmte Integral ergibt sich mit

$$\frac{\varrho}{2} \sqrt{k^2 + \varrho^2} + \left(\frac{k^2}{2} - a^2\right) \ln (\varrho + \sqrt{k^2 + \varrho^2})$$
$$+ \frac{a}{2} \sqrt{a^2 - k^2} \ln \frac{a \sqrt{k^2 + \varrho^2} + \varrho \sqrt{a^2 - k^2}}{a \sqrt{k^2 + \varrho^2} - \varrho \sqrt{a^2 - k^2}}.$$

609. Lösung ähnlich wie in den Aufgaben 600 bis 602.

Es ist $$d P = d V \cdot \operatorname{tg} \alpha, \quad d \mathbf{M} = \varrho \cdot d P,$$

woraus $d \mathbf{M} = \varrho \operatorname{tg} \alpha \cdot d V = \frac{s}{2 \pi} \cdot d V$, also $\mathbf{M} = a V$, worin V aus voriger Aufgabe zu entnehmen ist. Die Leistung wird $\mathbf{M}\,\omega$ und in Pferdestärken

$$N = \frac{1}{75}\mathbf{M}\,\omega = \frac{s\,n}{4500}\,V.$$

Die Zugkraft für eine Pferdestärke wird

$$\frac{V}{N} = \frac{4500}{s\,n}$$

wie in Aufgabe 602, also unabhängig von der Fahrt-Geschwindigkeit.

610. Die Nutzleistung ist $N_e = \frac{1}{75}\,V\,w$ und der Wirkungsgrad $\eta = \frac{N_e}{N} = \frac{60\,w}{s\,n}$.

Die Grenzgeschwindigkeit (Aufgabe 607) ist

$$w_1 = u\,\mathrm{tg}\,\alpha = \varrho\,\omega \cdot \frac{s}{2\,\varrho\,\pi} = \frac{s\,n}{60},$$

somit

$$\eta = \frac{w}{w_1}.$$

611. Nennt man den Einfallwinkel $\alpha - \beta = \varepsilon$ (vergl. Abbildung bei Lösung der Aufgabe 605) so ist mit

$$\mathrm{tg}\,\alpha = \frac{s}{2\,\varrho\,\pi}, \quad \mathrm{tg}\,\beta = \frac{w}{\varrho\,\omega}:$$

$$\mathrm{tg}\,\varepsilon = \frac{\varrho\,(s\,\omega - 2\,\pi\,w)}{s\,w + 2\,\pi\,\omega\,\varrho^2}.$$

Setzt man $\frac{\partial}{\partial\varrho}\,\mathrm{tg}\,\varepsilon = 0$, so wird $\varrho = \sqrt{\frac{s\,w}{2\,\pi\,\omega}}$

und

$$\max \mathrm{tg}\,\varepsilon = \frac{s\,\omega - 2\,\pi\,w}{2\sqrt{2\,\pi\,\omega\,s\,w}}.$$

612. Nach Aufgabe 608 und 610 ist der Wirkungsgrad

$$\eta = \frac{w}{w_1} = \frac{w}{u\,\mathrm{tg}\,\alpha} = \frac{\mathrm{tg}\,\beta}{\mathrm{tg}\,\alpha} = \frac{\mathrm{tg}\,(\alpha - \varepsilon)}{\mathrm{tg}\,\alpha}.$$

Ist ε konstant und setzt man $\frac{d\,\eta}{d\,\alpha} = 0$, so wird

$$\alpha = 45^0 + \frac{\varepsilon}{2}, \quad \beta = 45^0 - \frac{\varepsilon}{2} \quad \text{und} \quad \max \eta = \left(\frac{1 - \mathrm{tg}\,\frac{\varepsilon}{2}}{1 + \mathrm{tg}\,\frac{\varepsilon}{2}}\right)^2.$$

613. Wendet man Gleichung 68 auf die strömende Luft an, so ist die durch den Propeller in der Sekunde strömende Luftmenge

$$Q = \mathfrak{F}\,\mathfrak{w} = \pi\,R^2 \cdot \mathfrak{w};$$

es ist ferner $\alpha = \alpha_0 = 90^0, \quad v_0 = 0$
(da die Luft vor dem Propeller in Ruhe ist), endlich $v = \mathfrak{w} - w$. Somit ist die Reaktion oder die Zugkraft der Schraube

$$V = \frac{\gamma}{g} Q (\mathfrak{w} - w) = \frac{\gamma}{g} \mathfrak{F} \mathfrak{w} (\mathfrak{w} - w).$$

614. Vergleiche Abbildung zur Lösung der Aufgabe 605.

Unmittelbar wird die Flügelfläche F in der Zeiteinheit von der Luftmenge $F \sin(\alpha - \beta) \cdot c$ getroffen. Hingegen strömt in der gleichen Zeit durch den Propeller die Luftmenge $Q = \mathfrak{F} \mathfrak{w}$; das Verhältnis beider Mengen ist die Völligkeit λ.

Entnimmt man aus den Aufgaben 606 und 613 die Ausdrücke für die Zugkraft V der Schraube und setzt sie einander gleich, so wird

$$\zeta \frac{\gamma}{g} F c (\mathfrak{w} - w) = \frac{\gamma}{g} \mathfrak{F} \mathfrak{w} (\mathfrak{w} - w)$$

und

$$\lambda = \frac{1}{\zeta} \sin(\alpha - \beta).$$

615. Aus der Lösung der vorigen Aufgabe folgt

$$Q = \mathfrak{F} \mathfrak{w} = \zeta F c.$$

616. Relativ zum Propeller hat die Luft vor ihm die Geschwindigkeit w, hinter ihm die Geschwindigkeit $w + \mathfrak{v}_2$.

Nennt man p_1 und p_2 die Drücke vor und hinter der Schraube, so ist nach Gleichung 73:

$$\frac{w^2}{2g} + \frac{p_1}{\gamma} = \frac{(w + \mathfrak{v}_2)^2}{2g} + \frac{p_2}{\gamma}$$

und somit die Zugkraft der Schraube:

$$V = \mathfrak{F}(p_1 - p_2) = \frac{1}{2} \frac{\gamma}{g} \mathfrak{F} \mathfrak{v}_2 (\mathfrak{v}_2 + 2w).$$

Ist Q die in der Sekunde durch die Schraube strömende Luftmenge, so wird, wenn man ihre Dichte als unveränderlich annehmen darf:

$$Q = \mathfrak{F}_1 w = \mathfrak{F}_2 (w + \mathfrak{v}_2)$$

und somit die Änderung der Bewegungsgröße in der Sekunde

$$\frac{\gamma}{g} Q (w + \mathfrak{v}_2) - \frac{\gamma}{g} Q w = \frac{\gamma}{g} Q \mathfrak{v}_2.$$

Da diese Änderung der Bewegungsgröße ebenso groß wie die Zugkraft der Schraube sein muß, folgt

$$V = \frac{\gamma}{g} Q \mathfrak{v}_2.$$

Aus diesen Gleichungen ergibt sich schließlich

$$\mathfrak{F}_1 = \mathfrak{F}\left(1 + \frac{\mathfrak{v}_2}{2\,\mathrm{w}}\right), \quad \mathfrak{F}_2 = \mathfrak{F}\left(1 - \frac{\mathfrak{v}_2}{2\,\mathrm{w} + 2\,\mathfrak{v}_2}\right).$$

Schöne Strömungsbilder der Luft durch Schrauben findet man in dem Aufsatze von H. Kimmel, Zeitschr. Flugt. u. Motorluftsch. 1912, Tafel III.

617. Aus $Q = \mathfrak{F}_1 \mathrm{w} = \mathfrak{F}\mathfrak{w}$ folgt $\mathfrak{w} = \mathrm{w} + \frac{\mathfrak{v}_2}{2}$.

618. Es ist nach voriger Aufgabe und nach Aufgabe 605

$$\mathfrak{v}_2 = 2\,(\mathfrak{w} - \mathrm{w}) = 2\,c \sin(\alpha - \beta)\cos\alpha.$$

619. Aufgabe 613 gab für die Zugkraft der Schraube den Wert:

$$V_1 = \frac{\gamma}{g} Q\,(\mathfrak{w} - \mathrm{w}) = \frac{\gamma}{g}\mathfrak{F}\mathfrak{w}\,(\mathfrak{w} - \mathrm{w}).$$

Hingegen erhält man aus Aufgabe 616 und 617

$$V_2 = \frac{\gamma}{g} Q\,\mathfrak{v}_2 = 2\,\frac{\gamma}{g}\mathfrak{F}\mathfrak{w}\,(\mathfrak{w} - \mathrm{w}),$$

also doppelt so groß.

Der Widerspruch erklärt sich dadurch, daß im ersten Falle (vergl. Abbildung zu Aufgabe 616) als Austrittsgeschwindigkeit der Luft die absolute Geschwindigkeit $\mathfrak{v} = \mathfrak{w} - \mathrm{w}$ angenommen wurde, mit der die Luft durch den Propeller strömt; im zweiten Falle jedoch die absolute Geschwindigkeit $\mathfrak{v}_2$ hinter dem Propeller; nun ist aber nach Aufgabe 617: $\mathfrak{v}_2 = 2\,\mathfrak{v}$, d. h. doppelt so groß, also ist auch die Zugkraft doppelt so groß wie im ersten Falle.

620. Nach Aufgabe 616 ist die Zugkraft der Schraube

$$V = \frac{\gamma}{g} Q\,\mathfrak{v}_2$$

und die Leistung $V\mathrm{w}$. Außerdem muß aber der Luftmenge Q die Geschwindigkeit $\mathfrak{v}_2$ nach rückwärts mitgeteilt werden; das erfordert die Leistung

$$\frac{1}{2}\frac{\gamma}{g} Q\,\mathfrak{v}_2^2.$$

Der Wirkungsgrad ist also

$$\max\eta = \frac{V\mathrm{w}}{V\mathrm{w} + \frac{1}{2}\frac{\gamma}{g} Q\,\mathfrak{v}_2^2} = \frac{\mathrm{w}}{\mathrm{w} + \frac{1}{2}\mathfrak{v}_2}$$

und mit Rücksicht auf Aufgabe 617:

$$\max\eta = \frac{\mathrm{w}}{\mathfrak{w}}.$$

621. Es ist

$$D = \frac{\gamma}{g}\mathfrak{F}\,w^2$$

(nach Gleichung 112, wenn $\zeta = 1$ gesetzt wird),

ferner
$$V = \frac{\gamma}{g}Q\,\mathfrak{v}_2 = \frac{\gamma}{g}\mathfrak{F}\,\mathfrak{w}\,\mathfrak{v}_2 \text{ (nach Aufgabe 616),}$$

somit
$$\varphi = \frac{V}{D} = \frac{\mathfrak{w}\,\mathfrak{v}_2}{w^2}.$$

Nun ist nach Aufgabe 618: $\mathfrak{v}_2 = 2(\mathfrak{w} - w)$;
hieraus ergibt sich
$$\max \eta = \frac{w}{\mathfrak{w}} = \frac{\sqrt{1 + 2\varphi} - 1}{\varphi}.$$

622. Nach Aufgabe 573 ist die notwendige Leistung für die Bewegung der Schraube

$$E = P\,u = \zeta\frac{\gamma}{g}F\,c^2 \sin(\alpha - \beta)\sin\alpha \,.\, u;$$

sie hat die Leistung der Zugkraft $V\,w$ zu bestreiten wie auch

$$\frac{1}{2}\frac{\gamma}{g}Q\,\mathfrak{v}_2^2$$

für die Beschleunigung der Luftmasse (wie in Aufgabe 620). Es ist also

$$P\,u = V\,\mathrm{tg}\,\alpha \,.\, u = V\,w + \frac{1}{2}\frac{\gamma}{g}Q\,\mathfrak{v}_2^2.$$

Führt man die sogenannte Grenzgeschwindigkeit $w_1 = u\,\mathrm{tg}\,\alpha$ ein (Aufgabe 607) und setzt wie in Aufgabe 616:

$$V = \frac{\gamma}{g}Q\,\mathfrak{v}_2,$$

so bleibt
$$\mathfrak{v}_2 = 2(w_1 - w)$$

und die Zugkraft
$$V = 2\frac{\gamma}{g}Q(w_1 - w).$$

623. Nach Aufgabe 620 war

$$\max \eta = \frac{w}{w + \frac{1}{2}\mathfrak{v}_2},$$

demnach mit obigem Werte für $\mathfrak{v}_2$:

$$\max \eta = \frac{w}{w_1}.$$

624. Lösung analog der Aufgabe 334.
Das durch den Flächenring $d\,f = 2\pi\varrho \,.\, d\varrho$ strömende Luftteilchen

$$d\,m = \frac{\gamma}{g}d\,f \,.\, \mathfrak{w}\,d\,t$$

hat senkrecht zur Achse die Bewegungsgröße u . dm; dessen Moment ist $\mathfrak{u}\varrho . dm$; nun ist nach dem Flächensatz

$$\text{Moment der Kraft} = \frac{d}{dt}(\text{Moment der Bewegungsgröße}),$$

somit das gesuchte Reaktionsmoment:

$$\mathbf{M} = 2\pi \frac{\gamma}{g} \iint \mathfrak{w}\varrho\, d\varrho . d(\mathfrak{u}\varrho).$$

625. Die Leistung der Zugkraft des Propellers ist

$$V w = \eta E,$$

wenn η der Wirkungsgrad ist (vergl. 620). Die beschleunigende Kraft vom Startplatz weg ist $V - R - W$, wenn $R = k G$ der Widerstand des Wagens, $W = k_1 w^2$ der Luftwiderstand ist. Der Ansatz lautet nach dem Arbeitsprinzip

$$\frac{G}{g} . w\, dw = (V - R - W)\, ds,$$

woraus der Anlaufweg

$$s = \frac{G}{g} \int_0^{w_1} \frac{w^2\, dw}{\eta E - k G w - k_1 w^3}.$$

Die obere Grenze w_1 ist jene Geschwindigkeit des Wagens, bei welcher sich das Flugzeug vom Boden abhebt, also für

$$\text{Auftrieb} = \zeta_A \frac{\gamma}{g} F w_1^2 = G$$

oder

$$w_1 = \sqrt{\frac{G g}{\zeta_A \gamma F}}.$$

626. Sind G_1 und G_2 die Gewichte des Fahrzeugs für Bodenflug und Höhenflug, so ist der Auftrieb

$$G_1 = \zeta_A \mu_1 F c_1^2, \quad G_2 = \zeta_A \mu_2 F c_2^2,$$

wobei für ζ_A bei gleichen Verhältnissen (gleichem Anstellwinkel) derselbe Wert zu nehmen ist; also

$$G_1 : G_2 = \mu_1 c_1^2 : \mu_2 c_2^2 \quad . \; . \; . \; . \; . \; . \; . \quad a)$$

Das Drehmoment der Schraube wird der Dichte μ proportional sein, weil die zur Verbrennung zur Verfügung stehende Sauerstoffmenge der Dichte proportional ist; somit

$$\mathbf{M}_1 : \mathbf{M}_2 = \mu_1 : \mu_2.$$

Für die Triebkraft des Fahrzeugs ist in beiden Fällen

$$P_1 = \zeta_W \mu_1 F c_1^2, \quad P_2 = \zeta_W \mu_2 F c_2^2,$$

oder

$$P_1 = \frac{\zeta_W}{\zeta_A} G_1, \quad P_2 = \frac{\zeta_W}{\zeta_A} G_2,$$

und da die Triebkräfte sehr angenähert den Drehmomenten proportional sind: $P_1 : P_2 = \mathbf{M}_1 : \mathbf{M}_2 = \mu_1 : \mu_2 = G_1 : G_2$, woraus durch Vergleich mit Gleichung a)

$$c_1 = c_2$$

folgt. Es ist somit das Verhältnis der Leistungen in beiden Fällen

$$E_1 : E_2 = P_1 c_1 : P_2 c_2 = \mu_1 : \mu_2.$$

627. Die Gleichheit der Einheitsgewichte und der Elastizitätszahlen verlangen die Gleichungen

$$K L^{-3} = 1, \quad K L^{-2} = 1,$$

die mit $K < 1$, $L < 1$ unvereinbar sind. Die mechanische Ähnlichkeit ist nicht möglich.

628. $K = L^3$. Die Einheitsbelastungen der Flächen stehen im Verhältnis $K L^{-2} = L$, d. h. im Verhältnis der Längen.

629. Ist a das Verhältnis der Elastizitätszahlen der Verspannungsdrähte am Modell und am Flugzeug, so muß die Beziehung bestehen: $K L^{-2} = a$ oder $K = a L^2$.

630. Es bestehen die Bedingungsgleichungen

$$K L^{-2} = a \quad \text{und} \quad K L^{-3} = b,$$

worin
$$a = \frac{120000}{2{,}200000} = 0{,}055, \qquad b = \frac{0{,}7}{7{,}8} = 0{,}09;$$

das Verhältnis der Längen wird sein: $L = \frac{a}{b} = 0{,}6$, jenes der Kräfte: $K = \frac{a^3}{b^2} = 0{,}02$.

631. Wegen der gemeinsamen Beschleunigung der Schwere ist: $L T^{-2} = 1$; somit ist das Verhältnis der Zeiten $T = \sqrt{L}$ und ebenso das Verhältnis der Geschwindigkeiten $L T^{-1} = \sqrt{L}$.

632. Es ist $L T^{-1} = \sqrt{\frac{1}{9}} = \frac{1}{3}$ und somit die Anzahl der Impulse des Modells: $\frac{1400}{3} = 467$ in der Minute.

633. Nach 627 ist $K L^{-3} = 1$ oder $K = L^3$, ferner nach 631: $T = L^{\frac{1}{2}}$, somit das Verhältnis der Leistungen $E = K L T^{-1} = L^{7/2}$.

634. Nach voriger Aufgabe im Verhältnis

$$E = 1 : 10^{7/2} = 1 : 3162.$$

Formelsammlung.

Diese Sammlung enthält nur jene Formeln, die bei Lösung der Aufgaben benötigt werden; sie erhebt deshalb keinen Anspruch auf Vollständigkeit.

Mechanik der tropfbaren Flüssigkeiten.

Niveauflächen.

Gleichung der Niveauflächen einer im Gleichgewicht befindlichen Flüssigkeit:

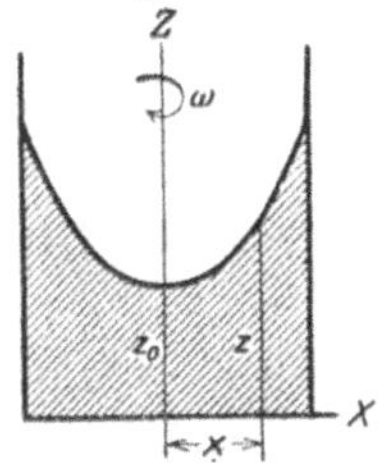

$$X\,dx + Y\,dy + Z\,dz = 0 \quad . \; . \; . \quad \mathbf{1}$$

worin X, Y, Z die Massenkräfte der Flüssigkeit, bezogen auf die Masseneinheit, sind.

Niveaufläche einer schweren tropfbaren Flüssigkeit, die sich um eine vertikale Achse dreht:

$$x^2 = \frac{2g}{\omega^2}(z - z_0) \quad . \; . \; . \; . \; . \quad \mathbf{2}$$

Hydrostatischer Druck.

$$dp = \mu(X\,dx + Y\,dy + Z\,dz) \quad . \; . \; . \; . \; . \quad \mathbf{3}$$

worin p der Druck auf die Flächeneinheit, μ die Dichte, X, Y, Z wie oben die Massenkräfte der Masseneinheit sind. Ist die Flüssigkeit nur der Schwerkraft ausgesetzt, so wird

$$dp = g\mu\,dz,$$

worin z der Abstand von der Oberfläche ist.

Druck auf ebene Flächen.

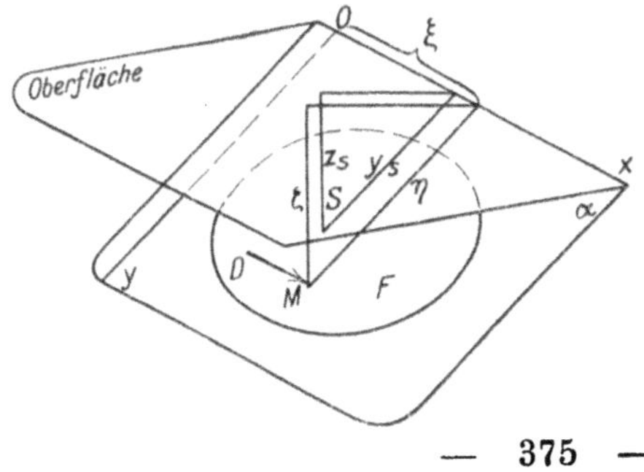

Druck der Flüssigkeit auf die Fläche F in einer Ebene, die unter α gegen die Oberfläche geneigt ist:

$$D = \gamma \int z\,dF = \gamma F z_s \quad \mathbf{4}$$

Koordinaten des Druckmittelpunktes M:

$$\xi = \frac{1}{D}\int x\,d\,D = \frac{J_{xy}}{F\,y_s} \quad . \; . \; . \; . \; . \; . \; . \; . \; . \quad 5$$

$$\eta = \frac{1}{D}\int y\,d\,D. = \frac{J_x}{F\,y_s} = y_s + \frac{i^2}{y_s} \quad . \; . \; . \; . \; . \quad 6$$

$$\zeta = \frac{1}{D}\int z\,d\,D = z_s + \frac{i^2}{z_s}\sin^2\alpha \quad . \; . \; . \; . \; . \quad 7$$

Für $\alpha = 90^0$ ist: $$\zeta = z_s + \frac{i^2}{z_s} \quad . \; . \; . \; . \; . \; . \; . \; . \quad 8$$

Hierin ist i der Trägheitshalbmesser der Fläche F für die zu OX parallele Schwerlinie.

Druck auf krumme Flächen.

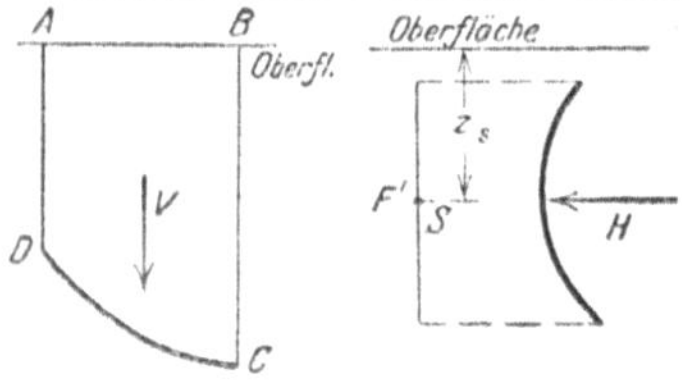

Der Vertikaldruck auf eine krumme Fläche ist

$V = \gamma\,.$ Rauminhalt von ABCD **9**

gleichgültig, ob die Flüssigkeit diesen Raum erfüllt oder nicht.

Der Horizontaldruck auf eine krumme Fläche ist $$H = \gamma\,F'\,z_s \quad . \; . \; . \; . \; . \; . \; . \; . \; . \quad 10$$
wenn F' ihre Projektion normal zu H ist und S der Schwerpunkt von F'.

Schwimmende Körper.

Die metazentrische Höhe ist

$$m = \frac{{}_{\min}J}{\mathfrak{V}} - d \quad . \; . \; . \; . \; . \; . \; . \; . \; . \quad 11$$

wenn $_{\min}J$ das kleinste Trägheitsmoment der Schwimmfläche, $\mathfrak{V}$ die Verdrängung und d der Abstand des Schwerpunkts des schwimmenden Körpers vom Mittelpunkt der Verdrängung ist.

Bedingung des sicheren Schwimmens:

$$\frac{{}_{\min}J}{\mathfrak{V}} > d \quad . \; . \; . \; . \; . \; . \; . \; . \; . \; . \quad 12$$

Ausflußgeschwindigkeit.

Ausfluß aus einer Bodenöffnung:

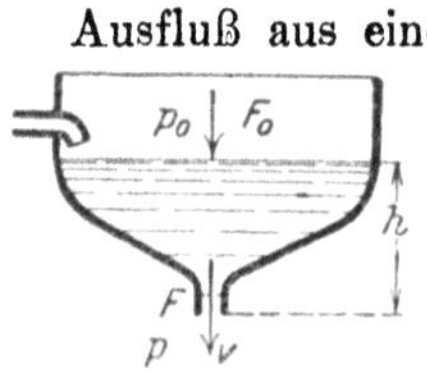

$$v = \varphi\sqrt{\frac{2\,g\,H}{1 - n^2}} \quad . \; . \; . \; . \; . \; . \; . \; . \; . \quad 13$$

worin $\varphi = 0{,}97$,

$$H = h + \frac{p_0 - p}{\gamma}, \quad n = \frac{F}{F_0}.$$

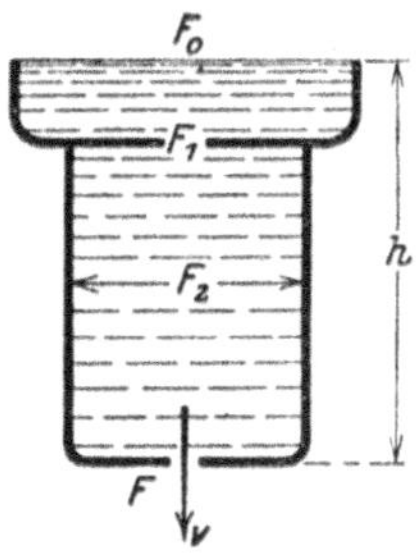

Mit $p = p_0$: $v = \varphi \sqrt{\dfrac{2gh}{1 - n^2}}$ **14**

Mit $n \doteq 0$: $v = \varphi \sqrt{2gh}$ **15**

$$v = \varphi \sqrt{\frac{2gh}{1 - \alpha^2 F^2 \left[\frac{1}{F_0^2} - \left(\frac{1}{\alpha_1 F_1} - \frac{1}{F_2}\right)^2\right]}} \qquad \textbf{16}$$

wenn α und α_1 die Einschnürungszahlen von F und F_1 sind.

Ausflußmenge in der Sekunde bei stationärer Strömung.

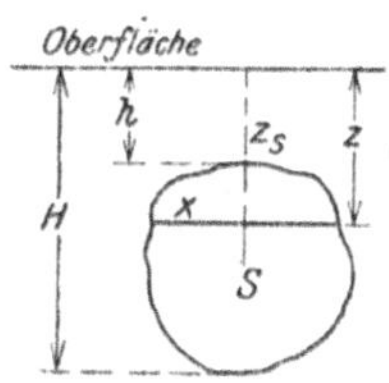

Bodenöffnung: $Q = \mu F v$ **17**

μ = Ausflußzahl.

Seitenöffnung:

$$Q = \mu \sqrt{2g} \int_h^H x \sqrt{z}\, dz \quad . . . \quad \textbf{18}$$

Wenn $z_s \geqq 2(H - h)$, angenähert

$$Q = \mu F \sqrt{2g z_s} \quad . . . . \quad \textbf{19}$$

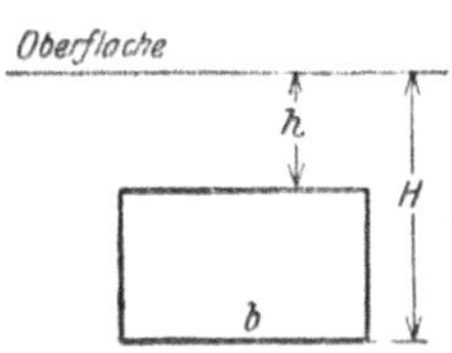

Rechteckige Seitenöffnung:

$$Q = \tfrac{2}{3} \mu b \sqrt{2g}\left(H^{\frac{3}{2}} - h^{\frac{3}{2}}\right). \quad . . \quad \textbf{20}$$

Ausfluß aus einem vollständig gefüllten Rohr von kreisförmigem Querschnitt:

Widerstandszahl $\zeta = \dfrac{1}{\mu^2} - 1$ **21**

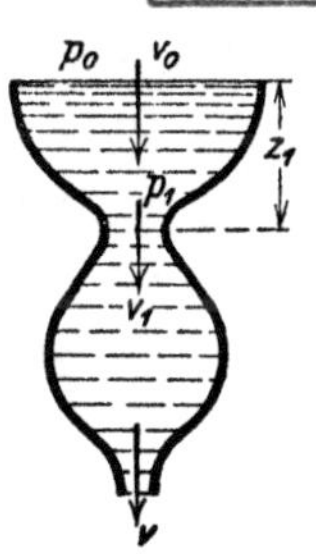

Drücke in der strömenden Flüssigkeit.

$$p_1 = p_0 + \left[z_1 - \frac{v_1^2 - v_0^2}{2g}\right]\gamma \quad . . . \quad \textbf{22}$$

Hydraulische Überdruckhöhe:

$$Z_1 = \frac{p_1 - p_0}{\gamma} = z_1 - \frac{v_1^2 - v_0^2}{2g} \quad . . \quad \textbf{23}$$

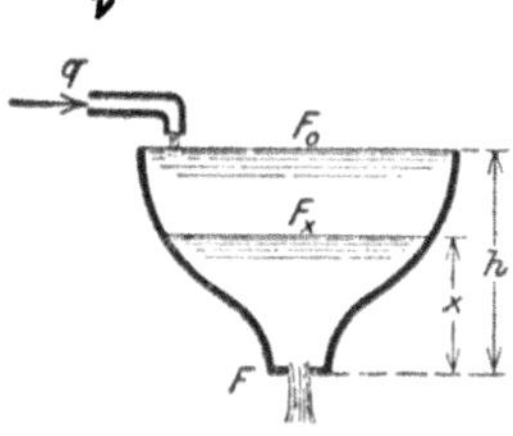

Ausflußzeit.

Zeit des Sinkens der Oberfläche von F_0 bis F_x:

$$t = \frac{1}{\mu F \sqrt{2g}} \int_h^x \frac{F_x\, dx}{q - \mu F \sqrt{2gx}} . \quad . . \quad \textbf{24}$$

wenn q der Zufluß in der Sekunde, μ die Ausflußzahl ist. Entleerungszeit des Gefäßes (q = 0):

$$T = \frac{1}{\mu F \sqrt{2g}} \int_0^h \frac{F_x \, dx}{\sqrt{x}} \quad \ldots \ldots \quad 25$$

Rohrleitungen.

Geschwindigkeit v.

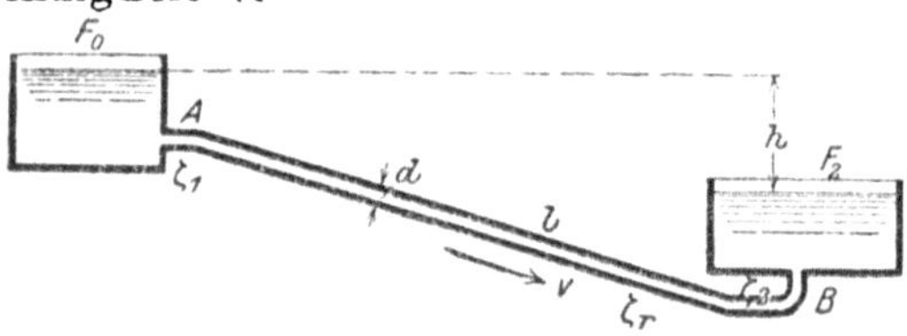

$$h = \frac{v^2}{2g}\left[\zeta_1 + \zeta_2 + \zeta_r + \Sigma\zeta + \left(\frac{F}{F_2}\right)^2 - \left(\frac{F}{F_0}\right)^2 + \left(1 - \frac{F}{F_2}\right)^2\right] . \quad 26$$

Hierin ist $F = \frac{\pi d^2}{4}$ der Querschnitt des Rohres, F_0 und F_2 die Oberflächen im oberen und im unteren Sammelbecken.

Sind diese groß gegen F, so vereinfacht sich vorige Gleichung:

$$h = \frac{v^2}{2g}[1 + \zeta_1 + \zeta_2 + \zeta_r + \Sigma\zeta] \quad \ldots \quad 27$$

Widerstandszahlen ζ.

Bei der Ausmündung in A ist nach Weisbach für langes Ansatzrohr die Ausflußzahl $\mu = 0{,}60$ und

$$\zeta_1 = \frac{1}{\mu^2} - 1 = 1{,}78 \quad \ldots \ldots \quad 28$$

bei der Einmündung in B:

$$\zeta_2 = 0{,}085 \quad \ldots \ldots \quad 29$$

von der Reibung im Rohr herrührend:

$$\zeta_r = \lambda \frac{l}{d} \quad \ldots \ldots \quad 30$$

worin l die Länge des Rohres und entweder angenähert (nach Dupuit):

$$\lambda = 0{,}03 \quad \ldots \ldots \quad 31$$

oder genauer (nach Weisbach und Lang):

$$\lambda = \alpha + \frac{\beta}{\sqrt{v d}} \quad \ldots \ldots \quad 32$$

Hierin sind v und d in met zu setzen, ferner für Rohre mit glatter Innenfläche und glattem Übergang an den Verbindungsstellen:

$$\alpha = 0{,}012, \quad \beta = 0{,}0018 \quad \ldots\ldots \quad \mathbf{33}$$

für Gußeisen-Rohre:

$$\alpha = 0{,}020, \quad \beta = 0{,}0018 \quad \ldots\ldots \quad \mathbf{34}$$

$\Sigma\zeta$ in den Gleichungen 26 und 27 bedeutet die Summe der Widerstandszahlen, die von Querschnitts- und Richtungsänderungen des Rohres, sowie von eingebauten Abschlußvorrichtungen (Ventile, Hähne etc.) herrühren.

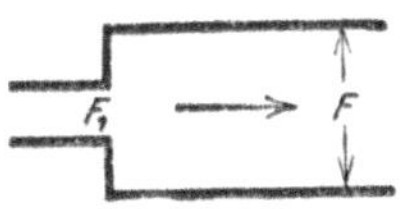

Rohrerweiterung.

$$\zeta = \left(\frac{F}{F_1} - 1\right)^2 \quad \ldots\ldots \quad \mathbf{35}$$

Rohrverengungen.

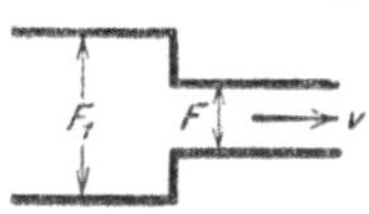

$\frac{F}{F_1} =$	0,01,	0,1,	0,2,	0,4,	0,6,	0,8	**36**
$\zeta =$	0,50,	0,47,	0,42,	0,33,	0,25,	0,15	

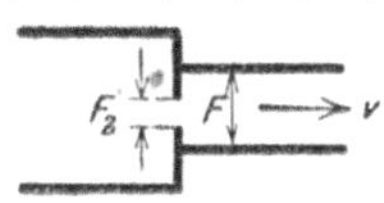

$\frac{F_2}{F} =$	0,1,	0,2,	0,3,	0,4,	0,5,	0,6,	0,7,	0,8,	0,9	**37**
$\zeta =$	231,7,	50,99,	19,78,	9,61,	5,26,	3,08,	1,88,	1,17,	0,74	

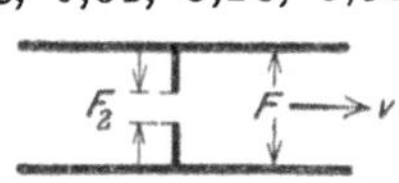

$\zeta =$	225,9	47,77,	30,83,	7,80,	3,75,	1,80,	0,80,	0,29,	0,06	**38**

Knierohr.

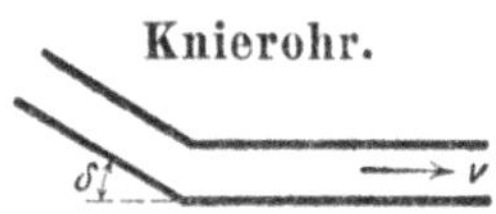

$$\zeta = 0{,}9457 \sin^2\frac{\delta}{2} + 2{,}047 \sin^4\frac{\delta}{2} \text{ und zwar:}$$

$\delta =$	20°,	40°,	60°,	80°,	90°,	120°,	140°	**39**
$\zeta =$	0,046,	0,139,	0,364,	0,740,	0,984,	1,861,	2,431	

Rechtwinklige Rohrkrümmung.

$$\zeta = 0{,}131 + 1{,}847 \left(\frac{d}{D}\right)^{3,5},$$

d Durchmesser des Rohres,
D Durchmesser der Krümmung,

und zwar für

$\frac{d}{D}=$	0,1	0,2	0,3	0,4	0,5	0,6	0,7	0,8	0,9	1,0	40
$\zeta=$	0,13	0,14	0,16	0,21	0,29	0,44	0,66	0,98	1,41	1,98	

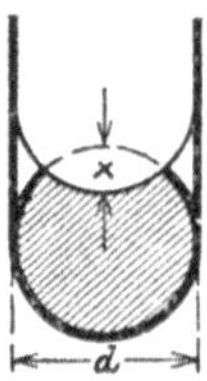

Schieber.

$\frac{x}{d}=$	$^1/_8$	$^2/_8$	$^3/_8$	$^4/_8$	$^5/_8$	$^6/_8$	$^7/_8$	. . 41
$\zeta=$	0,07	0,26	0,81	2,06	5,52	17,0	97,8	

Hahn im Kreisrohr.

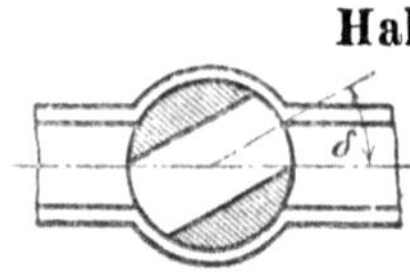

$\delta=$	5°	10°	20°	30°	40°	45°	50°	60°	42
$\zeta=$	0,05	0,29	1,56	5,47	17,3	31,2	52,6	206	

Drosselklappe im Kreisrohr.

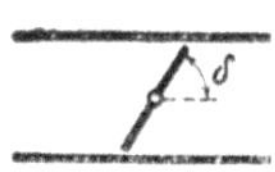

$\delta=$	5°	10°	20°	30°	40°	45°	50°	60°	70°	43
$\zeta=$	0,24	0,52	1,54	3,91	10,8	18,7	32,6	118	751	

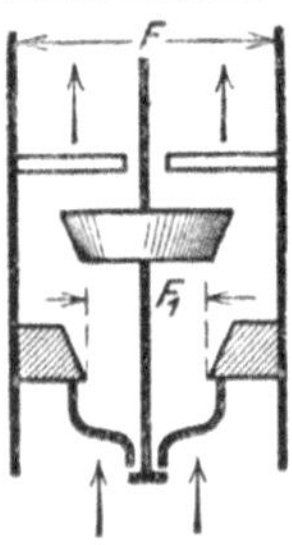

Kegelventil.

$$\zeta=\left(1{,}537\,\frac{F}{F_1}-1\right)^2 \quad . \; . \; . \; . \quad 44$$

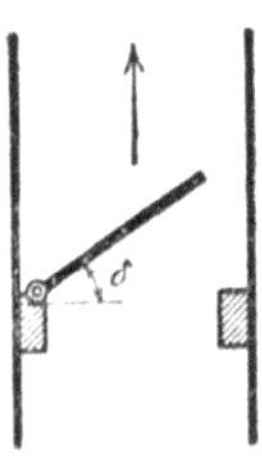

Klappenventil.

$\delta=$	70°	60°	50°	45°	40°	35°	30°	25°	20°	15°	45
$\zeta=$	1,7	3,2	6,6	9,5	14	20	30	42	62	90	

Durchflußmenge in der Sekunde.

$$Q=\frac{\pi\, d^2}{4}v \quad . \; . \; . \; . \; . \; . \; . \; . \quad 46$$

Durchmesser d.

Aus den Gleichungen 27, 28, 29, 30, 46 folgt:

$$d^5 = \frac{8}{\pi^2 g} \cdot \frac{Q^2}{h} [\lambda l + d(2{,}865 + \Sigma\zeta)] \quad \ldots \quad 47$$

oder mit Vernachlässigung des Faktors von d:

$$d = 0{,}607 \sqrt[5]{\lambda} \sqrt[5]{\frac{Q^2 l}{h}} \quad \ldots \quad 48$$

und angenähert nach Gleichung 31:

$$d = 0{,}3 \sqrt[5]{\frac{Q^2 l}{h}} \quad \ldots \quad 49$$

woraus:

$$h = 0{,}00243 \frac{Q^2 l}{d^5} \quad \ldots \quad 50$$

und

$$Q = 0{,}049 \sqrt{\frac{d^5 h}{l}} \quad \ldots \quad 51$$

Hydraulische Überdruckhöhe Z (Piëzometerstand).

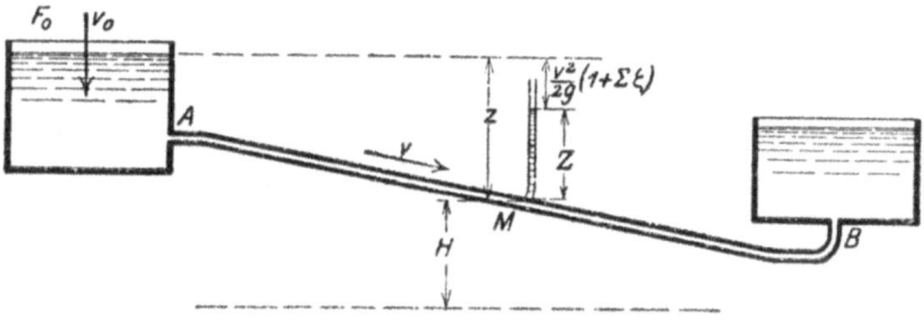

Wenn die Geschwindigkeit v_0 der Oberfläche F_0 klein ist:

$$H + Z + \frac{v^2}{2g}\left(1 + \sum_A^M \zeta\right) = \text{konstant} \quad \ldots \quad 52$$

oder

$$Z + \frac{v^2}{2g}\left(1 + \sum_A^M \zeta\right) = z \quad \ldots \quad 53$$

Formelsammlung.

Bewegung des Wassers in Kanälen und Flüssen.

Mittlere Geschwindigkeit:

$$v = C\sqrt{RJ} \quad \dots\dots\dots \quad \mathbf{54}$$

Durchfluß in der Sekunde:

$$Q = F v = C F \sqrt{RJ} \quad \dots\dots\dots \quad \mathbf{55}$$

Hierin ist F der Querschnitt, $R = \frac{F}{u}$ der Profilsradius, u der benetzte Umfang, J das relative Gefälle. Für C kann gewählt werden:

1. Nach Bazin:

$$C = \frac{87}{1 + \frac{c}{\sqrt{R}}} \quad \dots\dots\dots \quad \mathbf{56}$$

c ist für gehobeltes Holz oder Zement:	0,06,
für Quader und nicht gehobeltes Holz:	0,16,
für Mauerwerk aus Bruchstein:	0,47,
für Erde:	0,85,
für Gerölle:	1,75.

2. Nach Ganguillet und Kutter:

$$\left.\begin{aligned} C &= \frac{\alpha}{1 + \frac{\beta}{\sqrt{R}}} \\ \alpha &= 23 + \frac{1}{n} + \frac{0{,}00155}{J} \\ \beta &= n\left(23 + \frac{0{,}00155}{J}\right) \end{aligned}\right\} \quad \dots\dots \quad \mathbf{57}$$

n ist für Kanäle aus sorgfältig gehobeltem Holz oder mit glatter Zementverkleidung:	0,010,
für Kanäle aus Brettern:	0,012,
für Kanäle aus behauenen Quadersteinen oder aus gut ausgefugten Ziegelsteinen:	0,013,
für Kanäle aus Bruchsteinen;	0,017,
für Kanäle in Erde, Bäche und Flüsse:	0,025,
für Gewässer mit groben Geschieben und mit Wasserpflanzen:	0,030.

Wehre und Stau.

Überfallwehr:

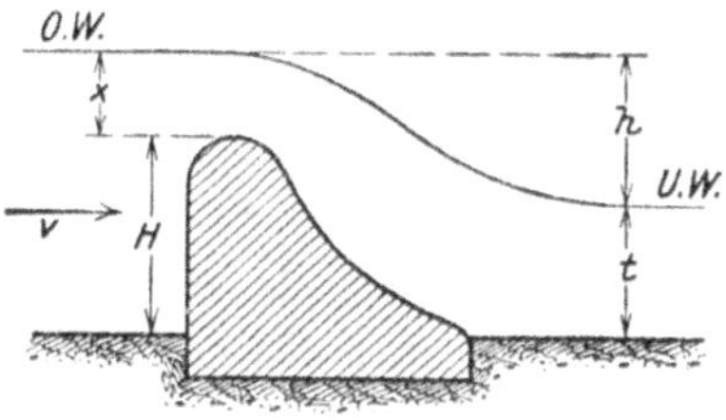

$$Q = \frac{2}{3}\mu_1 B \sqrt{2g}\,[(x+k)^{3/2} - k^{3/2}] \quad . \quad . \quad . \quad . \quad 58$$

$$x = t + h - H.$$

Grundwehr:

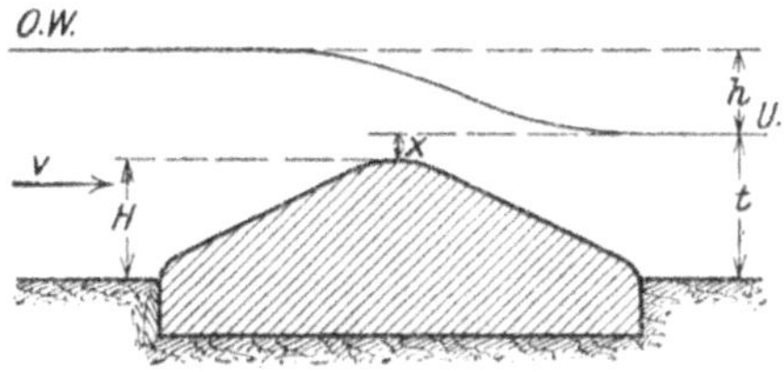

$$Q = \frac{2}{3}\mu_1 B \sqrt{2g}\,[(h+k)^{3/2} - k^{3/2}] + \mu_2 B x \sqrt{2g(h+k)} \quad . \quad 59$$

$$x = t - H.$$

Hierin ist: $k = \frac{v^2}{2g}$, $\frac{2}{3}\mu_1 = 0{,}57$, $\mu_2 = 0{,}62$, B die Länge des Wehrs, Q die in der Sekunde über die Wehrkrone strömende Wassermenge, h die Stauhöhe.

Entscheidung, welches der beiden Wehre gewählt werden soll:

$$Q \gtrless 0{,}57\, B \sqrt{2g}\,[(h+k)^{3/2} - k^{3/2}] \quad \begin{matrix}\text{.... Grundwehr}\\ \text{.... Überfallwehr}\end{matrix} \quad . \quad . \quad 60$$

Schleußenwehr:

$$Q = \mu a B \sqrt{2g(h+k)} \quad . \quad . \quad . \quad 61$$

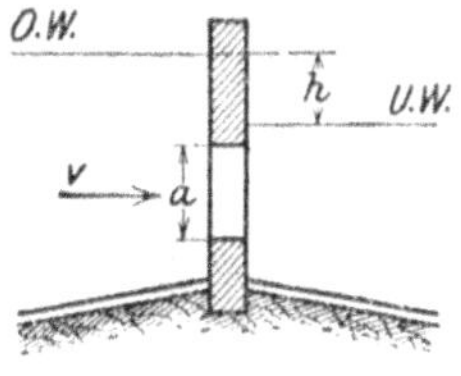

$\mu = 0{,}6$, wenn die Unterkante der Ausflußöffnung über der Sohle liegt; $\mu = 0{,}65$—$0{,}7$, wenn die Unterkante gleich hoch mit der Sohle liegt. a und B sind die Abmessungen der rechteckigen Ausflußöffnung.

Stoßdruck.

Druck einer mit der Geschwindigkeit v strömenden Flüssigkeit auf einen Körper von der Länge l und dem größten Querschnitt F:

$$D = \zeta \gamma F \frac{v^2}{2g} \quad . \; . \; . \; . \; . \; . \; . \; . \quad \mathbf{62}$$

Hierin ist γ das Einheitsgewicht der Flüssigkeit und ζ eine Erfahrungszahl, für die bei prismatischen Körpern zu nehmen ist:

$$\text{bei} \quad \left.\begin{array}{l} \frac{l}{\sqrt{F}} = 0{,}03, \quad 1, \quad 2, \quad 3; \\ \zeta = 1{,}86, \quad 1{,}47, \quad 1{,}35, \quad 1{,}33. \end{array}\right\} \quad . \; . \; . \; . \; . \quad \mathbf{63}$$

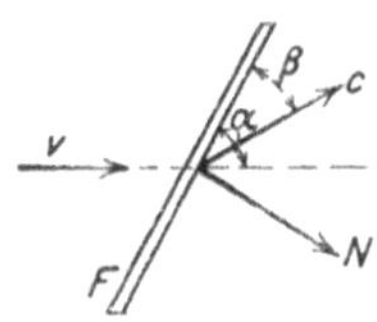

Normaldruck auf eine schief zur Strömung stehende Platte, die sich mit der Geschwindigkeit c bewegt:

$$N = \zeta \gamma F \frac{(v \sin \alpha - c \sin \beta)^2}{2g} \quad . \; . \quad \mathbf{64}$$

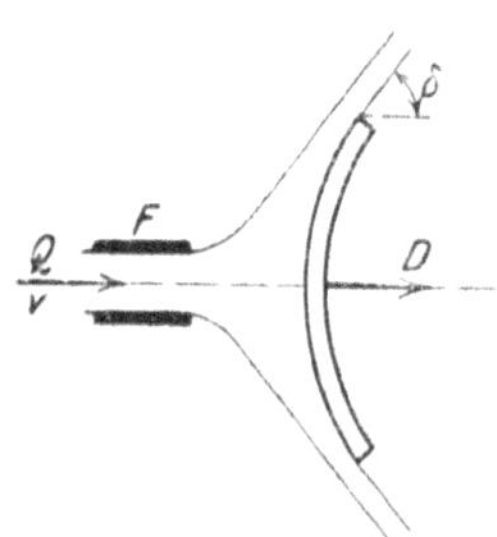

Druck eines Flüssigkeitsstrahles (Q in der Sekunde) auf eine beliebig geformte Platte:

$$\left.\begin{array}{l} D = \frac{\gamma}{g} Q\, v (1 - \cos \delta) \\ \;\;\; = \frac{\gamma}{g} F\, v^2 (1 - \cos \delta) \end{array}\right\} \quad . \; . \quad \mathbf{65}$$

wenn F der Querschnitt des Strahles und v seine Geschwindigkeit ist.

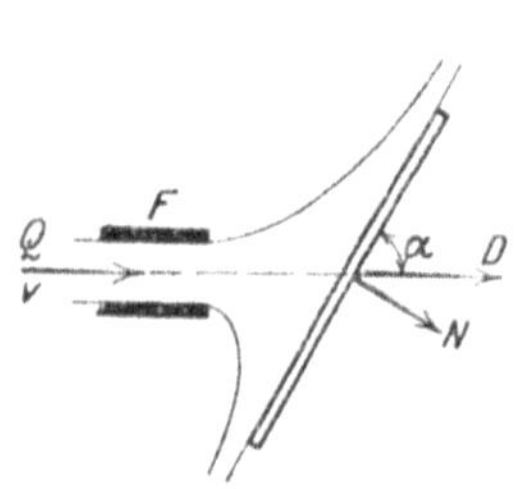

Druck eines Flüssigkeitsstrahles (Q in der Sekunde) auf eine schiefstehende, ebene Platte:
Normaldruck:

$$N = \frac{\gamma}{g} Q\, v \sin \alpha = \frac{\gamma}{g} F\, v^2 \sin \alpha \quad . \quad \mathbf{66}$$

Paralleldruck:

$$D = \frac{\gamma}{g} Q\, v \sin^2 \alpha = \frac{\gamma}{g} F\, v^2 \sin^2 \alpha \quad . \quad \mathbf{67}$$

Formelsammlung.

Reaktion.

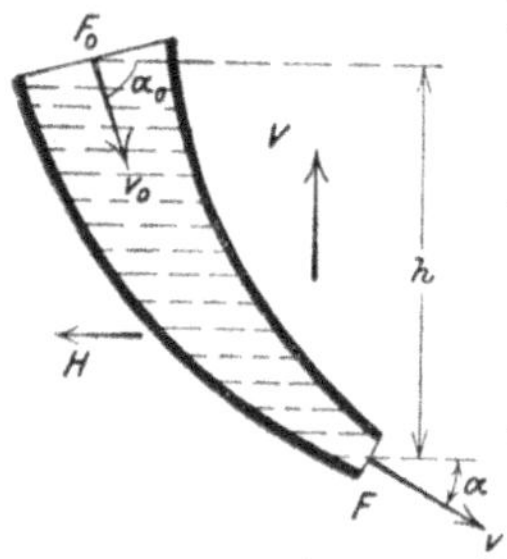

Horizontalreaktion:

$$H = \frac{\gamma}{g} Q (v \cos \alpha - v_0 \cos \alpha_0)$$

Vertikalreaktion: . . . 68

$$V = \frac{\gamma}{g} Q (v \sin \alpha - v_0 \sin \alpha_0)$$

wenn Q die Durchflußmenge:

$$Q = F_0 v_0 = F v$$

in der Sekunde ist. Mit Benützung von Gleichung 13 wird auch:

$$\left.\begin{aligned} H &= 2 \gamma F h (\cos \alpha - n \cos \alpha_0) \frac{\varphi^2}{1 - n^2} \\ V &= 2 \gamma F h (\sin \alpha - n \sin \alpha_0) \frac{\varphi^2}{1 - n^2} \end{aligned}\right\} \quad . \; . \; . \; 69$$

worin

$$n = \frac{F}{F_0} = \frac{v_0}{v}.$$

Mit angenähert $n = 0, \varphi = 1$ wird:

$$\left.\begin{aligned} H &= \frac{\gamma}{g} Q v \cos \alpha = 2 \gamma F h \cos \alpha \\ V &= \frac{\gamma}{g} Q v \sin \alpha = 2 \gamma F h \sin \alpha \end{aligned}\right\} \quad . \; . \; . \; . \; . \; 70$$

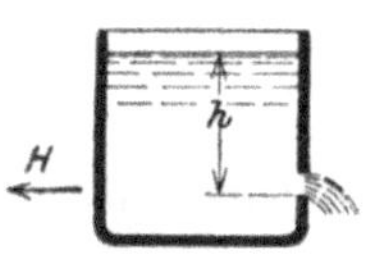

Für $\alpha = 0$ wird:

$$H = \frac{\gamma}{g} Q v = 2 \gamma F h \quad . \; . \; . \; 71$$

Energie.

$$\left.\begin{aligned} \text{Es ist } \frac{v^2}{2g} &= \text{Bewegungsenergie der Gewichtseinheit} \\ \frac{p}{\gamma} &= \text{Druckenergie der Gewichtseinheit} \\ h &= \text{Lagenenergie der Gewichtseinheit} \end{aligned}\right\} \quad . \; . \; 72$$

In einer Stromlinie ist, wenn von den Widerständen abgesehen wird, die Gesamtenergie der Gewichtseinheit:

$$E = \frac{v^2}{2g} + \frac{p}{\gamma} + h = \text{konstant} \quad . \; . \; . \; . \; . \; 73$$

und bei Berücksichtigung der Widerstände:

$$E = \frac{v^2}{2g} + \frac{p}{\gamma} + h + h_w = \text{konstant} \quad . \; . \; . \; . \quad \mathbf{74}$$

worin

$$h_w = \zeta \frac{v^2}{2g} \quad . \; . \; . \; . \; . \; . \; . \; . \; . \quad \mathbf{75}$$

die Widerstandshöhe und h der Vertikalabstand von einer unterhalb gelegenen Horizontalebene ist.

Hydrodynamische Gleichungen.

Für die Änderung des Druckes nach einer Richtung X gilt die Gleichung:

$$\frac{\partial p}{\partial x} = \mu \left(X - \frac{d v_x}{d t} \right) \quad . \; . \; . \; . \; . \; . \; . \quad \mathbf{76}$$

worin X die Massenkraft der Masseneinheit und v_x die Geschwindigkeit nach derselben Richtung sind.

Kontinuitätsgleichung:

$$\frac{\partial (\mu v_x)}{\partial x} + \frac{\partial (\mu v_y)}{\partial y} + \frac{\partial (\mu v_z)}{\partial z} + \frac{\partial \mu}{\partial t} = 0 \quad . \; . \; . \quad \mathbf{77}$$

und im besonderen für tropfbare Flüssigkeiten:

$$\frac{\partial v_x}{\partial x} + \frac{\partial v_y}{\partial y} + \frac{\partial v_z}{\partial z} = 0 \quad . \; . \; . \; . \; . \; . \; . \quad \mathbf{78}$$

Für wirbelfreie Bewegungen besteht ein Geschwindigkeitspotential F (x y z), das die Eigenschaften besitzt:

$$v_x = \frac{\partial F}{\partial x}, \quad v_y = \frac{\partial F}{\partial y}, \quad v_z = \frac{\partial F}{\partial z} \quad . \; . \; . \; . \quad \mathbf{79}$$

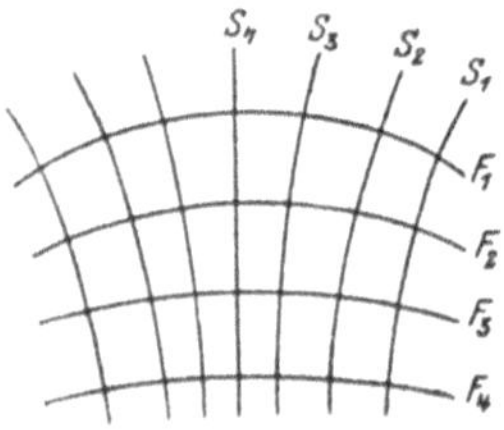

wodurch die Kontinuitätsgleichung 78 die Form annimmt:

$$\frac{\partial^2 F}{\partial x^2} + \frac{\partial^2 F}{\partial y^2} + \frac{\partial^2 F}{\partial z^2} = 0 \quad . \; . \quad \mathbf{80}$$

Die orthogonalen Trajektorien der Flächen gleichen Potentials F = konst. nennt man Stromlinien S; sie haben die Richtung der Geschwindigkeit in jedem Punkte.

Mechanik der Gase.

Gasgesetze.

Das Gay Lussac-Boyle'sche Gesetz:

$$pv = RT \qquad \textbf{81}$$

Hierin bedeutet p den Gasdruck für 1 m^2, v den Raum von 1 kg Gas (Einheitsraum) in m^3, $T = t + 273$ die absolute Temperatur, R die Gaskonstante. Es ist für:

$$\left.\begin{array}{ll} \text{Luft} & R = 29{,}27 \\ \text{Sauerstoff} & R = 26{,}47 \\ \text{Stickstoff} & R = 30{,}19 \\ \text{Wasserstoff} & R = 422{,}59 \end{array}\right\} \qquad \textbf{82}$$

Einheitsgewicht des Gases:

$$\gamma = \frac{1}{v} = \frac{p}{RT} \qquad \textbf{83}$$

Ist V der Rauminhalt eines Gaskörpers vom Gewicht G, so ist

$$V = Gv \qquad \textbf{84}$$

$$pV = GRT \qquad \textbf{85}$$

Das Dalton'sche Gesetz für die Gaskonstante eines Mischgases:

$$R_m = \frac{\Sigma RG}{\Sigma G} \qquad \textbf{86}$$

Nennt man c_p die spezifische Wärme für konstanten Druck, c_v jene für konstanten Rauminhalt, so ist

$$c_p - c_v = AR \qquad \textbf{87}$$

worin

$$A = \frac{1}{424}\,WE \qquad \textbf{88}$$

das mechanische Wärme-Äquivalent, d. h. der Wärmewert von 1 mkg Arbeit ist.

Für Luft ist:

$$c_p = 0{,}238, \quad c_v = 0{,}169 \qquad \textbf{89}$$

und allgemein für Gase, die weit vom Kondensationspunkt entfernt sind:

$$k = \frac{c_p}{c_v} = 1{,}41 \qquad \textbf{90}$$

Zustandsänderungen.

L = Ausdehnungsarbeit für 1 kg Gas.

Q = Wärmezufuhr in WE für 1 kg Gas.

$$\varepsilon = \frac{v_1}{v_2} = \text{Expansionsgrad.} \qquad \textbf{91}$$

Zustandsänderung bei konstantem Rauminhalt:

$$L = 0, \quad Q = c_v (T_2 - T_1) \quad \ldots\ldots \quad 92$$

Zustandsänderung bei konstantem Druck:

$$\left.\begin{aligned} L &= R(T_2 - T_1) = p(v_2 - v_1) \\ Q &= c_p (T_2 - T_1) \end{aligned}\right\} \quad \ldots\ldots \quad 93$$

Isothermische Zustandsänderung:

$$p\,v = \text{konstant, auch } p\,V = \text{konstant} \quad \ldots \quad 94$$

$$\left.\begin{aligned} L &= R\,T \ln\left(\frac{p_1}{p_2}\right) = R\,T \ln \frac{1}{\varepsilon} = p_1 v_1 \ln \frac{1}{\varepsilon} \\ Q &= A\,L \end{aligned}\right\} \quad \ldots \quad 95$$

Polytropische Zustandsänderung:

$$p v^m = \text{konstant, auch } p V^m = \text{konstant} \quad \ldots \quad 96$$

$$\frac{T_2}{T_1} = \left(\frac{p_2}{p_1}\right)^{\frac{m-1}{m}} = \varepsilon^{m-1} \quad \ldots\ldots \quad 97$$

$$\left.\begin{aligned} L &= \frac{R}{m-1}(T_1 - T_2) = \frac{R\,T_1}{m-1}\left[1 - \left(\frac{p_2}{p_1}\right)^{\frac{m-1}{m}}\right] \\ &= \frac{p_1 v_1}{m-1}\left(1 - \varepsilon^{m-1}\right) = \frac{R\,T_1}{m-1}\left(1 - \varepsilon^{m-1}\right) \\ Q &= \frac{k-m}{k-1} A\,L \end{aligned}\right\} \quad \ldots \quad 98$$

Adiabatische Zustandsänderung: $m = k$, $Q = 0$ . . 99

Ausfluß von Gasen.

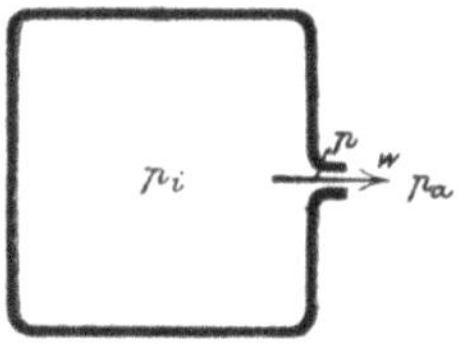

p_i . . . . Innendruck,

p_a . . . . Außendruck,

p . . . . Druck im Ausflußquerschnitt F.

w . . . . Ausflußgeschwindigkeit,

G . . . . ausfließendes Gasgewicht in der Sekunde.

Das Maximum von G findet statt, wenn:

$$\beta = \frac{p}{p_i} = \left(\frac{2}{m+1}\right)^{\frac{m}{m-1}} \quad \ldots\ldots \quad 100$$

Hierin ist m der Exponent der Zustandsänderung des Gases (vergl. Gleichung 96).

Man unterscheidet zwei Fälle:

I. $p_a > \beta p_i$, dann ist $p = p_a$,

$$w^2 = 2g \frac{k}{k-1} p_i v_i \left[1 - \left(\frac{p_a}{p_i}\right)^{\frac{m-1}{m}}\right] \quad \ldots \quad 101$$

$$G = F \frac{w}{v_i} \left(\frac{p_a}{p_i}\right)^{\frac{1}{m}} \quad \ldots \ldots \quad 102$$

Bei kleinen Druckunterschieden $p_i - p_a$ kann statt dieser Gleichungen gesetzt werden:

$$w^2 = 2g \frac{k}{k-1} \frac{m-1}{m} v_i (p_i - p_a) \quad \ldots \quad 103$$

$$G = F \frac{w}{v_i} \quad \ldots \ldots \quad 104$$

II. $p_a < \beta p_i$, dann ist $p = \beta p_i$,

$$w^2 = 2g \frac{k}{k-1} \frac{m-1}{m+1} p_i v_i \quad \ldots \ldots \quad 105$$

$$G = F \frac{w}{v_i} \beta^{\frac{1}{m}} \quad \ldots \ldots \quad 106$$

Gasleitungen.

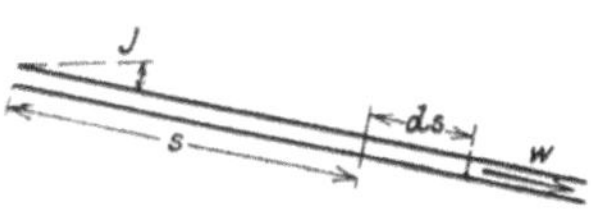

w . . . . . Geschwindigkeit,

$h = \frac{w^2}{2g}$ . . Geschwindigkeitshöhe,

J. . . . . . Gefälle,

p. . . . . . Druck.

$$dh = \frac{w\,dw}{g} = ds \,.\, \sin J - \frac{dp}{\gamma} - dh_r \quad \ldots \quad 107$$

Hierin ist h_r der durch den Reibungswiderstand hervorgerufene Verlust an Höhe:

$$h_r = \zeta_r \frac{w^2}{2g} = \lambda \frac{l}{d} \frac{w^2}{2g} \quad \ldots \ldots \quad 108$$

Nach Grashof kann gesetzt werden:

$$\lambda = \alpha + \frac{\beta d + \gamma}{d\sqrt{w}} \quad \ldots \ldots \quad 109$$

Ohne Berücksichtigung des Gefälles der Leitung wird Gleichung 107:

$$(1 + \zeta_r) h + \int v\,dp = \text{konstant} \quad \ldots \quad 110$$

Vernachlässigt man überdies den Reibungswiderstand und setzt adiabatische Zustandsänderung voraus, so geht diese Gleichung über in:

$$h = \frac{w^2}{2g} = \frac{k}{k-1} (p_1 v_1 - p v) \quad \ldots \ldots \quad 111$$

Formelsammlung.

Luftwiderstand.

Die Fläche F steht normal zur Geschwindigkeit v:

$$W = \zeta \frac{\gamma}{g} F v^2 \quad \ldots\ldots \quad \mathbf{112}$$

γ = Einheitsgewicht der Luft.

ζ nach Versuchen von R. v. Loessl:	Kreis:	$\zeta = 0{,}83$.	
	Quadrat:	$\zeta = 0{,}86$,	. **113**
ζ nach Versuchen von Eiffel:	Kreis:	$\zeta = 0{,}58$,	
	Rechteck:	$\zeta = 0{,}6$.	

ζ nach Versuchen von A. Frank für Ballonkörper:

Kreiszylinder mit ebenem Abschluß:	$\zeta = 0{,}553$,	
„ „ Kegel-Abschluß (90°):	$\zeta = 0{,}368$,	
„ „ „ „ (60°):	$\zeta = 0{,}352$,	. **114**
„ „ Halbkugel-Abschluß:	$\zeta = 0{,}260$,	
Zugespitztes Ellipsoid:	$\zeta = 0{,}2$.	

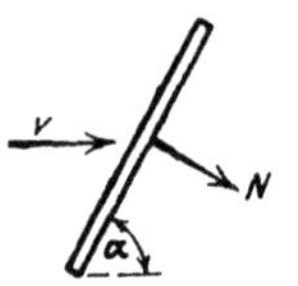

Die Fläche F steht schief zur Geschwindigkeit v:

$$N = \zeta \frac{\gamma}{g} F v^2 \sin \alpha \quad \ldots\ldots \quad \mathbf{115}$$

Seitenwiderstand eines Ballons, dessen Seitenfläche F' ist;

$$W' = \zeta' \frac{\gamma}{g} F' v^2 \quad \ldots\ldots \quad \mathbf{116}$$

Nach A. Frank: $\zeta' = 0{,}00244$,

Ballon.

Steigkraft: $$S = V(\gamma - \gamma_1) - G \quad \ldots\ldots \quad \mathbf{117}$$

wenn V der Rauminhalt, γ und γ_1 die Einheitsgewichte von Luft und Füllgas, G das Gesamtgewicht ist.

Steighöhe: $$h = k \ln \frac{p_0}{p} \quad \ldots\ldots \quad \mathbf{118}$$

$$k = RT = 7992 \left(1 + \frac{t}{273}\right) \quad \ldots \quad \mathbf{119}$$

worin p und p_0 der Luftdruck in der Höhe h und an der Erdoberfläche, t die Temperatur in Celsius und T die absolute Temperatur, R die Gaskonstante für Luft ist.

Druck der Universitätsdruckerei H. Stürtz A. G., Würzburg.

Verlag von Julius Springer in Berlin W 9

Aufgaben aus der technischen Mechanik. Von Professor **Ferd. Wittenbauer**, Graz.

Erster Band: **Allgemeiner Teil.** 843 Aufgaben nebst Lösungen. Vierte, vermehrte und verbesserte Auflage. Mit 627 Textfiguren. Unveränderter Neudruck. Gebunden Preis M. 36,—

Zweiter Band: **Festigkeitslehre.** 611 Aufgaben nebst Lösungen und einer Formelsammlung. Dritte, verbesserte Auflage. Unveränderter Neudruck. Mit 505 Textfiguren. Gebunden Preis M. 39,—

Autenrieth-Ensslin, Technische Mechanik. Ein Lehrbuch der Statik und Dynamik für Maschinen- und Bauingenieure. Dritte Auflage. Neubearbeitet von Professor Dr.-Ing. **Max Ensslin** in Stuttgart. Mit etwa 300 Textfiguren. In Vorbereitung.

Lehrbuch der technischen Mechanik. Von Professor **M. Grübler** in Dresden.

Erster Band: **Bewegungslehre.** Zweite, verbesserte Auflage. Mit 144 Textfiguren. Preis M. 22,—

Zweiter Band: **Statik der starren Körper und graphische Statik.** Mit 222 Textfiguren. Preis M. 18,—

Dritter Band: **Dynamik starrer Körper.** Mit 77 Textfiguren. Preis M. 24,—

Ingenieur-Mechanik. Lehrbuch der technischen Mechanik in vorwiegend graphischer Behandlung. Von Professor Dr.-Ing. Dr. phil. **H. Egerer.**

Erster Band: **Graphische Statik starrer Körper.** Mit 624 Textabbildungen sowie 238 Beispielen und 145 vollständig gelösten Aufgaben. Preis M. 14,—; gebunden M. 16,—

Band 2–4 in Vorbereitung. Der zweite und dritte Band behandeln die gesamte Mechanik starrer und nichtstarrer Körper. Der vierte Band bringt die Erweiterung der Festigkeitslehre und Dynamik für Tiefbau-, Maschinen- und Elektroingenieure.

Leitfaden der Mechanik für Maschinenbauer. Mit zahlreichen Beispielen für den Selbstunterricht. Von Dr.-Ing. **Karl Laudien,** Professor der staatlichen höheren Maschinenschule in Breslau. Mit 22' Textfiguren. Preis M. 30,—

Die technische Mechanik des Maschineningenieurs mit besonderer Berücksichtigung der Anwendungen. Von Dipl.-Ing. **P. Stephan,** Regierungs-Baumeister, Professor. In 4 Bänden.

Erster Band: **Allgemeine Statik.** Mit 300 Textfiguren. Gebunden Preis M. 40,—

Einführung in die Mechanik mit einfachen Beispielen aus der Flugtechnik. Von Professor Dr. **Th. Pöschl** (Prag). Mit 102 Textabbildungen. Preis M. 5,60.

Taschenbuch für den Maschinenbau. Unter Mitwirkung bewährter Fachmänner herausgegeben von Professor **Heinrich Dubbel,** Ingenieur in Berlin. Dritte, erweiterte und verbesserte Auflage. Mit 2620 Textfiguren und 4 Tafeln. In zwei Teilen. In Ganzleinen.

In einem Bande gebunden Preis M. 70,—
In zwei Bänden gebunden Preis M. 84,—

Hierzu Teuerungszuschläge.

GPSR Compliance

The European Union's (EU) General Product Safety Regulation (GPSR) is a set of rules that requires consumer products to be safe and our obligations to ensure this.

If you have any concerns about our products, you can contact us on ProductSafety@springernature.com

In case Publisher is established outside the EU, the EU authorized representative is:

Springer Nature Customer Service Center GmbH
Europaplatz 3
69115 Heidelberg, Germany

Batch number: 10682323

Printed by Printforce, the Netherlands